KB031045

이론 항공촬영 개론

# DRONE

구민사

**김재윤(대표 저자)**
㈜영남드론항공 대표이사, 실기평가조종자

**권승주**
㈜영남드론항공 이사, 실기평가조종자

**권경미**
㈜영남드론항공 이사, 실기평가조종자

**권미영**
㈜영남드론항공 이사, 지도조종자

**염영환**
㈜경기공항리무진버스 과장, 지도조종자

**조순식**
순돌이 드론 대표

**전광운**
전) 양산무인항공교육원 대표, 실기평가조종자

**신정일**
백석대학교 백석무인항공센터 수석교관, 실기평가조종자

**김동관**
육군 복지단, 실기평가조종자

**이원창**
대구 강북경찰서 경감, 실기평가조종자

**이동희**
충남대 학군단, 지도조종자

**박재호**
조선이공대학교 군사학부 초빙교수, 지도조종자

**문원식**
예) 육군 준장, 조종자

**윤화준**
건양대학교 학군단 군 교수, 지도조종자

**김명성**
전주 부영 스틸하우징, 지도조종자

※ 특강, 자격과정, 산학협력 과정, 항공촬영 전문가 과정 등 문의사항
　　이메일 접수 : 김재윤(captakjy@hanmail.net)

# 드론 항공촬영 개론

**초판 인쇄**　2024년 2월 01일
**초판 발행**　2024년 2월 10일

**저자**　　김재윤 권승주 권경미 권미영 염영환 조순식 전광운
　　　　　신정일 김동관 이원창 이동희 박재호 문원식 윤화준 김명성

**발행인**　조규백
**발행처**　도서출판 구민사
　　　　　(07293) 서울특별시 영등포구 문래북로 116, 604호(문래동3가 46, 트리플렉스)
**전화**　　(02) 701-7421
**팩스**　　(02) 3273-9642
**홈페이지**　www.kuhminsa.co.kr

**신고번호**　제 2012-000055호(1980년 2월4일)
**ISBN**　　979-11-6875-332-7(93550)

**값**　　　35,000원

# PREFACE 머리말

우리의 시선은 항상 지상에 머물러 있었다. 땅에 발을 딛고, 주변의 세상을 지평선의 한계 내에서 바라보며 살아왔다. 하지만 드론이 등장하면서 그 한계는 무한한 하늘까지 확장되었다. 이제 우리는 구름 위로, 산맥 너머로 그리고 끝없는 바다를 가로질러 지구의 모든 구석구석을 볼 수 있게 되었다.

현재의 드론 항공촬영은 엔터테인먼트 및 영화 산업, 부동산 마케팅, 건설 및 인프라 모니터링, 농업 및 환경 모니터링, 긴급 구조 및 안전, 기상 조사 및 기후 연구, 스포츠 및 행사 촬영, 지리 및 지형 조사, 보안 및 감시, 과학 및 연구 등 다양한 분야에서 활용되고 있으며, 기술의 발전과 함께 그 사용 범위가 계속 확장되고 있다. 이러한 다양한 활용 분야는 드론 항공촬영의 유연성과 다목적 성격을 잘 보여주며, 앞으로도 새로운 분야에서 창의적인 응용이 지속적으로 탐구될 것이라 믿어 의심치 않는다.

이처럼 드론 항공촬영은 그저 카메라를 하늘로 띄우는 것 이상의 의미를 가진다. 이것은 과학, 예술, 산업 그리고 우리 일상의 경계를 허물어 놓는 도구이다. 학계에서는 연구의 새로운 가능성을 열었고, 산업 현장에서는 작업의 효율을 높였으며, 예술 세계에서는 창조력의 새로운 영역을 만들었다.

그럼에도 불구하고 드론 촬영에 대한 진정한 이해와 전문 지식을 제공하는 자료는 아직도 부족한 실정이다. 누구나 시작할 수 있으나 정확한 가이드와 실무 지식 없이는 진정한 가능성을 발휘하기 어렵다는 것이 현실이다.

이 책은 그러한 공백을 채우기 위해 시작되었다. 기술자, 예술가, 학자, 공무원 그리고 학생, 일반인까지 드론 항공촬영에 관심을 가지는 모든 이들을 위해 기획되었다. 이 책에서는 드론 항공촬영의 역사부터 비행계획 수립 단계별로 조종자가 알아야 할 내용 그리고 영상편집과 드론 매핑 등 실제 활용까지 드론과 함께 하늘을 날며 세상을 바라보는 새로운 경험을 제공하고자 한다.

하늘은 더 이상 저 멀리 있는 것이 아니다. 이제 그것은 우리 손 안에 있다. 이 책의 페이지를 넘기며, 그 높이를 함께 탐험해보자.

끝으로 조종자, 교관 수험서에 이어 본 개론까지 묵묵히 도와주신 도서출판 구민사 조규백 대표님 및 임직원들에게 진심으로 감사함을 표한다.

대표 저자
김재윤

# CONTENTS 목차

# PART 04

## 1단계 비행계획 수립(D-14~D-7일)

# PART 05

## 2단계 비행 전 준비(D-7~D-1일)

# PART 06

## 3단계 비행 전 최종 점검(D일)

# 드론 항공촬영 개론을 학습하기 위한 선결조건

**01** ▶ 본 교재 드론 항공촬영 개론을 학습하기 위한 선결조건은 다음과 같이 세 가지이다.

### 1) 드론 국가자격증 취득

최대이륙중량 250g 이하 드론을 운용하는 사람을 제외하고 우리나라에서는 드론 국가자격증을 취득해야지 만 드론을 조종할 수 있다. 드론 국가자격증은 무게의 구분에 따라 1종, 2종, 3종, 4종으로 구분된다. 세부 내용은 부록 4(초경량비행장치 조종자증명 시험 종합 안내서)를 참조한다.

| 구분 | 1종 | 2종 | 3종 | 4종 |
|---|---|---|---|---|
| 무게 기준<br>(최대이륙중량) | 25kg 초과<br>자체중량<br>150kg 이하 | 7kg 초과<br>25kg 이하 | 2kg 초과<br>7kg 이하 | 250g 초과<br>2kg 이하 |
| 내용 | • 비행경력, 학과시험, 실기시험<br>　－ 1종 : 비행경력 20시간<br>　－ 2종 : 비행경력 10시간<br>　－ 3종 : 비행경력 6시간 | | | 온라인 무료<br>교육 후<br>온라인 시험 |
| 해당되는 DJI 기체 | 농업용 드론 | 농업용 드론 | Inspire,<br>산업용 드론 | 대부분의<br>Mavic 시리즈 |

※ DJI Mini 시리즈는 250g 이하 드론으로 4종 자격증 필요 없이 비행 가능

### 2) 드론 기본 조작 방법을 이해하고 있는 4종 온라인 교육 수료자

### 3) 촬영용 드론 구매를 완료한 분 또는 하고자 하는 분 : 3차시(나에게 맞는 촬영용 드론 선택하기) 내용 참조

**02** ▶ 본 교재는 위 3가지의 선결조건을 갖춘 분들이 비행계획 수립 절차별로 무엇을 알아야 하며, 어떻게 조치해야 하는 것인가에 초점을 두고 DJI 촬영용 드론을 중심으로 구성되었음을 이해 하고 학습하기를 바란다.

**03** ▶ 본 교재는 고등학교, 대학교 드론 관련 학과에서 한 학기 전공과목으로 교육시킬 수 있도록 전체 15차시(1차시 3시간 교육, 총 45시간 교육) 기준으로 내용을 구성하였다. 가용 시간과 학 교별 학사 일정을 고려해서 교육내용을 가감하여 적용하길 바란다. 또한 취미로 드론을 조종하 는 분, 드론을 운용하고 있는 공무원분들에게도 유용할 수 있도록 내용을 알차게 구성하였다.

PART

# 01

## 드론 항공촬영의 역사

# CHAPTER 01 항공촬영의 역사

항공촬영의 역사는 19세기 후반의 핫 에어 발룬(balloon) 시대로 거슬러 올라간다. 이는 항공촬영의 초기 시도로서 이후 비행기, 헬리콥터, 그리고 드론 등으로 발전하였다. 드론의 출현으로 항공촬영은 이제 전문가뿐 아니라 일반인들에게도 접근 가능한 수준이 되었으며, 이는 새로운 창조적인 방식의 촬영을 가능하게 하였다. 항공촬영은 더욱 발전하여 다양한 분야에서 활용되고 있으며, 특히 드론 기술의 발전과 함께 그 중요성과 영향력이 계속해서 증가하고 있다. 세기별로 간략하게 항공촬영의 역사를 살펴보자.

## 1. 19세기 후반

1858년 프랑스인 가스파르 펠릭스 토우르나챤(Gaspard-Félix Tournachon)이 핫 에어 발룬에 탑승하여 파리 시내를 촬영, 최초의 항공 사진을 찍었다는 기록이 있다(현존 사진은 없음). 이후 1860년 10월 13일, 미국의 사진작가 제임스 월레스 블랙(James Wallace Black, 1825~1896.이 열기구 항해사 사무엘 아처킹(Samuel Archer King, 1828~1914.의 열기구인 공중의 여왕(The Queen of the Air)을 타고 1,200ft(365.8m)에서 보스턴 시내를 항공촬영하였다.

## 2. 20세기 초

비행기의 등장으로 항공촬영은 더욱 발전하게 되었다. 제1차 세계대전에서는 적군의 위치 파악 등을 위해 비둘기 사진술을 활용하여 항공촬영을 하였으며, 이는 항공사진의 필요성을 인식하는 계기가 되었고, 이후 상업적, 예술적 목적으로도 널리 이용되게 되었다.

## 3. 20세기 중반

헬리콥터가 등장하면서 더 높은 유연성과 정밀성을 가진 항공촬영이 가능해졌다. 그리고 1980년대 중반 헬리캠이 등장하면서 영화 산업에서는 이를 활용한 대규모 씬 촬영이 활성화되었다.

## 4. 21세기

2000년대에 들어서면서 기술의 발전과 함께 드론을 이용한 항공촬영이 널리 활용되기 시작하였다. 드론은 저렴한 비용, 뛰어난 운동성, 그리고 편리함을 제공함으로써 항공촬영의 장벽을 낮추는 데 기여하였다.

그림 1-1 Boston, as the Eagle and the Wild Goose See It(1860)

그림 1-2 제임스 월레스 블랙(좌), 사무엘 아처 킹(우)

출처 : 위키피디아

# CHAPTER 02 드론 항공촬영의 역사

현재 드론 항공촬영은 상업적인 측면뿐만 아니라, 과학적 연구, 환경 보호, 재난 구조 등 사회의 다양한 부분에서 이용되고 있다. 항공촬영의 앞선 기술로서 드론은 지난 수십 년 동안 대중문화, 과학, 그리고 비즈니스 분야에서 주요한 도구로 자리 잡았다. 이런 역사를 보면서 드론 촬영 기술이 계속 발전하고, 그 사용 분야가 확장되는 것을 확인할 수 있다. 드론 기술이 발전함에 따라, 앞으로의 드론 항공촬영의 역사는 더욱 흥미로울 것이라 예상된다. 드론을 이용한 항공촬영의 역사를 간략하게 연도별로 정리하면 다음과 같다.

## 1. 2006년

미국 연방항공청(FAA)은 처음으로 일부 무인항공기 시스템(UAS) 운영에 대한 규정을 설정하였다. 이것은 상업적 운용을 위한 실질적인 법적 틀을 제공하였다. 이 시점에서 드론은 주로 과학 연구와 비상 상황에서의 탐색 그리고 취미용으로 사용되었다.

**1) 미국 연방항공청(FAA) :** 미국 연방항공청(Federal Aviation Administration, FAA)은 미국의 국가 항공 행정기관으로, 국가항공안전청(National Aviation Safety Agency)이라고도 불린다.

(1) FAA는 항공 기술 표준을 설정하고, 미국 상공을 규제하며, 국가 항공 시스템의 작동을 관리하고, 미국 내 모든 항공활동을 규제하고 통제하는 역할을 한다.

(2) FAA는 미국 교통부 산하의 기관으로 1958년 연방항공법에 의해 설립되었다. 이 기관의 주된 책임은 미국 내의 항공 안전을 유지하는 것이며, 이를 위해 항공기 제조, 운항, 조종사 및 항공 관련 전문가의 훈련 및 인증, 공항의 운영 및 관리 등 다양한 영역에서 규정을 제정하고 관리한다.

(3) FAA는 미국 내에서 상업용 드론 운영을 위한 규정과 지침을 제공하며, 드론 조종자가 규정에 따라 안전하게 비행할 수 있도록 인증 시스템을 관리한다. 이를 위해 FAA는 Part 107 규정을 제정하여 드론 조종자에게 상업용 드론 운영을 위한 허가를 제공하고 있다.

**2) FAA의 UAS 규정 :** FAA는 무인 항공기 시스템(Unmanned Aircraft Systems, UAS)에 대한 규정을 설정하였다. 이 규정들은 UAS의 안전한 운영을 보장하며, 사람들과 재산을 보호하고, 또한 무인기와 유인기간의 안전한 상호 운용을 가능하게 한다. FAA의 주요 UAS 규정은 다음과 같으며 이런 규정들은 UAS의 안전한 운영을 보장하며, 상업적 운용에 대한 표준을 제공한다. UAS 조종사들은 이러한 규정들을 이해하고 준수하는 것이 중요하다.

(1) Part 107 : 이 규정은 작은 UAS(55파운드 미만)의 상업적 사용에 관한 규칙을 포함하고 있다. 이 규정에 따라 UAS 조종자는 FAA에서 주관하는 지식 테스트에 합격하고, FAA로부터 원격 조종자 인증을 받아야 한다.

(2) COA(Certificate of Waiver or Authorization) : FAA는 특정 조건 하에서 Part 107 규정을 면제해주는 COA를 발급할 수 있다. 예를 들어, COA를 통해 조종자는 시력이 닿지 않는 곳에서 UAS를 운용하거나,

시간제한 없이 UAS를 운용할 수 있게 된다.

(3) UAS Registration : FAA는 모든 UAS를 등록하도록 요구한다. 이는 조종자가 그들의 UAS를 책임감 있게 운용할 것을 보장하고, 규정 위반 시 책임을 물을 수 있는 수단을 제공한다.

(4) No Fly Zones: FAA는 또한 일부 지역을 비행 금지 구역으로 지정하였다. 이는 공항, 군사 시설, 정부 건물 등이 포함될 수 있다.

## 2. 2006년

2006년은 드론 항공촬영의 역사에서 중요한 해로 여겨진다. 이 시기에 DJI와 같은 회사들이 설립되고, 소비자 및 전문가용 드론 기술이 발전하기 시작하였다. 이러한 발전은 항공 촬영 및 비디오 제작 분야에 큰 변화를 가져왔다. 2006년 이전까지 항공 촬영은 주로 헬리콥터나 고정된 항공기를 사용하여 이루어졌고, 이는 비용이 많이 들고 접근성이 제한적이었다. 하지만 드론 기술의 등장과 발전으로, 더 저렴하고 접근하기 쉬운 방법으로 고품질의 항공 촬영이 가능해졌다.

## 3. 2010년대 초기

개인용 및 상업용 드론이 대중화되기 시작하였다. GoPro와 같은 휴대용 액션 카메라의 도입으로 드론은 저렴하면서도 품질 높은 비디오 촬영을 가능하게 하였으며, 짐벌 기술의 발전은 드론 촬영의 품질 향상에 큰 기여를 하였다. 오늘날의 고급 드론은 진정한 의미로 전문가 수준의 촬영을 가능하게 한다.

**1) GoPro :** GoPro는 미국의 기업으로, 견고하고 컴팩트한 디자인의 액션 카메라를 제조하고 판매하는 것으로 잘 알려져 있다.

(1) GoPro 카메라는 주로 스포츠나 액션 중심의 비디오 촬영에 사용되며, 전 세계의 모험가, 스포츠 애호가, 콘텐츠 제작자들 사이에서 인기가 매우 높았다.

(2) GoPro 카메라는 견고함, 고화질, 그리고 다양한 액세서리와 마운트 옵션들로 유명하다. 또한 GoPro는 수중 촬영이 가능하도록 방수 기능을 갖추고 있으며, 대부분의 모델은 4K 해상도까지 비디오를 촬영할 수 있다.

(3) GoPro 카메라는 드론과 함께 사용되어 공중에서 촬영하는 데에도 이용된다. 특히 이전에는 GoPro의 카메라를 장착한 DJI 드론이 많이 사용되었다. 하지만 DJI가 자체 카메라를 개발하면서 이러한 협력은 줄어들었다.

그림 2-1. 현재 판매되고 있는 다양한 GoPro 카메라. 출처 : Google 홈페이지

**2) GoPro와 DJI의 관계 :** GoPro와 DJI는 모두 항공촬영 분야에서 매우 중요한 역할을 하는 두 회사이다. DJI는 무인기, 즉 드론의 제조에 주력하며, GoPro는 고성능 액션 카메라로 잘 알려져 있다.

(1) 과거에는 GoPro의 카메라와 DJI의 드론이 함께 사용되는 것이 일반적이었다. DJI의 초기 드론 모델들은 사용자가 선택한 카메라를 장착할 수 있도록 설계되었으며, GoPro의 컴팩트하고 견고한 카메라들은 이러한 목적에 매우 적합하였다. 이런 식으로 GoPro의 카메라는 DJI의 드론과 함께 많은 드론 비디오 촬영에 사용되었다.

(2) 그러나 DJI는 점차 자체적으로 고품질의 카메라와 짐벌을 드론에 탑재하기 시작하였다. 이는 사용자에게 더 통합된, 사용하기 쉬운 제품을 제공할 수 있게 되었지만, 동시에 GoPro 카메라와의 연동이 줄어들게 되었다.

(3) GoPro는 2016년에 Karma라는 자체 드론을 출시하기도 하였다. 이 드론은 GoPro 카메라를 사용하도록 설계되었지만, 제품의 기술적 문제와 DJI의 경쟁 제품에 밀려 판매가 예상보다 잘 되지 않았다. 이에 따라 GoPro는 2018년에 Karma 드론의 생산을 중단하였다.

(4) GoPro와 DJI는 항공촬영 분야에서 유사한 영역을 탐구하고 있지만, 현재는 서로 다른 방향으로 발전하고 있다. DJI는 내장 카메라가 탑재된 고급 드론에 집중하고 있으며, GoPro는 여전히 액션 카메라 시장에서 강력한 경쟁력을 유지하고 있다.

**3) 짐벌의 발전 :** 드론의 짐벌은 비디오 및 사진촬영의 안정성과 질을 크게 향상시키는 중요한 기술적 발전을 거쳐 왔다. 짐벌은 카메라를 고정하고 움직임을 조절하여 부드러운 촬영을 가능하게 하는 장치이다. 짐벌의 이러한 발전은 드론 촬영의 전문성과 다양성을 높였다. 현재의 짐벌 기술은 비디오 및 사진촬영의 품질과 크리에이티브한 가능성을 극대화하는 데 중요한 역할을 한다.
드론 짐벌의 발전 역사를 간략하게 살펴보면 다음과 같다.

(1) 초창기 단계(수동 짐벌) : 초기의 드론은 짐벌을 갖추지 않았거나 수동으로 조절하는 간단한 짐벌만을 사용했다. 이 단계에서는 드론의 움직임에 따라 촬영 이미지가 쉽게 흔들렸다.

(2) 2축 짐벌 : 2축 짐벌은 수평(Pitch) 및 회전(Roll) 방향의 움직임을 보정하게 된다. 이로 인해 드론 촬영의 안정성이 향상되었지만, 완벽하게 안정화되지는 않았다.

(3) 3축 짐벌 : 3축 짐벌은 피치, 롤, 수직(Yaw) 방향의 움직임 모두를 보정한다. 3축 짐벌의 등장은 드론 촬영의 품질을 혁명적으로 향상시켰다. 대부분의 전문적인 촬영용 드론에는 현재 3축 짐벌이 탑재되어 있다.

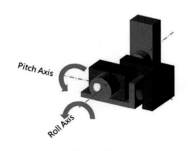

그림 2-2. 2축 짐벌

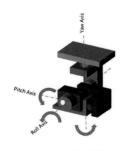

그림 2-3. 3축 짐벌

출처 : BrunchStory 홈페이지

① 3축 짐벌의 작동 원리 : 3축 짐벌은 카메라의 안정화를 위해 세 개의 회전축을 사용한다. 롤(Roll), 피치(Pitch), 그리고 요(Yaw), 이 세 축은 카메라의 모든 움직임과 방향을 조절하며, 드론이 움직이거나 풍향 변화에 따른 진동으로 인한 흔들림을 최소화한다.

■ **3축 짐벌의 주요 작동 원리와 구성 요소**

- **모터** : 각 축마다 전용 브러쉬리스 모터가 있어서, 카메라의 움직임을 실시간으로 조정하며 안정화를 유지한다.

- **제어 보드** : 짐벌의 핵심 부품으로, 센서로부터의 입력을 받아 모터를 제어하며, 카메라의 위치와 방향을 정확하게 조절한다.

- **자이로 센서** : 짐벌의 움직임과 위치를 지속적으로 감지하며, 원치 않는 움직임 또는 흔들림이 감지될 경우 이 정보를 제어 보드에 전달한다.

- **가속도계** : 자이로 센서와 함께 작동하여 짐벌의 정확한 위치와 방향을 파악한다.

- **피드백 루프** : 센서에서 수집된 데이터는 제어 보드로 전송되며, 이 보드는 데이터를 처리하여 브러쉬리스 모터의 회전 방향과 속도를 조절한다.

■ **3축 짐벌의 카메라 안정화 방식**

- **롤(Roll) 안정화** : 드론이 좌우로 기울어질 때, 롤 축 모터가 작동하여 카메라를 수평으로 유지한다.

- **피치(Pitch) 안정화** : 드론이 앞뒤로 기울거나 상승/하강할 때, 피치 축 모터가 카메라의 각도를 조절한다.

- **요(Yaw) 안정화** : 드론이 왼쪽 또는 오른쪽으로 회전할 때, 요 축 모터가 카메라의 방향을 고정하거나 원하는 방향으로 조절한다.

(4) 소프트웨어 기반 안정화 : 짐벌 하드웨어와 함께 발전한 소프트웨어 알고리즘은 드론의 움직임을 더욱 섬세하게 보정하고, 이동 중에도 카메라의 방향을 고정하거나 특정 대상을 추적하는 기능을 제공하게 되었다.

(5) 통합 카메라 시스템 : 일부 최신 드론은 짐벌과 카메라를 하나의 통합된 시스템으로 제작, 최적화된 성능을 제공한다. 이는 무게 절감과 함께 성능 향상에 기여하였다.

(6) AI 및 자동 추적 기능 : 짐벌 기술은 AI와 함께 발전하여 드론이 자동으로 특정 대상을 인식하고 추적할 수 있게 되었다. 이 기능은 동적인 촬영 시퀀스에서 특히 유용하게 사용된다.

# 4. 2013년

DJI Phantom이 출시되었고, 고화질의 사진과 영상을 촬영하는 개인용 드론 시장을 대폭 확장시켰다. 이러한 변화로 많은 기업들이 자신들의 제품이나 서비스를 홍보하기 위해 드론 촬영을 시작하였다.

**1) DJI Phantom의 역사** : DJI의 Phantom 시리즈는 소비자용 드론 시장을 선도해온 중요한 제품 라인이다. Phantom 시리즈의 각 버전마다 특징과 발표 시기는 다음과 같으며, 현재까지의 마지막 모델은 DJI Phantom

4 Pro V2.0이지만, DJI는 시간이 지나며 여러 가지 다른 드론 시리즈를 출시해 왔다. 각 Phantom 모델은 시대의 흐름에 따라 개선된 기능과 성능을 제공하면서 드론 산업의 발전에 크게 기여하였다.

(1) DJI Phantom (2013년) : DJI Phantom의 첫 번째 버전은 드론 산업을 대중화시키는 데 큰 역할을 했다. 이 모델은 초보자들이 쉽게 항공촬영을 즐길 수 있도록 하였다.

(2) DJI Phantom 2 (2013년) : DJI Phantom 2는 첫 번째 버전의 개선된 모델로, 비행 시간이 증가하고 GoPro 카메라를 장착할 수 있는 옵션이 추가되었다.

(3) DJI Phantom 3 (2015년) : Phantom 3는 직접적으로 내장된 카메라와 비행 중에 실시간으로 HD 화질의 비디오 스트리밍을 지원하는 Lightbridge 기술을 탑재하였다.

(4) DJI Phantom 4 (2016년) : Phantom 4는 더욱 강력한 카메라와 자동 추적, 장애물 감지 등의 인공지능 기반 기능들을 탑재하였다.

(5) DJI Phantom 4 Pro (2016년) : Phantom 4 Pro는 1인치 크기의 20메가픽셀*부록 참조 CMOS 센서를 탑재하였고, 5방향 장애물 감지 기능 등을 추가하였다.

(6) DJI Phantom 4 Advanced (2017년) : Phantom 4 Advanced는 Phantom 4 Pro와 비슷한 스펙을 가지면서 가격을 낮춘 모델이다.

(7) DJI Phantom 4 Pro V2.0 (2018년) : Phantom 4 Pro V2.0은 Phantom 4 Pro의 업그레이드 버전으로, 소음을 줄이는 새로운 프로펠러 디자인, OcuSync 비디오 전송 기술 등을 탑재하였다.

**2)** **2013년, 왜 DJI Phantom에 열광하였는가? :** DJI의 Phantom 드론 시리즈는 출시 때부터 매우 긍정적인 반응을 받았다. 많은 리뷰어들과 사용자들이 그 성능, 품질, 그리고 가치를 칭찬하였고, 이로 인해 DJI는 소비자용 드론 시장의 선도적인 역할을 하게 되었다. Phantom의 성공은 이후 DJI가 더욱 다양한 드론 시리즈를 출시하는 데에 밑거름이 되었다. 이는 DJI의 Phantom 드론이 다음과 같은 특징들 때문이었다.

(1) 접근성 : Phantom은 비교적 합리적인 가격에 고성능의 드론을 제공하였다. 이로 인해 드론 항공촬영이 전문가가 아닌 일반 사용자들에게도 가능하게 되었다.

(2) 사용의 편의성 : Phantom 드론은 사용이 쉽고 직관적이었다. 초보자도 쉽게 학습하고 사용할 수 있었다.

(3) 기능과 성능 : Phantom 드론은 고화질의 사진과 영상 촬영, 안정적인 비행, 긴 비행 시간 등의 뛰어난 성능을 보였다.

## 5. 2013년

아마존 CEO인 제프 베이조스는 아마존 프라임 에어라는 드론 배달 서비스 계획을 발표하였다. 이 계획은 드론의 상업적 가능성을 널리 알리는 데 중요한 역할을 하였다.

**1)** **아마존 프라임 에어 :** 아마존 프라임 에어는 아마존이 개발 중인 무인 항공 배송 서비스로 목표는 고객이 주문한 상품을 30분 내로 배송하는 것이다.

(1) 이 서비스는 물류 센터에서 고객의 주소까지 소형 패키지를 운송하는 데에 드론을 사용한다. 드론은 전자적으로 이동 경로를 계획하고, GPS를 사용하여 목적지까지 안전하게 운행하며, 센서와 고급 알고리즘을 이용해 장애물을 회피한다.

(2) 아마존은 프라임 에어 서비스를 구현하기 위해 여러 가지 드론 디자인을 개발하고 테스트하였다. 예를 들어, 일부 드론은 수직으로 이륙하고 착륙하는 VTOL(Vertical Take-Off and Landing) 디자인을 사용하였고, 다른 드론은 고정익 디자인을 사용하였다.

(3) 그러나 2023년 현재까지 아마존 프라임 에어의 상용화는 여전히 진행 중이다. 아마존은 무인 항공 배송을 안전하고 효과적으로 구현하기 위해 필요한 규제, 기술, 인프라 문제들을 극복하려고 노력하고 있다.

(4) 미국 연방항공청(FAA)은 2020년 아마존에게 Part 135 항공운송인증을 부여하였다. 이는 아마존이 무인 항공 배송을 상업적으로 운영할 수 있음을 인정하는 중요한 단계이지만, 아마존 프라임 에어가 대규모로 배포되기 전에 아직 극복해야 할 많은 도전 과제들이 남아 있다.

**2) 아마존 프라임 에어의 극복 과제 :** 아마존 프라임 에어가 극복해야 할 몇 가지 중요한 과제들을 다음과 같이 정리할 수 있다. 아마존은 이러한 도전 과제들을 해결하기 위해 계속 노력하고 있다. 이 과정에서 아마존은 새로운 기술을 개발하고, 규제 기관과 협력하며, 테스트 운영을 통해 사회적 수용성을 높이는 데 집중하고 있다.

(1) 규제 문제 : 현재로서는 FAA와 같은 규제 기관들이 드론을 사용한 배송 서비스에 대한 규정을 완벽하게 만들어내지 못하였다. 드론의 안전한 운행, 사생활 침해 문제, 소음 문제 등과 같은 여러 이슈에 대한 해결책이 필요하다.

(2) 기술적인 한계 : 드론이 안전하게 날아가려면 정교한 센서와 소프트웨어가 필요하다. 드론이 장애물을 피하고, 안전한 착륙 지점을 찾으며, 다양한 날씨 조건에서 안전하게 비행할 수 있도록 하는 기술이 필요하다.

(3) 인프라 부족 : 드론 배송 서비스를 지원하기 위한 인프라가 아직 충분하지 않다. 예를 들어, 드론이 안전하게 착륙할 수 있는 공간이 필요하고, 드론이 배터리를 충전하거나 유지보수를 받을 수 있는 시설이 필요하다.

(4) 사회적 수용성 : 드론 배송이 사람들의 사생활을 침해하지 않으며, 소음이나 다른 불편함을 초래하지 않도록 하는 것이 중요하다. 이에 대한 공개적인 토론과 사회적 수용이 필요하다.

(5) 비용 효율성 : 마지막으로, 드론 배송이 경제적으로 이해할 수 있는 비용으로 운영되어야 한다. 드론 구매 비용, 유지보수 비용, 배터리 충전 비용 등을 고려할 때 드론 배송이 전통적인 배송 방법보다 비용 효율적인지를 평가해야 한다.

## 6. 2014년

FAA는 6개의 드론 테스트 사이트를 운영하여 국가 공간에서 무인 항공기 시스템의 통합을 시험하고 연구하기 위한 프로그램을 발표하였다. 각 사이트는 특정 연구 목표에 집중하며, 무인 항공기의 안전, 효율성, 효과성을 개선하는 데 중요한 역할을 한다. 이 프로그램은 2019년에 공식적으로 종료되었지만, 많은 사이트들은 여전히 무인항공기에 대한 연구와 개발을 계속하고 있다.

**1) FAA의 6개의 드론 테스트 사이트** : FAA는 2013년에 무인 항공기 시스템(UAS) 통합 테스트 사이트 프로그램을 개시하였다. 이 프로그램의 목적은 무인 항공기가 국가 항공 운영 시스템에 안전하게 통합될 수 있도록 하는 것이었다. FAA는 이 목표를 달성하기 위해 다음의 6개 사이트를 선택하였다.

(1) 알래스카의 University of Alaska : 알래스카 테스트 사이트는 광범위한 기후와 지리적 조건에서 무인 항공기의 성능을 테스트하는 데 이상적인 환경을 제공한다.

(2) 네바다의 Nevada System of Higher Education : 이 사이트는 UAS의 항공 교통 관리와 관련된 연구에 초점을 맞추고 있다.

(3) 뉴욕의 New York's Griffins International Airport : 이 사이트는 무인 항공기가 공항과 같은 복잡한 환경에서 안전하게 운영될 수 있는 방법을 연구하고 테스트한다.

(4) 노스다코타의 North Dakota Department of Commerce : 이 사이트는 농업과 관련된 UAS 응용 프로그램에 중점을 둔다.

(5) 텍사스의 Texas A&M University-Corpus Christi : 이 사이트는 연안 환경에서 UAS의 성능과 안전성을 연구하고 테스트한다.

(6) 버지니아의 Virginia Tech : 이 사이트는 위험한 임무에 사용되는 무인 항공기의 안전성에 중점을 둔다.

**2) 계속되고 있는 연구와 개발** : FAA(Federal Aviation Administration)의 UAS(무인 항공 시스템) 테스트 사이트 프로그램은 2019년에 공식적으로 종료되었지만, 그 후에도 여전히 많은 기관과 조직이 무인항공기에 대한 연구와 개발을 계속하고 있다.

(1) 이러한 연구는 무인항공기의 안전성, 효율성, 유용성을 향상시키는 것을 목표로 하고 있으며, 다양한 분야에서 무인항공기의 활용 가능성을 탐구하고 있다. 예를 들어, 무인항공기는 상업적 배송, 농업, 재난 관리, 기상 관측, 조사 및 탐사 등 다양한 분야에서 사용될 수 있다.

(2) 또한 이러한 기관과 조직은 FAA와 같은 규제 기관과 협력하여, 무인항공기가 안전하게 운영되고 규제를 준수하도록 하는 데 중요한 역할을 하고 있다. 이는 무인항공기의 상업적 사용이 증가함에 따라 점점 더 중요해지고 있다.

(3) 이렇게 많은 조직과 기관들이 무인항공기에 대한 연구와 개발을 계속하고 있는 이유는, 무인항공기 기술이 계속 발전하고 있으며, 이 기술의 잠재력이 아직 완전히 활용되지 않았기 때문이다. 따라서 이 분야의 연구와 개발은 앞으로도 계속될 것으로 예상된다.

## 7. 2016년

FAA는 Part 107이라는 새로운 규정을 발표하여 상업적 드론 운영의 기준을 설정하였다. 이로 인해 상업적인 드론 사용이 확대되었으며, 특히 건설, 농업, 영화촬영 등 다양한 분야에서 드론이 활용되기 시작하였다. 이러한 규정들은 미국 내에서 드론을 안전하게 운용하기 위해 설정된 것이다. 만일 이 규정을 위반하면 벌금이나 기타 처벌을 받을 수 있다. 따라서 드론을 운용하려는 사람들은 FAA의 Part 107 규정에 대해 이해하고, 이를 준수해야 한다.

**1) FAA의 Part 107** : FAA의 Part 107은 미국에서 무인 항공기 시스템(UAS) 또는 드론을 상업적으로 운영하려는 사람들에게 적용되는 규정이다. 이는 "작은 무인항공기 규칙"이라고도 알려져 있다. Part 107 규정에 따르면, 드론 운영자는 다음과 같은 요구사항을 준수해야 한다.

(1) 드론 중량 : 드론의 무게는 0.55파운드(250그램) 이상, 55파운드(25킬로그램) 이하이어야 한다.

(2) 고도와 속도 : 드론은 최대 400피트(약 122미터)의 고도에서 비행할 수 있으며, 속도는 시간당 100마일(약 160킬로미터)을 초과할 수 없다.

(3) 비행 시간과 장소 : 드론은 시야가 확보된 낮 시간에만 비행할 수 있다. 이외에는 FAA로부터 특별한 허가를 받아야 한다. 또한 공항 주변 등 통제된 공기 공간에서는 사전 승인을 받아야 한다.

(4) 비행 패턴 : 드론은 항상 조종사나 지정된 관찰자의 시야 안에 있어야 한다. 일명 "시력 관내 비행(Visual Line of Sight, VLOS)"*부록 참조이다.

(5) 자격증 : 상업적 드론 조종사는 FAA의 항공 지식 시험을 통과하여 리모트 조종사 자격증을 취득해야 한다.

그림 2-4 FAA 로고.

그림 2-5 FAA 드론 자격증

출처 : FAA 홈페이지

## 8. 2017년 이후

2017년 이후 드론 항공 촬영은 놀라운 변화를 겪었다. 드론 기술은 안정성과 비행 시간 측면에서 혁신적인 발전을 이루어, 이전보다 더 다양한 분야에서 활용되고 있다. 특히, 360도 카메라와 가상현실(VR) 촬영에 적합한 플랫폼으로 드론이 활용되어 환상적인 공중 경험을 제공하고 있다. 무인 항공기 기술의 발전으로 드론은 자동화된 비행 경로와 작업을 수행하며, 고해상도 영상과 사진을 촬영하는 데 뛰어난 성과를 보인다. 인공 지능(AI) 기술의 도입은 객체 추적과 영상 분석을 개선하여 다양한 응용 분야에서 활용되고 있다. 그러나 드론 사용의 증가로 인한 환경 보호 및 비행 규제 문제가 부각되고 있어, 규제 기관은 드론의 안전한 운용을 보장하려는 노력을 기울이고 있으며, 이러한 혁신과 동시에 환경 및 규제 고려는 드론 항공 촬영의 미래를 형성하는 중요한 요소라 할 수 있다.

# CHAPTER 03 왜 2000년대 들어서서 드론을 활용한 항공촬영이 발전 하게 되었는가?

2000년대 초반부터 드론을 활용한 항공촬영이 급격히 발전하기 시작한 데에는 기술적 발전, 비용절감 그리고 법규환경의 변화가 주요한 역할을 하였다. 기술적으로는 센서, 배터리, 통신 기술의 진보가 드론의 성능을 크게 향상시켰고, 이로 인해 고해상도의 항공촬영이 가능해졌다. 경제적 측면에서 드론은 기존의 유인 항공기에 비해 훨씬 저렴하면서도 효율적인 촬영 솔루션을 제공했다. 또한 정부와 규제 기관들이 드론 운용에 관한 명확한 법규와 지침을 마련하면서 드론 산업이 더욱 안정적으로 성장할 수 있는 환경이 조성되었다. 이러한 변화와 발전은 드론을 활용한 항공촬영을 대중화시키고, 다양한 산업 분야에서의 활용을 촉진하였다.

## 1. 기술적 발전

2000년대에 들어서면서 GPS, LiDAR, 고화질 카메라, 데이터 처리, 인공 지능 등과 같은 기술이 획기적으로 발전하였다. 이로 인해 드론은 안정적으로 비행할 수 있게 되었으며, 고화질의 사진과 비디오를 찍을 수 있게 되었다. 또한 이러한 기술의 발전은 드론을 통한 데이터 수집과 분석을 가능하게 하였다.

1) **GNSS :** 2000년대 초반에는 GNSS(Global Navigation Satellite System, 글로벌 항법 위성 시스템)가 상당히 발전하였다. 더욱 정확한 위치 파악이 가능해 지면서 드론이 목표 지점에 정확하게 도달할 수 있게 되었으며, 자동 비행 및 복귀 기능 등을 제공할 수 있게 되었다. 이러한 GNSS의 발전은 고도의 정확성과 신뢰성을 필요로 하는 다양한 분야에서 큰 변화를 가져왔다. 이 기술의 계속적인 발전과 확장으로 인해 우리는 드론 등 현재 위치 기반의 서비스와 응용 프로그램을 널리 사용하게 되었다. GNSS의 역사는 다음과 같다.

(1) 1957년 : 소련이 세계 최초의 인공위성 '스푸트니크 1호'를 발사하였다. 이는 위성 항법 기술의 가능성을 제시한 첫 사건이었다.

① **GLONASS :** GLONASS(Globalnaya Navigatsionnaya Sputnikovaya Sistema)는 러시아의 글로벌 항법 위성 시스템으로 러시아의 국방 능력 강화를 위한 중요한 수단으로 간주되어 왔다. GLONASS에 대한 몇 가지 주요 정보는 다음과 같다.

■ **시작 :** GLONASS 프로젝트는 1970년대 초에 시작되었으며, 1982년 첫 위성이 발사되었다.

■ **작동 원리 :** GLONASS는 지구를 도는 여러 위성들로 구성되어 있으며, 이 위성들은 지구의 특정 위치에서 신호를 전송한다. 수신기는 이 신호를 수신하여 정확한 위치, 속도, 그리고 시간을 계산한다.

■ **위성 수 :** GLONASS 시스템은 전체적으로 24개의 위성으로 구성되어 있으며, 이는 지구 주변의 3개의 궤도에 8개씩 배치되어 있다.

■ **범위 :** GLONASS는 전 세계적인 범위의 위치 정보 제공을 목표로 하며, 러시아 내부 및 국외에서도 사용할 수 있다.

■ **GLONASS와 GPS :** GLONASS와 GPS는 각각 독립적인 시스템이지만, 많은 현대의 GNSS 수신기

는 두 시스템을 동시에 사용하여 더욱 높은 정확도와 신뢰성을 제공한다.

■ **최근 발전** : 러시아는 GLONASS 시스템의 정확도와 신뢰성을 개선하기 위한 노력을 지속하고 있다.

(2) 1960년대 : 미국 국방부는 초기 위성 기반의 위치 파악 시스템인 TRANSIT를 개발하였다. 이 시스템은 주로 군사 및 해군 항해에 사용되었다.

(3) 1973년 : 미국은 GPS(Global Positioning System)의 개발을 시작하였다. 이후 수십 년 동안 GPS는 세계에서 가장 널리 알려진 GNSS가 되었다.

(4) 1980년대 : GPS 위성이 첫 발사되었고, 이후 1990년대 중반에 완전한 작동 시스템이 구축되었다.

① **GPS** : GPS는 초기에 군사적 목적으로 개발되었으나, 현재는 전 세계의 수많은 사용자들에게 위치 정보 서비스를 제공하는 중요한 시스템으로 활용되고 있다. GPS에 관련된 주요 정보는 다음과 같다.

■ **시작** : GPS는 1970년대에 미국 국방부에 의해 군사적 목적으로 개발되었다.

■ **위성 수** : GPS 위성 궤도체계는 총 31개의 운용 위성으로 구성되어 있지만, 기본적인 항법 서비스 제공을 위해선 24개의 위성이 필요하다.

■ **궤도 고도** : GPS 위성들은 중간 지구 궤도(MEO, Medium Earth Orbit)에 위치하며, 지구 중심으로부터 약 20,200km의 고도에서 운영된다.

■ **주파수** : GPS는 주로 L1(1575.42 MHz) 및 L2(1227.60 MHz) 주파수 대역에서 작동한다.

■ **서비스 레벨**

• SPS(Standard Positioning Service) : 민간 사용자를 위한 기본 서비스

• PPS(Precise Positioning Service) : 군사 및 정부 승인된 사용자를 위한 보다 정밀한 서비스

■ **정확도** : 민간 사용자에 대한 SPS의 정확도는 보통 5~10m 범위 안에 있다. DGPS(Differential GPS)와 같은 보정 시스템을 사용하면 정확도는 몇 센티미터까지 향상될 수 있다.

■ **사용 가용성** : 원래 미국 정부는 민간 사용자의 GPS 신호에 "선택적 가용성(Selective Availability, SA)"이라는 오차를 의도적으로 추가했으나, 이 기능은 2000년에 해제되었다.

■ **시스템 확장 및 최신화** : GPS III 위성 프로그램과 같은 새로운 프로그램들을 통해 시스템은 지속적으로 확장 및 최신화되고 있다. 이러한 새로운 위성은 보다 높은 신호 파워, 더 나은 신호 구조 및 보다 나은 보안 기능을 제공한다.

■ **전 세계적 이용** : GPS는 전 세계적으로 널리 이용되며, 스마트폰, 자동차, 항공기, 선박, 농업 및 건설 기계, 기상 관측 및 다양한 분야에서 사용된다.

■ **민간 활용** : 원래 군사 목적으로 개발되었지만, 현재는 교통, 기상 예보, 지리 정보 시스템(GIS), 재해 대응, 농업, 건설, 관광 및 여가 활동 등 다양한 분야에서 민간 사용자에게 서비스를 제공한다.

이러한 정보를 통해, GPS는 현대 사회의 많은 부분에서 핵심적인 역할을 하는 시스템임을 알 수 있다.

(5) 1990년대 이후 : 다른 국가 및 지역 연합들도 자체 GNSS를 개발하기 시작하였다.

① Galileo : Galileo는 유럽연합이 개발한 글로벌 항법 위성 시스템으로 Galileo에 대한 주요 정보와 특징은 다음과 같다.

- **목적** : 유럽연합은 독립적인 위성 항법 시스템을 갖는 것의 중요성을 인식하였고, 미국의 GPS와 러시아의 GLONASS에 의존하지 않는 자체 시스템을 만들기 위해 Galileo 프로젝트를 시작하였다.

- **발사** : 2011년에 첫 두 개의 시험 위성이 발사되었으며, 이후 주기적으로 여러 위성들이 추가로 발사되었다.

- **구성** : 최종적으로 Galileo 시스템은 30개의 위성(26개의 작동 위성 및 4개의 예비 위성)으로 구성될 예정이다.

- **서비스** : Galileo는 다양한 서비스를 제공한다. 이에는 공개적인 위치 정보 서비스, 상업적 서비스, 사회적 서비스, 그리고 정부 전용 서비스 등이 포함된다.

- **특징** : Galileo는 고도의 정확도를 자랑하며, 또한 다른 GNSS 시스템과 호환 가능하다. 따라서 많은 현대의 GNSS 수신기는 Galileo, GPS, GLONASS 등 여러 시스템의 신호를 동시에 수신할 수 있다.

- **중요성** : 유럽연합은 Galileo를 통해 항법, 타임스탬프, 국방, 보안, 그리고 다양한 상업적 응용 프로그램에 걸쳐 독립적인 항법 시스템을 갖출 수 있게 되었다.

② BeiDou : BeiDou(北斗)는 중국이 개발한 글로벌 항법 위성 시스템으로 BeiDou 시스템에 대한 주요 정보와 특징은 다음과 같다.

- **시작** : BeiDou 프로젝트의 시작은 1990년대로 거슬러 올라간다. 이 시스템은 초기에는 중국 내에서만 사용되려는 목적으로 시작되었으나, 이후 글로벌 항법 시스템으로 발전하게 되었다.

- **발전 단계** : BeiDou 시스템은 여러 단계로 발전하였다.

  • BeiDou-1 : 초기의 지역 항법 시스템으로, 주로 중국과 인접한 지역을 위한 것이었다.

  • BeiDou-2(또는 Compass) : 이는 더욱 확장된 버전으로, 아시아 태평양 지역을 포함하여 더 넓은 범위를 커버하였다.

  • BeiDou-3 : 이는 진정한 글로벌 항법 시스템으로 발전하였으며, 전 세계적인 서비스를 제공하는 것을 목표로 한다.

- **위성 수** : BeiDou-3는 약 30개 이상의 위성으로 구성되어 있으며, 이는 중저위 궤도, 고위 궤도, 그리고 Geostationary 궤도의 위성들을 포함하고 있다.

- **서비스** : BeiDou는 민간 및 군사 목적의 서비스를 제공한다. 또한 위치 정보, 속도 측정, 타이밍 및 메시지 전송 서비스도 포함된다.

- **중요성** : BeiDou 시스템은 중국의 항법 및 타이밍 독립성을 확보하는 데 중요한 역할을 한다. 이를

통해 중국은 자체의 위성 항법 기술을 보유하게 되어, GPS, GLONASS, Galileo와 같은 다른 주요 GNSS에 의존하지 않게 되었다.

③ NavIC : 인도의 GNSS는 IRNSS(Indian Regional Navigation Satellite System)로 알려져 있다. 하지만 공식적으로는 NavIC (Navigation with Indian Constellation)라는 이름을 사용한다. 이 시스템은 인도 및 주변 지역에서의 위성 기반 항법 서비스를 제공하기 위해 인도 우주 연구 기구(ISRO, Indian Space Research Organisation)에 의해 개발되었으며, NavIC에 대한 주요 정보는 다음과 같다.

- **범위** : NavIC는 주로 인도와 그 주변 1500km 지역을 대상으로 한다.

- **위성 수와 궤도** : 시스템은 3개의 Geostationary 궤도 위성(GEO)과 4개의 Geostationary 동기 궤도(GSO) 위성, 총 7개의 위성으로 구성되어 있다.

- **정확도** : NavIC는 위치 결정의 정확도를 약 10m 범위 내로 제공하며, 인도의 영역에서는 20m 이내의 정확도를 제공하게 설계되었다.

- **주파수**: NavIC는 S-band와 L5-band에서 신호를 전송한다.

- **활용 분야** : NavIC는 다양한 분야에서 활용될 예정이다. 여기에는 차량 내비게이션, 해양 운송, 항공 항법, 트레킹 및 여가 활동, 재난 관리, 통신 및 네트워크 타이밍 서비스 등이 포함된다.

- **장점** : NavIC는 인도 지역의 특정 요구 사항에 맞게 설계되었다. 이로 인해, 특히 인도의 지형과 기후 조건에서는 GPS보다 더 우수한 성능을 발휘할 것으로 예상된다.

④ QZSS : 일본의 GNSS는 QZSS(Quasi-Zenith Satellite System, 준정점 위성 시스템)라고 불린다. 이 시스템은 일본 및 인근 지역에서의 GPS 서비스 개선을 목적으로 설계되었으며, QZSS에 대한 주요 정보는 다음과 같다.

- **개발 목적** : 일본은 도시 지역과 산악 지역에서 GPS 신호의 간섭이나 차단이 자주 발생한다. QZSS는 이러한 문제를 해결하고 일본에서의 위치 결정 서비스를 향상시키기 위해 개발되었다.

- **위성 수와 궤도** : QZSS는 3개의 준정점 위성과 1개의 보충 궤도 위성으로 구성될 계획이었으나, 시스템은 확장될 수 있다. 이 위성들은 대부분의 시간 동안 일본 상공에 위치하여 일본 지역에서의 신호 수신을 최적화한다.

- **호환성** : QZSS는 GPS와 호환성을 가지며, 같은 L-band 주파수를 사용한다. 이는 일본의 사용자들이 GPS와 QZSS를 동시에 활용하여 보다 정확한 위치 정보를 얻을 수 있게 한다.

- **서비스 시작** : QZSS는 2018년부터 본격적인 상업 서비스를 시작했다.

- **활용 분야** : QZSS는 일상의 내비게이션 뿐만 아니라 지진 및 쓰나미 경보 시스템과 같은 재난 대응 시스템, 정밀 농업, 건설 분야에서의 위치 기반 서비스 등 다양한 분야에서 활용될 수 있다.

- **추가 기능** : QZSS는 정밀 위치 정보 제공 외에도, 보다 빠른 전송 속도를 제공하는 메시지 통신 서비

스도 포함하고 있다.

(6) 21세기 : 다양한 GNSS의 발전으로, GNSS 기반의 기술과 응용 프로그램이 폭발적으로 증가하였다. 이는 스마트폰, 자동차 내비게이션, 농업, 교통 관리 시스템 등 다양한 분야에서의 활용을 통해 일반 대중의 생활에 큰 영향을 미쳤다.

### 📝참고 GNSS에 대한 이해

■ **GNSS의 시스템 구성** : GNSS의 구성요소는 다음과 같이 위성군, 제어 Segment, 사용자 Segment로 구성되며, 함께 작동하여 사용자에게 실시간 위치 정보를 제공한다. GNSS의 정확도는 다양한 요인에 의해 영향을 받을 수 있다. 이에는 위성의 수와 위치, 대기 중의 신호 지연, 그리고 수신기 주변의 건물이나 자연적인 장애물 등이 포함된다.

• **위성군 (Space Segment)** : GNSS 시스템은 지구 주변의 중위도 또는 고도 궤도에 배치된 다수의 위성으로 구성된다. 이러한 위성은 지구 주변을 순환하면서 계속해서 자신의 위치와 시간 정보를 포함한 신호를 전송한다.

• **제어 세그먼트(Control Segment)**

  − **지상 제어 스테이션(Ground Control Stations)** : 이들 스테이션은 전 세계 여러 지역에 위치하며 위성의 건강 상태, 궤도 데이터 및 시계 정확도를 모니터링한다.

  − **주 제어 스테이션(Master Control Stations)** : 지상 제어 스테이션에서 수집된 데이터를 처리하고 위성에 업로드할 명령을 생성하는 주요 제어 센터이다.

  − **업링크 스테이션(Uplink Stations)** : 주 제어 스테이션에서 생성된 명령을 위성에 전송하는 역할을 한다.

• **사용자 세그먼트(User Segment)** : GNSS 수신기는 위성들로부터 신호를 수신하고 그 정보를 기반으로 사용자의 위치, 속도 및 시간을 계산하는 장치이다. 드론, 스마트폰, 자동차 내비게이션, 항공기, 선박 및 다른 수많은 응용 프로그램에 사용된다.

■ **GNSS의 기본 작동 원리**

• **위성 전송** : GNSS 위성은 시계로부터의 시간과 그 위성의 특정 위치에 관한 정보를 포함하는 신호를 지속적으로 방송한다.

• **신호 수신** : GNSS 수신기(예: 스마트폰, 자동차 내비게이션, 드론 등)는 여러 위성들로부터 이 신호들을 수신한다.

• **신호의 전파 시간 계산** : 수신기는 위성으로부터 받은 신호의 전송 시간과 수신 시간 사이의 차이를 사용하여 위성과의 거리를 계산한다. 이를 위해 정밀한 시계가 필요하며, 대부분의 GNSS 수신기는 이를 위해 내부에 고정밀의 시계를 포함하고 있다.

• **위치 결정** : 수신기는 최소 4개의 위성으로부터의 거리 정보를 사용하여 자신의 3차원 위치(위도, 경도, 고도)와 시간 오프셋을 계산한다. 이러한 방법을 Triangulation이라고 한다. 실제로 4개보다 더 많은 위성의 신호를 수신할수록 위치 정보의 정확도는 더욱 향상된다.

• **보정** : 위성의 시계 오차, 대기 중의 신호 지연, 수신기의 오차 등 다양한 요인으로 인해 오차가 발생할 수 있다. 이러한 오차를 보정하기 위해 다양한 알고리즘 및 보조 정보(예: 지상 기반의 보조 신호, 기상 정보 등)를 사용할 수 있다.

• **출력** : GNSS 수신기는 계산된 위치 정보를 사용자에게 제공한다. 이 정보는 지도상에 표시되거나 다른 애플리케이션과 통합될 수 있다.

■ **GNSS 다중 지연 오차 원인** : GNSS를 통한 위치 측정은 굉장히 정밀한 과정이지만, 다양한 원인으로 인해 오차가 발생할 수 있다. 이러한 오차 중 대표적인 것이 "다중 경로(Multipath) 오차"이다. 그 외에도 여러 오차 원인이 다음과 같이 있으며, 이러한 오차들을 최소화하기 위한 다양한 기술과 알고리즘이 지속적으로 연구 및 개발되고 있다.

• **다중 경로 오차(Multipath Error)** : GNSS 신호가 빌딩, 산, 또는 다른 큰 물체에 반사되어 수신기에 도달하는 경우, 직접적인 경로로 수신된 신호와 함께 반사된 신호도 수신기에 도달하게 된다. 이로 인해 수신기가 잘못된 위치 정보를 생성할 수 있다.

→ 해결 방법 : 최신 GNSS 수신기는 다중 경로 오차를 최소화하는 알고리즘과 안테나 설계를 사용한다.

• **위성 및 수신기의 시계 오차** : GNSS의 위치 측정은 위성과 수신기의 시계 동기화에 크게 의존한다. 시계의 미세한 오차도 큰 위치 오차로 변환될 수 있다.

→ 해결 방법 : 위성은 아주 정밀한 원자시계를 사용한다. 또한 네 번째 이상의 위성 신호를 사용하여 수신기의 시계 오차를 보정할 수 있다.

• **대기 지연** : GNSS 신호는 대기와 이온권을 통과하면서 지연될 수 있다. 이로 인해 실제 전파 시간 측정이 왜곡될 수 있다.

→ 해결 방법 : GNSS 수신기는 표준 모델을 사용하여 대기 지연을 보정하려고 한다. 또한 두 개 이상의 다른 주파수에서 신호를 수신하여 이온권 지연을 보정할 수 있다.

• **위성의 궤도 오차** : 위성의 정확한 위치(즉, 궤도 정보)는 위치 측정의 정확도에 매우 중요하다. 때때로 위성의 실제 위치와 예상 위치 간에 작은 차이가 있을 수 있다.

→ 해결 방법 : 지상 제어 스테이션은 꾸준히 위성의 궤도를 모니터링하고, 이 정보를 GNSS 수신기에 업데이트한다.

• **위성 기하학적 분포(Geometric Dilution of Precision, GDOP)** : 수신기에 가까운 위성들 사이의 상대적인 위치가 위치 결정의 정확도에 영향을 준다. 모든 위성이 수신기에서 같은 방향으로 위치할 경우 오차가 커질 수 있다.

→ 해결 방법 : 더 많은 위성 신호를 수신하거나 GNSS 활용 소프트웨어를 사용하여 최적의 위성 조합을 선택하는 것이 도움이 될 수 있다.

2) **LiDAR** : LiDAR(Light Detection and Ranging) 기술은 물체와의 거리를 측정하거나 고도를 측정하는 데 사용되며, 드론용 LiDAR는 그 성능과 다양한 응용 분야 덕분에 많은 산업 분야에서 빠르게 인기를 얻고 있다. 특히, 전통적인 지상 기반 LiDAR 시스템보다 더 넓은 영역을 빠르게 스캔할 수 있는 기능은 많은 장점을 제공한다.

(1) **LiDAR의 작동 원리** : LiDAR는 빛의 속도와 특성을 활용하여 거리를 측정하는 원리에 기반한다. 드론에 탑재된 LiDAR 시스템의 작동 원리는 다음과 같다.

① **레이저 발사** : LiDAR 장치는 특정 방향으로 레이저 펄스를 발사한다. 이 레이저는 대체로 적외선 또는 가시광선 범위의 파장을 사용한다.

② **반사 및 감지** : 발사된 레이저 펄스는 지면, 건물, 나무, 다른 물체 등에 닿아 반사된다. 반사된 레이저 펄스는 LiDAR 시스템의 센서에 의해 감지된다.

③ **시간 측정** : LiDAR 시스템은 레이저 펄스가 발사된 시점부터 반사된 펄스가 센서에 도착하기까지의 시

간을 정밀하게 측정한다.

④ **거리 계산** : 빛의 속도는 약 $3×10^8$m/s이다. 따라서, 펄스가 발사되었을 때부터 반사되어 돌아올 때까지 걸린 시간을 사용하여, 해당 물체까지의 거리를 계산할 수 있다. 공식은 다음과 같다.

$$Distance = \frac{Speed\ of\ Light×Time\ taken\ for\ the\ pulse\ to\ return}{2}$$

2로 나누는 이유는 레이저 펄스가 왕복하는 거리를 계산하기 때문이다.

⑤ **3D 포인트 생성** : 측정된 거리값은 드론의 위치 및 LiDAR의 방향과 함께 결합되어 3D 공간의 포인트를 생성한다. 이러한 포인트들은 모두 합쳐져서 3D 포인트 클라우드를 형성하게 된다.

⑥ **다중 반환** : 몇몇 최신 LiDAR 시스템은 하나의 레이저 펄스에서 여러 번의 반환을 감지할 수 있다. 예를 들면, 나무의 잎사귀를 관통하여 그 아래의 지면 정보까지 캡처할 수 있다.

## (2) LiDAR 성능

① **정밀도** : 대부분의 드론용 LiDAR 시스템은 센티미터 수준의 정밀도로 거리를 측정할 수 있다.

② **다중 반환** : 많은 LiDAR 센서는 레이저 펄스가 반사되어 돌아올 때 여러 번의 반환을 감지할 수 있다. 예를 들어, 나무의 잎사귀 위쪽과 아래쪽을 동시에 감지하는 것과 같은 더 복잡한 환경에서의 정보를 얻을 수 있다.

③ **높은 스캔 속도** : 드론용 LiDAR 시스템은 초당 수십만 또는 수백만 번의 펄스를 발사할 수 있다, 이로 인해 빠른 속도로 대규모 지역을 스캔할 수 있다.

④ **다양한 파장** : 특정 LiDAR 시스템은 다양한 파장의 레이저를 사용하여 다양한 환경 및 조건에서 최적의 결과를 얻는다.

## (3) LiDAR 역할

① **지형 측량** : 드론용 LiDAR는 고해상도의 지형도 및 3D 지도를 생성하기 위해 사용된다. 이는 홍수 위험 평가, 지질학적 연구, 건설 프로젝트 기획 등에 유용하다.

② **식생 분석** : LiDAR는 식물의 높이, 밀도 및 구조와 같은 속성을 정량적으로 평가하는 데 사용될 수 있다.

③ **전력선 및 인프라 모니터링** : 드론용 LiDAR는 전력선, 도로, 다리와 같은 인프라의 상태를 모니터링하고 평가하는 데 사용된다.

④ **고고학적 연구** : 숨겨진 고고학적 유적지를 탐지하고 매핑하는데 LiDAR가 사용될 수 있다.

⑤ **산림 자원 관리** : LiDAR는 나무의 높이, 밀도 및 기타 특성을 측정하여 산림 자원의 관리와 평가에 도움을 준다.

⑥ **도시 계획 및 관리** : 도시 지역의 3D 모델링과 변화 감지를 위해 LiDAR 데이터가 활용될 수 있다.

**3) 고화질 카메라 :** 드론의 고화질 카메라는 다양한 분야에서 가치 있는 시각적 데이터를 제공하는 핵심 도구로 사용된다. 이러한 카메라는 빠르게 발전하고 있으며, 향후에는 더욱 다양한 기능과 활용 분야를 제공할 것으로 예상된다.

(1) 고화질 카메라 작동 원리 : 드론에 탑재된 고화질 카메라의 작동 원리는 기본적으로 전통적인 디지털 카메라의 작동 원리와 유사하나 드론 환경에 맞게 최적화되어 있다.

① **렌즈와 조리개 :** 카메라의 앞부분에 위치한 렌즈는 주변의 빛을 수집하고, 조리개는 빛의 양을 조절하여 이미지 센서로 보낸다. 조리개의 크기는 주변 환경의 빛의 양에 따라 조절될 수 있다.

② **셔터 :** 셔터는 이미지 센서에 빛이 얼마나 오랫동안 노출될지를 결정한다. 빠른 셔터 속도는 움직이는 객체를 더 선명하게 캡처하는 데 도움이 된다.

③ **이미지 센서 :** 이미지 센서(주로 CMOS 또는 CCD 센서)는 렌즈를 통해 들어오는 빛을 전기적 신호로 변환한다. 이 센서는 수백만 또는 수천만 개의 픽셀로 구성되어 있으며, 각 픽셀은 이미지의 한 부분을 나타낸다.

④ **이미지 처리:** 센서에서 수집된 데이터는 카메라의 이미지 처리기에 의해 처리된다. 여기서 밝기, 대비, 색상 등의 조정이 이루어지며, JPEG, PNG, RAW 등의 형식으로 저장될 준비가 된다.

⑤ **안정화 :** 드론은 움직임과 진동이 많기 때문에 카메라에는 짐벌과 같은 안정화 장치가 탑재되어 있을 수 있다. 이 장치는 드론의 움직임과 진동으로 인한 영상의 흔들림을 최소화하는 데 도움을 준다.

⑥ **저장 및 전송 :** 촬영된 이미지나 영상은 드론 내부의 메모리 카드에 저장되거나 실시간으로 지상 제어 스테이션에 전송될 수 있다.

⑦ **소프트웨어 최적화 :** 드론 카메라는 종종 자동 노출, 초점 조절, 색상 교정과 같은 다양한 소프트웨어 기능을 갖추고 있다. 이러한 기능들은 촬영 환경에 따라 최적의 이미지 품질을 제공하기 위해 자동 또는 수동으로 조정될 수 있다.

(2) 고화질 카메라 성능

① **해상도 :** 현대의 드론 카메라는 4K, 6K, 또는 그 이상의 해상도를 지원하여 극도로 선명한 이미지와 비디오를 캡처할 수 있다.

② **저조도 성능 :** 많은 고급 드론 카메라는 약한 빛 환경에서도 높은 품질의 이미지를 캡처하기 위해 향상된 저조도 성능을 제공한다.

③ **줌 기능 :** 몇몇 드론 카메라는 광학 줌 또는 디지털 줌을 지원하여 대상을 확대/축소할 수 있다.

④ **안정화 :** 진동 및 움직임으로 인한 이미지 흔들림을 최소화하기 위해 진동 저감 장치나 짐벌을 사용하여 카메라를 안정화한다.

(3) 고화질 카메라 역할

① **지도 및 3D 모델링 :** 고화질 카메라를 사용하여 지역을 캡처하고, 이 데이터를 사용하여 디지털 지도나 3D 모델을 생성한다.

② **감시 및 모니터링** : 드론은 보안, 교통 모니터링, 와일드라이프 감시 등의 목적으로 사용될 수 있다.

③ **영화 및 엔터테인먼트** : 드론의 고화질 카메라는 영화 촬영, 광고, 뮤직비디오 등에서 독특한 각도와 고화질의 영상을 제공한다.

④ **농업** : 고화질 카메라는 작물의 건강 상태를 모니터링하거나 적절한 물/비료 분배를 위한 지도를 생성하는 데 사용된다.

⑤ **건설 및 부동산** : 드론은 건설 현장의 모니터링, 진행 상황의 기록, 부동산 판매를 위한 높은 각도의 사진 및 비디오 촬영에 사용된다.

⑥ **사고 현장 분석** : 사고나 자연재해 발생 시, 드론은 안전한 거리에서 사고 현장의 이미지를 캡처하여 원인 분석이나 피해 정도를 파악하는 데 도움을 준다.

**4) 데이터 처리** : 클라우드 컴퓨팅과 빅데이터 처리 기술의 발전은 드론이 수집한 데이터를 효율적으로 저장, 처리, 분석할 수 있게 해준다.

(1) 드론이 일상과 산업 활동에서의 중요성을 높이면서, 클라우드 컴퓨팅과 빅데이터 처리 기술의 발전이 드론의 성능과 활용도를 크게 향상시켰다. 드론에서 클라우드 컴퓨팅과 빅데이터 처리 기술의 발전에 대한 주요 포인트는 다음과 같다.

① **데이터 저장 및 관리** : 드론은 비행 중에 고화질 이미지, 비디오, 센서 데이터 등 대량의 데이터를 생성할 수 있다. 클라우드 컴퓨팅은 이런 대규모 데이터를 효과적으로 저장, 백업, 복원 및 액세스할 수 있는 인프라를 제공한다.

② **실시간 데이터 처리** : 드론을 사용하여 실시간으로 데이터를 수집하고 분석하는 활동, 예를 들어 재해 대응, 교통 모니터링 등이 클라우드에서의 실시간 데이터 처리 기능 덕분에 가능해졌다.

③ **데이터 분석 및 인사이트 제공** : 드론이 수집한 데이터는 클라우드에서 빅데이터 분석 도구를 사용하여 분석될 수 있다. 이를 통해 비즈니스나 연구 활동에 중요한 인사이트와 패턴을 발견할 수 있다.

④ **자율 비행과 인공지능** : 드론의 경로 계획, 충돌 회피, 객체 인식 등의 작업은 클라우드 기반의 AI 모델을 사용하여 향상될 수 있다. 클라우드에서 학습된 AI 모델은 드론에 배포되어 효과적인 비행을 도와준다.

⑤ **소프트웨어 업데이트와 유지 보수** : 클라우드를 사용하면 드론의 소프트웨어와 펌웨어를 원격으로 업데이트하거나 수정하는 것이 더욱 쉬워진다.

⑥ **협업 및 공유** : 클라우드는 다양한 사용자가 드론에서 수집한 데이터에 액세스하고 협업할 수 있는 플랫폼을 제공한다. 예를 들어, 건설 현장에서 여러 팀이 같은 드론 데이터를 사용하여 작업을 진행할 수 있다.

⑦ **보안** : 클라우드 서비스 제공자는 드론 데이터의 보안을 위해 다양한 보안 프로토콜과 기능을 제공한다.

(2) 드론 기술의 발전과 함께 클라우드 컴퓨팅 및 빅데이터 처리 기술의 발전은 드론의 활용 가능성을 크게 확장시키며, 다양한 산업 분야에서 효과적인 결정을 내릴 수 있는 도구를 제공하고 있다.

**5) 인공 지능 :** 인공 지능(AI)과 머신러닝의 발전은 드론의 자율 비행 및 목표물 추적 등 다양한 기능을 실현하는 데 크게 기여하였다.

(1) 인공 지능(AI)과 머신러닝, 이 두 기술의 통합으로 드론은 이제 단순히 원격으로 조종되는 장치를 넘어, 스스로 학습하고, 결정하며, 복잡한 작업을 수행할 수 있는 고도의 자율성을 갖추게 되었다. 다음은 AI와 머신러닝이 드론 기술에 어떻게 영향을 미쳤는지에 대한 주요 포인트이다.

① **자율 비행 :** AI는 드론이 주변 환경을 인식하고 장애물을 회피하면서 목적지까지 스스로 비행할 수 있게 한다. 드론은 카메라와 센서를 통해 주변 환경의 데이터를 수집하고, 이 정보를 처리하여 안전한 비행 경로를 계획한다.

② **목표물 추적 :** 머신러닝 기반의 객체 인식 기술은 드론이 특정 대상을 식별하고 추적하는 데 사용된다. 이를 통해 드론은 움직이는 대상을 지속적으로 카메라에 포착하며 따라갈 수 있다.

③ **지형 및 건물 인식 :** 드론은 AI를 활용해 지형이나 건물의 특성을 인식하고, 해당 정보를 바탕으로 최적의 비행경로나 착륙 지점을 결정할 수 있다.

④ **데이터 분석 :** 드론은 대량의 데이터(예: 이미지, 비디오)를 수집할 수 있다. AI와 머신러닝은 이 데이터를 자동으로 분석하여 유용한 정보나 패턴을 추출한다.

⑤ **응급 상황 대응 :** 드론은 사람이 접근하기 어려운 장소나 위험한 상황에서도 작업을 수행할 수 있다. AI를 활용하면 드론은 응급 상황을 자동으로 감지하고 적절한 대응을 할 수 있다.

⑥ **예측 유지 보수 :** 드론은 자신의 상태와 성능을 모니터링하고, AI를 사용하여 잠재적인 문제나 유지 보수 필요성을 예측할 수 있다.

(2) 이러한 발전으로 인해 드론은 다양한 분야에서 활용되며, 특히 산업, 농업, 구조, 보안 등의 분야에서 더욱 효과적인 역할을 수행하게 되었다. AI와 머신러닝의 계속되는 발전은 드론 기술의 미래에 대한 가능성을 더욱 확장시킬 것으로 예상된다.

## 2. 비용 절감

드론은 헬리콥터나 비행기와 같은 전통적인 항공촬영 방법에 비해 훨씬 저렴하다. 이로 인해 기업들은 비용을 절감하면서도 더 높은 품질의 항공촬영을 수행할 수 있게 되었다.

**1) 비용 절감 측면 :** 헬리콥터나 비행기는 사용 비용이 매우 높다. 이는 연료비, 헬리콥터나 비행기를 운영하는데 필요한 투자 비용, 그리고 전문적인 비행사와 촬영 스태프를 고용해야 하는 노동 비용 때문이다.

(1) 반면에 드론은 저렴한 가격으로 구매 가능하며, 유지 보수 비용도 상대적으로 적다. 또한 비행사와 촬영 스태프의 노동 비용을 크게 줄일 수 있다. 사용자가 직접 촬영을 수행할 수 있으며, 드론 운용에 필요한 교육 비용도 헬리콥터나 비행기에 비해 상당히 낮다.

(2) 따라서 드론은 헬리콥터나 비행기와 같은 전통적인 항공촬영 방법에 비해 훨씬 저렴하면서도 고화질의 촬영을 가능하게 하므로 많은 사람들이 선호하는 선택이 되었다.

**2) 더 높은 품질 측면 :** 드론은 다음과 같은 몇 가지 이점으로 고해상도 및 고품질의 항공촬영을 가능하게 하였다. 이런 장점들 덕분에 드론은 영화 제작, 부동산 촬영, 조사 및 감사, 건설 사이트 모니터링, 재난 관리 등 다양한 분야에서 고품질의 항공촬영을 수행하는 데 널리 사용되고 있다.

(1) 다양한 시점에서 촬영 가능 : 드론은 비행기나 헬리콥터에 비해 훨씬 다양한 각도와 위치에서 촬영할 수 있다. 이는 유니크한 시각이나 흔히 볼 수 없는 시점에서의 촬영을 가능하게 한다.

(2) 정밀 촬영 : 드론은 GPS와 고급 센서를 이용해 매우 정밀하게 위치를 조정할 수 있다. 또한 고급 카메라 기술과 결합하여 선명한 고화질의 이미지 및 동영상을 제공할 수 있다.

(3) 낮은 비용, 높은 품질 : 비행기나 헬리콥터를 이용한 촬영에 비해 드론은 훨씬 비용이 적게 들지만, 동일한 또는 더 높은 품질의 이미지를 제공한다.

(4) 낮은 위험 : 드론은 위험한 환경이나 접근하기 어려운 곳에서도 안전하게 촬영할 수 있다.

## 3. 법규 환경의 변화

2000년대에 들어서면서 여러 국가들은 드론 운영에 관한 법규를 마련하고 이를 개선해 나갔다. 이러한 법규의 환경 변화는 드론의 상업적 사용을 합법적으로 가능하게 하였으며, 드론을 활용한 항공촬영은 급속도로 발전하게 되었다.

**1) 미국 :** 연방항공청(FAA)은 2016년, 상업적 드론 운영을 정규화 하는 규정인 파트 107(Part 107)을 도입하였다. 이 규정은 특정 조건 하에서 상업적 드론 운영을 허용하며, 드론 조종사들은 FAA의 파트 107 자격증을 취득하여야 한다.

**2) 유럽연합(EU) :** 유럽연합(EU) 또한 2021년부터 드론 규정을 새로이 도입하였으며, 이는 드론의 크기와 운영 목적에 따라 세 가지 카테고리로 분류하고 각각의 카테고리에 따른 규제를 마련하였다.

**3) 한국 :** 2017년 항공법을 새롭게 정비하여 드론 운영에 관한 상세한 법규를 마련하였으며, 2021년부터 드론 조종자 자격제도를 개선하여 운영하고 있다. 드론을 상업적 목적으로 안전하게 운용하기 위해 각종 신고나 허가 절차를 지속적으로 정비, 개선하고 있다.

## CHAPTER 04 드론 항공촬영 분야에 DJI는 어떤 역할을 하였는가?

DJI(Da-Jiang Innovations)는 중국의 드론 제조 회사로서, 드론 및 항공촬영 분야에서 상당히 중요한 역할을 수행하고 있다. DJI는 소비자용, 프로슈머용*부록 참조 그리고 전문가용 드론 시장을 선도해 왔으며, 그 제품들은 액세서리, 카메라 기술, 플랫폼, 안정화 기술 등에서 혁신적인 변화를 가져왔다. DJI의 지속적인 혁신은 항공촬영 분야를 전문가만의 것에서 일반 대중이 즐길 수 있는 취미로 전환시켰다. 이러한 방법들을 통해 DJI는 드론 항공촬영 분야에서 핵심적인 역할을 하고 있으며, 지속적으로 새로운 기술 개발을 통해 DJI는 드론 산업의 선두주자로 자리매김하고 있고 세계 최고의 드론 기업이다.

## 1. 기술적 혁신

DJI는 드론 산업에서 세계적인 선두주자로 알려져 있으며, 그들의 제품은 항공촬영 분야에서 많은 사람들에게 선택받고 있다. DJI가 드론 항공촬영 분야에서 기술적 혁신을 이룬 주요 부분은 다음과 같다.

1) **직관적인 컨트롤러와 사용자 인터페이스** : DJI는 드론을 조종하는 것을 간단하게 만들어, 기술에 익숙하지 않은 사람들도 쉽게 사용할 수 있게 하였다.

2) **고급 카메라 안정화 기술** : DJI의 짐벌 기술은 드론이 움직이거나 바람에 흔들려도 카메라가 안정적으로 영상을 촬영할 수 있게 한다.

3) **자동 비행 및 추적 기능** : ActiveTrack 같은 기능들로 대상을 자동으로 추적하거나, Waypoints를 사용해 사전에 정의된 경로를 따라 비행하게 할 수 있다.

4) **장애물 회피 기술** : 센서와 알고리즘을 활용하여 드론이 장애물을 자동으로 감지하고 피할 수 있게 만들었다.

5) **장거리 전송 및 실시간 비디오 스트리밍** : OcuSync 및 Lightbridge와 같은 기술을 통해 사용자는 드론에서 촬영되는 영상을 실시간으로 고해상도로 볼 수 있으며, 이 기술은 드론과 컨트롤러 사이의 연결을 더욱 안정적으로 만든다.

6) **스마트 배터리 관리** : DJI의 스마트 배터리는 사용자에게 남은 비행 시간을 정확하게 알려주며, 낮은 전력 상태에 도달하면 자동으로 반환하도록 설정할 수 있다. 또한 2023년 7월에 출시된 DJI Air 3의 새로운 배터리 충전허브는 혁신적인 전하 전송 기능을 지원하여 기능 버튼을 길게 누르기만 하면, 다른 배터리의 남아있는 전력을 배터리 잔량이 가장 많은 배터리로 전송할 수 있어 충전 옵션이 제한적인 상황에서 효율적으로 배터리를 충전할 수 있게 되었다.

(1) 드론 배터리 전하 전송 기능 : 전하 전송은 일반적으로 전기적 전하가 한 장소에서 다른 장소로 이동하는 것을 의미한다. 이는 전자, 이온 또는 다른 입자들의 움직임으로 발생한다. 드론의 배터리 전하 전송 기능은 주로 배터리에서 드론의 다양한 전자 부품(모터, 카메라, 컨트롤러 등)에 전기 에너지를 공급하는 데 사용된다. 이를 가능하게 하는 기본 메커니즘 및 관련된 부분은 다음과 같으며 이러한 기능과 구성 요소들을 통

해 드론의 배터리는 전하를 안전하고 효율적으로 전송하며, 드론의 성능과 비행 시간을 최적화한다.

① **배터리 구조** : 대부분의 드론 배터리는 리튬 폴리머(LiPo)나 리튬 이온(Li-ion) 배터리를 사용한다. 이러한 배터리는 높은 에너지 밀도와 빠른 방전 능력을 가지므로, 드론이 필요로 하는 고출력을 제공할 수 있다.

② **전하 전송** : 배터리의 양극과 음극 사이에서의 전하의 움직임은 전기 회로에 전력을 공급한다. 드론의 ESC(Electronic Speed Controller)는 이 전력을 모터에 전달하여 드론을 비행시키는 데 필요한 회전력을 제공한다.

③ **전력 관리** : 드론의 전자 부품들은 각각 다른 전압과 전류 요구 사항을 가질 수 있다. 따라서 효율적인 전력 배분 및 관리가 필요하다. 이를 위해 전력 배분 보드(PDB, Power Distribution Board)나 전압 조절 모듈이 사용될 수 있다.

④ **전하 상태 모니터링** : 드론의 비행 중에는 배터리의 전하 상태를 지속적으로 모니터링하는 것이 중요하다. 낮은 전하 상태에서는 드론이 갑자기 비행을 중단할 수 있기 때문이다. 대부분의 드론에는 전하 수준을 모니터링하는 기능이 있으며, 사용자에게 배터리의 상태를 알려주거나, 특정 임계값[*부록 참조] 아래로 떨어질 경우 자동으로 귀환하는 기능을 포함할 수 있다.

⑤ **안전 기능** : 리튬 폴리머나 리튬 이온 배터리는 과도한 충전이나 방전 또는 물리적 손상 시 폭발 또는 화재의 위험이 있다. 따라서 배터리 관리 시스템(BMS)은 배터리의 안전을 보장하기 위해 전압, 전류, 온도 등을 모니터링한다.

**7) 모듈식 및 사용자 친화적 디자인** : 많은 DJI 드론은 사용자가 쉽게 카메라나 배터리를 교체할 수 있도록 모듈식으로 설계되었다.

**8) 다양한 앱 및 소프트웨어 통합** : DJI는 항공촬영뿐만 아니라 편집, 데이터 분석 및 공유와 같은 여러 기능을 제공하는 앱과 소프트웨어를 개발하고 통합하였다.

## 2. 접근성의 향상

DJI는 드론 산업에서 세계적인 선두 주자로, 항공촬영 분야의 접근성 향상에 크게 기여하였다. DJI의 주요 업적과 접근성 향상에 대한 기여를 몇 가지로 정리하면 다음과 같으며, 이러한 노력들 덕분에 DJI는 항공촬영을 전문가뿐만 아니라 일반 대중에게도 접근 가능하게 만들었고, 드론 산업의 대중화에 크게 기여하였다.

**1) 고품질, 경제적인 제품** : DJI는 고성능이면서도 상대적으로 저렴한 비용의 드론을 제공하여 많은 프로와 아마추어 사용자들이 항공촬영을 접하게 만들었다.

**2) 사용자 친화적인 인터페이스** : DJI의 드론은 직관적인 컨트롤러와 애플리케이션을 통해 쉽게 조종할 수 있다. 이로 인해 사용자는 복잡한 학습 곡선 없이 드론을 손쉽게 조종하고 촬영할 수 있게 되었다.

**3) 자동 비행 및 안전 기능** : DJI는 초보자도 안전하게 비행을 즐길 수 있도록 자동 비행 기능, 충돌 방지 센서, 자동 귀환 기능 등 다양한 안전 기능을 도입하였다.

**4) 포괄적인 솔루션 제공** : DJI는 단순한 드론 제품뿐만 아니라, 관련 액세서리, 카메라, 짐벌, 편집 소프트웨어까지 제공하여 사용자가 한 군데에서 모든 필요한 것을 구할 수 있게 하였다.

**5) 교육 및 커뮤니티 활동** : DJI는 다양한 온라인 튜토리얼, 워크숍, 그리고 사용자 커뮤니티를 통해 드론 촬영에 대한 지식과 기술을 공유하고 전파하는 데 기여하였다.

**6) 글로벌 확장** : DJI는 전 세계적으로 리테일 스토어 및 서비스 센터를 확장하여 더 많은 사용자들이 드론과 관련된 제품 및 서비스에 쉽게 접근할 수 있게 만들었다.

## 3. 프로페셔널 시장의 선도

DJI는 드론 항공촬영 분야에서 프로페셔널 시장을 선도하는 데 중요한 역할을 해왔다. 프로페셔널 항공촬영은 특별한 요구 사항과 기대치를 가지고 있기 때문에, DJI는 여러 가지 방면에서 해당 시장을 대상으로 제품과 기술을 선보였다. 아래와 같은 기술 및 제품 개발 노력을 통해, DJI는 프로페셔널 항공촬영 시장에서의 선도적인 위치를 확립하였고, 전문가들에게 맞춤형 솔루션을 제공하면서 해당 시장의 발전에 크게 기여하였다.

**1) 고급 카메라 및 짐벌 시스템** : DJI는 Zenmuse 시리즈와 같은 고급 카메라 및 짐벌 시스템을 출시하여 프로페셔널 항공촬영의 요구 사항을 만족시켰다. 이 시스템은 고화질 촬영, 안정적인 영상, 그리고 다양한 렌즈 옵션 등을 제공한다.

**2) 더 큰 페이로드** : Matrice 시리즈와 같은 드론은 더 큰 페이로드를 운반할 수 있는 능력으로, 다양한 카메라 장비와 액세서리를 장착할 수 있게 설계되었다.

**3) RTK 및 GNSS 시스템** : 실시간 키네틱(RTK) 및 전역 위성 탐색 시스템(GNSS)을 활용하여, DJI의 드론은 높은 정밀도의 위치 측정과 안정적인 비행을 보장하고 있다.

(1) RTK : RTK는 "Real-Time Kinematic"의 약자로, GNSS(Global Navigation Satellite System, 예를 들면 GPS)의 고정밀 위치 결정 방법 중 하나이다. RTK는 실시간으로 센티미터 수준의 위치 정확도를 제공하는 기술로 DJI와 같은 드론 제조업체들은 RTK 기능을 탑재한 드론을 제공하여, 사용자들이 더 높은 위치 정확도를 필요로 하는 작업을 수행할 수 있게 지원하고 있다. RTK의 주요 특징 및 활용은 다음과 같다.

① **고정밀 위치 결정** : RTK는 일반적인 GPS 시스템이 제공하는 미터 수준의 정확도와는 대조적으로, 센티미터 수준의 정확도로 위치를 결정할 수 있다.

② **기준국 및 이동국** : RTK 시스템은 기준국(정적 위치에 설치된 수신기)과 이동국(이동하는 수신기, 예를 들면 드론이나 차량에 장착된 것)으로 구성된다. 기준국은 정확한 위치를 알고 있으며, 이동국은 기준국과의 신호 차이를 분석하여 자신의 위치를 보정한다.

③ **드론에의 활용** : 드론 분야에서 RTK는 높은 위치의 정확도를 필요로 하는 응용 프로그램, 예를 들면 지형 측량, 농업, 건설 모니터링 등에서 널리 사용된다.

④ **빠른 위치 잠금** : RTK는 신속하게 위치를 잠글 수 있어 실시간 애플리케이션에 적합하다.

⑤ **단점 및 제한사항** : RTK는 기준국과의 상대적 거리나 중간에 있는 장애물 등의 요소에 따라 신호의 정확도가 감소할 수 있다. 또한 기준국과의 통신을 위한 실시간 데이터 링크가 필요하다.

**4) SDK 및 API** : DJI는 개발자들에게 소프트웨어 개발 키트(SDK) 및 애플리케이션 프로그래밍 인터페이스(API)를 제공하여, 프로페셔널 사용자와 기업이 자신들의 요구 사항에 맞추어 드론 응용 프로그램 및 솔루션을 개발할 수 있도록 지원하고 있다.

(1) SDK : Software Development Kit의 약자로, 소프트웨어 개발을 위한 일련의 도구, 라이브러리, 문서, 샘플 코드 등을 포함하는 패키지이다. SDK를 통해 개발자들은 특정 플랫폼이나 환경에 맞게 소프트웨어나 애플리케이션을 쉽게 개발할 수 있다. DJI에 관련된 맥락에서 본다면, DJI SDK는 DJI의 드론과 관련된 제품 및 서비스를 개발할 때 사용할 수 있는 도구 및 리소스들을 제공한다. DJI SDK의 활용은 아래와 같은 부분들로 이루어져 있다. 이처럼 DJI는 Mobile SDK, Windows SDK, Onboard SDK 등 다양한 SDK를 제공하여, 드론을 다양한 환경에서 활용하고 특화된 기능을 개발할 수 있도록 지원하고 있다. 이를 통해 DJI는 개발자 커뮤니티와 협력하여 드론 기술의 다양한 활용 가능성을 확장하고 있다.

① **커스텀 애플리케이션 개발** : DJI SDK를 사용하면, 개발자들은 DJI 드론에 특화된 사용자 정의 애플리케이션을 만들 수 있다.

② **드론 제어와 상호작용** : SDK를 활용하여 DJI 드론의 비행 경로, 카메라 조작, 장애물 감지 등 다양한 기능을 프로그래밍적으로 제어할 수 있다.

③ **데이터 수집 및 분석** : DJI 드론에서 수집된 데이터(예 : 영상, 텔레메트리 데이터)를 커스텀 애플리케이션을 통해 추출, 분석 및 활용할 수 있다.

④ **산업 특화 솔루션** : DJI SDK를 활용하면, 특정 산업(농업, 건설, 에너지 등)에 특화된 솔루션을 개발할 수 있다.

⑤ **통합 및 확장** : DJI SDK는 다른 소프트웨어 시스템이나 하드웨어 디바이스와의 통합 및 확장을 용이하게 한다.

(2) API : API는 Application Programming Interface의 약자로, 서로 다른 소프트웨어 간에 정보를 교환하거나 상호작용을 하기 위한 일련의 규정, 정의, 프로토콜을 의미한다. API는 기본적으로 다음과 같은 목적과 기능을 가지고 있으며, API는 현대 소프트웨어 개발에서 핵심적인 역할을 하며, 다양한 서비스, 애플리케이션, 플랫폼 간의 상호작용과 통합을 가능하게 한다.

① API의 목적과 기능

■ **데이터 공유** : API를 통해 한 애플리케이션에서 다른 애플리케이션으로 데이터를 전송하거나 요청할 수 있다.

■ **기능 확장** : API를 사용하여 한 프로그램의 기능을 다른 프로그램에서 사용할 수 있게 만들 수 있다.

■ **통합** : 서로 다른 시스템이나 애플리케이션 간에 데이터와 기능을 통합하는데 API가 사용된다.

■ 시간 절약 : API는 특정 작업을 수행하는 데 필요한 코드를 재사용할 수 있게 해서 개발 시간을 절약할 수 있다.

② API 분류

■ 웹 API(또는 웹 서비스) : 웹 API는 인터넷을 통해 데이터를 교환하거나 웹 서비스를 제공하기 위한 인터페이스이다. REST, SOAP, GraphQL 등 다양한 웹 API 스타일과 규격이 있다.

■ 라이브러리나 프레임워크 기반의 API : 특정 프로그래밍 언어나 시스템에 포함된 라이브러리나 프레임워크를 통해 제공되는 API로, 개발자가 해당 라이브러리나 프레임워크의 기능을 사용할 수 있게 한다.

③ DJI의 API : DJI는 드론과 관련된 다양한 API를 제공하여, 개발자들이 DJI의 플랫폼과 기술을 활용하여 사용자 정의 애플리케이션 및 솔루션을 개발할 수 있게 지원한다. DJI의 API는 크게 다음과 같은 부분에 중점을 두고 있으며, 이러한 API들을 활용하면 개발자들은 DJI 드론의 기본적인 기능을 확장하거나 특정 산업 및 활용도에 맞게 변형할 수 있다. 예를 들면, 농업, 건설, 공공안전, 생태학 연구 등 다양한 분야에서 DJI 드론의 사용을 최적화하는 애플리케이션을 만들 수 있다.

■ Mobile SDK : DJI의 Mobile SDK는 IOS 및 Android 플랫폼에서 사용할 수 있으며, DJI의 드론과 손목 카메라 제품을 커스텀 모바일 애플리케이션과 통합하기 위한 도구를 제공한다. 이 SDK를 사용하여 카메라 설정, 드론의 비행 경로, 미디어 관리 등의 기능을 개발할 수 있다.

■ Onboard SDK : DJI의 Onboard SDK는 드론의 컴퓨터에 직접 설치되어 드론의 주요 기능을 프로그래밍적으로 제어할 수 있도록 한다. 이 SDK를 통해 높은 수준의 자동화 및 특화된 비행 행동을 구현할 수 있다.

■ Payload SDK : 이 SDK는 DJI의 드론에 추가적인 하드웨어나 센서를 장착하고 이를 제어하기 위한 툴셋을 제공한다. 즉, 사용자 정의 페이로드와 DJI 드론 간의 통신 및 제어를 가능하게 한다.

■ Windows SDK : DJI의 Windows SDK를 사용하면 Windows 기반의 시스템에서 DJI 드론을 제어하고 관리할 수 있는 애플리케이션을 개발할 수 있다.

**5) 연구 및 산업용 드론 :** DJI는 항공촬영뿐만 아니라, 농업, 건설, 검사 등 다양한 전문적인 응용 프로그램을 위한 드론을 출시하였다.

**6) 전문 교육 및 지원 :** DJI는 전문가들을 대상으로 한 교육 프로그램과 워크숍을 제공하여, 그들이 DJI의 최신 기술과 솔루션을 효과적으로 활용할 수 있도록 지원하고 있다.

## 4. 안전 기술 개발

DJI는 드론의 대중화와 함께 안전 기술의 개발과 향상에 중점을 둔 브랜드이다. DJI의 안전 기술 개발은 사용자와 타인의 안전을 보장하고, 자산의 보호, 그리고 법규 준수를 돕기 위해 이루어져 왔다. 이러한 안전 기술 개발 부분에서 DJI가 이룩한 주요 업적은 다음과 같으며, 이러한 기술적 발전을 통해 DJI는 드론의 안전한 비행을 위한 기준을 설정하였으며, 이는 전 세계 드론 산업의 안전 표준을 높이는 데 크게 기여하였다.

1) **장애물 회피 센서** : DJI의 많은 드론들은 여러 방향에 걸쳐 장애물 감지 및 회피 기능을 갖추고 있다. 이 센서는 드론이 물체에 부딪히는 것을 방지하기 위해 사용된다.

2) **Geofencing** : Geofencing은 지리적인 영역을 가상의 경계로 정의하고, 해당 경계를 넘나들면 알림, 경고 또는 특정 동작을 실행하는 기술이다. 주로 위치 기반 서비스에서 많이 사용되며, 휴대폰, 차량, 드론 등 다양한 기기와 연동하여 활용된다. 드론의 경우, Geofencing은 주로 비행 금지 구역(예: 공항, 군사 시설)을 설정하거나 사용자가 안전하게 비행할 수 있는 지역을 지정하는 데 사용된다. 휴대폰이나 기타 장치에서는 위치 기반 광고, 보안 알림, 자동화된 태스크 실행 등 다양한 목적으로 활용되며, Geofencing의 기본 원리는 다음과 같다.

   (1) 정의된 경계 설정 : 특정 지리적인 영역이 미리 정의되어야 한다. 이 영역은 원, 다각형 또는 다른 형태로 지정될 수 있으며, 통상 GPS 좌표를 사용하여 경계를 설정한다.

   (2) 장치의 위치 감지 : 장치(예: 휴대폰, 드론)에 내장된 GPS, Wi-Fi, 블루투스, 셀룰러 데이터 등의 기술을 사용하여 장치의 실시간 위치를 파악한다.

   (3) 위치 비교 : 장치의 현재 위치가 정의된 경계 내부, 외부 또는 경계선상인지를 확인한다.

   (4) 응답 : 장치의 위치에 따라 사전에 설정된 동작(예: 알림, 경고, 앱의 기능 변경 등)을 실행한다.

3) **Return to Home(RTH) 기능** : 배터리 부족, 신호 손실 또는 사용자의 요청에 의해 활성화될 수 있으며, 드론은 자동으로 시작 지점으로 돌아오는 RTH 기능을 포함하고 있다. RTH의 원리는 다음과 같다.

   (1) 홈 포인트 설정 : 대부분의 드론은 이륙 시 자동으로 홈 포인트를 설정한다. 이는 드론의 GPS 모듈을 사용하여 수행된다. 일부 드론은 사용자가 홈 포인트를 수동으로 설정할 수 있도록 허용하기도 한다.

   (2) 배터리 수준 모니터링 : 드론은 배터리 수준을 지속적으로 모니터링한다. 배터리 수준이 특정 임계치 아래로 떨어지면 RTH 기능이 자동으로 활성화될 수 있다.

   (3) 신호 손실 감지 : 드론과 컨트롤러 간의 연결이 끊어지면 RTH 기능이 자동으로 활성화된다.

   (4) 장애물 감지 : 현대의 고급 드론은 RTH 중에도 장애물 감지 센서를 사용하여 장애물을 피한다. 장애물 감지 기능이 활성화된 상태에서 RTH를 수행할 때 드론은 주변 환경을 스캔하며 안전한 경로를 찾는다.

   (5) 착륙 : 드론이 홈 포인트에 도착하면 안전하게 착륙한다. 일부 드론은 홈 포인트 위에서 대기하고 사용자의 추가 명령을 기다릴 수도 있다.

   (6) 자동 높이 조정 : 드론은 RTH 기능 활성화 시 미리 설정된 높이(예: 30m)로 상승할 수 있다. 이렇게 하면 드론이 지형이나 장애물에 충돌하는 것을 방지할 수 있다.

4) **FlightAutonomy 시스템** : FlightAutonomy는 DJI의 드론 기술 중 하나로, 드론이 자체적으로 환경을 감지하고 이를 기반으로 안전한 비행을 지원하는 시스템이며, 장애물 회피, 자동 착륙, 정밀 비행 등의 다양한 기능을 지원하게 해준다. 이 시스템의 도움으로 사용자는 안전하게 비행을 수행할 수 있으며, 여러 비행 상황에서

의 위험을 최소화할 수 있다.FlightAutonomy는 여러 센서와 알고리즘을 사용하여 주변 환경을 3차원으로 매핑하고, 장애물을 감지하며, 안전한 비행 경로를 계획한다. FlightAutonomy 시스템의 주요 구성 요소는 다음과 같다.

(1) 비전 센서 : 주로 드론의 전면, 후면, 측면 및 하부에 위치하며, 주변 환경의 이미지를 캡처한다.

(2) 울트라소닉 센서 : 주로 드론의 하부에 위치하여 지면과의 거리를 측정한다. 이를 통해 드론은 착륙 시 지면과의 거리를 알 수 있다.

(3) 메인 카메라 : 드론이 비행 중인 환경을 캡처한다.

(4) IMU(Inertial Measurement Unit) : 드론의 방향, 속도, 고도 등의 움직임을 감지하는 센서이다.

(5) GPS와 GLONASS : 위치 정보를 제공하여 드론의 정확한 위치를 파악한다.

(6) 처리 단위 : 센서에서 수집된 정보를 처리하고, 장애물을 감지하며, 안전한 비행 경로를 계획하는 알고리즘을 실행한다.

**5) ADS-B(Automatic Dependent Surveillance-Broadcast) 수신기** : 일부 고급 DJI 드론은 주변의 유인 항공기를 감지하기 위한 ADS-B 수신기를 포함하고 있어, 유인 항공기와의 충돌 위험을 줄이도록 설계되었다. ADS-B는 항공기의 위치 및 속도와 같은 정보를 자동으로 주변에 브로드캐스트하는 시스템으로 항공 교통 관리와 충돌 회피에 큰 도움을 제공하며, 전통적인 레이더 기반 시스템을 보완하거나 대체하는 데 사용된다. 또한 ADS-B는 항공기와 지상 시스템 간의 양방향 통신을 사용하지 않는다. 대신, 항공기는 주기적으로 정보를 브로드캐스트하며, 이를 수신할 수 있는 시스템이나 항공기가 해당 정보를 받아 사용한다. 이러한 특성 때문에 "Broadcast"라는 용어가 이름에 포함되어 있다. ADS-B의 작동원리는 다음과 같다.

(1) 위성에서의 신호 수신 : 항공기에 설치된 GPS 수신기는 전역 위성 내비게이션 시스템(GNSS)에서 신호를 수신하며, 이를 통해 항공기의 정확한 위치(위도, 경도, 고도)를 파악한다.

(2) 데이터 생성 및 통합 : 항공기의 ADS-B 장치는 GPS에서 받은 위치 정보와 항공기의 내부 센서에서 얻은 다른 정보(예: 속도, 방향, 고도 변경률 등)를 통합하여 ADS-B 데이터 패키지를 생성한다.

(3) 데이터 전송 : 생성된 ADS-B 데이터 패키지는 특정 주파수(보통 1090 MHz 또는 978 MHz)를 사용하여 주변의 다른 항공기와 지상의 수신기에 주기적으로 브로드캐스트된다. 이 브로드캐스트는 거의 실시간으로 이루어진다.

(4) 데이터 수신 및 표시 : ADS-B를 갖춘 항공기는 근처 항공기로부터 전송된 데이터를 수신하여, 조종사에게 주변 항공기의 위치와 움직임을 표시하는데 사용하며, 지상의 ADS-B 수신기는 근처 항공기로부터 전송된 데이터를 수신하여, 항공 교통 관리원에게 현재 항공기의 위치와 움직임을 제공한다.

(5) 항공 교통 관리 : 항공 교통 관리원은 ADS-B 정보를 사용하여 항공기의 위치를 실시간으로 모니터링하고, 항공 교통을 안전하게 관리할 수 있다.

드론에 장착된 ADS-B 수신기는 근처의 유인 항공기의 ADS-B 신호를 감지하고, 해당 정보를 드론의 조종사나 자동 비행 시스템에 제공하는 것이다. 이를 통해 조종사는 주변 환경의 안전 상황을 파악할 수 있으며, 충돌 위험을 최소화하는데 도움을 받을 수 있다. 주의할 점은 대부분의 드론에는 ADS-B "수신기"만 장착되어 있어 신호를 수신만 할 수 있으며, 드론 자체에서 ADS-B 신호를 "송출"하는 기능은 일반적으로 포함되어 있지 않다. 이는 드론이 작은 크기와 가벼운 무게를 가지기 때문에 지속적인 ADS-B 송출에 필요한 전력과 장비를 갖추기 어렵기 때문이다. ADS-B 수신기의 역할은 다음과 같다.

(1) 주변 항공기 감지 : ADS-B 수신기를 통해 드론은 주변의 ADS-B를 송출하는 유인 항공기의 위치와 움직임을 실시간으로 파악할 수 있다.

(2) 충돌 회피 : 조종사는 수신된 정보를 통해 근처 항공기와의 거리와 상대적 위치를 파악하고, 필요한 경우 안전한 경로로 드론을 이동시킬 수 있다. 일부 고급 드론 시스템에서는 이 정보를 자동으로 처리하여 충돌을 회피하는 기능도 포함되어 있다.

(3) 증가된 안전성 : 유인 항공기와 드론 간의 뜻하지 않은 충돌은 큰 위험을 초래할 수 있다. ADS-B 수신기는 드론이 이러한 위험을 인식하고 준비를 할 수 있게 하여, 전반적인 안전성을 증가시킨다.

(4) 관제 및 규제 준수 : 일부 국가나 지역에서는 드론의 비행을 관리하거나 규제하는 데 ADS-B 정보가 활용될 수 있다. 드론의 ADS-B 수신기는 이러한 관리와 규제의 요구사항을 준수하는 데 도움을 줄 수 있다.

(5) 향상된 상황 인식 : 드론 조종자는 ADS-B 정보를 통해 주변 환경에 대한 더 나은 상황 인식을 가질 수 있으며, 이는 더 안전하고 효율적인 비행을 가능하게 한다.

DJI AirSense 기술은 2020년 출시된 모델부터 적용되었으며 ADS-B 기술을 사용하여 드론 파일럿의 상황 인식을 강화하고 비행 중 책임감 있는 결정을 내릴 수 있도록 지원하는 경보 시스템이다. 이 기능은 ADS-B 송신기로 근처 기체에서 자동으로 전송된 비행 데이터를 수집하고 이를 분석하여 잠재적인 충돌 위험을 감지하고 DJI 모바일 앱을 통해 사용자에게 미리 경고한다.

(1) 인근의 기체 실시간으로 보기 : ADS-B는 위성 및 무선 신호를 사용하여 기체 위치를 식별하고 해당 데이터를 실시간으로 공유한다. 이 기술은 미국, 캐나다, 호주, 인도 및 유럽의 항공 분야에서 수년간 널리 사용됐으며 항공 안전 생태계에서 점점 더 중요한 부분이 되었다.

(2) 송출과 수신 비교 : ADS-B 기술에는 두 가지 주요 구성 요소가 있다. 첫 번째는 ADS-B 송출로, 기존 기체에 설치하여 비행경로, 속도, 고도 등의 비행 정보를 파악해 방송할 수 있다. 두 번째는 ADS-B 수신으로, ADS-B 송출 송신기로부터 정보 방송을 수신한다. AirSense가 탑재된 DJI 드론은 ADS-B 수신만 사용하므로, 추가 전송을 통해 전파를 혼잡하게 하지 않고 인근에 있는 기존 기체를 볼 수 있다.

(3) DJI AirSense 관련 FAQ

   ① AirSense는 인근에 있는 모든 비행기를 감지하나요?

      ■ DJI AirSense는 ADS-B 송출이 설치된 인근 기체 사용자에게 경고하는 도구이지만 몇 가지 기술 제한이 있다. AirSense는 1090ES(RTCA DO-260B)와 UAT(RTCA DO-282B)로부터 정보 방송을 수신하지만, 송신기가 오작동하거나 ADS-B 송출이 없는 기체의 경우, AirSense는 방송 메시지를

수신할 수 없으며 경고를 보낼 수 없다. DJI 기체와 여객기 사이에 큰 구조물이나 장애물이 있는 경우나 DJI 기체가 비행 중 위치를 정확하게 결정할 수 없는 경우, AirSense는 ADS-B 정보를 수신하지 못할 수도 있다. ADS-B 송출 전송은 여객기에서 방송될 뿐만 아니라 ADS-B 정보를 수집하고 방송하는 항공 교통 관제소 및 지상국에서도 수신되어 인근의 기체가 주변 공역을 명확하게 파악할 수 있도록 한다. DJI AirSense는 비행 안전성을 높일 수 있는 강력한 도구이지만, 조종자는 궁극적으로 비행 중 주의 깊게 비행하고 주변을 예리하게 관찰할 책임이 있다.

② AirSense 경보를 무시하도록 선택할 수 있습니까?

- DJI는 조종자가 충돌을 일으킬 수 있는 접근 중인 여객기에 대한 경고를 받는 즉시 적절한 비행 고도로 하강하여 방해가 되지 않도록 이동할 것을 적극 권장한다. 그러나 AirSense는 드론을 제어하지 않는다.

③ DJI AirSense에서 내 개인 정보를 공유하나요?

- 아니다. DJI AirSense는 ADS-B 송출을 사용하지 않으며 비행 정보를 방송하지 않는다. DJI는 AirSense와 관련된 정보를 수집하거나 외부와 공유하지 않는다.

④ 내 드론에 ADS-B가 있는 경우, 비행하는 동안 ADS-B가 있는 다른 기체에서 이를 볼 수 있습니까?

- 아니다. AirSense는 ADS-B 수신이 아닌 ADS-B 송출만 사용한다. 즉, AirSense가 장착된 드론은 다른 기체로부터 정보를 수신할 수 있지만 정보를 외부로 방송할 수는 없다.

⑤ ADS-B를 사용하는 국가는 어디인가요?

- 현재 미국의 많은 여객기에서 ADS-B 기술이 사용되고 있으며, 연방 규정에 따라 2020년에 관제 공역에서 의무화되었다. 미국 대부분의 여객기에는 ADS-B 송출이 장착되었으며, 이 기술은 캐나다, 호주, 인도 및 유럽 등 전 세계적으로 적용하고 있다.

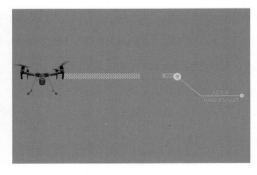

그림 **4-1** ADS-B. 출처 : DJI 홈페이지

**6) Fail-safe 기능 :** 드론의 주요 시스템 중 하나가 실패할 경우, 드론은 안전하게 착륙하거나 특정 지점으로 귀환하는 기능을 갖추고 있다.

**7) 비행 제한 :** DJI의 드론은 일정 고도 및 거리 제한을 가질 수 있어, 사용자가 법규에 따라 안전하게 비행할 수 있도록 지원한다.

**8) 항공순환 및 조종기 경고 시스템 :** 드론의 배터리 수준, 통신 상태, GPS 신호 상태 등 중요한 정보에 대해 사용자에게 실시간으로 알려준다.

## 5. 사용자 친화적 디자인

DJI는 사용자 친화적 디자인을 통해 드론 사용을 대중화하고, 초보자부터 전문가까지 모든 사용자가 드론을 더 쉽게 조작하고 활용할 수 있도록 도와왔다. 사용자 친화적 디자인 부분에서 DJI의 주요 업적과 역할은 다음과 같으며, DJI는 이러한 디자인 전략을 통해 사용자 경험을 최우선으로 생각하고, 드론 비행 및 촬영을 누구나 쉽게 즐길 수 있도록 만들었다. 이로 인해 DJI는 전 세계적으로 대중적인 드론 브랜드로 인식되게 되었다.

**1) 직관적인 조종기 디자인 :** DJI의 드론 조종기는 잡기 편하며, 주요 기능들이 손가락 사이에 자연스럽게 위치하여 사용자가 쉽게 액세스할 수 있도록 디자인되었다.

**2) 스마트폰과 태블릿 통합 :** 사용자는 자신의 스마트폰 또는 태블릿을 조종기에 연결하여 직접적인 카메라 뷰와 다양한 비행 정보를 확인할 수 있다.

**3) DJI Go 4 및 DJI Fly 앱 :** 이 애플리케이션들은 사용자 친화적인 인터페이스를 제공하며, 비행 모드 변경, 카메라 설정, 비행 데이터 확인 등 다양한 기능을 손쉽게 실행할 수 있다.

**4) 일체형 디자인 :** DJI의 Mavic 시리즈와 같은 드론은 접이식 디자인을 채택하여 휴대성을 높였다. 이런 디자인은 사용자가 드론을 쉽게 저장하고 이동시킬 수 있도록 돕는다.

**5) 자동 비행 모드 :** DJI는 여러 자동 비행 모드를 제공하여 사용자가 특정 촬영을 원활하게 수행할 수 있도록 지원한다. 예를 들면, 'Follow Me', 'Orbit', 'Waypoint' 등의 모드는 사용자 친화적인 방식으로 복잡한 촬영을 가능하게 한다.

**6) 빠른 설치 및 배터리 교체 :** DJI 드론은 사용자가 손쉽게 프로펠러를 부착하거나 제거할 수 있도록 설계되었으며, 배터리도 간편하게 교체할 수 있다.

**7) 도움말 및 튜토리얼 :** DJI 앱 내에서는 사용자가 드론의 기능과 조작법을 쉽게 익힐 수 있도록 다양한 도움말과 튜토리얼을 제공한다.

**8) 피드백 시스템 :** 조종기와 앱은 진동, 경고음, 메시지 알림 등을 통해 사용자에게 중요한 정보나 상황을 알려준다.

## 6. 비즈니스 모델

DJI는 드론 항공촬영 분야에서 전 세계적으로 주요 플레이어로 인정받는 기업으로 다양한 비즈니스 전략과 모델을 통해 시장의 리더십을 유지해왔다. DJI의 비즈니스 모델과 그 역할은 다음과 같으며, 이런 다양한 전략과 접근법을 통해, DJI는 드론 항공촬영 분야에서 강력한 브랜드 인지도와 시장 점유율을 확보하며 그 선두주자로서의 지위를 유지해왔다.

1) **제품 다양성** : DJI는 소비자부터 전문가까지 다양한 유저 그룹을 대상으로 다양한 제품 라인업을 출시해왔다. Phantom, Mavic, Inspire 등의 시리즈는 각각의 시장 세그먼트와 사용 목적에 따라 설계되었다.

2) **직접 판매** : DJI는 자체 온라인 스토어와 전 세계에 위치한 매장을 통해 직접 제품을 판매함으로써 중간마진을 줄이고 고객 서비스의 품질을 제어하고 있다.

3) **통합된 솔루션** : DJI는 단순한 하드웨어 판매를 넘어서, 소프트웨어와 함께 통합된 솔루션을 제공한다. DJI GO 4 및 DJI Fly와 같은 애플리케이션은 비행 및 촬영을 보다 사용자 친화적으로 만들어 준다.

4) **연구 및 개발 투자** : DJI는 지속적인 연구 및 개발에 크게 투자하여 새로운 기술과 혁신을 시장에 선보이고 있다. 이러한 혁신은 높은 품질의 카메라 센서, 고급 비행 제어 시스템, 안전 기능 등의 형태로 표현된다.

5) **파트너십 및 협업** : DJI는 다양한 업계와의 협업을 통해 그 영향력을 확대하고 있다. 예를 들면, 공공 안전, 건설, 농업 등 다양한 분야의 전문가들과 협력하여 드론의 다양한 적용 분야를 탐구하고 있다.

6) **교육 및 커뮤니티 활성화** : DJI는 사용자 커뮤니티와의 긴밀한 관계를 유지하며, 교육 프로그램, 워크숍, 경진대회 등을 통해 드론 기술에 대한 인식과 사용을 촉진하고 있다.

## 7. 교육과 커뮤니티 구축

DJI는 단순히 하드웨어를 제공하는 것 이상의 역할을 해왔으며, 드론 항공촬영 분야의 교육과 커뮤니티 구축 부분에서도 다음과 같은 중요한 역할을 수행하였다. 이외에도 DJI는 드론 항공촬영 분야의 성장을 위해 다양한 이벤트, 워크샵, 경쟁 대회 등을 주최하거나 후원하며, 이를 통해 드론 촬영 분야의 커뮤니티 활성화에 기여하고 있다.

1) **교육 프로그램** : DJI는 사용자들이 드론을 안전하게 조작할 수 있도록 다양한 교육 프로그램, 튜토리얼[*부록 참조]과 워크샵을 제공하였다. 이러한 프로그램들은 드론의 기본적인 조작법부터 고급 촬영 기술까지 다양한 주제를 다룬다.

2) **DJI Academy** : DJI는 DJI Academy라는 교육 플랫폼을 통해 드론 조종사 교육을 제공하기도 한다. 이곳에서는 안전 규정, 조종 기술, 촬영 기술 등 다양한 주제에 대한 교육이 이루어진다.

3) **온라인 커뮤니티** : DJI는 공식 웹사이트와 소셜 미디어 채널을 통해 사용자들과의 소통을 적극적으로 유지하고 있다. 사용자들은 이러한 플랫폼을 통해 자신의 촬영 작품을 공유하거나, 기술적인 문제나 조작 팁에 대한 정보를 얻을 수 있다.

4) **DJI Forum** : DJI는 공식 포럼을 운영하여 사용자들이 서로의 경험을 공유하고, 문제 해결을 위한 조언을 얻을 수 있도록 지원하고 있다.

**5) 안전 캠페인 :** 드론의 안전 사용을 강조하기 위해, DJI는 다양한 안전 캠페인과 이니셔티브를 진행하였다. 이를 통해 사용자들은 드론을 조작할 때의 주의사항과 안전 지침을 학습할 수 있다.

**6) 개발자 커뮤니티 지원 :** DJI는 SDK(Software Development Kit)를 제공하여 개발자들이 DJI 드론에 대한 다양한 응용 프로그램을 개발할 수 있게 지원하고 있다.

## 8. 법규 준수와 안전 문화 확산

DJI는 드론 산업의 선두주자로서 그만큼의 책임감을 가지고 있어, 드론의 법규 준수와 안전 문화 확산에도 큰 노력을 기울였다. 다음은 DJI가 해당 분야에서 했던 주요 활동과 기여한 내용이며, DJI는 이러한 활동과 자사의 제품 및 서비스를 통해 드론의 안전한 사용을 장려하고, 사용자들에게 필요한 정보와 도구를 제공하여 법규 준수와 안전 문화의 확산에 기여하고 있다.

**1) Geofencing 시스템 :** 이 기능은 드론이 특정 지역, 특히 공항과 같은 민감한 지역에서 비행하는 것을 제한하도록 설계되었으며, 사용자가 이러한 지역에서 드론을 이륙시키려고 하면, 시스템은 그것을 방해하거나 경고 메시지를 표시한다.

**2) FlightHub 소프트웨어 :** 이 소프트웨어는 팀이 실시간으로 드론의 비행 데이터를 모니터링할 수 있게 해주는 클라우드 기반 솔루션이다. 이를 통해 조직은 드론의 안전한 운용을 더 잘 관리할 수 있다.

**3) 안전 캠페인 :** DJI는 사용자들에게 드론의 안전한 사용에 대한 인식을 높이기 위한 다양한 캠페인과 이니셔티브를 진행하였다.

**4) 교육 자료 제공 :** DJI는 드론 조종사들이 안전하게 비행할 수 있도록 다양한 교육 자료와 안내서를 제공하고 있다.

**5) 법규 업데이트 :** 드론 관련 법규는 국가마다, 때로는 지역마다 다를 수 있다. DJI는 자사의 웹사이트를 통해 다양한 국가의 드론 법규에 관한 최신 정보를 제공하려고 노력하고 있다.

**6) ADS-B(Automatic Dependent Surveillance-Broadcast) 기술 :** 근처의 유인 항공기의 신호를 감지하여 조종사에게 경고하고 이를 통해 충돌 위험을 최소화한다.

그림 **4-2** 휴대용 ADS-B 수신기. 출처 : 위키백과

# 05 현재 드론 항공촬영 활용 분야

드론 항공촬영은 다양한 분야에서 넓게 사용되고 있다. 몇 가지 주요 활용 사례를 살펴보면 다음과 같다. 이 외에도 드론은 에너지 시설 관리, 교통 모니터링, 기상 예측 등 다양한 분야에서 활용되고 있으며, 향후 계속적인 기술의 발전과 함께 드론의 활용 분야는 지속적으로 확장될 것으로 예상된다.

## 1. 영화 및 방송 촬영

드론은 영화 및 방송촬영 분야에서 혁신적인 도구로 자리 잡았다. 그들의 유연성, 접근성 및 상대적으로 저렴한 비용 덕분에 다양한 촬영 상황에서 활용되고 있다. 드론을 활용한 영화 및 방송 촬영의 주요 활용 방법은 다음과 같다. 물론, 드론촬영에는 항공 규제, 안전 문제, 날씨, 배터리 수명 등의 제한 사항이 있다. 그러나 영화 및 방송 산업은 이러한 제한 사항을 극복하면서 드론의 가능성을 꾸준히 탐색하고 있으며 주요 활용 방법은 다음과 같다.

**1) 대기 촬영(Aerial Shots) :** 전통적으로 헬리콥터나 크레인을 사용하여 수행하던 대기 촬영은 현재는 드론을 이용하여 더 저렴하게, 빠르게, 그리고 다양한 각도에서 촬영이 가능해졌다.

**2) 추적 촬영(Tracking Shots) :** 움직이는 주체나 차량을 따라가며 촬영하는 데 드론은 이상적이다. 특히 험준한 지형이나 불규칙한 경로를 따라갈 때 드론은 매우 유용하다.

**3) 다이나믹한 카메라 움직임 :** 드론은 높이와 각도를 빠르게 변경하면서 복잡한 카메라 움직임을 수행할 수 있다. 이로 인해 전통적인 방법으로는 어려웠던 독특하고 다이나믹한 촬영이 가능해졌다.

**4) 풍경 및 배경 촬영 :** 아름다운 풍경이나 도시의 스카이라인 같은 배경을 효과적으로 포착하는 데 드론이 활용된다.

**5) 특수한 촬영 조건 :** 특정한 조건 하에서, 예를 들면 폭포 위나 산꼭대기와 같은 접근이 어려운 지역에서의 촬영에 드론이 사용된다.

**6) 비용 절감 :** 크레인, 헬리콥터 또는 다른 전통적인 촬영 장비 대비 드론은 상대적으로 저렴한 비용으로 다양한 촬영을 수행할 수 있게 해준다.

## 2. 뉴스 및 사건 취재

드론을 활용한 뉴스 및 사건 취재에는 다음과 같이 많은 활용 방법이 있지만, 사용시 안전 규정, 개인 정보 보호, 항공 규제 등을 반드시 고려해야 한다. 여러 국가에서는 드론 사용에 관한 법률 및 규정을 갖추고 있으므로, 드론을 사용하기 전에 해당 규정을 숙지하고 준수하는 것이 중요하다.

**1) 전반적인 현장 파악 :** 큰 사건이나 재난 발생 시, 드론은 높은 곳에서 전반적인 상황을 빠르게 파악하고 촬영하는 데 이용된다. 예를 들어, 화재, 홍수, 지진 등의 현장에서 큰 피해 범위와 현장의 상황을 빠르게 보도하기 위

해 사용된다.

**2) 접근이 어려운 지역 취재 :** 드론은 도로가 막혀 있거나 위험한 지역에도 쉽게 접근하여 실시간 영상을 제공할 수 있다. 예를 들어, 산불, 홍수 지역, 폭파 현장 등에서의 취재에 유용하다.

**3) 생방송 중계 :** 특정 사건이나 행사를 실시간으로 중계할 때 드론은 고유의 시각에서 중계 영상을 제공하며, 다양한 각도와 전망을 통해 관객에게 더 풍부한 정보를 제공한다.

**4) 추적 취재 :** 시위나 행진, 경주 등 움직이는 대상을 추적하여 촬영하는 데 드론이 사용된다. 드론은 지상의 장애물에 영향을 받지 않고, 움직이는 대상을 계속해서 추적할 수 있다.

**5) 3D 매핑 및 복원 :** 큰 사고나 재난 현장에서 드론은 3D 매핑 기술을 활용하여 현장의 모습을 세밀하게 복원하고, 이를 분석하는 데 도움을 준다.

**6) 인터뷰 및 특집 촬영 :** 특별한 배경이나 시각적 효과가 필요한 인터뷰나 특집 촬영 시 드론을 사용하여 다양한 시각적 요소를 추가한다.

**7) 비용 효율성 :** 드론은 헬리콥터나 기타 대형 장비에 비해 훨씬 저렴하기 때문에, 뉴스 기관은 비용을 절약하면서도 고품질의 영상을 제공할 수 있다.

## 3. 부동산 마케팅

드론은 부동산 마케팅에서 효과적인 도구로 각광받고 있다. 다양한 시각에서 건물 및 토지를 촬영할 수 있기 때문에, 구매자나 투자자에게 더 많은 정보와 더 나은 시각적 경험을 제공한다. 이처럼 드론을 활용한 부동산 마케팅은 매우 효과적이지만, 드론 사용에 관한 법적 제한 및 개인 정보 보호 등의 문제도 함께 고려해야 한다. 따라서 촬영 전에 필요한 허가를 받거나, 촬영 영역 및 방법을 사전에 잘 검토하는 것이 중요하다. 부동산 마케팅에서 드론을 활용하는 주요 방법은 다음과 같다.

**1) 대기 촬영(Aerial Photography) :** 부동산 전체의 위치, 크기 및 주변 환경을 보여주기 위해 드론의 대기 촬영 기능을 활용한다. 특히 큰 부지, 농장, 리조트 등의 넓은 부동산에 효과적이다.

**2) 3D 모델링 및 가상 투어 :** 드론을 활용하여 부동산의 외부와 주변 환경의 3D 모델을 만들어, 가상 투어를 제공할 수 있다. 이를 통해 구매자는 실제로 방문하기 전에 부동산을 체험할 수 있다.

**3) 특징 및 주변 환경 강조 :** 드론을 사용하여 부동산의 독특한 특징이나 경치, 주변의 편의 시설 및 자연 환경을 강조하여 촬영한다.

**4) 동영상 마케팅 :** 드론 촬영 영상을 활용하여 부동산 소개 동영상을 제작하면, SNS, 부동산 중개 웹사이트 등에서 홍보하는 데 매우 효과적이다.

**5) 건설 및 개발 프로젝트 추적 :** 아직 건설 중이거나 개발 중인 부동산 프로젝트의 진행 상황을 드론을 사용하여 정기적으로 촬영하고, 이를 마케팅 자료나 업데이트로 제공한다.

**6) 부동산 평가 및 검사 :** 드론은 높은 건물의 외관 검사나 토지의 상태 파악 등에도 활용되며, 이러한 정보는 마

케팅 자료로도 활용될 수 있다.

**7) 이벤트 및 개장 행사 촬영** : 부동산 개장 행사나 이벤트가 있을 때 드론을 활용하여 그 현장의 분위기와 행사의 모습을 촬영하면, 이를 통해 더 많은 관심을 끌 수 있다.

## 4. 건설 및 검(감)사

드론의 활용은 건설 및 감사 분야의 작업 효율성, 안전성, 정확성을 크게 향상시킨다. 그러나 드론 사용에는 항공법, 프라이버시, 안전 규정 등 여러 법적 제한이 따르므로, 활용 전에 해당 국가나 지역의 법률 및 규정을 반드시 확인하고 준수해야 한다. 다음은 드론이 건설 및 검(감)사 분야에서 활용되는 방법은 다음과 같다.

**1) 진행 상황 모니터링 및 보고** : 드론을 사용하여 건설 현장의 일일 또는 주간 진행 상황을 촬영하고, 이를 통해 프로젝트 관리자나 투자자에게 현장의 상황을 정기적으로 보고한다.

**2) 3D 매핑 및 모델링** : 드론의 고해상도 카메라와 특수 소프트웨어를 활용하여 건설 현장의 3D 맵을 작성한다. 이를 통해 현장의 지형, 건설 진행 상황, 장비의 배치 등을 파악할 수 있다.

**3) 검사 및 감사** : 높은 곳이나 접근이 어려운 곳의 구조물 검사와 감사를 안전하게 수행할 수 있다. 예를 들어, 다리, 고층 건물, 터널, 사람의 접근이 어려운 장소 등에서의 감사가 가능하다.

**4) 재고 및 자재 관리** : 드론을 사용하여 건설 현장의 자재 재고를 모니터링하고 관리하는 데 활용된다. 이를 통해 필요한 자재의 수량과 위치를 신속하게 파악하고 관리할 수 있다.

**5) 안전 감사 및 위험 평가** : 건설 현장의 안전 문제나 위험 요소를 파악하기 위해 드론을 사용하여 정기적인 안전 감사를 수행한다.

**6) 사이트 플래닝 및 지형 조사** : 프로젝트 초기에 드론을 사용하여 사이트의 지형, 지질, 수위 등을 조사하고, 이 정보를 바탕으로 최적의 건설 계획을 수립한다.

**7) 커뮤니케이션 및 협업** : 드론 촬영 영상은 건설팀, 엔지니어, 설계자, 투자자 간의 커뮤니케이션을 개선하는 데 사용된다.

**8) 환경 감사** : 드론을 사용하여 건설 현장 주변의 환경 변화나 영향을 모니터링하고, 이를 통해 환경 보호 및 규제 준수 여부를 확인한다.

그림 5-1 드론웍스 플랫폼 서비스. ⓒLH. 출처 : LH 홈페이지

## 5. 조사 및 구조 작업

드론은 조사 및 구조 작업 분야에서 중요한 역할을 수행하며, 그 활용도는 계속 확대되고 있다. 드론의 이러한 활용은 구조 및 조사 작업의 속도와 효율성을 크게 향상시킨다. 하지만 드론을 조작하는 데는 특별한 기술과 훈련이 필요하며, 해당 지역의 법률 및 규정, 안전 및 프라이버시 문제도 고려해야 한다. 드론이 조사 및 구조 작업에서 활용되는 주요 방법은 다음과 같다.

1) **재난 현장 탐색 및 조사** : 자연재해나 사고 발생 시, 드론은 위험한 지역에 빠르게 접근하여 피해 규모, 위험 요소 및 필요한 구조 활동을 파악하는 데 사용된다.

2) **실종자 검색** : 대규모 지역에서 실종자를 찾기 위해 드론의 고해상도 카메라와 열화상 카메라를 활용하여 효율적인 탐색을 수행한다.

3) **구조 요원 지원** : 드론을 활용하여 구조 요원에게 필요한 정보를 제공하거나, 생명을 구할 수 있는 장비나 의료 용품 등을 전달하는 데 사용된다.

4) **화재 현장 조사** : 큰 화재나 산불의 현장에서 드론은 불의 원인, 확산 경로, 위험 지역 등을 신속하게 파악하고, 소방대원에게 중요한 정보를 제공한다.

5) **댐 및 기타 큰 구조물의 상태 검사** : 드론은 댐, 다리, 터널 등의 접근하기 어려운 구조물의 상태를 안전하게 검사하고, 손상 또는 위험 요소를 파악하는 데 사용된다.

6) **환경 및 동물 조사** : 드론을 사용하여 야생 동물의 행동을 관찰하거나 환경 오염 지역의 상황을 조사하는 데 활용된다.

7) **구조 훈련 및 시뮬레이션** : 드론은 구조 훈련 시나리오에서 현실감 있는 훈련 환경을 제공하기 위해 사용되며, 실제 상황에 대비하기 위한 시뮬레이션에도 활용된다.

8) **통신 지원** : 통신이 차단된 재난 현장에서 드론은 일시적인 통신 중계기로서 작동하여 구조 요원 간의 통신을 지원한다.

## 6. 환경 모니터링 및 보존

드론은 조사 및 구조 작업 분야에서 특히 중요한 역할을 수행하며, 그 활용도는 계속 확대되고 있다. 드론의 이러한 활용은 구조 및 조사 작업의 속도와 효율성을 크게 향상시킨다. 하지만 드론을 조작하는 데는 특별한 기술과 훈련이 필요하며, 해당 지역의 법률 및 규정, 안전 및 프라이버시 문제도 고려해야 한다. 드론이 환경 모니터링 및 보존 분야에서 활용되는 주요 방법은 다음과 같다.

1) **야생 동물 모니터링** : 드론은 특정 지역의 야생 동물 종군, 개체 수, 이동 패턴 등을 모니터링하는 데 사용된다. 이를 통해 동물 보호와 생태계 복원에 필요한 정보를 획득할 수 있다.

2) **식생 복원 및 모니터링** : 드론은 복원된 지역의 식생 상태, 성장률, 이상 징후 등을 모니터링하며, 필요한 경우 씨앗을 살포하는 데도 사용된다.

**3) 토지 사용 및 변화 감시 :** 드론은 특정 지역의 토지 사용 변화, 토지 오염, 방식 변화 등을 모니터링하고 기록하는 데 활용된다.

**4) 수질 모니터링 :** 드론에 부착된 특수 센서를 활용하여 호수, 강, 바다 등의 수질 상태, 오염 정도, 온도 변화 등을 모니터링한다.

**5) 기후 및 대기 질 모니터링 :** 드론은 대기 중의 오염 물질, 온실가스, 미세먼지 등의 농도를 측정하며, 기상 변화와 관련된 데이터를 수집하는 데도 사용된다.

**6) 재해 및 환경 위험 평가 :** 자연재해 후, 드론은 피해 상황, 환경 위험 요소 등을 신속하게 평가하고 모니터링하는 데 활용된다.

**7) 해안선 및 맹목 지역 모니터링 :** 드론은 해안선의 침식, 맹목 지역의 변화, 해양 오염 등을 모니터링하는 데 사용된다.

**8) 산불 및 산림 감시 :** 드론은 산림 내에서의 화재 초기 발생, 산림 파괴 및 이상 징후를 감시하며, 필요한 경우 빠른 대응 정보를 제공한다.

**9) 환경 교육 및 홍보 :** 드론 촬영 영상은 환경 보존 및 교육 캠페인, 다큐멘터리 제작, 공공 홍보 자료 등에 활용되어 시민들의 환경 인식을 높이는 데 기여한다.

## 7. 농업

드론은 농업 분야에서 혁신적인 도구로 각광받고 있다. 특히 정밀 농업에서 드론의 활용은 농장의 생산성, 효율성, 그리고 지속 가능성을 향상시키는 중요한 역할을 하고 있다. 이처럼 드론의 농업 분야 활용은 농업의 다양한 측면에서 결정적인 정보를 제공하며, 농부들이 더 효과적이고 지속 가능한 방법으로 농장을 관리할 수 있도록 지원한다. 그러나 드론 사용에는 기술적, 규제적, 그리고 개인 정보 보호와 같은 여러 문제들도 고려해야 한다. 드론이 농업 분야에서 활용되는 주요 방법은 다음과 같다.

**1) 생장 모니터링 :** 드론은 고해상도 카메라와 다양한 스펙트럼의 센서를 통해 작물의 생장 상태, 건강, 스트레스 지표 등을 모니터링하고 분석한다.

**2) 토양 분석 및 관리 :** 다양한 스펙트럼의 이미지를 활용하여 토양의 습도, 영양 상태, 구조 등을 분석하고, 필요한 개선 조치를 계획한다.

**3) 물 및 비료 최적화 :** 드론으로 수집된 데이터를 분석하여 물과 비료의 필요량과 분포를 최적화하며, 자원의 낭비를 줄인다.

**4) 병충해 감지 및 관리 :** 드론은 초기 병충해 발생을 신속하게 감지하고, 그 분포와 규모를 파악하여 적절한 대응 조치를 계획한다.

**5) 자동화 및 최적화된 작물 관리 :** 드론 데이터를 활용하여 자동화된 농기계와 통합하여 작물을 자동으로 관리하고 수확한다.

**6) 재배 계획 및 예측 :** 드론으로 수집된 데이터는 재배 계획, 작물 회전, 그리고 생산량 예측에 활용된다.

**7) 재해 모니터링 및 대응 :** 드론은 홍수, 건조, 폭풍 등의 자연재해 후 농장의 손상 정도와 영향을 평가하는 데 사용된다.

**8) 생태계 및 환경 모니터링 :** 농장 주변의 환경 및 생태계의 변화와 그 영향을 모니터링하고, 지속 가능한 농업 관리 전략을 개발하는 데 활용된다.

**9) 예측 모델링 :** 드론에서 수집된 데이터는 예측 모델링에 활용되어 농작물의 생산량, 병충해 위험, 그리고 기타 중요한 변수들에 대한 예측을 제공한다.

## 8. 사고 현장 조사

드론은 사고 현장 조사에 있어서 빠르게, 정확하게, 그리고 안전하게 현장을 살펴볼 수 있는 도구로써 중요한 역할을 수행하고 있다. 사고 현장의 복잡성, 위험성, 접근성의 문제 때문에 전통적인 방법보다 드론을 사용하는 것이 효과적인 경우가 많다. 드론의 이러한 활용은 사고 현장 조사의 정확성과 효율성을 크게 향상시킨다. 그러나 드론 사용에는 프라이버시, 규제 및 법률 문제, 그리고 기술적 문제와 같은 여러 가지 고려 사항이 있다. 드론이 사고 현장 조사 분야에서 활용되는 방법은 다음과 같다.

**1) 현장 파노라마 촬영 :** 드론을 사용하여 사고 현장의 전반적인 파노라마 촬영을 통해 전체적인 상황을 캡처할 수 있다.

**2) 세부 사진 및 영상 촬영 :** 고해상도 카메라를 활용하여 사고 현장의 세부 사항, 손상된 구조물, 특정 흔적 등을 촬영하고 기록한다.

**3) 3D 모델링 및 재구성 :** 드론으로 수집한 이미지 데이터를 활용해 사고 현장의 3D 모델을 작성하고, 이를 바탕으로 사고의 원인과 진행 과정을 재구성하는 데 사용된다.

**4) 위험 지역 접근 :** 화재, 화학 누출, 구조물 붕괴와 같은 위험한 현장에서 드론은 인명 피해의 위험 없이 현장 조사를 수행할 수 있다.

**5) 트래픽 관리 및 사고 분석 :** 교통사고 현장에서 드론은 트래픽 흐름과 사고 장소의 구체적인 상황을 빠르게 파악하고, 교통 흐름을 관리하는 데 도움을 줄 수 있다.

**6) 증거 수집 :** 드론은 빠르게 현장을 촬영하여 증거를 보존하고, 이를 바탕으로 사고 원인 분석 및 책임자를 파악하는 데 도움을 준다.

**7) 피해자 탐색 및 구조 :** 사고 현장에서 피해자의 위치를 신속하게 탐색하고, 필요한 경우 구조 작업에 필요한 정보를 제공하여 구조팀의 작업을 지원한다.

## 9. 항공사진 및 동영상 촬영

드론은 항공사진 및 동영상 촬영에 있어서 혁신적인 도구로서 급속도로 인기를 얻고 있다. 전통적인 항공촬영 방법에 비해 드론은 비용 효과적이며, 다양한 각도와 높이에서의 촬영이 가능하다는 장점이 있다. 이처럼 드론으로의 촬영은 다양한 장면과 환경에서 높은 품질의 영상과 사진을 얻을 수 있게 해주지만, 프라이버시 문제, 규제 및 안전 사항 등을 항상 고려하여야 한다. 드론이 항공사진 및 동영상 촬영 분야에서 활용되는 방법은 다음과 같다.

**1) 부동산 프로모션 :** 부동산의 전체적인 모습, 주변 환경, 지형 및 시설을 고화질의 동영상 및 사진으로 촬영하여 판매나 임대를 촉진한다.

**2) 광고 및 프로모션 비디오 :** 기업이나 제품의 광고, 뮤직비디오, 다큐멘터리 등에 드론 촬영 영상을 사용하여 시청자에게 새로운 시각적 경험을 제공한다.

**3) 이벤트 촬영 :** 스포츠 경기, 음악 페스티벌, 결혼식 등의 큰 행사나 이벤트에서 고공에서의 전체적인 모습을 촬영한다.

**4) 자연 및 지리적 특성 촬영 :** 국립공원, 산, 계곡, 해안가 등의 자연 경관이나 도시의 스카이라인 등 지리적 특성을 촬영한다.

**5) 필름 및 TV 제작 :** 드론은 영화나 드라마의 촬영 장면에서 다양한 앵글로 촬영을 수행하여 제작비를 절약하고 다양한 연출을 가능하게 한다.

**6) 건설 및 개발 프로젝트 모니터링 :** 건설 현장의 진행 상황, 장비 배치, 인력 동선 등을 모니터링하고 기록하기 위해 드론을 활용한다.

**7) 환경 및 지형 조사 :** 산사태 위험 지역, 홍수 위험 지역 등의 환경적 요인이나 지형적 특성을 파악하기 위해 드론을 활용한다.

**8) 관광 프로모션 :** 관광지의 특징과 아름다움을 고화질의 영상으로 촬영하여 관광객을 유치하는 데 활용된다.

## 10. 행사 및 스포츠 촬영

드론을 통한 행사 및 스포츠 촬영은 관중에게 독특하고 감동적인 시각적 경험을 제공하기 때문에 인기가 있다. 드론은 고정된 카메라나 수동 카메라 운용에 비해 훨씬 유연하게 이동하면서 다양한 각도에서 촬영할 수 있어 행사나 스포츠의 전반적인 분위기와 세부 내용을 한 번에 포착할 수 있다. 이처럼 드론 촬영은 특별한 각도와 뷰포인트에서의 영상을 제공하여 행사나 스포츠 경기를 더욱 특별하게 만들어 주지만 안전 및 규제 문제, 기술적 한계, 그리고 프라이버시 문제 등을 항상 고려하여야 한다. 드론이 행사 및 스포츠 촬영 분야에서 활용되는 방법은 다음과 같다.

**1) 전체적인 행사 모습 포착 :** 큰 행사나 스포츠 경기에서 드론을 사용하여 전체 행사장의 모습과 규모, 그리고 참가자들의 분포를 촬영한다.

**2) 다이나믹한 액션 장면 촬영 :** 스포츠 경기에서는 드론을 사용하여 선수들의 움직임, 골 장면, 중요한 순간 등을 다양한 각도에서 촬영하여 더욱 생생하고 다이나믹한 영상을 생성한다.

**3) 관중의 반응 포착 :** 드론을 통해 관중석에서의 환호나 반응을 촬영하여 경기나 행사의 분위기를 전달한다.

**4) 행사의 시작 및 종료 장면 촬영 :** 행사나 스포츠 경기의 시작과 종료 순간을 고공에서 촬영하여 시각적으로 인상적인 영상을 생성한다.

**5) 배경 및 위치의 강조 :** 행사나 경기가 특별한 장소에서 열리는 경우, 드론을 사용하여 그 장소의 특별함이나 아름다움을 강조하며 촬영한다.

**6) 라이브 스트리밍 :** 드론 촬영 영상을 실시간으로 스트리밍하여 관중에게 현장의 모습을 실시간으로 전달한다.

**7) 하이라이트 및 프로모션 비디오 제작 :** 드론 촬영 영상 중 가장 인상적인 장면들을 모아 하이라이트나 프로모션 비디오를 제작한다.

# CHAPTER 06 드론 항공촬영 분야에서 발전시킬 내용

드론 항공촬영 분야는 이미 많은 발전을 이루었지만, 여전히 개선과 발전이 필요한 부분들이 있다. 이러한 문제들을 극복하고 개선하는 것은 드론 항공촬영 분야의 더욱 큰 발전을 가능케 할 것이다.

## 1. 법적 규제

드론 항공촬영은 혁신적인 기술로 다양한 분야에서 활용되고 있지만, 이로 인해 다양한 법적, 사회적, 안전 관련 문제가 발생하고 있다. 이러한 문제점들을 해결하고, 드론 항공촬영의 안전하고 효과적인 사용을 위한 법적 규제를 발전시킬 내용은 다음과 같다.

**1) 정의 및 범주화 :** 드론의 종류와 목적에 따라 다양한 범주를 설정하고 각 범주별로 규제 수준을 다르게 설정할 수 있다.

**2) 운영자 교육 및 자격증 체계 :** 드론 운영자를 위한 교육과 자격증 체계를 강화하면서, 안전 및 개인정보 보호 등의 주제를 포함하여 훈련을 받게 한다.

**3) 비행 제한 지역 및 고도 :** 공항 주변, 군사 기지, 정부 건물 등 중요한 지역에 대한 드론 비행 제한을 명확히 한다. 또한 촬영을 위한 안전한 고도 제한을 설정한다.

**4) 개인 정보 보호 :** 드론 촬영을 통해 타인의 사생활 침해의 가능성을 최소화하기 위한 규제를 강화한다.

**5) 보험 및 책임 :** 상업적 촬영용 드론 운영 시 적절한 보험 가입을 의무화하며, 사고 발생 시의 책임 범위와 절차를 명확히 한다.

**6) 드론 식별 및 추적 시스템 :** 모든 드론에 식별 및 추적 시스템을 설치하여 불법적인 활동을 예방하고, 사고 시 책임자를 신속하게 파악할 수 있게 한다.

**7) 기술적 안전 규제 :** 드론의 기술적 안전 사항(예: 충돌 회피 기술, 안전한 착륙 기능 등)에 대한 규제를 강화하여 사고 위험을 줄인다.

**8) 환경 보호 :** 드론이 야생 동물이나 민감한 생태계에 미치는 영향을 최소화하기 위한 규제를 설정한다.

**9) 공개 정보 및 교육 :** 드론 사용자와 일반 시민을 대상으로 법적 규제와 안전 규칙에 대한 정보를 공개하고 교육하는 프로그램을 확대한다.

## 2. 기술적 한계

드론 항공촬영 분야에서는 지속적인 기술적 발전이 이루어지고 있지만, 아직도 여러 기술적 한계가 존재한다. 이러한 기술적 한계를 극복하기 위한 연구 및 발전은 드론 항공촬영 분야의 효율성, 안정성, 그리고 다양성을 향상시키는 데 크게 기여할 것이다. 이러한 한계를 극복하고 기술을 발전시키기 위한 주요 내용은 다음과 같다.

**1) 배터리 수명 :** 대부분의 드론은 리튬 폴리머나 리튬 이온 배터리를 사용하는데, 이는 비행 시간에 한계가 있다. 배터리 기술의 향상으로 더 긴 비행 시간을 제공할 수 있도록 연구가 필요하다.

**2) 충돌 회피 및 자동 피하기 기능 :** 현재의 드론은 기본적인 충돌 회피 기능을 갖추고 있지만, 복잡한 환경에서의 미세한 움직임을 완전히 피하는 것은 어렵다. 이를 위한 센서 및 알고리즘의 개선이 필요하다.

**3) 통신 안정성 :** 드론과 조종기 간의 신호 간섭이나 손실로 인해 드론이 제어 범위를 벗어나는 상황이 발생할 수 있다. 보다 안정적인 통신 시스템의 도입이 필요하다.

**4) GPS 정밀도 및 신뢰성 향상 :** 드론의 위치 정확도를 높이기 위해 보다 정밀한 GPS 시스템 및 보조 기술들의 통합이 필요하다.

**5) 풍향 및 날씨에 대한 저항력 :** 강한 바람이나 비, 눈과 같은 극한의 날씨 조건에서도 안정적으로 비행할 수 있도록 드론의 설계 및 기술을 개선해야 한다.

**6) 노이즈 감소 :** 드론의 프로펠러나 모터로 발생하는 소음을 최소화하는 기술적 개선이 필요하다.

**7) 영상 처리 및 전송 속도 향상 :** 고해상도 영상을 실시간으로 빠르게 처리하고 전송하기 위한 알고리즘 및 하드웨어 개선이 필요하다.

**8) 인공 지능 및 자율 비행 기능 :** 드론이 스스로 환경을 인식하고, 주어진 임무를 독립적으로 수행할 수 있도록 인공 지능 및 자율 비행 기술을 통합해야 한다.

**9) 모듈화 및 사용자 맞춤형 구성 :** 사용자의 요구에 따라 카메라, 센서, 배터리 등의 부품을 쉽게 교체하거나 업그레이드할 수 있도록 모듈화된 설계가 필요하다.

## 3. 보안과 프라이버시

드론 항공촬영은 다양한 분야에서 혁신적인 활용법을 제시하고 있지만, 그와 동시에 보안과 프라이버시 문제를 야기하기도 한다. 드론 항공촬영에서의 보안과 프라이버시 문제를 해결하고 이 분야를 발전시키기 위한 주요 내용은 다음과 같다.

**1) 데이터 암호화 :** 드론에서 수집한 영상 또는 데이터는 암호화되어야 하며, 특히 실시간으로 전송되는 데이터는 중간에서의 침입이나 탈취를 방지하기 위해 보안이 강화되어야 한다.

**2) 드론 식별 및 추적 시스템 :** 모든 드론은 식별 가능한 고유 번호나 식별 코드를 가져야 하며, 필요한 경우 해당 드론의 움직임을 추적할 수 있는 시스템을 도입해야 한다.

**3) 비행 제한 지역 설정 :** 사생활 침해가 우려되는 지역(예: 주택가, 학교 등)에서의 드론 비행을 제한하거나 금지하여 프라이버시 침해를 예방해야 한다.

**4) 영상 촬영 및 데이터 저장 규정 :** 무분별한 개인 정보의 수집 및 저장을 방지하기 위해, 드론으로 촬영한 영상이나 데이터의 저장 기간, 활용 방안 등에 대한 규정을 명확히 해야 한다.

**5) 사용자 교육 및 인식 제고 :** 드론 사용자에게 프라이버시 침해의 위험성과 이에 따른 책임에 대한 교육을 제공

하여, 보안 및 프라이버시 문제의 발생을 미리 예방해야 한다.

**6) 개인 정보 자동 블러 처리 :** 드론 촬영 시 자동으로 얼굴이나 차량 번호판 등 개인정보를 블러 처리하는 기술적 방안을 도입하여, 사생활 침해의 위험을 최소화해야 한다.

**7) 드론 해킹 방지 :** 드론의 통신 시스템 및 소프트웨어는 해킹에 대한 저항력을 높여야 한다. 이를 위해 지속적인 보안 업데이트 및 패치가 필요하다.

**8) 국제 표준 및 협력 :** 여러 국가간의 협력을 통해 드론 항공촬영에 관한 국제 표준을 마련하고, 이를 준수함으로써 다양한 국가에서의 프라이버시와 보안 문제를 동시에 해결해야 한다.

**9) 투명성 및 공개성 강화 :** 드론을 사용하는 기업이나 기관은 그들의 드론 활동을 대외적으로 공개하고, 이에 대한 피드백을 수용하여 보안 및 프라이버시 문제의 해결에 적극적으로 참여하도록 해야 한다.

## 4. 인공 지능 및 자동화

드론 항공촬영 분야에서 인공 지능(AI) 및 자동화 기술은 빠르게 진화하고 있으며, 이를 통해 다양한 혜택과 효율성을 얻을 수 있다. 인공 지능 및 자동화 기술을 드론 항공촬영 분야에서 더욱 발전시키기 위한 주요 내용은 다음과 같다.

**1) 자율 비행 및 경로 최적화 :** AI를 활용하여 드론이 스스로 비행 경로를 계획하고 최적화할 수 있도록 만들어야 한다. 이를 통해 장애물을 회피하고, 목표 지점까지 가장 효율적으로 도달할 수 있다.

**2) 실시간 객체 인식 및 추적 :** 드론의 카메라에서 실시간으로 영상을 분석하여 특정 객체나 사람을 자동으로 인식하고, 그 객체나 사람을 계속 추적할 수 있는 기능을 개발해야 한다.

**3) 자동 촬영 모드 :** 특정 촬영 시나리오나 원하는 화면 구성에 맞게 드론이 자동으로 촬영 위치와 각도를 조절하는 기능을 도입해야 한다.

**4) 영상 분석 및 편집 :** AI가 촬영한 영상을 실시간으로 분석하여 중요한 부분을 자동으로 편집하거나 하이라이트를 추출하는 기능을 개발해야 한다.

**5) 조건별 비행 최적화 :** 특정 환경 조건(예: 바람, 강수, 온도 등)에 따라 드론의 비행 방식을 최적화하여 효율적이고 안정적인 비행을 보장해야 한다.

**6) 안전 및 충돌 회피 :** AI와 다양한 센서를 활용하여 드론이 스스로 주변 환경을 인식하고, 장애물이나 다른 드론 또는 고정물과의 충돌을 예방하는 기능을 강화해야 한다.

**7) 데이터 분석 및 인사이트 제공 :** 드론이 수집한 데이터를 AI를 활용하여 분석하고, 해당 정보를 바탕으로 유용한 인사이트나 추천 사항을 제공해야 한다.

**8) 스웜(swarm) 비행 기능 :** 여러 대의 드론이 AI를 통해 팀을 이루어 복잡한 비행 작업을 동시에 수행하도록 만든다. 이를 통해 대규모 촬영이나 특정 임무 수행 시 효율성을 높일 수 있다.

**9) 자동 출발 및 착륙 :** 드론이 주어진 지점에서 자동으로 출발하고 착륙할 수 있는 기능을 개선하고, 이를 통해 사용자의 개입을 최소화해야 한다.

## 5. 데이터 처리 및 분석 기술 개선

드론 항공촬영은 대량의 데이터를 생성한다. 이 데이터는 단순한 영상뿐만 아니라 고해상도의 이미지, 3D 모델링 데이터, 열영상, 멀티스펙트럼 이미지 등을 포함할 수 있다. 이렇게 생성된 데이터를 효과적으로 처리하고 분석하는 것은 중요한 부분이다. 데이터 처리 및 분석 기술 개선을 위해 고려해야 할 주요 내용은 다음과 같다. 이러한 개선 사항들은 드론 항공촬영 데이터의 가치를 극대화하고, 다양한 산업 분야에서의 활용도를 높일 수 있게 도와줄 것이다.

**1) 클라우드 기반 처리** : 대용량 데이터를 빠르게 처리하기 위해 클라우드 기반의 데이터 처리 솔루션을 도입해야 한다. 여기에는 분산 처리와 스토리지 확장성이 중요하다.

**2) 실시간 데이터 분석** : 드론이 비행하는 동안 실시간으로 데이터를 분석하여 즉시 피드백을 제공하는 기능을 개발해야 한다. 이를 통해 비행 중 필요한 조정이나 결정을 즉각적으로 수행할 수 있다.

**3) 고급 이미지 인식 및 분석 알고리즘** : AI와 딥러닝 기반의 고급 이미지 인식 및 분석 알고리즘을 도입하여 특정 패턴, 객체 또는 이상 징후를 자동으로 감지해야 한다.

**4) 3D 모델링 및 가상현실(VR) 통합** : 드론에서 수집된 데이터를 바탕으로 정밀한 3D 모델을 생성하고, 이를 VR 환경에서 시뮬레이션 또는 분석할 수 있는 플랫폼을 개발해야 한다.

**5) Multimode 데이터 통합**<sup>*부록 참조</sup> : 다양한 센서에서 수집된 데이터(예: RGB 이미지, 열영상, 멀티스펙트럼 이미지)를 통합하여 복합적인 분석을 수행하는 기술을 개발해야 한다.

**6) 데이터 보안 및 암호화** : 중요한 데이터가 탈취 또는 변조되는 것을 방지하기 위해 고급 암호화 및 보안 기술을 도입해야 한다.

**7) Semantic 분석**<sup>*부록 참조</sup> **및 지리 정보 통합** : 드론 영상 내 객체나 특징들의 의미나 지리적 정보를 부여하여, 보다 구체적이고 정밀한 데이터 분석을 도와주는 시스템을 구축해야 한다.

**8) 데이터 시각화 툴의 발전** : 복잡한 데이터셋을 이해하기 쉽게 시각화하는 도구와 플랫폼을 개발하여, 사용자가 분석 결과를 직관적으로 이해하고 활용할 수 있어야 한다.

**9) 데이터 최적화 및 압축 기술** : 고해상도 및 대용량 데이터를 효과적으로 저장하고 전송하기 위한 데이터 압축 및 최적화 기술을 연구·도입해야 한다.

## 6. 비행기와 드론 간의 충돌 회피

드론 항공촬영 분야에서 비행기와 드론 간의 충돌을 회피하기 위한 분야는 아주 중요한 주제이다. 안전한 비행을 보장하기 위해서는 다음과 같은 내용을 발전시켜야 한다.

**1) 지오펜싱(Geofencing):** 지오펜싱은 드론이 특정 지역(특히 비행금지구역)을 벗어나지 못하도록 가상의 '울타리'를 설정하는 기술이다. 이를 통해 공항 주변 등의 민감한 지역에서의 비행을 제한할 수 있어야 한다.

**2) 센서 기반 회피 시스템 :** 드론에 LiDAR나 초음파 센서를 장착하여 주변 환경을 탐지하고, 장애물을 감지하면 자동으로 회피하는 기능을 개발해야 한다.

**3) 실시간 트래픽 모니터링 :** 공중에서 다른 비행체의 위치와 움직임을 실시간으로 모니터링하여 충돌 위험을 사전에 파악하고 회피할 수 있게 하는 기술이 필요하다.

**4) V2V 통신 :** Vehicle-to-Vehicle 통신은 드론과 다른 비행체 간의 직접적인 통신을 통해 위치, 방향, 속도 등의 정보를 교환하며, 이를 통해 서로의 경로를 조정하여 충돌을 회피할 수 있어야 한다.

**5) 보다 정교한 비행 통제 시스템 :** 자동화된 비행 패턴, 높이 제한, 그리고 비행금지구역에 대한 정보를 미리 프로그래밍하여 충돌 위험을 줄이는 것이다.

**6) 통합 트래픽 관리 시스템 :** 드론의 비행 정보를 기존 항공 통제 시스템과 통합하여, 일관된 관리와 감독하에 안전한 운행을 보장하는 시스템을 개발해야 한다.

**7) 교육 및 인증 :** 드론 조종사들에게 제대로 된 교육 및 인증을 제공하여, 비행 중 안전 관련 이슈에 대한 인식을 높이는 것이 중요하다.

**8) 법적 규제 및 정책 개발 :** 드론 운용에 대한 법적 규제 및 정책을 지속적으로 개선하고, 최신 기술 및 안전 요구 사항에 맞게 업데이트하여 안전한 운행을 지원해야 한다.

## 7. 소음 감소

드론 항공촬영 분야에서 소음 감소는 중요한 이슈 중 하나이다. 드론이 도심이나 주거 지역에서 운행될 때 발생하는 소음은 주민들의 불만을 초래할 수 있기 때문이다. 소음 감소를 위해 고려해볼 수 있는 주요 개발 및 방향성은 다음과 같다. 이러한 소음 감소는 드론 산업의 지속 가능성 및 사회적 수용성 측면에서 중요한 부분이므로, 연구 및 개발이 지속적으로 이루어져야 한다.

**1) 프로펠러 디자인 개선 :** 프로펠러의 형태, 크기, 소재, 각도 등을 개선하여 공기 저항을 줄이고, 소음을 최소화하는 디자인을 연구해야 한다.

**2) 드론 엔진 및 모터 개선 :** 브러쉬리스 모터와 같은 고효율, 저소음 모터의 활용을 통해 소음을 줄일 수 있어야 한다.

**3) 소음 감쇄 재료 :** 드론의 몸체에 소음을 흡수하거나 퍼뜨리는 소재를 사용하여 소음을 감소시킬 수 있어야 한다.

**4) 비행 경로 및 고도 최적화 :** 드론의 비행 경로와 고도를 최적화하여 주거 지역이나 민감한 지역을 피하는 전략을 세울 수 있어야 한다.

**5) 비행 속도 조절 :** 드론의 비행 속도를 조절하여 특정 속도에서 발생하는 공명을 피해 소음을 감소시킬 수 있어야 한다.

**6) 소프트웨어 및 AI 기반 최적화 :** 인공 지능을 활용하여 드론의 비행 동작을 최적화하고, 비행 중 발생하는 진동과 소음을 줄이는 전략을 연구해야 한다.

**7) 진동 감쇠 메커니즘** : 드론 내부의 구조적인 진동 감쇠 메커니즘을 개발하여 전체적인 소음을 감소시킬 수 있어야 한다.

**8) 공공 인식 및 교육** : 드론 조종사나 사용자들에게 소음 감소 방법 및 중요성에 대한 교육과 훈련을 제공하여 문제를 사전에 예방할 수 있어야 한다.

**9) 법적 규제 및 기준 설정** : 정부나 관련 기관에서 드론의 소음에 관한 표준 및 규제를 설정하여, 제조사나 사용자가 이를 준수하도록 할 수 있어야 한다.

## 8. 교육과 훈련

드론 항공촬영 분야에서 교육과 훈련은 안전 및 전문성 향상을 위해 중요한 요소로 조종사의 전문성 향상뿐만 아니라 안전한 운용과 고품질의 촬영 결과를 얻기 위해 꾸준히 발전시켜야 한다. 교육과 훈련의 효과적인 진행과 발전을 위한 내용은 다음과 같다.

**1) 기본 조종 기술 교육** : 드론의 조종 기술, 비행 원리, 장비 구성 등 기본적인 내용에 대한 교육이 필요하다. 특히 우리나라에서 시행되고 있는 4종 온라인 교육으로 교육훈련이수증을 주고 최대이륙중량 2kg이하 드론에 대한 비행 자격을 부여하는 제도는 검토 보완이 필요한 부분이며, 센서기반 평가를 실시하고 있는 실기평가조종자 제도도 점수제 도입 등 보완이 필요하다 할 수 있다.

**2) 시뮬레이터 훈련** : 비행 전, 가상 환경에서의 훈련을 통해 조종 기술을 향상시킬 수 있을 것이다.

**3) 안전 교육** : 드론의 안전한 운용, 비상 상황 대응, 기술적인 문제 해결 등에 대한 교육이 중요하다.

**4) 법규 및 규정 교육** : 지역별 드론 운용에 관한 법률, 규정, 허가 등에 대한 교육을 제공하여 조종사가 법적 문제를 피할 수 있게 해야 한다.

**5) 특수 환경에서의 촬영 기술** : 다양한 환경(야간, 날씨, 지형 등)에서의 촬영 기술 및 조종 기술에 대한 교육을 진행할 필요가 있다.

**6) 영상 편집 및 후처리 교육:** 드론으로 촬영한 영상의 편집 및 후처리 기술에 대한 교육을 제공해야 한다.

**7) 장비 유지 및 관리 교육:** 드론의 정기적인 점검, 장비의 보존 및 수리 방법 등에 대한 교육이 필요하다.

**8) 상황별 대응 훈련** : 비상 상황, 기술적인 문제, 날씨 변동 등 다양한 상황에 대응하는 훈련을 실시할 필요가 있다.

**9) 인증 프로그램** : 국가 또는 전문 기관에서 드론 조종사의 기술 및 지식 수준을 평가하고 인증하는 프로그램을 운영할 필요가 있다.

**10) 최신 기술 및 트렌드 교육** : 드론 기술과 촬영 트렌드가 빠르게 발전하므로, 최신 기술과 트렌드에 대한 지속적인 교육이 필요하다.

**11) 교육자료 및 자료실 구축:** 온라인 플랫폼 또는 물리적 자료실을 구축하여 다양한 교육 자료와 더 많은 훈련 비디오 등을 제공해야 한다.

## 9. 표준화

드론 항공촬영 분야에서의 표준화는 안전, 효율성, 품질 보장 및 산업 발전을 위해 중요하다. 국가별 또는 국제적인 기관들이 협력하여 이러한 표준을 개발하고 적용함으로써 다양한 관련자들이 공통의 규약 아래에서 일관된 방식으로 작업을 수행할 수 있게 된다. 표준화 분야에서 발전시킬 주요 내용은 다음과 같다.

**1) 기술 표준** : 드론의 크기, 중량, 비행 시간, 통신 범위, 배터리 수명 등의 기초 사양에 대한 표준을 설정하고, 촬영 품질, 해상도, 프레임 속도, 짐벌의 회전 범위 등에 대한 짐벌 및 카메라 사양 표준을 정의해야 한다.

**2) 작업 프로세스** : 비행 전 필수적으로 수행해야 할 점검 항목 및 순서를 표준화하고, 특정 상황에서의 작업 절차나 비행 경로 등 비행 시나리오를 표준화하여 안전 및 효율성을 높여야 한다.

**3) 안전 규정** : 드론이 안전하게 비행할 수 있는 최대 고도, 허용 지역, 금지 지역 등 비행고도 및 지역 제한을 표준화하여 명시하고, 비상 상황 발생 시 대응 방안과 절차를 표준화해야 한다.

**4) 품질 및 성능 지표** : 촬영 품질, 색 재현, 안정성 등 다양한 성능 지표를 정의하여 산업 전반의 품질 표준을 제고해야 한다.

**5) 데이터 포맷 및 전송** : 드론에서 촬영한 영상 및 사진의 데이터 포맷, 압축 방식, 전송 프로토콜 등을 표준화하여 데이터 처리 및 호환성을 높여야 한다.

**6) 교육 및 인증** : 드론 조종자 교육 및 인증 프로그램의 내용과 절차를 표준화하여 조종사의 전문성을 보장해야 한다.

**7) 환경 및 노이즈 표준** : 드론의 환경 영향, 특히 소음과 관련된 표준을 정의하여 지역 사회와 조화를 이루려고 노력해야 한다.

**8) 기기 간 통신 및 상호 운용성** : 다양한 제조사의 드론 및 관련 장비가 서로 효과적으로 통신하고 상호작용할 수 있도록 표준 프로토콜 및 인터페이스를 개발해야 한다.

## 10. 드론 트래픽 관리

드론의 상업적 활용이 증가함에 따라 드론 트래픽 관리는 점점 중요해지고 있다. 여러 드론이 동시에 하늘을 날아다니는 상황에서 안전하게 운영되기 위해서는 효율적이고 체계적인 트래픽 관리 시스템이 필요하다.
드론 트래픽 관리의 발전은 드론 기술의 발전뿐만 아니라, 사회적, 규제적, 그리고 경제적 측면에서도 중요한 이슈이다. 따라서 다양한 분야의 전문가들이 함께 협력하여 효율적인 시스템을 구축해야 한다. 드론 트래픽 관리분야에서 발전시킬 내용은 다음과 같다.

**1) 실시간 트래픽 모니터링** : 다양한 센서와 레이더 기술을 활용하여 드론의 위치와 이동 경로를 실시간으로 모니터링하고, 충돌 위험을 예측하고 조기에 경고하는 시스템 구축이 필요하다.

**2) 통합된 트래픽 관리 플랫폼** : 다양한 드론 운영자와 통신할 수 있는 중앙화된 플랫폼을 개발하여, 드론의 운영 및 조정에 관한 정보를 통합적으로 관리해야 한다.

**3) 자동화된 비행 경로 계획 :** AI와 알고리즘을 활용하여 최적의 비행 경로를 자동으로 계획하고, 충돌 위험을 최소화하는 경로를 제안해야 한다.

**4) 드론 간 통신 개선 :** 드론간 서로의 위치와 이동 방향을 실시간으로 공유하게 해, 상호간의 안전한 거리를 유지할 수 있도록 하는 기술 개발이 필요하다.

**5) 지리적 제한 구역 설정 :** 특정 지역(공항 주변, 군사 기지, 중요 시설 등)을 드론 비행 제한 구역으로 지정하고, 이를 트래픽 관리 시스템에 통합해야 한다.

**6) 응급 상황 대응 :** 드론의 기술적 결함, 날씨 변화 또는 기타 예측하지 못한 상황에 대응할 수 있는 비상 계획 및 절차를 표준화해야 한다.

**7) 사용자 교육 및 인증 :** 드론 조종자에게 트래픽 규칙, 안전 지침, 비상 대응 방법 등을 교육하고, 해당 교육을 이수한 사용자만이 드론을 조종할 수 있도록 인증 시스템을 도입해야 한다.

**8) 규제 및 법률 개발 :** 드론 트래픽을 안전하게 관리하기 위한 규제와 법률을 지속적으로 개발하고 갱신해야 한다.

**9) 다국적 협력 :** 국제적인 드론 트래픽 관리 표준과 프로토콜을 개발하기 위한 다국적 협력을 촉진해야 한다.

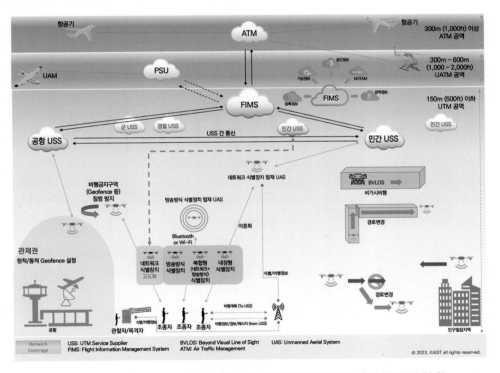

그림 6-1 저고도 드론 교통관리시스템 개발 및 통신 인프라 고도화 개념도. 출처 : 항공안전기술원
• 개발 목표 : 저고도(150m 이하)를 비행하는 150kg 무인비행장치를 대상으로 드론교통관리서비스를 제공하는 국가드론비행정보시스템 교통관리사업자시스템 개발 및 실증

PART

# 02

## Drone Flagship DJI

# CHAPTER 01 지금 현재 DJI의 모습

Flagship의 사전적 의미는 함대의 선두에서 전투를 지휘하는 기함을 뜻하는 용어로, 시장에서는 카메라, 자동차 등 다양한 제품의 최상의, 최고급 기종을 지칭한다. 검색창에 여러분들이 DJI Flagship을 검색해보면 오로지 한 기업 DJI만 있을 뿐이다.

그림 1-1 DJI Flagship 검색 결과. 출처 : NAVER

**1.** 드론 시장의 산업용, 소비자용 드론 시장을 가리지 않고 독보적 위치에서 독식하고 있다(70%).

※ 중국 기업이 세계 시장을 선도하는 매우 이례적인 경우

**2.** 강력한 송수신거리를 가지고 있다.

**1)** 라이트브릿지에서 현재 오큐싱크 통신기술을 자체 개발하여 독자적인 프로토콜 사용

(1) 복구 지연 시간을 수~수십 ms(0.001ch) 수준으로 낮춰 끊김이 발생하더라도 인지하지 못할 정도의 시간 내로 복구

(2) 전송 상태 실시간 점검을 통한 대역폭 변경, 화질 변경, 출력 조정

**3.** DJI 드론의 진정한 무기는 짐벌(하드웨어 영상 안정화 장치)에 있다.

**1)** 여러 상황을 제어하는 파라미터값(조정 가능한 모든 요소)을 가장 많이 가져 진동이 없다고 보아야 한다.

그림 1-2 Inspire3 촬영용 드론(23년 출시). 출처 : DJI 홈페이지

그림 1-3 M350RTK 산업용 드론(23년 출시). 출처 : DJI 홈페이지

CHAPTER

# 02 드론계의 스티브 잡스, 프랭크 왕(Frank Wang)

그림 2-1. Frank Wang 검색 결과. 출처 : NAVER

## 1. 프랭크 왕(Frank Wang) 그는 누구인가?

프랭크 왕(Frank Wang)은 중국의 기업가로, 세계 최대의 드론 제조 기업인 DJI의 창립자이자 CEO이다. 1980년 중국에서 태어난 프랭크 왕은 어린 시절부터 컴퓨터와 공학에 큰 관심을 보였다. 홍콩 과학기술대학교(HKUST)에서 전자공학을 공부하면서 그의 흥미는 로봇공학과 드론 기술로 확장되었다. 2006년, 그는 대학 시절 몇몇 동료들과 함께 DJI를 창립하였고, 처음에는 단순히 연구 목적으로 드론을 만들었다. 그러나 회사는 빠르게 성장하였고, 고급 드론의 제조 및 판매를 통해 세계 시장을 선도하기 시작했다. 프랭크 왕의 리더십은 DJI를 글로벌 기업으로 만드는 데 결정적인 역할을 하였으며, 그의 회사는 지금 여러 산업에서 활용되는 다양한 드론 제품을 생산하고 있다. 또한 그의 성공은 "Made in China" 브랜드의 이미지를 개선하고, 중국의 혁신 능력을 세계에 알리는 데 중요한 역할을 하고 있다. 프랭크 왕은 혁신, 창의성, 기업가 정신을 대표하는 인물로 간주되며, 그의 기여는 드론 산업뿐만 아니라 전 세계 기술 산업과 사회에까지 이르고 있다.

## 2. 드론과 프랭크 왕의 관계

프랭크 왕은 그의 통찰력, 혁신, 리더십을 통해 드론 산업을 형성하고 성장시키는 중추적인 역할을 하고 있으며, 그의 회사인 DJI는 세계적인 드론 제조사로서 업계를 주도하고 있다. 프랭크 왕과 드론과의 관계는 다음과 같은 여러 측면에서 중요하다.

1) **창립자와 혁신가** : 프랭크 왕은 학창 시절부터 비행과 로봇공학에 대한 관심을 가졌고, 대학에서 드론에 대한 연구를 시작했으며, 2006년에 DJI를 창립하여 드론 산업을 혁신하고 성장시켰다.

2) **기술 리더** : DJI의 제품은 농업, 구조물 검사, 영화 촬영, 재난 구조 등 여러 분야에서 사용된다. 프랭크 왕의 리더십 하에 DJI는 드론 기술의 선두 주자가 되었으며, 많은 특허와 혁신을 만들어 내고 있다.

3) **품질과 표준 설정** : 프랭크 왕은 드론의 품질과 안정성에 중점을 둔다. 그의 회사는 업계 표준을 설정하며, 세계적으로 고품질로 알려져 있다.

4) **글로벌 영향력** : 프랭크 왕의 DJI는 세계 드론 시장의 주요 기업으로, 글로벌 시장 점유율의 상당 부분을 차지하고 있다. 그의 회사는 드론 산업의 발전과 성장에 결정적인 역할을 하고 있다.

**5) 비전과 전략** : 프랭크 왕은 드론이 단순한 장난감이나 취미 제품이 아니라, 산업과 사회 전반에 혁신을 가져올 수 있는 중요한 기술로서의 잠재력을 보았다. 그의 비전과 전략은 DJI가 다양한 분야에서 드론의 적용을 선도 하고 있음을 보여준다.

## 3. 프랭크 왕의 어떤 성격이 오늘날의 DJI를 있게 했는가?

DJI의 창립자이자 CEO인 프랭크 왕(Frank Wang)의 성격과 리더십 스타일은 회사의 성공에 결정적인 역할을 하였다. 그의 특별한 성격 중 일부는 다음과 같다. 프랭크 왕의 이러한 성격 특성과 리더십 스타일은 DJI의 성공을 주도하였으며, 그의 사고와 가치관은 회사의 문화와 방향성에 큰 영향을 끼쳤다.

**1) 혁신적 사고** : 프랭크 왕은 기술과 혁신에 대한 높은 열정을 가지고 있다. 그의 혁신적인 사고는 DJI를 드론 산업의 선두주자로 만들었다.

**2) 끈기와 집중** : 프랭크 왕은 자신의 목표를 향해 매우 집중하고 끈기 있게 추구한다. 그의 끈기 있는 태도는 여러 도전과 난관을 극복하고 회사를 지속적으로 성장시키는 데 중요한 요소였다.

**3) 품질 중심** : 그는 제품의 품질에 대해 타협하지 않으며, 이러한 태도는 DJI 제품이 세계적으로 고품질로 알려지게 하였다.

**4) 비전을 가진 리더십** : 프랭크 왕은 자신의 비즈니스 비전을 명확히 가지고 있으며, 그의 전략적 리더십은 DJI를 전 세계적인 기업으로 성장시키는 데 중요한 역할을 하였다.

(1) 프랭크 왕의 드론 기술의 선두주자, Made in China의 새로운 이미지, 다양한 산업 분야로의 확장, 사회에 긍정적인 영향, 지속 가능한 성장과 글로벌 리더십을 위한 장기 전략 등 이러한 비전은 DJI를 단순한 드론 제조 기업에서 세계적인 기술 혁신 기업으로 바꾸었다. 그의 리더십 아래, DJI는 드론 산업을 넘어 여러 산업 분야에서 혁신을 주도하고 있으며, 중국 기업의 국제적인 지위를 높이는 데 기여하고 있다.

(2) 프랭크 왕의 전략적 리더십은 혁신, 품질, 다양성, 글로벌화, 인재 관리, 유연성 등 다양한 요소를 조합하여 DJI를 드론 산업의 선두로 이끌었다. 그의 성공은 현대 기술 기업의 성공 모델로 꼽히며, 많은 기업가와 리더들에게 영감을 주고 있다.

**5) 학습과 성장** : 그는 지속적인 학습과 성장을 추구하며, 이러한 태도는 회사의 연구 및 개발 능력을 향상시키고 기술의 최전선에 머물게 하였다.

**6) 팀워크와 협력** : 프랭크 왕은 협력과 팀워크의 중요성을 인지하고 있으며, 그의 리더십 하에 DJI는 창의적이고 협력적인 조직 문화를 유지하고 있다.

**7) 고객 중심** : 왕은 고객의 의견과 피드백을 중요하게 생각하며, 이러한 고객 중심의 태도는 제품의 개선과 혁신에 중요한 역할을 하였다.

## 4. 프랭크 왕에 의한 중국 국가 이미지의 변화

프랭크 왕은 DJI를 통해 중국의 이미지에 상당한 영향을 미쳤다. 그의 기여는 다음과 같은 방법으로 중국의 이미지를 바꾸었으며, 그의 리더십과 DJI의 성공을 통해 중국이 전 세계 시장에서 혁신적인 리더로서의 역할을 할 수 있음을 증명하였고, 중국의 이미지와 국제적인 인식에 긍정적인 영향을 끼쳤다.

**1) 기술 혁신의 중심지** : 프랭크 왕은 DJI를 세계 최대의 드론 제조 기업으로 만들었다. 이로 인해 중국은 단순히 저렴한 제조업체로만 보이는 이미지에서 벗어나 혁신과 고급 기술의 중심지로서의 명성을 얻었다.

**2) 글로벌 경쟁력** : DJI의 성공은 중국 기업이 세계적으로 경쟁할 수 있음을 증명하였으며, 중국 기업이 고급 소비자 전자 제품을 생산하고, 글로벌 시장에서 리더가 될 수 있다는 인식을 강화하였다.

**3) 브랜드 인지도** : DJI는 세계적으로 잘 알려진 브랜드로 성장하였으며, 이로 인해 "Made in China" 라벨이 단순한 저가 제품이 아니라, 혁신과 품질을 의미하게 되었다.

**4) 기업 문화** : 프랭크 왕은 서구 스타일의 기업 문화와 혁신 중심의 경영 전략을 도입하였다. 이로 인해 중국의 기업 문화가 다양해지고, 더 개방적이고 창조적인 방향으로 발전할 수 있음을 보여주었다.

**5) 창업자 정신** : 그의 성공은 중국의 젊은 기업가와 창업자들에게 영감을 주었다. 프랭크 왕의 이야기는 기술과 혁신에 대한 열정과 꿈을 실현할 수 있는 가능성을 상징하며, 많은 사람들이 창업을 추구하게 하였다.

**6) 정부와 산업과의 협력** : DJI와 프랭크 왕의 성공은 중국 정부와 기업 간의 긴밀한 협력을 통해 혁신 산업을 촉진할 수 있음을 보여주었다.

## 5. 프랭크 왕에 대한 세계의 긍정적 평가

프랭크 왕에 대한 세계적인 평가는 대체로 매우 긍정적이다. 프랭크 왕은 세계적인 기업가로서의 평판을 누리고 있으며, 그의 성과와 비전은 많은 사람들에게 영감을 주고 있다. 그의 작업은 드론 산업뿐만 아니라 기술 및 제조 산업 전반의 발전에 기여하였으며, 이러한 점들이 그에 대한 세계적인 긍정적 평가를 뒷받침하고 있다. 그의 성과와 리더십은 다음과 같은 방면에서 평가받고 있다.

**1) 산업 혁신자** : 프랭크 왕은 드론 산업의 혁신을 주도한 인물로 간주되며, DJI를 통해 드론 기술을 상업적으로 활용하고 다양한 산업 분야로 확장한 성과를 인정받고 있다.

**2) 글로벌 리더** : 그의 리더십은 DJI를 세계 최대의 드론 제조 회사로 만든 것으로 알려져 있으며, 글로벌 시장에서 중국 기업의 경쟁력을 높인 것으로 평가된다.

**3) Made in China 이미지 변화** : 그는 품질과 혁신을 강조하여 중국 제조업의 이미지를 긍정적으로 변화시켰으며, 중국의 고급 기술 능력을 세계에 알린 것으로 인정받고 있다.

**4) 비즈니스 전략가** : 프랭크 왕의 전략적 사고와 집중력은 DJI의 지속적인 성장과 산업 내 지위 확립에 핵심적인 역할을 하였으며, 다양한 분야에서의 성공으로 인해 그의 비즈니스 전략 능력이 칭찬받고 있다.

**5) 사회적 영향 :** 그의 기업은 환경 보호, 재난 구조, 교육 등의 분야에서 긍정적인 영향을 미친 것으로 평가되고 있다.

**6) 리더십 스타일 :** 그의 리더십은 혁신, 품질 중심, 글로벌 비전, 팀워크 강조 등으로 특징되며, 이러한 스타일은 많은 기업가와 경영자에게 모범이 되고 있다.

## 6. 프랭크 왕에 대한 세계의 비판적 평가

프랭크 왕(Frank Wang)과 DJI는 전 세계적으로 높은 평가를 받고 있지만, 일부 분야에서는 비판적인 의견도 존재한다. 이러한 비판적인 평가는 산업의 새로운 기술과 급변하는 시장 환경, 그리고 다양한 법률 및 규제 요구와 관련이 있을 수 있다. 프랭크 왕과 DJI는 성공과 혁신의 상징으로 여겨지지만, 이러한 문제들은 그들의 이미지와 사업 활동에 영향을 미칠 수 있으며, 지속적인 주의와 대응이 필요한 분야로 간주된다. 다음은 그와 관련된 몇 가지 비판적 평가에 대한 내용이다.

**1) 보안 우려 :** 일부 국가와 조직에서는 DJI 드론의 데이터 보안에 대한 우려가 제기되곤 했다. 특히 민감한 정보가 중국 정부에 유출될 가능성에 대한 우려가 있어, 일부 국가에서는 정부 기관의 DJI 제품 사용을 제한하기도 했다.

**2) 경쟁 방식 :** DJI의 경쟁력 있는 가격과 마케팅 전략은 일부 소규모 경쟁업체에게 어려움을 초래했다는 지적도 있다. 이로 인해 일부는 DJI가 시장을 독점하고 있는 것이 아닌지에 대한 의문을 제기하기도 했다.

**3) 제품 품질과 고객 서비스 :** 비록 DJI는 전반적으로 고품질의 제품으로 알려져 있지만, 일부 사용자와 기관은 제품 결함이나 고객 서비스 문제에 대한 불만을 표현하기도 했다.

**4) 규제와 법률 문제 :** 드론 산업의 급격한 성장과 혁신은 규제와 법률 문제도 수반하고 있다. 일부 국가와 지역에서는 DJI 드론의 사용이 규제 또는 제한되기도 했으며, 이와 관련한 논란도 있다.

**5) 개인정보와 사생활 침해 :** 드론의 상업적 활용과 일반 소비자 사용의 증가는 사생활 침해와 개인정보 보호에 대한 우려를 불러일으키기도 한다. 이러한 문제는 DJI와 프랭크 왕에 대한 비판의 일환으로 간주되곤 한다.

# CHAPTER 03 DJI의 역사와 성공 비결

DJI는 2006년 중국 광동성 선전시에서 설립된 회사로서 중국어로 다장창신커지요시엔공스(大疆创新科技有限公司, 대한창신과기유한공사)로 흔히 우리가 아는 DJI는 Da Jiang Innovation의 약자로 우리말로 하면 위대한 혁신의 선구자이다.

DJI는 우리가 항공사진과 동영상을 보는 방식을 혁신해 왔으며, 이러한 혁신의 성공은 하루아침에 이루어지지 않는다. DJI의 역사와 성공 비결에서 우리도 배울 것이 많은데 연도별 DJI의 성장을 살펴보면 다음과 같다.

## 1. 연도별 DJI 성장사

1) **2006년~2010년, 초창기** : DJI는 초창기에 비행 제어 시스템을 개발하고 판매하는 회사였으며 개발한 시스템은 라디오 제어 모델 비행기를 제어하는 데 사용되었다.

2) **2011년~2012년, 최초의 드론 출시** : DJI는 2011년에 플램휠라는 이름의 첫 번째 쿼드콥터를 출시했다. 이 제품은 기본적인 비행 기능을 제공했지만, 직접 조립해야 했다. 이후 DJI는 2012년에 Phantom 시리즈를 출시하였고, 이는 직접 조립할 필요 없이 상자에서 꺼내서 바로 비행할 수 있는 최초의 "레디 투 플라이(RTF)" 드론이었다.

3) **2013년~2014년, Phantom의 인기** : Phantom 시리즈는 DJI를 전 세계적인 드론 제조사로 알리는 신호탄이 되었다. DJI는 이 시기에 Phantom의 여러 버전을 출시했으며, 이는 고화질 카메라와 짐벌 시스템을 탑재한 첫 번째 소비자용 드론이었다.

4) **2015년~현재, 지속적인 혁신과 성장**: DJI는 이후 여러 가지 고급 드론을 출시하면서 계속해서 혁신하고 성장하였다. Inspire, Mavic, Spark, Phantom 시리즈 등 다양한 모델을 출시하였고, 이는 다양한 소비자와 상업용 사용자를 대상으로 하였다. 또한 기술적 혁신을 계속 추구하여, 고급 인공 지능 기능, 우수한 이미지 촬영 기능 등을 탑재한 제품을 제공하고 있다.

5) 2023년 현재, DJI는 전 세계 드론 시장의 약 70% 이상을 차지하며, 탁월한 기술력과 혁신적인 제품으로 소비자용과 상업용 드론 산업을 선도하고 있다.

## 2. 프랭크 왕의 성장 환경과 DJI의 성공 비결

지금까지 DJI의 연도별 성장을 큰 틀에서 알아보았다. 오늘날의 DJI가 있기까지 프랭크 왕의 성장환경부터 DJI와 프랭크 왕을 있게 한, 두 명의 사람과 DJI의 성공비결에 대해서 구체적으로 살펴보자.

## 1. DJI의 역사

**1980년생, 프랭크 왕**

- 항저우 출생, 어머니는 교사, 아버지는 엔지니어
- 중국의 개혁과 개방정책으로 선전으로 이사, 중소기업체 창업
- 항저우에서 유수아동(留守兒童)으로 성장
- 혼자서 모형헬기를 만들어 자신만의 세계에 몰입
- 우수한 성적으로 원격조종헬기 선물 받음,
  툭하면 추락 → 낙심 → 자동제어헬기에 대한 꿈
  ↳ 하늘을 날아다니는 것에 대한 집념이 강한 소년,
    자신이 원하는 것에 대한 집요함을 가지게 됨

**2000년, 대학 입학 / 중퇴**

- 국립사범대학 화동사범대학(華東師範大學) 입학, 중퇴
  ↳ 교사를 양성하는 사범대학 커리큘럼  적성

**2003년, 리쩌샹 교수와의 만남**

- 홍콩과기대학 입학, 전자컴퓨터 공학부(港科技大學, Hong Kong University of Science and Technology, HKUST)
- 리쩌샹(李泽湘) 지도교수와이 운명적 만남
  - 홍콩과기대 로봇기술과 교수, 중국 로봇의 아버지
  - 졸업프로젝트 : 원격제어헬기의 비행제어시스템
  - "프랭크 왕이 남들보다 더 똑똑한지는 모르겠다.
    하지만 성적이 우수하다고 해서 사업적 기질이 뛰어난 건 아니다"
  ↳ 적성에 맞는 공부 = 꿈에 날개를 단 격
  ↳ DJI의 초기 고문 겸 투자자, 현 DJI 이사회 의장, DJI 지분 10% 보유

**2006년, 창업**

- DJI 창업
- 창업 초기 연구 분야 : 헬기 비행 제어 시스템
- 창업 초기 완벽주의 성향, 창업 초기의 어려운 여정으로 초창기 멤버들과 직원들이 회사를 떠남
  ↳ "나는 순수한 구석이 있다. 어릴 적부터 좋아하던 것을 늘 현실로 만들고 싶었다" 어린 시절 비행에 대한 동경이 도전으로 연결

**격극진지 구진품성**
**(激極盡志 求眞品誠)**

2013년 Phantom

2014년 Phantom2

2015년 Phantom3

2015년 Inspire1

2016년 Phantom4

DJI Inspire2

DJI Mavic Pro

2018년 DJI Mavic 2

2021년 DJI Mavic 3

2023년 DJI Mavic 3 Pro

DJI Inspire3

DJI Air 3

**2006년~창업초기, 주샤오루이와의 만남**

- 주샤오루이(朱晓蕊), 하얼빈공업대학 부교수
- 창업 인큐베이팅에 핵심적 역할, 과학자 겸 교수
- 초기 DJI에 100만 위안 투자하고 인재 지원
- DJI 수석 연구원이자 창립 이사로 재직
  ↳ DJI의 기술적 문제를 해결하도록 본인 제자들을 이끌었고, 이는 DJI 기술 개발에 큰 영향
  ↳ 인재를 알아보는 스승+미래 산업을 통찰하는 능력을 지닌 투자자 가 스타트업에서 얼마나 중요한가!

**2013년~현재**

- 열정을 가지고 최고를 추구해 좋은 제품을 만든다.
- 드론 시장을 개척하면서 시장을 선도하는 기술력과 빼어난 디자인 제품의 빠른 신제품 출시 사이클
- 선전에 본사 위치, 부품 조달 비용과 인건비가 경쟁사들에 비해 낮 다는 점, 그로 인해 높은 가격 경쟁력을 유지+기술적 우위 → 시너 지 효과
- 학벌 대신 실력으로 평가하는 선전 특유의 스타트업 문화 적극 수용 → 연구인력 비중 1/3 유지 철학
- 치열한 연구개발과 마케팅 능력
  - 세계 최고 수준의 짐벌(Gimbal)
  - 2014년 세계 최고 화상 인식 전문 반도체 회사 공동연구 진행 → 기체 충돌 회피 기능 보강
  - 2015년 스웨덴의 Hasselblad 회사 일부 지분 인수
  - 미국 Silicon Valley R&D 거점, 일본 R&D 센터
  ↳ 추종자(Follower)가 이나리 선도자(First Mover)로서의 중국 국가 이미지 변화

## 2. DJI의 성공 비결

2022년 완공된
DJI 스카이시티

❶ Target을 정확히 잡고 덤볐다.

■ 초기 특정 분야부터 공략 전략 선택

→ Hollywood 영화 제작자들에게 무료 배포

■ 미국 드라마 빅뱅이론, 사우스파크, 에이전트 오브 쉴드 등 많은 영화와 드라마 제작

❷ 대중화하자 직관적으로 만들었다.

■ 일반인들이 관심을 보이기 시작하자 조작법을 최대한 쉽게, 직관적으로 제작

■ 16세에 선물 받은 모형헬기의 조종이 어려워 산산조각 난 기억도 한 몫

■ 창업 7년째, 2013년 팬텀 : 자동이착륙, 자동복귀, 조립이 필요 없이 바로 비행

❸ 시장을 장악하면서 편집증처럼 기술에 집착

■ 팬텀 : 정지비행 시 오차범위가 ±40cm(경쟁사의 1/3 미만)

■ 5~6개월마다 신제품 출시, 기술적 업그레이드

→ 혁신 스피드에 3D 로보틱스 등 시장 포기

■ 전체 인력의 1/3을 연구 인력으로 유지

■ 혁신인재는 학습이 아니라 실습을 통해서 길러질 수 있다.

❹ 드론 생태계 플랫폼으로 변신

■ 화재진압, 농업, 수색구조 등 다양한 목적의 드론을 계속해서 개발, 시장 잠식

# 04 DJI의 극복 과제

DJI는 기술적 혁신과 시장 리더십을 통해 많은 성취를 이루었다. 그러나 그 성장과정에서는 여러 사고와 도전 그리고 정치적, 경제적 문제들과 마주쳤다. 최근의 국제적 사건, 특히 미국과의 긴장 관계와 우크라이나나 러시아 간의 전쟁에서의 역할 등, DJI의 드론 기술이 어떻게 활용되었는지를 보면서, 이러한 사건들이 DJI의 성장 전략에 어떠한 긍정적 및 부정적 영향을 미쳤는지를 살펴보고, 이러한 배경을 통해, DJI가 앞으로 극복해야 할 주요 과제와 그 방향성에 대해 알아보자.

## 1. DJI 드론의 사고사례

DJI는 전 세계에서 가장 큰 드론 제조사로, 다양한 산업 분야에서 널리 사용되고 있다. 그러나 이런 다양한 환경에서 사용되면서, 드론 관련 사고도 여러 건 발생하였다. DJI는 이런 사고들에 대응하기 위해 사용자 가이드라인을 제공하고, 기능 개선을 통해 사고를 예방하려고 노력하고 있다. 그러나 사용자의 안전 의식과 규제 준수가 중요한 역할을 할 것이다.

1) **공항 교란** : 드론이 상공을 날아다니는 것은 공항 교통을 방해할 수 있으며 심각한 안전 문제를 야기할 수 있다. 2018년, 영국 가트윅 공항에서 불명의 드론이 무단으로 착륙로를 날아다녔기 때문에 수천 여명의 승객들이 고통을 겪었다. 이 사건의 드론이 DJI의 것이었는지는 확인되지 않았지만, 이와 같은 사건들은 드론 사용의 위험성을 드러내고 있다.

2) **사생활 침해** : 드론이 카메라를 장착하고 있으면 사생활 침해의 위험이 있다. DJI 드론을 이용하여 무단으로 사람들을 촬영하거나, 개인의 주택 내부를 촬영하는 등의 사고가 끊임없이 발생하고 있다.

3) **충돌 사고** : 드론이 비행 중에 건물이나 기타 물체와 충돌하는 경우도 있다. 예를 들어, 2017년에는 DJI의 Phantom 드론이 뉴욕에서 군함과 충돌하는 사고가 있었다.

4) **정보 보안** : DJI의 드론이 사용자의 정보를 수집하고 이를 중국 정부와 공유한다는 주장이 있다. DJI는 이에 대해 반박하였으나, 미국 등에서는 정보 보안 문제로 인해 DJI 제품 사용을 제한하는 조치가 있었다.

## 2. DJI의 성장사에서 바라본 긍정적 측면과 부정적 측면

DJI는 2006년 설립 이후로 급격히 성장하여 세계 최대의 드론 제조사가 되었다. 그러나 이러한 빠른 성장과 성공 사이에는 여러 가지 명암이 있다. DJI의 성장 이야기는 기술 혁신과 시장 지배력을 통한 성공의 사례이지만, 동시에 보안과 규제, 경쟁 등에 대한 도전을 다루는 사례이기도 하다. 이런 명암은 DJI 뿐만 아니라 다른 기술 기업들이 성장하며 직면하는 일반적인 이슈를 반영하고 있다.

## 1) 긍정적 측면

(1) 기술 혁신 : DJI는 기술 혁신을 통해 성장했다. Phantom 시리즈는 소비자용 드론 시장에 혁명을 일으켰으며, 후속 제품들은 계속해서 성능을 향상시켰다. 이런 기술 혁신은 DJI를 드론 산업의 선두로 이끌었다.

(2) 시장 지배력 : DJI는 세계 드론 시장의 대부분을 차지하며 높은 시장 지배력을 보여준다. 이는 회사의 기술적 우위와 효과적인 마케팅 전략 덕분이라 할 수 있겠다.

(3) 다양한 응용 분야 개척 : DJI는 사진촬영, 비디오 촬영, 물류, 농업, 구조 작업 등 다양한 분야에서 드론의 활용 가능성을 확장하게 되었다.

## 2) 부정적 측면

(1) 보안 우려 : DJI는 사용자 데이터 보안에 대한 여러 우려를 받았다. 미국에서는 DJI 드론이 중국 정부와 데이터를 공유할 가능성이 있다는 우려로 인해 몇몇 기관에서 사용이 제한되었다.

(2) 규제 문제 : 드론 산업은 다양한 규제와 법률에 영향을 받는다. 이러한 규제는 특히 공항 근처나 인구 밀집 지역에서의 드론 사용에 제한을 두며, 이런 규제 변경에 따라 DJI의 비즈니스에 영향을 미칠 수도 있다.

(3) 경쟁 압력 : 드론 시장은 점점 경쟁이 심화되고 있다. DJI는 Autel Robotics, Parrot 등의 기업과 경쟁해야 하며, 이들 기업이 향후 DJI의 시장 지배력을 위협할 수 있을 것이다.

## 3. DJI와 미국과의 관계

DJI와 관련된 국제 분쟁은 주로 미국과의 관계에서 비롯되었다. 미국 정부는 DJI의 드론이 중국 정부를 통해 사용자 데이터를 수집하고 공유할 가능성이 있다는 우려를 표현해 왔다. 이런 우려는 미국에서 DJI의 제품 사용을 제한하거나 금지하는 조치로 이어졌으며 2020년에 미국 상무부는 DJI를 "미국의 이익을 해치는 외국 기업" 목록에 추가하였다. 이로 인해 DJI는 미국에서의 비즈니스 활동에 제약을 받게 되었으며 이러한 결정은 미중 무역전쟁의 일환으로, 미국의 정보 보안과 산업 보호를 목표로 한 것이었다.

한편, DJI는 자사의 제품이 사용자 데이터를 중국 정부에게 전달하지 않는다고 주장해 왔으며, 일부 독립적인 조사에서는 이러한 주장을 지지하는 결과가 나온 바 있다. 그러나 이 분쟁은 DJI와 미국의 관계뿐만 아니라 보다 넓은 중미 관계, 기술 무역, 정보 보안 등의 이슈에 영향을 미치고 있음을 이해해야 한다.

## 4. DJI 드론과 우크라이나와 러시아 전쟁

드론 기술은 군사 작전에서 중요한 역할을 차지하고 있으며, 특히 우크라이나와 러시아 간의 갈등에서는 드론의 사용이 주목받았다. 하지만 DJI 드론이 이러한 작전에 어떻게 사용되었는지에 대한 구체적인 정보는 제한적이다.

DJI 드론은 기본적으로 소비자용이나 상업용으로 제작되지만, 그들의 저렴한 가격과 고급 기능 때문에 다양한 용도로 활용될 수 있다. 이러한 드론은 군사 작전에서 탐색, 감시, 정보 수집 등의 목적으로 사용될 수 있으며, 이는 상황의 실시간 파악과 적의 움직임 예측에 도움이 될 수 있다.

그러나 DJI나 다른 소비자용 드론 제조사의 제품이 전통적인 군사용 드론처럼 직접적인 공격 능력을 갖추고 있지는 않다. 일반적으로 이러한 드론은 작은 크기와 제한된 배터리 수명, 날씨에 대한 취약성 등의 제약사항이 있기 때문이다. 하지만 고유의 기능과 드론에 부착하는 부품을 일부 생산하여 DJI 드론이 우크라이나와 러시아 전쟁에서 사용되고 있음을 쉽게 확인할 수 있다.

또한 DJI는 사용자의 데이터 보안을 위한 여러 가지 기능을 포함하고 있다. 이러한 기능 중 일부는 특정 지역에서의 드론 사용을 제한하는 '지오펜싱' 기능이다. 이는 공항, 군사 기지 등 민감한 지역에서의 비허가 비행을 방지하는데 사용되며, 이는 군사 작전에서의 드론 사용에 영향을 미칠 수 있다.

최종적으로, 드론은 전쟁과 군사 갈등에서 중요한 역할을 차지하고 있다. 하지만 이러한 기술의 사용은 데이터 보안, 개인의 프라이버시, 무기 규제 등의 복잡한 문제들을 수반하고 있으며, 이런 이유로 드론 제조사들은 제품의 적절한 사용과 불법적인 활용 방지에 관한 책임을 지게 된다.

## 5. DJI가 앞으로 나아가야 할 길

DJI는 이미 드론 산업에서 세계적인 리더로서의 지위를 확립하고 있지만, 앞으로 나아갈 길에는 여러 가지 도전과 기회가 있다. 이러한 도전과 기회들을 통해 DJI는 앞으로도 드론 산업의 주요 플레이어로서의 지위를 강화하고, 새로운 비즈니스 영역을 개척할 수 있을 것이다.

1) **규제와 규정 준수** : 국제적으로 다양한 국가에서 드론 규제와 규정이 강화되고 있다. DJI는 이러한 규제 환경에서 사업을 운영하려면 각 국가의 법률 및 규제에 준수하는 것이 무엇보다 중요하다.

2) **보안과 프라이버시** : DJI는 사용자 데이터의 보안과 프라이버시에 대한 우려를 해소하기 위한 노력을 계속해야 한다. 이는 미국과 같이 중요한 시장에서 특히 중요하며, DJI는 이 문제를 해결하기 위해 고도의 암호화 및 데이터 보호 기능을 개발하고 활용해야 할 것이다.

3) **기술 혁신** : DJI는 이미 많은 기술 혁신을 이루어냈지만, 빠르게 발전하는 드론 산업에서 리더로서의 지위를 유지하기 위해서는 지속적인 기술 개발과 혁신이 필요하다. 이는 드론의 비행 성능, 카메라 기술, 인공 지능, 자율 비행 기능 등 다양한 분야에서 이루어질 수 있다.

4) **신규 시장 개척** : 드론의 사용 용도는 물류, 농업, 구조 작업, 보안 등 점점 다양해지고 있다. DJI는 새로운 시장을 개척하고, 다양한 분야에서 드론의 활용을 확장해야 한다.

5) **지속 가능한 사업 모델** : DJI는 자사의 제품이 환경에 미치는 영향을 최소화하고, 지속 가능한 제조 방법을 찾는 등의 노력을 통해 지속 가능한 사업 모델을 구축해야 할 것이다.

PART

# 03

## 나에게 맞는 촬영용 드론
## 선택하기

# CHAPTER 01 촬영용 드론의 구성품과 작동 원리

드론은 현대의 기술 혁신 중 하나로서, 다양한 산업 분야에서 그 중요성이 높아지고 있다. 특히 촬영용 드론은 영화, 방송, 광고, 부동산 등 다양한 분야에서 화려한 시각적 표현을 가능하게 해준다. 이러한 촬영용 드론은 고급 카메라와 함께 정밀한 비행 기술을 요구하며, 그 구성품과 작동 원리는 그 특수성 때문에 기존의 취미용 드론과는 다소 차이가 있다. 여기에서는 촬영용 드론의 주요 구성품과 그들의 연동 방식 그리고 드론이 하늘에서 안정적으로 비행하면서 고화질의 영상을 촬영하는 데까지의 작동 원리에 대해 살펴보자.

## 1. 촬영용 드론의 구성품

촬영용 드론은 고화질의 영상 및 사진촬영을 위해 설계되었으며, 기본 드론 구성 외에도 촬영을 위한 특별한 구성 요소와 기능이 포함되어 있다. 촬영용 드론의 주요 구성품은 다음과 같으며, 이 외에도 추가적인 액세서리나 부품 (예: 필터, 확장 배터리, 충전기 등)이 포함될 수 있다.

그림 1-1 DJI Air 3 플라이모어 콤보(DJI RC 2 포함) 구성품. 출처 : DJI 홈페이지

**1) 본체(Frame) :** 드론의 주요 부품들을 지탱하는 프레임으로 대부분의 촬영용 드론은 안정적인 비행을 위해 4개 이상의 프로펠러를 갖는 쿼드콥터 형태를 취하고 있다. 본체의 주요 역할 및 기능은 다음과 같으며, 결론적으로 촬영용 드론의 본체는 드론의 핵심 기능과 성능을 지원하며, 안정적인 비행과 고품질의 영상 촬영을 가능하게 한다.

(1) 구조적 통합 : 본체는 드론의 모든 구성 요소를 함께 연결하며, 각 부품이 올바르게 작동할 수 있도록 지지한다. 이를 통해 드론이 안정적으로 비행하고 촬영할 수 있다.

(2) 비행 제어 : 본체 내에는 Flight Controller라는 중앙 제어 장치가 포함되어 있다. 이 장치는 드론의 '뇌'와 같은 역할을 하며, 드론의 모든 움직임과 기능을 조절한다.

(3) 배터리 수납 : 대부분의 드론은 본체 내부나 바닥 부분에 배터리를 장착하며, 배터리는 드론의 전체 시스템에 전력을 공급한다.

(4) 통신 : 본체에는 통신 모듈이 내장되어 있어, 조종기와의 신호 교환을 가능하게 한다. 이를 통해 사용자의 명령을 받아들이고, 필요한 정보나 실시간 영상 데이터를 전송한다.

(5) 센서 통합 : GPS, IMU, 바로미터, 초음파 센서, 비전 센서 등 다양한 센서가 본체에 내장되어 있다. 이러한 센서들은 드론의 위치, 고도, 속도, 방향 등을 파악하고, 안정적인 비행을 지원한다.

(6) 연결 지점 : 본체는 모터와 프로펠러를 연결하는 암(arm)을 가지고 있다. 또한 카메라와 짐벌을 장착하는 연결 지점 역시 본체에 위치한다.

(7) 보호 및 안정성 : 본체는 중요한 내부 구성 요소를 보호하는 역할도 한다. 또한 본체의 디자인과 중량 분배는 드론의 전반적인 비행 안정성에 기여한다.

(8) 냉각 : 고성능 드론은 작동 중에 발생하는 열을 효과적으로 배출하기 위한 냉각 시스템을 포함할 수 있다. 본체 디자인은 이러한 냉각 과정을 지원한다.

(9) 디자인 및 Aerodynamics(항공역학)*부록 참조 : 본체의 형태와 디자인은 드론의 에어로다이나믹 특성에 영향을 미친다. 잘 디자인 된 본체는 효율적인 비행과 높은 성능을 지원한다.

**2) 모터 :** 드론을 추진하고 공중에 띄우는 데 사용된다. 대부분의 촬영용 드론은 브러시리스 모터를 사용하여 효율성과 내구성을 높이고 있다. 모터의 주요 역할과 기능은 다음과 같으며, 결론적으로 촬영용 드론의 모터는 드론의 주요 움직임과 성능을 결정하는 핵심 구성 요소로 모터의 선택과 성능은 드론의 전반적인 비행 품질과 촬영 능력에 큰 영향을 미친다.

(1) 제동력 생성 : 모터의 핵심적인 역할은 프로펠러를 회전시켜 제동력(thrust)을 생성하는 것으로 이 제동력은 드론이 상승, 하강, 전진, 후진 및 방향 전환을 할 수 있게 한다.

(2) 비행 안정성 유지 : 드론에는 보통 4개 이상의 모터가 있으며, 각 모터의 속도 조절을 통해 드론의 안정성을 유지한다.

(3) 비행 방향 제어 : 모터의 속도 조절을 통해 드론의 방향을 제어한다. 각 모터의 회전 속도를 독립적으로 조

절하면서 드론의 방향성을 정밀하게 제어할 수 있다.

(4) 고도 및 속도 조절 : 모든 모터의 회전 속도를 함께 높이거나 낮춤으로써 드론의 고도와 전반적인 속도를 조절한다.

(5) 응답성 및 반응 속도 : 고성능의 모터는 빠른 반응 속도와 높은 응답성을 가지며, 사용자의 조종 명령에 신속하게 반응한다. 이는 특히 촬영 중에 원하는 구도와 각도를 빠르게 찾기 위해 필요하다.

(6) 에너지 효율 : 모터의 효율성은 드론의 전체 비행 시간과 성능에 직접적인 영향을 미친다. 에너지 효율적인 모터는 배터리의 수명을 최대한 활용하여 더 긴 비행 시간을 제공한다.

(7) 내구성 및 신뢰성 : 모터는 드론의 가장 중요한 움직이는 부품 중 하나이므로, 견고하고 내구성이 있어야 한다. 특히 촬영용 드론에서는 안정된 비행이 중요하기 때문에, 신뢰성 있는 모터 선택이 필수적이다.

**3) 프로펠러 :** 모터에 연결되며, 회전하여 드론에 추진력을 제공한다. 프로펠러의 주요 역할과 기능은 다음과 같으며, 촬영용 드론의 프로펠러는 드론의 비행 성능, 안정성 및 효율성을 결정하는 중요한 요소로 적절한 프로펠러 선택과 관리는 품질 높은 촬영 결과물을 얻기 위해 중요하다.

(1) 제동력 생성 : 프로펠러는 모터에 의해 회전되면서 공기를 밀어내거나 끌어당기며 제동력(thrust)을 생성한다. 이 제동력은 드론을 상승시키거나 움직이게 한다.

(2) 비행 방향 제어 : 프로펠러의 회전 속도와 방향을 조절함으로써 드론의 방향을 변경할 수 있다. 예를 들어, 특정 프로펠러의 속도를 높이면 드론은 그 반대 방향으로 회전한다.

(3) 안정성 유지 : 프로펠러는 드론의 전반적인 안정성을 유지하는 데 중요한 역할을 한다. 각 프로펠러의 속도가 조절되어 드론이 바람이나 외부 요인으로 인해 흔들리는 것을 방지하며, 드론의 수평 상태를 유지한다.

(4) 효율성과 성능 최적화 : 프로펠러의 디자인, 크기, 재료 및 피치(pitch, 프로펠러가 1회전으로 전진하는 거리)는 드론의 전반적인 비행 효율성과 성능에 영향을 미친다. 올바른 프로펠러 선택은 배터리 수명을 연장하고 최적의 비행 성능을 보장한다.

(5) 에너지 소비 최소화 : 효율적으로 디자인된 프로펠러는 더 적은 에너지를 소비하면서도 높은 제동력을 생성한다. 이로 인해 드론의 비행 시간이 늘어난다.

(6) 소음 감소 : 일부 프로펠러는 특별히 낮은 소음을 생성하도록 디자인되어 있다. 이는 특히 촬영용 드론에서 중요한데, 소음이 최소화되면 촬영 시 원치 않는 소음으로 인한 문제를 피할 수 있다.

**4) 배터리 :** 드론의 전원을 공급한다. 대부분의 촬영용 드론은 리튬폴리머 또는 리튬이온 배터리를 사용하고 있다. 배터리의 주요 역할과 기능은 다음과 같으며, 촬영용 드론의 배터리는 드론의 비행 시간, 성능 및 안정성을 결정하는 중요한 요소로 배터리의 선택, 관리 및 유지 보수는 드론의 전반적인 효율성과 수명에 큰 영향을 미친다.

(1) 전력 공급 : 가장 기본적인 역할은 드론의 모터, 카메라, 센서, 조종 시스템 등의 전자 구성 요소에 필요한 전력을 공급하는 것이다.

(2) 비행 시간 결정 : 배터리의 용량은 드론의 총 비행 시간을 결정한다. 용량이 큰 배터리는 더 오랜 시간 동안 비행할 수 있으므로, 촬영 시간이 늘어난다.

(3) 드론의 성능 영향 : 배터리의 출력과 전압은 드론의 전반적인 성능, 특히 모터의 성능에 영향을 미친다.

(4) 안전 기능 : 현대의 드론 배터리는 일반적으로 과충전, 과방전, 과열 등의 상황을 감지하고 대응하는 내장 보호 회로를 포함하고 있다. 이는 배터리 및 드론의 안전을 유지한다.

(5) 통신 및 데이터 제공 : 많은 고급 드론 배터리에는 배터리 상태, 잔여 비행 시간, 충전 상태 등의 정보를 조종자에게 전송하는 통신 기능이 포함되어 있다.

(6) 스마트 기능 : 일부 고급 배터리는 자체 진단 기능, 자동 충전/방전 관리, 사용 패턴에 따른 최적화 등의 스마트 기능을 포함하고 있다.

(7) 빠른 교체를 위한 설계 : 촬영용 드론에서는 종종 여러 배터리 팩을 가지고 이동하여, 교체가 필요할 때 빠르게 교체할 수 있도록 설계된다.

(8) 에너지 밀도와 가벼움 : 촬영용 드론의 배터리는 가능한 가볍게 설계되어야 한다. 이는 높은 에너지 밀도를 갖는 재료와 기술을 사용하여 최적화되며, 가벼운 배터리는 드론의 총 중량을 줄여주어 비행 성능을 향상시킨다.

**5) 카메라 :** 촬영용 드론의 카메라는 그 드론의 주요 목적인 영상 및 사진촬영을 위한 중심 구성 요소로 카메라의 주요 역할과 기능은 다음과 같다. 촬영용 드론의 카메라는 사용자에게 다양한 환경과 조건에서 고품질의 영상 및 사진을 제공하는데 필수적인 요소로 올바른 카메라 선택은 촬영 목적 및 필요에 따라 아주 중요하다고 볼 수 있다.

(1) 영상 및 사진촬영 : 드론 카메라의 기본적인 역할은 고해상도의 사진과 영상을 촬영하는 것이다.

(2) Gyro stabilization[*부록 참조] : 많은 드론 카메라는 Gyro stabilization 기능을 가지고 있어, 드론이 움직일 때나 바람에 흔들릴 때도 안정적인 영상을 제공한다.

(3) 조정 가능한 카메라 각도 : 사용자는 카메라의 각도를 원격으로 조정할 수 있어, 다양한 시각에서의 촬영이 가능하다.

(4) 줌 기능 : 일부 고급 드론 카메라에는 옵티컬 줌 기능이 포함되어 있어, 대상에 접근하지 않고도 확대/축소 촬영이 가능하다.

(5) 저조도 촬영 : 좋은 드론 카메라는 저조도 환경에서도 뛰어난 영상 품질을 제공한다.

(6) 색 재현 및 다이나믹 레인지 : 프로페셔널 수준의 드론 카메라는 높은 다이나믹 레인지와 정확한 색 재현을 제공하여, 더욱 생생하고 깊이 있는 영상을 촬영한다.

(7) Flat Profile[*부록 참조] : 일부 드론 카메라는 후처리에 더 유용한 Flat 색상 프로필 옵션을 제공한다.

(8) 360도 촬영 : 특정 드론 카메라는 360도 파노라마 영상 및 사진촬영이 가능하다.

(9) 열상 카메라 및 다중 스펙트럼 : 특정 목적을 위한 드론(예: 농업, 구조 작업)은 영상 및 사진 외에도 열상 이미지나 다른 스펙트럼의 데이터를 촬영할 수 있다.

(10) 인텔리전트 촬영 모드 : 많은 현대 드론은 추적, 웨이포인트 비행, 자동 파노라마 촬영 등과 같은 다양한 자동 촬영 모드를 포함하고 있다.

(11) 라이브 스트리밍 : 사용자는 드론을 통해 실시간으로 영상을 스트리밍하고 원격으로 확인할 수 있다.

**6) 짐벌(Gimbal) :** 촬영용 드론의 짐벌은 카메라를 안정화하고 원하는 방향으로 움직이게 하는 중요한 구성 요소이다. 짐벌의 주요 역할과 기능은 다음과 같으며, 결론적으로 짐벌은 드론 촬영에서 핵심적인 역할을 하는 구성 요소로, 전문가 수준의 영상 촬영을 위해서는 품질 좋은 짐벌의 사용이 필수적이다.

(1) 안정화 : 짐벌의 주요 목적은 드론의 움직임과 흔들림으로부터 카메라를 안정화하는 것이다. 드론이 움직이거나 바람에 의해 흔들렸을 때도 짐벌은 카메라를 수평으로 유지하며 흔들림 없는 영상을 촬영할 수 있게 한다.

(2) 다중 축 회전 : 대부분의 짐벌은 2축 또는 3축 회전 기능을 제공한다. 이를 통해 사용자는 카메라를 위·아래, 좌·우, 회전시키는 등 여러 방향으로 움직일 수 있다.

(3) 부드러운 팬 및 틸트 : 짐벌은 사용자가 부드럽게 팬(수평 회전) 또는 틸트(수직 회전) 움직임을 수행할 수 있게 한다. 이는 드라마틱한 촬영 각도나 동적인 장면을 만드는 데 유용하다.

(4) Follow Mode : 몇몇 짐벌은 사용자가 설정한 방향을 따라 카메라가 자동으로 움직이는 'Follow Mode' 기능을 제공한다.

(5) Gyro stabilization : 짐벌 내부의 자이로스코프 센서는 카메라의 움직임을 감지하고, 모터를 통해 즉시 조정하여 카메라를 안정화한다.

(6) 자동 수평 조정 : 만약 드론이 기울어져 있어도, 짐벌은 자동으로 카메라를 수평으로 조정한다.

(7) 원격 제어 : 많은 짐벌은 드론의 원격 조종기나 전용 앱을 통해 원격으로 조절할 수 있다.

(8) 초점 및 줌 제어 : 일부 고급 짐벌은 카메라의 초점이나 줌을 직접 제어할 수 있는 기능을 포함하고 있다.

**7) 비행 제어장치(Flight Controller) :** 비행 제어장치(FC)는 드론의 "뇌"와 같은 역할을 한다. 이 장치는 드론의 모든 주요 시스템과 센서를 중앙에서 관리하고 제어하여 드론이 안정적으로 비행할 수 있게 한다. 비행 제어장치의 주요 역할과 기능은 다음과 같으며, 결론적으로 비행 제어장치는 드론의 안정적인 비행과 정확한 제어를 가능하게 하는 중심적인 구성 요소로 최신의 FC는 고도의 인공 지능과 고급 알고리즘을 통해 더욱 정밀하고 다양한 비행 기능을 제공한다.

(1) 센서 입력 처리 : FC는 다양한 센서로부터의 데이터를 지속적으로 수집하고 분석한다. 이 센서들은 가속도계, 자이로스코프, 기압계, GPS 등을 포함한다.

(2) 모터 제어 : FC는 센서 데이터와 사용자의 명령을 기반으로 모터의 속도와 방향을 조절한다. 이를 통해 드론의 이동, 회전, 상승 및 하강이 제어된다.

(3) 안정화 : FC는 드론이 안정적으로 비행하도록 지속적으로 조정한다. 만약 바람 등 외부 요인으로 드론이 기울어진다면, FC는 이를 감지하고 모터의 출력을 조절하여 드론을 다시 안정적인 상태로 돌려놓는다.

(4) GPS와 위치 추적 : GPS 모듈이 연결되어 있다면, FC는 현재 위치, 고도, 속도 및 방향 정보를 사용하여 드론의 비행 경로를 제어할 수 있다.

(5) 자동 비행 및 길 찾기 : 일부 FC는 사전에 정의된 경로나 특정 위치로의 자동 비행 기능을 제공한다. 사용자는 목적지나 경로를 설정하면 드론이 자동으로 그 경로를 따라 비행한다.

(6) Return-to-Home(RTH) : 드론의 배터리가 부족하거나 통신 연결이 끊어질 경우, FC는 드론을 안전하게 출발 지점으로 되돌리는 RTH 기능을 활성화시킬 수 있다.

(7) 통신 : FC는 드론의 원격 조종기나 스마트폰 앱과의 통신을 관리한다. 사용자의 입력을 받아들이고 드론의 현재 상태 정보를 전송한다.

(8) 안전 기능 : FC는 잠재적인 문제나 위험을 감지하고, 필요한 경우 비행 제한 구역이나 최대 고도 제한과 같은 안전 기능을 활성화할 수 있다.

**8) GPS 모듈 :** 촬영용 드론의 GPS 모듈은 드론의 위치와 움직임을 정확하게 파악하고 제어하는 데 국한되지 않고 다양한 기능을 제공한다. GPS는 'Global Positioning System'의 약자로, 지구를 도는 여러 위성에서 발신하는 신호를 수신하여 장치의 위치를 정밀하게 파악하는 기술이다. 촬영용 드론의 GPS 모듈의 주요 역할과 기능은 다음과 같으며, 결론적으로 촬영용 드론에서 GPS 모듈은 비행의 안전성과 효율성을 크게 향상시키는 중요한 구성 요소로 GPS는 드론이 예기치 않은 상황에서도 안정적으로 비행하고, 정확한 위치에서 촬영을 수행할 수 있도록 지원한다.

(1) 정밀한 위치 파악 : GPS 모듈은 드론의 현재 위치를 정확하게 알려준다. 이 정보는 드론이 정해진 경로나 지점을 정확하게 따르도록 도와주며, 안정적인 비행을 지원한다.

(2) 자동비행과 길 찾기 : 사용자가 드론에게 특정 위치로 이동하라는 명령을 내릴 때, GPS 정보를 기반으로 드론은 그 위치로 자동으로 이동한다.

(3) Return-to-Home(RTH) 기능 : GPS는 RTH 기능에서 중요한 역할을 한다. 사용자가 RTH 기능을 활성화하거나 드론의 배터리가 부족할 경우, 드론은 GPS 데이터를 사용하여 출발 지점으로 안전하게 귀환한다.

(4) 지리적 제한(Geofencing) : 사용자는 드론이 비행하면 안 되는 지역이나 고도를 설정할 수 있다. 드론이 이러한 지역에 접근하려고 하면, GPS 데이터를 사용하여 그 지역을 피하거나 해당 지역에 진입하는 것을 방지한다.

(5) 비행 경로 저장 : 일부 드론은 비행 중 GPS 데이터를 저장하여 나중에 그 경로를 재현하거나 분석하는 데 사용한다.

(6) 안정적인 비행 : 특히 바람이 부는 환경에서 GPS는 드론이 원하는 위치에 안정적으로 머무를 수 있도록 도와준다.

(7) 정밀한 촬영 : GPS와 추가 센서들의 조합은 드론이 특정 위치에서 정확하게 촬영하도록 도와준다. 예를 들면, 특정 고도와 각도에서의 시간당 촬영과 같은 작업을 수행할 때 유용하다.

**9) 통신 장치 :** 촬영용 드론의 통신 장치는 사용자와 드론 간의 데이터 교환을 담당하며, 안정적이고 지속적인 연결을 유지하는 데 중요한 역할을 한다. 통신 장치 없이는 원격 조정이나 실시간 데이터 전송 등의 기능을 수행할 수 없다. 촬영용 드론의 통신 장치의 주요 역할과 기능은 다음과 같으며, 결론적으로 통신 장치의 효율성과 안정성은 드론의 성능과 사용자 경험에 결정적인 영향을 미친다. 신호 손실이나 지연이 발생하면 드론 조종이 어려워질 뿐만 아니라, 안전 사고의 위험도 증가하게 된다. 따라서 고급 촬영용 드론은 강력하고 안정적인 통신 장치가 적용되는 경우가 많다.

(1) 원격 조정 : 통신 장치는 사용자의 조종기나 스마트폰 앱으로 입력값을 드론에 전송한다. 이를 통해 드론의 이동, 높이, 방향 변경, 카메라 제어 등의 동작이 실행된다.

(2) 실시간 데이터 전송 : 통신 장치는 드론의 실시간 비행 데이터(예: 고도, 속도, 배터리 상태, GPS 위치 등)를 사용자에게 전송한다.

(3) 실시간 영상 스트리밍 : 촬영용 드론은 카메라를 통해 촬영하는 실시간 영상을 조종기나 스마트폰 앱에 전송할 수 있다. 이를 통해 사용자는 실시간으로 드론의 시점에서의 영상을 확인하며 촬영을 진행할 수 있다.

(4) 펌웨어 업데이트 : 통신 장치를 통해 드론의 펌웨어 업데이트를 원격으로 진행할 수 있다.

(5) 비행 모드 및 설정 변경 : 사용자는 통신 장치를 통해 드론의 다양한 비행 모드를 선택하거나 특정 설정(예: 리턴 투 홈 고도, 최대 비행 거리 등)을 변경할 수 있다.

(6) 긴급 시그널 및 안전 기능 : 통신 장치는 드론이 위험한 상황(예: 배터리 부족, 신호 손실 등)에 처했을 때 사용자에게 경고 알림을 전송한다.

(7) 다중 장치 연결 : 일부 고급 드론은 여러 조종기와 기기를 동시에 연결할 수 있어, 한 사람은 드론을 조종하고 다른 사람은 카메라를 조종하는 등의 작업 분배가 가능하다.

**10) 센서 :** 촬영용 드론에는 다양한 센서들이 탑재되어 있으며, 이 센서들은 드론의 안정적인 비행과 정밀한 촬영을 도와준다. 주요 센서들의 역할과 기능은 다음과 같으며, 결론적으로 이러한 센서들은 서로 상호작용하며 드론의 비행 제어 시스템과 통합되어, 안전하고 정밀한 비행을 가능하게 한다.

(1) 자이로스코프(Gyroscope) : 드론의 회전을 감지하는 역할을 하고, 자이로 데이터는 비행제어시스템에 입력되어 드론의 움직임을 조정한다.

(2) 가속도계(Accelerometer) : 드론의 선형 움직임을 감지하는 역할을 하고, 드론의 기울어짐 및 움직임을 감지하여 안정적인 호버링과 비행을 하게 해 준다.

(3) 바로미터(Barometer) : 대기압을 측정하는 역할을 하고, 드론의 고도를 정밀하게 측정하고 유지하는 데 도움을 준다.

(4) GPS(Global Positioning System) : 드론의 위도, 경도, 고도 정보를 제공하는 역할을 하고, 위치 추적, 지리적 제한 설정, 자동 비행 경로 설정, 리턴 투 홈 기능을 지원한다.

(5) 광학적 흐름 센서(Optical Flow Sensor) : 카메라나 레이저를 사용하여 지면의 움직임을 감지하는 역할을

하고, GPS 신호가 약한 지역이나 실내에서 드론의 위치를 안정적으로 유지하는 데 도움을 준다.

(6) 장애물 감지 센서 : 주변의 장애물을 감지하는 역할을 하고, 적외선, 초음파, 스테레오 카메라 등의 기술을 사용하여 장애물을 감지하고 충돌을 방지한다.

(7) 자기장 센서(Magnetometer) : 지구의 자기장을 감지하는 역할을 하고, 드론의 방향성을 파악하고 유지하는 데 도움을 준다.

(8) 카메라 : 비디오나 사진촬영의 역할을 하고, 촬영뿐만 아니라, 일부 센서 기능(예: 광학적 흐름 센서)을 수행하는데도 사용된다.

(9) 온도 센서 : 드론 내부나 주변 환경의 온도를 측정하는 역할을 하고, 드론의 성능 및 배터리 상태를 최적화하거나, 과열을 방지하는 데 도움을 준다.

**11) 조종기(Transmitter)** : 촬영용 드론의 조종기는 사용자의 입력을 드론에 전달하는 주요 장치로서, 드론과의 인터랙션을 가능하게 한다. 조종기는 전통적인 RC(Radio Control) 방식을 기반으로 하며, 최근의 고급 조종기는 터치스크린, 사용자 친화적인 인터페이스, 펌웨어 업데이트 기능, Wi-Fi 연결 및 모바일 앱과의 통합 등 다양한 추가 기능을 제공하고 있다. 촬영용 드론의 조종기의 주요 역할과 기능은 다음과 같다.

(1) 기본 조종

　① **방향 조종** : 전후좌우 및 상승/하강의 기본 이동을 제어한다.

　② **회전 조종** : 드론의 좌·우 회전(Yaw)을 제어한다.

(2) 비행 모드 선택 : 다양한 비행 모드(예: 스포츠 모드, 트립 모드, 팔로우 미 모드 등)를 선택하여 드론의 비행 특성을 변경할 수 있다.

(3) 카메라 제어 : 카메라의 기울기, 줌, 시작/정지 및 기타 기능들을 조종할 수 있다.

(4) 리턴 투 홈(RTH) : 드론을 자동으로 출발 지점으로 돌려보내는 기능을 활성화하거나 비활성화한다.

(5) 긴급 정지 : 위험 상황에서 드론의 모든 동작을 즉시 중단하는 기능이 있다.

(6) Telemetry 정보 표시 : 조종기의 화면이나 별도의 모니터를 통해 드론의 실시간 데이터(예: 고도, 속도, 배터리 상태, GPS 정보 등)를 표시한다.

(7) 실시간 비디오 스트리밍 : 드론의 카메라로부터의 실시간 영상을 조종기의 화면이나 연결된 모바일 장치에 표시한다.

(8) 맵 및 GPS 정보 : 드론의 현재 위치, 비행 경로, 지정된 웨이포인트 등을 지도 위에 표시한다.

(9) 배터리 상태 표시 : 드론 및 조종기의 배터리 상태와 예상 비행 시간을 표시한다.

(10) 설정 및 조정 : 드론의 비행 특성, 카메라 설정, GPS 설정 등 다양한 파라미터를 사용자가 원하는 대로 조정할 수 있게 한다.

**12) 앱 및 소프트웨어 :** 촬영용 드론에 사용되는 앱 및 소프트웨어는 드론 비행과 촬영의 다양한 면을 향상시키고, 사용자에게 더 나은 제어와 정보를 제공하는 데 중요한 역할을 한다. 앱 및 소프트웨어의 주요 역할과 기능은 다음과 같으며, 결론적으로 촬영용 드론의 앱 및 소프트웨어는 사용자에게 직관적이고 고급 기능을 제공하며, 안전하고 효율적인 비행을 지원한다. 최근에는 인공 지능(AI) 기반의 기능도 통합되어, 예를 들면 주제 추적, 자동 촬영 시나리오 등의 고급 촬영 기능을 지원하기도 한다.

(1) 실시간 비디오 스트리밍 : 드론의 카메라로부터의 실시간 영상을 스마트폰이나 태블릿에 전송하여 사용자가 촬영 상황을 실시간으로 확인할 수 있게 한다.

(2) Telemetry 정보 : 드론의 고도, 속도, 방향, 배터리 상태, GPS 신호 강도 등의 실시간 데이터를 표시한다.

(3) 지도 및 비행 경로 : 사용자가 드론의 비행 경로를 지도 상에서 계획하고 수정할 수 있게 한다. 웨이포인트 기반의 비행 경로 설정, 자동 팔로우, 지점간 이동 등의 기능을 제공한다.

(4) 카메라 설정 : ISO, 셔터 속도, 화이트 밸런스, 해상도, 프레임 레이트 등의 카메라 설정을 조정한다.

(5) 비행 모드 선택 : 다양한 비행 모드(예: Sport Mode, Point Of Interest, Follow Me 등)를 선택할 수 있게 한다.

(6) 장애물 회피 : 드론의 센서 데이터를 기반으로 장애물을 감지하고 회피하는 경로를 계획한다.

(7) 자동 착륙 및 리턴 투 홈 : 안전한 착륙 지점을 선택하거나 출발 지점으로 자동으로 돌아오는 기능을 제공한다.

(8) 소프트웨어 업데이트 : 드론의 펌웨어를 최신 상태로 유지하며, 새로운 기능이나 개선된 성능을 제공한다.

(9) 로그 및 비행 데이터 분석 : 비행 데이터를 기록하고 분석하여, 예를 들면 비행 경로, 촬영 지점, 장애물 회피 경로 등을 검토하고 재활용할 수 있게 한다.

(10) 사용자 정의 설정 : 사용자의 비행 스타일과 촬영 선호도에 맞게 드론의 비행 및 카메라 설정을 개인화한다.

## 2. 촬영용 드론의 작동 원리

촬영용 드론의 작동 원리는 기본적인 드론의 비행 원리와 유사하지만, 고화질 영상 및 사진촬영에 초점을 맞추어 특별한 구성 요소와 기능이 추가되어 있다. 촬영용 드론의 기본 작동 원리는 다음과 같으며, 이러한 기본 작동 원리를 바탕으로, 사용자의 명령에 따라 원하는 위치와 각도로 비행하면서 고화질의 영상과 사진을 촬영한다.

### 1) 비행 제어

(1) Flight Controller(비행 제어 장치)는 드론의 '뇌' 역할을 한다. 여러 센서로부터 받은 데이터를 기반으로 드론의 움직임을 조절한다.

(2) 사용자는 조종기를 사용하여 드론에 명령을 전달한다. 조종기의 스틱 조작을 통해 드론의 방향, 고도, 속도를 조절할 수 있다.

## 2) GPS 및 센서

(1) GPS 모듈은 드론이 정확한 위치 정보를 얻을 수 있게 한다. 이를 통해 드론은 위치 기반 기능(예: Return to Home, Waypoint 비행 등)을 수행할 수 있다.

(2) 다양한 센서(예: IMU, 바로미터, 초음파 센서)는 드론의 위치, 방향, 고도, 속도 등의 정보를 제공하여 안정적인 비행을 지원한다.

## 3) 모터 및 프로펠러

(1) 사용자의 명령과 Flight Controller의 지시에 따라 모터는 특정 속도로 회전한다.

(2) 모터의 회전으로 프로펠러가 회전하며, 이로 인해 드론 주변의 공기를 아래로 밀어내어 추진력을 생성한다. 이 양력을 통해 드론은 공중에 뜨게 된다.

## 4) 카메라 및 짐벌

(1) 짐벌은 카메라를 안정화하며, 카메라의 움직임을 부드럽게 조절하여 진동이나 드론의 움직임으로 인한 흔들림을 최소화한다.

(2) 카메라는 고화질의 영상과 사진을 촬영한다. 사용자는 조종기나 연결된 모바일 앱을 통해 촬영 설정을 조절하거나 실시간 영상을 확인할 수 있다.

## 5) 통신

(1) 조종기와 드론 사이의 통신은 주로 2.4GHz 또는 5.8GHz 주파수대 또는 주파수 듀얼(Dual Frequency)을 사용하는 무선 방식으로 이루어진다.

① 2.4GHz 대역의 장점과 단점

■ 장점

• 넓은 범위 : 2.4GHz 대역은 일반적으로 좋은 범위와 장애물 통과 능력을 제공한다. 특히 실내 환경에서는 벽과 같은 장애물을 통과하는 데 더 효과적일 수 있다.

• 국제적 호환성 : 2.4GHz는 전 세계적으로 대부분의 국가에서 무선 통신 장비에 사용될 수 있는 ISM(산업, 과학, 의료) 대역 중 하나이다.

■ 단점

• 중복 : Wi•Fi, 블루투스, 마이크로웨이브 오븐, 일부 무선 전화 및 다른 많은 무선 장치들도 2.4GHz 대역을 사용한다. 따라서 이 대역에서는 간섭이 발생할 가능성이 높다.

• 제한된 채널 : 2.4GHz 대역은 제한된 수의 채널을 가지고 있어, 많은 장치가 동시에 작동할 경우 간섭 문제가 발생할 수 있다.

② 5.8GHz 대역의 장점과 단점

■ 장점

- 더 많은 채널 5.8GHz 대역은 2.4GHz 대역보다 더 많은 채널을 제공한다. 이는 특히 높은 대역폭의 데이터 전송이 필요할 때 유용하다.

- 적은 간섭 : 5.8GHz 대역은 현재 2.4GHz 대역보다 상대적으로 덜 포화되어 있어 간섭을 덜 받는다.

■ 단점

- 범위 제한 : 5.8GHz 신호는 2.4GHz 신호에 비해 고주파이기 때문에, 장애물(특히 물 기반의 장애물)에 대해 더 민감하게 반응하며, 전파 범위가 짧을 수 있다.

- 국제적 호환성 : 5.8GHz 대역의 사용 가능성은 국가마다 다르며, 일부 국가에서는 제한될 수 있다.

③ 주파수 듀얼(Dual Frequency) 기능(DJI의 현재 기체들은 이 기능 적용) : 주파수 듀얼 기능의 핵심은 드론과 원격 조종기 사이의 통신을 위해 2.4GHz와 5.8GHz 두 가지 주파수 대역을 모두 사용하는 것으로 장점은 다음과 같으며, 주파수 듀얼 기능을 갖춘 DJI 드론은 사용자에게 안정적이고 효율적인 비행을 제공하며, 다양한 환경 조건에서도 뛰어난 통신 성능을 보장한다.

■ 적응성 : 시스템은 2.4GHz와 5.8GHz 주파수 대역 중에서 간섭이 덜한 쪽을 동적으로 선택하여 사용할 수 있다. 이를 통해 간섭이 많은 환경에서도 통신의 안정성을 유지할 수 있다.

■ 통신 안정성 : 만약 한 주파수 대역에서 문제가 발생하면, 시스템은 다른 주파수 대역으로 자동 전환하여 통신을 계속할 수 있다.

■ 높은 데이터 전송률 : 5.8GHz 주파수 대역은 일반적으로 더 높은 데이터 전송률을 제공할 수 있다. 따라서 고화질의 실시간 비디오 스트리밍과 같은 대역폭이 많이 필요한 응용 프로그램에 적합하다.

(2) 몇몇 고급 드론은 보다 높은 통신 품질을 제공하기 위해 Lightbridge 또는 OcuSync와 같은 고급 통신 시스템을 사용하고 있다.

## 6) 배터리 및 전력 관리

(1) 드론의 모든 구성 요소는 배터리로부터 전력을 공급받는다.

(2) Flight Controller는 배터리 잔량을 지속적으로 모니터링하며, 저전압 시 사용자에게 경고를 보내거나 자동으로 안전한 지점으로 복귀하는 기능을 실행한다.

(3) 드론에 사용되는 배터리는 주로 리튬폴리머(LiPo) 또는 리튬이온(Li-ion) 배터리이다. 이러한 배터리는 작동 원리 및 구성요소에 기반하여 고밀도의 에너지 저장 및 공급을 가능하게 한다. 다음은 이러한 배터리의 기본 작동 원리를 설명하였다.

① 주요 구성 요소

- **Anode(음극) :** 리튬 이온의 원천으로 대개는 리튬을 함유하는 금속 산화물로 만들어진다.

- **Cathode(양극) :** 리튬 이온이 이동하는 곳으로 대개는 탄소(Graphene)로 구성된다.

- **전해질 :** 리튬 이온이 Anode와 Cathode 사이를 움직이게 하는 중간 매체로 이는 주로 리튬 소금을 함유하는 액체 또는 고체 폴리머 형태로 있다.

- **분리자 :** Anode와 Cathode 사이의 전기적 연결을 차단하는 동시에 리튬 이온의 이동을 허용하는 얇은 장이다.

② 작동 원리

- **방전 과정(배터리 사용 중) :** Anode에서 리튬 이온이 추출되어 전해질을 통해 Cathode로 이동하면서 전자가 외부 회로를 통해 이동한다. 이로 인해 전기적 에너지가 생성되어 드론의 모터와 전자 장치에 전력을 공급한다.

- **충전 과정 :** 충전기 등 전원 공급 장치가 연결되면 리튬 이온이 Cathode에서 추출되어 전해질을 통해 Anode로 돌아간다. 이 과정에서 배터리는 에너지를 저장한다.

③ 리튬 폴리머(LiPo) vs 리튬 이온(Li-ion)

- **LiPo 배터리 :** 전해질로 폴리머(고체 또는 젤)를 사용하는 것이 특징이다. 이러한 구조는 배터리를 가볍고 유연하게 만들며, 다양한 모양과 크기로 제작이 가능하다. 또한 고배율 충/방전이 가능하여 드론과 같은 고전력 애플리케이션에 적합하다.

- **Li-ion 배터리 :** 전해질로 액체를 사용하는 것이 일반적이다. 일반적으로 더 긴 수명과 높은 에너지 밀도를 가지며, 다양한 애플리케이션에 사용된다. 그러나 LiPo에 비해 유연성이 떨어질 수 있다.

# 02 촬영용 드론 구매 원칙

어떤 목적에서 개인별로 드론 자격증을 취득한 후 가장 먼저 호기심을 갖는 분야가 촬영용 드론의 선택 문제이다. 그러면 필자는 얘기한다. "비싼데 좋은 드론은 있을 수 있어도 싼데 좋은 드론은 없습니다. 본인이 촬영용 드론 구매에 투입할 수 있는 예산을 정하고 그 예산안에서 좋은 드론을 사는 것이 최선입니다. 그리고 그 드론으로 운용할 수 있는 최대치까지 고민해보고 반복해서 연습하세요"

현실적으로 개인의 목적성에 맞게 드론을 선택하겠지만 비행 성능과 안전성, 그리고 AS까지 다른 대안이 없다. 바로 DJI는 넘사벽이기 때문이다.

**그림 2-1** Uncrossable Wall Of 4Dimension, 넘四壁
"넘을 수 없는 사차원의 벽 이라는 뜻으로 매우 뛰어나서
아무리 노력해도 따라 잡을 수 없거나 대적할 만한 상대가 없음을 이르는 말"

**결론부터 말해보자.**

개인이 취미용으로 촬영하고 편집하고자 하는 분들은 DJI Mini 4 Pro 또는 DJI Air 3로 구매해야 할 것이며, 상업적 촬영을 목적으로 한다면 Mavic 3 시리즈, Inspire 3를 선택해야 할 것이다.

저자가 DJI 홍보대사도 아니고 왜 DJI, DJI만 외치고 있는지... 저자 또한 DJI의 매력에 취해 있는 것 같다. 회사 교육생들에게 하는 얘기가 있다. "망설임은 배송기간만 늦출 뿐입니다."

드론을 구매했다면 이제 배워야 할 것이 많다. 앱, 비행기술, 카메라 품질 조정값, 스마트 조종기, 조종자가 직접 입력할 안전 매개변수, AS, 배터리 관리, 항공법규, No Fly Zone, Fail Safe, 인텔리전트 비행, 파노라마 촬영, 매핑 등 하나하나 살펴보자!

# 1. 촬영용 드론 구매 시 고려요소

다음은 구매를 고려할 때 주의해야 할 주요 항목과 그 이유를 설명하였다. 이러한 요소들을 토대로 자신의 필요와 예산을 균형 있게 고려하여 촬영용 드론을 선택하면, 효과적이고 만족스러운 드론 촬영 경험을 얻을 수 있다.

**1) 가격 :** 예산 범위 내에서 최상의 가치를 제공하는 모델을 선택해야 한다.

**2) 비행 시간 :** 드론의 최대 비행 시간은 촬영 시간과 효율성에 큰 영향을 미친다. 일반적으로 긴 비행 시간을 제공하는 드론을 선택하는 것이 좋다.

**3) 카메라 품질 :** 촬영용 드론의 핵심은 카메라이다. 해상도, 센서 성능, ISO 범위, 셔터 속도 등의 특성을 고려해야 한다.

**4) 짐벌 안정성 :** 짐벌은 카메라를 안정화하며, 고품질의 영상 촬영을 위해서는 효과적인 짐벌 시스템이 필수이다.

**5) 비행 성능 :** 최대 속도, 최대 고도, 응답성 등의 성능 지표를 확인해야 한다.

**6) 통신 범위 :** 컨트롤러와 드론 간의 최대 통신 범위는 드론이 얼마나 멀리 비행할 수 있는지를 나타낸다.

**7) 장애물 감지 및 회피 :** 안전한 비행을 위해 드론이 주변 환경을 감지하고 장애물을 자동으로 회피할 수 있는 기능을 검토해야 한다.

**8) GPS 및 비행 모드 :** 다양한 비행 모드와 정밀한 GPS 기능은 촬영 중 원하는 움직임과 경로를 쉽게 구현할 수 있게 도와준다.

**9) 앱 및 소프트웨어 기능:** 사용자 친화적인 앱과 추가 기능들이 포함되어 있는지 확인해야 한다.

**10) Portability**[*부록 참조] **:** 드론의 크기와 무게, 접이식 여부 등은 휴대성과 보관에 영향을 미친다.

**11) After Service 및 부품 :** 드론의 고장이나 사고 발생 시, 부품 교체나 수리가 쉽고 빠른지, 서비스 네트워크가 잘 구축되어 있는지 확인하는 것이 중요하다.

**12) 추가 기능 및 액세서리 :** 확장 가능한 저장 용량, 추가 배터리, 소프트웨어 업데이트 지원, 특별한 촬영 모드 등 추가적인 기능과 액세서리도 고려 요소로 포함될 수 있다.

**13) 법규 및 규제 :** 국가나 지역에 따라 드론 사용에 대한 규제가 다를 수 있으므로, 구매 전 해당 규제를 확인해야 한다.

**14) 후기 및 평판 :** 해당 드론에 대한 사용자 리뷰와 전문가의 평가를 참고하여 제품의 실제 성능과 사용성을 확인해 볼 필요가 있다.

## 2. 촬영용 드론 구매 가이드 표

촬영용 드론을 구매하는 데 참고할 수 있는 가이드 표를 간략하게 작성하였다. 이 가이드 표는 DJI 소비자용 촬영용 드론의 전체적인 참고용이며, 구체적인 상황이나 필요에 따라 추가적인 항목을 고려해야 할 수도 있다. 여러 제품을 비교하며 아래 표를 기반으로 자신에게 가장 적합한 예산 범위내 드론을 선택하는 것이 좋다(가격은 구입 시점의 조건에 따라 변동 될 수 있음).

| 품명 / 사진 | 가 격 | 특 징 | 비고 / 권장 |
|---|---|---|---|
| ① Mavic 3 Pro Cine 프리미엄 콤보<br>(DJI RC Pro 조종기 포함) | 5,932,300원<br>+<br>Care 보험<br>1년 439,000원<br>or<br>2년 729,000원 | ·4/3 CMOS Hasselblad*부록참조<br>·듀얼 망원 카메라<br>·최대 비행시간 43분<br>·전방위 장애물 감지<br>·15km HD 동영상 전송 | DJI RC Pro 포함,<br>Mavic 3 Pro Cine의 경우 Apple Prores 및 1TB SSD*부록 참조지원,<br>프로 항공촬영가에 적합 |
| ② Mavic 3 Pro 플라이 모어 콤보<br>(DJI RC Pro 조종기 포함) | 4,201,000원<br>+<br>Care 보험<br>1년 289,000원<br>or<br>2년 459,000원 | ·4/3 CMOS Hasselblad<br>·듀얼 망원 카메라<br>·최대 비행시간 43분<br>·전방위 장애물 감지<br>·15km HD 동영상 전송 | 1080P 고휘도 스크린을 탑재한 DJI RC Pro 1개, 추가 배터리 2개, 배터리 충전허브 1개, ND필터 세트 포함 |
| ③ Mavic 3 Pro 플라이 모어 콤보<br>(DJI RC 조종기 포함) | 3,310,000원<br>+<br>Care 보험<br>1년 289,000원<br>or<br>2년 459,000원 | ·4/3 CMOS Hasselblad<br>·듀얼 망원 카메라<br>·최대 비행시간 43분<br>·전방위 장애물 감지<br>·15km HD 동영상 전송 | DJI RC 1개,<br>추가 배터리 2개, 배터리 충전허브 1개, ND필터 세트 등 포함, 다양한 시나리오에서 활용 가능 |
| ④ Mavic 3 Pro<br>(DJI RC 조종기 포함) | 2,620,000원<br>+<br>Care 보험<br>1년 289,000원<br>or<br>2년 459,000원 | ·4/3 CMOS Hasselblad<br>·듀얼 망원 카메라<br>·최대 비행시간 43분<br>·전방위 장애물 감지<br>·15km HD 동영상 전송 | DJI RC 및 표준 액세서리 포함,<br>DJI 매빅3시리즈 플라이모어 키트 (숄더백) 추가 구매 (669,000원) |

| 품명 / 사진 | 가격 | 특징 | 비고 / 권장 |
|---|---|---|---|
| ⑤ DJI Air 2S 플라이모어 콤보<br> | 1,639,000원<br>+<br>Care 보험<br>1년 159,000원<br>or<br>2년 262,000원 | · 1" CMOS 센서<br>· 5.4K 동영상<br>· MasterShot<br>· 12km 1080p 전송<br>· 4방향 장애물 감지 | DJI RC 조종기 구매<br>(329,000원)<br><br>DJI RC Pro 조종기 구매<br>(1,220,000원)<br> |
| ⑥ DJI Mini 4 Pro 플라이 모어 콤보 플러스<br>(DJI RC 2 조종기 포함)<br> | 1,370,000원<br>+<br>Care 보험<br>1년 93,000원<br>or<br>2년 153,000원 | · 249g 미만<br>· 4K/60fps HDR 트루 버티컬 촬영<br>· 전방위 장애물 감지<br>· 최대 45분 비행 시간<br>· 최대 20km FHD 동영상 전송<br>· ActiveTrack 360° | DJI RC Pro 조종기 구매<br>(1,220,000원)<br> |
| ⑦ DJI Air 3 플라이 모어 콤보<br>(DJI RC 2 조종기 포함)<br> | 1,800,000원<br>+<br>Care 보험<br>1년 138,000원<br>or<br>2년 236,000원 | · 새로운 O4 HD 동영상 전송 시스템<br>· 광각 & 3X 미디엄 망원 카메라<br>· 듀얼카메라 48MP 사진<br>· 최대 비행시간 46분<br>· 전방위 장애물 감지<br>· 20km HD 동영상 전송 | DJI 100W USB-C 전원 어댑터(123,100원) 12<br><br>DJI 65W 휴대용 충전기<br>(70,600원) 13<br> |

가격이 만만치가 않다. 자금의 여유가 있고, 프로페셔널한 상업용 영상을 촬영하고자 한다면 ① Mavic 3 Pro Cine 프리미엄 콤보+DJI RC Pro 조종기 또는 ② Mavic 3 Pro 플라이 모어 콤보+DJI RC Pro 조종기를 권장한다.

그렇지 않고, 이제 막 촬영용 드론에 입문했거나 가격에 부담을 느낀다면 ⑥ DJI Mini 4 Pro+DJI RC 2 조종기+플라이 모어 콤보 플러스 또는 ⑦ DJI Air 3+DJI RC 2 조종기+플라이 모어 키트 플러스를 권장한다. 이것만으로도 충분히 새로운 세상으로 안내할 것이다.

# 03 DJI 촬영용 드론 제원 및 성능

우리가 제품을 구매할 때 제원 및 성능표를 100% 이해하지 않는 습관들이 있다. 특히 촬영용 드론에 대한 제원 및 성능을 이해하는 것은 이 분야에 더 심취하는 계기가 될 것이다.

여기에서는 저가에서 고가 순으로 정리하였으며, 촬영 드론의 기초를 탄탄하게 다질 수 있도록 주요 성능들이 의미하는 바를 상세히 설명하였다.

기체 종류에서 단품은 기체와 배터리 1개, 조종기를 의미하며, 플라이 모어 콤보는 통상 배터리×2, 충전허브, 숄더백, 여분의 프로펠러 등이 추가된 것을 말한다.

## 1. 제품별 가격 및 주요 특징

2016년부터 출시된 Mavic 시리즈는 휴대성, 비행성능의 결합으로 전 세계 소비자용 드론 시장의 절대 강자로 자리잡은지 오래되었다. 2023년 현재 DJI 촬영용 드론은 인스파이어/매빅/에어/미니로 네이밍이 단순화되었다. 2023년 출시된 Mavic 3 Pro는 트리플 카메라 시스템을 채택하여, 각기 다른 초점거리의 3개 센서와 렌즈로 새로운 카메라 드론 시대를 열었다. 이제 우리 스스로가 시네마틱한 걸작, 멋진 사진을 활용한 스토리텔링을 직접 제작하는 시대에 살고 있다.

DJI Mini SE

■ **가격(2021년 출시)**
 - 단품 : 365,000원
 - 플라이 모어 콤보 : 493,000원

■ **주요 특징**
 - 249g, 최대 속도 13m/s, 30분 비행
 - 1/2.3″ CMOS, 12MP JPG, 2.7K/30fps 영상
 - Wifi 방식, 4km FCC(2km CE)
 - 하향 비전 센서

DJI Mini 2 SE

■ **가격(2020년 출시)**
 - 단품 : 449,000원
 - 플라이 모어 콤보 : 599,000원

■ **주요 특징**
 - 246g, 최대 속도 16m/s, 31분 비행, 4배 줌
 - 1/2.3″ CMOS, 12MP JPG/RAW, 2.7K/30fps 영상
 - OcuSunc 2.0, 10km FCC(6km CE)
 - 하향 비전 센서

DJI Mini 2

DJI Mini 3

DJI Mini 3 Pro

RC 조종기     RC-N1 조종기

■ **가격(2020년 출시)**
  - 단품 : 549,000원
  - 플라이 모어 콤보 : 719,000원

■ **주요 특징**
  - 249g, 속도 16m/s, 31분 비행, 4배 줌
  - 1/2.3″ CMOS, 12MP JPG/RAW, 4K/30fps 영상
  - OcuSunc 2.0, 10km FCC(6km CE)
  - 하향 비전 센서

■ **가격(2022년 12월 출시)**

| 단품 | RC-N1조종기 | 566,900원 |
|---|---|---|
| | RC 조종기 | 766,900원 |
| 플라이모어 콤보 | RC-N1조종기 | 796,940원 |
| | RC 조종기 | 996,940원 |
| 플라이모어 콤보 플러스 | RC 조종기 | 1,080,100원 |

■ **주요 특징**
  - 248g, 최대 속도 16m/s, 51분 비행, 4배 줌
  - 1/1.3″ CMOS, 48MP JPG/RAW, 4K/30fps 영상
  - OcuSunc 2.0, 10km FCC(6km CE)
  - 하향 비전 센서

■ **가격(2022년 5월 출시)**

| 단품 | RC-N1조종기 | 930,000원 |
|---|---|---|
| | RC 조종기 | 1,130,000원 |
| 플라이모어 키트 플러스 | 47분 비행 배터리X2 | 313,200원 |
| 플라이모어 키트 | 34분 비행 배터리X2 | 230,040원 |

■ **주요 특징**
  - 249g, 최대속도 16m/s, 47분 비행, 4배 줌
  - 1/1.3″ CMOS, 48MP JPG/RAW, 4K/60fps 영상
  - OcuSunc 3.0, 12km FCC(8km CE)
  - 하향, 전방, 후방 비전 센서
  - FocusTrack(ActiveTrack, Spotlight, POI
  - MasterShot, 타임랩스

DJI Mini 4 Pro + RC2조종기

DJI Air 3 + RC-N2조종기

DJI Air 3 + RC2조종기

■ **가격(2023년 9월 출시)**

| 단품 | RC-N2조종기 | 930,000원 |
|---|---|---|
| | DJI RC 2 조종기 | 1,070,000원 |
| 플라이모어<br>콤보 | DJI RC 2 포함 | 1,290,000원 |
| 플라이모어<br>콤보 플러스 | DJI RC 2 포함 | 1,370,000원 |

■ **주요 특징**

- 249g, 최대속도 16m/s, 45분 비행, 4배 줌
- 1/1.3″ CMOS, 48MP JPG/RAW, 4K/100fps 영상
- OcuSunc 4.0, 20km FCC(10km CE)
- 전방위비전 센서
- ActiveTrack 360°, 웨이포인트 비행,
  고급 RTH, 크루즈컨트롤

■ **가격(2023년 7월 출시)**

- 단품 : 1,367,000원
- 플라이 모어 콤보 : 1,660,000원

■ **주요 특징**

- 720g
- 1/1.3″CMOS광각카메라 +
  1/1.3″CMOS 3x 미디엄 망원 카메라
- 듀얼 카메라 모두 48MP 사진
- 4K/100fps 최대 동영상 사양
- 전방위 장애물 감지
- 최대 46분 비행시간
- 2.7K 세로 모드 촬영

■ **가격(2023년 7월 출시)**

- 플라이 모어 콤보 : 1,800,000원

■ **RC2 조종기 주요 특징**

- 420g
- 5.5″FHD 스크린
- O4 동영상 전송 시스템
  (HD 동영상 최대 20km 거리 전송: FCC 기준)
- 2T4R 안테나
- 32GB 내장 공간

DJI Mavic 3 Classic

DJI Mavic 3 Pro

RC Pro 조종기

■ 가격(2022년 출시)

| 단품 | RC-N1조종기 | 1,890,000원 |
|---|---|---|
| | RC 조종기 | 2,070,000원 |
| 플라이모어 키트 | · | 669,000원 |

■ 주요 특징

- 4/5 CMOS Hasselblad 카메라
- 5.1K/50fps 프로급 이미지
- Hasselblad 천연색 솔루션
- 최대 비행시간 46분, 전방위 장애물 감지
- 최대 15km HD 동영상 전송
- 고급 RTH[*부록 참조], 야간 모드 동영상 촬영

■ 가격(2023년 출시)

| 단품 | RC 조종기 | 2,620,000원 |
|---|---|---|
| 플라이 모어 콤보 | RC 조종기 | 3,310,000원 |
| 플라이 모어 콤보 | RC Pro 조종기 | 4,201,000원 |
| Cine 프리미엄 콤보 | RC Pro 조종기 | 5,932,300원 |

■ 주요 특징

- 958g, 최대 속도 00, 43분 비행
- 4/3 CMOS Hasselblad 카메라
- 듀얼 망원 카메라
- 전방위 장애물 감지
- 최대 15km HD 동영상 전송

**참고**

DJI FPV와 Abata 드론은 FPV 드론 대중화에 앞장서고 있는 매력적인 기체이다. 혁신적인 고글, 모션컨트롤러, 비상정지, 호버링 기능 등 안정적인 측면, 4K 초광각 촬영, HD 저지연 전송, 다양한 주행 모드 지원 등 역동적인 근접촬영에 새로운 지평을 열었다고 할 수 있다.

DJI FPV 콤보

DJI FPV 고글 V2

DJI FPV 2 조종기
DJI 모션컨트롤러

### ■ 가격(2021년 출시)

| 기본 콤보 | DJI FPV고글 V2<br>DJI FPV 2 조종기 | 1,190,000원 |
|---|---|---|
| DJI FPV<br>플라이모어키트 | · | 400,000원 |
| DJI 모션 컨트롤로 | · | 209,000원 |

### ■ 주요 특징
- 795g, 최대 속도 140km/h, 20분 비행
- 4K/60fps, 초광각 150°FOV
- 10km HD 저지연 동영상 전송
- 새로운 S 모드
- 비상정지 및 호버링

DJI Abata 프로 뷰 콤보

DJI Goggle 2
RC Motion 2

### ■ 가격(2022년 출시)

| 기본 콤보 | DJI Goggle 2<br>RC Motion 2 | 1,620,000원 |
|---|---|---|
| 플라이 모어 키드 | · | 320,000원 |
| DJI FPV 조종기2 | · | 209,000원 |

### ■ 주요 성능
- 약 410g, 가벼운 무게와 높은 휴대성
- 4K/60fps, 초광각 155°FOV
- 강력한 동영상 안정화 시스템
- 내장 프로펠러 가드로 안전성 강화
- 10km 1080p HD 저지연 동영상 전송
- 듀얼 1080p 마이크로 OLED 스크린

📎참고

DJI Inspire는 영화 제작자와 영상 프로덕션에서 주로 활용된 프리미어 항공촬영 기체이다. 2023년 Inspire 3는 풀프레임 8K 촬영 기능을 무장하여 그 무엇보다도 더 안전하고 정밀하게 설계되었으며, 완전히 새로운 차원의 항공촬영 기술을 제공한다.

Inspire 1

■ **가격 : 기체 400만원(2014년 출시)**
■ **주요 특성**
 - 2,935g, 최대 속도 79km/h, 18분 비행
 - 젠뮤즈X3, X5, X5R, XT, Z3 카메라 지원
 - 세계 최초 HD 영상 전송 시스템, 5km
 - 4K25fps 영상

Inspire 2

■ **가격 : 기체 400만원(2015년 출시)**
■ **주요 특성**
 - 3,440g, 최대 속도 94km/h, 27분 비행
 - 젠뮤즈X4S, X5S, X7 카메라 지원
 - 라이트브릿지 HD 영상 전송시스템 7km
 - 젠뮤즈X7 사용 시 최대 6K 영상 녹화
 - 메인카메라와 FPV 카메라 동시 스트리밍

Inspire 3

■ **가격(2023년 출시)**

| 젠뮤즈 X9-8K Air 짐벌 카메라<br>RC Plus 조종기<br>배터리 6개, 충전허브 등 | 15,000,000원 |
| --- | --- |
| DJI Inspire 3 RAW 라이센스키 | 1,116,900원 |
| DJI DL 18mm F2.8 LS ASPH 렌즈 | 1,489.000원 |

RC Plus 조종기
(7인치, 1,200니트 고휘도 스크린)

■ **주요 특성**
 - 3,995g, 최대 속도 94km/h, 28분 비행
 - 풀 프레임 8K/75fps Prores RAW
 - 풀 프레임 8K/25s CinemaDNG
 - 듀얼 네이티브 ISO
 - 80° 틸트 부스트 또는 360°팬 듀얼 구성
 - 14+ 스톱 넓은 다이나믹 레인지
 - 1/1.8인치 초광각 나이트 비전 FPV 카메라
 - 센티미터급 RTK 포지셔닝 및 웨이포인트
 - O3 Pro 동영상 전송 & 듀얼 제어
 - DL 마운트 렌즈 셀렉션

참고

Phantom 4 Pro는 현재 DJI에 재고가 없는 상태이며, Mavic 2 Pro와 Zoom은 더 이상 생산을 중단한 제품이다. 하지만 여전히 현역으로 왕성한 활동을 하고 있다. 훌륭한 기체들이다.

Phantom 4 PRO V2

스크린 탑재 조종기

DJI Mavic 2 Pro

DJI Mavic 2 Zoom

DJI Smart Controller

■ 가격(2018년 출시)

| 스크린 탑재 조종기<br>(5.5인치, 1080P, 1000cd/㎡) | 2,250,000원 |
|---|---|
| 표준 조종기 | 1,850,000원 |

■ 주요 특성
- 1,375g, 최대 속도 72km/h, 30분 비행
- 1인치 CMOS 센서, 기계식 셔터 탑재
- 100Mbps, 4K60렌, D-Log 모드 지원
- 인텔리전트 플라이트 모드
- 5방향 장애물 감지 기능
- OcuSync 2.0 HD 영상 전송 시스템
- 최대 10km 1080P 라이브 스트리밍 가능
- DJI Smart Controller, 고글 지원

■ 가격 : 기체 1,560,000원(직구) (2018년 출시)
　　　　DJI Smart Controller(60~70만원/중고)

■ 주요 특성 비교

| 구분 | Mavic 2 Pro | Mavic 2 Zoom |
|---|---|---|
| 공통 | ·72km/h 속도, 비행시간 31분<br>·OcuSync 2.0 HD 영상 전송 시스템<br>·최대 10km 1080P 라이브 스트리밍 가능<br>·Smart Controller, 고글 지원 | |
| 무게 | 907g | 905g |
| 센서크기 | 1인치 | 1/2.3인치 |
| 유효픽셀 | 20MP | 12MP |
| 스틸이미지 | 5472X3648 | 4000X3000 |
| ISO 범위 | 100~12800 | 100~3200 |
| 조리개 범위 | F2.8~11 | F2.8~3.8 |
| 동영상 해상도 | 4K30fps | 4K30fps,4배줌 |
| 장애물 감지 | 전방위 감지 | |

📝참고

2024년 현재를 기준으로 가상 선호되고 있는 DJI Mini 4 Pro, DJI Air 3, DJI Mavic 3 Pro를 상세히 비교해 보았다. 모두 훌륭한 드론이다.

| 구분 | DJI Mini 4 Pro | DJI Air 3 | DJI Mavic 3 Pro |
|---|---|---|---|
| 기체 사진 | 입문자용 프리미어 카메라 드론 | 듀얼 카메라를 탑재한 다재다능한 드론 | 트리플 플래그십 카메라 드론 |
| 기체 단품 가격 | 930,000원 | 1,367,000원 | 2,620,000원 |
| 무게 | 249g | 720g | 958g |
| 최대 비행시간 | 45분 | 46분 | 43분 |
| 이미지 센서 | 1/1.3″CMOS | ·1/1.3″CMOS 광각카메라<br>·1/1.3″CMOS 3X 미디엄 망원 카메라 | ·4/3 CMOS Hasselblad카메라<br>·1/1.3″CMOS 미디엄 망원 카메라<br>·1/2″CMOS 망원 카메라 |
| 사진 화소 | 48MP | 48MP | 48MP |
| 조리개값 | f/1.7 | f/1.7&f/2.8 | f/2.8~f/11 |
| 동영상 해상도 | 4K/100fps | 4K/100fps | ·Hasselblad 카메라 5.1K/50fps, DCI 4K/120fps<br>·미디엄 망원/망원 카메라 4k/60fps |
| 장애물 감지 | 전방위 장애물 감지 | 전방위 장애물 감지 | 전방위 장애물 감지 |
| 동영상 전송 시스템, 라이브 뷰 품질 | DJI 04, 20km, 1080p/60fps 전송 | DJI 04, 20km, 1080p/60fps 전송 | DJI 03+, 15km, 1080p/60fps 전송 |
| 최대 상승, 하강, 수평 속도 | 5m/s, 5m/s, 16m/s | 10m/s, 10m/s, 21m/s | 8m/s, 6m/s, 21m/s |
| 내풍 가능 최대 풍속 | 10.7m/s | 12m/s | 12m/s |
| 내부 저장장치 | 데이터 없음 | 8GB | 8GB |
| 줌 | ·12MP 사진 : 2x<br>·4K : 3x<br>·FHD : 4x | ·광각카메라 : 1~3x<br>·미디엄 망원카메라 : 3~9x | ·Hasselblad 카메라 : 1~3x<br>·미디엄 망원 카메라 : 3~7x<br>·망원 카메라 : 7~28x |

# CHAPTER 04 DJI 촬영용 드론의 조종기 제원 및 성능

드론 조종기는 라디오 파장을 이용해 드론과 통신을 주고 받기 때문에 보편적으로 라디오 컨트롤러(Radio Controller)라고 부른다. 아울러 원격으로 제어하기 때문에 리모컨(Remote Controller)이라고 한다. 이러한 드론 조종기는 일반적인 형태에서 스마트폰을 거치하거나 혹은 스마트폰으로 조종하는 형태에서 DJI가 2019년 DJI Smart Controller를 선보이면서 조종기의 변화를 선도하게 된다.

DJI Smart Controller는 스마트폰이나 태블릿 없이도 DJI가 만든 드론을 조종할 수 있는데, 안드로이드 운영체제를 사용하는 만큼 타사 앱을 사용해 드론으로 촬영한 동영상을 편집해 SNS에 올리는 등 스마트폰과 유사한 작업이 가능해 졌으며, 앱을 활용하면 조종기의 사진과 동영상을 스마트폰으로 바로 전송도 할 수 있다. 또한 HDMI 단자가 달려 있어 드론으로 촬영한 영상을 외부 송출화면으로 볼 수도 있게 설계되었다. 혁신이었다.

혁신의 아이콘 DJI는 2021년에 DJI RC Pro 조종기를 선보인다.

프로 항공촬영을 위해 강화된 성능의 DJI RC Pro는 신세대 프로세스와 저장 공간 용량 증가로 더 안정적이고 끊김없이 작동하며 강력한 O3+ 동영상 전송 기술을 탑재하였고, DJI 셀룰러 동글*<sup>부록 참조</sup>을 지원해 4G 통신도 사용할 수 있어 드론을 더 멀리서 더 자유롭게 제어할 수 있게 된 것이다. 혁신에 혁신이다.

촬영용 드론 조종기에서도 혁신을 거듭한 DJI는 2022년 5월 DJI Mini 3 Pro와 함께 DJI RC 조종기를 30만 원대 초반대에 세상에 내놓으면서 이후 발표되는 DJI Mavic 3 등과 연동되게 펌웨어를 업데이트 하여 소비자로 하여금 다양한 드론과 다양한 조종기를 선택하도록 하고 있다. DJI RC 조종기는 가벼운 바디, FHD 디스플레이, 긴 배터리 사용시간을 자랑하며 새로운 듀얼 스프링 조종 스틱을 사용하여 비행이 한결 편해진 느낌이며, DJI O3+ 동영상 전송기술을 지원하는 등 가볍고 컴팩트한데 강력하기까지 한 RC 조종기로서 DJI RC PRO 조종기의 가격적 부담에 해방하고 싶은 사람들이 선택하고 있는 조종기로 그 명성을 RC 2 조종기가 나오기 전까지 맹위를 떨쳤다.

2023년 7월, DJI는 DJI Mavic Air 3 발표와 함께 DJI RC 2 차세대 카메라 드론 조종기를 발표하였다. 더 긴 전송 거리, 2T4R 안테나, 시스템의 새로은 O4 동영상 전송 시스템을 채택함과 더불어, 더 강력한 CPU와 GPU 성능을 자랑하는 강력한 프로세스를 탑재하여 완전히 매끄러운 앱과 시스템 조작을 보장하고 있다. 현재는 Mavic Air 3와만 연동되는 아쉬움이 있지만 추후 업데이트를 통해서 더 많은 기체와 연동될 예정이다.

드론 선택의 대원칙 1번, 자금력이다. 조종기도 마찬가지다. 5.5″ FHD 스크린이 내장된 조종기를 선택해야 한다. 가장 큰 이유는 역시 스마트폰 연결없이 전원을 켠 후 드론을 직접 연동해 바로 촬영을 시작할 수 있는 편리함일 것이다. 그 편리함을 맛 본 사람이라면 다 공감할 것이다.

현재 사용되고 있는 DJI의 스마트 조종기의 주요 제원과 특성을 비교하였으니 본인의 자금력과 운용 목적에 맞는 조종기를 선택하여 사용하기 바란다.

## 1. DJI 카메라 드론의 주요 스마트 조종기 비교

| 구분 | Smart Controller | Dji RC Pro | DJI RC | DJI RC 2 |
|---|---|---|---|---|
| 사진 | | | | |
| 가격 | 850,000원 | 1,220,000원 | 329,000원 | 428,000원 |
| 출시연도 | 2019년 | 2021년 | 2022년<br>Mini 3 Pro와 함께 출시 | 2023년<br>Air 3와 함께 출시 |
| 무게 | 630g | 680g | 390g | 420g |
| 호환성 | Mavic 2 시리즈,<br>Mini 2, Air 2 S,<br>Phantom 4 Pro V2 | Mavic 3 시리즈,<br>Air 2S, Mini 3 Pro | DJI Mini 4 pro,<br>DJI Air 3,<br>Mavic 3 시리즈,<br>Air 2S, Mini 3 Pro | DJI Mini 4 pro,<br>DJI Air 3 |
| 동영상 전송<br>시스템 | O2 | O3+ | O3 ~ O3+ | O4 |
| 최대<br>전송거리 | FCC 10km<br>CE 6km | FCC 15km<br>CE 8km | FCC 15km<br>CE 8km | FCC 20km<br>CE 10km |
| 안테나 | 1T2R | 2T4R | 1T2R | 2T4R |
| 해상도 | 1920X1080 | 1920X1080 | 1920X1080 | 1920X1080 |
| 크기 | 5.5″ | 5.5″ | 5.5″ | 5.5″ |
| 프레임 속도 | 60fps | 60fps | 60fps | 60fps |
| 밝기 | 1,000nit[*부록 참조] | 1,000nit | 700nit | 700nit |
| 배터리/<br>작동시간 | Li-ion 5000mAh/<br>2.5시간 | Li-ion 5000mAh/<br>3시간 | Li-ion 5200mAh/<br>4시간 | Li-ion 3100mAh/<br>3시간 |
| 저장용량 | 32GB+확장 장치 | 32GB+확장 장치 | 확장 장치 | 32GB+확장 장치<br>(사용가능 21GB) |
| 비디오<br>출력 포트 | HDMI 포트 | Mini-HDMI 포트 | X | X |
| 작동온도 | −20~40℃ | −10~40℃ | −10~40℃ | −10~40 ℃ |
| GNSS[*부록 참조] | GPS+GLONASS | GPS + Galileo +<br>GLONASS | GPS + Galileo +<br>BeiDou | GPS + Galileo +<br>BeiDou |
| 비고 | RC Pro의 CPU와 GPU가 Smart Controller의 4배,<br>전력소비는 20% 감소 | | RC 2의 CPU와 GPU가 RC의 9배 | |

# CHAPTER 05 제원표에서 이것만은 이해합시다!

저자가 2018년 전문교관(지도조종자) 자격을 이수하고 아내에게 100점(?) 받았으니 "드론 한대 사주세요"라고 하고 졸라서 구매한 것이 Inspire 2였다. 지금 생각해보면 참 어처구니 없는 행동을 한 것이다. 여러분들은 이런 재미있는 시행착오를 겪지 말고 하나하나 알아간 다음, 피나는 연습을 통해서 전문가가 되기를 바라는 마음이다. 그 출발은 다시 한 번 강조하지만 제원표의 이해이다.

여기에서는 드론의 센서와 화면 해상도를 알아보고 DJI의 영상 전송 기술에 대해서 살표보자. 그 외 부분들은 앱 등에서 상세히 설명하겠다.

## 1. 드론 센서에 대한 이해

일반적으로 카메라 센서는 빛을 감지하고 전자 신호로 변환하는 장치이다. 즉, 실 세계의 빛을 디지털 이미지로 변환하는 핵심부품이다. 이러한 과정은 사진이나 비디오를 촬영할 때 발생하며, 센서의 품질과 크기는 이미지의 선명도, 해상도, 색상 재현성 등에 큰 영향을 미친다.

대표적인 카메라 센서에는 CMOS(Complementary Metal-Oxide-Semiconductor, 상호 보완적 산화금속 반도체)와 CCD(Charge-Coupled Device, 전기 결합 소자)가 있으며, 낮은 전력 소비와 고속 이미지 처리 등의 장점으로 CMOS 센서가 드론에 사용되고 있다.

### 1) CMOS 센서와 CCD 센서의 비교

(1) CMOS 센서는 전력 소비가 낮고, 고속 이미지 처리가 가능하며 비용이 상대적으로 저렴하다. 따라서 현재 대부분의 디지털 카메라와 스마트폰에 사용되고, 특히 배터리로 작동하고 고속으로 움질일 때 이미지를 잘 캡쳐할 수 있기 때문에, 드론에서 CMOS 센서가 널리 사용되고 있다.
하지만 CMOS 센서는 노이즈가 많이 발생하고 CCD 센서에 비해 이미지 품질이 다소 떨어질 수 있는 단점도 있으나 최근 기술의 발전으로 이러한 차이는 점점 줄어들고 있다.

(2) CCD 센서는 이미지 품질이 우수하고 노이즈가 적다. 하지만 CMOS 센서에 비해 비용이 높고 전력 소비가 크다. 따라서 주로 고가의 전문적인 카메라나 과학 및 천문학 연구 등에서 사용되고 있다.

| CCD | 비교 | CMOS |
|---|---|---|
| 비쌈 | 가격 | 저렴 |
| 좋음 | 해상도 | 나쁨 |
| 적음 | 노이즈 | 많음 |
| 높음 | 전력소모 | 낮음 |
| 큼 | 부피 | 작음 |
| 약함 | 충격진동 | 강함 |

그림 **5-1** CMOS/CCD 비교 사진. 출처 : Difference Between CCp and CMOS 유튜브

**2) 드론에 사용되는 CMOS 센서의 종류 :** 드론에 사용되는 CMOS 센서의 종류는 크게 센서의 크기, 해상도, 기능 등에 따라 구분할 수 있다.

(1) 일반적으로 센서의 크기는 이미지 품질에 큰 영향을 미친다. 큰 센서는 더 많은 빛을 수집하여 더 좋은 이미지 품질을 제공한다. 일반적으로 사용되는 센서 크기에는 1/3", 1/2.3", 1", APS-C, Full Frame 등이 있다. 드론은 이동성과 가격 때문에 작은 센서를 사용하는 경우가 많지만, 최근에는 1인치 센서 이상 사용하는 Inspire 3, Matrix 350 RTK 등 프로페셔널 드론, 산업용 드론도 계속해서 등장하고 있다.

(2) 드론 센서의 해상도는 센서가 캡쳐할 수 있는 픽셀 수를 나타낸다. 해상도가 높을수록 더 상세한 이미지를 얻을 수 있다. 드론에는 일반적으로 12MP, 20MP, 48MP 등의 해상도를 가진 센서가 사용하는데 뒤에서 좀 더 상세하게 다루겠다.

(3) 일부 센서는 특정 기능을 가지고 있다. 예를 들어, HRD(High Dynamic Range) 기능을 가진 센서는 밝은 부분과 어두운 부분의 대비를 더 잘 잡아 낼 수 있다. 일부 센서는 낮은 빛 조건에서도 좋은 이미지를 캡쳐할 수 있는 낮은 빛 성능을 갖추고 있다.

각 드론 제조사는 위 기준으로 다양한 CMOS 센서를 선택해서 사용하고 있으며, 이러한 센서 선택은 드론의 용도, 가격, 휴대성 등이 중요 결정요소가 될 것이다. DJI 주요 카메라 드론의 CMOS센서 크기는 다음과 같다.

| 구 분 | | 센 서 |
|---|---|---|
| DJI Mini 4 PRO | | 1/1.3″ CMOS, 유효 픽셀 48 MP |
| DJI Air 2 S | | 1″CMOS, 유효 픽셀 20 MP |
| DJI Air 3 | 광각 카메라 | 1/1.3″ CMOS, 유효 픽셀 48 MP |
| | 미디엄 망원 카메라 | 1/1.3″ CMOS, 유효 픽셀 48 MP |
| DJI Mavic 3 PRO | Hasselblad 카메라 | 4/3″ CMOS, 유효 픽셀 20 MP |
| | 미디엄 망원 카메라 | 1/1.3″ CMOS, 유효 픽셀 48 MP |
| | 망원 카메라 | 1/2″ CMOS, 유효 픽셀 12 MP |

**3) CMOS 센서 크기 비교 :** CMOS 센서의 크기는 이미지 품질에 큰 영향을 미친다. 일반적으로 센서의 크기가 클수록 더 많은 빛을 수집하여 더 좋은 이미지 품질을 제공한다. 저자도 CMOS 센서 크기 표기를 완전히 이해하는데 상당히 시간이 걸렸던 기억이 난다. 크게 좋다는데 그 어디도 속 시원하게 설명 해 주는데가 없어서 본 교재에 상세히 설명하고자 한다.

CMOS 센서의 표기 방법은 실제 물리적 크기를 나타내기 위한 방법이다. 일반적으로 '인치' 단위로 표기되며, 이는 오래된 TV 카메라 튜브의 대각선 크기를 기준으로 한다. 하지만 이 '인치' 표기는 센서의 실제 크기와는 직접적인 관련이 없다. 예를 들어 1/1.3"센서는 실제로 1/1.3"의 크기가 아니다. 이는 초기 비디오 카메라 튜브의 크기 표기 방법을 따른 것으로, 카메라 튜브의 직경을 대각선으로 측정한 것이기 때문이다. 이런 방식의 드론 CMOS 센서 크기의 표기법은 교육생들에게 혼동을 일으키기에 충분하다. 그래서 교육생들이 센서 크기를 이해하는 것이 어려운 것이다. 최근에는 일부 드론 제조사에서 센서의 실제 가로 세로 크기를 mm 단위로 표기하는 방식을 채택하기도 하였다. 이 방식이 센서의 실제 크기를 훨씬 명확하게 전달할 수 있다. 그러나 현재는 이 두 가지 표기 방법이 병행되고 있으며, 어떤 제품에서는 인치 표기를, 어떤 제품에서는 mm 표기를 사용할 수 있다. 따라서 센서의 크기를 비교하거나 이해할 때는 어떤 표기 방법이 사용되었는지 주의 깊게 확인해야 한다.

DJI 드론에 사용되는 센서의 크기 비율은 제품에 따라 다르지만 일반적으로 4:3 또는 16:9 비율을 사용한다. 또한 사용자가 원하면 카메라 설정에서 비율을 16:9로 바꿀 수도 있다. 일반적으로 4:3의 비율은 더 많은 픽셀을 캡처하므로 더 세부적인 이미지를 제공할 수 있지만 16:9의 비율은 일반적인 비디오 포맷과 더 잘 맞으므로 비디오 촬영에 더 적합하다. 그러나 모든 DJI 드론이 동일한 비율을 사용하는 것은 아니므로 특정 드론 모델의 센서 비율을 알고 싶으면 DJI에 공식 질의를 해보는 것이 좋을 것 같다.

본 교재에서는 DJI 제품 사양표에 나와 있는 인치 기준을 4:3 비율로 환산해서 비교 설명하였으니 이해하는데 훨씬 도움이 많이 될 것이다.

(1) DJI 드론 CMOS 센서 크기 비교

- Full Frame 센서 : 36mmX24mm(3:2의 비율임)
- DJI 기체 : Inspire 3
- Full Frame 센서를 4:3 비율로 사용하면 캡처 영역의 크기는 약 32mmX24mm로 실제 이미지 캡처 영역이 줄어든다.

- 4/3" 또는 Four Third 센서 : 17.3mmX13mm
- DJI 기체 : DJI Mavic 3 Pro
- 대각선 길이 : 22.5mm

- 1" 센서 : 12.8mmX9.6mm
- DJI 기체 : DJI Air 2 S, DJI Mavic 2 Pro
- 대각선 길이 : 16mm

- 1/1.3" 센서 : 8.8mmX6.6mm
- DJI 기체 : DJI Mini 4 Pro, DJI Air 3,
    DJI Mavic 3 Pro 미디엄 망원 카메라
- 대각선 길이 : 10.67mm

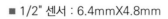

- 1/2" 센서 : 6.4mmX4.8mm
- DJI 기체 : DJI Mavic 3 Pro 망원 카메라
- 대각선 길이 : 8mm

(2) 1"CMOS 센서를 4:3비율을 고려하여 가로X세로(mm)로 계산 방법

1" CMOS 센서의 대각선 길이는 대략 16mm,

센서의 가로 길이와 세로 길이를 각각 w와 h로 놓으면,

다음과 같은 관계가 성립 $(w/2)^2 + (h/2)^2 = (16/2)^2$

가로와 세로의 비율이 4:3이므로, w는 h의 4/3이라고 할 수 있다.

이 두 식을 결합하여 풀면,

w(가로)는 약 12.8mm, h(세로)는 약 9.6mm이다.

따라서 1인치 CMOS 센서의 가로 세로 비율이 4:3일 때,

그 크기는 대략 12.8mm x 9.6mm로 계산

## 2. 드론 해상도에 대한 이해

드론의 해상도는 주로 그 드론의 카메라가 촬영할 수 있는 이미지나 비디오의 세부 사항과 선명도를 나타낸다. 이는 해당 카메라가 캡처할 수 있는 픽셀의 총 개수를 의미하며, 보통 가로 픽셀 수 × 세로 픽셀 수로 표현된다. 예를 들어, 드론이 12메가픽셀(MP) 카메라를 가지고 있다면, 이는 약 4000×3000 픽셀의 이미지를 촬영할 수 있음을 의미한다. 또는 드론이 4K 비디오를 촬영할 수 있다면, 이는 각 프레임이 3840×2160픽셀로 구성되어 있음을 나타낸다. 해상도가 높을수록 더 선명한 이미지와 비디오를 제공하지만, 더 많은 저장 공간을 차지하고 더 높은 처리 능력을 필요로 한다. 따라서 드론을 선택할 때는 해상도 외에도 메모리 용량, 배터리 수명, 비행 시간 등 다른 요소를 고려해야 한다. 그러나 해상도는 이미지의 품질을 결정하는 유일한 요소는 아니다. 렌즈의 품질, 센서의 크기와 유형, 조명 조건, 색상 처리 등도 이미지와 비디오의 품질에 중요한 역할을 하기 때문이다.

1) **드론 CMOS 센서와 픽셀의 관계 :** 드론의 카메라 센서와 픽셀은 서로 밀접하게 연관되어 있다. 카메라 센서는 드론 카메라에서 빛을 받아들이는 부분으로, 이는 전자 신호로 변환되어 디지털 이미지를 생성하고 센서의 각 픽셀은 사진 또는 비디오의 한 점을 나타내며, 이 픽셀들이 모여 전체 이미지를 구성하게 된다. 센서의 크기와 픽셀 수는 사진과 비디오의 해상도와 품질에 큰 영향을 미친다.

센서 크기가 클수록 더 많은 빛을 받아들일 수 있어 이미지의 선명도와 낮은 노이즈 수준을 향상시키는데 도움이 되며, 센서의 픽셀 수가 많을수록 더 높은 해상도의 이미지를 생성할 수 있다.

하지만 센서의 크기와 픽셀 수 사이에는 균형이 필요하다. 너무 많은 픽셀이 작은 센서에 밀집되면, 각 픽셀이 받는 빛의 양이 줄어들어 이미지의 노이즈가 증가하거나 색상 재현이 부정확해질 수 있기 때문이다. 따라서 센서 크기와 픽셀 수는 각 사진의 사용 목적과 조건에 따라 최적화되어야 한다.

드론 카메라에서는 일반적으로 1/2.3인치, 1인치 등의 CMOS 센서가 널리 사용되며, 이러한 센서는 수백만(메가픽셀)에서 수천만(기가픽셀) 픽셀의 해상도를 제공한다. 이는 고화질의 사진과 비디오 촬영에 적합하며,

고가의 드론 모델에서는 더욱 높은 해상도의 센서를 제공하기도 한다. DJI 주요 드론의 픽셀과 동영상 해상도는 다음과 같다.

| 구 분 | | 센 서 | 동영상 해상도 |
|---|---|---|---|
| DJI Mini 4 Pro | | 1/1.3″ CMOS<br>유효 픽셀 48MP | 4K(3840×2160)<br>24/25/30/48/50/160fps |
| DJI Air 2 S | | 1″ CMOS<br>유효 픽셀 20MP,<br>2.4µm 픽셀 크기 | 5.4K(5472×3078)<br>24/25/30fps |
| DJI Air 3 | 광각 카메라<br>미디엄 망원 카메라 | 1/1.3″ CMOS,<br>유효 픽셀 48MP | 4K(3840×2160)<br>24/25/30/48/50/60/100fps |
| DJI<br>Mavic 3 Pro | Hasselblad 카메라 | 4/3″ CMOS,<br>유효 픽셀 20MP | 5.1K(5120×2700)<br>24/25/30/48/50fps |
| | 미디엄 망원 카메라 | 1/1.3″ CMOS,<br>유효 픽셀 48MP | 4K(3840×2160)<br>24/25/30/48/50/60fps |
| | 망원 카메라 | 1/2″ CMOS,<br>유효 픽셀 12MP | 4K(3840×2160)<br>24/25/30/48/50/60fps |

**2) 드론이 촬영한 사진의 해상도 :** 드론의 사진 해상도는 드론 카메라 센서가 캡처하는 정적 이미지의 픽셀 수를 기반으로 한다. 이는 간단히 말해서 이미지의 세부사항을 보여주는 수준이며, 일반적으로 더 높은 해상도는 더 많은 픽셀을 포함하므로 이미지의 세부사항이 더 잘 나타난다.

대부분의 DJI 드론 카메라는 12메가픽셀(MP)에서 48MP 사이의 해상도를 가지고 있다. 이는 대략적으로 4000×3000 픽셀에서 8000×6000 픽셀 사이의 이미지를 제공하며, 이는 대부분의 프로젝트에 대해 충분한 세부 정보와 확장성을 제공한다. 이러한 해상도 범위는 풍경, 건축물, 이벤트 등을 촬영하는 데 더할 나위 없이 적합하다.

더 높은 해상도의 카메라는 더 많은 세부 사항을 캡처하므로 확대나 크롭 시에도 이미지 품질을 유지할 수 있다. 그러나 이러한 높은 해상도 이미지는 더 많은 저장 공간을 차지하고 이미지 처리에 더 많은 처리 능력을 필요로 한다. 따라서 교육생 자신에게 가장 잘 맞는 해상도를 가진 드론을 선택하는 것이 중요하다. 일반적으로, 프로페셔널 사진 작가나 비디오 제작자는 높은 해상도의 드론 카메라를 선호할 것이지만, 취미용으로 드론을 사용하는 사람들에게는 중간 해상도의 카메라가 충분할 수 있다. 앞의 제원표만 놓고 보면 DJI Mini 3 Pro 드론이 얼마나 대단한 것인가를 모두 알 수 있을 것이다.

제원표에 언급되어 있는 센서의 유효픽셀이란 드론 카메라 센서에서 실제로 이미지를 형성하는데 사용되는 픽셀을 의미한다. 이는 센서에 있는 총 픽셀 수와 다를 수 있는데, 이유는 센서의 모든 픽셀이 이미지 정보를 캡처하는데 사용되지 않기 때문이다. 드론 센서에 있는 픽셀 중 일부는 영상이나 사진의 윤곽을 명확하게 하거나,

색상을 보정하거나, 이미지 처리 알고리즘을 통해 이미지 품질을 향상시키는데 사용될 수 있다. 이러한 픽셀은 이미지 형성에는 직접 기여하지 않으므로 "비유효 픽셀"로 분류된다.

드론의 유효 픽셀 수는 그 드론의 모델과 카메라 센서의 종류에 따라 달라진다. 유효 픽셀 수는 사진의 해상도 와 세부사항을 결정하는 중요한 요소로 더 많은 유효 픽셀이 있는 드론 카메라는 더 많은 세부사항을 캡처하고 더 높은 해상도의 사진을 생성할 수 있다. 그러나 다른 카메라 특성, 예를 들어 센서 크기, 렌즈 품질, 밝기 범 위, 이미지 처리 알고리즘 등도 사진 품질에 큰 영향을 미치기 때문에 이러한 다른 요소들도 고려하면서 드론을 선택하는 것이 중요하다.

**3)** **드론이 촬영한 영상의 해상도 :** 드론의 영상 해상도는 드론이 촬영한 동영상의 세부 사항과 선명도를 결정하는 중요한 요소로서, 해상도는 일반적으로 가로 픽셀 수와 세로 픽셀 수로 표시되며, 더 높은 해상도는 더 높은 영 상 품질을 의미한다.

드론의 영상 해상도 선택은 필요한 영상 품질과 파일 크기, 편집 및 저장에 필요한 컴퓨터 처리 능력, 그리고 특 정 플랫폼(예: YouTube, Vimeo 등)에서 지원하는 해상도 등 여러 요소를 고려해야 한다.

영상 해상도를 구분하는 방법은 다음과 같다.

| 구 분 | 내 용 |
|---|---|
| HD(1280x720) | · HD는 High Definition의 약자<br>· 화면에 표시되는 총 픽셀 수가 1280x720인 해상도 |
| Full HD(1920x1080) | · 현재 가장 일반적으로 사용되는 해상도<br>· 대부분의 TV 방송, YouTube 등에서 사용되는 표준 |
| 2.7K(2704x1520) | · 2.7K 해상도는 Full HD보다 더 높은 세부사항을 캡처 |
| 4K(3840x2160) | · 4K UHD(Ultra High Definition)라고도 하며, 동영상 제작자들이 선호하는 선택 중 하나<br>· 화면 해상도가 Full HD의 4배임을 의미 |
| 5.4K (5472x3078)<br>~ 8K (7680x4320) | · 고급 드론에서 사용되는 더 높은 해상도<br>· 매우 선명한 영상을 필요로 하는 프로페셔널 비디오 제작에 이상적임 |

## 3. 드론의 영상 송수신 거리에 대한 이해

드론을 활용하는 목적은 조금이라도 더 멀리 날려 영상을 보고 싶은 욕구에서 출발할 것이다.

현행 많은 국가에서 드론은 가시권 비행만 인정하고 있다. 가시권 내 비행이라 함은 조종사가 드론을 직접 눈으로 관찰하면서 비행할 수 있는 범위를 말하는데 보통 사람이라면 Mavic 시리즈는 500m를 벗어나면 더 이상 식별이 제한된다.

가끔 유튜브에서 DJI 신제품이 나오면 평야지대나 바닷가에서 5~6km까지 드론을 보내며 테스트를 하는 유저들을 볼 수 있다. 이분들은 현행법에서 비가시권 비행에 대한 특별 비행승인을 모두 받고 비행하는 것인지 물어 보지 않을 수 없다. 이처럼 멀리 보내고 끊김 없는 영상을 보고 싶은 사람들의 욕구는 DJI가 해가 거듭될수록 더더욱 충족시키고 있다.

다음의 DJI Mavic 3 Pro의 제원표를 보면 영상 전송이 주파수, 송신기의 출력, 국가별 최대 전송거리의 차이, 장애물의 간섭, O3+ 시스템과 밀접한 관계가 있다는 것을 확인할 수 있다. 특히 국가별 최대 전송거리 차이를 설명하지 않고 15km 전송된다는 광고들은 과대 광고가 분명하다.

저자가 상업용 촬영을 하러 가면 사람들의 활동이 많은 낮 시간대보다는 한적한 아침과 저녁이, 장애물이 있는 곳보다 없는 곳이 더 멀리 안정적으로 비행이 된다. 확연히 영상 전송거리는 여러 가지 요소에 많은 영향을 받는다. 왜냐하면 드론은 전자기파를 사용하여 통신하는 기계이기 때문이다. 이러한 것들에 대한 개인별 완벽한 이해는 곧 드론의 안전비행과도 직결된다.

### DJI Mavic 3 Pro 동영상 전송 제원표

| | |
|---|---|
| 작동 주파수 | · 2.400~2.4835 GHz,  5.725~5.850 GHz |
| 송신기<br>출력(EIRP) | · 2.4 GHz : 〈33dBm(FCC), 〈20dBm(CE/SRRC/MIC)<br>· 5.8 GHz : 〈33dBm(FCC), 〈30dBm(SRRC), 〈14dBm(CE) |
| 최대<br>전송 거리 | · FCC 15 km, CE 8 km, SRRC: 8 km, MIC 8 km<br>※ 장애물과 간섭이 없는 야외 환경에서 측정된 값으로 상기 데이터는 각 기준에서 복귀 비행을 포함하지 않은 편도 비행의 최장 통신 범위이다. |
| 동영상<br>전송 시스템 | · O3+ |
| 라이브 뷰 품질 | · 조종기 : 1080p/30fps, 1080/30fps |

1) **드론과 전자기파 :** 드론은 전자기파를 사용하여 통신하면서 원격 조종을 통해 작동한다. 이러한 전파기파는 전자와 자기장이 교차하는, 보이지 않는 빛의 한 형태로써 라디오파, 마이크로파, 적외선, 가시광선, 자외선, X선 그리고 감마선 등이 모두 전자기파의 예이다.

드론은 주로 라디오파를 사용하여 조종기와 통신하는데 일반적으로 2.4GHz 또는 5.8GHz 주파수 범위를 사용하며, 이는 Wi-Fi와 동일 영역의 주파수 대역이다. 그래서 도심지에서 드론 비행 시 비행거리 및 영상 송수신 거리가 확연하게 줄어드는 이유도 와이파이 신호와 드론 조종신호에 간섭현상이 발생하기 때문이라 볼 수 있다.

전자기파는 거리, 장애물, 기상 조건 등에 따라서도 신호 손실, 노콘 현상[*부록 참조]이 발생할 수 있다. 또한 드론이 사용하는 전자기파는 그 중요성으로 인해서 각 국가마다 강력하게 통제를 하고 있다. 전파 강도, 즉 전파의 최대 허용 출력 또한 국가마다 상이하다는 것이다. 이러한 요소들이 복합적으로 작용하여 드론 비행과 영상 송수신 거리에 영향을 크게 미치는 것이다.

**2) 드론 영상 송수신 거리에 영향을 미치는 요소 :** 드론 영상 송수신 거리에 미치는 요소로 전파간섭, 주파수, 장애물, 기상조건, 드론의 송수신 기술, 조종기의 성능 등이 작용한다. DJI 사 등 제조업체가 명시하는 최대 영상 송수신 거리는 이상적인 조건에서만 달성될 수 있다. 실제 환경에서는 이러한 어떤 요소들로 인해서 영상 송수신 거리가 크게 제한되는 것이다.

(1) 주파수 : 더 높은 주파수는 더 높은 데이터 전송 속도를 제공하지만, 더 짧은 범위를 가진다. 반대로 더 낮은 주파수는 더 긴 범위를 가지지만, 데이터 전송 속도는 더 낮다. 따라서 드론의 송수신 시스템이 사용하는 주파수가 거리에 영향을 줄 수 있다.

(2) 전파 간섭 : 근거리 다른 무선 장치들은 드론의 송수신 능력에 영향을 주며, 이런 장치들이 많이 있는 도시 지역에서는 당연히 영상 전송 거리가 감소한다.

(3) 송수신 기술 : 드론이 사용하는 송수신 기술, 즉 DJI의 OcuSync 기술은 높은 해상도의 영상을 먼 거리로 전송할 수 있다.

(4) 조종기 성능 : 조종기의 안테나 품질과 출력 파워도 영상 전송 거리에 영향을 준다.

(5) 장애물 : 건물, 나무, 산 등의 장애물들은 무선 신호를 차단하거나 약화시킬 수 있으며, 이런 장애물들이 많은 지역에서는 영상 전송 거리가 감소한다.

(6) 기상 조건 : 비, 눈, 안개 등의 기상 조건은 무선 신호를 약화시킨다.

**3) 각국의 전파인증 기관 :** 드론은 무선통신장비로서 사용하는 주파수에 따라 각국의 기관으로부터 전파인증을 받아야지만 정상적으로 운용할 수 있다. 이는 해당 장비가 각 국가의 통신 규제와 안전 기준 준수 여부를 확인하는 것으로 각 국가마다 요구사항, 테스트 및 인증 절차 등이 다르게 적용되고 있다.

제조사에서는 판매하기 전에 해당 국가에서 전파 인증을 받는다. 우리나라에서 판매되는 DJI 기체는 유럽연합 통합규격(CE)에 통과한 기체가 수입되고 있다. 이는 우리나라에 수입되는 DJI 기체는 우리나라의 주파수 최대 허용 출력기준으로 드론의 비행과 영상 송수신 거리가 결정되는 것이 아니라 CE의 최대 전송거리가 적용된다는 것을 의미한다.

| 미국 | 연방 통신위원회(FCC, Federal Communication Commision) |
|---|---|
| 유럽 | 유럽연합 통합 규격(CE, Conformite Europeen) |
| 중국 | 중국 국가 무전선 관리위원회<br>(SRRC, State Radio Regulation Committee) |
| 일본 | 일본 총무성(MIC, Ministry of Internal Affairs and Communications) |
| 한국 | 국립전파연구원에서 KC(Korea Certification) 인증 |

**4) 각국의 주파수 최대 허용 출력 기준 :** 전파의 최대 출력은 드론의 송수신 거리와 연관이 많다. 강력한 전파로 통신을 할 수 있다는 것은 전파 간섭이 많은 환경에서도 더 안전하게 드론을 멀리 보낼 수 있다는 의미가 될 것이며, 반면에 전파가 너무 세면 다른 전파에 간섭을 심하게 해서 제한을 한다는 의미도 있다. 다시 한 번 DJI Mavic 3 Pro의 제원표를 보자. 이제 전송 거리가 이해될 것이다. 그렇다. 미국 FCC는 최대 허용 출력기준 4W, 유럽 CE는 0.1W, 중국 SRRC도 0.1W, 일본 MIC도 0.1W로 통제하고 있다. 위와 같이 각국마다 최대 허용 출력을 통제하는 이유는 서로의 전파간섭을 최소화하고 과도한 출력은 다른 무선 서비스에 방해요소가 되기 때문이며, 전파는 한정된 자원이기 때문에 효율적으로 관리해야지만 사용자에게 안전하고 신뢰성 있는 무선 통신 환경을 유지해 줄 수가 있기 때문이다.

| 동영상<br>최대<br>전송 거리 | · FCC 15km, CE 8km, SRRC 8km, MIC 8km<br>※ 장애물과 간섭이 없는 야외 환경에서 측정된 값으로 상기 데이터는 각 기준에서 복귀 비행을 포함하지 않은 편도 비행의 최장 통신 범위이다. |
|---|---|

**5) 영상 전송 기술 :** 드론에서 수신되는 실시간 영상 데이터는 조종사가 비행을 제어하고 필요한 영상을 촬영하며, 때로는 탐사, 진단, 구조 작업을 수행하는 등 다양하게 활용된다. 이 기술은 기본적으로 드론이 카메라 영상을 캡처하고, 데이터를 무선신호로 변환하고, 그 신호를 지상스테이션이나 컨트롤러로 전송하는 과정을 포함하는데, 대표적인 영상 전송 기술에는 Wi-Fi와 디지털 데이터링크, 5G 등이 있다.

Wi-Fi는 일부 소비자용 드론에서 영상을 전송하기 위해 사용하는 방식으로 설치가 간단하고 비용이 적게 드는 장점이 있지만 범위와 신호강도에 제한이 있다.

디지털 데이터 링크는 드론과 제어 장치 간에 디지털 신호를 전송하는 데 사용된다. 이는 높은 대역을 제공하여 고해상도 비디오 스트리밍이 가능하고, 더 멀리까지 신호를 전송할 수 있다.

5G 네트워크는 높은 대역폭과 낮은 지연 시간을 제공하므로, 앞으로 영상 전송에 있어 중요한 역할을 할 것이며, 드론이 더 먼 거리를 비행하고, 더 빠른 속도로 데이터를 전송하는데 사용될 것이다.

이러한 발전된 기술과 더불어 드론 카메라 성능 개선, 비디오 링크 방식에 있어 진보된 무선통신 방식의 발전, 전송 데이터를 보호하기 위한 암호화 기술, 실시간 전송된 영상을 처리하는 지상 스테이션의 발전, 그리고 실시간 영상스트리밍을 위한 지연시간 최소화 기술의 발전 등으로 드론은 우리가 상상하는 거의 모든 곳에서 다양하게 활용되고 있다.

이러한 영상 전송 기술의 우위에 있는 회사가 바로 DJI이다. 물론 일부 다른 드론 제조업체들은 DJI와 경쟁할 수 있는 고유한 기능과 솔루션을 개발하고 있으며, 특정 적용 분야에서는 더 나은 선택을 받을 수 있을 것이다. 그렇지만 확실한 것은 DJI의 영상 전송 기술이 많은 이들에게 다가가야 할 목표로 작용한다는 것은 분명한 사실이다.

DJI 드론의 영상 전송 기술 발전 과정과 그 이유를 하나하나 살펴보자.

(1) DJI가 영상 전송 기술을 발전시킨 이유 : 기본적으로 무선조종이라는 것 자체가 전파를 사용하여 무선으로 컨트롤하는 방식이므로 주파수와 혼선, 간섭 등에 취약하고 과거 아날로그 송수신 방식에서 디지털 방식으로 전환되고 다양한 주파수 변조방식과 암호화의 발전을 통해 노콘의 위험에서 많이 벗어나긴 했지만, 무선조종에서 사용하는 2.4GHz나 5.8GHz의 ISM(Industrial Scientific Medical band) 대역을 사용하는 무선기기들의 급증으로 인한 주파수 대역이 포화 상태라는 점과 드론의 사용이 일상화되면서 끊김없는 영상에 대한 욕구 증대가 그 중요한 원인으로 작용했다고 볼 수 있다.

(2) DJI 드론의 영상 전송 기술 발전 요소 : DJI 드론의 영상 전송 기술 발전에는 범접하기 어려운 고급 무선 통신 기술과 끊임없는 연구 개발의 지속적인 투자, 고객의 요구사항과 시장 동향에 대한 이해 그리고 노력 뿐만 아니라 기술 향상을 위한 다른 기업과의 협력 및 파트너십 등 이러한 요소들이 결합하여 세계에서 가장 선진적인 기술로 만들었고, 지금도 계속해서 기술을 개선하고 고객의 요구사항을 충족시키고, 세계 시장에서 경쟁력을 유지하기 위해 노력하고 있다.

(3) Lightbridge와 OcuSync 기술 : DJI의 영상 전송 기술은 발표하는 제품의 라인업과 연결되어 있으며, 드론이 제공하는 실시간 HD 비디오 스트리밍을 개선하기 위해 지속적으로 기술을 개발하였다. 바로 2014년 개발된 Lightbridge와 2016년 개발된 OcuSync가 그 노력의 산물이다.

2014년 개발된 Lightbridge 1은 Wi-Fi 기반의 통신기술에 MUX/DeMux*<sup>부록 참조</sup> 기술이 조합되어 사용된 기술로 태생적으로 Wi-Fi와 같다고 보면 된다. Inspire 1과 Phantom 3에 최초 적용되면서 드론과 조종자 간 최대 1.7km 거리에서 1080p 비디오를 스트리밍할 수 있게 되었다. 또한 2.4GHz 대역에서 작동하며 HDMI 출력을 통해 외부 모니터에 연결할 수도 있게 되었지만 Delay가 약 200ms~500ms 발생한 점과 기체에 부착하는 송수신기가 배터리 소모가 크고 발열이 심하여 더운 날씨에는 불안정한 모습을 보였다.

2015년 개발된 Lightbridge 2는 비행 제어 시스템과 HD 비디오 다운링크를 통합하여 설치를 단순화하고 사용성을 크게 향상시켰다. Inspire 2와 Phantom 4에 적용되면서 5km의 영상 전송거리를 제공하며, 1080p / 60fps FHD 비디오 스트리밍을 지원했다. Lightbridge 2는 포화 상태인 2.4GHz 주파수 대역과 5.8GHz 영역도 사용함으로써 좀 더 주파수 운용의 폭을 넓혀 전파 간섭에 강한 모습을 보였다.

2016년 개발된 OcuSyne 기술은 Cross Layer Protocol을 사용, 이는 다중 네트워크 노드들 간의 상태를 모니터링하고 그 상태에 따라 OSI 7 Layer의 계층간에 영향을 미치며 최적의 네트워크 QoS(Quality of Service)를 보장하기 위한 기술로 무선 신호를 최적화하여 대역폭을 향상시키고 전송 지연을 줄이는 것을 목표로 DJI Mavic Pro에 최초 적용되어 최대 7km의 비디오 전송거리를 제공하며, 최대 1080p 해상도의 영상을 지원하였다. OcuSyne 기술은 조종기와 기체 간의 연결이 하나로 연결된게 아니라 Cross Layer Protocol을 사용한다. 이는 다중의 TDM와 FDM*<sup>부록 참조</sup> 네트워크로 연결되어 있고 주변의 전파 간섭 상황에 따라 주파수 대역 및 대역 폭 조절과 함께 OSI 7 Layer의 1~4 Layer에 해당하는 영역의 제어 방식을 바꾸어 최적의 상태를 유지하는 것으로 네트워크의 제어 방법뿐만 아니라 실시간 송수신 출력을 통한 조종기 기체간의 거리에 따른 최적의 상태가 유지된다. OSI 7 Layer은 다음 표를 참조하길 바란다.

## OSI 7 Layer 계층*부록 참조 모델에 따른 네트워크 모델

Before Mavic Pro   After Mavic Pro

| 사용자 지원 계층 | 7Layer : Application Layer | DJI Go | DJI Go 4 |
|---|---|---|---|
| | 6Layer : Presentation Layer | | |
| | 5Layer : Session Layer | | |
| 전송층 | 4Layer : Transport Layer | TCP/IP Protocol | OcuSync (Protocol Advanced H/w) |
| 네트워크 지원 계층 | 3Layer : Network Layer | | |
| | 2Layer : Datalink Layer | Light Bride H/w | |
| | 1Layer : Physical Layer | | |

① 1Layer 계층은 하드웨어와 관련된 통신을 처리한다. 즉, 비트 단위의 데이터를 전송하고, 케이블, 허브, 리피터, 네트워크 어댑터 등과 같은 물리적 장치를 처리한다.

② 2Datalink 계층은 물리 계층으로 전송된 원시 비트 스트림을 더 신뢰할 수 있는 패킷으로 구성한다. 또한 오류 검출 및 수정, 프레임의 물리적 주소 지정 등을 담당한다.

③ 3Network 계층은 패킷을 송수신하는 장치간의 경로를 결정하는 라우팅 기능을 담당한다.

④ 4Transport 계층은 데이터의 전송을 관리하며, 패킷의 분할, 조립, 오류 제어, 흐름 제어 등을 처리한다.

⑤ 5Session 계층은 통신 세션을 설정, 관리, 종료하는 역할을 한다.

⑥ 6Presentation 계층은 데이터를 애플리케이션이 이해할 수 있는 형태로 변환하며, 암호화 및 복호화, 데이터 변환 등을 담당한다.

⑦ 7Application 계층은 사용자가 네트워크에 접근하고, 파일 전송, 전자메일, 웹 서핑 등과 같은 네트워크 서비스를 이용할 수 있도록 한다.

2018년 개발된 OcuSyne 2.0 기술은 2.4GHz와 5.8GHz 주파수 대역간에 자동으로 전환하여 신호 간섭을 최소화하고 신호의 안정성을 향상시켰다. DJI Mavic 2 Pro 기체에 적용되어 최대 8km 거리까지 1080p 해상도의 영상을 스트리밍할 수 있게 되었다.

2021년 개발된 OcuSyne 3.0 기술은 DJI Air 2S에 적용되어 최대 12km 거리까지 1080p 해상도의 영상을 스트리밍할 수 있게 되었다.

이상과 같이 DJI의 Lightbridge 기술과 OcuSync 기술을 살펴 보았는데 그 차이점을 정리하면 전송거리 등 다섯 가지로 정리할 수 있다.

| 구분 | Lightbridge | OcuSync |
|---|---|---|
| 전송 거리 | 5km | 7km 이상 |
| 동시<br>영상 스트리밍 | 단일 비디오<br>스트림 지원 | 동시에 세 개의<br>비디오 스트림 지원 |
| 주파수 대역 전환 | 고정 주파수 대역 | 2.4GHz와 5.8GHz 주파수 대역 간에<br>동적으로 전환 사용 |
| 대역폭 최적화 | 대역폭 효과적 관리 제한 | 데이터 전송률을 늘리기 위해<br>사용가능한 대역폭 최적화 |
| 적용 모델 | 2015년 개발된<br>Inspire 2와 Phantom 4<br>이전 모델 | 2016년 이후 개발된<br>Mavic Pro 이후 모델 전체 |

이러한 영상 전송 기술들은 각각 DJI의 드론 라인업에 도입되었으며, 새로운 기능과 성능 향상을 통해 사용자에게 더 나은 비행 경험을 제공하고 있고, 고화질의 실시간 영상 전송, 더 큰 전송 범위, 더 나은 신호 안정성을 가능하게 하여 사용자에게 보다 더 향상된 비행 제어와 이미지 캡처를 지원하고 있다.

**6)** **DJI 영상 전송 기술 발전과정 도표** : 2016년부터 OcuSync 기술 적용

| 연도 | 기체 | 사진 | 적용 기술 |
|------|------|------|-----------|
| 2013년 | Phantom 1 | | 고프로를 달고 아날로그 영상 송수신기를 달아서 비행 |
| 2013년 | Phantom 2 Vision | | 3축 짐벌, Wi-Fi 접속을 통한 실시간 디지털 영상 전송 기술 사용 |
| 2014년 | Inspire 1 | | Lightbridge 1 첫 적용 |
| | Phantom 3 | | |
| 2014년 | Phantom 4 | | Lightbridge 2 적용 |
| | Inspire 2 | | |
| 2016년 | Mavic Pro | | OcuSync 1 적용 |
| 2018년 | Mavic 2 Pro | | OcuSync 2 적용 |
| 2021년 | Mavic 3 | | OcuSync 3 적용 |
| 2023년 | Mavic 3 Pro | | OcuSync 3+ 적용 |
| 2023년 | Air 3 | | OcuSync 4 적용 |

# CHAPTER 06 기체 신고하기

우리나라는 2019년 드론 실명제가 시행되면서 최대이륙중량 2kg을 초과하는 드론은 소유자가 기체 신고를 의무화하도록 하였다. 이 제도는 생활 가까이 다가온 드론에 대한 국민들의 불안감을 불식시키고 안전하고 편리한 드론의 운영환경을 조성하기 위해서 시행되었다.

대부분의 항공촬영 드론은 최대이륙중량이 2kg 미만으로 비영리 기체는 신고할 필요가 없으나 최대이륙중량이 2kg 미만 기체라도 대여업이나 사용사업에 사용되는 기체는 무조건 신고를 해야 한다. 또한 신고는 2020년 12월 10일부로 드론 원스톱 민원서비스로 통합되었으며 주관 부서 또한 2020년 12월 1일부로 항공안전법 제112조 및 제113조, 같은 법 시행령 제26조 제6항에 따라, 초경량비행장치 기체 신고 업무가 각 지방항공청에서 한국교통안전공단으로 이관되었다(신고업무 문의 : 054-459-7942~8).

이러한 초경량비행장치 신고업무 관련 위반 시 다음과 같은 처벌기준이 적용되므로 철저히 준수해야 한다.

## 초경량비행장치 신고업무 관련 위반사항 및 처벌기준

| 위반사항 | 처벌조항 | 처벌기준 | | |
|---|---|---|---|---|
| 신고 및 변경신고를 하지 않고 비행한 경우 | 항공안전법 제161조 제3항 | 6개월 이하의 징역 또는 500만원 이하의 벌금 | | |
| 신고번호를 표시하지 않거나 거짓으로 표시한 경우 | 항공안전법 제166조 제4항 제4호 | 과태료 | 1차 위반 | 50만원 |
| | | | 2차 위반 | 75만원 |
| | | | 3차 위반 | 100만원 |
| 말소신고를 하지 않은 경우 | 항공안전법 제166조 제6항 제1호 제166조 제6항 제1호 | | 1차 위반 | 15만원 |
| | | | 2차 위반 | 22.5만원 |
| | | | 3차 위반 | 30만원 |

여기에서는 기체 신고 관련 법령과 드론 원스톱 민원서비스로 신청하는 방법을 구체적으로 알아보자. 법령에 나와 있지 않은 초경량비행장치 신고업무에 대한 세부 내용은 「항공안전법」 제122조, 제123조 및 「항공안전법 시행규칙」 제301조부터 제303조까지에 따른 초경량비행장치의 신고에 관한 절차·방법·신고대장 관리 등 세부사항을 규정한 초경량비행장치 신고업무 운영세칙에 구체화되어 있다. 부록에 원문을 수록하였으니 참고하기 바란다.

## 1. 기체 신고 관련 법령 및 신고 TIP

### 1) 항공안전법 제122조(초경량비행장치 신고)

① 초경량비행장치를 소유하거나 사용할 수 있는 권리가 있는 자(이하 "초경량비행장치소유자등"이라 한다)는 초경량비행장치의 종류, 용도, 소유자의 성명, 제129조 제4항에 따른 개인정보 및 개인위치정보의 수집 가능 여부 등을 국토교통부령으로 정하는 바에 따라 국토교통부장관에게 신고하여야 한다. 다만, 대통령령으로 정하는 초경량비행장치는 그러하지 아니하다.

### 2) 항공안전법 시행령 제24조(신고를 필요로 하지 아니하는 초경량비행장치의 범위)

법 제122조 제1항 단서에서 "대통령령으로 정하는 초경량비행장치"란 다음 각 호의 어느 하나에 해당하는 것으로서 「항공사업법」에 따른 항공기대여업·항공레저스포츠사업 또는 초경량비행장치사용사업에 사용되지 아니하는 것을 말한다.

1. 행글라이더, 패러글라이더 등 동력을 이용하지 아니하는 비행장치
2. 기구류(사람이 탑승하는 것은 제외한다)
3. 계류식(繫留式) 무인비행장치
4. 낙하산류
5. 무인동력비행장치 중에서 최대이륙중량이 2킬로그램 이하인 것

   (→ 신고 제외 장치 : 2kg 이하이면서 대여업/사용사업에 사용되지 않는 기체)
6. 무인비행선 중에서 연료의 무게를 제외한 자체 무게가 12킬로그램이고, 길이가 7미터 이하인 것
7. 연구기관 등이 시험·조사·연구 또는 개발을 위하여 제작한 초경량비행장치
8. 제작자 등이 판매를 목적으로 제작하였으나 판매되지 아니한 것으로서 비행에 사용되지 아니하는 초경량비행장치
9. 군사목적으로 사용되는 초경량비행장치

### 3) 항공안전법 시행규칙 제301조(초경량비행장치 신고)

① 법 제122조 제1항 본문에 따라 초경량비행장치소유자등은 법 제124조에 따른 안전성인증을 받기 전(법 제124조에 따른 안전성인증 대상이 아닌 초경량비행장치인 경우에는 초경량비행장치를 소유하거나 사용할 수 있는 권리가 있는 날부터 30일 이내를 말한다)까지 별지 제116호서식의 초경량비행장치 신고서(전자문서로 된 신고서를 포함한다)에 다음 각 호의 서류(전자문서를 포함한다)를 첨부하여 한국교통안전공단 이사장에게 제출하여야 한다.

이 경우 신고서 및 첨부 서류는 팩스 또는 정보통신을 이용하여 제출할 수 있다.

1. 초경량비행장치를 소유하거나 사용할 수 있는 권리가 있음을 증명하는 서류

2. 초경량비행장치의 제원 및 성능표

3. 가로 15센티미터, 세로 10센티미터의 초경량비행장치 측면사진(무인비행장치의 경우에는 기체 제작 번호 전체를 촬영한 사진을 포함한다)

② 한국교통안전공단 이사장은 초경량비행장치의 신고를 받으면 별지 제117호서식의 초경량비행장치 신고 증명서를 발급하여야 하며, 초경량비행장치소유자등은 비행 시 이를 휴대하여야 한다.

④ 초경량비행장치소유자등은 초경량비행장치 신고증명서의 신고번호를 해당 장치에 표시하여야 하며, 표시 방법, 표시장소 및 크기 등 필요한 사항은 국토교통부장관의 승인을 받아 한국교통안전공단 이사장이 정한다.

(1) 신고 TIP : 드론 원스톱 민원서비스 공지사항 51번 [장치신고] 소유확인서 / 제원표 서식 변경(8.17부터 적용) 참조(작성일 2022.4.1.)

① 초경량비행장치를 소유하거나 사용할 수 있는 권리가 있음을 증명하는 서류 제출

■ 원칙 : 세금계산서, 거래명세서, 계약서, 견적서(입금내역 포함), 인터넷 구매내역 확인 등으로 기체 소유자 정보 일치여부를 확인할 수 있는 서류 제출

■ 초경량비행장치 신고업무 운영세칙에 나와 있는 초경량비행장치 소유확인서를 제출해야 하는 경우

• 개인 간 중고 직거래, 구매업체 폐업 등으로 인해 공식적으로 기체 및 소유자 정보 일치여부를 확인할 수 없을 경우

• 한국교통안전공단에서는 부득이한 경우로 소유증빙이 어려운 경우, 소유확인서와 함께 기타 본인 소유임을 확인할 수 있는 추가 증빙자료를 파일압축 또는 소유확인서 뒷면에 사진 등을 첨부하여 제출하도록 통제

**참고** 소유확인서 및 기타 추가 증빙자료 제출 방법 예시(공단 통제 내용)

• 사례 1) 구매 영수증이 있으나, 영수증에 구매자명, 제품명이 해당 증빙에 표시되지 않은 경우

→ 소유확인서 + 구매영수증(구매내역 확인가능 자료) 제출

• 사례 2) 인터넷 카페를 통한 중고 구입 또는 개인 직거래

→ 소유확인서 + 인터넷 카페 구입 참여글 또는 구입 인증 문자 또는 계좌이체 내역 등을 캡처하여 제출

• 사례 3) 외국에서 부품을 수입하여 조립

→ 소유확인서 + 수입신고 시 제출했던 서류

• 사례 4) 인터넷 등에서 부품을 구입하여 자체 제작

→ 소유확인서 + 부품 거래내역 자료 제출

• 사례 5) 나라장터 등 일괄 계약 구매

→ 소유확인서 + 구매계약서, 드론 자체 관리 대장 등 소유여부를 확인할 수 있는 자료 제출

• 사례 6) 구매한지 오래되어 증빙이 없는 경우

→ 소유확인서에 기체 소유 근거를 6하원칙(누가/언제/어디서/왜/무엇을/어떻게)에 따라 명확히 기재

예시) (누가)김드론이 (언제)2020년 12월 12일에 (어디서)대구시 xxx동에서
(왜)선물하기 위해서 (무엇을)인스파이어1 기체를 (어떻게)직접 전달하였습니다.

• 기타 사례) 지인에게 선물받은 경우(구매와자 소유자 불일치) 등 기타 사례의 경우

→ 사례 1~6을 참고하여 제출할 수 있는 관련 증빙을 소유확인서와 함께 추가로 제출

② 초경량비행장치의 제원 및 성능표 제출(20021.8.17일 부 적용)

- **원칙 :** 제작사가 제공하는 제원표 등이 있는 경우에는 해당 자료 사용

- 제작사가 제공하는 제원표 등이 없는 경우 아래의 공단 통제 양식을 활용하여 제출

---

"이 문서는 전산망에 의한 문서입니다."

### 제원 및 성능표

| 주요제원 | 모델명 | | 제작번호<br>(시리얼넘버) | |
|---|---|---|---|---|
| | *자체중량<br>(kg) | | 최고속도 | |
| | *최대이륙중량<br>(kg) | | 엔진형식 | |
| | *가로×세로×높이<br>(mm) | | 연료중량 | |

- *별 표시는 **필수입력** 값이며, 고정 단위에 맞춰서 기재

  예 단위환산 1g=0.001kg, 1kg=1000g, 0.01m=1cm=10mm, 1m=100cm=1000mm
- 최고속도는 제작사 제원표상에 있으면 기재(없으면 공란 처리)
- 엔진형식은 엔진으로 구동하는 무인비행장치에 해당되면 기재(모터는 제외)
- 연료중량은 연료로 구동하는 무인비행장치에 해당되면 기재(배터리는 제외)
- 자체중량은 연료, 장비, 화물 등을 포함하지 않은 항공기의 중량(무인동력비행장치는 배터리 무게를 자체중량에 포함)
- 최대이륙중량은 항공기가 이륙함에 있어 설계상·운영상의 한계를 벗어나지 않는 한도 내에서 최대 적재 가능한 중량

작 성 자 :

연락처 :

소유자와의 관계 :

| 서  명  생  략 |
|---|

③ 무인비행장치의 경우에는 기체 제작번호 전체를 촬영한 사진 제출

무2021.11.19. 부 항공안전법 시행규칙이 개정되어 신규 신고 시 제출서류가 추가된 것으로 촬영용 드론의 기체 제작번호(시리얼 번호)가 확실하게 보이도록 촬영하여 추가하면 된다.

■ 배터리 밑면에 표시되어 있는 번호는 배터리 제작번호이니 혼동하지 말 것

■ DJI 주요 기체 제작번호 위치 사진

| 기체 | 사진 | 위치 |
|---|---|---|
| DJI<br>Mavic 3 Pro | 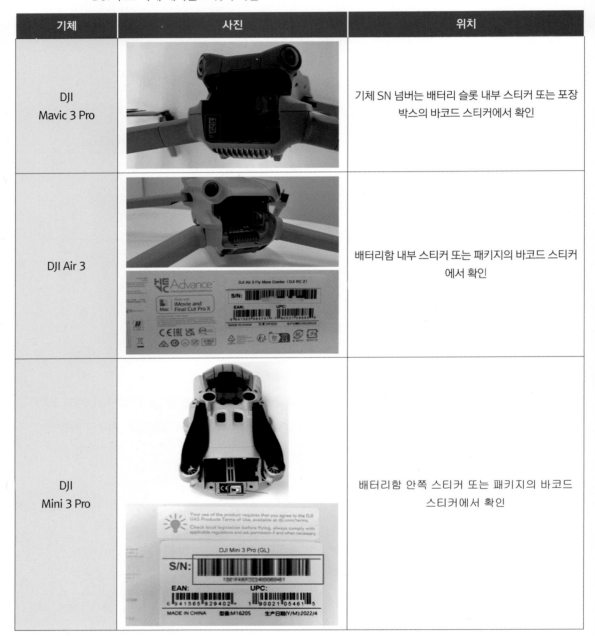 | 기체 SN 넘버는 배터리 슬롯 내부 스티커 또는 포장 박스의 바코드 스티커에서 확인 |
| DJI Air 3 | | 배터리함 내부 스티커 또는 패키지의 바코드 스티커에서 확인 |
| DJI<br>Mini 3 Pro | | 배터리함 안쪽 스티커 또는 패키지의 바코드 스티커에서 확인 |

**4) 항공안전법 제123조(초경량비행장치 변경신고 등)**

① 초경량비행장치소유자등은 제122조 제1항에 따라 신고한 초경량비행장치의 용도, 소유자의 성명 등 국토교통부령으로 정하는 사항을 변경하려는 경우에는 국토교통부령으로 정하는 바에 따라 국토교통부장관에게 변경신고를 하여야 한다.

② 국토교통부장관은 제1항에 따른 변경신고를 받은 날부터 7일 이내에 신고수리 여부를 신고인에게 통지하여야 한다.

④ 초경량비행장치소유자등은 제122조 제1항에 따라 신고한 초경량비행장치가 멸실되었거나 그 초경량비행장치를 해체(정비 등, 수송 또는 보관하기 위한 해체는 제외한다)한 경우에는 그 사유가 발생한 날부터 15일 이내에 국토교통부장관에게 말소신고를 하여야 한다.

⑥ 초경량비행장치소유자등이 제4항에 따른 말소신고를 하지 아니하면 국토교통부장관은 30일 이상의 기간을 정하여 말소신고를 할 것을 해당 초경량비행장치소유자등에게 최고하여야 한다.

⑦ 제6항에 따른 신고를 한 후에도 해당 초경량비행장치소유자등이 말소신고를 하지 아니하면 국토교통부장관은 직권으로 그 신고번호를 말소할 수 있으며, 신고번호가 말소된 때에는 그 사실을 해당 초경량비행장치소유자등 및 그 밖의 이해관계인에게 알려야 한다.

**5) 항공안전법 시행규칙 제302조(초경량비행장치 변경신고)**

① 법 제123조 제1항에서 "초경량비행장치의 용도, 소유자의 성명 등 국토교통부령으로 정하는 사항"이란 다음 각 호의 어느 하나를 말한다.

1. 초경량비행장치의 용도

2. 초경량비행장치 소유자등의 성명, 명칭 또는 주소

3. 초경량비행장치의 보관 장소

② 초경량비행장치소유자등은 제1항 각 호의 사항을 변경하려는 경우에는 그 사유가 있는 날부터 30일 이내에 별지 제116호서식의 초경량비행장치 변경 · 이전신고서를 한국교통안전공단 이사장에게 제출하여야 한다.

**6) 항공안전법 시행규칙 제303조(초경량비행장치 말소신고)**

① 법 제123조 제4항에 따른 말소신고를 하려는 초경량비행장치소유자등은 그 사유가 발생한 날부터 15일 이내에 별지 제116호서식의 초경량비행장치 말소신고서를 한국교통안전공단 이사장에게 제출하여야 한다.

## 2. 비행장치 신규 신고 순서 및 방법, 자주 발생하는 보완사항

**1) 신규 신고 순서 :** 신규 신고는 드론 원스톱 민원서비스 Site에 들어가서 다음과 같은 순서대로 진행하면 된다. 신고 후 처리기간은 근무일 기준(휴일 제외) 7일이 소요된다.

(1) 드론 원스톱 민원서비스 회원 가입

- 검색창에서 드론 원스톱 민원서비스 검색
- 회원가입 클릭
- 일반회원 가입 클릭
- 약관 동의, 휴대폰 본인 인증하기 클릭
- 휴대폰 QR인증 또는 간편인증, 문자인증 클릭, 이름 등 입력 후 확인 클릭
- 입력정보 확인 후 확인 클릭
- 인증번호 입력 후 확인 클릭
- 회원정보 입력 후 등록 클릭
- 회원 가입 완료

(2) 비행장치 신고서 등록 클릭

(3) 유형(신규, 변경·이전, 말소) 중 신규 체크

(4) 비행장치 입력

(5) 소유자 입력

(6) 보험(미가입, 가입) 체크

(7) 첨부파일 업로드

(8) 접수하기 클릭(기체 신고 완료)

※ 마이페이지에서 민원신청 현황 클릭하여 신청결과 확인 가능

**※ 신청 취소시 절차는 다음과 같다.**

- 로그인
- 마이페이지 클릭
- 민원신청 현황 클릭
- 신청번호 클릭
- 신청서 하단 신청취소 클릭

■ 민원을 취소하시겠습니까? 확인 클릭

## ※ 재신청 시 절차는 다음과 같다.

■ 로그인

■ 마이페이지 클릭

■ 민원신청 현황 클릭

■ 신청번호 클릭

■ 신고서 내용 수정 후 접수 클릭

## ※ 보완요구 확인 및 재신청 시 절차는 다음과 같다.

■ 로그인

■ 마이페이지 클릭

■ 민원신청 현황 클릭

■ 신청번호 클릭

■ 민원처리 결과 보완사항의 내용 확인

■ 재신청 클릭

■ 보완사항 수정 후 접수 클릭

## ※ 신고증명서 출력 시 절차는 다음과 같다.

■ 로그인

■ 마이페이지 클릭

■ 민원신청 현황 클릭

■ 신청번호 클릭

■ 민원 처리 결과 제일 아래 신고증명서 클릭

■ 신고증명서 확인 및 다운로드

■ 신고증명서 출력

## 2) 신규 신고 방법

### (1) 드론 원스톱 민원서비스 로그인

### (2) 비행장치 신고서 등록 클릭

(3) 유형 체크

비행장치 신고 (신규 / 변경·이전 / 말소)        처리기간 7일(휴일제외)

( 불러오기 ) ( 접수(처리)부서별 연락처 )

**유형**

| 유형 | ◉ 신규 ● 변경·이전 ● 말소 |
|---|---|

(4) 비행장치 입력

비행장치   1. 최대이륙중량 2kg 이하 비영리용도 무인동력비행장치는 신고대상이 아닙니다.
2. 연료의 중량을 제외한 자체중량이 12kg 이하이고, 길이가 7m 이하인 비영리 용도 무인비행선은 신고대상이 아닙니다.

| 종류 | ▼ | 신고번호 ⓘ | | 신고번호 |
|---|---|---|---|---|
| 모델명 | | 용도 ⓘ | ◉ 비영리 ● 영리 | |
| 제작자 ⓘ | | 제작번호 ⓘ | | 중복확인 |
| 제작연월일 ⓘ | 📅 | 수직이착륙기(VTOL)여부 ⓘ | ◉ 아니오 ● 해당 | |
| 중량구분 | ▼ | 규격 ⓘ | 가로 x 세로 x 높이(mm) | |
| 자체중량(kg) | | 최대이륙중량(kg) | | |
| 보관처 | 주소검색 | | | |
| 카메라 등 탑재여부 | ◉ 미탑재 ● 탑재 | 상세설명 ⓘ | | |

① **종류** : 무인비행기, 무인헬리콥터, 무인멀티콥터, 무인비행선 중 선택

② **신고번호** : 비행장치 신고(신규) 처리 완료 후 발급되므로 신규 신고 시 입력하지 않음

③ **모델명** : 비행장치의 모델명 입력(예 : Mavic 2 Pro)

④ **용도** : 항공기대여업, 항공레저스포츠사업, 초경량비행장치 사용사업에 사용되는 경우 영리용도로 체크

⑤ **제작자** : 자체 제작의 경우 제작자 이름을 기재

⑥ **제작번호** : 기체제작 번호(시리얼 번호) 입력, 변경/이전/말소의 경우 중복확인을 하지 않아도 됨

■ **제작번호가 없는 경우(자체제작)** : 숫자, 영문 또는 국문 등을 조합하여 자체 부여

🔲 TS-20211102 TSDRONE1

   (제작사, 제작자 이니셜+제작연월일+신고모델명+제작순서)

■ 단, 제작번호가 중복될 경우 제작번호를 재부여하도록 시스템에서 보완 요청

■ 시스템의 제작번호 중복확인은 로그인 한 계정이 보유하고 있는 제작번호 중복확인으로 전체 제작번호 중복확인은 불가

■ 제작번호 중복 시 : 이미 등록된 제작번호로 나옴

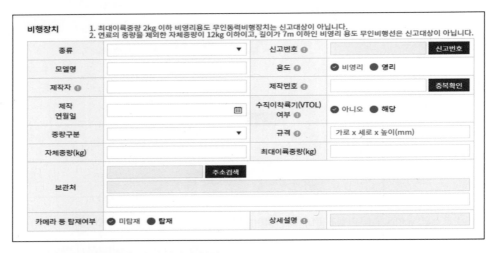

**(4) 비행장치 입력(계속)**

| 비행장치 | 1. 최대이륙중량 2kg 이하 비영리용도 무인동력비행장치는 신고대상이 아닙니다.<br>2. 연료의 중량을 제외한 자체중량이 12kg 이하이고, 길이가 7m 이하인 비영리 용도 무인비행선은 신고대상이 아닙니다. | | |
|---|---|---|---|
| 종류 | ▼ | 신고번호 ⓘ | 신고번호 |
| 모델명 | | 용도 ⓘ | ◉ 비영리 ● 영리 |
| 제작자 ⓘ | | 제작번호 ⓘ | 중복확인 |
| 제작<br>연월일 | 📅 | 수직이착륙기(VTOL)<br>여부 ⓘ | ◉ 아니오 ● 해당 |
| 중량구분 | ▼ | 규격 ⓘ | 가로 x 세로 x 높이(mm) |
| 자체중량(kg) | | 최대이륙중량(kg) | |
| 보관처 | 주소검색 | | |
| 카메라 등 탑재여부 | ◉ 미탑재 ● 탑재 | 상세설명 ⓘ | |

① 제작연월일 : 제작연월일 선택하여 입력

② 수직이착륙기(VTOL) 여부 : 수직이착륙기(VTOL)에 해당하는 경우 체크

■ 수직이착륙기란 무인멀티콥터와 같이 수직으로 이착륙하고, 무인비행기처럼 비행하는 무인동력장치를 의미

③ 중량구분 : 최대이륙중량 250g 이하, 최대이륙중량 250g 초과~2kg 이하,
　　　　　　최대이륙중량 2kg 초과~7kg 이하, 최대이륙중량 7kg 초과~25kg 이하,
　　　　　　최대이륙중량 25kg 초과 중 선택

④ 규격 : 가로X세로X높이를 mm단위로 입력

⑤ 자체중량 : 연료, 장비, 화물 등을 포함하지 않은 중량이며, 무인동력비행장치는 배터리 무게를 자체중량에 포함하여 kg 단위로 입력하며, 소수점까지 잘 확인하여 입력

⑥ **최대이륙중량** : 비행장치가 이륙함에 있어 설계상·운영상의 한계를 벗어나지 않은 한도 내에서 최대 적재 가능한 중량으로 kg 단위로 입력하며, 소수점까지 잘 확인하여 입력

⑦ **보관처** : 보관처 주소 검색하여 입력

⑧ **카메라 등 탑재 여부** : 카메라 미탑재 또는 탑재 클릭

⑨ **상세설명** : 개인정보 및 개인 위치 정보를 수집할 수 있는 장비명을 기재

예 카메라 탑재

**(5) 소유자 입력**

| 소유자 | | | | 최근 입력정보 |
|---|---|---|---|---|
| 소유자·법인명 | | 생년월일·법인설립일 | | |
| 담당자 연락처 기입 | | 유선번호 | | |
| 주소 | 주소검색 ☐ 보관처와 동일 | | | |

① **소유자·법인명 입력** : 신청자가 아니라 소유자 기재

② **생년월일·법인 설립일 입력** : 개인은 생년월일, 법인은 설립일 입력

③ **담당자 연락처 입력** : 신고 담당자의 전화번호 입력

④ **유선번호 입력** : 회사 유선 전화번호 입력

⑤ **소유자 주소 입력** : 보관처와 소유자 주소가 동일한 경우 보관처와 동일 체크

**(6) 보험 입력**

| 보험 | | | |
|---|---|---|---|
| 가입유무 ⓘ | ◉ 미가입 ● 가입 | 상세설명 ⓘ | |

① **가입유무 선택** : 미가입, 가입 체크 → 미가입도 신고 가능

- 영리용도, 국가, 지방자치단체, 공공기관의 경우 보험가입이 필수
- 신규신고의 경우 기체 신고 후 보험가입하기 때문에 미가입 선택

② **상세설명 입력** : 보험을 가입한 경우 가입한 보험사를 기재

**(7) 첨부파일 업로드** : 첨부파일이 여러 개일 경우 압축하여 첨부

| 첨부파일 | | ※ 해당서류 미첨부시 신청서가 보완요구되니 반드시 첨부바랍니다. | |
|---|---|---|---|
| 첨부파일 ⓘ | 초경량비행장치 측면 사진 ⓘ | 파일선택 | 파일 업로드 |
| | 제작번호 촬영 사진 ⓘ | 파일선택 | 파일 업로드 |
| | 초경량비행장치 제원및성능표 ⓘ | 파일선택 | 파일 업로드 |
| | 초경량비행장치 소유증명서 ⓘ | 파일선택 | 파일 업로드 |

① 초경량비행장치 측면사진 파일 업로드 : 초경량비행장치 모든 모습이 보이도록 사진을 촬영하여 첨부

② 제작번호 촬영 사진 파일 업로드 : 제작번호 전체가 식별이 가능하도록 사진촬영 첨부

■ 제작번호와 일치

③ 초경량비행장치 제원 및 성능표 업로드 : 자체중량, 최대이륙중량, 규격 등이 포함된 제원표 첨부

■ 규격, 자체중량, 최대이륙중량과 일치

④ 초경량비행장치 소유증명서 업로드 : 매매계약서, 거래명세서, 견적서 포함 영수증, 제작증명서 등 해당하는 증빙을 첨부

■ 신고서에서 작성한 비행장치 소유자와 구매자 일치

(8) 접수 클릭

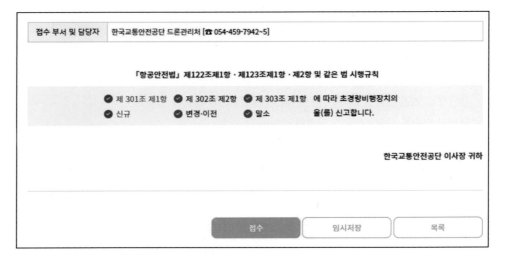

① 제301조 제1항과 신규 체크가 잘 되었는지 확인

② 위 전체 내용 다시 한 번 확인 후 접수 클릭

(9) 민원을 신청하시겠습니까? 확인 클릭

(10) 마이페이지 이동 클릭

(11) 민원신청 현황 확인

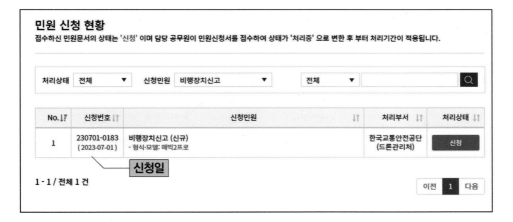

① 신청민원은 7일 이내 처리

② 보완 후 재신청하는 경우도 7일 이내 처리

## 3) 신청 취소 및 재신청

(1) 로그인 _ 마이페이지 _ 민원신청 현황 _ 신청번호 클릭

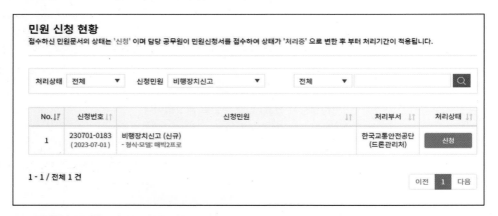

① 신청 취소하려는 민원의 신청번호 클릭

(2) 신청서 하단의 신청취소 클릭

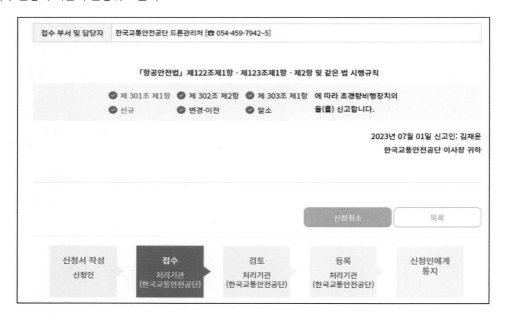

(3) 민원을 신청하시겠습니까? 확인 클릭

(4) 처리가 완료되었습니다. 확인 클릭

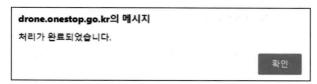

(5) 민원신청 현황에서 처리상태 확인

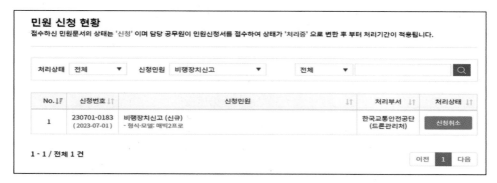

(6) 재선청하려는 경우 신청번호 클릭

(7) 신고서 내용 수정 완료 후 접수 클릭

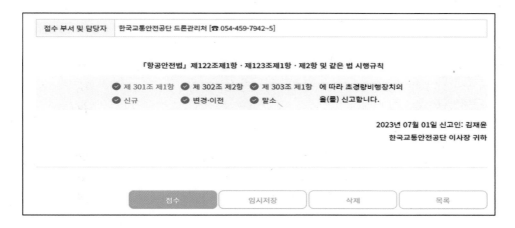

## 4) 보완요구 확인 및 재신청

(1) 로그인 _ 마이페이지 _ 민원신청 현황 _ 신청번호 클릭

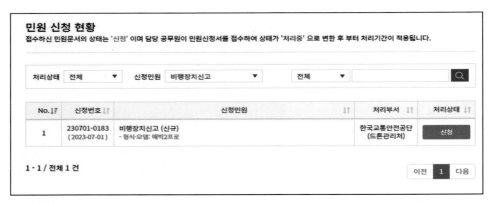

(2) 보완사항 확인

① 스크롤을 내려 아래에 있는 내용까지 모두 확인 후 재신청 클릭

(3) 상단 또는 하단의 재신청 클릭 후 보완사항 수정

(4) 민원을 신청하시겠습니까? 확인 클릭

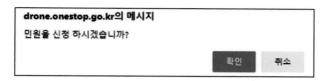

(5) 마이페이지 이동 클릭

(6) 민원신청 현황 확인

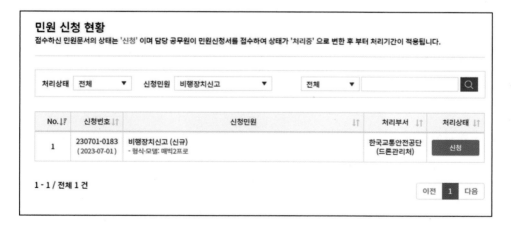

### 5) 신고증명서 출력

(1) 로그인 _ 마이페이지 _ 민원신청 이력 _ 신청번호 클릭

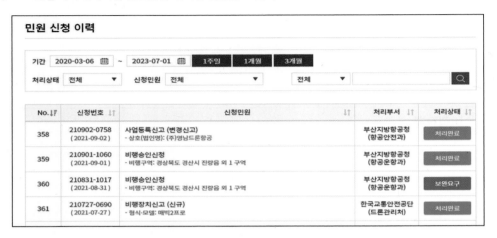

(2) 첨부된 신고증명서 확인 후 클릭하여 다운로드, 출력

### 6) 신규 신고 시 자주 발생하는 보완사항

(1) DJI 사의 제작번호 중 숫자 0과 영문 O가 잘못 기재된 경우
(DJI 사의 제작번호는 주로 숫자 0인 경우가 많음)

(2) 소유자/법인명 작성 시 신청자 이름으로 작성하는 경우(소유자명 확인 필수)

(3) 소유증명서 서류 상에 소유자 이름을 찾을 수 없는 경우

① 소유자 이름과 기체 정보가 확인되어야 함

② 카드영수증 등 소유자 이름이 나오지 않은 경우 보완

③ 드론 원스톱 민원서비스 정보마당 – 공지사항 – 소유확인서 검색, 작성하여 제출

## 3. 비행장치 변경·이전 신고 순서 및 방법, 자주 발생하는 보완사항

**1) 변경·이전 신고 순서 :** 변경 신고도 드론 원스톱 민원서비스 Site에 들어가서 다음과 같은 순서대로 진행하면 된다. 신고 후 처리기간은 근무일 기준(휴일 제외) 7일이 소요된다.

### 변경·이전 신고 순서

- 드론 원스톱 민원서비스 로그인

- 비행장치 신고서 등록 클릭

- 유형(신규, 변경·이전, 말소) 중 변경·이전 체크

- 비행장치 입력, 소유자 입력

- 보험(미가입, 가입) 체크

- 변경·이전사항 작성

- 첨부파일(변경·이전에 대한 증빙자료) 업로드

- 접수하기 클릭(기체 신고 완료)

※ 마이페이지에서 민원신청 현황 클릭하여 신청결과 확인 가능

→ 신청 취소 시, 재신청, 보완요구 확인 및 재신청 순서는 신규 신고, 신고증명서 출력은 신규 신고와 동일

**2) 변경·이전 신고 방법**

(1) 드론 원스톱 민원서비스 로그인

(2) 비행장치 신고서 등록 클릭은 신규 신고와 동일

(3) 유형 체크

(4) 비행장치 입력 : 신규 신고와 방법 동일

(5) 소유자 입력 : 신규 신고와 방법 동일

(6) 보험 입력 : 신규 신고와 방법 동일

(7) 변경·이전사항 입력

| 변경·이전사항 | |
|---|---|
| 변경·이전 전 | |
| 변경·이전 후 | |

① 변경·이전 내용에 대해서 작성

(8) 첨부파일 업로드

① 변경사항과 소유권 이전을 증빙할 수 있는 자료 업로드

- **예 1) 소유권 이전 시 : 매매 계약서, 양도·양수 계약서 등**

- **예 2) 최대이륙중량 및 규격 변경 시 : 제원 및 성능표 등**

(9) 접수 클릭

(10) 민원을 신청하시겠습니까? 확인 클릭

(11) 마이페이지 이동 클릭

(12) 민원신청 현황 확인은 신규 신고와 동일

**3) 신청 취소 및 재신청**

**4) 보완요구 확인 및 재신청**

**5) 신고증명서 출력은 신규 신고와 동일**

**6) 변경·이전 신고 시 자주 발생하는 보완사항**

(1) 신청서에 변경된 내용이 아닌 이전 신청내용으로 기재한 경우
   (변경·이전 신청서에는 변경하려는 정보를 기재해야 함)

(2) 소유확인서에서 중간 판매업체로부터 구매한 서류를 첨부하는 경우
   (이전 소유자와 새로운 소유자 간의 소유권이전을 증명할 수 있는 서류 필요)

## 4. 비행장치 말소 신고 순서 및 방법

### 1) 말소 신고 순서

기체가 멸실되었거나 해체된 경우, 존재여부가 2개월 이상 불분명한 경우, 외국에 매도된 경우, 미신고 대상이 된 경우(2kg 이하 비영리), 기체의 개조 등으로 최대이륙중량 구간을 벗어난 경우에 말소 신고 대상이 된다. 말소 신고 또한 드론 원스톱 민원서비스 Site에 들어가서 다음과 같은 순서대로 진행하면 되고, 신고 후 처리기간은 근무일 기준(휴일 제외) 7일이 소요된다.

**말소 신고 순서**

- 드론 원스톱 민원서비스 로그인
- 비행장치 신고서 등록 클릭
- 유형(신규, 변경·이전, 말소) 중 말소 체크
- 비행장치 입력
- 소유자 입력
- 보험(미가입, 가입) 체크
- 말소 사유 작성
- 접수하기 클릭(기체 신고 완료)

※ 마이페이지에서 민원신청 현황 클릭하여 신청결과 확인 가능

→ 신청 취소 시, 재신청, 보완요구 확인 및 재신청 순서는 신규 신고, 신고증명서 출력은 신규 신고와 동일

### 2) 말소 신고 방법

(1) 드론 원스톱 민원서비스 로그인

(2) 비행장치 신고서 등록 클릭은 신규 신고와 동일

(3) 유형 체크

(4) 비행장치 입력 : 신규 신고와 방법 동일

   ① 비행장치 입력에서 신고번호 필수 입력

(5) 소유자 입력 : 신규 신고와 방법 동일

(6) 보험 입력 : 신규 신고와 방법 동일

(7) 말소 사유 입력

   ① 말소 사유 예시

   ■ 멸실, 해체(노후로 인한 폐기)

   ■ 존재 여부가 2개월 이상 불분명(분실)

   ■ 외국에 매도

   ■ 영리 → 비영리(2kg 이하 무인동력비행장치에 한함), 신고서 상 용도는 최종 신고된 영리로 선택하여 신청

   ■ 소유자 변경은 말소 사유가 아님

(8) 접수 클릭

(9) 민원을 신청하시겠습니까? 확인 클릭

(10) 마이페이지 이동 클릭

(11) 민원신청 현황 확인은 신규 신고와 동일

## 3) 신청 취소 및 재신청

## 4) 보완요구 확인 및 재신청은 신규 신고와 동일

## 5) 말소 신고 시 자주 발생하는 보완사항

(1) 최대이륙중량 2kg 이하의 기체 용도가 비영리로 변경되어 말소신고 할 때 신청서에 용도를 이전에 신고한 대로 영리로 선택하지 않은 경우(말소 신고 시에는 이전에 신고한 정보를 그대로 작성해야 함)

(2) 영리용 DJI 촬영용 기체를 수리 후 기체번호가 새로운 제품을 수령 후 기존 제품을 말소 신고하지 않는 경우 발생

① DJI 사로부터 새로운 기체를 받은 경우 : 기존 기체는 말소 신고 처리하고 새로운 기체는 신규 신고를 실시하고 보험사에 전화하여 보험은 기존 보험을 승계 받으면 됨

## 5. 무인비행장치 신고 관련 FAQ

### 1) 장치신고 대상은 어떻게 되나요?

(1) 사용용도가 영리 목적인 경우 : 무게와 상관없이 모두 신고

(2) 사용용도가 비영리 목적인 경우

① (무인비행기, 무인멀티콥터, 무인헬리콥터) 최대이륙중량 2kg 초과 시 신고

② (무인비행선) 연료의 무게를 제외한 자체무게가 12kg 초과, 길이 7m 초과 시 신고

### 2) 신고 대상이 아닌 장치의 경우에도 신고가 가능한가요?

(1) 항공안전법 시행령 제24조(신고를 필요로 하지 아니하는 초경량비행장치의 범위)에 따른 장치는 신고 불가

### 3) 장치신고 이후 처리 기간은?

(1) 법정처리기간은 7일이며, 신고신청 업무량에 따라 처리기간이 달라질 수 있으며, 서류보완요구 시 보완서류가 제출된 날부터 7일 이내 신고수리 여부를 재통지

### 4) 신고증명서는 어디서 확인(출력)하나요?

(1) 신고처리가 완료된 이후 신고증명서를 확인(출력)하고자 할 경우에는, 드론원스톱 시스템-마이페이지-민원신청이력에서 처리기간을 설정하여 조회-처리상태가 처리완료인 신청번호 클릭-상단 민원처리결과에 첨부된 초경량비행장치 신고증명서 확인(다운로드)

(2) 드론 원스톱 민원서비스 시스템에서 처리된 민원신청 건이 아닌 경우에는 드론 원스톱 민원서비스-정보마당-공지사항-비행장치신고증명서 재교부 신청(드론 원스톱 미처리건 해당) 게시글을 확인하여 재교부 신청서를 공단에 e-mail로 송부하면 확인 후 해당 e-mail로 증명서 회신

### 5) 무인동력비행장치 신고대상이 2021.1.1.부터 2kg 초과 기체로 변경되었는데, 이전에 갖고 있던 기체도 신고해야 하나요?

(1) 이전에는 신고대상이 아니었으나, 개정법령에 따라 신고대상에 포함되는 경우 신고 필요

### 6) 장치신고 시 필요한 서류는 어떻게 되나요?

(1) 장치를 직접 촬영한 사진 및 제작번호 촬영사진, 자체중량/최대이륙중량 등이 기재되어 있는 제원표, 소유 증빙서류(세금계산서, 계약서, 제작증명서 등)

(2) 해당소유증빙이 없을 경우는 소유자정보, 구입경로, 구입일자, 제품번호 등을 기재하고, 해당 기체를 소유하고 있다는 내용의 소유확인서 및 기타증빙서류 제출(서식은 드론 원스톱-정보마당-공지사항 내 신고관련 서식 게시글 확인)

**7) 민원신청 취소, 삭제는 어떻게 해야 하나요?**

(1) (민원신청 취소) 마이페이지-민원신청현황-신청취소하려는 민원신청 번호 클릭-신청서 하단 신청취소 클릭 후 확인

(2) (민원신청 취소 후 신청서 수정) 마이페이지-민원신청 현황-신청 취소된 민원신청서 민원신청 번호 클릭-신청서 수정 후 접수

(3) (신청 삭제) 마이페이지-민원신청 현황-처리상태가 신청취소건 민원신청번호 클릭-신청서 하단 삭제 클릭 후 확인

(4) 처리상태가 신청인 경우에만 민원신청 취소, 삭제 가능

**8) 보완요구 문자를 받았는데, 보완신청은 어떻게 해야 하나요?**

(1) 민원신청-비행장치 신고-불러오기 클릭-보완요청건 민원신청 번호 클릭 후 관련 내용 보완 후 접수

**9) 장치신고 외에 추가적으로 해야 할 것이 있나요?**

(1) (조종자증명) 기체 최대이륙중량에 맞는 조종자증명이 필요(담당 : 드론자격시험센터 031-645-2100)

   ① 1종 : 최대이륙중량 25kg 초과 → 필기+비행경력(20시간) + 실기

   ② 2종 : 최대이륙중량 7kg 초과 ~ 최대이륙중량 25kg 이하
       → 필기 + 비행경력(10시간) + 실기

   ③ 3종 : 최대이륙중량 2kg 초과 ~ 최대이륙중량 7kg 이하 → 필기 + 비행경력(6시간)

   ④ 4종 : 최대이륙중량 250g 초과 ~ 최대이륙중량 2kg 이하
       → https://edu.kotsa.or.kr에서 온라인교육 6시간 이수

(2) (항공사진촬영허가) 무인동력비행장치를 이용한 항공촬영은 국방부 소관사항으로 사전에 항공사진촬영허가를 받아야 함.

(3) (비행승인) 최대이륙중량이 25kg를 초과한 무인동력비행장치는 비행승인 대상이 되며, 고도 150m 이상 비행, 관제권 및 비행금지구역에서 비행하는 경우는 모든 비행장치가 비행승인 대상에 해당

(4) (특별비행승인) 비가시권 비행, 야간비행(일몰 후부터 일출 전까지) 시에는 특별비행승인 신청

(5) (사업등록 신고) 무인동력비행장치를 영리목적으로 사용할 경우에는 사업등록 신청이 필요

(6) (안전성인증검사) 25kg 초과 무인동력비행장치는 안전성인증검사 대상에 해당(담당: 항공안전기술원 032-727-5891)

(7) 담당부서별 연락처는 드론 원스톱-민원신청-해당 민원신청 건 클릭 후 접수(처리) 부서별 연락처 확인

## 10) 영리, 비영리 판단기준은 어떻게 되나요?

(1) 항공사업법 제2조에 따른 초경량비행장치사용사업, 항공기대여업, 항공레저스포츠사업에 사용되는 경우에 영리에 해당

(2) 사용사업의 경우, "타인의 수요(요청)"에 맞추어, "유상으로", "농약살포, 사진촬영 등 항공사업법 시행규칙 제6조에서 정하는 업무를 하는 사업"을 할 것 등 위 3가지 요건을 모두 충족하는 경우에 해당되며, 타인의 수요가 아닌 본인의 사업을 영위하는 과정에서 드론이 활용되는 경우는 비영리로 구분

(3) 사업진행 과정에서 단순히 어떤 결과물의 완성도를 높이기 위해 드론이 일부 활용된 경우라면 비영리에 해당될 수 있으나, 해당사업을 하는 과정에서 본질적으로 드론이 반드시 필요하다면 영리로 구분될 수 있음.

## 11) 보험 또는 공제 가입의무대상 및 금액은?

(1) 가입 의무 대상 : 초경량비행장치사용사업, 항공기대여업, 항공레저스포츠사업자 및 국가, 지방자치단체, 공운법 제4조에 따른 공공기관

(2) 가입금액 : 대인 1억 5천만원/인당, 대물 2천만원/건 이상

## 12) 보험가입 시 대인보상한도를 무한으로 가입해야 하나요?

(1) 항공사업법 시행규칙 제70조 제5항에 따르면, 자동차손해배상보장법 시행령 제3조1항 및 제3조 3항에 따른 금액 이상을 보장하는 보험 또는 공제에 가입토록 정하고 있음.

(2) 자동차손해배상 보장법 시행령 제3조 제1항에 따르면, 사망한 경우 피해자 1인당 1억 5천만원의 범위에서 피해자에게 발생한 손해액을 보상토록 하고 있어, 전체 보상한도는 무한으로 가입되는 것을 권고함.

## 13) 보험가입 대상 중 국가, 지방자치단체, 공공기관의 구체적인 범위는 어떻게 되나요?

(1) 국가 : 정부조직법에 따른 부, 처, 청 등 이외에 정부기관, 각 부처 산하의 위원회, 청 등이 모두 포함.

(2) 지방자치단체

① 광역자치단체(특별시, 광역시, 특별자치시, 도, 특별자치도), 기초자치단체(시, 군, 구), 읍/면/동/리가 해당

② 교육청, 교육청 직속기관, 교육지원청

(3) 국가 또는 지방자치단체가 설립-경영하는 공립/국립 초, 중, 고, 대학교

① 국립대학법인 OO대학교 설립운영에 관한 법률 부칙 '국가의 권리/의무의 승계에 관한 경과조치 조항 등에 따라 국립대학법인의 경우에도 해당

(4) 공공기관 : 공공기관 운영에 관한 법률 제4조에 따른 공공기관

**14) 연구기관 등이 시험·조사·연구 또는 개발을 위하여 제작한 초경량비행장치도 신고해야 하나요?**

(1) [관련법령]항공안전법 시행령 제24조(신고를 필요로 하지 아니하는 초경량비행장치의 범위) 법 제122조 제 1항 단서에서 대통령령으로 정하는 초경량비행장치란 다음 각 호의 어느 하나에 해당하는 것으로서 항공사 업법에 따른 항공기대여업, 항공레저스포츠사업 또는 초경량비행장치사용사업에 사용되지 아니하는 것을 말한다. 연구기관 등이 시험·조사·연구 또는 개발을 위하여 제작한 초경량비행장치

(2) "연구기관 등이"에 대한 해석

　① 연구기관 분만 아니라, 연구기관에 준할 수 있는 기관이나, 연구기능이나 부서가 있는 사기업체도 포함될 수 있음.

(3) "시험·조사·연구 또는 개발을 위하여 제작한 초경량비행장치"에 대한 해석

　① 드론 제작 관련한 시험, 조사, 연구 또는 개발의 경우에 한정되며, 순수한 의미의 제작만을 지칭하는 것으로 제작이 아닌 상용기체 구입(또는 구입 후 개조)하는 경우에는 제외

　② 또한 반드시 일시적으로 사용하는 경우에만 국한하지 않고, 드론 제작과 관련한 시험, 조사, 연구 또는 개발을 목적으로 지속적으로 사용하는 경우에도 해당될 수 있음.

(4) 시험, 조사, 연구가 완료된 후 일반 용도로 사용되는 경우에는 기체신고 필요

(5) 영리 용도의 경우에는 신고가 필요하며, 비영리 용도의 경우에만 해당 조항이 적용되어 신고대상에서 제외

**15) 초경량비행장치 사용사업자가 보유한 기체는 실제 사용용도(영리/비영리)에 상관없이 사용사업에 사용되는 것으로 보고 모두 영리로 신고해야 하나요?**

(1) 사용사업체에서 보유하고 있으나 사용사업에 사용되지 않는 최대이륙중량 2kg 이하(용도 : 비영리)는 신고 대상에서 제외되며, 최대이륙중량 2kg 초과 기체(용도 : 비영리)는 신고대상이 됨.

**16) 사용사업자가 보유한 기체 중 영리활동에 사용하지 않는 비영리용 기체도 보유하고 있으면 보험가입 대상이 되는지 여부?**

(1) 보험가입 대상에 해당되지 않음.

**17) 장치신고 관련하여 법령위반 시 벌칙조항에는 어떤 것이 있나요?**

(1) 신고 및 변경 신고를 하지 않고 비행한 경우 : 6개월 이하 징역 또는 500만원 이하의 벌금

(2) 신고번호를 표시하지 않거나 거짓으로 표시한 경우 : 과태료 최대 100만원(1차 : 50만원, 2차 : 75만원, 3차 : 100만원)

(3) 말소 신고를 하지 않은 경우 : 과태료 최대 30만원(1차 : 15만원, 2차 : 22.5만원, 3차 : 30만원)

**18) 변경이전 신청 시 신청서에는 어떤 정보를 기재해야 하나요?**

(1) 변경이전 신청 시에는 새롭게 바뀌는 정보로 입력(시스템에 입력되는 값이 신고증명서에 그대로 인쇄됨)

(2) 변경이전 전 / 변경이전 후 사유를 적는 란에는 변경되는 전/후 내용을 구체적으로 기재

# 07 드론 보험 가입하기

드론을 사용하는 것은 많은 장점이 있지만, 동시에 잠재적 위험성도 내포하고 있다. 드론은 동작 중에 오류나 문제가 발생하면 사람에게 상처를 입힐 수도 있고, 재산에 피해를 입힐 수도 있다. 또한 사회적으로 드론 관련 법률 및 규정은 국가나 지역에 따라 다르므로, 이에 대한 지식도 필요하다. 특히 촬영용 드론의 경우, 사용자가 모든 상황을 완벽하게 제어하고 예측할 수 없기 때문에 촬영은 상당한 위험을 수반한다.

이런 이유로, 드론을 사용할 경우에는 보험에 가입하는 것을 추천한다. 보험에 가입하면 운영 중에 발생할 수 있는 다양한 위험으로부터 보호받을 수 있다. 대부분의 드론 보험은 고장, 손상, 도난분만 아니라 제3자에게 발생하는 피해를 보장하는 보험을 제공한다. 물론, 보험 회사와 상품에 따라 보장 범위와 내용은 다를 수 있으니, 자신의 필요에 가장 잘 맞는 보험을 찾는 것이 중요하다.

또한 여러 국가에서는 드론을 상업적으로 이용하는 경우 반드시 보험에 가입하도록 규정하고 있다. 따라서 본인이 사는 국가나 지역의 법률 및 규정을 반드시 확인하고 따르는 것이 중요하다.

마지막으로, 드론을 안전하게 운영하는 것이 가장 중요하다. 보험은 보호의 마지막 수단이지, 첫 번째 수단이 아니다. 기술을 활용하는 동안 안전 규정을 준수하고, 필요한 경우에는 적절한 교육을 받는 것이 좋다.

항공법 상 보험 가입의 의무와 DJI에서 제공하고 있는 Care Refresh 서비스에 대해 구체적으로 알아보자.

## 1. 항공법 상 보험 가입의 의무

드론을 상업적 목적으로 사용하려는 경우, 드론 보험 가입이 필수적이다. 이는 사업자를 보호하고, 제3자에게 발생할 수 있는 손해에 대해 책임을 지게 하기 위한 것으로 소비자들이 기체의 보상을 위해 가입하는 드론 Care 보험과는 별도의 제3자보험이며, 사업자는 의무사항이고 일반 드론 유저는 선택사항이다. 제3자보험에 대한 법적 근거를 살펴보자.

**1)** 항공사업법 시행령 별표9 「초경량비행장치사용사업의 등록요건(제23조)관련」 제 4항 보험 또는 공제 가입, 초경량비행장치마다 또는 사업자별로 다음의 보험 또는 공제에 가입해야 한다.

(1) 다른 사람이 사망하거나 부상한 경우에 피해자(피해자가 사망한 경우에는 손해배상을 받을 권리를 가진 자를 말한다. 이하 이 호에서 같다)에게 「자동차손해배상 보장법 시행령」 제3조 제1항 각 호에 따른 금액 이상을 보장하는 보험 또는 공제

① 자동차손해배상 보장법 시행령 제3조(책임보험금 등) 제1항

> ① 법 제5조 제1항에 따라 자동차보유자가 가입하여야 하는 책임보험 또는 책임공제(이하 "책임보험 등"이라 한다)의 보험금 또는 공제금(이하 "책임보험금"이라 한다)은 피해자 1명당 다음 각 호의 금액과 같다.
>
> 1. 사망한 경우에는 1억 5천만원의 범위에서 피해자에게 발생한 손해액. 다만, 그 손해액이 2천만원 미만인 경우에는 2천만원으로 한다.
>
> 2. 부상한 경우에는 별표 1에서 정하는 금액의 범위에서 피해자에게 발생한 손해액. 다만, 그 손해액이 법 제15조 제1항에 따른 자동차보험진료수가(診療酬價)에 관한 기준(이하 "자동차보험진료수가기준"이라 한다)에 따라 산출한 진료비 해당액에 미달하는 경우에는 별표 1에서 정하는 금액의 범위에서 그 진료비 해당액으로 한다.
>
> 3. 부상에 대한 치료를 마친 후 더 이상의 치료효과를 기대할 수 없고 그 증상이 고정된 상태에서 그 부상이 원인이 되어 신체의 장애(이하 "후유장애"라 한다)가 생긴 경우에는 별표 2에서 정하는 금액의 범위에서 피해자에게 발생한 손해액

(2) 다른 사람의 재물이 멸실되거나 훼손된 경우에 피해자에게 「자동차손해배상 보장법 시행령」 제3조 제3항에 따른 금액 이상을 보장하는 보험 또는 공제

① 자동차손해배상 보장법 시행령 제3조(책임보험금 등) 제3항

> ③ 법 제5조 제2항에서 "대통령령으로 정하는 금액"이란 사고 1건당 2천만원의 범위에서 사고로 인하여 피해자에게 발생한 손해액을 말한다.

**2) 보험 관련 벌칙**

(1) 항공사업법 제84조(과태료) 제2항 제21호 : 제70조(항공보험 등의 가입의무) 제3항 또는 제4항을 위반하여 보험 또는 공제에 가입하지 아니하고 경량항공기 또는 초경량비행장치를 사용하여 비행한 자는 500만원 이하의 과태료를 부과한다.

① 항공사업법 제70조(항공보험 등의 가입 의무) 제3항 또는 제4항

> ③ 항공안전법 제108조에 따른 경량항공기소유자등은 그 경량항공기의 비행으로 다른 사람이 사망하거나 부상한 경우에 피해자(피해자가 사망한 경우에는 손해배상을 받을 권리를 가진 자를 말한다)에 대한 보상을 위하여 같은 조 제1항에 따른 안전성인증을 받기 전까지 국토교통부령으로 정하는 보험이나 공제에 가입하여야 한다.
>
> ④ 초경량비행장치를 초경량비행장치사용사업, 항공기대여업 및 항공레저스포츠사업에 사용하려는 자와 무인비행장치 등 국토교통부령으로 정하는 초경량비행장치를 소유한 국가, 지방자치단체, 「공공기관의 운영에 관한 법률」 제4조에 따른 공공기관은 국토교통부령으로 정하는 보험 또는 공제에 가입하여야 한다.

## 2. DJI Care Refresh 서비스

DJI Care Refresh는 믿음직한 종합 보상 서비스 플랜으로 DJI 제품에 발생하는 우발적인 손상(플라이어웨이[부록참조] 침수 피해 포함)과 자연적인 손상에 대한 보상을 제공하는 DJI 서비스이다.

DJI Care Refresh 서비스는 기체 구매 시 함께 구매하여 기체 최초 바인딩 시 활성화하는 방법과 제품 구매 후 48시간 이내에 가입하는 두 가지 방법이 있다. DJI Care Refresh+는 DJI Care Refresh의 연장형 서비스로, 추가적인 1년간의 보호를 제공하며, 무상 수리 서비스도 포함되어 있었으나 2023년 7월 13일 부로 서비스가 종료되었다. 기존 가입했던 분들은 종료 시까지 보장받을 수는 있다.

2023년 7월 13일부터 DJI Care Refresh 서비스 플랜이 업그레이드 된 DJI Care Refresh 2.0은 더 많은 교체 서비스 횟수, 저렴한 교체 비용, 더 길어진 보상 적용기간을 다음과 같이 적용하고 있다.

그림 7-1 DJI Care Refresh 2.0, 추가 요금 없이 더 좋아진 혜택. 출처 : DJI 홈페이지

DJI Care Refresh에 대해 구체적으로 살펴보자.

**1) DJI Care Refresh 서비스 이용 시 다음 중요 사항에 유의해야 한다.**

(1) DJI Care Refresh를 구매함으로써 귀하는 본 서비스 약관의 내용을 완전히 인지하고 그 내용에 동의하게 된다.

(2) 서비스를 정상적으로 이용하기 위해서는 DJI Care Refresh와 해당 제품을 반드시 동일한 국가 또는 지역에서 구매해야 한다.

(3) DJI Care Refresh가 제공하는 서비스를 이용한 이후에 제품의 일련번호가 변경되는 경우, 해당 제품은 원래 제품의 DJI Care Refresh에 자동으로 바인딩되며, 원래 제품의 각 서비스의 유효 기간 및 공식 워런티 기간을 그대로 승계하게 된다.

(4) DJI 제품 및 구성품의 일련번호는 DJI Care Refresh를 사용하는 데 중요하다. 이 정보는 본인만 알고 있어야 한다. DJI 제품 일련번호를 분실하거나 도난당한 경우 그에 따른 결과와 책임은 본인에게 있다.

(5) DJI Care Refresh 서비스를 신청하기 전에 DJI 개인정보 처리방침 페이지로 이동하여 DJI 개인정보 처리방침을 자세히 읽어보기 바란다. 본인이 서비스를 신청함으로써 본 개인정보 처리방침을 읽고, 그 내용에 동의하며 이를 준수하고, DJI에 귀가가 작성한 개인 정보 및 제품 정보를 제공할 수 있는 권한을 부여하며, DJI가 본인에게 서비스를 제공하는 동안 이러한 정보를 사용할 수 있는 권한을 부여함을 인정한다. 개인 정보에는 본인의 이름, 전화 번호, 이메일 및 주소가 포함되나 이에 국한되지 않는다. 제품 정보에는 제품 모델 및 일련번호, 제품 설정 데이터, 비행 운항 데이터, 비행 환경 및 위치 데이터가 포함되며 이에 국한되지 않는다.

(6) DJI Care Refresh 서비스를 신청하기 전에 개인 정보를 백업하거나 이미지, 동영상 및 내장 메모리와 SD 카드에 설치된 타사 소프트웨어 및 소프트웨어 패키지를 포함하되 이에 국한되지 않는 제품에 설치되거나 기록된 모든 데이터를 삭제한다. 이러한 정보를 삭제할 수 없는 경우 다른 사람이 해당 정보를 얻지 못하도록 하거나 해당 법률에 따라 개인 데이터의 정의에서 제외하도록 수정해야 한다. 이러한 정보를 삭제하지 않을 경우 DJI는 서비스 제공 시 불가피하게 해당 정보에 접근하게 되며, 서비스의 결과로 해당 데이터를 삭제할 수 있다. DJI는 고객이 DJI로 반납한 제품 또는 DJI에 수리를 맡긴 제품의 데이터 손실 또는 유출에 대해 책임을 지지 않는다.

(7) DJI는 서비스 수행 중 제품의 조종 기기(조종기 또는 고글)를 변경하거나 바인딩을 해제할 수 있다. 수리 완료된 제품 또는 교체 제품을 받으면 즉시 앱을 연결해 조종 기기의 바인딩 상태를 확인한 후 다시 조종 기기를 바인딩하거나, 필요한 경우 바인딩된 조종 기기를 변경해야 한다. 바인딩된 계정에서 해당 기기를 삭제할 필요는 없다. 연결된 계정의 설정은 제품의 제어 및 사용에 직접적인 영향을 미친다. 연결된 계정이 삭제되고 나면 제품은 누구나 연결해 사용할 수 있다. 이 기능은 주의하여 사용하시기 바란다.

**2) 서비스 개요 :** 모든 DJI Care Refresh 서비스는 SZ DJI Technology Co., Ltd. 또는 지정 계열 회사(이하 "DJI")에서 제공한다. DJI Care Refresh 서비스는 제품에 따라 다를 수 있다. DJI Care Refresh 구매 시 제품 페이지의 설명을 참조하고, 아래에서 제시하는 서비스에서 "지원 대상 제품"이 표시되지 않은 경우, 그 서

비스는 DJI Care Refresh를 구매할 수 있는 지정 DJI 제품에 적용되는 것이다. "지원 대상제품"이 표시되어 있는 경우 그 서비스는 나열된 모델에 대해서만 적용된다. DJI Care Refresh 의 발효일과 만료일 날짜는 서비스 플랜을 성공적으로 바인딩한 후 보내주는 서비스 약관을 참조한다. DJI Care Refresh(1년 플랜)와 DJI Care Refresh(2년 플랜)의 유효 기간은 각각 12개월과 24개월이며, DJI Care Refresh에 포함되어 있는 여러 서비스 혜택의 유효 기간은 DJI Care Refresh의 유효 기관과 동일하다.

(1) 교체 서비스

① 서비스 약관에 명시되어 있는 DJI 제품이 유효 기간 중에 정상적인 사용 중 또는 사고로 인해 파손되거나 분실(플라이어웨이)된 경우, 교체 서비스 절차를 통해 DJI로부터 정상적으로 작동하는 제품을 받을 수 있다.

| 구 분 | 1년 플랜 | 2년 플랜 |
|---|---|---|
| 교체 횟수 | 2회<br>(플라이어웨이 교체 1회 포함) | 4회<br>(플라이어웨이 교체 2회 포함) |
| 교체 비용 | 교체 비용을 지불하고 교체 제품을 받는다. | |

※ DJI Care Refresh 교체 비용은 다음과 같다.

| 구 분 | 교체 비용(단위 : 원) | |
|---|---|---|
| | 오작동 및 손상 | 플라이어웨이 |
| DJI Air 3 | 119,000 | 449,000 |
| DJI Mavic 3 Pro | 189,000 | 858,000 |
| DJI Mavic 3 Pro Cine | 289,000 | 1,430,000 |
| DJI Mavic 3 Cine | 289,000 | 1,430,000 |
| DJI Mavic 3 | 189,000 | 858,000 |
| DJI Mavic 3 Classic | 168,000 | 665,000 |
| DJI Mini 3 Pro | 81,900 | 289,000 |
| DJI Air 2 S | 149,900 | 634,900 |
| DJI Air 2 | 89,000 | 462,000 |
| DJI Mini 2 | 54,900 | 251,000 |
| DJI Mini 2 SE | 35,900 | 139,000 |
| DJI Mini SE | 36,500 | 139,000 |
| DJI Avata | 61,900 | 238,000 |
| DJI FPV | 244,000 | X |
| DJI Mini | 39,000 | X |
| DJI Mavic 2 | 169,000 | X |
| DJI Air | 96,000 | X |
| Phantom 4 Pro 시리즈 | 179,000 | X |

■ 플라이어웨이 교체 서비스는 일부 모델에만 지원되며 해당 서비스가 명시되지 않은 경우 고장 및 파손으로 인한 교체 서비스만 지원된다. 제품에 따라 DJI 케어 서비스 혜택에 차이가 있으니 DJI 공식 스토어 구매 페이지 내용을 참조하기 바란다.

② 서비스 이용 횟수가 제한된 서비스의 경우 1회 이용 후 1회 서비스 횟수가 차감된다. 서비스가 완료되면 원래 제품의 DJI Care Refresh가 해당 기체에 자동으로 바인딩된다. 남은 서비스 횟수는 내 서비스 플랜 확인 페이지에서 확인할 수 있다.

③ 교체 서비스에는 DJI Care Express가 포함되어 있기 때문에 DJI Care Express를 선택하면 교체서비스 이용을 선택하게 되며, DJI가 교체 서비스 중에 제품에 대해 데이터 분석을 실시하지 않으며, 교체 서비스의 증거물로 원래 제품을 회수하는 데 동의하게 된다. 이 서비스는 DJI Care Express 페이지를 통해 신청하고 그에 해당되는 교체 비용을 결제할 수 있다.

④ 구매한 DJI Care Refresh에는 우발적 손상 교체 서비스가 포함되어 있다. 교체 서비스를 이용할 때는 보장 대상 구성품을 모두 반납해야 한다. 보장 대상 구성품 중 일부 또는 전체가 분실된 경우 우발적 손상 교체 서비스를 신청할 수 없다.

⑤ 구매한 DJI Care Refresh에 플라이어웨이 교체 서비스가 포함되어 있는 경우, 기체가 플라이어웨이 서비스를 이용할 수 있도록 하려면 가능한 빨리 앱에서 [기기 관리]로 들어가 DJI 계정을 해당 기체 및 조종 기기(조종기 또는 고글)에 바인딩해야 한다. 기체가 연결 또는 바인딩되어 있지 않거나 연결 또는 바인딩을 했다가 취소하는 경우, 그 기체에 대해서는 플라이어웨이 사고가 발생하더라도 플라이어웨이 교체 서비스를 신청할 수 없다.

플라이어웨이 교체 서비스를 이용하기로 결정한 경우 DJI Care 플라이어웨이 기체 보고서를 작성하고 사고 비행 기록을 제출해야 한다. 사고 비행 기록을 제출할 수 없거나 DJI Care 플라이어웨이 기체 보고서를 작성할 수 없는 경우 플라이어웨이 교체 서비스를 이용할 수 없다. DJI Care 플라이어웨이 기체 보고서를 작성하고 나면 플라이어웨이 기체는 사용이 제한된다. 교체 비용을 결제하기 전에 기체가 발견되는 경우, DJI에 연락해 DJI Care 플라이어웨이 기체 보고서를 취소하면 제품을 다시 정상적으로 사용할 수 있다. 이미 교체 비용을 결제한 경우, 원래 사용하던 기체의 소유권이 DJI로 양도되기 때문에 DJI Care 플라이어웨이 기체 보고서는 취소할 수 없다. 찾은 기체는 DJI로 보내야 하며, 해당 서비스는 플라이어웨이 서비스 페이지에서 신청할 수 있다.

⑥ 플라이어웨어 서비스 관련 FAQ

■ 제품의 일련번호는 어떻게 검색하나요?

• 패키지의 라벨에 있는 제품 시리얼 넘버를 확인할 수 있다.
DJI Fly 앱을 사용하는 경우, 프로필 _ 기기 관리로 이동해 해당 제품을 선택했을 때 표시되는 기체 SN가 제품의 시리얼 넘버이다.
위의 방법으로 제품의 시리얼 넘버를 확인할 수 없는 경우, DJI 고객지원으로 연락하여 도움을 받는다.

■ 플라이어웨이 발생 시 어떻게 해야 하나요?

• DJI 앱의 "내 드론 찾기" 기능으로 기체를 찾아본다.

• 기체를 회수 못한 경우 플라이어웨이 신고를 진행한다. 신고 후 담당자의 연락이 오고 후속 절차를 안내한다.

• 기체를 회수했으나 파손되었을 경우 택배 수리 접수에서 수리 접수 후 AS를 진행한다.

■ 플라이어웨이 신고를 위해 어떤 정보가 필요한가요?

• 정확한 기체 시리얼 넘버(S/N)와 DJI 계정

• 정확한 사고 날짜와 자세한 사고 상황 설명

• 사고 당일 비행 기록 동기화 진행. "비행 기록 동기화 방법" 참고

※ 플라이어웨이 신고전 DJI APP을 삭제하시거나 초기화 하면 안 된다. 왜냐하면 비행데이터가 삭제되어 플라이어웨이 신고가 안 되거나 후속 절차 진행이 지연될 수 있기 때문이다.

■ 플라이어웨이 케이스 등록 절차란 무엇인가요?

• 케이스 등록 : 제품 정보와 개인 정보를 기재한다.

• 케이스 접수 및 서비스 플랜 확인 : DJI는 입력된 정보를 분석 및 검토한 후 업무일 기준으로 2~3일 내에 후속 서비스 계획에 대해 안내해 준다.

• 수수료 및 결제 : DJI의 견적을 수락하고 결제한다.

• 제품 발송하기 : 결제를 완료하고 DJI 서비스 센터에서 제품을 보낸다.

■ 플라이어웨이 케이스 현황 조회는 어떻게 하나요?

• 서비스 현황 조회를 통해 확인한다. 중요한 단계에서는 메일, 유선 혹은 문자로 안내가 온다.

■ 서비스 비용 및 결제 방법은 어떻게 되나요?

• 플라이어웨이 정보 확인 후 견적서를 안내하고, 상황에 따라 비용이 다르기에 최종 금액은 견적서를 통해 확인을 해야 한다.

• 결제 방법 : 견적서상에 온라인 결제(카드결제) 및 계좌이체 2가지 방법을 안내해 준다.

■ 배송비는 별도로 청구 되나요?

• 플라이어웨이 서비스를 이용할 경우 배송비는 DJI가 부담한다.

■ 플라이어웨이 신고 후 기체를 회수했으면 어떻게 해야 하나요?

• DJI 고객지원팀으로 연락해 플라이어웨이 신고를 취소한다.

• 기체 파손 발생 시 온라인 택배 수리 접수에서 수리 케이스 등록 후 제품을 센터로 발송하여 AS를

진행한다.

- 플라이어웨이 서비스를 통해 기체를 구매 혹은 플라이어웨이 교체 서비스를 진행 후 분실 기체를 회수했을 경우 회수 기체는 DJI의 소유가 되고, 회수 기체를 DJI로 보내주어야 한다.

■ 비행 기록 동기화는 어떻게 진행하나요? 비행 기록 동기화가 불가능할 경우 어떻게 해야 하나요?

- 비행 기록 동기화 방법에서 동기화 방법을 확인한다. 비행 기록 동기화가 불가능할 경우 DJI 고객지원팀에 연락하여 도움을 받는다.

■ DJI Care 플라이어웨이 보장은 어떻게 이용하나요? 이 서비스를 이용하려면 플라이어웨이 케이스를 보고하고 플라이어웨이 보고서를 생성해야 하나요? 플라이어웨이 보고서는 어떻게 생성하나요?

- DJI Care 플라이어웨이 보장을 이용하려면 플라이어웨이 케이스를 보고하고 플라이어웨이 보고서를 생성해야 한다. 플라이어웨이 케이스를 보고한 다음 플라이어웨이 보고서 생성을 위한 지침에 따라 절차를 완료하면 된다. 그러면 DJI가 자세한 내용을 확인한 후 구체적인 서비스 계획을 안내해 준다.

■ DJI가 보고 접수 후 플라이어웨이 케이스를 처리하는 데 얼마나 걸리나요?

- 플라이어웨이 케이스 보고가 접수되고 입력한 정보에 빠진 부분이 없으면 DJI는 업무일 기준으로 2~3일 내에 정보를 분석 및 검토한 후 연락을 주고 서비스 계획에 대해 안내해 준다.

■ 영수증 혹은 세금계산서는 어떻게 받을 수 있나요?

- 필요한 경우 결제한 후에 DJI 고객지원팀으로 연락하여 조치 받는다.

(2) 공식 워런티 : 서비스 약관에 명시된 DJI 제품에 사용자 오류가 원인이 아닌 성능 장애가 발생하는 경우, 발생하는 자재비와 인건비는 DJI가 부담한다(서비스를 신청하는 국가 또는 지역에서 발생하는 왕복 배송 비용은 DJI가 부담한다. 해외 또는 지역 간에 제품을 반송하려면 먼저 DJI의 동의를 얻어야 하며 관세 및 통관, 배송 비용 및 기타 비용은 소비자가 부담해야 한다. DJI는 위의 기준 중 하나라도 충족되지 않을 경우 서비스 제공을 거절할 권리가 있다). 단, 해당 제품은 DJI Care Refresh 유효 기간 이내에 DJI 또는 DJI 공식 서비스 센터로 반납해야 하며, 수리 서비스는 수리 서비스 온라인 요청 페이지에서 신청하면 된다.

(3) 수리비 할인 서비스

① 약관에 명시된 DJI 제품이 서비스 기간 동안 정상적인 사용이나 사고로 인해 손상된 경우 제품 및 제품과 함께 반송되는 DJI 액세서리는 제한된 수리 할당량 내에서 수리 할인을 받을 수 있다.

| 구 분 | 1년 플랜 | 2년 플랜 |
|---|---|---|
| 서비스 횟수 | 2 | 3 |
| 지원 대상 제품 | DJI Mavic 3 및 Mavic 3 Cine | |

② 구매한 DJI Care Refresh에는 수리비 할인 서비스가 포함되어 있다. 이 서비스를 이용할 때는 보장 대상 구성품을 모두 반납해야 한다. 보장 대상 구성품 중 일부 또는 전체가 분실된 경우 수리비 할인 서비

스를 신청할 수 없다. 해당 서비스는 수리 서비스 온라인 요청 페이지에서 신청하면 된다.

③ 수리 서비스 관련 FAQ

- 수리 서비스는 어떤 과정으로 진행되나요?

  • 수리 신청서 제출 : 제품 결함을 설명하고 개인 정보를 제공한다. 그러면 서비스 사례가 자동으로 생성되고 수리 서비스가 요청된다.

  • 제품 발송 : DJI에서 제공한 발송 라벨을 사용하여 DJI 서비스 센터로 제품을 배송하거나 특송 회사에 연락하여 우편을 통해 DJI 서비스 센터로 제품을 발송한다.

  • DJI 서비스 센터에서 검사 및 수리 : DJI 서비스 센터에서 제품을 받아 평가한 후 견적을 보내 준다 (수리 비용은 검사 결과에 따라 다르다. 워런티 대상 제품 또는 구성품에 제조상의 결함이 있는 경우 무료 수리 또는 교체 서비스가 제공된다). 결제를 완료하면 제품 수리 프로세스가 시작된다.

  • 처리 완료 및 발송 : DJI 서비스 센터에서 수리된 제품 또는 교체 장치를 소비자에게 소포로 보내준다.

- 수비 서비스는 얼마나 걸리나요?

  • 수리 서비스는 DJI에서 제품을 받은 후 영업일 기준 5일 이내에 완료된다(데이터 분석이 필요한 경우 영업일 기준 약 3일이 추가로 소요됨).

- DJI 서비스 센터에 어떤 구성품을 발송해야 하나요?

  • "수리 서비스" 신청 페이지에 언급된 구성품을 발송하면 된다.

- DJI Care Refresh 서비스 플랜은 언제, 어떻게 사용할 수 있나요?

  • DJI Care Refresh는 정상적인 사용 중 또는 사고 발생 시 제품에 손상이 발생한 경우 교체 서비스를 제공한다. 제품의 사고 원인을 조사할 필요가 없는 경우 직접 DJI Care Express를 사용하는 것이 좋다. DJI Care Express를 사용하면 서비스 유효 기간이 최대 절반으로 단축되어 1~3일 안에 교체 제품을 받을 수 있다. 제품 검사가 필요한 경우 수리 서비스를 통해 제품을 발송하면 된다. 검사 결과를 받은 후 DJI Care Refresh 서비스 플랜 사용 여부를 선택할 수 있다.

- 제품의 일련 번호는 어떻게 찾나요?

  • D패키지의 라벨에 있는 제품 시리얼 넘버를 확인할 수 있다.

    DJ5I Fly 앱을 사용하는 경우, 프로필 _ 기기 관리로 이동해 해당 제품을 선택했을 때 표시되는 기체 SN가 제품의 시리얼 넘버이다.

    위의 방법으로 제품의 시리얼 넘버를 확인할 수 없는 경우, DJI 고객지원으로 연락하여 도움을 받는다.

- 수리 청구서는 어떻게 받나요?

  • 필요한 경우 결제하신 후에 DJI 고객지원팀으로 연락하여 조치 받는다.

(4) 공식센터 유지 보수

① DJI 공식센터는 서비스 유효 기간 내에 서비스 약관에 명시된 제품에 대해 기본 점검, 업그레이드, 캘리
   브레이션, 정밀 청소 및 마모되기 쉬운 부품 교체를 포함하는 유지 보수를 제공한다.

| 서비스 상세 내용 | 1년 플랜 | 2년 플랜 |
|---|---|---|
| 서비스 횟수 | 1 | 2 |
| 지원 대상 제품 | DJI Mavic 3 및 Mavic 3 Cine | |

② 구매한 DJI Care Refresh에는 공식센터 유지 보수 서비스가 포함되어 있다. 이 서비스를 이용할 때는
   보장 대상 구성품을 모두 반납해야 한다. 보장 대상 구성품 중 일부 또는 전체가 분실된 경우 공장 유지
   보수 서비스를 신청할 수 없다. 이 서비스는 유지 보수 서비스 페이지에서 신청할 수 있다.

③ 유지보수 서비스 관련 FAQ

   ■ 유지보수 서비스 프로세스란 무엇입니까?

   • 유지보수 신청서 제출 : 제품에 대해 설명하고 정보를 제공하면. 서비스 케이스가 자동으로 생성된다.

   • 제품 배송 : DJI 서비스 센터로 제품을 배송하면 DJI가 배송 비용을 부담한다.

   • DJI 서비스 센터 평가 및 수리 : DJI 서비스 센터에서 제품을 수령 및 테스트하고 견적을 보내준다
     (오작동이 발견되고 오작동 부품이 유지보수 재료 목록에 없는 경우 DJI는 손상 평가 세부 정보와 가
     격 견적을 보내준다. 제품의 수리 및 유지 보수는 결제가 완료된 후 시작된다).

   • 제품 수령 : DJI 서비스 센터가 유지보수를 시작하고 정밀 청소를 진행한 후 제품을 발송해준다.

   ■ 유지보수 서비스란 무엇입니까?

   • 유지보수 서비스는 DJI에서 출시한 서비스 프로그램으로, 기본 검사, 업데이트 및 교정, 정밀 청소,
     쉽게 마모되는 부품과 핵심 부품에 대한 교체를 포함한다. DJI는 공식 유지보수 보고서도 제공한다.

   ■ 유지보수 서비스는 어떻게 구매합니까? 유지 관리 코드는 어떻게 얻습니까?

   • 일부 모델의 경우, DJI Care 사용자는 첫 해에 2회 무료 유지보수를 받을 수 있다. 이를 사용하려면
     DJI 케어 공장 유지보수 서비스 신청서를 작성해야 한다.
     DJI 기업용 제품 고객의 경우 가까운 기업용 딜러에게 견적을 문의하거나 연락처를 남겨주시면 대
     리점에서 견적을 받을 수 있다. 더 자세한 정보는 DJI 유지보수 프로그램을 확인한다.

   ■ 유지보수 서비스는 얼마나 오래 지속됩니까?

   • 유지보수 서비스는 DJI가 제품을 수령한 후 영업일 기준 7일 이내에 완료된다. DJI는 유지 보수가
     완료되고 제품이 배송되면 이메일 알림을 보내준다.

■ 유지보수 서비스를 받으려면 어떤 조건을 충족해야 합니까?

• 유지보수 서비스 신청을 완료해야 하며 DJI로 발송된 제품에는 무단 분해, 개조 또는 물품 손상이 없어야 한다.

■ DJI 서비스 센터로 어떤 부품을 배송해야 하나요?

• 전체 제품 세트를 보내는 것이 좋다. 기체 본체를 발송해야 한다. 조종기, 배터리, 충전기 및 기타 액세서리도 발송하는 것이 좋다.

■ 제품의 일련 번호는 어떻게 검색합니까?

• 패키지의 라벨에 있는 제품 시리얼 넘버를 확인할 수 있다.
DJI Fly 앱을 사용하는 경우, 프로필 _ 기기 관리로 이동해 해당 제품을 선택했을 때 표시되는 기체 SN가 제품의 시리얼 넘버이다.
위의 방법으로 제품의 시리얼 넘버를 확인할 수 없는 경우, DJI 고객지원으로 연락하여 도움을 받는다.

■ 유지보수 서비스 신청 후 제품 배송은 어떻게 하나요?

• 유지 보수 서비스를 신청한 후 등록된 이메일 주소로 배송 라벨을 보내준다. 배송 라벨을 인쇄하여 패키지에 부착한 후 택배사로 가져간다. 직접 상품을 발송하기로 선택한 경우 특송 회사에 연락하여 대금 상환을 선택한다. 소비자의 사례 처리에 영향을 미치지 않도록 신청서 제출 후 7일 이내에 제품을 발송한다.

■ 유지보수 서비스에 대한 송장이 있습니까? 어떻게 얻을 수 있습니까?

• DJI는 유지보수 서비스에 대한 청구서(또는 "유지보수 코드")를 제공하지 않는다. 필요한 경우 유지보수 서비스(또는 "유지보수 코드")를 구입한 공인 대리점에 문의한다. 유지보수 범위를 초과하는 지불이 있는 구성 요소를 교체하는 경우 DJI는 해당 송장을 제공할 수 있다(유료 부품에 한함). 필요한 경우, DJI 고객지원으로 연락해 인보이스 정보를 등록한다.

(5) 글로벌 워런티 서비스

① 서비스 약관에 명시되어 있는 DJI 제품이 글로벌 워런티 서비스가 포함되어 있는 경우 DJI 공식 매장 또는 그 외 승인받은 채널에서 유효한 구매 증명을 제시하고 DJI 기술팀이 제품의 고장이 서비스 보증 범위를 충족한다고 판단되면 DJI Care Refresh 서비스를 제공하는 전 세계 어느 DJI 공식 서비스 센터에서나 해당 서비스를 신청할 수 있다. 판단 규칙과 서비스 약관은 DJI Care Refresh를 구입한 국가 또는 지역에 따른다.

② 서비스 약관에서 명시하는 DJI 제품이 해외 워런티 서비스 적용 대상이 아닌 경우, 서비스는 DJI Care Refresh 구입 시점에 선택하는 국가 또는 지역에 한해 이용 가능하다.

**3) 서비스 범위**

(1) 서비스 범위 내의 시나리오 : 다음은 DJI Care Refresh의 보상 적용 범위이다. 보상 적용 범위 밖에서 발생하는 모든 비용은 소비자가 부담해야 한다.

① 교체 서비스는 정상적인 사용 중 또는 사고로 인해 파손된 제품의 주요 구성품에 대해 적용되며, 구성품의 정의는 다음과 같다.

- **DJI Avata, DJI Air 시리즈, DJI FPV, DJI Mini 시리즈, DJI Mavic 시리즈 및 Spark 시리즈** : 기체, 짐벌 및 카메라, 프로펠러 및 배터리

- **Phantom 시리즈** : 기체, 짐벌 및 카메라, 프로펠러

- **Inspire 2** : 기체 및 프로펠러

- **Zenmuse 시리즈** : 짐벌 및 카메라

- **위 교체 구성품의 수량(해당되는 경우)** : 기체×1, 짐벌×1, 배터리×1 및 프로펠러(쌍)×2

② 독점 수리 할인은 제품 및 제품과 함께 반송되는 구조적 부품에서 정상적인 사용 중 또는 사고로 인해 발생하는 파손 또는 손실에 대해 적용된다.

- **주요 구성 요소의 정의** : 기체×1, 짐벌 및 카메라×1, 프로펠러(쌍)×2 및 배터리×1

③ 공식 워런티는 사용자와 무관한 오류로 인해 성능 장애가 발생한 다음 구성품에 적용된다.

- **DJI Avata, DJI Air 시리즈, DJI FPV, DJI Mini 시리즈, DJI Mavic 시리즈, Spark 시리즈 및 Phantom 시리즈** : 메인 컨트롤러, 짐벌 및 카메라, 비전 포지셔닝 시스템 모듈 및 추진력 시스템(프로펠러 제외)

- **Inspire 2** : 기체(짐벌 및 카메라, 배터리 제외)

- **Zenmuse 시리즈** : 짐벌과 카메라(렌즈 포함)

④ 공장 유지 보수는 기본 점검, 업그레이드, 캘리브레이션, 청소 및 마모되기 쉬운 부품 교체를 포함하여 전체 제품 세트에 대한 예방적 수리를 제공한다.

- **전체 제품 세트의 정의** : 기체×1, 짐벌 및 카메라×1, 프로펠러(쌍)×2, 배터리×1 및 조종기×1

- **쉽게 마모되는 부품의 정의** : DJI Mavic 3 및 DJI Mavic 3 Cine 프로펠러, 짐벌 고무 댐퍼, 렌즈 보호대 등

(2) 제외 대상 : 다음 손실, 비용 및 보상 책임은 DJI Care Refresh 서비스 보장 대상이 아니다.

① 서비스의 보장 적용 대상이 아닌 것으로 명시되어 있는 부품

② 비 DJI 제품의 파손

③ DJI가 승인하지 않은 비 DJI 제품 또는 타사 액세서리/소프트웨어와 함께 DJI 제품 사용으로 인해 발생

한 손상

④ 서비스 보장 적용 대상인 DJI 제품 부품의 일부 또는 전체가 도난, 약탈 또는 폐기된 경우

⑤ DJI Care Refresh의 유효 기간 내에 포함되지 않는 수리 요청

⑥ 무단 수리 또는 교체로 인해 발생한 구성품 손상

⑦ 고의적인 행위로 인해 발생한 DJI 제품 손상

⑧ 공식 문서를 준수하지 않거나 DJI의 승인을 받지 않은 제품의 무단 개조 또는 분해로 인해 발생한 손상

⑨ 불법 활동 중 제품 사용으로 인해 발생한 DJI 제품 손상

⑩ 자연 재해, 전쟁, 군사 행동, 폭동, 쿠데타, 반란 및 테러 활동으로 인해 발생한 손상

⑪ 핵 방사선, 핵 폭발, 핵 오염 또는 기타 방사능 오염으로 인해 발생한 DJI 제품 손상

⑫ DJI 제품의 기술 향상 또는 성능 개선은 유료(추가 수수료 발생)로 제공된다.

⑬ 모든 형태의 간접 손실 및 예상 이익

⑭ DJI 제품으로 인해 고객 또는 다른 사람에게 발생한 신체 상해 및 재산 손실

⑮ 각 서비스 책임과 관련된 모든 소송, 중재 및 관련 비용

다음 손실, 비용 및 보상 책임은 공식 워런티 연장 서비스의 보장 대상이 아니다.

① 서비스 적용 대상인 DJI 제품 구성품의 일부 또는 전체 손실

② 제품으로 인해 사용자 또는 그 외 다른 사람에게 발생한 신체 상해 또는 재산 손해

③ 품질 문제로 인한 것이 아닌 제품 파손

④ 부적합한 조건(기상 및 수자원 환경을 포함하되 이에 국한되지 않음)에서 비행하거나 제품의 사용자 매뉴얼에 설명된 권장 사용법에 따르지 않은 작동으로 인해 발생한 제품 파손

⑤ 드론 감항성 요건 위반으로 인해 발생한 제품 손상

⑥ 제품의 사용자 매뉴얼에 명시된 권장 사용법을 따르지 않은 설치, 사용 또는 작동으로 인해 발생한 DJI 제품 손상

⑦ 결함이 있는 배터리 사용으로 인해 발생한 DJI 제품 파손

⑧ 제품의 성능에 영향을 미치지 않는 구성품 표면, 쉘 또는 랜딩 기어의 자연적인 마모 또는 파손

⑨ 무료 워런티 서비스의 적용 대상이 아닌 그 외 상황은 DJI A/S 서비스 정책에 나와 있다.

## 4) 서비스 종료

(1) 다음 각 항목에 해당하는 경우 DJI는 서비스 제공을 거부할 권리를 가지고 있다.

① 서비스가 필요한 제품이 DJI 공식 또는 공인 채널을 통해 구입한 제품이 아닌 경우

② DJI Care Refresh와 해당 제품을 각각 다른 국가 또는 지역에서 구입한 경우

③ 보상 적용 범위를 벗어나는 문제에 대해 서비스를 신청하는 경우

④ 서비스 신청 날짜가 서비스 유효 기간을 벗어나는 경우

⑤ 서비스 절차에 따라 서비스를 신청하지 않은 경우

(2) DJI가 DJI Care Refresh 서비스에 따른 의무 사항을 모두 이행한 경우, 다음 상황에서 서비스가 종료된다.

① 각 서비스에 대해 합의한 보장 기간이 만료되었을 때

② 각 서비스에 대해 합의한 보장 횟수에 도달했을 때

③ 사용자가 DJI Care Refresh 종료를 요청했고 DJI가 그 요청을 승인했을 때

## 5) DJI Care Refresh의 반품 및 양도

(1) DJI 공식 환불 정책에 따라 DJI 제품을 환불하는 경우 보유하고 있는 DJI Care Refresh에 대해 환불 신청을 할 수 있다. DJI 제품을 환불하지 않았거나 DJI Care Refresh에 포함된 서비스를 이미 1회 또는 1회 이상 사용한 경우, DJI Care Refresh를 환불할 수 없다.

① DJI 반품 및 환불 서비스 AS 정책

■ 제품에 제조상 결함이 없고, 활성화되지 않았으며, 여전히 새 제품이거나 새 제품이나 다름없는 상태인 경우 보증 기간으로부터 7일 이내

■ 제품에 제조 결함이 있는 경우 보증 기간으로부터 7일 이내에 요청할 수 있다.

(2) DJI Care Refresh는 구매 후 양도할 수 없다.

# CHAPTER 08 촬영용 드론 부수기재, 무엇을 사야 하나?

촬영용 드론을 효과적으로 사용하기 위해 필요한 부수기재는 사용자의 목적과 환경에 따라 다를 수 있다. 이러한 기재들은 드론의 성능을 향상시키고, 보다 다양한 촬영 기법을 가능하게 해준다. 본문에서는 촬영용 드론을 위한 필수적인 부수기재 몇 가지를 소개하고, 각각의 용도와 중요성에 대해 간략하게 설명할 것이다. 이를 통해 사용자는 자신의 필요에 맞는 장비를 선택하고, 드론을 통한 촬영 경험을 향상시킬 수 있을 것이다.

## 1. 촬영용 드론 운용 시 고려할 수 있는 부수기재

촬영용 드론을 운용할 때 고려할 수 있는 부수기재에는 여러 가지가 있다. 이 장비들은 드론의 성능을 향상시키고, 촬영의 다양성과 품질을 높일 수 있으며, 이러한 부수기재들을 통해 드론의 운용 능력을 향상시키고, 다양한 환경과 상황에서도 원활한 촬영을 진행할 수 있게 된다.

**1) 추가 배터리 :** 드론의 비행 시간은 한정되어 있으므로, 장시간의 촬영을 위해서는 여러 개의 추가 배터리를 준비하는 것이 좋다. 이를 통해 촬영 중단 없이 비행을 계속할 수 있다.

**2) 랜딩기어 스키드 :** 드론이 착륙할 때 충격을 흡수하고 기체를 보호하는 데 도움을 주는 부품이다. 스키드라는 용어는 슬라이드를 의미하는 skid에서 유래되었으며, 주로 헬리콥터 또는 드론의 착륙장치에 사용된다.

**3) 충전기 및 전원 어댑터 :** 필드에서의 충전을 위해 자동차용 충전기를 포함한 다양한 종류의 충전기가 필요할 수 있다. 여행이나 원격 촬영을 계획하고 있다면, 여러 나라에서 사용 가능한 전원 어댑터를 준비하는 것도 중요하다.

**4) 추가 프로펠러 :** 프로펠러는 쉽게 손상될 수 있는 부분이므로, 예비 프로펠러를 준비하는 것이 좋다.

**5) 메모리 카드 :** 높은 해상도의 영상을 저장하려면 대용량의 메모리 카드가 필요하다. 추가적인 메모리 카드를 준비하면 데이터를 즉시 백업하고 필요에 따라 빠르게 교체할 수 있다.

**6) SD 리더기 :** SD 리더기는 Secure Digital(SD) 메모리 카드에서 데이터를 읽거나 쓸 수 있도록 하는 장치이다. 일반적으로 컴퓨터나 노트북에 내장되어 있지만, 외부에서 연결하여 사용할 수 있는 별도의 장치도 있다.

SD 카드 리더기는 USB 포트, 썬더볼트 포트 또는 기타 연결 포트를 통해 컴퓨터에 연결되며, 사용자가 SD 카드에 저장된 파일에 접근할 수 있게 해준다. 이를 통해 사용자는 메모리 카드에 저장된 사진, 동영상, 문서 등의 파일을 볼 수 있고, 필요한 경우 이러한 파일을 컴퓨터에 복사하거나 이동할 수 있다.

많은 SD 카드 리더기는 여러 종류의 메모리 카드를 지원한다. 예를 들어, microSD 카드나 miniSD 카드를 읽을 수 있는 슬롯이 포함된 모델도 있다. 따라서 어떤 SD 카드 리더기를 구매할지 결정할 때는 어떤 종류의 메모리 카드를 사용하는지 그리고 어떤 연결 포트가 컴퓨터에 있는지를 고려해야 한다.

**7) 드론 케이스/백팩 :** 드론과 기타 장비를 안전하게 보관하고 운반할 수 있는 방수 케이스나 백팩이 개인 선호도에 따라 필요하다.

**8) 렌즈 필터 :** 다양한 조명 조건에서 촬영을 최적화하기 위해, ND 필터나 폴라라이즈 필터와 같은 다양한 드론 카메라 렌즈 필터가 유용할 수 있다.

**9) 태블릿/스마트폰 홀더 :** 스마트조종기를 운용하지 않는 조종자라면 드론의 조종기에 부착하여 사용할 수 있는 태블릿 또는 스마트폰 홀더는 화면을 더 크게 보고 촬영을 더욱 편리하게 만들어준다.

**10) 스마트 조종기 액정 보호필름 :** 드론의 스마트 조종기 액정 보호필름은 조종기의 화면을 보호하는데 중요한 역할을 한다. 이 보호필름은 액정 화면에 직접 부착되어, 화면이 스크래치나 기타 손상으로부터 보호받을 수 있게 해준다. 따라서 적절한 보호필름을 선택하는 것은 스마트조종기의 수명을 연장시키고 성능을 유지하는 데 도움이 된다.

**11) 드론 랜딩 패드 :** 드론의 안전한 이·착륙을 위한 랜딩 패드는 특히 불규칙한 지대에서 유용하다.

위의 목록은 기본적인 부수기재들을 포함하고 있지만, 개별적인 촬영 목적과 환경에 따라 추가적인 장비가 필요할 수 있다. 예를 들어, 특별한 조명 요구사항이 있는 촬영이라면 드론용 LED 조명이 필요할 수 있다. 따라서 특정 촬영에 대한 충분한 계획과 준비가 중요하다. 여기에서는 메모리 카드 선택과 ND 필터 선택에 대해 구체적으로 살펴보자.

## 2. 촬영용 드론 메모리 카드 선택

촬영용 드론을 사용할 때 메모리카드 선택은 매우 중요한 부분으로, 올바른 메모리카드를 선택하면 드론으로 촬영한 고화질의 비디오와 사진을 빠르고 안정적으로 저장할 수 있다.

**1) 메모리카드란? :** 메모리 카드는 디지털 데이터를 저장할 수 있는 휴대용 저장 장치이다. 디지털 카메라, 스마트폰, MP3 플레이어, 게임 콘솔, 드론 등 다양한 전자 장치에서 사용된다. 메모리 카드는 전자 장치에 저장할 수 있는 데이터의 양을 늘려주며, 저장된 데이터를 다른 장치로 쉽게 옮길 수 있게 해준다. 이러한 기능 덕분에 메모리 카드는 사진, 동영상, 음악 파일, 게임 데이터 등 다양한 종류의 디지털 콘텐츠를 저장하고 전송하는 데 널리 사용되고 있다.

메모리 카드에는 여러 종류가 있다. 이들은 각각의 용량, 속도, 크기, 호환성 등에 따라 구분되는데 가장 일반적인 메모리 카드 유형에는 SD 카드(Secure Digital), microSD 카드, CF 카드(CompactFlash), 그리고 Memory Stick 등이 있다. 메모리 카드를 선택할 때는 사용할 장치와의 호환성, 필요한 저장 용량, 데이터 전송 속도 등을 고려해야 한다. 또한 중요한 데이터를 안전하게 보관하기 위해 신뢰할 수 있는 브랜드의 제품을 선택하는 것이 좋다.

**2) 촬영용 드론에 사용할 메모리 카드 선택 시 주의사항 :** 드론 촬영에 사용될 메모리 카드를 선택할 때는 다음과 같은 주의사항을 고려해야 한다. 이러한 주의사항들을 고려하면, 적합한 메모리 카드를 선택하고 촬영 데이터

를 안전하게 보관할 수 있을 것이다.

(1) 용량 : 드론으로 촬영할 때는 주로 고해상도 비디오를 촬영하게 되므로, 대용량의 메모리 카드가 필요하다. 일반적으로는 최소한 64GB 이상의 용량을 가진 메모리 카드를 사용하는 것이 좋다. 그러나 촬영 시간과 해상도에 따라 더 큰 용량의 메모리 카드가 필요할 수 있다.

(2) 속도 등급 : 메모리 카드에는 쓰기 속도를 나타내는 등급이 있다. 이 등급은 카드가 데이터를 얼마나 빨리 쓸 수 있는지를 나타낸다. 고해상도의 비디오를 촬영할 때는 높은 쓰기 속도를 가진 메모리 카드가 필요하다. UHS(Ultra High Speed) 등급인 U1 또는 U3 또는 V30 이상의 비디오 속도 등급을 가진 카드를 선택하는 것이 좋다.

(3) 호환성 : 모든 메모리 카드가 모든 드론과 호환되는 것은 아니다. 드론 제조업체의 권장 사항을 확인하고, 드론과 호환되는 메모리 카드를 선택해야 한다.

(4) 품질 : 메모리 카드는 중요한 데이터를 저장하는 데 사용되므로, 신뢰할 수 있는 브랜드의 제품을 선택하는 것이 중요하다. 낮은 품질의 메모리 카드는 데이터 손실의 위험이 있다.

(5) 백업 : 가능한 한 주기적으로 메모리 카드의 데이터를 백업하는 것이 좋다. 이는 메모리 카드의 오류 또는 손상으로 인해 중요한 촬영 데이터를 잃는 것을 방지할 수 있다. 또한 여러 개의 메모리 카드를 가지고 필요에 따라 교체할 수 있는 것이 좋다.

**3) 영상 데이터 전송률(Mbps)을 고려한 SD 카드 이해**

(1) DJI 주요 촬영용 드론의 최대 동영상 비트 전송률은 다음과 같다.

① DJI Mini 3 Pro : 150Mbps

② DJI Air 3 : H.264/H.265 150Mbps

③ DJI Mavic 3 Pro(Hasselblad 카메라 기준) : H.264/H.265 200Mbps

(2) H.264 규격 : H.264는 동영상 압축 표준 중 하나로, MPEG-4 Part 10 또는 AVC(Advanced Video Coding)라고도 불린다. 이 코덱은 2003년에 ITU-T 비디오 코딩 전문가 그룹과 ISO/IEC 이동 그림 전문가 그룹에 의해 공동 개발되었다. H.264 코덱은 효율적인 비디오 압축을 제공하므로, 품질 손실을 최소화하면서 비디오 데이터의 크기를 크게 줄일 수 있다. 이로 인해 이 코덱은 인터넷 스트리밍, 케이블 TV 방송, 위성 TV 방송, Blu-ray 디스크 등 다양한 애플리케이션에서 널리 사용되고 있다.

H.264 코덱의 효율성과 뛰어난 비디오 품질 때문에, 많은 디지털 카메라와 드론이 이 코덱을 사용하여 동영상을 저장하고 전송한다. 그러나 H.264 코덱으로 인코딩된 비디오를 재생하거나 편집하기 위해서는 해당 코덱을 지원하는 소프트웨어가 필요하다. 가장 대표적인 예로, Adobe Premiere Pro, Final Cut Pro, VLC Media Player 등이 있다. H.264는 이후의 H.265/HEVC (High Efficiency Video Coding) 등의 코덱으로 발전하였으며, 이들은 H.264보다 더 효율적인 압축 성능을 제공한다. 그러나 이러한 최신 코덱은 오래된 하드웨어나 소프트웨어에서 지원되지 않을 수 있으므로, 호환성을 고려해야 한다.

(3) Mbps : '메가비트 퍼 세컨드'의 약자로, 데이터 전송 속도를 나타내는 단위이다. 이는 초당 전송되는 비트 수를 나타내며, 특히 네트워크 연결, 다운로드 속도, 비디오 스트리밍 품질 등의 맥락에서 자주 사용된다. 1Mbps는 1초에 1,000,000비트를 전송하는 것을 의미한다. 이는 KBps(킬로바이트 퍼 세컨드) 또는 MBps(메가바이트 퍼 세컨드)와는 다른 단위로, 바이트와 비트 간에는 8배의 차이가 있다. 즉, 1바이트는 8비트이므로, 8Mbps의 속도는 이론적으로 1MBps의 속도와 같다.

다만, 실제 전송 속도는 여러 요인에 의해 영향을 받을 수 있다. 예를 들어, 네트워크의 혼잡도, 신호의 강도, 데이터의 타입 등이 전송 속도에 영향을 줄 수 있다. 또한 비디오 코딩에서 비트레이트(bitrate)는 '초당 비트 수'를 의미하는 용어로 사용되며, 이는 영상의 품질을 결정하는 중요한 요소 중 하나이다. 비트레이트가 높을수록 영상의 품질은 좋아지지만, 동시에 파일 크기 또한 커진다.

(4) 최대 동영상 비트 전송률을 고려한 SD카드 선택

① DJI Mavic 3 Pro : 200Mbps

② 200Mbps = 25MBps

③ 10초 촬영에 약 250MB

④ 1800초 촬영(30분)에 약 45,00MB(43.94GB)

⑤ 3600초 촬영(1시간)에 약 90,000MB(87.88GB)

⑥ 5400초 촬영(1시간30분)에 약 135,000MB(131.82GB)

즉, 일반 취미로 촬영용 드론을 사용하는 조종자는 128GB 정도의 메모리 카드는 촬영 시 메모리 교체의 불편함을 덜어줄 뿐만 아니라 버퍼링 없는 훌륭한 촬영 컨디션 확보가 가능하다.

## 4) 메모리 카드의 저장용량과 속도 클래스

(1) 메모리 카드 생산 브랜드 : 삼성, LG, 샌디스크, 도시바, 소니 등 약 200개 이상이며, 마이크로 SD 포맷을 최초로 만든 회사는 2005년의 샌디스크이다.

(2) 메모리 카드 저장용량에 따른 구분 표시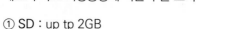

① SD : up tp 2GB

② SDHC : more than 2GB up to 32GB

③ SDXC : more than 32GB up to 2TB, 기준 용량이 큰 제품으로 고화질 대형사진, FHD급 이상의 동영상 등을 효과적으로 저장할 수 있다.

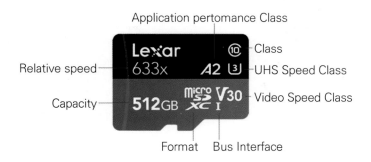

그림 8-1 메모리카드

(3) 속도 클래스 : 메모리 카드의 속도 클래스는 카드가 데이터를 얼마나 빠르게 쓸 수 있는지를 나타내는 등급이다. 이는 특히 동영상 촬영과 같이 데이터를 연속적으로 빠르게 쓰는 작업에 중요하다. 메모리 카드의 속도 클래스에는 다음과 같은 여러 유형이 있다.

① Class 2, Class 4, Class 6, Class 10 : 이 클래스들은 카드가 초당 몇 메가바이트(MB)의 데이터를 쓸 수 있는지를 나타낸다. 숫자가 높을수록 데이터를 빠르게 쓸 수 있으며, **CLASS ⑩**는 초당 최소 10MB의 데이터를 쓸 수 있다는 의미이다. 기존 클래스에는 Class 8이 없다. 이는 SD 카드의 표준 쓰기 속도 클래스로는 정의되지 않았기 때문이다. SD 카드의 속도 클래스는 일반적으로 2, 4, 6 그리고 10으로 표시한다.

■ **Class 2** : 이 클래스의 카드는 초당 최소 2MB의 데이터를 쓸 수 있다. 이는 일반적으로 표준 정의(SD) 비디오 촬영에 충분하다.

■ **Class 4** : 이 클래스의 카드는 초당 최소 4MB의 데이터를 쓸 수 있다. 이는 일반적으로 고정의(HD) 비디오 촬영에 적합하다.

■ **Class 6** : 이 클래스의 카드는 초당 최소 6MB의 데이터를 쓸 수 있다. 이는 일부 고정의(HD) 및 풀 HD 비디오 촬영에 적합하다.

■ **Class 10** : 이 클래스의 카드는 초당 최소 10MB의 데이터를 쓸 수 있다. 이는 풀 HD(1080p), 3D 그리고 일부 4K 비디오 촬영에 적합하다.

② UHS Class 1, Class 3 : 이 클래스는 초당 최소 10MB 또는 30MB의 데이터를 쓸 수 있음을 나타낸다. 이러한 카드는 UHS-I 또는 UHS-II 인터페이스와 함께 사용될 때 가장 효과적이다.

■ UHS는 Ultra High Speed의 약자로, SD 카드의 속도 등급을 나타낸다. UHS 등급은 주로 고해상도 동영상 촬영 또는 빠른 연속 촬영이 필요한 고성능 카메라와 같은 디지털 장치에서 데이터를 더 빠르게 쓰고 읽을 수 있도록 한다.

■ UHS에는 UHS-1, UHS-2, UHS-3의 세 가지 버전이 있다. 각 버전은 데이터 전송 속도를 나타내는 데 사용되며, 이 숫자가 클수록 데이터 전송 속도가 빨라진다.

- UHS-1 : 이 등급의 카드는 최대 104MB/s의 속도로 데이터를 전송할 수 있다.

- UHS-2 : 이 등급의 카드는 두 번째 행의 핀을 추가함으로써 데이터 전송 속도를 크게 향상시키며, 최대 312MB/s의 속도를 제공한다.

- UHS-3 : 이 등급은 최대 624MB/s의 데이터 전송 속도를 제공한다.

- UHS 버스 인터페이스는 UHS 속도 클래스인 U1(최소 10MB/s 쓰기 속도) 및 U3(최소 30MB/s 쓰기 속도)를 지원한다.

  - 이러한 UHS 등급의 SD 카드는 고해상도 동영상 촬영에 이상적이지만, 이러한 카드의 속도를 최대한 활용하려면 카메라, 드론 등의 장치가 해당 UHS 버전을 지원해야 한다. 장치가 지원하는 UHS 버전을 초과하는 카드를 사용하는 것은 추가적인 성능 향상을 제공하지 않을 수 있으므로, 장치의 사양을 확인하는 것이 중요하다.

③ Video Speed Class (V Class) : 이 클래스는 특히 고해상도 동영상 촬영을 위해 설계되었다. 속도 클래스가 높을수록 카드가 데이터를 더 빠르게 쓸 수 있다. 따라서 고해상도 또는 고프레임레이트 동영상을 촬영하는 드론 같은 경우에는 높은 속도 클래스의 카드를 사용하는 것이 좋다. 하지만 속도 클래스가 높은 카드는 일반적으로 비용이 더 높다. 따라서 필요한 속도 클래스와 예산 사이에서 적절한 균형을 찾는 것이 중요하다.

  - 비디오 속도 클래스(Video Speed Class)는 SD 카드의 쓰기 속도를 측정하는 기준 중 하나로, 주로 동영상 촬영에 중점을 둔다. 이는 고해상도 동영상의 부드러운 촬영을 위해 설계되었다.

  - 비디오 속도 클래스에는 V6, V10, V30, V60, V90 등의 등급이 있으며, 숫자는 카드가 초당 쓸 수 있는 최소 메가바이트(MB) 수를 나타낸다. 예를 들어, V30의 카드는 초당 최소 30MB의 데이터를 쓸 수 있다.

    - V6 : 최소 쓰기 속도 6MB/s

    - V10 : 최소 쓰기 속도 10MB/s

    - V30 : 최소 쓰기 속도 30MB/s

    - V60 : 최소 쓰기 속도 60MB/s

    - V90 : 최소 쓰기 속도 90MB/s

  - 이 클래스는 4K, 8K, 3D, 360도 동영상 촬영 등의 고화질 동영상 촬영을 위해 사용된다. 그러나 이러한 고성능 카드를 최대한 활용하려면 장치(카메라, 드론 등) 역시 해당 비디오 속도 클래스를 지원해야 한다. 장치의 사양을 확인하고 필요한 속도 클래스의 카드를 선택하는 것이 중요하다.

(4) 속도 클래스와 상응 비디오 포맷

① SD 카드의 속도 클래스는 동영상 촬영을 할 때 어떤 비디오 품질을 지원하는지를 결정한다. 다음은 주요 속도 클래스와 대응하는 일반적인 비디오 포맷이다.

- **Class 2** : 주로 표준 해상도 동영상(SD video)에 사용된다.

- **Class 4, Class 6** : 고해상도(HD ; 720p) 동영상에 적합하다.

- **Class 10** : Full HD(1080p) 및 일부 4K 동영상에 사용된다.

- **UHS(Ultra High Speed) Class 1(U1)** : Full HD(1080p) 및 일부 4K 동영상에 사용된다.

- **UHS(Ultra High Speed) Class 3(U3)** : 대부분의 4K 동영상에 적합하다.

- **Video Speed Class 30(V30), V60, V90** : 이 클래스들은 4K, 8K, 3D, 그리고 360도 동영상에 적합하다.

② 이러한 속도 클래스를 최대한 활용하려면 사용하는 드론이 해당 클래스의 카드를 지원해야 한다. 따라서 카드를 구입하기 전에 드론의 사양을 확인하는 것이 중요하다. 속도 클래스와 상응 비디오 포맷을 도표로 나타내면 다음과 같다.

| 최소 순차 쓰기 속도 | 속도 클래스 | | | 상응 비디오 포맷 | | | |
| --- | --- | --- | --- | --- | --- | --- | --- |
| | 속도 클래스 | UHS 속도 클래스 | 비디오 속도 클래스 | 8K | 4K | FHD | 표준 비디오 |
| 90MB/sec | | | V90 | ○ | | | |
| 60MB/sec | | | V60 | ○ | ○ | | |
| 30MB/sec | | U3 | V30 | ○ | ○ | ○ | |
| 10MB/sec | 10 | U1 | V10 | | ○ | ○ | ○ |
| 6MB/sec | 6 | | V6 | | ○ | ○ | ○ |
| 4MB/sec | 4 | | | | | ○ | ○ |
| 2MB/sec | 2 | | | | | | ○ |

※필요한 속도는 동일한 포맷이라도 각 녹화 및 재생 장비의 상태에 따라 달라진다.

## 3. ND 필터 선택

ND 필터(중성 밀도 필터 또는 Neutral Density Filter)는 사진이나 동영상 촬영에 있어서 필수적인 액세서리 중 하나이다. 이 필터는 빛의 양을 줄여주며, 이로 인해 셔터 속도를 늦출 수 있다. 이는 특히 밝은 환경에서 고속의 동작을 부드럽게 촬영하는데 필요한 도구이다. 각 ND 필터는 다양한 조건에서 사용하기 위해 설계되었으며, 어떤 필터를 사용할지는 촬영 환경과 원하는 결과에 따라 달라진다.

**1) ND 필터의 종류** : ND 필터는 각기 다른 강도가 있어 다양한 촬영 조건에 맞게 조절할 수 있다. 다음은 일반적인 ND 필터의 종류에 대한 설명이다.

(1) ND2, ND4, ND8, ND16, ND32, ND64, ND128, ND256, ND512, ND1024(또는 ND1000) : 이러한 숫자는 필터가 허용하는 빛의 양을 나타낸다. 예를 들어, ND2 필터는 반만큼의 빛을 차단하며, ND4는 1/4, ND8은 1/8 등의 식으로 갈수록 빛을 더 많이 차단한다. ND1024(또는 ND1000) 필터는 극도로 밝은 조건에서 긴 노출 사진을 찍을 때 사용되며, 이 필터는 거의 모든 빛을 차단한다.

(2) 가변 ND 필터 : 이 필터는 두 개의 극성화된 유리 조각을 사용하여 빛의 양을 조절한다. 필터를 돌리면서 원하는 만큼 빛을 조절할 수 있다. 이 필터는 다양한 조건에서 유연하게 사용할 수 있지만, 이미지 품질에 영향을 줄 수 있는 색상 이변(Color Shift)이나 X 패턴(X Pattern) 등의 문제가 있을 수 있다.

(3) 그래디언트 ND 필터 : 이 필터는 한쪽 끝이 투명하고 다른 한쪽 끝이 어두운 빛의 그래디언트를 가지고 있다. 이 필터는 풍경 사진촬영에 이상적이다. 예를 들어, 밝은 하늘과 어두운 땅을 동시에 잘 노출시키려면 그래디언트 ND 필터를 사용할 수 있다.

**2) 드론에서 ND 필터를 사용해야 하는 이유** : 드론 촬영에 ND 필터를 사용하는 이유는 다음과 같이 크게 두 가지이다. ND 필터는 드론 촬영에서 중요한 도구로 간주되며, 전문적인 결과물을 얻기 위해 널리 사용된다. ND 필터 없이 촬영된 영상은 자연스러운 모션 블러가 부족하거나, 너무 밝아서 세부 정보를 잃어버릴 수 있다. ND 필터를 통해 이러한 문제를 해결하고, 보다 전문적인 결과물을 얻을 수 있다.

(1) 노출 조절 : 매우 밝은 환경에서는 드론 카메라의 노출을 제어하기 어려울 수 있다. 카메라의 셔터 속도가 빠를수록 더 많은 빛이 센서에 도달하게 되어 사진이 과노출(너무 밝게 나타남)될 수 있다. ND 필터를 사용하면 센서에 도달하는 빛의 양을 줄여 적절한 노출을 유지할 수 있으며, 이는 특히 하늘이나 물 등 매우 밝은 배경을 촬영할 때 유용하다.

(2) 모션 블러[*부록 참조] 생성 : 빠른 셔터 속도로 인해 움직임이 과도하고 정확하게 캡처되는 것을 방지하기 위해 ND 필터를 사용할 수 있다. 이로 인해 움직임이 부드러워지고, 촬영된 동영상이 자연스럽게 보일 수 있다. 특히 드론이 고속으로 움직이는 장면을 촬영할 때 유용하다.

**3) 촬영용 드론 초보자에게 추천하는 ND 필터** : 드론 촬영 초보자들에게는 일반적으로 ND8, ND16, ND32 필터 세트를 추천한다. 이 세 필터는 다양한 촬영 환경에서 필요한 대부분의 빛 조절을 커버할 수 있다. 각 필터의 사용은 촬영 조건과 원하는 결과에 따라 달라질 수 있으니, 여러 필터를 사용해보고 각각이 어떻게 다른 결과를 가져오는지 학습하는 것이 중요하다. 이 세 필터는 대부분의 상황에서 필요한 범위를 제공하므로, 초보자들에게 이상적인 선택일 수 있을 것이다.

(1) ND8 : 이 필터는 약간 밝은 날, 예를 들어 흐린 날에 적합하다.

(2) ND16 : 이 필터는 맑은 날 혹은 아침 또는 저녁에 적합하다.

(3) ND32 : 이 필터는 매우 밝은 날, 특히 태양이 가장 높은 정오에 촬영할 때 적합하다.

그림 **8-2** DJI Mavic 3 Pro ND 필터

그림 **8-3** DJI Air 3 ND 필터

출처 : DJI홈페이지

# CHAPTER 09 드론 구매 Check-List

드론을 구매할 때는 기술적 사항부터 사용 목적, 안전 및 법적 고려사항까지 다양한 요소들이 포함된다. 본인의 구매 목적과 요구 사항에 따라 몇몇 항목은 생략하거나 추가로 고려할 수 있다.

| 확인 사항 | Go | No Go |
|---|:---:|:---:|
| **1. 목적 및 사용처**<br>□ 사용 용도의 적합성 결정(취미, 촬영, 경주, 상업용 등) | ☐ | ☐ |
| **2. 안전 기능**<br>□ 기체 Fail-Safe*부록 참조<br>□ 조종기 Fail-Safe<br>□ 배터리 저하 Fail-Safe<br>□ GPS 손실 시 Fail-Safe<br>□ 모터나 프로펠러 오류 시 Fail-Safe<br>□ 비상상황 시 모터 긴급 정지 | ☐<br>☐<br>☐<br>☐<br>☐<br>☐ | ☐<br>☐<br>☐<br>☐<br>☐<br>☐ |
| **3. 기체 성능**<br>□ 최대 비행 거리<br>□ 최대 비행 고도<br>□ 최대 비행 시간<br>□ 최대 비행 속도(상승, 하강, 수평)<br>□ 내풍 가능 최대 풍속<br>□ 최대 피치각<br>□ 작동 온도<br>□ 운용 GNSS(글로벌 항법 위성 시스템)<br>□ 내부 저장장치 용량 및 사용 가능 공간 | ☐<br>☐<br>☐<br>☐<br>☐<br>☐<br>☐<br>☐<br>☐ | ☐<br>☐<br>☐<br>☐<br>☐<br>☐<br>☐<br>☐<br>☐ |
| **4. 카메라 성능**<br>□ 이미지 센서 / 유효 픽셀<br>□ 카메라 매개변수(ISO, S/S, F, WB 등)의 범위<br>□ 카메라 조절 가능성(줌, 팬, 틸트 등)<br>□ 렌즈 성능(센서 크기, 화각, 조리개 등)<br>□ 최대 이미지 크기, 스틸 사진 가능 모드<br>□ 동영상 해상도<br>□ 동영상 파일 지원 형식<br>□ 최대 동영상 비트 전송률<br>□ 컬러 모드 및 샘플링 방법<br>□ 디지털 줌 가능 여부 | ☐<br>☐<br>☐<br>☐<br>☐<br>☐<br>☐<br>☐<br>☐<br>☐ | ☐<br>☐<br>☐<br>☐<br>☐<br>☐<br>☐<br>☐<br>☐<br>☐ |

| 확인 사항 | Go | No Go |
|---|---|---|
| 5. 동영상 전송 | | |
| □ 동영상 전송 시스템 | □ | □ |
| □ 라이브 뷰 품질 | □ | □ |
| □ 작동 주파수 대역, 자동 호핑 기능 | □ | □ |
| □ 동영상 최대 전송 거리 | □ | □ |
| □ 최저 지연율 | □ | □ |
| □ 안테나 성능 | □ | □ |
| 6. 짐벌 성능 | | □ |
| □ 안정화 시스템(틸트, 롤, 팬) | □ | □ |
| □ 기계적 짐벌 운용 각도 및 제어 가능 범위 | □ | |
| 7. GPS 및 센서 | | |
| □ 운용하는 GNSS 종류, GNSS 신호 수신 개수 | □ | □ |
| □ 자동 RTH, RTH 위치 변경 가능 여부 | □ | □ |
| □ 장애물 회피 기능 확인(우회, 정지 등) | □ | □ |
| □ 장애물 회피 센서 정도(전방, 후방, 측면, 상방, 하방 등) | □ | □ |
| □ 하방 센서에 의한 안전 착륙, 정밀 착륙 기능 | □ | □ |
| 8. 가격 및 예산 | | |
| □ 사용처와 기능에 따라 적절한 예산 범위 내에서 선택 | □ | □ |
| 9. 휴대 용이성 | | |
| □ 접이식 또는 컴팩트한 모델인지, 크기와 무게 고려 | □ | □ |
| 10. 부품 및 액세서리 가용성 | | |
| □ 추가 배터리, 프로펠러, 보호 가드 등 필요한 부품과 액세서리를 쉽게 구매할 수 있는지 확인 | □ | □ |
| 11. 비행 모드 | | |
| □ 일반 모드(삼각대 모드, GPS 모드, 스포츠 모드) | □ | □ |
| □ 인텔리전트 비행 기능(POI, 액티브트랙, 웨이포인터 등) | □ | □ |
| 12. 보험 및 보증 | | |
| □ 보증 정책(제품에 대한 보증 기간과 보험 옵션 등) | □ | □ |
| □ 보증 절차의 간편성 | □ | □ |
| □ 발송, 수리, 도착 등 보증 기간 | □ | □ |
| 13. 배터리 및 충전시간 | | |
| □ 배터리 운용 가능 온도 | □ | □ |
| □ 배터리 용량, 전체 충전 시간 | □ | □ |
| □ 배터리 충전 가능 사이클 | □ | □ |
| □ 추가 배터리 가격 확인 | □ | □ |

| 확인 사항 | Go | No Go |
|---|:---:|:---:|
| 14. 리모트 컨트롤러 | | |
| ☐ 조종기내 디스플레이 화면 장착 여부 | ☐ | ☐ |
| ☐ 가격의 적절성 | ☐ | ☐ |
| ☐ 사용 편리성 | ☐ | ☐ |
| ☐ 운용 앱의 직관성 | ☐ | ☐ |
| ☐ 다양한 단축 기능 등 기능의 편리성 등 확인 | ☐ | ☐ |
| 15. 제조사의 평판 | | |
| ☐ 브랜드에 대한 서비스 | ☐ | ☐ |
| ☐ 제품 품질에 대한 리뷰 등 확인 | ☐ | ☐ |
| 16. 피드백 및 사용자 리뷰 | | |
| ☐ 실제 사용자의 리뷰와 피드백을 참고하여 제품의 실제 성능과 만족도 파악 | ☐ | ☐ |
| 17. 향후 확장성 및 지원 | | |
| ☐ 부품 교체의 용이성 | ☐ | ☐ |
| ☐ 제조자의 고객 지원 및 보증 | ☐ | ☐ |
| ☐ 펌웨어 업데이트 및 개선의 가능성 | ☐ | ☐ |

드론 구매는 단순히 장난감을 사는 것이 아닌 투자이다. 기술, 용도, 가격 그리고 추가 부수기재에 이르기까지 많은 요소를 고려해야 하기 때문에 드론을 선택하는 것은 단순한 결정이 아니다. 따라서 구매 전에 철저한 연구와 검토가 필요하다. 이 체크리스트를 통해 필요한 요소들을 검토하고, 본인의 요구와 예산에 맞는 최적의 드론을 선택하는 데 도움이 되길 바란다. 올바른 선택을 통해 드론 비행을 즐겁고, 생산적으로 만들 수 있을 것이다. 행운을 빕니다!

PART

# 04

## 1단계 비행계획 수립
## (D-14~D-7일)

# 01 드론 비행계획 수립 절차

- 1단계 : 비행계획 수립(D-14~D-7일)
- 2단계 : 비행 전 준비(D-7~D-1일)
- 3단계 : 비행 전 최종 점검(D일)
- 4단계 : 비행 및 모니터링, 착륙

여러분들이 지금까지 다양한 방법과 비용으로 자신에게 맞는 드론 자격증을 취득하고, 어떤 이끌림에 따라 촬영용 드론을 구매하였다면, 그 어떤 이끌림, 여러분들의 마음에 있는 소리는 아마 이 네 가지 유형일 것이다.

"1. 나는 Early Adopter*부록 참조야. 나의 혁신적이고 개방적인 사고는 아직 드론이 숙달되지 않았지만 그런 리스크는 감수해야지... 뭐 있겠어. 2.지금 실력으로 부족하니 저렴한거 사서 충분히 숙달한 후에 더 성능이 좋은 것으로 구매해야 되겠다. 3. 지금 내게 필요한 드론은 이거야... 좀 무리해서라도 바로 사서 배우면서 안전 비행 해야겠다. 4. 살까? 말까? 에잇, 다들 좋다고 하니 사야겠다."

그렇다. 이제 오롯이 구매한 드론의 안전비행은 여러분, 바로 자신의 몫이다. 드론은 안전하게 그리고 즐겁게 비행해야지만 내가 원하는 것을 얻을 수가 있다. 하지만 나 스스로가 안전한 드론 비행을 위해 세심한 준비와 계획, 그리고 적절한 비행기술을 가지고 있느냐를 반문하지 않을 수 없을 것이다. 오랜 시간 동안 비행기와 헬리콥터는 국가적 차원, 그리고 국제적인 차원에서 안전을 확보하기 위한 체계적인 조치가 이루어진 반면, 드론은 그렇지 못한게 현실이다. 그리고 자격증 제도가 2013년 이후 도입되었지만 자격증 과정이 모든 안전을 수용하지는 못한다. 운전면허를 따서 다음 날 바로 운전했을 때 그 떨리던 가슴을 잊지 않았을 것이다.

드론 비행계획 수립은 안전하고 효율적인 비행 운영을 위해 필수적인 과정으로, 이는 잠재적인 위험 요소를 사전에 식별하고 완화함으로써 드론과 주변 환경의 안전을 보장하고, 법적 요구 사항과 규정을 준수하며, 비행의 목적과 목표를 효과적으로 달성할 수 있도록 도와준다. 따라서 드론 비행계획 수립 절차는 드론 운영의 성공과 안전을 위한 핵심적인 단계로 간주되어야 한다고 생각된다. 구체적으로 하나씩 알아보자.

## 1. 비행기, 헬리콥터 비행계획 수립 절차(예)

비행 목표 결정 → 경로 계획 → 날씨 확인 → 기체 이륙전 점검 → 연료 계획 → 비행 규정 및 국제 규약 준수 → 비행계획 제출 → 이륙 → 착륙 → 비행후 점검

표와 같이 비행기와 헬리콥터 비행계획 수립은 비행 전 과정을 체계적으로 준비하는 절차로 비행 목표를 결정하고, 비행 경로를 계획하여 안전한 경로를 설정한다. 날씨 정보를 확인하여 안전한 비행 조건을 검토하고, 항공기의 상태와 연료 양을 점검하여 충분한 연료를 확보한다. 또한 비행 규정과 국제 규약을 준수하며 비행 계획서를 관련 당국에 제출하여 비행 승인을 받아야 한다. 이륙하여 목적지로 비행하고, 착륙 후에는 비행기나 헬리콥터의 상태를 검사하여 다음 비행을 위한 안전한 상태를 보장하여야 한다. 이러한 절차를 따르면 비행 기체의 안전과 운항이 보장될 수 있다.

## 2. 드론 비행계획 수립 절차(예)

드론 또한 비행계획을 수립하는 것은 안전, 법률준수, 효율성, 비상 상황 대비 측면에서 중요하다 할 수 있다. 이렇게 수립된 계획을 실천하고자 하는 조종자의 의지와 다양하게 발생하는 현지 우발 상황을 신속히 대처할 수 있는 능력이 더해졌을 때 안전하고 합법적인 비행을 할 수 있는 것이다. 아래 드론 비행계획 수립 절차는 현장 노하우를 반영한 절차이니 이를 기초로 개인 및 기관의 상황을 고려해서 융통성 있게 적절히 가변 적용하길 바란다.

**1) 1단계 :** 비행계획 수립(D-14~D-7일)

(1) 비행일자 및 비행계획 지역 주소 확인

(2) 기상 확인

(3) 공역 확인

(4) DJI GEO Zone 확인

(5) 비행승인 신청

(6) 항공촬영 승인 신청

(7) DJI GEO Zone 해제 신청

(8) 드론 특별비행승인 신청

(9) 드론 비행계획 수립 Check-List

**2) 2단계 :** 비행 전 준비(D-7~D-1일)

(1) 배터리 충전 후 상온*부록 참조 보관

(2) 주·예비 조종기 충전

(3) 펌웨어 업데이트

(4) 매개변수 확인

(5) 기상 최종 확인 및 비행 실시 여부 결정

(6) 관련 유관기관 유선 통보 및 협조

(7) 비행 1일 전 최종 판단 Check-List

**3) 3단계 :** 비행 전 최종 점검(D일)

(1) 현지 기상 확인

(2) 장비 최종 점검

(3) 현지 지형 고려 매개변수 수정

(4) DJI GEO Zone 해제 및 기체 동기화

(5) 관련 유관기관 비행 시작 통보

(6) 비행 당일 최종 점검 Check-List

**4) 4단계 :** 비행 및 모니터링, 착륙(D일)

(1) 드론 항공촬영 1인 조종과 2인 조종

(2) 촬영용 드론 운용 앱 이해

(3) DJI GO 4 앱 화면 및 기능 상세 설명(설명 모델 : Mavic 2 Pro)

(4) DJI Fly 앱 화면 및 기능 상세 설명(설명 모델 : Mavic 3 Pro)

(5) 인텔리전트 플라이트 모드 촬영 기술

(6) 드론으로 항공 사진 및 영상 촬영

(7) 드론 비행 중 사고 발생 시 조치

(8) 착륙

(9) 비행 후 점검 Check-List

# 비행 일자 및 비행 계획 지역 주소 확인

드론 비행을 위한 비행일자 및 비행계획 지역 주소의 확인은 비행의 안전성, 법적 준수 그리고 운영의 효율성을 보장하기 위한 필수적인 과정이다. 이러한 정보를 정확하게 확인함으로써, 운영자는 현지 기상 조건, 공역 규제 그리고 주변 환경에 대한 충분한 이해를 바탕으로 안전한 비행을 계획하고 실행할 수 있다. 또한 이를 통해 관련 법규와 규정을 준수하며, 비행 목적에 가장 적합한 시간과 장소에서 운영을 진행할 수 있다.

## 1. 일자 확인

드론 비행을 위한 정확한 일자 확인은 비행의 안전성을 보장하고, 법적 요구 사항을 충족하며, 운영의 효과성을 최적화하기 위해 중요하다. 비행일자를 정확히 파악함으로써 운영자는 해당 날짜의 기상 조건과 공역 사용 현황을 미리 예측하고, 필요한 경우 비행 계획을 조정할 수 있다. 또한 일부 지역에서는 특정 날짜나 시간대에 드론 비행이 제한되거나 금지될 수 있으므로, 이러한 규제를 준수하기 위해 비행일자를 명확히 확인하는 것이 필수적이다. 이는 전반적인 비행 안전을 향상시키고, 법적 문제를 방지하며, 드론 운영의 성공적인 수행을 돕는 핵심 요소로 작용한다.

1) **기상 조건** : 비행할 날짜의 기상 조건은 드론 비행에 큰 영향을 미친다. 강풍, 비, 안개 등은 비행을 위험하게 만들 수 있으므로, 좋은 기상 조건을 선택하는 것이 중요하다.

2) **법규 및 규제** : 특정 날짜에는 특별한 규제가 적용될 수 있으며, 이를 미리 확인하고 준수해야 할 수도 있다.

3) **효율성** : 원활한 비행을 위해 다른 일정과의 충돌을 방지하고, 필요한 자원 및 장비를 적시에 확보해야 한다.

## 2. 지역 확인

드론 비행을 위한 정확한 지역 확인은 드론 운영의 안전성, 법적 준수 그리고 전반적인 효율성을 보장하는 결정적인 단계이다. 지역을 명확히 확인함으로써 운영자는 해당 지역의 특정 위험 요소, 금지 구역 그리고 공역 사용 규제를 인지하고 적절히 대응할 수 있다. 이를 통해 드론과 주변 환경의 안전을 보호하고, 법적 문제와 갈등을 방지하며, 비행 계획의 정확성과 효율성을 증진시킬 수 있다. 지역 확인은 드론 운영의 성공을 위한 핵심적인 요소로 작용하며, 안전하고 책임감 있는 드론 사용의 기반을 마련해 준다.

1) **비행금지지역** : 각 지역마다 드론 비행이 금지되거나 제한된 지역이 있을 수 있으며, 이러한 지역을 피해 비행해야 한다.

2) **장애물 및 위험 요소** : 건물, 산림, 전력선 등의 장애물과 지역 특성을 사전에 분석하면, 안전한 비행 경로를 계획할 수 있다.

3) **인근 인원 및 환경** : 비행 지역 주변의 인원 및 동물, 환경 보호 지역 등에 대한 고려가 필요하여, 사전에 충분히 조사하고 대비해야 한다.

**4) 허가 및 협조 :** 특정 지역에서 비행하기 위해서는 지역 당국의 허가가 필요하거나, 인근 주민과의 협의가 필요할 수 있다.

## 3. 비행 전 충분한 시간적 여유를 갖고 확인하는 습관이 필요하다.

"비행승인은 드론 원스톱 민원서비스 사이트에 3일 전, 촬영 승인은 4일 전에 신청하면 되는데 왜 2주 전부터 계획을 수립해야 하는가, 너무 과한 것 아닌가"라고 생각할 것이다. 결론부터 말하자면 전국에 23개소가 지정되어 있는 국립공원은 전 국토의 약 7%, 6,726㎢를 차지하고 있다. 이러한 국립공원은 자연공원법에 따라 비행승인 없이 비행 시 처벌을 받으며, 국립공원 공단 측에서 비행승인 처리기간을 7일로 하고 있기 때문에 어떤 지체 시간을 고려하면 2주 전에서 비행계획을 수립해야 한다는 것이다. 여기서 국립공원 내 비행승인 관련 근거와 법령을 상세히 살펴보자.

**1) 국립공원 현황 :** 23개소

| | | | | |
|---|---|---|---|---|
| 가야산 국립공원 | 경주 국립공원 | 계룡산 국립공원 | 내장산 국립공원 | 다도해 해상 국립공원 |
| 덕유산 국립공원 | 무등산 국립공원 | 변산반도 국립공원 | 북한산 국립공원 | 설악산 국립공원 |
| 소백산 국립공원 | 속리산 국립공원 | 오대산 국립공원 | 월악산 국립공원 | 월출산 국립공원 |
| 주왕산 국립공원 | 지리산 국립공원 | 치악산 국립공원 | 태백산 국립공원 | 태안 해안 국립공원 |
| 한려해상 국립공원 | 한라산 국립공원 | 팔공산 국립공원 | | |

**2) 국립공원 내 비행승인 관련 근거**

2017년 4월 11일에 공고한

### 국립공원관리공단 공고 제2017-29호

(국립공원 내 무인비행장치 운용 제한 공고)

자연공원법 제29조, 같은 법 시행령 제26조 및 시행규칙 제21조에 의거 국립공원 내에서의 제한 행위를 다음과 같이 공고합니다.

- 목 적 : 국립공원 내 무인비행장치 비행에 따른 야생동물 생장방해, 공원자원훼손 및 탐방객 안전사고 예방
- 제한기간 : 2017. 4. 11. ~ 별도 해제 공고 시까지
- 적용장소 : 국립공원 전역
- 제한행위 : 국립공원 내 무인비행장치 운용
- 벌칙사항 : 과태료 부과(자연공원법제86조 및 같은 법 시행령 제46조)
- 문의처 : 국립공원관리공단 공원환경처 환경관리부(033-769-9505)

## 3) 국립공원 내 비행승인 관련 법령

자연공원법 제29조(영업 등의 제한 등)

① 공원관리청은 공원사업의 시행이나 자연공원의 보전·이용·보안 및 그 밖의 관리를 위하여 필요한 경우에는 대통령령으로 정하는 바에 따라 공원구역에서의 영업과 그 밖의 행위를 제한하거나 금지할 수 있다.

자연공원법 시행령 제26조(영업 등의 제한 등)

법 제29조 제1항에 따라 공원관리청이 공원구역에서 제한하거나 금지할 수 있는 영업 또는 행위는 다음 각 호와 같다.

1. 사행행위와 이와 유사한 행위

2. 자연자원을 훼손할 우려가 있는 톱·도끼 등의 도구를 지니고 입장하는 행위

3. 소음을 유발할 수 있는 도구를 지니고 입장하는 행위

4. 공원생태계에 영향을 미칠 수 있는 개(장애인복지법 제40조에 따른 장애인 보조견(補助犬)은 제외한다)·고양이 등 동물을 데리고 입장하는 행위

5. 공원관리청이 정하는 지역에서 인화물질을 소지하는 행위

6. 계곡에서 목욕 또는 세탁을 하는 행위로서 자연생태계를 훼손할 우려가 있는 행위

7. 그 밖에 자연생태계와 자연 및 문화경관 등을 보전·관리하는 데에 현저한 장애가 된다고 인정되는 영업 또는 행위

자연공원법 시행규칙 제21조(영업제한 등의 공고)

법 제29조 제2항의 규정에 의한 영업과 그 밖의 행위제한 또는 금지에 관한 공고를 함에 있어서는 그 자연공원의 명칭·구역·목적·행위의 종류 및 기간을 명시하여야 한다.

## 4) 국립공원 내 비행승인 관련 위반 시 처분 법령

자연공원법 제86조(과태료)

① 다음 각 호의 어느 하나에 해당하는 자에게는 200만원 이하의 과태료를 부과한다.

6. 제29조 제1항에 따라 제한 또는 금지된 영업이나 그 밖의 행위를 한 자

자연공원법 시행령 제46조(과태료의 부과·징수)

① 제한이나 금지된 영업을 한 경우
  • 1차 위반 50만원, 2차 위반 100만원, 3차 위반 150만원

② 제한이나 금지된 행위를 한 경우
  • 1차 위반 60만원, 2차 위반 100만원, 3차 위반 200만원

## 5) 국립공원 비행승인 절차

(1) 해당 국립공원 관리사무소에 유선 전화(인터넷 신청은 원활하지 않음)

(2) 촬영 목적을 설명하고 촬영 가능 여부를 확인한다.

(3) 신청서 양식을 이메일로 받아 작성하여 보낸다.

(4) 공문 및 준수사항 문서를 우편으로 받는다.

(5) 조종자 준수사항을 준수하면서 안전 비행한다.

무인비행장치 **비행승인신청서** 서식

국립공원공단 00국립공원 관리사무소

수신자 영남드론항공

(경유)

제목  무인비행장치 비행승인 신청에 대한 회신

------------------------------------------

귀사에서 신청한 무인비행장치 촬영 건에 대하여 아래와 같이 승인하오니 준수사항을 성실히 이행하여 촬영하여 주시기 바랍니다.

무인비행장치 촬영 승인 내용

 1.목적 : 00 공공 홍보영상 제작

 2.촬영일 : 2023.00.00(목)~00.00(일)

 3.신청자 : 영남드론항공

 4.촬영자 : 김재윤

 5.장소 : 00~00구간, 00일대, 주요 폭포

붙임 : 준수사항 1부.  끝.

국립공원공단 00국립공원사무소장

국립공원공단 **회신** 공문 예

## 6) 국립공원에서 비행승인 신청 시 승인해 주는 항목

(1) 학술연구 목적의 공원 자원 조사, 공원 사업 시행 관련 공간정보 데이터 확보

(2) 산불감시, 산림 병해충, 해양 쓰레기 모니터링 등 공원 환경 관리 전반

(3) 재난·재해 조난자 발생 시 긴급 구조 피해조사 등 위기 상황 지원

(4) 뉴스·영상·영화 및 영상 콘텐츠 제작 등 촬영 협조에 의한 공원 홍보

(5) 기타 공원관리 보전 등에 필요한 경우

※ 개인 취미 목적은 허가 불가

이상과 같이 1단계 비행계획 수립 단계의 비행 일자 및 비행 계획 지역 주소를 확인해야 하는 이유를 국립공원 내용 위주로 살펴보았다. 드론 비행을 위해서는 드론 비행의 목적이 분명해야 하고, 비행할 위치를 정확히 해야 하며 해당 지역이 드론 비행이 허용되는 지역인지 확인하는 것이 비행계획 수립의 첫 단계라 할 수 있다. 그리고 국립공원마다 통제방법이 상이하니 반드시 충분한 시간적 여유를 두고 조치하여  목적하는 비행이 제 시간에 이루어질 수 있도록 해야 한다.

# CHAPTER 03 기상 확인

드론 비행에서 기상 조건이 큰 영향을 미친다. 가장 큰 영향을 미치는 것은 풍속, 기온, 강수, 습도 등이 있다. 강한 바람은 드론의 비행 능력에 영향을 미친다. 특히 자체 중량이 낮은 드론의 경우 강한 바람에 의해 쉽게 흔들리며 이는 제어의 어려움을 초래하고 드론이 손상되거나 손실될 가능성을 증가시킨다. 또한 바람이 강하면 드론의 배터리 운용시간이 단축되고 배터리 수명에도 악영향을 미칠 수 있다. 기온이 매우 높거나 낮은 기온은 드론의 성능에 영향을 미친다. 배터리 수명이 짧아지거나, 전자 장치가 오작동하거나, 구조적 손상이 발생할 수 있으므로 드론은 보통 제조사가 지정한 온도 범위 내에서 비행하는 것이 타당하다.

비나 눈은 드론에 부정적인 영향을 미친다. 대부분의 촬영용 드론은 방수 기능이 없으므로, 내부 전자 장치가 손상될 위험이 있고, 또한 물이 카메라 렌즈에 닿으면 비행 중에 영상을 제대로 캡처할 수 없게 된다. 과도한 습도는 드론의 전자 부품에 부정적인 영향을 미친다. 습도가 높을 경우, 전자 부품에 이슬이 생겨 부식이나 단락을 유발할 수 있다. 따라서 드론을 비행하기 전에는 항상 현지의 기상 조건을 확인하는 것이 중요하다. 완벽한 비행 조건을 기대하기는 어렵지만, 비행하는 동안 안전을 유지하고 가능한 한 최상의 결과를 얻으려면 현재와 예상되는 기상 조건을 반드시 고려해야 한다.

## 1. 주요 촬영용 드론 작동 온도 및 내풍 가능 최대 풍속

DJI 주요 드론의 제원표 상 작동 온도와 내풍 가능 최대 풍속을 살펴보면 다음과 같다. 표를 보면 최신형 드론일수록 작동 온도가 높으며, 자체중량이 무거울수록 내풍 가능 최대 풍속이 높은 것을 알 수 있다. 단, 2018년도 출시된 Mavic 2 Pro의 경우 내풍 판단 기준이 지금과 조금 달랐을 것이라 판단된다.

| 구분 | 출시연도 | 작동 온도 | 자체 중량 | 내풍 가능 최대 풍속 |
|---|---|---|---|---|
| DJI Mini 4 Pro | 2023년 | -10~40℃ | 249g | 10.7m/s |
| DJI Air 2 S | 2021년 | 0~40℃ | 595g | 10.7m/s |
| DJI Air 3 S | 2023년 | -10~40℃ | 720g | 12m/s |
| DJI Mavic 2 Pro | 2018년 | -10~40℃ | 907g | 제원표 상 29 ~ 38 km/h → m/s 환산하면 8~10.5m/s |
| DJI Mavic 3 Pro | 2023년 | -10~40℃ | 958g | 12m/s |
| DJI Inspire 3 | 2023년 | -20~40℃ | 3,995g | 이착륙 12m/s, 비행 중 14m/s |

제원표에 나와 있듯이 촬영용 드론 운용간 기상 요소 중 가장 많은 영향을 미치는 것은 바로 온도와 바람이다. 두 가지를 좀 더 구체적으로 살펴보자.

**1) 작동 온도 :** 촬영용 드론 배터리는 대부분 리튬 폴리머(LiPo) 또는 리튬 이온(Li-ion) 유형이며, 이들은 온도에 민감하게 반응하여 너무 낮거나 높은 온도는 배터리 수명, 용량, 성능에 많은 영향을 미친다. 낮은 온도에서 리튬 계열 배터리는 성능이 저하된다. 이는 배터리 내부 화학 반응 속도가 느려지기 때문인데 이로 인해 배터리 용량이 감소하고, 따라서 드론의 비행 시간이 줄어들 수 있다.

매우 추운 조건에서는 배터리가 충분히 발열하지 않아 배터리 수명이 단축되거나, 극단적인 경우 배터리의 성능이 완전히 손상될 수 있다. 반대로 높은 온도에서는 배터리의 화학 반응이 과도하게 빨라질 수 있다. 이는 배터리가 과열되게 하며, 배터리 수명을 단축시키고, 성능을 저하시키며, 가장 심한 경우에는 배터리가 폭발하거나 화재를 일으킬 수 있다.

따라서 드론 비행 시에는 온도를 반드시 고려해야 하며, 일반적으로 15~25℃ 범위의 온도에서 드론 배터리 성능이 가장 좋다는 연구결과들이 있다. 실제 저자가 7~8월 상업용 촬영을 나가서 외부 온도가 30℃를 넘을 때 비행 후 배터리 온도를 살펴보면 45℃~50℃까지 올라가는 것을 확인할 수 있었는데, 이럴 경우에 제조사가 제시한 배터리 평균 충전횟수보다 훨씬 빠르게 배터리가 손상되어 배부름 현상(Swelling)[*부록 참조]이 나타났고, 배터리를 폐기한 사례까지 생기게 되었다. 극단적인 온도에서 배터리를 사용하거나 보관하지 않는 것을 강력하게 권장한다.

**2) 내풍 가능 최대 풍속 :** 내풍 가능 최대 풍속은 드론이 안정적으로 비행하고 제어할 수 있는 최대 바람 속도를 나타낸다. 이는 드론이 안전하게 비행할 수 있는 바람 조건을 알려주는 중요한 척도로써 내풍 가능 최대 풍속 값은 드론 제조사에 의해 테스트되고 결정되며, 일반적으로 제품 사양서나 사용자 매뉴얼에 명시되어 있다. 이 값이 높을수록 드론은 강한 바람에서도 비행을 유지하고 제어할 수 있는 능력이 더 뛰어난 것을 의미한다. 그러나 드론의 내풍 가능 최대 풍속을 초과하는 바람 속도에서 비행을 시도하는 것은 권장되지 않는다. 이런 조건에서는 드론을 제어하는 것이 어려울 뿐만 아니라, 드론이 손상되거나 손실될 가능성도 높아지기 때문이다. 따라서 항상 현지의 바람 조건을 확인하고, 이것이 드론의 내풍 가능 최대 풍속 이내인지 확인하는 것이 중요하다.

(1) 보퍼트 풍력 계급표 : 보퍼트 풍력 계급표는 1805년에 영국 해군의 프란시스 보퍼트가 만든 바람의 세기를 측정하는 척도로 바람의 세기를 정량적으로 평가하는 데 도움을 주며, 항해, 항공, 기상학 등 다양한 분야에서 사용된다. 보퍼트 풍력 계급은 0에서 12까지의 숫자로 표현되며, 각 숫자는 특정 바람 속도와 연관된 바다나 육지에서의 조건을 설명한다. 저자의 경험을 비추어 볼 때 드론 비행에 있어서 통상 보퍼트 풍력 4 이하의 바람에서 비행하는 것이 안전하며, 5 이상의 바람에서는 주의가 필요하다.

### 참고 보퍼트 풍력 계급표 0~12

- 보퍼트 풍력 계급 0 : 고요(0km/h, 0m/s)
  바람이 전혀 불지 않음

- 보퍼트 풍력 계급 1 : 경풍(1~5km/h, 0.27~1.38m/s)
  연기가 수직으로 올라감

- 보퍼트 풍력 계급 2 : 실바람(6~11km/h, 1.66~3.05m/s)
  얼굴에 바람을 느낄 수 있음

- 보퍼트 풍력 계급 3 : 약풍(12~19km/h, 3.33~5.27m/s)
  나뭇잎과 작은 가지들이 움직임

- 보퍼트 풍력 계급 4 : 건들바람(20~28km/h, 5.55~7.77m/s)
  먼지나 종이가 날아감

- 보퍼트 풍력 계급 5 : 신선바람(29~38km/h, 8.05~10.55m/s)
  작은 나무들이 흔들림

- 보퍼트 풍력 계급 6 : 센바람(39~49km/h, 10.83~13.61m/s)
  큰 가지들이 움직이고, 우산을 들기 어려움

- 보퍼트 풍력 계급 7 : 강풍(50~61km/h, 13.88~16.94m/s)
  전체 나무가 움직이고, 걷기가 어려움

- 보퍼트 풍력 계급 8 : 돌풍(62~74km/h, 17.22~20.55m/s)
  나무들이 파손되고, 걷기가 어려움

- 보퍼트 풍력 계급 9 : 강돌풍(75~88km/h, 20.83~24.44m/s)
  건물에 손상이 생기고, 주위가 물건들로 날아감

- 보퍼트 풍력 계급 10 : 폭풍(89~102km/h, 24.72~28.33m/s)
  나무들이 넘어지고, 건물에 심각한 손상이 생김

- 보퍼트 풍력 계급 11 : 세찬 폭풍(103~117km/h, 28.61~32.5m/s)
  널리 퍼진 손상과 홍수

- 보퍼트 풍력 계급 12 : 허리케인(118km/h 이상, 32.77m/s)
  대형 손상, 홍수 그리고 종종 치명적인 결과

## 2. 저자가 주로 확인하는 기상 앱

Windy.com - 바람, 파도
및 태풍 예보
Windyty SE

여러분들이 주로 사용하는 기상 앱이 있을 것이다. 저자는 Windy 앱을 활용하는데 가장 큰 이유는 순간 돌풍까지 예보가 되어 주의를 더 기울일 수 있다는 점과 찾고자 하는 지역의 기상을 즐겨찾기할 수 있다는 두 가지 장점 때문이다.

물론 일정 비용을 지불하면 다음과 같은 상세한 예측도 이용할 수 있다.

### Prime 구성

1시간 예보

10일 예보 전망

하루 4회 이상 업데이트

레이더 및 위성에 대한 12시간 루프 등

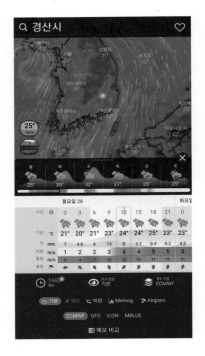

이상과 같이 1단계 비행계획 수립 단계의 기상 확인에 대한 내용을 살펴보았다. 드론은 기상 조건에 매우 민감하게 반응한다. 기온과 바람, 비나 눈, 안개, 태양광선 등 기상은 비행안정성, 비행시간, 데이터 품질 등에 직접적인 영향을 미치기 때문에 안전하고 효과적인 드론 비행을 위해서는 기상 조건을 신중하게 고려해야 하고, 항상 비행 전에 현재와 예상되는 기상 조건을 확인하고, 필요한 경우 비행을 연기하거나 과감하게 취소해야 한다.

# CHAPTER 04 공역 확인

드론 자격증을 취득하고도 여기가 비행해도 되는 곳인지, 여기가 비행하면 안 되는 곳인지, 안 된다면 되는 방법은 무엇이 있는지 등 많은 분들이 혼란스러워하고 당황해한다. 이처럼 드론 비행 시 공역 확인은 안전과 법률 준수, 사생활 보호 측면에서 상당히 중요하다.

안전적인 측면에서는 공항 등 일부 공역은 항공 교통이 빈번하여 드론이 비행기나 헬리콥터와 충돌할 위험이 있는데, 이러한 충돌은 물론 드론을 손상시킬 수 있을 뿐 아니라, 항공기의 승객 및 승무원의 안전을 중대하게 위협하게 된다.

법률 준수 측면에서 보면 많은 국가가 특정 공역에서 드론 비행을 금지하고 있다. 예를 들어, 민감한 군사 지역, 국가 중요시설, 국립공원 등에서는 드론 비행이 제한된다. 이러한 법률을 위반하면 벌금이나 과태료 등 기타 법적 제재를 받을 수 있다.

사생활 보호 측면에서는 드론 카메라가 가지고 있는 여러 가지 특징으로 인해 우리나라에서도 타인의 사생활을 침해하여 다양한 법적 문제가 대두되고 있다. 드론 카메라의 사생활 침해 특성은 다음과 같다.

**드론 카메라의 사생활 침해 특성**

| 특성 | 주요 내용 |
|---|---|
| 식별성 | · 공중을 자유자재로 이동하여 장소를 불문하고 촬영할 수 있어 피촬영자의 시야에 잘 포착되지 않음 |
| 지속성 | · 특정한 지점을 지속적으로 촬영 가능 |
| 정밀성 | · 카메라의 기능 향상으로 밝기를 가리지 않고 촬영 가능 |
| 저장성 | · 촬영된 영상은 현장 → 카메라 → 디지털저장장치 → 인터넷망 → 서버 → PC로 신속하게 전송, 저장될 수 있으며 원격통신체계를 기반으로 정보의 이전이 이루어짐 |

따라서 드론을 안전하게 운영하고 법률을 준수하기 위해서는 비행 전에 항상 공역을 확인하고 관련 규제를 이해하며 준수하는 것이 매우 중요하다. 여기에는 비행이 가능한 높이, 비행금지지역, 비행이 제한된 시간 그리고 승인에 대한 모든 것이 포함된다. 이러한 것을 이해하기 위해서는 공역의 구분을 이해하고 어떻게 확인하며, 확인된 사실에 대한 개인이 어떻게 조치할 것인가 등을 행동으로 실천하고 준수할 때 안전한 드론 운영을 담보할 수 있는 것이다. 관련 내용을 구체적으로 살펴보자.

## 1. 공역의 개념 및 분류

국토교통부 고시 공역관리규정 제5조에 의하면 공역이란 초경량비행장치 등의 안전한 활동을 보장하기 위하여 지표면 또는 해수면으로부터 일정 높이의 특정 범위로 정해진 공간을 말한다. 우리나라에서 공역은 주권공역과 비행장정보구역, 영구공역, 임시공역 등으로 분류하고 있다.

**1) 주권공역(Territory) :** 영공(Territorial Airspace), 영토(Territory)와 영해(Territorial Sea)의 상공으로서 완전하고 배타적인 주권을 행사할 수 있는 공간이다.

(1) 영토 : 헌법 제3조에 의한 한반도와 그 부속도서

(2) 영해 : 영해법 제1조에 의한 기선으로부터 측정하여 그 외측 12해리 선까지 이르는 수역

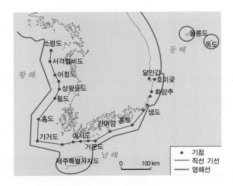

그림 4-1 기선과 영해의 범위

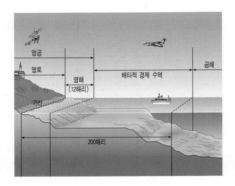

그림 4-2 영해와 영공의 범위

출처 : 위키백과

(3) 공해상(Over The High Seas)에서의 체약국의 의무 : 공해상에서 운항하는 항공기에 적용할 자국의 규정을 시카고조약에 의거하여 수립하여야 하며, 수립된 규정을 위반하는 경우 처벌 가능(시카고조약 12조)

**2) 비행장정보구역(FIR, Flight Information Region) :** 항공기, 경량항공기 또는 초경량비행장치의 안전하고 효율적인 비행과 수색 또는 구조에 필요한 정보를 제공하기 위한 공역으로서 국제민간항공협약 및 같은 협약 부속서에 따라 국토교통부장관이 그 명칭, 수직 및 수평 범위를 지정·공고한 공역이다.

(1) FIR은 ICAO 지역항행협정에서의 합의에 따라 이사회가 결정하며, 국제민간항공협약 부속서 2 및 11에 정한 기준에 따라 당사국들은 관할 공역 내에서 등급별 공역을 지정하고 항공교통업무를 제공하도록 규정하고 있다.

**3) 영구공역(국토교통부장관이 지정하고 고시) :** 관제공역, 비관제공역, 통제공역, 주의공역 등이 항공로지도 및 항공정기간행물(AIP)에 고시되어 통상적으로 3개월 이상 목적으로 사용하는 수평 및 수직 범위의 공역이다.

**4) 임시공역(국토교통부 항공교통본부장이 NOTAM으로 지정) :** 공역의 설정 목적에 맞게 3개월 미만의 기간 동안만 단기간으로 설정되는 수평 및 수직범위의 공역이다.

## 2. 공역 관리

국토교통부 고시 공역관리규정 제5조에 의하면 공역 관리란 항공기 등의 안전하고 신속한 항행과 국가안전보장을 위하여 국가 공역을 체계적이고 효율적으로 관리·운영하는 제반 업무를 말한다. 이러한 공역을 관리하기 위하여 우리나라는 국토 교통부의 공역위원회와 항공교통본부의 공역실무위원회를 운영하고 있다.

### 1) 국토교통부의 공역위원회(위원장 : 항공정책실장)

(1) 국토교통부는 인천 FIR 내 항공기의 안전하고 효율적인 비행과 항공기의 수색 또는 구조에 필요한 정보 제공을 위한 공역을 지정·공고

(2) 공역의 설정 및 관리에 필요한 사항을 심의

### 2) 항공교통본부의 공역실무위원회(위원장 : 항공교통본부장)

(1) 국토교통부의 공역위원회에 상정할 안건을 사전에 심의·조정

(3) 공역위원회로부터 위임받은 사항을 처리하기 위한 실무 기구

## 3. 공역의 구분

우리나라는 비행정보구역(FIR)을 여러 공역으로 등급화하여 설정, 각 공역 등급별 비행규칙, 항공교통업무 제공, 필요한 항공기 요건 등을 정한다. 각 등급별로 준수해야 할 비행요건, 제공업무 및 비행절차 등에 관하여 기준을 정함으로써 항공기의 안전 운항 확보를 목적으로 다음과 같이 구분한다.

### 1) 제공되는 항공교통업무에 따른 구분

| 구 분 | | 내 용 |
|---|---|---|
| 관제 공역 | A등급 | · 모든 항공기가 계기비행을 해야 하는 공역 |
| | B등급 | · 계기비행 및 시계비행을 하는 항공기가 비행 가능<br>· 모든 항공기에 분리를 포함한 항공교통관제업무가 제공되는 공역 |
| | C등급 | · 모든 항공기에 항공교통관제업무가 제공되나 시계비행을 하는 항공기간에는 교통정보만 제공되는 공역 |
| | D등급 | · 모든 항공기에 항공교통관제업무가 제공되나 계기비행을 하는 항공기와 시계비행을 하는 항공기 및 시계비행을 하는 항공기간에는 교통정보만 제공되는 공역 |
| | E등급 | · 계기비행을 하는 항공기에 항공교통관제업무가 제공되고, 시계비행을 하는 항공기에 교통정보만 제공되는 공역 |
| 비관제 공역 | F등급 | · 계기비행을 하는 항공기에 비행정보업무와 항공교통조언업무가 제공되고, 시계비행을 하는 항공기에 비행정보업무만 제공되는 공역 |
| | G등급 | · 모든 항공기에 비행정보업무만 제공되는 공역 |

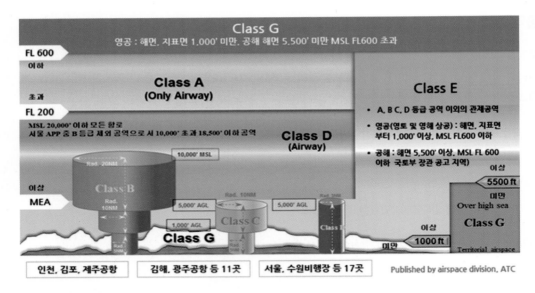

그림 **4-3** 제공되는 항공교통업무에 따른 공역의 구분. 출처 : 국토교통부 항공교통본부 홈페이지

① Class B(3) : 인천, 김포, 제주

② Class C(11) : 김해, 광주, 사천, 대구, 강릉, 중원, 서산, 원주, 예천, 군산, 포항

③ Class D(17) : 오산(2.3), 양양(3), 서울(4), 청주(5), 수원(4), 성무(4), 평택(3), 울산(3), 여수(3), 목포, 무안(3), 정석(3), 진해(3), 이천(3), 논산(2), 울진(2.5), 속초(2.5),

   * 접근관제소를 운영하지 않는 공항/비행장 중심반경 – 5NM*부록 참조 이내 (SFC~관제권 상한고도, 최대 5,000')

(1) A등급 공역

① 모든 항공기가 계기비행을 하여야 하는 공역

② 인천비행정보구역(FIR) 내의 평균해면 20,000ft 초과 60,000ft 이하의 항공로

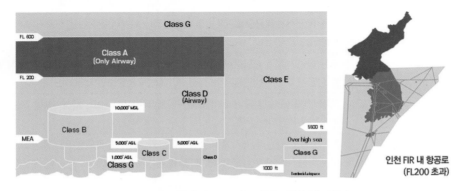

그림 **4-4** A등급 공역. 출처 : 국토교통부 항공교통본부 홈페이지

(2) B등급 공역

① 인천 비행정보구역(FIR) 중 계기비행 항공기의 운항이나 승객 수송이 특별히 많은 공항/비행장으로 관제탑이 운용되고 RADAR 접근관제업무가 제공되는 공항 주변의 공역

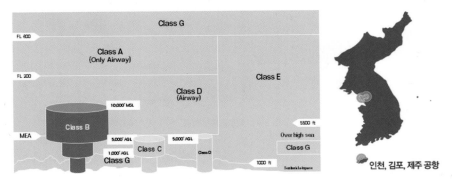

그림 4-5 B등급 공역. 출처 : 국토교통부 항공교통본부 홈페이지

(3) C등급 공역

① 인천 비행정보구역 중 계기비행 운항이나 승객 수송이 많은 공항으로 관제탑이 운용되고 레이다 접근관제업무가 제공되는 공항 주변의 공역

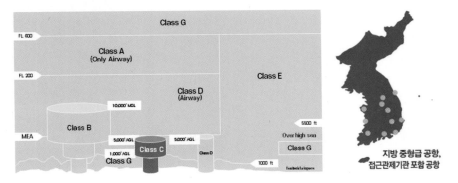

그림 4-6 C등급 공역. 출처 : 국토교통부 항공교통본부 홈페이지

(4) D등급 공역

① 관제탑이 운영되는 공항반경 5NM(9.3KM) 이내, 지표면으로부터 공항 표고 5,000피트 이하의 각 공항별로 설정된 관제권 상한고도까지의 공역

② 최저항공로고도(MEA) 이상 평균해면 20,000피트 이하의 모든 항공로

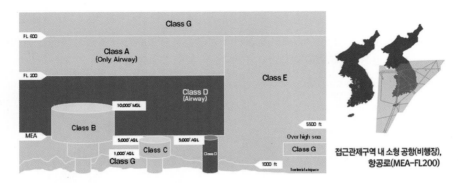

그림 **4-7** D등급 공역. 출처 : 국토교통부 항공교통본부 홈페이지

**(5) E등급 공역**

① 인천 FIR 중 A, B, C 및 D등급 공역 이외의 관제공역으로서 영공(영토 및 영해 상공)에서는 해면 또는 지표면으로부터 1,000ft 이상 평균해면 60,000ft 이하, 공해상에서는 해면에서 5,500ft 이상 평균해면 60,000ft 이하의 국토교통부장관이 공고한 공역

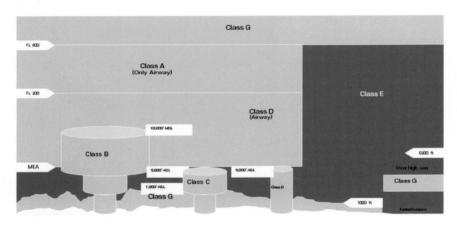

그림 **4-8** G등급 공역. 출처 : 국토교통부 항공교통본부 홈페이지

**(6) G등급 공역**

① 인천 FIR 중 A, B, C, D, E, F 등급 이외의 비관제공역으로, 영공(영토 및 영해 상공)에서는 해면 또는 지표면으로부터 1,000ft 미만, 공해상에서는 해면에서 5,500ft 미만과 평균해면 60,000ft 초과의 국토교통부장관이 지정한 공역

② **비행요건** : IFR/VFR 운항 모두 가능, 조종사에게 특별한 자격이 미요구

③ **무선설비** : 구비해야 할 장비가 특별히 요구되지 않음

④ **제공업무** : 조종사 요구 시 모든 항공기에게 비행정보업무만 제공

(7) 공역 등급별 제공 업무 및 비행 요건: 공역 등급별로 항공기의 운항과 관제사의 관제업무 제공에 책임과 의무가 발생한다.

| 등급 | 비행방식 | 분리 제공 | 제공 업무 | 속도 제한 | 무선통신 요건 | ATC 허가 |
|---|---|---|---|---|---|---|
| A | IFR only | 모든 항공기 | 항공교통관제업무 | 미적용 | 양방향 무선통신 | 필요 |
| B | IFR | 모든 항공기 | 항공교통관제업무 | 3,050m(10,000ft) 미만에서 250노트 | 양방향 무선통신 | 필요 |
| B | VFR | 모든 항공기 | 항공교통관제업무 | 3,050m(10,000ft) 미만에서 250노트 | 양방향 무선통신 | 필요 |
| C | IFR | 계기로부터 계기<br>시계로부터 계기 | 항공교통관제업무 | 3,050m(10,000ft) 미만에서 250노트 | 양방향 무선통신 | 필요 |
| C | VFR | 계기로부터 시계 | ·IFR로부터 분리를 위한 항공교통관제업무<br>·VFR/VFR교통정보<br>(요청시 교통회피 조언) | 3,050m(10,000ft) 미만에서 250노트 | 양방향 무선통신 | 필요 |
| D | IFR | 계기로부터 계기 | 항공교통관제업무, 시계비행에 대한 교통정보<br>(요청시 교통회피 조언) | 3,050m(10,000ft) 미만에서 250노트 | 양방향 무선통신 | 필요 |
| D | VFR | 미제공 | IFR/VFR, VFR/VFR 교통정보<br>(요청시 교통회피 조언) | 3,050m(10,000ft) 미만에서 250노트 | 양방향 무선통신 | 필요 |
| E | IFR | 계기로부터 계기 | 항공교통관제업무, 가능한 경우 시계비행에 대한 교통정보 | 3,050m(10,000ft) 미만에서 250노트 | 양방향 무선통신 | 필요 |
| E | VFR | 미제공 | 가능한 경우 교통정보 | 3,050m(10,000ft) 미만에서 250노트 | 필요 없음 | 불필요 |
| F | IFR | 가능한 경우 계기로부터 계기 | 항공교통조언업무, 비행정보 업무 | 3,050m(10,000ft) 미만에서 250노트 | 양방향 무선통신 | 불필요 |
| F | VFR | 미제공 | 비행정보업무 | 3,050m(10,000ft) 미만에서 250노트 | 필요 없음 | 불필요 |
| G | IFR | 미제공 | 비행정보업무 | 3,050m(10,000ft) 미만에서 250노트 | 양방향 무선통신 | 불필요 |
| G | VFR | 미제공 | 비행정보업무 | 3,050m(10,000ft) 미만에서 250노트 | 필요 없음 | 불필요 |

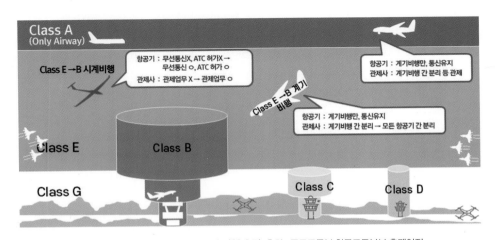

그림 4-9 공역 등급별 제공 업무 및 비행 요건. 출처 : 국토교통부 항공교통본부 홈페이지

## 2) 공역의 사용 목적에 따른 구분

관제공역, 비관제공역, 통제공역, 주의공역으로 구분한다. 관제공역은 항공기의 안전 운항을 위하여 규제가 가해지고, 인력과 장비가 투입되어 적극적으로 항공교통관제업무가 제공되는 공역, 비관제공역은 항공관제 능력이 미치지 않아 서비스를 제공할 수 없는 공해 상공의 공역 또는 항공교통량이 아주 적어 공중충돌 위험이 크지 않아서 항공관제업무 제공이 비경제적이라고 판단되어 항공교통관제업무가 제공되지 않는 공역, 통제공역은 항공교통의 안전을 위하여 항공기의 비행을 금지하거나 제한할 필요가 있는 공역, 주의공역은 항공기의 비행 시 조종사의 특별한 주의 · 경계 · 식별 등이 필요한 공역이다.

| 구 분 | | 내 용 |
|---|---|---|
| 관제<br>공역 | 관제권<br>(CTR) | · 항공안전법 제2조 제25호에 따른 비행정보구역 내의 B, C 또는 D등급 공역 중에서 시계 및 계기비행을 하는 항공기에 대하여 항공교통관제업무를 제공하는 공역 |
| | 관제구<br>(CTA) | · 항공안전법 제2조 제25호에 따른 공역(항공로 및 접근관제구역을 포함한다)으로서 비행정보구역 내의 A, B, C, D 및 E등급 공역에서 시계 및 계기비행을 하는 항공기에 대하여 항공교통관제업무를 제공하는 공역 |
| | 비행장 교통구역<br>(ATZ) | · 항공안전법 제2조 제25에 따른 공역 외의 공역으로서 비행정보구역 내의 D등급에서 시계비행을 하는 항공기 간에 교통정보를 제공하는 공역 |
| 비관제<br>공역 | 조언구역 | · 항공교통조언업무가 제공되도록 지정된 비관제공역(F등급) |
| | 정보구역 | · 비행정보업무가 제공되도록 지정된 비관제공역(G등급) |
| 통제<br>공역 | 비행금지구역<br>(P) | · 안전, 국방상, 그 밖의 이유로 항공기의 비행을 금지하는 공역 |
| | 비행제한구역<br>(R) | · 항공사격·대공사격 등으로 인한 위험으로부터 항공기의 안전을 보호하거나 그 밖의 이유로 비행허가를 받지 않은 항공기의 비행을 제한하는 공역 |
| | 초경량비행장<br>비행제한구역<br>(URA) | · 초경량비행장치의 비행안전을 확보하기 위하여 초경량비행장치의 비행활동에 대한 제한이 필요한 공역 |
| 주의<br>공역 | 훈련구역<br>(CATA) | · 민간항공기의 훈련공역으로서 계기비행항공기로부터 분리를 유지할 필요가 있는 공역 |
| | 군작전구역<br>(MOA) | · 군사작전을 위하여 설정된 공역으로서 계기비행항공기로부터 분리를 유지할 필요가 있는 공역 |
| | 위험구역<br>(D) | · 항공기의 비행 시 항공기 또는 지상시설물에 대한 위험이 예상되는 공역 |
| | 경계구역<br>(A) | · 대규모 조종사의 훈련이나 비정상 형태의 항공활동이 수행되는 공역 |

### (1) 관제 공역

① 관제권(CTR, Control Zone) : 총 31개소

- 항공안전법 제2조 제25호에 따른 비행정보구역 내의 B, C 또는 D등급 공역 중에서 시계 및 계기비행을 하는 항공기에 대하여 항공교통관제업무를 제공하는 공역

■ 계기비행 항공기가 이착륙하는 공항 주위에 설정되는 공역

■ 공항중심(ARP)으로부터 반경 5NM 내에 있는 원통구역과 계기출발 및 도착 절차를 포함하는 공역

• **수평적** : 비행장 또는 공항 반경 5NM(9.3km)

• **수직적** : 지표면으로부터 3,000ft 또는 5,000ft까지의 공역

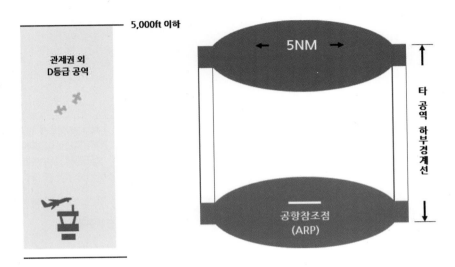

그림 4-10 관제권. 출처 : 국토교통부 항공교통본부 홈페이지

■ 상공에 다른 공역이 설정되지 않는 한 상한고도는 없음

■ 기본 공항을 포함하여 다수의 공항을 포함

■ 관제권을 지정하기 위해서는 항공무선 통신시설과 기상관측시설이 있어야 함

■ 관제공역은 항공지도상 운영에 관한 조건과 함께 청색 단속선으로 표시

② 관제구(CTA, Control Area)

■ 항공안전법 제2조 제25호에 따른 공역(항공로 및 접근관제구역을 포함한다)으로서 비행정보구역 내의 A, B, C, D 및 E등급 공역에서 시계 및 계기비행을 하는 항공기에 대하여 항공교통관제업무를 제공하는 공역

■ 지표면 또는 수면으로부터 200m 이상 높이의 공역

■ FIR 내의 접근관제구역(TMA)과 항공로를 포함한 구역을 말한다.

■ 지역관제업무가 제공되는 섹터와 접근관제업무가 제공되는 접근관제구역(TMA)으로 구분

\* 구역 내 항공로의 포함 여부는 ACC-APP 합의서에 의한다.

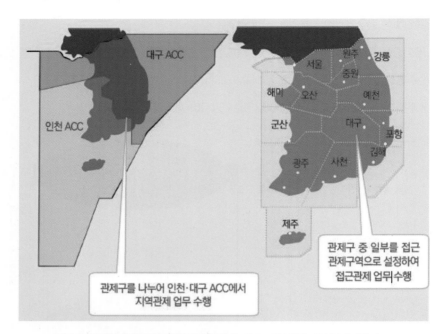

그림 **4-11** 지역관제업무/접근관제구역. 출처 : 국토교통부 항공교통본부 홈페이지

■ 항공로(총 52개) : 국제 항공로(11개), 국내 항공로(41개)

• 항공기의 항행에 적합하도록 항행안전무선시설(VOR 등)을 이용하여 설정하는 공간의 통로

• 관제구(섹터, 접근관제구역)에 포함되어 항공교통관제업무가 제공되는 공역

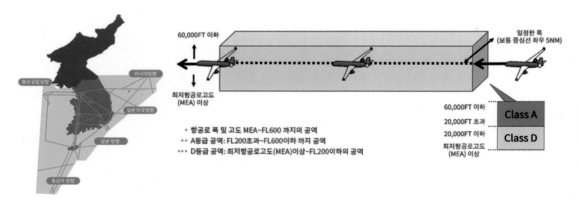

그림 **4-12** 항공로. 출처 : 국토교통부 항공교통본부 홈페이지

■ 접근관제구역(Approach Controlled Area 또는 Terminal Control Area)

• 관제구의 일부분으로 항공교통센터(ACC)로부터 구역, 업무범위, 사용고도 등을 협정으로 위임받아 운영

• 계기비행 항공기가 공항을 출발한 후 항공로에 도달하기까지의 과정이나 도착하는 항공기가 항공로를 벗어난 후 공항에 착륙하기까지 비행단계에 대하여 항공교통업무(ATS)를 제공하기 위하여 설정한 공역

- 이 공역은 접근관제소에 레이더 절차나 비레이더 절차에 따라 운영하며, 이 구역 내에는 하나 이상의 공항이 포함되어 해당 접근관제소의 접근관제업무를 제공
- 인천 FIR 내 접근관제구역 : 14개소

| 국토교통부 통제(2) | 서울, 제주 |
|---|---|
| 한국 공군 통제(9) | 김해, 광주, 사천, 대구, 강릉, 중원, 해미, 원주, 예천 |
| 한국 해군 통제(1) | 포항 |
| 미 공군 통제(2) | 오산, 군산 |

- 고도 1,000ft ~ FL 185*부록 참조 또는 FL 225까지의 공역

③ 비행장교통구역(ATZ, Aerodrome Traffic Zone) : 총 13개소(육군 11, 민간 2)

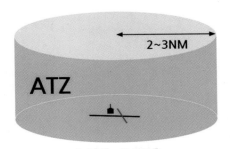

- 항공안전법 제2조 제25에 따른 공역 외의 공역으로서 비행정보구역 내의 D등급에서 시계비행을 하는 항공기간에 교통정보를 제공하는 공역
- 수평적으로 비행장 중심으로부터 반경 3NM 내
- 수직적으로 지표면으로부터 3,000ft까지의 공역

그림 4-13 비행장교통구역.
출처 : 국토교통부 항공교통본부 홈페이지

(2) 비관제공역

① 조언구역(F등급 공역) : 항공교통조언업무가 제공되도록 지정된 비관제공역

- 비관제공역에서 IFR 항공기간 분리업무가 필요할 때, 항공교통관제업무의 제공 전까지 임시적인 방안으로, 허가가 아닌 조언이나 제안 등의 단어를 사용함으로써 항공기에게 진로 정보를 제안하는 업무
- F등급에 해당하며, 국내 F등급이 없음에 따라 존재하지 않음

② 정보구역(G등급 공역) : 비행정보업무가 제공되도록 지정된 비관제 공역

- 비행안전과 운항에 필요한 기상정보, 공항정보, 공역의 운영상태 등 각종 비행정보와 조언을 실시간 제공하여 모든 항공교통관제기관과 비행정보기관에서 업무를 수행

(3) 통제공역

① 비행금지구역(P, Prohibited Area) : 총 4개소(P73, P518, P518W, P581E)

- 안전, 국방상, 그 밖의 이유로 항공기의 비행을 금지하는 공역
  - P73 : (수평범위) 전쟁기념관, 남산 야외식물원 기준 반경 2NM인 2개 원의 외곽 경계선을 연결한 구역, (수직 범위) 지상~무한대로, 서울 5구(중구, 용산구, 성동구, 서대문구, 종로구)가 해당된다.

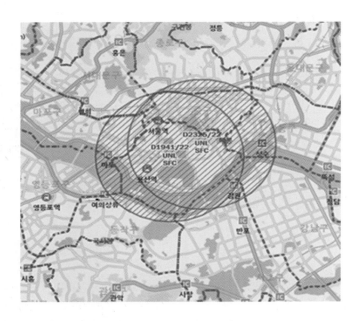

범례

━━━━━━ P73

그림 **4-14** P73. 출처 : 드론 원스톱 민원서비스

- P518, P518W, P518E : 2018.9.19. 군사합의(유효 2018.11. 1일부)

  - **고정익 항공기** : 군사분계선으로부터 서부 20km, 동부 40km

  - **회전익 항공기** : 군사분계선으로부터 10km

  - **무인기** : 군사분계선으로부터 서부 10km, 동부 15km

  - **기구류** : 군사분계선으로부터 25km

그림 **4-15** P518. 출처 : 드론 원스톱 민원서비스

② 비행제한구역(R, Restrict Area) : 총 84개소(R75, R107 등)

　■ 항공사격·대공사격 등으로 인한 위험으로부터 항공기의 안전을 보호하거나 그 밖의 이유로 비행허가
를 받지 않은 항공기의 비행을 제한하는 공역

■ 총 84개소

**서울 해당 지역**
강서구, 양천구, 동작구, 영등포구, 관악구,
서초구, 강남구
송파구(가락, 송파, 방이, 잠실)
강동구(천소, 풍납, 암사, 성내)

범례
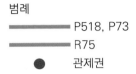 P518, P73
━━━ R75
● 관제권

그림 **4-16** 비행제한구역. 출처 : 드론 원스톱 민원서비스

③ 초경량비행장치 비행제한구역(URA, Ultralight Vehicle Flight Area) : 총 1개소

■ 초경량비행장치 비행안전을 확보하기 위하여 초경량비행장치의 비행활동에 제한이 필요한 공역(초경량비행장치 구역(UA) 외 전 지역)

(4) 주의공역

① 민간항공기 훈련구역(CATA, Civil Aircraft Training Area) : 총 9개소

■ 민간항공기의 훈련공역으로서 IFR 항공기로부터 분리를 유지할 필요가 있는 공역

② 군작전구역(MOA, Military Operation Area) : 총 68개소

■ 군 훈련항공기를 IFR 항공기로부터 분리시킬 목적으로 설정된 수직과 횡적 한계를 규정한 공역

■ 군작전구역 55개 구역, ACMI(AIR Combat Maneuvering Instrumentation) 5개 구역, 공중급유 6개 구역, 헬기훈련구역(HTA) 2개 구역

③ 위험구역(D, Danger Area) : 총 32개소

■ 사격장, 폭발물 처리장 등 위험시설의 상공에 항공기가 비행 시 항공기 또는 지상시설물에 대한 위험이 예상되는 공역

④ 경계구역(A, Alert Area) : 총 7개소

■ 대규모 조종사의 훈련이나 비정상 형태의 항공활동이 수행되는 공역

(5) 기타공역

① 방공식별구역(ADIZ, Air Defense Identification Zone) : 국방부에서 관리

■ 영공방위를 위하여 동 공역을 비행하는 항공기에 대하여 식별, 위치결정 및 통제업무를 실시하는 공역

■ 비행정보구역과는 별도로 한국방공식별구역(KADIZ)을 설정

■ 방공식별구역은 관할 국가의 배타적 주권이 미치는 영토·영해·영공과는 법적 성질이 다름, 일반적으로 외국 항공기가 자국의 방공식별구역에 진입했다는 이유로 무력공격을 하거나 격추하는 것은 국제법상 허용되지 않지만, 위치와 국적 확인 등 식별과 퇴거유도는 허용된다고 보는 것이 통상적 해석임

■ 대한민국 방공식별구역(KADIZ : Korea Air Defense Identification Zone)

• 6.25 전쟁 중 미군 당국에 의해 1951년 3월 22일 최초 설정

• 2007년 관련 법률 제정되면서 국내법적 근거 마련

• 현재 KADIZS는 2013.12.15. 부 유효

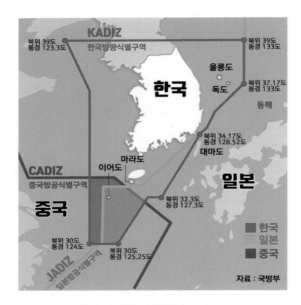

그림 **4-17** 방공식별구역. 출처 : 국방부

② **제한식별구역(LIZ, Limited Identification Zone)** : 국방부에서 관리

■ 방공식별구역 내 항공기 식별의 효율성을 위해 동 구역 내에서 비행을 시작하고 종료할 경우 우군기로 간주하여 식별임무를 완화하도록 하는 공역(군용항공기 운용 등에 관한 훈련 제3조 용어 정의)

■ 우리나라 해안선을 따라 설정, 항공기 식별이 안 될 경우 요격기 투입

## 4. 초경량비행장치 비행 가능 공역

### 1) 초경량비행장치 비행구역(UA, Ultralight vehicle flight areas)

(1) 주간, AGL 500ft 이하의 고도로 제약 없이 비행 가능

(2) 초경량비행장치 비행제한공역에서 비행승인받은 경우는 비행 가능

(3) 2022.4월 기준, 전국에 30개소 : UA2~UA43

　　① 무인비행장치 전용구역 : 11개소(무인비행장치만 비행 가능)

　　② 무인비행장치 실기시험 전용구역 : 2개소(광주, 영월)

*수직범위(공통) :SFC(지표면) ~ 500ft AGL

| 위 치 | | 수평 범위 |
|---|---|---|
| UA2 | 구성산 | Circle with radius of 1.8 km (1.0 NM) centered on 354421N 1270027E |
| UA3 | 약산 | Circle with radius of 0.7 km (0.4 NM) centered on 354421N 1282502E |
| UA4 | 봉화산 | Circle with radius of 4.0 km (2.2 NM) centered on 353731N 1290532E |
| UA5 | 덕두산 | Circle with radius of 4.5 km (2.4 NM) centered on 352441N 1273157E |
| UA6 | 금산 | Circle with radius of 2.1 km (1.1 NM) centered on 344411N 1275852E |
| UA8 | 양평 | 373010N 1272300E – 373010N 1273200E – 372700N 1273200E – 372700N 1272300E – to point of origin |
| UA10 | 고창 | Circle with radius of 4.0 km (2.2 NM) centered on 352311N 1264353E |
| UA14 | 공주 | 363038N 1270033E – 363002N 1270713E – 362604N 1270553E – 362729N 1265750E – to the beginning |
| UA19 | 시화호 | 371751N 1264215E – 371724N 1265000E – 371430N 1265000E – 371315N 1264628E – 371245N 1264029E – 371244N 1263342E – 371414N 1263319E – to point of origin |
| UA21 | 방장산 | Circle with radius of 3.0 km (1.6 NM) centered on 352658N 1264417E |
| UA24 | 구좌 | Circle with radius of 2.8 km (1.5 NM) centered on 332841N 1264922E |
| UA25 | 하동 | 350147N 1274325E – 350145N 1274741E – 345915N 1274739E – 345916N 1274324E – to point of origin |
| UA26 | 장암산 | 372338N 1282419E – 372410N 1282810E – 372153N 1282610E – 372211N 1282331E – to point of origin |
| UA27 | 마악산 | Circle with radius of 1.2 km (0.7 NM) centered on 331800N 1263316E |
| UA28 | 서운산 | Circle with radius of 2.0 km(1.1 NM) centered on 365550N 1271659E |
| UA29 | 오천 | Circle with radius of 2.0 km(1.1 NM) centered on 365711N 1271716E |
| UA30 | 북좌 | Circle with radius of 2.0 km(1.1 NM) centered on 370242N 1271940E |
| UA31 | 청라 | 373354N 1263730E – 373400N 1263744E – 373351N 1263750E – 373345N 1263736E – to point of origin |
| UA32 | 퇴촌 | Circle with radius of 0.3 km(0.2 NM) centered on 372800N 1271809E |
| UA33 | 병천천 | 363904N 1272103E – 363902N 1272111E – 363850N 1272106E – 363852N 1272059E – to point of origin |
| UA34 | 미호천 | 363710N 1272048E – 363705N 1272105E – 363636N 1272049E – 363650N 1272033E – to point of origin |
| UA35 | 김해 | 352057N 1284815E – 352101N 1284825E – 352047N 1284833E – 352043N 1284823E – to point of origin |
| UA36 | 밀양 | 352801N 1284642E – 352729N 1284714E – 352717N 1284659E – 352750N 1284627E – to point of origin |
| UA37 | 창원 | 352238N 1283856E – 352238N 1283931E – 52216N 1283931E – 352213N 1283921E – 352213N 1283856E – to point of origin |

| 위 치 | | 수평 범위 |
|---|---|---|
| UA38 | 울주 | 353129N 1290947E – 353128N 1290957E – 353130N 1291001E – 353126N 1291003E – 353124N 1291001E – 353125N 1290946E – to the beginning |
| UA39 | 김제 | 355435N 1265304E – 355454N 1265257E – 355458N 1265339E – 355437N 1265420E – 355420N 1265408E – 355439N 1265331E – to point of origin |
| UA40 | 고령 | Circle with radius of 80 m(0.05 NM) centered on 355034N 1282639E |
| UA41 | 대전 | 362754N 1272326E – 362757N 1272427E – 362710N 1272439E – 362707N 1272306E – to the beginning |
| UA42 | 광주 | Circle with radius of 50m(0.03NM) centered on 351318N 1285142E ※ Only for Unmanned Aerial Vehicle practical test Active: TUE–WED 0800–1800(KST) |
| UA43 | 영월 | 371036N 1282739E – 371031N 1282745E – 371029N 1282743E – 371034N 1282737E – to the beginning ※ Only for Unmanned Aerial Vehicle practical test Active: TUE–WED 0800–1800(KST) |

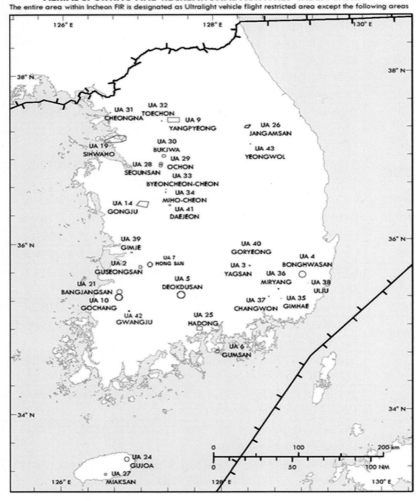

그림 **4-18** 초경량비행장치 비행구역. 출처 : 항공정기간행물(AIP)

**2) 초경량비행장치 비행구역 외 구역은 아래 법령 준수**

(1) 초경량비행장치 종류별로 항공안전법 제127조(초경량비행장치 비행승인)

(2) 항공안전법 시행령 제25조(초경량비행장치 비행승인 제외 범위)

(3) 항공안전법 시행규칙 제308조(초경량비행장치의 비행승인)

## 5. 비행승인 관련 법령

**1) 항공안전법 제127조(초경량비행장치 비행승인)**

① 국토교통부장관은 초경량비행장치의 비행안전을 위하여 필요하다고 인정하는 경우에는 초경량비행장치의 비행을 제한하는 공역(이하 "초경량비행장치 비행제한공역"이라 한다)을 지정하여 고시할 수 있다.

② 동력비행장치 등 국토교통부령으로 정하는 초경량비행장치를 사용하여 국토교통부장관이 고시하는 초경량비행장치 비행제한공역에서 비행하려는 사람은 국토교통부령으로 정하는 바에 따라 미리 국토교통부장관으로부터 비행승인을 받아야 한다. 다만, 비행장 및 이착륙장의 주변 등 대통령령으로 정하는 제한된 범위에서 비행하려는 경우는 제외한다.

> **항공안전법 시행령 제25조(초경량비행장치 비행승인 제외범위)**
>
> 법 제127조 제2항 단서에서 "비행장 및 이착륙장의 주변 등 대통령령으로 정하는 제한된 범위"란 다음 각 호의 어느 하나에 해당하는 범위를 말한다.
>
> 1. 비행장(군 비행장은 제외한다)의 중심으로부터 반지름 3킬로미터 이내 지역의 고도 500피트 이내의 범위(해당 비행장에서 법 제83조에 따른 항공교통업무를 수행하는 자와
>
>    사전에 협의가 된 경우에 한정한다)
>
> 2. 이착륙장의 중심으로부터 반지름 3킬로미터 이내의 지역의 고도 500피트 이내의 범위
>
>    (해당 이착륙장을 관리하는 자와 사전에 협의가 된 경우에 한정한다)

③ 제2항 본문에 따른 비행승인 대상이 아닌 경우라 하더라도 다음 각 호의 어느 하나에 해당하는 경우에는 제2항의 절차에 따라 국토교통부장관의 비행승인을 받아야 한다.

1. 제68조 제1호에 따른 국토교통부령으로 정하는 고도 이상에서(→150m) 비행하는 경우

2. 제78조 제1항에 따른 관제공역ㆍ통제공역ㆍ주의공역 중 관제권 등 국토교통부령으로 정하는 구역에서 비행하는 경우

④ 제2항 및 제3항 제2호에 따른 국토교통부장관의 비행승인이 필요한 때에 제131조의2 제2항 (→무인비행장치의 적용특례)에 따라 무인비행장치를 비행하려는 경우 해당 국가기관 등의 장이 국토교통부령으로 정하는 바에 따라 사전에 그 사실을 국토교통부장관에게 알리면 비행승인을 받은 것으로 본다.

⑤ 법 제127조 제3항 제1호에서 "국토교통부령으로 정하는 고도"란 다음 각 호에 따른 고도를 말한다.

　　1. 사람 또는 건축물이 밀집된 지역: 해당 초경량비행장치를 중심으로 수평거리 150미터(500피트) 범위 안에 있는 가장 높은 장애물의 상단에서 150미터

　　2. 제1호 외의 지역: 지표면·수면 또는 물건의 상단에서 150미터

⑥ 법 제127조 제3항 제2호에서 "국토교통부령으로 정하는 구역"이란 별표 23 제2호에 따른 관제공역 중 관제권과 통제공역 중 비행금지구역을 말한다.

## 2) 항공안전법 시행규칙 제308조(초경량비행장치의 비행승인)

① 법 제127조 제2항 본문에서 "동력비행장치 등 국토교통부령으로 정하는 초경량비행장치"란 제5조에 따른 초경량비행장치를 말한다. 다만, 다음 각 호의 어느 하나에 해당하는 초경량비행장치는 제외한다(→비행승인 예외 장치).

　　1. 영 제24조 제1호부터 제4호까지의 규정에 해당하는 초경량비행장치(행글라이더, 패러글라이더, 기구류, 계류식 무인비행장치, 낙하산류 등 의미), 항공기대여업, 항공레저스포츠사업 또는 초경량비행장치사용사업에 사용되지 아니하는 것으로 한정한다.

　　2. 최저비행고도(150미터) 미만의 고도에서 운영하는 계류식 기구

　　3. 「항공사업법 시행」규칙제6조 제2항 제1호에(→농업지원용 의미) 사용하는 무인비행장치로서 다음 각 목의 어느 하나에 해당하는 무인비행장치

　　　　가. 관제권, 비행금지구역 및 비행제한구역 외의 공역에서 비행하는 무인비행장치

　　　　나. 가축전염병의 예방 또는 확산 방지를 위하여 소독·방역업무 등에 긴급하게 사용하는 무인비행장치

　　4. 다음 각 목의 어느 하나에 해당하는 무인비행장치

　　　　가. 최대이륙중량이 25킬로그램 이하인 무인동력비행장치

　　　　나. 연료의 중량을 제외한 자체중량이 12킬로그램 이하이고 길이가 7미터 이하인 무인비행선

　　5. 그 밖에 국토교통부장관이 정하여 고시하는 초경량비행장치

② 제1항에 따른 초경량비행장치를 사용하여 비행제한공역을 비행하려는 사람은 법 제127조 제2항 본문에 따라 별지 제122호 서식의 초경량비행장치 비행승인신청서를 지방항공청장에게 제출하여야 한다. 이 경우 비행승인신청서는 서류, 팩스 또는 정보통신망을 이용하여 제출할 수 있다.

③ 지방항공청장은 제2항에 따라 제출된 신청서를 검토한 결과 비행안전에 지장을 주지 아니한다고 판단되는 경우에는 이를 승인하여야 한다. 이 경우 동일지역에서 반복적으로 이루어지는 비행에 대해서는 6개월의 범위에서 비행기간을 명시하여 승인할 수 있다.

### 3) 항공안전법 시행규칙 제312조의2(무인비행장치 특별비행승인)

① 법 제129조 제5항 전단에 따라 야간에 비행하거나 육안으로 확인할 수 없는 범위에서 비행하려는 자는 별지 제123호의2 서식의 무인비행장치 특별비행승인 신청서에 다음 각 호의 서류를 첨부하여 지방항공청장에게 제출하여야 한다.

  1. 무인비행장치의 종류·형식 및 제원에 관한 서류

  2. 무인비행장치의 성능 및 운용한계에 관한 서류

  3. 무인비행장치의 조작방법에 관한 서류

  4. 무인비행장치의 비행절차, 비행지역, 운영인력 등이 포함된 비행계획서

  5. 안전성인증서(초경량비행장치 안전성인증 대상에 해당하는 무인비행장치에 한정한다)

  6. 무인비행장치의 안전한 비행을 위한 무인비행장치 조종자의 조종 능력 및 경력 등을 증명하는 서류

  7. 해당 무인비행장치 사고에 따른 제3자 손해 발생 시 손해배상 책임을 담보하기 위한 보험 또는 공제 등의 가입을 증명하는 서류 (보험 또는 공제에 가입하여야 하는 자로 한정한다)

  8. 별지 제122호 서식의 초경량비행장치 비행승인신청서(비행승인 신청을 함께 하려는 경우에 한정한다)

  9. 그 밖에 국토교통부장관이 정하여 고시하는 서류

② 지방항공청장은 제1항에 따른 신청서를 제출받은 날부터 30일 (새로운 기술에 관한 검토 등 특별한 사정이 있는 경우에는 90일) 이내에 법 제129조 제5항에 따른 무인비행장치 특별비행을 위한 안전기준에 적합한지 여부를 검사한 후 적합하다고 인정하는 경우에는 무인비행장치 특별비행승인서를 발급하여야 한다.

③ 제1항 및 제2항에 규정한 사항 외에 무인비행장치 특별비행승인을 위하여 필요한 사항은 국토교통부장관이 정하여 고시한다.

→ 부록, 무인비행장치 특별비행을 위한 안전기준 및 승인절차에 관한 기준 참조

(1) 무인비행장치 특별비행승인 신청 절차

  ① 드론 원스톱 민원포털서비스(https://drone.onestop.go.kr)를 통하여 특별비행승인 신청

  ② 지방항공청에서 신청서 접수 후 항공안전기술원에 안전기준 검사 요청

  ③ 항공안전기술원에서 검사수수료 통보 및 납부 확인, 안전성 검사(현장점검) 후 지방항공청으로 결과서 제출

  ④ 지방항공청에서 최종 승인 후 기관 및 업체로 증명서 발송

  ⑤ 기관 및 업체는 증명서 수령 후 특별비행승인 수행 가능

  ⑥ 민원처리 기한 : 평일기준 30일

**4) 항공안전법 시행규칙 제310조(초경량비행장치 조종자 준수사항)**

① 초경량비행장치 조종자는 법 제129조 제1항에 따라 다음 각 호의 어느 하나에 해당하는 행위를 하여서는 아니 된다. 다만, 무인비행장치의 조종자에 대해서는 제4호 및 제5호를 적용하지 아니한다.

1. 인명이나 재산에 위험을 초래할 우려가 있는 낙하물을 투하(投下)하는 행위

2. 주거지역, 상업지역 등 인구가 밀집된 지역이나 그 밖에 사람이 많이 모인 장소의 상공에서 인명 또는 재산에 위험을 초래할 우려가 있는 방법으로 비행하는 행위

2의2. 사람 또는 건축물이 밀집된 지역의 상공에서 건축물과 충돌할 우려가 있는 방법으로 근접하여 비행하는 행위

3. 법에 따른 관제공역 · 통제공역 · 주의공역에서 비행하는 행위. 다만, 법 제127조에 따라 비행승인을 받은 경우와 다음 각 목의 행위는 제외한다.

　가. 군사목적으로 사용되는 초경량비행장치를 비행하는 행위

　나. 다음의 어느 하나에 해당하는 비행장치를 관제권 또는 비행금지구역이 아닌 곳에서 최저비행고도 (150미터) 미만의 고도에서 비행하는 행위

　1) 무인비행기, 무인헬리콥터 또는 무인멀티콥터 중 최대이륙중량이 25킬로그램 이하인 것

　2) 무인비행선 중 연료의 무게를 제외한 자체 무게가 12킬로그램 이하이고, 길이가 7미터 이하인 것

4. 안개 등으로 인하여 지상목표물을 육안으로 식별할 수 없는 상태에서 비행하는 행위

5. 비행시정 및 구름으로부터의 거리기준을 위반하여 비행하는 행위

6. 일몰 후부터 일출 전까지의 야간에 비행하는 행위. 다만, 최저비행고도(150미터) 미만의 고도에서 운영하는 계류식 기구 또는 법에 따른 허가를 받아 비행하는 초경량비행장치는 제외한다.

　(→야간 비행금지, 단 특별비행승인을 받으면 가능)

7. 「주세법」 주류, 「마약류 관리에 관한 법률」 「마약류 또는 화학물질관리법」 따른 환각물질 등(이하 "주류등"이라 한다)의 영향으로 조종업무를 정상적으로 수행할 수 없는 상태에서 조종하는 행위 또는 비행 중 주류 등을 섭취하거나 사용하는 행위

8. (안전관리사항, 기상운용한계치, 비행경로) 위반행위(유인항공기 사항임)

9. 그 밖에 비정상적인 방법으로 비행하는 행위

② 초경량비행장치 조종자는 항공기 또는 경량항공기를 육안으로 식별하여 미리 피할 수 있도록 주의하여 비행하여야 한다.

③ 동력을 이용하는 초경량비행장치 조종자는 모든 항공기, 경량항공기 및 동력을 이용하지 아니하는 초경량비행장치에 대하여 진로를 양보하여야 한다.

④ 무인비행장치 조종자는 해당 무인비행장치를 육안으로 확인할 수 있는 범위에서 조종하여야 한다(→비가시권 비행금지, 단 특별비행승인을 받으면 가능).

**5) 비행하고자 하는 곳이 관제권인지 비행금지구역인지 확인하는 방법 :** 지금까지 공역에 대한 내용과 비행승인 관련 법령을 알아보았다. 복잡한 내용 같지만 결론적으로 다음 사항에 해당하면 비행승인을 받아야 한다고 이해하면 된다.

(1) 비행승인을 반드시 받아야 하는 경우(관련 법령 : 항공안전법 제127조, 항공안전법 시행규칙 308조에 의거)

① 최대이륙중량 25kg 초과 무인동력비행장치

② 자체 중량 12kg 초과(연료 제외), 길이 7m 초과하는 무인비행선

③ 고도 150m 이상으로 비행하는 경우

④ 관제권 및 비행금지구역, 비행제한구역 내에서 비행하는 경우

그리고 사유지, 해수욕장, 국립공원, 문화재, 청와대, 교도소, 군부대, 국가중요시설 등은 해당지역의 소유자 및 관리사무소가 있을 경우 반드시 사전에 협의를 하라고 드론 원스톱 민원서비스에서는 권고하고 있음을 명심해야 한다.

그렇다면 어디가 관제권, 비행금지구역, 비행제한구역인지를 내가 어디서 확인할 수 있을까? 여러 APP이 있지만 국가에서 공식적으로 운영하는 드론 원스톱 민원서비스의 「비행계획 / 비행가능지역 검색」에서 주소를 입력하여 확인 후 해당이 되면 비행승인을 반드시 받은 후 관할 기관의 통제에 따라 비행을 하면 된다. Drone Fly 등의 APP을 통해서도 확인이 가능하다.

그림 4-19 드론 원스톱 민원서비스 화면. 출처 : 드론 원스톱 민원서비스

이상과 같이 최소 D-14일 전 공역 확인에 대한 내용을 살펴보았다. 어떻게 보면 비행을 하기 위한 출발점이라 할 수 있다. 나 스스로가 법령이 준하는 절차에 따라 조치하고 비행했을 때 최소한의 안전을 보장받을 수 있는 것이다. 이러한 규정과 절차는 국가마다 상이하기 때문에 각 국가의 규정을 정확히 이해하고 준수하는 것 또한 필요할 것이다.

CHAPTER
# 05 DJI GEO Zone 확인

드론 조종자가 비행하고자 하는 곳이 관제권 내에 위치하면, DJI 홈페이지에서 해당지역이 DJI GEO Zone에 위치하고 있는지 확인을 해야 한다. GEO Zone에 대한 이해와 승인 그리고 기체에 조치를 하지 않으면 현장에서 시동이 걸리지 않는다든지, 기체가 공중에서 더 이상 이동하지 않는다든지 하는 어처구니없는 현상을 경험하고 시간도 허비하게 될 것이다.

DJI GEO Zone은 지오펜싱(Geofencing)기술로서 지리적인 위치를 기반으로 한 서비스 제공 기술이다. 특정 위치에 가상의 경계를 설정하고 이 경계를 넘나드는 기체에 대한 식별, 행동 추적, 경고 메시지 전송 등 다양한 기능을 수행한다. GPS, Wi-Fi, RFID[부록 참조] 등의 위치추적 기술을 활용하여 가상의 펜스를 구성하며, 이를 통해 특정 영역 내에서의 행동을 모니터링하거나 제어함으로써 조종자들이 안전하고 책임감 있게 드론을 운용할 수 있도록 한다.

이러한 지오펜싱 도입 결정의 배경에는 다음과 같이 여러 가지 이유가 있다. 첫째, 지오펜싱을 이용하면 드론이 위험한 지역(예: 공항, 군사 기지 등)에 접근하는 것을 방지할 수 있고 이는 드론이 항공기와 충돌하거나, 보안을 위협하는 사고를 일으키는 것을 막아주므로, 드론의 안전성을 크게 향상시킬 수가 있다. 둘째, 많은 국가에서는 드론이 특정 지역에서의 비행을 제한하거나 금지하고 있기 때문에 DJI의 지오펜싱 기능을 이용하면, 사용자는 이러한 법규를 쉽게 준수할 수 있기 때문이다. 셋째, 지오펜싱을 이용하면 사용자는 자신이 어디에서 비행하고 있는지 그리고 어떤 지역이 위험한지 쉽게 알 수 있으며, 이는 사용자가 안전하게 드론을 운용하는 데 필요한 지식과 이해를 높이는 데 도움이 된다. 마지막으로 DJI가 사용자의 안전과 법규 준수를 위해 지오펜싱과 같은 기술을 도입하고 개발함으로써, 회사는 책임감 있는 기업 이미지를 유지하고 고객 및 규제 기관으로부터의 신뢰성을 높일 수 있기 때문이다.

이러한 이유로 인해, DJI는 안전하고 책임감 있게 비행할 수 있도록 주변의 위험요소가 한 눈에 들어오는 간편한 지침이 필요하다는 점을 인식해서 고도화된 지오펜싱 시스템인 GEO(Geospatial Environment Online)를 2013년 처음으로 자사 드론 사용을 위한 비행금지구역을 지정했으며, 그로부터 3년 후 미국과 일부 유럽 국가에서 향상된 GEO 시스템을 소개하였다. GEO 시스템의 개발 역사와 GEO 시스템을 어떻게 통제하고 있는지 구체적으로 살펴보자.

## 1. GEO(Geospatial Environment Online, 온라인 지형공간 환경)의 발전

Phantom 3부터 적용되어 현재 2.0 시스템으로 업데이트가 적용되고 있고 지속적으로 안전비행구역이 강화되고 있다. 구형 기체가 이 시스템 미적용으로 비행공간이 최신 기체보다 더 자유로운 장점도 있다. 이 GEO 시스템은 각 국가에서 법적으로 적용하고 있는 공항주변 비행금지구역과는 별개의 구역이다.

**1) 2013년 내비게이션 시스템 GEO :** GPS를 이용해 비행금지구역을 피하는 시스템으로 제한지역이 단순한 2차원 원형으로 표시되었다.

## 2) 2019년 GEO 2.0

(1) 공항 활주로 주변의 새로운 경계 지역은 국제민간항공기구(ICAO)의 부속서 14 규정(활주로 주변 공역 안전 관련)을 기반으로 지정하였으며, 공항 시설 주변 지오펜싱 기능 강화 방법과 관련해 항공 기관과 협의하였다.

(2) 지오펜싱 범위 확장은 곧 DJI GEO 2.0 시스템이 아·태 지역 전역의 공항까지 포함하는 것을 의미한다.

(3) 비행금지구역을 공항의 크기와 지형지물의 높낮이까지 반영한 3차원 방식을 적용하였다.

(4) GEO 2.0은 기존 단순한 원 모양의 반경 제한을 넘어 활주로 주변 1.2km 폭의 직사각형 구역과 비행기가 이·착륙하는 양단의 3차원 비행 경로에 가장 엄격한 지오펜싱 규제를 적용하였다.

　　① 3D 나비 넥타이(Bow Tie) 형태는 활주로 양측에 더 넓은 공간을 확보해 더 다양한 위험요소에 대한 인지 및 유연한 대응 능력 구축으로 안전한 드론 사용을 가능하게 하였다.

(5) 활주로에서 멀리 떨어진 곳이더라도 비행기가 지나는 길목에서는 드론의 상승 고도 또한 일정 높이 이하로 제한하였다.

(6) 재난 등의 긴급 상황 발생 시에는 비행제한구역을 조정하는 것도 가능하다.

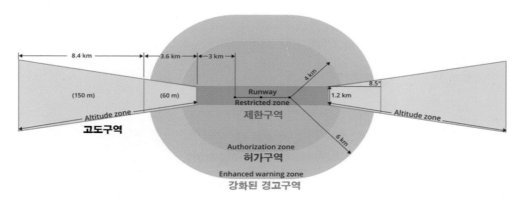

그림 5-1 고위험 공항을 위해 설계된 GEO Zone. 출처 : DJI 홈페이지

## 2. DJI 홈페이지 _ 고객지원 _ 안전비행 _ 더 자세히 알아보기 _ GEO Zones for Airports

**1) Airport GEO Zones(환경과 안전에 대한 우려는 다양할 수 있기 때문에 공항을 높음, 중간, 낮음의 세 가지 위험 범주로 분류)**

(1) Design for Low Risk Airport(저위험 공항을 위한 설계)

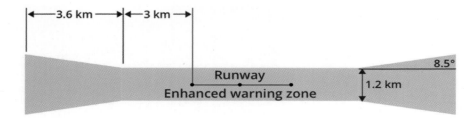

(2) Design for Medium Risk Airport(중위험 공항을 위한 설계)

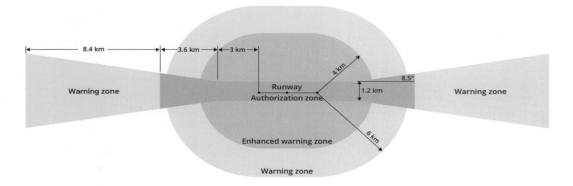

(3) Design for Medium High Risk Airport(고위험 공항을 위한 설계)

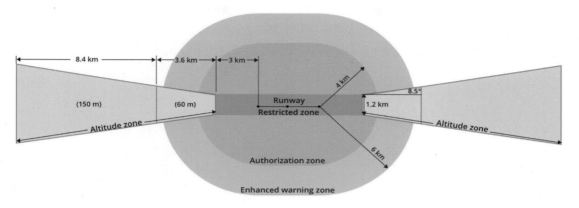

## ※ GEO Zone 색깔 구분

**Restricted Zone(제한 구역)**

제한 구역 내에서는 어떠한 비행도 허용되지 않는다. 이 구역은 폭이 1.2km인 직사각형 형태의 공항 활주로와 각 끝에 3km가 추가된 활주로 길이를 포함한다.

**Altitude Zone(고도 구역)**

고도 구역은 비행고도가 제한되는 지역이다. 각 구역은 두 부분으로 구성된다. 1부는 제한구역의 네 모서리에서 바깥쪽으로 3.6km 뻗어 있는 높이 제한구역으로 8.5°이다. 2부는 높이 150m의 제한구역으로 1부 코너에서 바깥쪽으로 8.4km 뻗어 있다.

**Authorization Zone(권한 부여 구역)**

권한 부여 구역에서 모든 비행은 기본적으로 제한되지만 사용자는 DJI 인증 계정으로 자동 잠금 해제를 할 수 있다. 이 타원형 지역은 중간에 연결되는 활주로 양쪽 끝에 두 개의 4km 반원형으로 구성되어 있다.

**Enhanced Warning zone(강화된 경고 구역)**

강화된 경고 구역은 권한 부여 구역의 둘레에서 바깥쪽으로 2km 뻗어 있는 원형 구간이다. 드론이 외부에서 이 지역으로 접근하면 DJI APP에서 경고를 발령한다. 그런 다음 사용자는 비행을 계속하기를 원하는지 확인해야 한다.

**2) 다른 GEO Zones :** 비행 중 특정 보안 또는 안전 위험을 피하기 위해 DJI는 중요한 정부 기관, 교도소, 원자력 발전소 및 기타 민감한 지역 주변에 GEO Zone을 구현한다. GEO 2.0은 비행 안전을 보장하고 드론 사용자의 불편을 최소화하는, 보다 정밀한 다각형 모양의 GEO Zone을 새롭게 선보였으며, 주요 공연, 활동, 회의 또는 재난 구조 지역에서 공공 보안을 보장하기 위해 임시 GEO 구역을 설정할 수 있다.

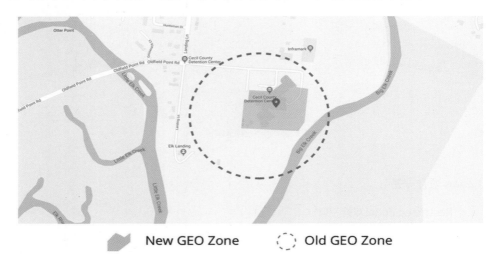

New GEO Zone      Old GEO Zone

**3) GEO Zones에서의 비행**

(1) DJI 드론이 GEO Zone 근처를 비행하면, DJI 앱에서 경고가 나타난다. 조종자는 이러한 경고를 주의 깊게 읽고 그에 따라 대응해야 한다.

① DJI 드론이 고도 제한 구역보다 높은 고도에서 고도 구역을 향해 비행하는 경우 자동으로 감속하여 제자리에서 맴돌게 된다.

고도 제한 구역보다 낮은 고도에서 고도 구역을 향해 비행하는 경우, 한 번 안에 들어가면 고도 천장보다 더 높은 고도로 비행할 수 없다.

드론이 GPS 신호 없이 고도 구역으로 비행하면 GPS 신호를 받으면 자동으로 착륙한다.

② DJI 드론은 제한 구역에서 이륙할 수 없다. 드론이 제한 구역의 경계 근처를 비행할 때 자동으로 감속하여 제자리에서 맴돌게 된다. GPS 신호 없이 제한 구역으로 비행하면 GPS 신호를 받으면 자동으로 착륙한다.

(2) 사용자는 인증 구역에서 이륙하기 전에 ID 인증 및 자체 잠금 해제를 완료해야 한다.

(3) 강화된 경고 영역에서 이륙할 때 사용자는 팝업 경고에서 "확인"을 눌러 이 작업을 승인해야 한다.

## 3. DJI 홈페이지 _ 고객지원 _ 안전비행 _ 더 자세히 알아보기 _ GEO Zones FAQ

1) **GEO-Information System이란 무엇입니까?** : DJI의 GEO(Geospace Environment Online)는 DJI 사용자에게 안전 문제 또는 규정으로 인해 비행이 제한될 수 있는 지역에 대한 최신 안내를 제공하는 동급 최고의 지리공간 정보 시스템이다. 최신 영공 정보, 경고 및 비행 제한 시스템, 특정 위치에 대한 자체 승인 잠금 해제 메커니즘 및 이러한 결정에 대한 최소 침입 책임 시스템을 결합한다. 이 시스템은 종종 "지오펜싱"이라고 불리며 2013년에 구현된 DJI의 1세대 비행 금지 구역 시스템을 대체한다.

**2)** **GEO 2.0의 새로운 기능은?** : 최신 공항 GEO 구역은 공항의 국제 규제 표준인 ICAO ANEX 14의 장애물 제한 표면 섹션을 참조한다. 공항은 높음, 중간, 낮음의 세 가지 위험 범주에 따라 분류된다. 다른 제한된 지역에서는 새로운 다각형 모양의 GEO 구역을 사용하여 비행 제한을 보다 정확하게 한다. 이전 버전에 비해 최신 제한 구역은 덜 제한적이고 논리적으로 설계되어 사용자가 안전한 비행을 즐길 수 있는 더 넓은 공간을 제공한다.

**3)** **어떤 DJI 드론이 GEO 2.0을 사용합니까?** : GEO 2.0 시스템은 DJI Spark 및 Inspire 2 뿐만 아니라 Phantom 4, M200 및 Mavic의 집합 제품 시리즈와도 작동한다. 일부 구형 DJI 제품은 M100 및 팬텀 3, 인스파이어 1 및 M600의 집합 제품 시리즈를 포함한 원래의 GEO 시스템을 사용한다.

**4)** **라이브 업데이트는 어떻게 작동합니까?** : 계획된 항공편의 위치에 있는 임시 항공편 제한에 대한 최신 정보는 DJI 앱을 통해 사용자에게 전송된다.

**5)** **강화된 경고 구역이란 무엇입니까?** : 강화된 경고 구역은 야생동물 보호 구역과 같이 주로 안전과 관련되지 않은 잠재적인 문제를 드론 운영자에게 경고하기 위해 존재한다. 드론이 강화 경고 구역에 접근하면 DJI 앱이 경고를 보낸다. 그런 다음 사용자는 비행을 계속할 것인지 확인해야 한다.

**6)** **DJI는 항공법과 규정에 대해 사용자에게 알려야 합니까?** : 아니다. GEO 시스템은 자문 전용으로 각 운영자는 공식적인 출처를 확인하고 자신의 비행에 적용되는 법이나 규정을 결정할 책임이 있다. 그러나 DJI는 전 세계 항공 당국과 협력하여 안전하고 책임감 있는 비행을 촉진하는 데 가장 효과적인 운영자 지침을 결정할 것이다.

**7)** **DJI 계정을 확인하려면 어떻게 해야 합니까?** : 사용자는 휴대폰 번호를 제공하여 DJI 계정을 확인할 수 있다. DJI는 이 정보를 수집, 저장 또는 저장하지 않는다.

**8)** **저는 상업 경영자입니다. 이 시스템이 저에게 적용됩니까?** : GEO 시스템은 모든 운영자에게 동일한 정보를 제공한다. 귀하의 운영이 상업적인지, 오락적인지, 교육적인지, 인도주의적인지, 정부적인지에 따라 규정이 달라질 수 있다는 것을 알고 있다. DJI는 모든 범주에서 가장 인기 있는 브랜드로써 우리 시스템은 운영자의 판단에 따라 유연하게 잠금을 해제할 수 있다. 또한 수요일에 업무용으로 사용되는 드론은 일요일에 레크리에이션용으로 사용될 수도 있다. 지오펜싱의 주요 기능은 정보를 제공하고 우려가 제기되는 영역에서 의도하지 않은 작동을 방지하는 데 도움을 주는 것이기 때문에, 이 시스템은 일반적으로 신규 및 레크리에이션 사용자를 염두에 두고 설계되었다. 상업적 운영자들은 조사를 하고 그들의 운영에 적용될 수 있는 제한과 조건에 대해 계속해서 알 것으로 기대된다. 잠금 해제 메커니즘을 통해 각 사용자는 DJI가 제공하는 지침과 독립적으로 적절한 개별 운영 결정을 내릴 수 있다.

**9)** **GEO 2.0은 이전에 비행할 수 있었던 장소에서 비행하는 것을 방해합니까?** : GEO 2.0은 이전에 제한되었던 일부 영역의 경계를 변경한다. 그러나 대부분의 경우 새로운 GEO 구역은 불필요한 제한을 피하고 더 많은 위치에서 비행할 수 있도록 더 정확하다. 확인된 DJI 계정을 사용하면 사용자가 특정 제한 영역을 자체 인증하고 잠금을 해제할 수 있다. 영역의 잠금을 해제할 수 없는 경우에는 특히 민감하거나(즉, 공항이나 정부 건물 근처의 위치), 공공 행사, 비상사태 또는 기타 이유로 인해 일시적인 잠금이 해제될 수 있다. GEO 2.0은 몇 가지 추가적인 단계가 필요할 수 있지만, 이러한 예방 조치는 비행 안전성을 높이고 보다 부드럽고 안심할 수 있는 환경을 제공한다고 생각한다.

**10) 시스템에서 오류가 발견되면 어떻게 해야 합니까? :** DJI는 오류 보고 시스템을 만들 것이다. 우리는 우리의 새로운 시스템이 가능한 한 정확하고 도움이 되기를 원한다. 잠금 해제 메커니즘을 사용하면 DJI가 오류 보고서를 평가하는 동안 사용자의 판단에 따라 이러한 위치로 이동할 수 있다.

**11) 비용이 좀 들까요? :** 호환되는 DJI 장비가 있다고 가정하면 새로운 GEO 시스템으로 업그레이드하는 데 비용이 들지 않는다. 모바일 번호로 계정을 확인해도 요금이 부과되지 않는다. 전화번호는 계정을 확인하기 위한 자격 증명으로만 사용된다. 통신사의 표준 문자 메시지 요금은 SMS 또는 문자 메시지 통신을 사용하는 확인에 적용된다.

**12) 저는 보통 인터넷에 연결된 장치 없이 비행하거나 데이터 범위가 없는 위치에서 비행하다. GEO 시스템을 어떻게 사용합니까? :** 작업 전에 권한 부여 영역의 잠금을 해제할 수 있는 웹 페이지를 개발하였다. 자세한 내용은 https://www.dji.com/kr/flysafe/self-unlock 페이지를 참조하라.

**13) GEO 2.0은 현재 어디에서 구현되고 있습니까? :** GEO 2.0은 현재 미국뿐만 아니라 많은 국가에서 구현되고 있다. 사용자에게 지속적인 정보를 제공하기 위해 관련 발표를 할 것이다.

**14) 이것이 FAA UAS 등록 계획과 관련이 있습니까? :** 아니다. 이는 운영자 교육, 책임 및 책임에 대한 업계 주도의 독립적인 접근 방식이다. DJI는 GEO 시스템을 사용하기 위해 정부 등록을 요구하지 않는다. 항공 시스템에 대한 등록 시스템이 구현된 경우, 그리고 그 사용이 GEO 시스템의 기능을 향상시킬 수 있는지 여부를 평가할 것이다. 우리는 안전한 항공 시스템 운영을 위한 프레임워크를 만들기 위해 사용자의 개인 식별 정보를 공개할 필요가 없다고 생각한다.

**15) 정부에서 항공편 정보를 이용할 수 있습니까? :** DJI는 항공편 정보를 공개해야 하는 특별하고 강력한 이유가 없는 한 비공개로 유지하려고 노력한다. 항공 안전 또는 법 집행 조사 시 당사의 인증 파트너는 해당 DJI 계정을 확인하는 데 사용된 신용 카드 또는 휴대 전화 번호에 대한 세부 정보를 제공할 수 있다. 그러면 해당 위치, 날짜 또는 시간에 대한 정보가 제공된다. 이를 통해 개인 정보를 사전에 수집하는 부담 없이 책임을 질 수 있다. 우리는 또한 현 시점에서 그것이 적절한 균형을 이루고 있다고 생각한다. 우리의 관찰에 따르면 항공 시스템 운영자의 대다수는 규칙을 따르고 상식을 사용하는 책임 있는 공동체 시민이다. 우리는 우리의 고객들이 의심과 최소한의 침해를 받는 책임 시스템의 혜택을 받을 자격이 있다고 생각한다.

**16) 이것은 DJI가 지오펜싱에 대한 법적 권한을 지원한다는 것을 의미합니까? :** 아니다. 수년간의 고객 경험과 피드백을 바탕으로 볼 때, 우리는 기기 기능을 지리적으로만 무조건 제한하는 것은 잘못된 접근법이라고 생각한다. 이 기술은 다양한 유형의 권한과 날짜 및 시간을 가진 다양한 운영자에 의해 사용되고 있다. 영구적인 지오펜스의 좋은 후보가 될 수 있는 거의 모든 영역에서, 우리는 공인된 운영자들이 접근해야 하는 상황에 직면했다. 우리는 지리적 위치만을 기반으로 항공 시스템 기술의 사용을 제한하는 것이 아직 초기 단계에 있는 기술의 미래 응용 프로그램을 사용하는 것을 막을 수 있다고 믿는다.

## 4. 비행하고자 하는 곳이 GEO Zone에 포함되는지 확인하는 방법

지금까지 GEO Zone에 대한 역사와 통제내용을 알아보았다. 결론적으로 본인이 비행을 하고자 하는 곳이 관제권에 포함되면 반드시 DJI 홈페이지 _ 고객지원 _ 안전 비행 _ GEO시스템 _ GEO 구역 지도에 가서 주소를 입력하고 확인하면 되며, 포함된다면 GEO Zone 해제 절차에 따라 후속조치를 해야지만 비행을 할 수가 있다.

## 1) DJI 홈페이지 _ 고객지원 _ 안전비행 클릭

## 2) GEO 구역지도 클릭 _ GEO 구역 정보에 나라명과 기체 검색해서 입력

**3) GEO 구역지도에서 해당 지역 명 또는 주소 입력하여 GEO Zone에 어느 구역에 포함되는지 확인**

이상과 같이 1단계 비행계획 수립 단계의 GEO Zone 확인에 대한 내용을 살펴보았다.

저자가 GEO Zone에 대한 개념이 없을 때 2~3시간 운전하고 가서 "어어 왜 시동이 안 걸리지...어어 왜 착륙하지...고개만 끼우뚱"하고 돌아온 아픈 추억이 있다.

여러분들이 비행하고자 하는 곳이 GEO Zone에 포함되더라도 DJI에서는 비행제한을 일시적으로 해제할 수 있는 기능을 제공하고 있다. 이는 DJI 계정을 생성하고 조종자와 기체를 등록 후 해당지역에 대한 비행 정보를 입력하고 비행승인 문서를 업로드 하면 통과 여부를 바로 확인할 수 있다.

구체적인 해제절차는 뒤에서 살펴보기로 하자. 중요한 것은 비행하고자 하는 곳이 관제권에 포함되면 DJI GEO Zone에도 포함되는지 습관처럼 확인하라는 것이다.

CHAPTER
# 06 비행승인 신청

우리나라에서 비행승인은 국립공원 비행승인 검토기간이 7일이다보니 지체시간을 고려해서 2주전 신청하는 것을 권장한다. 국립공원이 아닌 이상 초경량비행장치 비행승인 처리기간이 근무일 기준 3일임을 감안하여 드론 원스톱 민원서비스로 신청하면 된다.

이때 민원처리에 관한 법률 제19조(처리기간의 계산) 2항에 의거 공휴일과 토요일은 산입하지 않으니 주의해야 한다. 또한 비행승인 불필요한 지역을 미리 확인하여 신청 불편을 줄이는 노력도 필요하며, 비행하는 드론이 몇 종에 해당하는지 확인하고 비행 전 필요한 자격증을 취득하는 것은 기본이다.

### 민원처리에 관한 법률 제19조(처리기간의 계산)

① 민원의 처리기간을 5일 이하로 정한 경우에는 민원의 접수시각부터 시간 단위로 계산하되, 공휴일과 토요일은 산입하지 아니한다. 이 경우 1일은 8시간의 근무시간을 기준으로 한다.

② 민원의 처리기간을 6일 이상으로 정한 경우에는 일 단위로 계산하고 첫날을 산입하되, 공휴일과 토요일은 산입하지 아니한다.

③ 민원의 처리기간을 주·월·연으로 정한 경우에는 첫날을 산입하되, 민법 제159조부터 제161조까지의 규정을 준용한다.

> **민법 제159조~제161조**
>
> 제159조(기간의 만료점) 기간을 일, 주, 월 또는 연으로 정한 때에는 기간말일의 종료로 기간이 만료한다.
>
> 제160조(역에 의한 계산)
>
> ① 기간을 주, 월 또는 연으로 정한 때에는 역에 의하여 계산한다.
>
> ② 주, 월 또는 연의 처음으로부터 기간을 기산하지 아니하는 때에는 최후의 주, 월 또는 연에서 그 기산일에 해당한 날의 전일로 기간이 만료한다.
>
> ③ 월 또는 연으로 정한 경우에 최종의 월에 해당일이 없는 때에는 그 월의 말일로 기간이 만료한다.
>
> 제161조(공휴일 등과 기간의 만료점)
>
> 기간의 말일이 토요일 또는 공휴일에 해당한 때에는 기간은 그 익일로 만료한다.

한편 현재 드론은 국내법만 적용되기 때문에 해외에서 드론을 비행하기 위해서는 그 나라의 절차를 준수해야 한다. 여기에서 드론 원스톱 민원서비스 비행승인 신청 방법과 관할 지방항공청의 조건부 비행승인 내용, 해외에서 드론을 비행하고자 할 때 어떤 절차로 준비해야 되는지 구체적으로 살펴보자.

# 1. 드론 원스톱 민원서비스 비행승인 신청 방법

## 1) 드론 원스톱 민원서비스 로그인

## 2) 비행승인 신청서 등록 클릭

## 3) 비행승인 대상 사전 확인

◆ **비행승인 대상 사전 확인**

항공안전법 제127조 및 같은 법 시행규칙 제308조에 따라 비행승인이 필요한 경우에만 민원 신청

※ 아래 조건 중 하나라도 해당하는 경우 비행승인 신청 대상
▶ 최대이륙중량 25kg 초과 무인동력비행장치 또는 자체중량 12kg 초과(연료제외), 길이 7m 초과하는 무인비행선
▶ 고도 150m 이상으로 비행하는 경우
▶ 관제권 및 비행금지구역, 비행제한구역 내에서 비행하는 경우

질문 1.  비행하려는 기체가 최대이륙중량 25kg을 초과하는 무인동력비행장치 또는 자체중량 12kg 초과(연료제외), 길이 7m 초과하는 무인비행선에 해당합니까?

✅ 네  🔴 아니오

비행승인 대상입니다.
비행승인 신청 하기

## 4) 비행승인 대상 사전 확인(계속)

### ◆ 비행승인 대상 사전 확인

항공안전법 제127조 및 같은 법 시행규칙 제308조에 따라 비행승인이 필요한 경우에만 민원 신청

※ 아래 조건 중 하나라도 해당하는 경우 비행승인 신청 대상

▶ 최대이륙중량 25kg 초과 무인동력비행장치 또는 자체중량 12kg 초과(연료제외), 길이 7m 초과하는 무인비행선

▶ 고도 150m 이상으로 비행하는 경우

▶ 관제권 및 비행금지구역, 비행제한구역 내에서 비행하는 경우

질문 1. 비행하려는 기체가 최대이륙중량 25kg을 초과하는 무인동력비행장치 또는 자체중량 12kg 초과(연료제외), 길이 7m 초과하는 무인비행선에 해당합니까?

● 네  ☑ 아니오

질문 2. 비행하려는 고도가 지표면으로부터 150m 이상입니까?

● 네  ☑ 아니오

질문 3. 비행하려는 지역이 관제권, 비행금지구역, 비행제한구역 등에 포함됩니까?

● 네  ☑ 아니오

비행지역 확인하기 ●

비행승인 대상이 아닙니다.

닫기

## 5) 신청인 입력(주담당자, 또는 부담당자)

### 비행승인 신청

처리기간 3일(휴일제외)

불러오기    접수(처리)부서별 연락처

**신청인**    최근 입력정보

● 주담당자  ● 부담당자

| 성명 | 김재윤 | 생년월일 | 📅 |
|---|---|---|---|
| 전화번호 | | 유선번호 | |
| 팩스번호 | | | |
| 주소 | 주소검색 | | |
| | | | |
| | | | |

- ■ 주담당자, 부담당자 선택하여 체크
- ■ 성명 입력
- ■ 생년월일 입력
- ■ 전화번호 입력
- ■ 유선번호 입력 : 없으면 입력 안 해도 됨
- ■ 팩스번호 입력 : 없으면 입력 안 해도 됨
- ■ 주소 검색 입력

## 6) 비행계획 입력

| 비행계획 | | | | 비행구역 설정 |
|---|---|---|---|---|
| 기간 ⓘ | 🗓️ ~ 🗓️ | | | |
| | ※ 기간은 6개월을 초과할 수 없습니다. (서울지역 제외) (군공역은 주말에만 사용 가능) | | | |
| 비행목적 | 레저비행 ▼ | | 비행방식 | 시계비행 ▼ |
| 기타(선택입력) ⓘ | | | | |
| 비행구역 | ※ 비행계획 구역이 군관련 공역인 경우 처리기간이 5일 소요될 수 있습니다. | | | |
| | 주소 | | | |
| | 좌표 | | | |
| | 반경(m) / 고도(m) | / | | |
| 알림사항 | | | | |

※ 사유지, 해수욕장, 국립공원, 문화재, 청와대 등은 해당지역의 소유자 및 관리사무소가 있을 경우 사전에 협의하시기 바랍니다.

(1) 기간 입력 : 최대 6개월을 초과할 수 없음

   ① 처리기간은 3일(휴일 제외)을 고려하여 기간 입력(신청기간은 신청 다음날부터 가산)

   ② 군 공역은 주말에만 사용 가능

(2) 비행목적 선택 : 항공방제, 교통관리, 레저비행, 시험비행, 공중광고, 교육비행, 비행시연, 농약살포, 산림관측, 수송, 사진/영상촬영, 수색구조, 비행훈련, 비행교육, 계도비행, 항공측량, 비행실기시험

(3) 비행방식 선택 : 시계비행, 자동비행, 선회비행, 계기비행, 격자비행, 수직이착륙비행, 가시권비행, 수동조종비행, 제자리비행, 군집비행, 직접입력

(4) 기타(선택 입력) : 필요시 비행 관련 설명 입력(자세한 비행시간, 비행목적 등 자유롭게 작성)

(5) 비행구역 입력

   ① 좌측하단의 주소 검색하여 비행지역 정확히 선택 또는 지도에서 지행지역을 선택하여 클릭

   ② 비행구역 주소를 검색하여 선택하면 비행구역 주소, 좌표가 자동으로 입력

- 반경(m) 입력 : 가시권 거리 고려하여 수정
- 고도(m/ft) 입력 : 고도 입력하면 ft 자동 입력됨
- 추가 클릭, 등록 클릭

※ 원활한 민원처리를 위해 한 번에 최대 20개 구역까지 한 번에 등록 가능

### 7) 조종자 입력

(1) 성명 입력 : 기존 입력정보 있으면 조회를 눌러 성명 클릭하면 생년월일, 주소, 자격번호 또는 비행경력 동시 자동 입력
(2) 생년월일 입력, 주소 검색 입력
(3) 자격번호 또는 비행경력 입력 : 조종자 자격번호 기재
(4) 추가 클릭

※ 원활한 민원처리를 위해 한 번에 최대 20명까지 신청 가능

## 8) 첨부파일 업로드

(1) 초경량비행장치 사진 업로드 : 장치 전체가 보이도록 직접 촬영 후 업로드

(2) 초경량비행장체 제원 및 성능표 업로드 : 자체중량, 최대이륙중량, 규격 등이 포함된 제원표 첨부

(3) 초경량비행장치 신고증명서 : 최대이륙중량 2kg 초과 모든 기체, 영리용 기체 신고증명서 첨부

(4) 초경량비행장치 안전성 인증 업로드 : 최대이륙중량 25kg 초과 시 안전성 인증 증명서(항공안전기술원 발행) 첨부

(5) 조종자증명 : 최대이륙중량 25kg 초과 기체 사용 시, 비행장치 조종자증명(한국교통안전공단 발행) 앞뒤 스캔본 첨부

(6) 보험가입증명서 업로드 : 영리용도인 경우 보험가입 증명서류 첨부

(7) 초경량비행장치 사용사업 등록증 외 기타 첨부 파일 업로드

　① 영리용도인 경우 사용사업 등록증 첨부

　② 보완 지시되어 기타 요구 서류가 있다면 압축하여 업로드

　※ 비영리, 영리 구분 첨부 파일 목록과 조종자증명 구분

**첨부파일**　　　　　　　　　　　　　　※ 해당서류 미첨부시 신청서가 보완요구되니 반드시 첨부바랍니다.

| 첨부파일 | 초경량비행장치 사진 ⓘ | 파일선택 | 파일 업로드 |
|---|---|---|---|
| | 초경량비행장치 제원및성능표 ⓘ | 파일선택 | 파일 업로드 |
| | 초경량비행장치 신고증명서 | 파일선택 | 파일 업로드 |
| | 초경량비행장치 안전성인증 ⓘ | 파일선택 | 파일 업로드 |
| | 조종자증명 ⓘ | 파일선택 | 파일 업로드 |
| | 보험가입증명서 ⓘ | 파일선택 | 파일 업로드 |
| | 초경량비행장치 사용사업등록증 외 기타 첨부파일 (압축파일) ⓘ | 파일선택 | 파일 업로드 |

| 구 분 | 최대 2kg 이하 *무인비행선 (자체12kg, 길이 7m이하) | | 최대 2kg 초과 최대 25kg 이하 | | 최대 25kg 초과 | | 무인비행선 자체12kg 초과 또는 7m 초과 | |
|---|---|---|---|---|---|---|---|---|
| 제원 및 성능표 (장치사진 포함) | ○ | ○ | ○ | ○ | ○ | ○ | ○ | ○ |
| 신고증명서 | | ○ | ○ | ○ | ○ | ○ | ○ | ○ |
| 안전성인증서 | | | | | ○ | ○ | ○ | ○ |
| 보험가입증명서 | | ○ | | ○ | | ○ | | ○ |
| 사용사업등록증 | | ○ | | ○ | | ○ | | ○ |

| 구 분 | 최대 250g 초과 최대 2kg 이하 | 최대 2kg 초과 최대 7kg 이하 | 최대 7kg 초과 최대 25kg 이하 | 최대 25kg 초과 자체 150kg 이하 |
|---|---|---|---|---|
| 조종자증명 | 4종 | 3종 | 2종 | 1종 |

* 별도 표기가 없을 경우 무인동력비행장치(드론) 대상이며, 무게표시는 자체는 자체중량, 최대는 최대이륙중량이다.

### 9) 접수 클릭

### 10) 마이페이지 이동 클릭

### 11) 민원신청 현황 확인

이상과 같이 1단계 비행계획 수립 단계의 드론 원스톱 민원서비스 비행승인 신청 방법에 대한 내용을 살펴보았다. 비행승인 없이 관제권, 비행금지구역, 고도 150m 이상 비행 시 300만원 이하의 과태료 처분을 받으며, 비행제한구역 비행승인 없이 비행 시 500만원 이하 벌금 처분을 받는다. 이러한 절차를 준수하는 것은 곧 조종자의 안전을 담보하는 것임을 잊지 말고 최소한의 안전장치라 생각하고 잘 지켜야 할 것이다.

## 2. 관할 지방항공청 비행승인(예시)

### 1) 관제권 내 상업용 촬영에 대한 비행승인 신청 시 조건부 승인 내용

**검토결과 : 조건부 승인**

신청지역 18곳 중 아래 명시하여 드리는 부분은 고도 149m로 비행이 불가하며 주소 뒤 명시하여 드리는 고도 준수하신다는 조건으로 비행 진행하시기 바랍니다. 예천군 유천면 기리 223-2외 기리 6곳 고도 80m 이하로만 비행 가능, 예천군 유천면 화지리 157-5 고도 80m 이하로만 비행 가능, 예천군 유천면 초적리 210-1 지역은 고도 40m 이하로만 비행진행하셔야 하며 유천면 초적리 210-1 지역 비행전후 반드시 기지 작전과(054-650-5020 주말, 시간 상관없이 전화가능) 로 전화주셔야 합니다.

### 2) 관제권 내 학교기관 교육에 대한 비행승인 신청 시 조건부 승인 내용

\* 매 비행 시작 10분 전 대구기지 항공작전과 053)989-3214으로 최종확인 뒤 비행하시기 바랍니다.

연락시 성함과 비행 위치, 고도, 예정 비행 종료시간 말씀해주시고 비행 종료 후에도 통보 바라며, 비행 중 항시 연락 가능 상태 유지해주시고, 안전비행하시길 바랍니다.

다음 사항 조건부 비행허가이니 꼼꼼히 확인하여주시길 바랍니다.

1. 대구공항 및 인근 국가중요시설, 군시설 방면 촬영분만 아니라 카메라 영상 노출 금지

   (항공촬영 관련 보완사항 확인 및 조치 후 비행 바랍니다.)

2. 드론비행 중 유인기(민항기, 전투기, 헬기 등) 목격 및 확인 시 최저고도 유지 및 즉시 착륙 조치

3. 신청하신 좌표 기준 반경, 제한고도(공항 지표면 기준)를 지켜서 주간에 가시권 내 비행

4. 송수신 두절, 저전압, GPS 신뢰도 저하 등 비상상황으로 발전할 수 있는 사항에 대한 대책 마련 및 RTH, 저전압 경고 설정 확인 등 Fail-safe 설정과 제한 고도 설정 확인

5. 기체 점검 후 비정상시 비행 금지

6. 타인, 재산에 대한 위협비행, 음주비행, 야간(일몰~일출)비행, 육안에서 벗어나는 비행 금지

이와 관련하여 항공안전법 제 129조 및 동법 시행규칙 제310조 조종자 준수사항을 반드시 확인하여 주시기 바랍니다.

미허가 비행 발견시 112로 신고 바라며, 비행 중 사고 발생시에는 부산지방항공청에 신고바랍니다.

### 3) 관제권 내 국가중요시설 비행승인 신청 시 조건부 승인 내용

다음 사항 조건부 비행허가이니 꼼꼼히 확인하여주시길 바랍니다.

1. 대구공항 및 인근 국가중요시설 방면 촬영분만 아니라 카메라 영상 노출 금지
   (항공촬영 관련 보완사항 확인 및 조치 후 비행 바랍니다.)
2. 유인기(민항기, 전투기, 헬기 등) 목격 및 확인시 최저고도 유지 및 즉시 착륙 조치
3. 신청하신 좌표 기준 반경, 제한고도(공항 지표면 기준)를 지켜서 주간에 가시권 내 비행
4. 송수신 두절, 저전압, GPS 신뢰도 저하 등 비상상황으로 발전할 수 있는 사항에 대한 대책 마련 및 RTH,
   저전압 경고 설정 확인 등 Fail-safe 설정과 제한 고도 설정 확인
5. 기체 점검 후 비정상시 비행 금지
6. 타인, 재산에 대한 위협비행, 음주비행, 야간(일몰~일출)비행, 육안에서 벗어나는 비행 금지

이와 관련하여 항공안전법 제129조 및 동법 시행규칙 제310조 조종자 준수사항을 반드시 확인하여 주시기 바랍니다. 미허가 비행 발견시 112로 신고 바라며, 비행 중 사고 발생시에는 부산지방항공청에 신고바랍니다.

### 4) 자격증 교육기관 비행승인 신청 시 승인 공문 내용

## 부산지방항공청

국토교통부

수신        수신자 참조
(경유)
제목        초경량비행장치(C4CM0001714) 비행승인(알림) (230111-0199)

1. 민원인 김○○ 님 신청건(2023-01-11)와 관련된 내용입니다.
2. 귀하 (김○○ 님)께서 신청하신 초경량비행장치(드론) 비행을 항공안전법 제127조 제2항 및 같은 법 시행규칙 제308조 제2항 규정에 의하여 다음과 같이 승인합니다.
   가. 비행개요
      1) 비행일시 : 20○○-○○-18~20○○-○○-○○(가시권 범위, 일출 후 일몰 전에 한함)
      2) 비행목적 : 교육비행
      3) 비행경로 / 비행고도 : 경상북도 영천시 교촌동 283-1 (반경: 100m) / 489ft 이내
   나. 비행장치 형식 및 신고번호 : 무인멀티콥터 / SDR H-E2021 (C4CM0001714)
   다. 조종자 성명 : 김○○ (00-00-00), 권○○ (00-00-00), 권○○ (00-00-00),
   ※ 해당 교육기관 소속 교관 및 교육 훈련생에 한하여 모두 승인
      단, 자격증 시험 시 해당 교육기관 외의 교육생은 별도 비행승인 필요
   라. 비행승인 조건
      1) 승인문서의 비행승인기간, 안전성인증기간 유효여부 및 승인조건을 확인 할 것(안전성인증서 또는 보험증권이 유효한 비행장치에 한하여 비행승인)
      2) 항공안전법 시행규칙 제310조(초경량비행장치 조종자의 준수사항) 철저 준수
      3) 원자력발전소 반경 2NM(3.7KM) 이내에 진입하고자 할 경우 국방부 합동참모본부공중종심작전과(02-748-3435)에 허가를 받을 것

**5) 자격증 교육기관 비행승인 신청 시 승인 공문 내용(계속)**

4) 비행 전 비행지역에 대한 항공정보(항공고시보, 기상 등)사항 확인 철저

5) 이착륙 장소 주변 지상안전요원을 사전배치, 인원통제 및 안전예방 철저

6) 인구 및 건물의 상공비행 및 인접비행 금지

7) 변경사항 발생시(조종자 추가 등) 변경승인을 득하고 비행할 것

8) 비행 전 비행지역에 대한 기상사항 확인 철저 및 안개 등으로 인하여 지상목표물을 육안으로 식별할 수 없는 상태에서의 비행금지

9) 해당구역 내 헬기 및 초경량비행장치 등 비행 시 드론 비행 금지

10) 무인비행장치와 통제장치 간 신호차단 시 승인받은 비행고도 이내로 최근 이륙위치로 복귀하여 착륙하도록 사전 프로그래밍 실시

11) 비행 중 사주경계 철저(철탑 및 전선 등에 접촉하지 않도록 주의)

12) 사진 등 촬영 금지(국방부(02-748-2344)의 사전 허가를 득한 경우 제외)

13) 군 지역은 공군작전사령부 또는 해당 관제기관과 사전 협의 철저

14) 사유지, 공공기관, 공원(국가, 지자체 및 개인소유), 문화재, 국가중요시설, 해수욕장(개장 중 비행금지) 등은 필요시 관계기관과 사전 협의할 것(관계기관 불허시 비행 불가)

15) 비행회피공역 진입 전 관할 지자체와 협의할 것(창녕우포늪, 순천만 등)

16) 승인지역 내 민원(소음 등) 발생 시 비행 금지 및 승인 취소

17) 사고 발생 시 지체 없이 그 사실을 아래의 연락처로 통보할 것

　– 일과 중 : 051-974-2143/2146

　– 공휴일 및 야간 : 051-974-2100, 2200. 끝.

부산지방항공청

수신자 ○○○ 귀하, 대구공항출장소장

-----------------------------------------------------------

주무관 000　　사무관 000　항공운항과장 전결 00.00.00
협조자
시행 항공운항과-443　　　　　접수
우 46718 부산광역시 강서구 공항진입로 108(대저2동),
　　　부산지방항공청 항공운항과　http://www.molit.go.kr/broa
전화번호 051-974-2152 팩스번호 051-971-1219 / kimhj2173@molit.go.kr / 비공개(6)

## 3. 해외에서 드론 비행 시 알아야 할 내용

드론을 해외로 가져가려는 경우, 각 나라의 드론 사용에 대한 규정을 잘 알아야 한다. 그러나 이 정보는 국가마다 다르며, 지속적으로 변동하는 경향이 있기 때문에, 특정 국가에 여행을 계획하고 있다면 그 국가의 최신 드론 규정을 확인해야 하는 것은 필수이다.

여기에서는 해외에서 비행금지구역을 확인하는 방법과 각국의 드론 관련 법규가 정리되어 있는 사이트에 대한 내용, 주요 국가의 드론 비행을 위한 일반 규칙, 그리고 배터리의 항공기 내 수화물 반입 규정을 자세히 살펴보자.

### 1) 해외에서 드론 비행 시 일반적 고려사항

(1) 일부 국가는 드론의 수입을 금지하고 있다. 따라서 드론을 가지고 해외여행을 계획한다면, 먼저 해당 국가의 관련 법률을 확인해야 한다.

(2) 일부 국가에서는 드론 비행에 대해 특별한 허가나 라이선스가 필요할 수 있다.

(3) 모든 국가에는 드론 비행이 제한되는 지역이 있다. 일반적으로 공항 주변, 군사시설, 정부 건물 등에 가까운 지역은 드론 비행이 금지되어 있다.

(4) 드론을 조작하는 사람은 그에 대한 책임을 가지고 있다. 따라서 드론이 사고를 일으키거나 법을 위반하면, 그에 따른 법적 책임이 따르게 된다.

(5) 일부 국가에서는 드론 사용에 대한 보험 가입을 요구할 수 있다.

### 2) 위와 같은 정보를 파악하는 가장 좋은 방법은 여행을 계획하는 국가의 공식 정부 웹사이트나 대사관, 항공 규제 기관을 방문하여 최신 정보를 확인하는 것이다. 또한 리튬 폴리머나 리튬 이온 등 드론에 사용하는 배터리는 화재나 폭발사고의 위험성이 있어 자칫 대형사고로 이어질 수 있기 때문에 각 항공사마다 정해진 수하물 반입규정이 있다. 따라서 여행 전에 항공사에게도 드론을 수하물로 실을 수 있는지, 몇 개까지 배터리 휴대가 가능한지를 반드시 확인해보는 것이 좋다.

### 3) 해외 드론 비행금지구역 확인하기 : 우리나라에서는 비행금지구역을 확인하기 위해서 드론 원스톱 민원서비스 사이트의 비행승인 대상 사전 확인과 Drone Play, Ready to Fly 앱 등을 이용하고 있다. 해외에서 드론 비행 금지구역을 확인하기 위한 몇 가지 유용한 웹사이트는 다음과 같다.

다만 이런 사이트나 앱들은 대부분의 경우 정보가 정확하고 업데이트되지만, 완벽하게 모든 법규를 반영하지는 않을 수 있다. 따라서 여행 전에 해당 국가의 공식 항공 기관이나 정부 웹사이트에서 최신 정보를 확인하는 것이 가장 안전하다.

(1) DJI의 GEO (Geospatial Environment Online) 시스템 : DJI의 GEO 시스템은 DJI 드론 사용자들이 안전하게 비행할 수 있도록 돕는 지리적 정보 시스템으로 이 시스템은 드론 조종자에게 특정 지역의 잠재적 위험을 알려준다.

① GEO 시스템의 주요 기능은 다음과 같다.

- **찾아가기** : DJI 홈페이지 _ 고객지원 _ 안전비행 _ GEO Zone Map _ 현지국가 선택 시 비행금지구역 확인 가능

- **비행 제한구역 정보** : GEO 시스템은 미리 정의된 비행 제한구역, 예를 들어 공항 근처나 군사 시설 등을 드론 조종자에게 알려준다. 이러한 지역에서는 드론이 자동으로 비행을 제한하거나, 전혀 비행하지 않을 수 있다.

- **일시적 비행 제한구역 정보** : GEO 시스템은 일시적 비행 제한구역도 알려준다. 예를 들어, 특정 시간에 스포츠 행사가 열리는 스타디움이나, 화재가 발생한 지역 등이 이에 해당한다.

- **사용자 확인 및 잠금 해제 기능** : DJI 드론 사용자가 GEO 시스템의 비행 제한구역에서 비행해야 하는 경우, 사용자는 DJI 계정에 로그인하여 이러한 제한을 일시적으로 해제할 수 있다. 이때 사용자는 책임성과 안전성을 확인하는 과정을 거치게 된다.

- GEO 시스템은 DJI 드론의 비행 컨트롤러와 DJI GO 4 앱, DJI Fly 앱에 내장되어 있다. 이 시스템은 실시간 데이터를 제공하지는 않지만, 미리 정의된 비행 제한구역과 일시적 비행 제한구역에 대한 정보를 제공함으로써 드론 사용자가 안전하게 비행할 수 있도록 돕는다. 이러한 정보를 확인하려면 DJI의 공식 웹사이트를 방문하거나 앱을 통해 확인할 수 있다.

그림 **6-1** GEO 구역정보. 출처 : DJI 홈페이지

(2) AirMap : AirMap은 전 세계적으로 사용되는 드론 운용 애플리케이션 중 하나로, 드론 조종사들이 안전하고 규정에 맞게 비행할 수 있도록 지원하며 누구나 쉽게 드론 비행을 계획하고, 관리하며, 실행할 수 있게 도와준다.

이러한 기능들을 통해 AirMap은 드론 조종사들이 안전하게 비행하고 규제를 준수할 수 있도록 도와주며, iOS, Android 기기에서 사용 가능하고, 일부 드론 제조사의 애플리케이션과도 통합되어 있다.

① AirMap의 주요 기능은 다음과 같다.

- **공유지도 및 비행 정보** : AirMap은 전 세계의 비행 가능 지역과 비행 제한 지역을 시각적으로 보여주는 지도 서비스를 제공한다. 이를 통해 사용자는 비행금지구역, 일시적 비행 제한구역, 고고도 제한구역 등을 확인할 수 있다.

- **비행 허가 요청** : 일부 지역에서는 드론 비행 전 허가를 받아야 한다. AirMap은 일부 지역에서 실시간으로 드론 비행 허가를 요청하고 받을 수 있는 기능을 제공한다.

- **비행 계획 관리** : 드론 비행을 계획하고, 그 계획을 공유하고, 추적할 수 있다. 이를 통해 조종자는 안전하게 비행을 계획하고 실행할 수 있다.

- **기상 정보 및 비행 조건** : 현재 위치의 실시간 날씨 정보와 비행에 영향을 미칠 수 있는 조건(예: 풍속, 풍향, 온도 등)을 제공한다.

- **공지사항 및 경고** : 지역 규제 변경, 일시적인 비행 제한, 기타 중요한 정보를 실시간으로 알려준다.

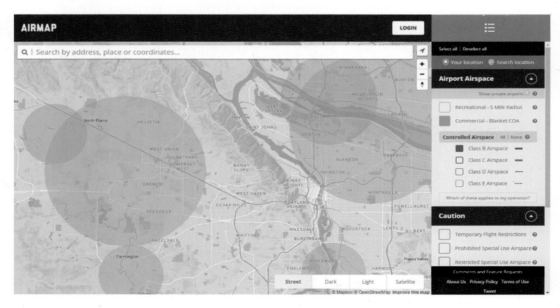

그림 **6-2** AirMap. 출처 : AirMap 홈페이지

(3) Hover : Hover는 드론 조종자들을 위해 설계된 인기 있는 모바일 앱으로 안전한 드론 비행을 위해 필요한 다양한 정보와 도구를 제공한다.

① Hover의 주요 기능

- **비행기상정보** : Hover 앱은 실시간으로 현지의 날씨 정보를 제공한다. 이 정보에는 풍향, 풍속, 온도, 비올 확률 등이 포함되어 있다. 이를 통해 조종자들은 안전하게 비행할 수 있는 조건인지 확인할 수 있다.

- **비행지역정보** : 이 앱은 또한 No-Fly Zone(NFZ) 지도를 통해 드론 비행이 제한된 지역을 보여준다. 이 정보는 FAA(미국 연방항공청) 및 다른 국제적인 규제 기관으로부터 제공받는다.

- **비행 로그 기능** : 드론 비행을 계획하고, 비행한 내역을 기록하는 기능도 있다. 이 기능은 비행 데이터를 추적하고, 분석하는데 도움이 될 수 있다.

- **뉴스 및 교육 자료** : 드론 관련 뉴스, 팁 및 튜토리얼을 통해 조종사들이 자신의 지식과 기술을 향상시키는 데 도움이 된다.

그림 **6-3** Hover APP. 출처 : 구글 검색

### 4) 주요 국가의 드론 비행을 위한 일반 규칙

(1) 많은 국가의 드론 관련 법규가 정리된 사이트를 활용하여 확인한다.
https://uavcoach.com/where-to-fly-drone/

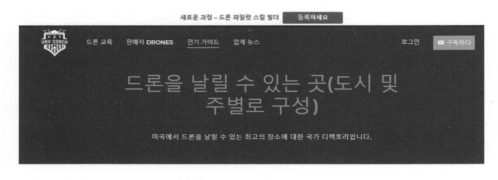

그림 **6-4** UAVCOACH. 출처 : UAVCOACH 홈페이지

(2) 우리나라 사람들이 해외여행을 많이 나가는 국가들 위주로 그 나라에서 드론을 날리기 위한 일반 규칙을 알아보자.

① 일본에서 드론을 비행하기 위한 일반 규칙

- 일본 항공국인 일본민간항공국(JCAB)에 따르면 일본에서는 드론 비행이 합법적이지만 드론 운항 전 아래 나열된 규정을 숙지하고 준수하는 것이 좋다.

- 여행 전에 JCAB에 직접 문의하고 싶은 경우, 다음 연락처로 연락한다.
hqt-jcab.mujin@ml.mlit.go.jp / +81 3 5253 8111

- 드론은 국토교통부장관의 특별 허가 없이 다음과 같은 방식으로 비행할 수 없다. : 지상 150미터(492피트) ; 공항 근처 ; 내무부에서 정의한 인구 밀도가 높은 지역 위

- 특별 허가를 요청하려면 제안된 운영 최소 10 영업일 전에 국토 인프라 교통부에 허가 신청서를 제출, 자세한 내용은 일본의 UA / 드론 상담 서비스에 문의

- 드론은 낮에만 비행할 수 있다.

- 드론 조종사는 작전 중에 드론으로 가시선을 유지해야 한다.

- 드론은 사람이나 사유지로부터 30미터(98.4피트) 이내에서 비행할 수 없다.

- 드론은 콘서트나 스포츠 행사와 같이 군중이나 많은 사람들이 모이는 장소 위로 날아갈 수 없다.

- 드론은 위험물을 운송하는 데 사용할 수 없다.

- 드론은 비행 중에 의도적으로 또는 우발적으로 물체를 떨어뜨릴 수 없다.

② 베트남에서 드론을 비행하기 위한 일반 규칙

- 베트남 항공국인 베트남 민간항공국(CAAV)에 따르면 베트남에서 드론 비행은 합법이지만 드론 규정을 숙지하고 준수하는 것이 좋다.

- 여행 전에 CAAV에 직접 연락하려면 CAAV의 연락처 정보를 참조한다. tinbai@caa.gov.vn / +84 04-38722394

- 베트남에서 수행되는 모든 드론 비행에는 고유한 비행 면허가 필요하다. 신청서는 비행 예정일 최소 14일 전에 국방부 총사령부 작전국에 제출해야 한다.

- 드론은 방사성 물질, 인화성 또는 폭발성 물질을 운반하는 데 사용할 수 없다.

- 드론은 유해한 물체나 물질 또는 위험 요소가 포함된 물체를 발사, 사격 또는 버리는 데 사용할 수 없다.

- 드론은 해당 목적을 위해 발급된 면허 없이 공중 장비와 함께 장착하거나 항공 비디오 촬영 또는 사진 촬영 활동에 사용할 수 없다.

- 드론은 깃발이나 현수막을 날리거나 전단지를 배포하거나 선전 목적으로 사용할 수 없다.

③ 필리핀에서 드론을 비행하기 위한 일반 규칙

- 필리핀 항공국인 필리핀 민간항공국(CAAP)에 따르면 필리핀에서 드론 비행은 합법이지만 드론 비행을 하기 전에 아래 나열된 드론 규정을 숙지하고 준수하는 것이 좋다.

- 여행 전에 CAAP에 직접 문의하고 싶은 경우, CAAP의 연락처 정보는 다음과 같다. info@ato.gov.ph / + 63 2 879 9229

- 상업적 목적으로 드론을 비행하거나 무게가 7kg(15파운드) 이상인 드론을 비행하려면 CAAP에서 인증서를 받아야 한다.

- 낮과 날씨가 좋은 날에만 비행한다.

- 드론이 시야 밖으로 나오지 않도록 한다.

- 학교나 시장과 같이 인구 밀집 지역 상공을 비행하지 않는다.

- 지상에서 400피트 이상 비행하지 않는다.

- 드론 작동에 관여하지 않은 사람과 30미터(98피트) 이상 떨어져 있지 않는다.

- 공항에서 10킬로미터(6마일) 이상 떨어진 곳에서 비행하지 않는다.

- 화재와 같은 비상 상황 근처에서 비행하지 않는다.

④ 태국에서 드론을 비행하기 위한 일반 규칙

- 태국 항공국인 태국 민간항공국(CAAT)에 따르면 태국에서 드론 비행은 합법이지만 드론 비행을 하기 전에 아래 나열된 드론 규정을 숙지하고 준수하는 것이 좋다.

- 여행 전에 CAAT에 직접 연락하려면 다음 연락처 정보를 참조한다. info@caat.or.th / +66 (0) 2568-8800

- 모든 드론은 1) 카메라가 있고 2) 무게가 2kg(4.4파운드) 이상인 경우 등록해야 한다.

- 무게가 25kg(55파운드)을 초과하는 드론은 교통부장관에게 등록해야 한다.

- 드론 조종사는 항상 드론으로 시야를 유지해야 한다.

- 드론은 유인 항공기 가까이에서 비행해서는 안 된다.

- 드론은 수평으로 30미터(98피트) 미만의 거리에서 사람, 차량, 구조물 또는 건물 가까이에서 비행해서는 안 된다.

- 허가 없이 제한 구역에서 드론을 비행해서는 안 된다.

- 드론은 특별 허가가 있는 경우를 제외하고 공항이나 임시 비행장에서 9km(5마일) 이내에서 비행해서는 안 된다.

- 드론은 90미터(295피트) 이상으로 비행해서는 안 된다.

⑤ 미국에서 드론을 비행하기 위한 일반 규칙

- 미국 항공국인 미국 연방항공국(FAA)에 따르면 드론 비행은 미국에서 합법이지만 드론 비행을 하기 전에 아래 나열된 드론 규정을 숙지하고 준수하는 것이 좋다.

- 미국을 여행 중이고 드론을 가져오려는 경우 FAA는 드론을 조종하려는 외국인을 위한 다음과 같은 특별 고려 사항을 나열한다.

  • 재미로 비행하든 업무를 위해 비행하든 FAA Drone Zone 포털을 사용하여 FAA에 드론을 등록해야 한다.

  • 미국에서 레크리에이션을 위해 드론을 비행할 계획이라면 FAA에서 요구하는 레크리에이션 UAS 안전 테스트(TRUST)를 받아야 한다. 우리는 FAA 승인 테스트 관리자임을 자랑스럽게 생각하며 무료 온라인 교육을 받고 UAV 코치와 함께 수료증을 받아야 한다.

  • 직장 비행을 계획하는 경우 FAA에서 인증서를 받고 아래 나열된 상업용 비행 규칙을 따라야 한다.

  • 드론으로 미국 국내를 여행하는 경우 미국 교통안전국(TSA)에서 드론으로 여행할 수 있도록 허용하지만 기내 반입 수하물로만 가져와야 한다. 드론을 위탁 수하물에 넣을 수 없다. 드론을 이용한 미국 내 여행에 대한 자세한 내용은 TSA 웹사이트의 이 페이지를 참조하라.

  • 여행 전에 FAA에 직접 문의하고 싶으시면 FAA의 연락처 정보를 이용할 수 있다. UAShelp@faa.gov / +1 866 835-5322

■ 레크리에이션 / 취미 규칙 - 재미를 위한 비행 시 알아야 할 가장 중요한 몇 가지 규칙이다.

• FAA에서 요구하는 레크리에이션 UAS 안전 테스트(TRUST)를 치러야 한다. 우리는 FAA 승인 테스트 관리자임을 자랑스럽게 생각하며 무료 온라인 교육을 받고 UAV 코치와 함께 수료증을 받아야 한다.

• 취미 또는 레크리에이션 목적으로만 비행해야 한다(부업이나 현물 근로 금지).

• FAA Drone Zone 웹사이트에서 FAA에 UAV를 등록해야 한다.

• 가시선 내에서 비행해야 한다.

• 지역사회 기반 안전 지침을 따라야 하며 AMA와 같은 전국적인 지역사회 기반 조직(CBO)의 프로그램 내에서 비행해야 한다.

• 지역사회 기반 조직에서 인증하지 않는 한 55파운드 미만의 드론을 비행해야 한다.

• 다른 항공기 근처에서 비행해서는 안 된다.

• 클래스 G 영공에서 비행해야 한다. 클래스 B, C, D 또는 E 통제 공역에서 비행해야 하는 경우 영공 허가를 신청해야 한다. LAANC 인증 가이드를 확인하여 인증 프로세스가 어떻게 작동하는지 잘 이해해야 한다.

• 비상 대응 노력 근처에서 비행해서는 안 된다.

■ 상업 규칙-출장을 위한 비행 시 알아야 할 가장 중요한 몇 가지 규칙이다.

• 상업적으로 비행하려면 FAA에서 발급한 원격 조종사 증명서를 소지해야 한다.

• FAA Drone Zone 웹사이트에서 FAA에 UAV를 등록해야 한다.

• UAV의 무게는 이륙 시 탑재량을 포함하여 55파운드 미만이어야 한다.

• G 등급 영공에서 비행해야 한다.

• UAV를 가시선 내에 유지해야 한다.

• 400피트 이하에서 비행해야 한다.

• 시속 100마일 이하로 비행해야 한다.

• 유인 항공기에 우선권을 양보해야 한다.

• 인구 밀도가 낮은 지역이 아닌 한 움직이는 차량에서 비행할 수 없다.

■ 미국에서 상업적 목적으로 드론을 비행하려면 FAA로부터 원격 조종사 인증서를 받아야 한다. 인증서를 얻기 위한 요구 사항은 다음과 같다.

• 영어를 읽고, 말하고, 쓰고, 이해할 수 있어야 한다(청각 장애와 같은 의학적 이유로 이러한 요구 사항 중 하나를 충족할 수 없는 경우 예외가 적용될 수 있음).

- 소형 UAS를 안전하게 작동하려면 신체적, 정신적 상태가 되어야 한다.

- 16세 이상이어야 한다.

- FAA 승인 지식 테스트 센터에서 항공 지식 테스트(Part 107 테스트라고도 함)를 통과해야 한다.

- 미국 교통안전국(TSA)의 보안 검색을 받아야 한다.

⑥ 중국에서 드론을 비행하기 위한 일반 규칙

■ 중국 항공국인 중국민용항공국(CAAC)에 따르면 중국에서 드론 비행은 합법이지만 드론 규정을 숙지하고 준수하는 것이 좋다.

■ 궁금한 점이 있으면 여행 전에 CAAC에 직접 연락하려면 CAAC의 연락처 정보를 참조한다.
fsdcaac@public3.bta.net.cn / +86 010 6409 1288

■ 중국에서 드론을 비행하기 위해 알아야 할 중요한 규칙은 다음과 같다.

- 무게가 250g(0.55파운드) 이상인 드론은 CAAC에 등록해야 한다.

- 라이선스는 상업적 운영 및 다른 시나리오에 필요하다.

- 시야를 넘어 비행하지 않는다.

- 120미터(394피트) 이상으로 비행하지 않는다.

- 인구 밀도가 높은 지역에서 비행하지 않는다.

- 공항, 군사 시설 또는 경찰 검문소나 변전소와 같은 기타 민감한 지역 주변을 비행하지 않는다.

- 모든 드론은 중국의 "NO-Fly-Zones" 또는 NFZ의 적용을 받는다. 베이징은 NFZ이다. NFZ 맵을 리소스로 참조할 수 있다.

- 사전에 CAAC의 승인이 없는 한 통제 구역에서 비행하지 않는다.

■ 중국에서 드론을 날리기 위한 등록 면허 요건

- **등록** : 무게가 250g(55파운드)을 초과하는 드론은 CAAC에 등록해야 한다.

- 등록하려면 개인의 개인 정보와 드론 및 사용에 대한 세부 정보가 필요하다.

  - 소유자의 이름

  - 유효한 개인 ID 번호(예: 신분증 또는 여권번호)

  - 휴대전화 및 이메일 주소

  - 제품 모델 번호

  - 일련 번호, 사용 목적

■ 드론이 등록되면 QR 코드가 있는 등록 스티커를 인쇄하여 명확하게 볼 수 있도록 드론에 부착해야 한다.

■ CAAC의 라이선스가 필요한 다양한 시나리오는 다음과 같다.

• 무게가 7kg(15파운드)에서 116kg(256파운드)인 드론은 CAAC의 라이선스가 필요하다.

• 상업적 용도로 비행하는 모든 드론은 CAAC의 라이선스가 필요하다.

• 무게가 116kg(256파운드)을 초과하는 모든 드론은 작동을 위해 조종사 면허와 UAV 인증이 필요하다.

**5) 드론 배터리의 항공 기내 수화물 반입 규정** : 드론 배터리를 항공기에 반입하는 데에는 여러 가지 규정이 있다. 이 규정들은 항공안전을 위해 제정되었으며, 이는 배터리가 손상되거나 부적절하게 처리될 경우 화재 위험을 초래할 수 있기 때문이다. 다음은 일반적인 규정들이지만, 항공사마다 규정은 다르므로 여행 전에 항공사의 정책을 확인하는 것이 좋다.

(1) 기기 장착 상태, 여분 배터리 구분 : 기기 장착 상태와 여분 배터리로 구분되는 것을 확인해야 한다. 기기 장착은 노트북, 카메라 같이 기기에 꽂혀 있는 배터리를 말한다. 탈부착이 가능한 배터리더라도 기기에 장착되어 있으면 기기장착 상태로 판단하기 때문에 기기장착 시 기내 반입하지 않고 위탁 수하물로 운송할 수 있다. 단, 통상 100Wh 이하일 때 5개, 100Wh 초과 ~ 160Wh 이하일 때 1개이다. 그리고 기기에 장착하지 않은 여분의 배터리는 반드시 기내에 반입하여 운송해야 된다.

(2) 아시아나, 대한한공의 드론 배터리 항공 반입 규정

① 휴대용 일반 전자기기의 리튬 배터리 운송 규정 안내

항공 위험물 운송기술 기준에 의해 위험물로 분류되는 리튬배터리는 기내 휴대나 위탁수하물 반입이 금지되어 있으나, 국제항공 운송협회 위험물 규정에 의거하여 손님이 여행 중 개인 사용 목적으로 인정될 수 있는 소량에 한하여 운송을 허가하고 있다.

| 리튬 배터리 용량 | 휴대수하물 | | 위탁수하물(부치는 짐) | |
|---|---|---|---|---|
| | 기기장착 상태 | 여분(보조)배터리 | 기기장착 상태 | 여분(보조)배터리 |
| 100Wh 이하,<br>리튬 함량 2g 이하 | 5개 가능 | 5개 가능 | 5개 가능 | 운송 불가 |
| 100Wh 초과 ~160Wh 이하<br>리튬 함량 8g 이하(항공사 승인 필요) | 휴대, 위탁<br>합하여 1개 | 2개 가능 | 휴대, 위탁<br>합하여 1개 | 운송 불가 |
| 160Wh 초과 | 운송 불가 | | | |

■ 배터리 용량 구하는 법 : 용량(Wh)=전압(V)X전류(Ah), 1Ah=1,000mAh

■ 여분의 리튬 배터리 및 보조 배터리는 위탁수하물로 운송이 불가하며, 휴대용 전자기기를 위탁수하물로 운송하는 경우 반드시 전원을 off해야 한다.

(3) 리튬 배터리 : 대부분의 드론 배터리는 리튬 폴리머(LiPo) 타입이다. 리튬 배터리의 운반에는 특정 제한이 있다. 보통 100와트시간(Wh) 이하의 배터리는 수하물로 체크인하거나 기내로 반입할 수 있다. 100~160Wh의 배터리는 항공사의 승인을 받아야 기내로 반입할 수 있으며, 160Wh 이상의 배터리는 일반적으로 허용되지 않는다.

> ### Wh 계산
>
> - 항공사에서는 Wh로 배터리 용량을 계산, 드론 배터리엔 Wh가 미표시
> - 용량(Wh) = 전압(V) X 전류(Ah)
> - DJI Mini 3 Pro 인텔리전트 플라이트 배터리 플러스의 경우
>   - 2셀 배터리가 3850mAh
>   - 2셀의 정격전압 7.4V X 3850mAh = 28,490mAh
>   - 28,490mAh ÷ 1,000 = 28.49Wh
>
> ※ 드론에 장착 시 5개까지 위탁 수하물 또는 기내로도 가져갈 수 있다.

(4) 배터리 포장 : 배터리는 단락이나 손상을 방지하기 위해 적절하게 포장되어야 한다. 일반적으로는 각 배터리를 별도의 방화용 가방에 넣는 것이 권장된다.

(5) 수하물로의 체크인 : 보통 드론 자체는 체크인 수하물로 반입할 수 있지만, 배터리는 기내 수하물로만 허용된다. 이는 배터리가 손상되어 화재를 일으킬 경우, 승객들이 이를 즉시 발견하고 대응할 수 있기 때문이다.

(6) 배터리 충전 상태 : 일부 규정에 따르면, 배터리는 통상적으로 충전 상태의 30% 이하로 유지되어야 한다. 이는 충전된 배터리가 더 높은 에너지를 가지고 있어 화재 위험이 더 크기 때문이다.

이 외에도 각 나라의 국제적인 규정과 항공사의 정책을 반드시 확인하여야 한다. 항공사는 자체적으로 더 엄격한 규정을 적용할 수 있으며, 이를 위반할 경우 승객을 탑승시키지 않을 수 있기 때문이다.

# CHAPTER 07 항공촬영승인 신청

1장의 드론 항공촬영만 찍더라도 허가를 받아야 했던 드론 촬영이 2022년 12월 1일 부로 신청제로 바뀌면서 촬영금지 시설이 없는 곳에서는 신청을 안 해도 되며, 촬영 신청 확인을 받은 후에는 1년간 자유롭게 드론 촬영이 가능해졌다. 촬영 4일 전까지 인터넷 드론 원스톱 민원서비스 사이트나 모바일 앱을 이용해 신청하면 되며, 개활지 등 촬영 금지시설이 명백하게 없는 곳에서는 촬영 신청을 할 필요가 없다.

드론 조종자는 항공촬영이 금지된 국가보안시설 및 군사보안시설, 비행장 등 군사시설, 기타 군수산업 시설 등은 촬영되지 않도록 유의해야 하며, 촬영 금지 시설을 촬영했을 경우 법적 책임은 항공촬영을 한 개인, 업체, 기관에 있다. 이러한 항공촬영 관련 규제는 1970년 이후 50여 년간 시행되었는데 신 성장 산업인 드론 개발·생산 및 드론 활용 사업에 필수적으로 수반되는 항공촬영에 대한 허가제도는 드론 산업의 성장 저해 요인이라는 지적이 꾸준히 제기되었으며, 이는 국민 불편 민원으로 이어지면서 새 정부 규제혁신 추진 방향에 따라 신산업의 성장 기반을 조성하고 드론 활용 사업자와 국민 불편을 해소하기 위해 규제를 개선하게 된 것이다. 먼저 항공촬영 관련 제반 법령을 이해하고, 드론 원스톱 민원서비스 사이트에서 항공촬영 승인 신청방법을 구체적으로 살펴보자.

## 1. 드론 항공촬영 관련 법령 및 지침

### 1) 국방부 항공촬영 지침서 제5조(항공촬영 신청), 제6조(항공촬영 금지 시설)

제5조(항공촬영 신청)

① 초경량비행장치를 이용하여 항공촬영을 하고자 하는 자는 개활지 등 촬영금지시설이 명백히 없는 곳에서의 촬영을 제외하고는 촬영금지시설 포함 여부를 확인하기 위해 드론 원스톱 민원서비스 시스템 등을 통해 항공촬영 신청을 하여야 한다.

② 항공촬영 신청자는 촬영 4일 전(근무일 기준)까지 인터넷 드론 원스톱 민원서비스 시스템이나 모바일 앱 등을 이용하여 신청한다.

제6조(황공 촬영 금지 시설)

① 다음 각 호에 해당하는 시설에 대하여는 항공촬영을 금지한다.

   1. 국가보안시설 및 군사보안시설

   2. 비행장, 군항, 유도탄 기지 등 군사시설

   3. 기타 군수산업시설 등 국가보안상 중요한 시설·지역

② 촬영 금지시설에 대하여 촬영이 필요한 경우 군사기지 및 군사시설보호법 및 국가보안시설 및 국가보호장비 관리지침 등 관계 법, 규정/절차에 따른다.

## 2) 군사기지 및 군사시설 보호법 제9조(보호구역에서의 금지 또는 제한)

① 누구든지 보호구역 안에서 다음 각 호의 어느 하나에 해당하는 행위를 하여서는 아니 된다.

다만, 제1호, 제3호, 제7호, 제8호, 제11호 또는 제12호의 경우 미리 관할부대장등(제1호의 경우에는 주둔지부대장을 포함한다)의 허가를 받은 자에 대하여는 그러하지 아니하다.

4. 군사기지 또는 군사시설의 촬영ㆍ묘사ㆍ녹취ㆍ측량 또는 이에 관한 문서나 도서 등의 발간ㆍ복제. 다만, 국가기관 또는 지방자치단체, 그 밖의 공공단체가 공공사업을 위하여 미리 관할부대장 등의 승인을 받은 경우는 그러하지 아니하다.

## 3) 항공안전법 제129조(초경량비행장치 조종자 등의 준수사항)

④ 무인비행장치 조종자는 무인비행장치를 사용하여 「개인정보 보호법」 제2조 제1호에 따른 개인정보 (이하 "개인정보"라 한다) 또는 「위치정보의 보호 및 이용 등에 관한 법률」 제2조 제2호에 따른 개인위치정보 (이하 "개인위치정보"라 한다) 등 개인의 공적ㆍ사적 생활과 관련된 정보를 수집하거나 이를 전송하는 경우 타인의 자유와 권리를 침해하지 아니하도록 하여야 하며 형식, 절차 등 세부적인 사항에 관하여는 각각 해당 법률에서 정하는 바에 따른다.

## 4) 개인정보보호법 제2조(정의)

이 법에서 사용하는 용어의 뜻은 다음과 같다.

1. "개인정보"란 살아 있는 개인에 관한 정보로서 다음 각 목의 어느 하나에 해당하는 정보를 말한다.

가. 성명, 주민등록번호 및 영상 등을 통하여 개인을 알아볼 수 있는 정보

나. 해당 정보만으로는 특정 개인을 알아볼 수 없더라도 다른 정보와 쉽게 결합하여 알아볼 수 있는 정보. 이 경우 쉽게 결합할 수 있는지 여부는 다른 정보의 입수 가능성 등 개인을 알아보는 데 소요되는 시간, 비용, 기술 등을 합리적으로 고려하여야 한다.

다. 가목 또는 나목을 제1호의2에 따라 가명 처리함으로써 원래의 상태로 복원하기 위한 추가 정보의 사용ㆍ결합 없이는 특정 개인을 알아볼 수 없는 정보(이하 "가명정보"라 한다)

1의2. "가명처리"란 개인정보의 일부를 삭제하거나 일부 또는 전부를 대체하는 등의 방법으로 추가 정보 없이는 특정 개인을 알아볼 수 없도록 처리하는 것을 말한다.

## 5) 위치정보의 보호 및 이용 등에 관한 법률 제2조(정의)

이 법에서 사용하는 용어의 정의는 다음과 같다.

2. "개인위치정보"라 함은 특정 개인의 위치정보(위치정보만으로는 특정 개인의 위치를 알 수 없는 경우에도 다른 정보와 용이하게 결합하여 특정 개인의 위치를 알 수 있는 것을 포함한다)를 말한다.

## 6) 성폭력 범죄의 처벌 등에 관한 특례법 제14조(카메라 등을 이용한 촬영)

① 카메라나 그 밖에 이와 유사한 기능을 갖춘 기계장치를 이용하여 성적 욕망 또는 수치심을 유발할 수 있는 사람의 신체를 촬영대상자의 의사에 반하여 촬영한 자는 7년 이하의 징역 또는 5천만원 이하의 벌금에 처한다.

② 제1항에 따른 촬영물 또는 복제물(복제물의 복제물을 포함한다. 이하 이 조에서 같다)을 반포·판매·임대·제공 또는 공공연하게 전시·상영(이하 "반포등"이라 한다)한 자 또는 제1항의 촬영이 촬영 당시에는 촬영대상자의 의사에 반하지 아니한 경우(자신의 신체를 직접 촬영한 경우를 포함한다)에도 사후에 그 촬영물 또는 복제물을 촬영대상자의 의사에 반하여 반포 등을 한 자는 7년 이하의 징역 또는 5천만원 이하의 벌금에 처한다.

③ 영리를 목적으로 촬영대상자의 의사에 반하여 「정보통신망 이용촉진 및 정보보호 등에 관한 법률」 제2조 제1항 제1호의 정보통신망(이하 "정보통신망"이라 한다)을 이용하여 제2항의 죄를 범한 자는 3년 이상의 유기징역에 처한다.

④ 제1항 또는 제2항의 촬영물 또는 복제물을 소지·구입·저장 또는 시청한 자는 3년 이하의 징역 또는 3천만원 이하의 벌금에 처한다.

⑤ 상습으로 제1항부터 제3항까지의 죄를 범한 때에는 그 죄에 정한 형의 2분의 1까지 가중한다.

## ※ 드론 불법 촬영으로 형사 처분 받은 사례

2020년 9월 19일 자정을 조금 넘긴 시각, 고화질 카메라가 장착된 드론이 부산 수영구의 아파트 단지 상공에 두둥실 떠올랐다. 600g이 채 안 되는 가벼운 몸체로 캄캄한 하늘을 활보하던 드론은 잠시 후 어떤 집 베란다 앞에 가만히 멈췄다.

- 중략 -.

드론의 주인은 건너편 건물 옥상에 있는 남성 A(42)씨와 B(30)씨. A씨는 촬영된 영상이 생중계되는 스마트폰 애플리케이션(앱)을 보면서 능수능란하게 드론을 조작했다. B씨도 영상을 함께 보면서 "카메라 위치를 좀 더 내려라", "다른 방도 찍어 봐라", "저 방에서 사람이 나오는 것 같다"며 연신 훈수를 뒀다. 이들은 세 시간 동안 드론으로 근처 아파트까지 샅샅이 뒤져

-중략-

야음을 틈탄 2인조의 불법촬영 행각은 드론을 구입한 지 8일째였던 이날 새벽 들통났다. A씨의 조작 실수로 드론이 추락한 것. 아파트 테라스에 떨어진 드론은 신고를 받고 출동한 경찰의 손에 넘어갔다. 옥상에서 내려와 드론을 찾으려던 A씨가 경찰을 보고 달아났지만, 폐쇄회로(CC)TV 녹화 영상을 확인한 경찰의 추적으로 두 사람 모두 곧 검거됐다. 경찰이 확인한 결과 드론에는 아파트 주민 10쌍의 사생활을 찍은 영상이 담겨 있었다.

부산경찰청은 불법 영상물을 촬영한 혐의(성폭력처벌특례법 위반)로 A씨는 구속, B씨는 불구속 입건해 수사했다. 재판에 넘겨진 이들은 촬영 당시 술에 취해 심신미약 상태였다거나 광안리 해변을 촬영하던 중 우연히 아파트 내부가 찍혔다고 진술하며 범행을 부인했다.

그러나 2021년 2월 부산지법 동부지원 형사4단독 이OO 부장판사는 두 사람의 혐의가 인정된다며 A씨에게 징역 8개월을, B씨에겐 벌금 1,000만 원을 각각 선고했다. 재판부는 "드론 사용이 일상화된 상황에서 이런 범죄는 일상생활을 불안하게

하고, 특히 피해자에겐 큰 수치심과 외부 유출에 대한 불안감을 느끼게 하는 등 심각한 사회 문제를 야기할 수 있다"고 판시했다.

위의 사례에서도 볼 수 있듯이 최근 드론 불법 촬영은 모두 실형을 선고받고 있어 법원이 드론 범죄를 더 중한 범죄로 인식하는 경향이 있다. 드론 조종자들은 단순 호기심이 처벌로 이어질 수 있다는 것을 명심해야 할 것이며, 이러한 불법 촬영은 심각한 사회문제로 인식되고 있음을 자각해야 한다.

## 2. 드론 원스톱 민원서비스 항공촬영 신청 방법

### 1) 드론 원스톱 민원서비스 로그인

### 2) 항공촬영 신청서 등록 클릭

### 3) 항공촬영 신청인 입력

(1) 주담당자, 부담당자 선택하여 체크

(2) 성명 입력

(3) 구분 입력 : 개인, 촬영업체, 관공서 중 체크

(4) 전화번호 입력 : 개인 핸드폰 번호 입력

(5) 기관(단체)명 입력 : 개인 해당 사항 없음

## 4) 촬영 계획 입력

(1) 기간 선택 : 처리기간은 4일(휴일 제외)을 고려하여 기간을 입력

(2) 항공촬영 신청에 대한 확인의 유효기간은 최대 1년

(3) 목표물 입력 : 촬영하고자 하는 대상을 입력

(4) 촬영 용도 입력 : 촬영물의 사용 용도를 입력

(5) 촬영 구역 설정 클릭

(6) 목표물, 촬영 용도 입력

(7) 촬영 구역 주소 검색 : 좌측 하단 주소 검색 클릭, 주소 검색하여 확인 클릭

(8) 반경 수정 입력, 고도 입력(m 입력하면 ft는 자동 입력)

(9) 순항고도(ft) / 항속(km) 입력

(10) 주소 추가 후 등록 클릭

## 5) 비행장치 입력

(1) 종류 선택 : 무인비행기, 무인헬리콥터, 무인멀티콥터, 무인비행선 중 선택

(2) 신고번호 입력 : 최대이륙중량 2kg 미만 비영리 용도는 신고번호 미입력

(3) 모델명 입력

(4) 용도 선택 : 비영리, 영리 중 선택

(5) 제작자 입력

(6) 규격 : 가로X세로X높이(mm)

(7) 자체중량 : 자제중량으로 잘못 표기되어 있음, 아래 최대이륙중량 중 선택

    ① 최대이륙중량 250g 이하, 최대이륙중량 250g 초과~2kg 이하,

최대이륙중량 2kg 초과~7kg 이하, 최대이륙중량 7kg 초과~25kg 이하,

최대이륙중량 25kg 초과, 최대이륙중량 25kg 초과(시험비행)

② 임시 안전성인증검사는 최대이륙중량 25kg 초과(시험비행) 카테고리 선택

(8) 소유자 입력

(9) 전화번호 입력 : 핸드폰 번호 입력

(10) 촬영 구분 : 청사진, 시각, 동영상 중 선택(중복 선택 가능)

(11) 사진 용도, 촬영장비 명칭·종류 입력

(12) 안전성인증번호 / 유효만료기간 : 신고번호를 입력하면 최대이륙중량 25kg 초과 기체는 자동으로 입력됨

(13) 보험가입 유무 선택 : 미가입, 가입 중 선택

① 영리 용도인 경우 중량에 상관없이 보험가입 필수

(14) 상세설명 입력 : 생략 가능

(15) 추가 클릭 : 장치 정보를 하려면, 목록에서 삭제하고 다시 추가 클릭

※원활한 민원처리를 위해 한 번에 최대 20대까지 장비 신청 가능

## 6) 조종자 입력

(1) 성명 입력 : 기존 입력정보 있으면 조회를 눌러 성명을 클릭하면 생년월일, 주소, 자격번호 또는 비행경력 동시 자동 입력

(2) 생년월일 입력

(3) 소속, 직책 입력 : 개인은 해당 없음

(4) 주소 검색 입력

(5) 자격번호 또는 비행경력 입력 : 조종자 자격번호 기재

(6) 추가 클릭

※ 원활한 민원처리를 위해 한 번에 최대 20명까지 신청 가능

## 7) 첨부파일 업로드

**첨부파일**　　　　　　　　　　　　　　　　　　※ 해당서류 미첨부시 신청서가 보완요구되니 반드시 첨부바랍니다.

| 첨부파일 ❶ | 초경량비행장치 사용사업등록증 | 파일선택 | 파일 업로드 |
| --- | --- | --- | --- |

(1) 첨부파일이 다수일 경우 압축하여 첨부

(2) 개인 / 관공서 : 별도 첨부파일 없음

(3) 촬영업체 : 초경량비행장치 사용사업 등록증 업로드

## 8) 접수 클릭

| 접수 부서 및 담당자 | 군 담당자 [ ☎ 053-320-6209 ] |
| --- | --- |

2023년 07월 04일 신고인: 김재윤
관할지방항공청장 귀하

<table>
<tr><td>접수</td><td>임시저장</td><td>목록</td></tr>
</table>

## 9) 마이페이지 이동 클릭

### 항공촬영 신청

### [항공촬영 신청] 접수가 완료 되었습니다.

처리기간은 4일 소요 되며, 자료 검토 후 승인 또는 보완요구처리 될 수 있습니다.
처리 진행 상황과 보완요구 상세 내용은 마이페이지 > 민원신청내역 에서 확인할 수 있습니다.

| 민원신청 계속하기 | 마이페이지 이동 |
| --- | --- |

## 10) 민원신청 현황 확인

**민원 신청 현황**

접수하신 민원문서의 상태는 '신청' 이며 담당 공무원이 민원신청서를 접수하여 상태가 '처리중' 으로 변한 후 부터 처리기간이 적용됩니다.

| No.↓F | 신청번호 | 신청민원 | 처리부서 | 처리상태 |
|---|---|---|---|---|
| 1 | 230704-0786<br>(2023-07-04) | 항공촬영신청<br>- 촬영구역: 경상북도 경산시 진량읍 | 50사단 | 신청 |

# 3. 항공촬영 승인 시 조건부 승인사항(예시)

다음과 같이 저자가 상업용 촬영 목적의 촬영 승인을 받은 예시문을 수록하였다. 이러한 관할 통제기관의 통제에 적극적으로 따르는 것이 사고 예방의 지름길이며 조종자 자신을 보호할 수 있는 최소한의 수단이라는 것을 명심하자.

> **촬영 조건부 승인**
>
> 1. 촬영하고자 하는 지역은 군작전지역 및 국가 주요시설 주변에 위치한 곳으로 무단 촬영을 제한합니다.
> 2. 사진 및 영상 촬영 시 포특사 지역의 보안 조치관 입회후 촬영을 해야 합니다.
> 3. 촬영하고자 하는 지역이 비행금지구역에 해당되거나 해군 6항공전단 관제공역에 해당될 경우에는 별도의 비행승인을 받아야 합니다.
> 4. 기타 준수사항 아래 내용을 참조 바랍니다.
>
>    가. (본 회신공문 접수 후 승인 완료 후) 최소 촬영 3일 이전까지 해병 1사단 T. 054-290-3222로 연락하여 보안 조치를 협조바랍니다.
>
>    나. 국가보안시설 / 군사시설로 지정된 곳은 무단 촬영을 금지바랍니다.
>
>    다. 국가보안시설 / 군사시설을 대상으로 한 항공촬영 승인이 아닙니다. (무단 촬영 시 군사기밀 보호법 및 군사시설 보호법에 의해 처벌 받을 수 있다.)
>
>    라. 지형정보(항공사진, 3차원 공간정보 등)는 측량, 수로조사 및 지적에 관한 법률에 따라 국외 반출을 금지하고 있으며, 국외반출 시 국토교통부의 승인을 받아야 합니다.
>
>    마. 비행금지 시간대 비행, 사람 많은 곳의 비행 등의 항공법에서 정한 조종자 준수사항을 준수하시기 바랍니다(별도 비행승인을 받지 않아도 되는 구역에서의 야간비행 및 촬영 행위는 항공법에 따라 처벌받게 됩니다).
>
>    바. 촬영 대상을 초상권(사생활 및 영업침해 등)에 대한 승인이 아니며, 비행에 대한 허가를 반드시 관계부서의 별도 승인을 받기 바랍니다.
>
>    사. 공역관리기관 연락처 : 해군6항공전단 T.054-290-6322,
>
>    부산지방항공청 T.054-971-1217

# CHAPTER 08 DJI GEO Zone 잠금 해제 요청

DJI 드론을 사용하고 있는 드론 Pilot이 정상적인 비행승인과 촬영 승인을 받은 후 룰루랄라 하면서 이제 비행의 즐거움을 느끼고자 한다면 어떤 곳에서는 DJI의 GEO Zone이라는 벽에 부닥쳐 답답함을 느낄 것이다. 왜냐하면 우리나라 공항 관제권이나 P73(서울 비행금지구역)은 DJI GEO Zone으로 잠금 해제 요청에 의한 일정기간 해제를 하지 않으면 기체에 시동이 걸리지 않기 때문이다.

이처럼 DJI는 자체적인 지오펜싱 시스템을 사용하여 특정 지역의 드론 비행을 제한하거나 금지한다. 이는 공항과 같이 비행이 제한된 지역 또는 국가별 법률 및 규정을 준수하기 위한 것이다. 하지만 DJI는 합법적이고 책임감 있는 비행자들이 필요한 경우 이러한 제한을 우회할 수 있도록 옵션을 제공하는데 이를 위해서는 DJI의 "Fly Safe" 웹페이지에서 잠금 해제 요청을 제출해야 한다. 다음은 DJI에서 지역 잠금을 해제하는 기본적인 절차이다.

- **DJI 계정 생성 및 로그인** : 이 계정은 DJI의 모든 서비스에 액세스할 수 있게 해준다.

- **Fly Safe 페이지 접속** : DJI 웹사이트에서 "Fly Safe" 페이지로 이동한다.

- **잠금 해제 선택** : 페이지에서 "Self Unlocking" 옵션을 선택한다.

- **드론 및 잠금 지역 정보 입력** : 잠금을 해제하려는 드론의 시리얼 번호와 잠금이 걸린 지역에 대한 정보를 입력한다.

- **신청 확인 및 제출** : 모든 정보를 정확하게 입력한 후, 요청을 제출한다.

- **승인 대기** : DJI는 제출된 요청을 검토하고 승인하거나 거부한다. 이 과정은 일반적으로 몇 분 내에 이루어진다.

- **드론 업데이트** : 잠금 해제가 승인되면 DJI GO4 앱 또는 DJI Fly 앱에서 동기화해야 한다.

다시 한 번 강조하지만, 이러한 해제는 법적인 비행에 한해 사용해야 한다. 항공 관련 법규를 준수하고 안전하게 비행하기 위해 자신이 비행하려는 지역의 규정을 항상 확인해야 하는 것은 기본 중에 기본이다.

처음 GEO Zone에 대한 Unlocking Requests(잠금 해제 요청)을 신청하기 위해서는 기본적으로 DJI 계정을 생성하고 로그인 한 후 DJI 홈페이지 _ 고객지원_ 안전비행 _ 잠금 해제에 들어가서 배경인증, 기기관리, 파일럿 관리에서 기본 정보를 입력해야 하는 절차가 있다. 기본 정보를 입력한 후에 다음 절차에 따라 잠금 해제 요청을 제출하면 된다.

## 1. DJI 홈페이지에서 제공하는 잠금해제 요청 절차

### 1) 개인 정보 및 필수 자료 제공

(1) 개인 정보 제공

> 이름, 신원 확인 증명(예:신분증, 여권, 기타 증서), 기체 SN, DJI 계정 및 사용자 이름, 이메일 주소, 우편 주소, 연락처, 기관 이름

(2) 해당 지역에서 비행할 수 있도록 해줄 인증 서류(다음을 포함하지만 국한되지 않음)

> 승인 문서
>
> 작업 라이선스
>
> 현지 민간 항공국 또는 기타 항공 사무국의 허가증 공항의 관련 동의서
>
> 또는 DJI 기체 작업을 의뢰한 기관의 근로 인증서
>
> 잠금 해제를 요청하는 지역의 위치/고도/비행 구역을 포함하는 계획된 비행 정보
>
> 계획된 비행의 시작일/종료일
>
> 법률 및 규정에서 요구하는 기타 문서

### 2) 신원 증명 완료 : FlySafe 웹사이트에서 개인정보 제출

### 3) 잠금 해제 요청 제출 : FlySafe 웹사이트에서 잠금 해제 요청 제출

## 2. 잠금 해제 요청 시 DJI 공지사항

**1) By requesting to unlock or using unlocking license, you confirm that you have read and understood the following terms of use:** DJI Aircraft Terms of Use, DJI Go App Terms of Use, DJI Go 4 App Terms of Use, DJI Fly App Terms of Use, DJI Privacy Policy, and DJI Website Terms of Use (hereinafter collectively referred to as the Terms), and that you agree to be bound by the Terms. You shall not request to unlock GEO zones or use unlocking license if you are not in a position to accept or agree to the Terms. In the event of a conflict between the following terms and conditions and any other agreement between you and DJI, the following terms and conditions shall prevail.

잠금 해제를 요청하거나 라이선스 잠금 해제를 사용함으로써 사용자는 DJI 기체 이용 약관, DJI Go 앱 이용 약관, DJI Go 4 앱 이용 약관, DJI Fly 앱 이용 약관, DJI 개인정보 보호정책, DJI 웹사이트 이용 약관(이하 약

관으로 통칭)을 읽고 이해했음을 확인합니다. 그리고 귀하는 약관에 구속되는 데 동의합니다. 약관에 동의하거나 동의할 수 있는 위치에 있지 않은 경우 GEO 영역 잠금 해제를 요청하거나 잠금 해제 라이선스를 사용할 수 없습니다. 다음 이용 약관 및 귀하와 DJI 간의 기타 계약이 상충하는 경우 다음 이용 약관이 우선합니다.

**2)** You present and warrant that all information provided is true and accurate, and that you are obligated to notify DJI in writing of any change in such information. DJI uses and discloses such information in accordance with DJI Privacy Policy. You shall be responsible for all activities of your DJI account and DJI device, including any activity that occurs in unlocked GEO zones or related to your unlocking license. You shall assume full responsibility for the safety of your flight operations, including, but not limited to, obtaining any necessary authorization from government authority, maintaining a safe distance from manned and unmanned aircraft, buildings, vehicles, ground hazards, infrastructure, emergency personnel and ground staff, and making sound judgments to ensure flight safety. DJI is not under any obligation to restrict your use of DJI device in areas of potential safety or security risks. DJI reserves its right to restrict or prohibit operation of DJI device at locations that pose a potential safety or security risk, and to revoke or alter any unlocking license issued when an unlocked location is of potential risk as considered by DJI. You shall bear the entire risk and assume full responsibility for any damage arising from your use of DJI device or unlocking license in unlocked area. You understand and agree that any matter concerned with unlocking GEO zones is at your sole discretion and at your own risk, and you shall be solely responsible for any personal injury, death, damage to your own property (including computer system, mobile device or DJI device used in relation to unlocking GEO zones) or third party property, or loss of data resulting from the use or unavailability of related services. Unlocking license obtained for DJI device is for your own use only. If you transfer your DJI device to a third party (whether paid or unpaid), you guarantee to remove all unlocking licenses obtained by that DJI device before transfer. Refer to DJI app for details on how to remove unlocking licenses. If the third party continues to operate the transferred DJI device using the unlocking license obtained by you after receiving the device, you shall be held solely liable for any damages, consequences, and legal liabilities caused thereby to the third party or other entities.

귀하는 제공된 모든 정보가 진실하고 정확하며, 이러한 정보의 변경 사항을 DJI에 서면으로 통지할 의무가 있음을 제시하고 보증합니다. DJI는 DJI 개인정보 보호정책에 따라 이러한 정보를 사용하고 공개합니다.

사용자는 잠금 해제된 GEO 구역에서 발생하거나 잠금 해제 라이선스와 관련된 모든 활동을 포함하여 DJI 계정 및 DJI 장치의 모든 활동에 대한 책임을 집니다. 귀하는 정부 당국으로부터 필요한 승인을 얻고 유인 및 무인 항공기, 건물, 차량, 지상 위험 요소, 기반 시설, 응급 요원 및 지상 직원과의 안전거리를 유지하는 것을 포함하여 항공 운항의 안전에 대한 모든 책임을 져야 합니다, 그리고 비행 안전을 보장하기 위해 건전한 판단을 하는 것. DJI는 잠재적인 안전 또는 보안 위험 영역에서 DJI 장치의 사용을 제한할 의무가 없습니다. DJI는 잠재적인 안전 또는 보안 위험이 있는 위치에서 DJI 장치의 작동을 제한 또는 금지하고, 잠금 해제된 위치가 DJI가 고려하는 잠재적인 위험이 있는 경우 발급된 잠금 해제 라이선스를 취소하거나 변경할 권리를 보유합니다. 사용자는 DJI 장치를 사용하거나 잠금 해제된 영역에서 라이선스를 해제함으로써 발생하는 모든 손상에 대해 모든 위험을 부담하고 모든 책임을 져야 합니다. 사용자는 GEO 구역 잠금 해제와 관련된 모든 문제가 사용자의 재량에 달려 있고 사용자 자신의 재산(GEO 구역 잠금 해제와 관련하여 사용되는 컴퓨터 시스템, 모바일 장치 또는 DJI 장치 포함) 또는 제3자 재산에 대한 개인 상해, 사망, 손상에 대해 전적으로 책임을 져야 한다는 것을 이해하고 동의합니다, 또는 관련 서비스의 사용 또는 사용 불가능으로 인한 데이터 손실. DJI 장치에 대해 취득한 라이선스 잠금 해제는 사용자가 직접 사용할 수 있는 것입니다. DJI 장치를 제3자(유료 또는 미납)에게 양도하는 경우 양도하기 전에 해당 DJI 장치에서 얻은 모든 잠금 해제 라이선스를 제거할 것을 보장합니다. 잠금 해제 라이선스를 제거하는 방법에 대한 자세한 내용은 DJI 앱을 참조하십시오. 양도받은 DJI 기기를 수령 후 귀하가 취득한 잠금 해제 라이선스를 이용하여 제3자가 양도받은 DJI 기기를 계속 사용하는 경우, 귀하는 제3자 또는 다른 주체에게 발생한 손해, 결과 및 법적 책임에 대해 전적으로 책임을 집니다.

3) If you have any questions or comments regarding the Terms above, please email us at flysafe@dji.com or contact us at Lobby of T2, DJI Sky City, No. 53 Xianyuan Road, Xili Community, Xili Street, Nanshan District, Shenzhen, China, 518055

위의 조건과 관련하여 질문이나 의견이 있으시면 flysafe@dji.com으로 이메일을 보내시거나 중국 선전시 난산구 시리거리 시리 커뮤니티 시안위안로 53번지 DJI 스카이시티 T2 로비로 연락주시기 바랍니다.

## 3. 잠금 해제 요청 절차

**1) Unlocking Zone 들어가기 :** 구역 잠금 해제 클릭

## 2) Unlocking Zone _ 사용자 센터 _ 배경 인증(신원, 국가/지역 선택)

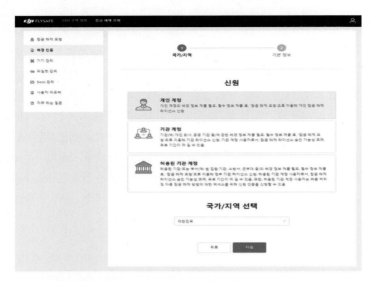

(1) 계정 선택 : 개인 계정, 기관 계정, 허용된 기관 계정 중 선택

(2) 국가/지역 선택 : 대한민국 선택

(3) 다음 클릭

## 3) Unlocking Zone _ 사용자 센터 _ 배경 인증(개인 정보 입력 제출)

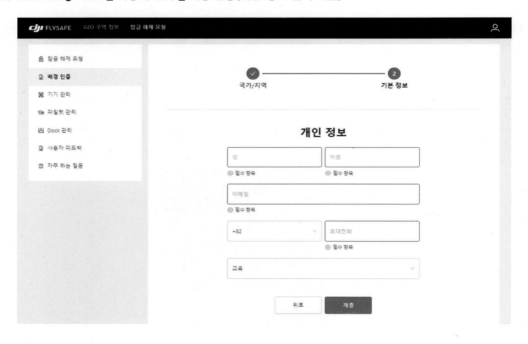

(1) 성 입력

(2) 이름 입력

(3) 이메일 입력 : DJI 계정에 등록된 이메일 입력

(4) 국가번호 선택 : 대한민국은 +82

(5) 휴대전화 입력

(6) 개인 근무 분야 선택 : 미디어 및 커뮤니케이션, 농업·축산업·임업·어업, 에너지, 기반시설, 건설, 항공우주, 교육, IT, 기타 STEM 산업, 기타 중 선택

(7) 제출 클릭

(8) 제출하면 휴대전화로 인증번호가 옴

(9) 인증번호 입력하고 확인 클릭

## 4) Unlocking Zone _ 사용자 센터 _ 배경 인증(개인 정보 입력 확인)

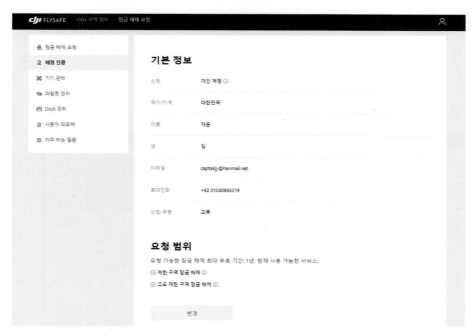

(1) 기본 정보 확인

(2) 잘못 입력 되었으면 변경 클릭하여 수정 입력

## 5) Unlocking Zone _ 사용자 센터 _ 기기 관리 클릭

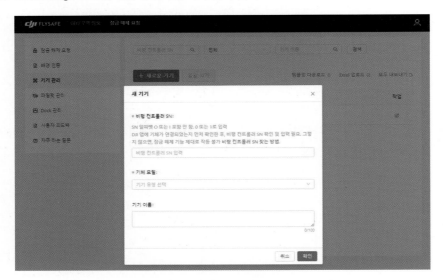

(1) + 새로운 기기 클릭

(2) 비행 컨트롤러 SN 번호 입력

(3) 기체 모델 선택하여 입력

(4) 기기 이름 입력 : 본인이 임의로 지정

(5) 확인 클릭 : 등록된 기기 확인

## 6) Unlocking Zone _ 사용자 센터 _ 파일럿 관리 클릭

(1) 이메일 입력 : DJI 계정 이메일 입력

(2) 파일럿 이름 입력

(3) 확인 클릭 : 등록된 파일럿 확인

## 7) 새로운 잠금 해제 요청 클릭

(1) 잠금 해제 요청 알림 확인 클릭

## 8) 잠금 해제 유형 선택

📝참고

■ 우리나라 공항은 대부분 DJI GEO Zone 분류 중 고위험 공항을 위해 설계된 GEO Zone에 포함되어 있다.

■ 맞춤형 잠금 해제는 다각형 또는 원형으로 사용자가 구역을 지정하여 적색 Restricted Zone(제한 구역), 청색 Permitted Area(허가 구역), 회색 Altitude Restricted Zone(고도 제한 구역) 모두 잠금 해제를 할 수 있다.

• 다각형 : 사용자가 잠금 해제할 구역을 다섯 개의 점으로 지정한다.

• 원형 : 사용자가 잠금 해제할 구역을 먼저 한 개 점을 지정하면 그 점은 중심이 되고, 또 한 개의 점을 지정하면 그 점은 외곽의 점이 되어 원이 된다.

■ 구역 잠금 해제는 청색 Permitted Area(허가 구역), 회색 Altitude Restricted Zone(고도 제한 구역)을 지정하여 동시에 두 개 또는 한 개만 지정하여 잠금 해제를 할 수 있다.

(1) 맞춤형 잠금 해제 클릭

① 이름과, 성, 휴대전화는 자동 입력

② 기기 왼쪽 여백을 클릭하여 등록되어 있는 기기 선택

③ 기기 오른쪽 여백을 클릭하여 등록되어 있는 비행 컨트롤러 SN 선택

④ 파일럿 여백을 클릭하면 등록되어 있는 파일럿 이메일 선택

⑤ 파일럿 추가를 클릭하면 DJI 계정과 파일럿 이름을 입력하여 추가 가능

⑥ 다음 클릭

(2) 맞춤형 잠금 해제 다각형 클릭, 해제 희망 구역을 다섯 개 점으로 지정

(3) 맞춤형 잠금 해제 기간, 고도, 신청 사유, 문서 업로드

**기간**

유효 기간: 시작일 오전 00:00부터 종료일 오후 23:59까지

| 시작일 📅 | ~ | 종료일 📅 |

**고도**

| | 미터 ∨ |

**잠금 해제 신청 사유**

**파일** ⑦

선택된 GEO 구역 관련 필수 문서 업로드
모든 비행 허가, 라이선스 또는 현지 항공 당국/공항 포함 및 이에 국한되지 않는 모든 필수 자료 제공해야 함. 영어 또는 중국어로 작성되지 않은 문서의 경우, 원본과 함께 영어 또는 중국어 번역본 제출
첨부 파일은 5MB 이하여야 하며, 다음 파일 형식만 가능: .png, .jpg, .jpeg, .pdf

업로드 ⑦

뒤로    제출

① 기간 입력 : 오늘부터 1년까지 지정 가능

② 고도 입력 : 미터 또는 피트 선택하여 입력

③ 잠금 해제 신청 사유 입력

④ 파일 업로드 : 비행승인받은 문서 업로드

- 원본과 함께 영어 또는 중국어 번역본 제출하라고 되어 있으나 한글 그대로 업로드 해도 승인됨

- 첨부 파일은 5MB 이하

- 첨부 파일 형식은 .png, .jpg, .jpeg, .pdf만 가능

⑤ 제출 클릭

## 9) 잠금 해제 요청 리뷰 대기 중 확인

# 잠금 해제 요청

+ 새로운 잠금 해제 요청

잠금 해제 요청 방법

전체    리뷰 대기 중    리뷰 중    통과    거부됨

| 유형 | 파일럿/Dock ⑦ | 기기 | 유효 기간 | 구역 이름 | 상태 | 작업 |
|------|------|------|------|------|------|------|
| 맞춤형 잠금 해제 | ⍰ captakjy@hanmail.net | 1633KAA001X0U3 | 2023.07.09- 2024.07.07 | 이름 없음1 | ⑤ 리뷰 대기 중 | 보기 |

## 10) 잠금 해제 요청 리뷰 중 확인

# 잠금 해제 요청

+ 새로운 잠금 해제 요청

잠금 해제 요청 방법

전체    리뷰 대기 중    리뷰 중    통과    거부됨

| 유형 | 파일럿/Dock ⑦ | 기기 | 유효 기간 | 구역 이름 | 상태 | 작업 |
|------|------|------|------|------|------|------|
| 맞춤형 잠금 해제 | ⍰ captakjy@hanmail.net | 1633KAA001X0U3 | 2023.07.09- 2024.07.07 | 이름 없음1 | ⊟ 리뷰 중 | 보기 |

## 11) 잠금 해제 요청 리뷰 중 확인

## 12) 잠금 해제 요청 거부 또는 통과 확인

(1) 거부 시 보기 클릭, 보완하여 처음부터 다시 잠금 해제 요청

(2) 통과 시 보기 클릭, DJI 홈페이지에서 잠금 해제 요청 완료

## 잠금 해제 요청

**통과**

해당 DJI 계정으로 잠금 해제 라이선스 전송됨. 확인해주십시오:

https://flysafe-api.dji.com/en/help/unlock

### 참고 잠금 해제 요청 절차 TIP

■ 맞춤형 잠금 해제 또는 구역 잠금 해제도 10분 내외로 신속히 처리된다.

■ 맞춤형 잠금 해제

- 비행승인 기간을 고려하여 1년 이내에서 기간으로 설정할 수 있다.

- 맞춤형 잠금 해제는 희망 고도를 입력해야 하는데 120미터 이상은 통과가 안 되었다.

- 비행하고자 하는 당일에도 DJI 잠금 해제 요청이 가능하다.

- 업로드 문서를 번역할 필요 없다. pdf로 다운받거나 신청완료된 화면을 캡처해서 업로드해도 승인된다.

■ 구역 잠금 해제

- 적색 Restricted Area(제한 구역)만 지정하여 통과 시 당일 23:59까지 비행 가능하게 승인된다. 또한 적색 Re-stricted Area(제한 구역)을 지정하면 회색 Altitude Restricted Area(고도 제한 구역)가 동시에 포함된다.

- 청색 Permitted Area(허가 구역)만 지정하여 통과 시 당일 23:59까지 비행 가능하게 승인된다. 또한 별도의 업로드 문서가 없다.

- 회색 Altitude Restricted Area(고도 제한 구역)만 지정하여 통과 시 기간을 입력해야 하며 신청 당일부터 1년간 신청이 가능하다. 또한 회색 Altitude Restricted Area Airea(제한 구역)를 지정하면 적색 Restricted Areas(제한 구역)가 동시에 포함된다.

- 구역 잠금 해제 요청시 고도를 입력하는 란은 없다.

■ DJI 홈페이지에서는 다음과 같이 용어를 혼용해서 사용하고 있다.

- Restricted Zone(제한 구역) = Restricted Area(제한 구역)

- Authorization Zone(권한 구역) = Permitted Area(허가 구역)

- Altitude Zone(고도 구역) = Altitude Restricted Area(고도 제한 구역)

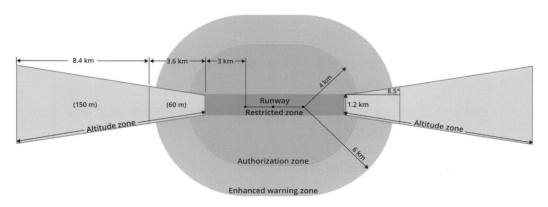

그림 8-1 고위험 공항을 위해 설계된 GEO Zone80

## 4. GEO 잠금 해제 요청 관련 자주하는 질문과 답변(DJI 홈페이지 참조)

**1) GEO 구역은 아니지만 지역 제한이 있는 위치에서 드론을 비행하려면 어떻게 해야 하나요?**

(1) GEO 시스템은 참고용일 뿐이다. 각 사용자는 공식 출처를 확인하고 비행에 적용될 수 있는 법률이나 규정을 확인할 책임이 있다. 몇 가지 경우, DJI는 이러한 지침이 조종자에게 적용될 수 있는 규정과 일치하는지의 여부에 대해 결정하지 않고 널리 권고되는 일반 매개변수를 선택했다. 현지 법률 및 규정을 준수하면서 기체를 조심스럽게 비행해야 한다.

**2) 잠금 해제 라이선스는 비행 안전과 합법성을 보장하나요?**

(1) DJI 파일럿으로서, 안전하게 비행하고 현지 법률과 규정을 준수해야 하는 책임이 있다.

**3) 잠금 해제 시 어떤 SN(일련 번호)을 사용해야 하나요?**

(1) 잠금 해제 요청을 제출할 때 비행 컨트롤러 일련번호를 입력했는지 확인한다. 일련번호에는 문자 O" 또는 "I"가 없어야 하며, 모두 숫자 "0" 또는 "1"이어야 한다."

**4) 비행 컨트롤러의 시리얼 넘버를 어디에서 찾을 수 있나요?**

(1) DJI Fly, DJI GO 4, DJI GO 사용자의 경우, 기체와 조종기를 연결하고 앱에 로그인한다. 비행 컨트롤러 시리얼 넘버를 '뷰 > 설정 > 정보 > 비행 컨트롤러 SN'에서 찾을 수 있다.

(2) DJI Pilot 사용자의 경우, 기체와 조종기를 연결하고 앱에 로그인한다. 비행 컨트롤러 시리얼 넘버를 '일반 설정 > 정보 > 비행 컨트롤러 SN'에서 찾을 수 있다.

(3) DJI GS RTK 사용자의 경우, 기체와 조종기를 연결하고 앱에 로그인한다. 비행 컨트롤러 시리얼 넘버를 '기체 정보 > 비행 컨트롤러 시리얼 넘버'에서 찾을 수 있다.

(4) DJI MG 사용자의 경우, 기체와 조종기를 연결하고 앱에 로그인한다. 비행 컨트롤러 시리얼 넘버를 '기체 정보 〉 비행 컨트롤러 SN'에서 찾을 수 있다.

(5) DJI Agras 사용자의 경우, 기체와 조종기를 연결하고 앱에 로그인한다. 비행 컨트롤러 시리얼 넘버를 '기기 관리 〉 기체 정보'에서 찾을 수 있다.

(6) DJI FPV 또는 DJI Avata를 사용하는 경우, 기체와 고글을 연결한다. 비행 컨트롤러 시리얼 넘버를 '설정 〉 정보 〉 비행 컨트롤러 SN'에서 찾을 수 있다.

**5) 조종기 시리얼 넘버를 대신 입력할 수 있나요?**

(1) 아니다. 비행 컨트롤러의 시리얼 넘버는 조종기의 SN과 다르다. 기체와 조종기를 연결하고 비행 컨트롤러의 시리얼 넘버를 앱에서 확인한다.

**6) 기체 모델을 잘못 입력하면 잠금 해제에 영향을 줄까요?**

(1) 그렇다. 잠금 해제 신청 시 정확한 정보를 입력해야 한다.

**7) 기체 교체 후 비행 컨트롤러 보드를 교체했거나 수리 후 비행 컨트롤러의 일련번호가 변경되어 원래 잠금 해제 인증서를 사용할 수 없습니다. 어떻게 해야 하나요?**

(1) 새 비행 컨트롤러 일련번호로 잠금 해제 요청을 다시 제출한다.

**8) 적색 제한 구역을 잠금 해제해야 하는 경우 어떤 문서를 제공해야 하나요?**

(1) 항공 부서, 공항 또는 공공 안전 기관과 같은 지방 정부에서 적색 제한 구역 비행 허가를 명시한 공식 문서를 업로드한다.

**9) 전화번호 앞에 어떤 국가 코드를 입력해야 하나요?**

(1) 전화번호 앞에는 해당하는 국가 코드가 필요하다. 예를 들어, 한국 국가 코드는 +82이다.

**10) 잠금 해제 요청이 승인된 후 잠금 해제 라이선스가 표시되지 않으면 어떻게 해야 하나요?**

(1) 드론을 조종기에 연결하고 DJI 앱에 로그인한 계정은 잠금 해제 요청을 제출할 때 입력한 계정과 동일한 계정인지 확인한다.

(2) DJI 앱, 안전 비행 데이터베이스, 드론과 조종기의 펌웨어를 최신 버전으로 업데이트한다.

(3) DJI 앱의 인터넷 연결 상태가 양호한지 확인한다.

(4) 드론과 조종기, DJI 앱을 다시 시작한다.

(5) DJI 앱을 제거한 다음 다시 설치한다.

(6) 다른 모바일 기기를 사용해 본다.

**(11) 잠금 해제 요청이 승인된 후 드론이 이륙 불가인 이유는 무엇인가요?**

(1) 잠금 해제 라이선스가 활성화되었는지 여부를 확인한다.

(2) 드론이 잠금 해제된 구역에 있는지 여부를 확인한다.

(3) GPS 신호가 강한지 여부를 확인한다. 실내에서 테스트하면 안 된다.

(4) 해당 DJI 이메일 계정이 로그인되어 있는지 여부를 확인한다.

(5) 해당 드론이 연결되어 있는지 여부를 확인한다.

(6) 잠금 해제 라이선스가 만료되었거나 시작되지 않았는지 여부를 확인한다.

**(12) 잠금 해제 라이선스를 가져오거나 활성화할 때 "계정이 로그인되지 않음" 오류가 발생하면 어떻게 해야 하나요?**

(1) 앱을 실행하고 다시 시도한다.

(2) DJI 계정을 다시 로그인한다.

**(13) 잠금 해제 요청이 거부된 경우 거부 이유는 어디에서 찾을 수 있나요?**

(1) 조종자의 이메일 받은 편지함에서 알림 이메일을 확인한다(시스템에서 자동으로 고객에게 알림 이메일 전송).

(2) DJI 공식 웹사이트에서 확인한다(안전 비행 및 잠금 해제 요청으로 이동한 다음 작업 "아래의 "보기"를 클릭하여 "여기에서 피드백 확인"으로 이동").

**(14) 잠금 해제 라이선스를 가져올 수 없고 앱에 "연결 끊김" 경고가 표시되면 어떻게 해야 하나요?**

(1) 앱에 "연결 끊김" 경고가 표시되면 비행 컨트롤러 일련번호에 오류가 있는 것으로 판단할 수 있다. DJI 앱 〉 일반 설정 〉 정보 〉 비행 컨트롤러 일련번호로 이동하여 DJI 공식 웹사이트에 제출한 일련번호가 연결된 드론의 비행 컨트롤러 일련번호와 일치하는지 여부를 확인한다. 일치하지 않으면 잠금 해제 요청을 다시 제출한다.

**(15) 신청서를 검토하는 데 얼마나 걸리나요?**

(1) 제출하면 1시간 이내에 언제든지 신청서를 검토한다.

**(16) 사용 가능한 가장 긴 유효 기간은 얼마나 되나요? 잠금 해제 구역으로 허가되는 최대 크기는 어떻게 되죠?**

(1) 각 잠금 해제 요청은 케이스별로 승인된다. 비행 날짜, 지역 반경, 잠금 해제 요청을 제출한 곳의 고도는 정부 당국의 허가 문서에서 제공한 정보와 일치해야 한다. 또한 잠금 해제할 구역이 허가 기관에서 승인하고 문서로 보증한 관할 구역 내에 완전히 속하는지 반드시 확인해야 한다.

**(17) 내 드론이 GEO 구역 밖에서 이륙 불가인 경우 어떻게 해야 하나요?**

(1) 잠금 해제 라이선스를 해제하고 다음과 같이 문제를 해결한다.

(2) DJI 계정을 로그아웃하고 다시 로그인한다.

(3) DJI 앱, 안전 비행 데이터베이스 버전, 드론 및 조종기의 펌웨어를 최신 버전으로 업데이트한다.

(4) 모바일 기기의 인터넷 연결 상태가 양호한지 확인한다.

(5) 드론과 조종기의 전원을 켜고 조종기와 드론을 다시 연동한다. 그런 다음 모바일 기기에 연결하고 DJI 앱을 실행한다.

(6) 앱을 제거하고 다시 설치한다.

# 09 드론 특별비행승인 신청

드론의 특별비행승인 제도는 국가 및 지역에 따라 다르며, 일반적으로 특정 조건 또는 시나리오에서 드론을 비행시키고자 할 때 규제 기관으로부터 특별 허가를 받아야 하는 제도를 말한다. 이러한 제도는 드론이 공중에서 안전하게 운용될 수 있도록 하며, 다른 항공기와의 충돌, 사생활 침해 등의 위험을 방지하는 데 중요한 역할을 한다.

예를 들면, 미국에서는 연방항공청(FAA)이 Part 107라는 드론 규제를 관리하고 있는데, 이는 상업적 목적으로 드론을 비행하고자 하는 사람들을 대상으로 한다. 하지만 Part 107 규제에 따르면 드론은 통제된 공항 근처에서 비행하거나, 일몰 후 또는 투명도가 제한된 조건에서 비행하거나, 시력이 닿지 않는 곳에서 비행하는 것이 일반적으로 금지된다. 이러한 제한을 극복하려면, FAA로부터 특별비행승인이 필요하고, FAA의 허가를 받기 위해서는 웨이버(waiver)를 제출해야 한다.

같은 방식으로 여러 국가와 지역에서는 비행 제한 구역, 높이 제한, 시야 범위 제한 등의 이유로 드론 비행에 대한 규제를 적용하고 있다. 이런 경우 특별비행승인 제도를 통해 특정 상황에서의 드론 비행을 허용할 수 있다. 이러한 허가는 일반적으로 해당 국가 또는 지역의 항공 규제 기관으로부터 받아야 한다. 규제는 국가 및 지역에 따라 다르며, 시간에 따라 변경될 수 있으므로, 특별비행승인에 관한 최신 정보를 얻으려면 해당 지역의 규제 기관에 직접 문의하는 것이 가장 좋다.

우리나라도 항공안전법에 따라 드론을 가시권 밖에서 비행시키거나, 밤에 비행시키거나, 사람이 많은 곳에서 비행시키는 것 등은 금지되어 있다.

그러나 특별한 사유나 목적이 있는 경우에는 야간비행, 가시권 밖 비행을 예외적으로 허가받을 수 있는 제도가 마련되어 있다. 이를 "드론 특별비행승인 제도"라고 한다. 특별비행승인을 받기 위해서는 일정한 절차를 따라야 한다. 일반적으로 이는 비행 계획의 제출, 안전 검토, 승인 등을 포함한다. 우리나라의 특별비행승인 제도를 구체적으로 살펴보자.

## 1. 무인비행장치 특별비행승인 관련 법령

### 1) 항공안전법 제129조 제5항(초경량비행장치 조종자 등의 준수사항)

⑤ 제1항에도 불구하고 초경량비행장치 중 무인비행장치 조종자로서 야간에 비행 등을 위하여 국토교통부령으로 정하는 바에 따라 국토교통부장관의 승인을 받은 자는 그 승인 범위 내에서 비행할 수 있다. 이 경우 국토교통부장관은 국토교통부장관이 고시하는 무인비행장치 특별비행을 위한 안전기준에 적합한지 여부를 검사하여야 한다.

**2) 항공안전법 시행규칙 제312조의2(무인비행장치의 특별비행승인)**

① 법 제129조 제5항 전단에 따라 야간에 비행하거나 육안으로 확인할 수 없는 범위에서 비행하려는 자는 별지 제123호의2서식의 무인비행장치 특별비행승인 신청서에 다음 각 호의 서류를 첨부하여 지방항공청장에게 제출하여야 한다.

  1. 무인비행장치의 종류·형식 및 제원에 관한 서류

  2. 무인비행장치의 성능 및 운용한계에 관한 서류

  3. 무인비행장치의 조작방법에 관한 서류

  4. 무인비행장치의 비행절차, 비행지역, 운영인력 등이 포함된 비행계획서

  5. 안전성인증서(제305조 제1항에 따른 초경량비행장치 안전성인증 대상에 해당하는 무인비행장치에 한정한다)

  6. 무인비행장치의 안전한 비행을 위한 무인비행장치 조종자의 조종 능력 및 경력 등을 증명하는 서류

  7. 해당 무인비행장치 사고에 따른 제3자 손해 발생 시 손해배상 책임을 담보하기 위한 보험 또는 공제 등의 가입을 증명하는 서류(「항공사업법」 제70조 제4항에 따라 보험 또는 공제에 가입하여야 하는 자로 한정한다)

  8. 별지 제122호 서식의 초경량비행장치 비행승인신청서(법 제129조 제6항에 따라 법 제127조 제2항 및 제3항의 비행승인 신청을 함께 하려는 경우에 한정한다)

  9. 그 밖에 국토교통부장관이 정하여 고시하는 서류

② 지방항공청장은 제1항에 따른 신청서를 제출받은 날부터 30일(새로운 기술에 관한 검토 등 특별한 사정이 있는 경우에는 90일) 이내에 법 제129조 제5항에 따른 무인비행장치 특별비행을 위한 안전기준에 적합한지 여부를 검사한 후 적합하다고 인정하는 경우에는 별지 제123호의3서식의 무인비행장치 특별비행승인서를 발급하여야 한다. 이 경우 지방항공청장은 항공안전의 확보 또는 인구밀집도, 사생활 침해 및 소음 발생 여부 등 주변 환경을 고려하여 필요하다고 인정되는 경우 비행일시, 장소, 방법 등을 정하여 승인할 수 있다.

③ 제1항 및 제2항에 규정한 사항 외에 무인비행장치 특별비행승인을 위하여 필요한 사항은 국토교통부장관이 정하여 고시한다.

**3) 무인비행장치 특별비행을 위한 안전기준 및 승인절차에 관한 기준 제5조 제5항**

기술원장은 **행정권한의** 위임 및 위탁에 관한 규정 제15조에 따라 특별비행 안전기준 검사에 필요한 업무규정을 제정하여 국토교통부장관의 승인을 받아야 한다.
이를 변경할 경우에도 또한 같다.

**4) 국토교통부고시 제2017-748호 무인비행장치 특별비행을 위한 안전기준 및 승인절차에 관한 기준 : 부록 참조**

## 2. 무인비행장치 특별비행승인이란?

무인비행장치로 야간에 비행을 하거나 육안으로 기체를 확인할 수 없는 범위에서 비행하고자 하는 경우, 사례별로 검토하여 제한적으로 야간 및 가시권 밖 비행을 허용하는 제도로 항공안전법 법률 제16643호에 따라 2020.5.27.일부터 수수료 발생 및 특별 비행 접수·승인 업무가 국토교통부에서 지방항공청으로 이관되었다.

## 3. 특별비행승인 수행 절차

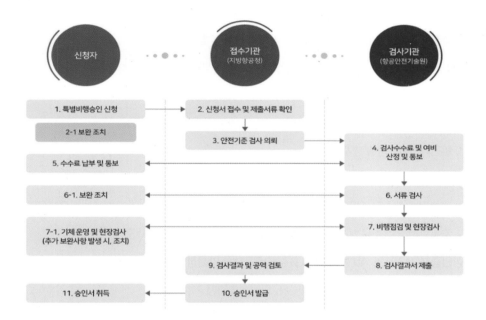

## 4. 무인비행장치 특별비행승인 절차

**1)** 드론 원스톱 민원서비스 사이트를 통하여 특별비행승인 신청

**2)** 지방항공청에서 신청서 접수 후 항공안전기술원에 안전기준 검사 요청

**3)** 항공안전기술원에서 검사수수료 통보 및 납부 확인, 안전성 검사(현장 점검) 후 지방항공청으로 결과서 제출

**4)** 지방항공청에서 최종 승인 후 기관 및 업체로 증명서 발송

**5)** 기관 및 업체는 증명서 수령 후 특별비행승인 수행 가능

※ 민원처리 기한 : 근무일 기준 30일(특별한 사정이 있는 경우 90일)

## 5. 무인비행장치 특별비행승인 신청 서류 작성

**1) 무인비행장치 종류·형식 및 제원에 관한 서류**

(1) 무인비행장치의 종류, 형식, 무게(최대이륙중량 및 자체중량), 크기 등 제원에 관한 서류(무인비행장치 전체 및 측면 사진을 포함하여 무인비행장치에 카메라·GPS 위치 발신기 등이 장착되는 경우에는 그 종류·형식 및 무게·크기 등을 제원에 관한 서류를 함께 제출)

**2) 무인비행장치의 성능 및 운용한계에 관한 서류(각 기체의 매뉴얼 참조)**

(1) 기체 사용 및 성능설명서 등 기체 성능과 운용한계에 대한 정보 제공 서류 제출

**3) 무인비행장치의 조작방법에 관한 서류(각 기체의 매뉴얼 참조)**

(1) 수동·자동·반자동 비행기능 및 시각보조장치 등의 조작방법 사용설명 서류 제출

**4) 무인비행장치의 비행절차, 비행지역, 운영인력 등이 포함된 비행계획서**

(1) 실제 비행내용 확인이 가능하도록 아래 사항에 대해 구체적 작성 필요

① 야간/비가시 비행 명시

② 최대비행고도, 1회당 운영시간, 비행기간, 장소, 비행횟수, 절차, 책임자, 운영인력 등을 포함한 비행계획서

③ 비행경로(캡처된 지도에 표시), 관찰자 유무 및 위치(캡처된 지도에 표시), 비행금지구역 등 명시

④ 자동안전장치(충돌방지기능), 충돌방지등, GPS 위치발신기 장착 명시

**5) 안전성인증서(제305조 제1항에 따른 초경량비행장치 안전성인증 대상에 해당하는 무인비행장치에 한정)**

(1) 사용기체가 안전성인증 대상에 해당 시, 안전성인증서 제출

**6) 무인비행장치의 안전한 비행을 위한 무인비행장치 조종자의 조종 능력 및 경력 등을 증명하는 서류**

(1) 비행계획서에 명시된 조종자의 무인비행장치 조종 자격증 제출

(2) 자격증 미소지 시, 조종능력 및 경력을 증명하는 서류 제출

**7) 해당 무인비행장치 사고에 따른 제3자 손해 발생 시 손해배상 책임을 담보하기 위한 보험 또는 공제 등의 가입을 증명하는 서류(「항공사업법」 제70조 제4항에 따라 보험 또는 공제에 가입하여야 하는 자로 한정)**

(1) 업체 또는 기체에 해당하는 보험 및 공제 가입증명 서류 제출

**8) 비상상황 매뉴얼**

(1) 사고대응 절차, 비상연락·보고체계 등

**9) 무인비행장치 이·착륙장의 조명 및 장애물 현황에 관한 서류(이·착륙장 사진 포함)**

**10) 기타 서류(필요 시, 별도 요청)**

## 6. 특별비행승인 소요기간 및 수수료

**1)** 국토교통부고시 "무인비행장치 특별비행을 위한 안전기준 및 승인절차에 관한 기준"에 따라 항공안전기술원 접수일로부터 25근무일 이내(새로운 기술에 관한 검토 등 특별한 사정(연구·개발용 기체 등)이 있는 경우에는 70근무일 이내에 특별비행 안전기준 적합 여부 검사결과를 지방항공청장에게 제출하는 것을 원칙으로 하고 있다).

**2)** 접수순으로 수수료 납부 요청·서류검사·현장검사를 진행하며, 특별비행승인 신청이 몰리는 경우 소요기간이 길어질 수 있다.

**3) 수수료 :** 접수·검사 수수료 : 40,000원

※ 2인·당일 기준으로 항공안전기술원 여비 규정에 따르며, 비용은 출장일수 및 검사환경, 장소에 따라 변경될 수 있으며 별도 부가세가 발생한다.

## 7. 특별비행승인 F&Q

**1) 야간비행에 속하는 시간은?**

(1) 일출·일몰(계절별로 상이) 시각으로 주·야간시간을 구분하며, 일출 전과 일몰 후부터는 야간에 속하므로, 일반 드론비행은 금지된다.

**2) 가시권 밖 비행의 기준은?**

(1) 거리를 수치적으로 제시하기 어려우나, 일반적으로 조종자가 육안으로 무인비행장치의 상태(전후좌우 인식)가 확인되지 않는 거리를 가시권 밖으로 정하고 있다. 기체의 크기·기상상황 등에 따라 거리는 달라질 수 있으며, 건물 뒤로 비행하는 등 조종자와 무인비행장치 사이에 장애물로 인하여 보이지 않는 경우도 가시권 밖으로 정하고 있다.

**3) FPV나 망원경, 카메라 등으로 기체를 확인할 수 있다면, 가시권 내 비행에 속하는지?**

(1) 드론 조종자 준수사항에 기체를 육안으로 확인할 수 있어야 한다고 언급되어 있으며, 여기서 육안의 개념은 FPV·망원경·카메라가 아닌 맨눈(안경 착용 포함)으로 확인하는 경우를 뜻한다.

**4) 기체 및 현장검사 시에 어떠한 사항을 확인하는지?**

(1) 특별비행 안전기준(국토교통부고시 제2017-748호 「무인비행장치 특별비행을 위한 안전기준 및 승인절차에 관한 기준」[별표 1])에 명시된 주요사항 및 제출한 기체 정보 및 비행계획서의 일치 여부, 조종자 및 관찰자의 위치·역할 및 운영 가능 여부, 이착륙장·비상착륙지 및 현장 인근 장애요소, 비상상황 대처요령, 그 외 사항을 종합적으로 판단하여 비행적합 여부를 확인한다.

**5) 비행일정이나 수수료 등 여건이 맞지 않아 취소하려면 어떻게 하면 되는지?**

(1) 수수료 납부 요청서에 작성된 담당 검사원 메일로 비행취소 요청의견을 보내주시면, 확인 후 취소 및 수수료 반납이 진행된다(서류·현장검사 진행 정도에 따라 반납 금액이 다를 수 있음).

# CHAPTER 10 드론 비행 계획 수립 Check-List

촬영용 드론의 드론 비행 계획 수립은 안전, 효율성, 법규 준수 등 다양한 측면에서 중요한 역할을 하므로, 세심한 주의와 계획이 필요하다. 다음은 촬영용 드론 비행 계획 수립의 일반적인 체크리스트이다. 특정 상황이나 촬영 목적에 따라 추가적인 점검 사항이 필요할 수 있다. 항상 드론의 안전과 현지 조건을 우선으로 고려하여 비행계획을 수립해야 한다.

| 확인 사항 | Yes | No |
|---|:---:|:---:|
| 1. 비행 일자 및 비행 계획 지역 주소는 최종 확인하였는가? | ☐ | ☐ |
| 2. 비행 당일 기상 예보는 확인하였는가? | ☐ | ☐ |
| 3. 비행하고자 하는 지역이 관제권, 비행금지구역, 비행제한구역에 포함되지 않는지 공역을 확인하였는가? | ☐ | ☐ |
| 4. 비행하고자 하는 지역이 DJI GEO Zone에 포함되는지 확인하였는가? | ☐ | ☐ |
| 5. 다음 3가지 조건에 해당할 경우 드론 원스톱 민원서비스 사이트에서 비행승인 신청을 하였는가?<br>① 고도 150m 이상<br>② 최대이륙중량 25kg 초과 기체로 비행 시<br>③ 비행하고자 하는 지역이 관제권, 비행금지구역, 비행제한구역에 포함될 경우 | ☐ | ☐ |
| 6. 비행 시 촬영하고자 하는 지역이 군사시설, 국가중요시설이 포함될 경우 드론 원스톱 민원서비스 사이트에서 항공촬영 승인 신청을 하였는가? | ☐ | ☐ |
| 7. 비행하고자 하는 지역이 DJI GEO Zone에 포함될 경우 DJI 홈페이지에서 해제 신청을 하였는가? | ☐ | ☐ |
| 8. 비행하고자 하는 시간이 야간일 경우, 비행하고자 하는 거리가 비가시권일 경우 드론 원스톱 민원서비스 사이트에서 드론 특별비행승인 신청을 하였는가? | ☐ | ☐ |

PART

# 05

## 2단계 비행 전 준비 (D-7~D-1일)

# 배터리 충전 후 상온 보관

드론 배터리를 충전한 후에는 상온에서 보관하는 것이 중요하다. 이는 리튬 폴리머(LiPo) 배터리 등 대부분의 드론에 사용되는 배터리 유형의 수명과 성능에 중요한 영향을 미친다. 과도한 열은 LiPo 배터리를 손상시킬 수 있으므로, 충전된 배터리는 높은 온도를 피해야 한다.

일반적으로, 이들 배터리는 약 15°C에서 25°C 사이의 상온 온도에서 보관되어야 한다. 만약 배터리를 긴 시간 동안 보관해야 한다면, 완전히 충전하지 않고 약 50-60%의 충전 상태를 유지하는 것이 가장 좋다. 이렇게 하면 배터리의 수명이 줄어들지 않고, 배부름 현상도 방지할 수 있다.

또한 배터리는 안전한 장소에서 보관되어야 한다. 폭발이나 화재 위험을 최소화하기 위해, 많은 사람들이 화재방지용 백이나 케이스에서 배터리를 보관한다. 그리고 제조사의 지침은 항상 우선되어야 하며, 제조사가 배터리의 특정 모델과 유형에 가장 잘 맞는, 가장 안전하고 효과적인 보관 방법을 제공하므로, 항상 지침을 확인하고 준수하는 것이 중요하다.

이처럼 드론 배터리의 사용, 충전, 보관 등은 드론 조종자에게 아주 중요한 요소이다. 여기에서 드론의 배터리에 대한 전반적인 내용을 살펴보자.

## 1. 드론 배터리의 중요성

드론의 배터리는 그 성능과 운용 시간에 결정적인 역할을 하는 중요한 요소이다. 배터리의 용량과 효율성은 드론이 얼마나 오래 비행할 수 있는지를 결정하며, 이는 모든 종류의 드론 사용, 레저부터 상업적인 용도까지, 모두에게 중요하다. 드론의 배터리 기술은 지속적으로 개선되고 있으며, 더욱 향상된 에너지 밀도, 충전 속도 그리고 안전성을 가진 배터리를 개발하는 연구가 진행되고 있다. 이러한 기술적 진보는 드론이 더욱 다양한 상황에서 더 효과적으로 사용될 수 있게 만들 것이다.

1) **비행 시간 :** 드론의 배터리 수명은 비행 시간을 직접적으로 결정한다. 배터리가 빨리 소모되면, 드론은 더 짧은 시간 동안만 비행할 수 있게 되며, 이는 특히 영상 촬영, 조사, 물류 등의 상업적 용도에서 중요한 이슈이다.

2) **성능 :** 드론의 배터리는 그 성능에도 영향을 미친다. 배터리의 전력은 드론의 모터를 구동시키며, 이는 드론의 속도, 높이, 그리고 기동성을 결정한다.

3) **안전성 :** 배터리 수명이 다 한 드론은 예상치 못한 위치에 착륙하거나 추락할 수 있다. 이는 잠재적으로 재산 피해 또는 심각한 안전 문제를 초래할 수 있다.

4) **효율성과 지속 가능성 :** 배터리 기술은 또한 드론의 전체적인 효율성과 지속 가능성에 영향을 미친다. 보다 효율적인 배터리는 더 적은 에너지를 소비하며, 이는 드론의 총 구매 비용을 낮추고 환경에 미치는 영향을 줄일 수 있다.

## 2. DJI 드론 배터리

DJI 드론은 고급 기술 및 기능뿐만 아니라 뛰어난 배터리 수명을 가지고 있다. DJI는 각 모델에 대해 특화된 배터리를 제공하며, 이러한 배터리는 비행 시간, 충전 시간 그리고 전반적인 성능을 향상시키는 데 중요한 역할을 한다. 대부분의 DJI 드론은 리튬 폴리머(LiPo) 또는 리튬 이온(Li-ion) 배터리를 사용한다.

이러한 배터리는 고전력 출력과 높은 에너지 밀도를 제공하며, 비행에 필요한 힘을 공급하는 데 이상적이다. 또한 모든 DJI 배터리는 과충전과 과방전을 방지하기 위해 내장된 보호 회로를 갖추고 있다.

또한 배터리 수명을 최대화하고 배터리 손상을 최소화하기 위한 지능형 기능이 있다. 그러나 이러한 배터리는 특정 온도 범위 내에서만 안전하게 작동하고 보관될 수 있으며, 특정 충전 상태에서 가장 잘 보관된다. 따라서 항상 제조사의 지침을 따르는 것이 중요하다.

## 3. DJI Mini 3 Pro 인텔리전트 플라이트 배터리 매뉴얼

DJI Mini 3 Pro 인텔리전트 플라이트 배터리는 7.38V, 2,453mAh 배터리이다. DJI Mini 3 Pro 인텔리전트 플라이트 배터리 플러스는 7.38V, 3,850mAh 배터리이다. 두 배터리는 구조와 크기는 같지만 무게와 용량이 다르다.

### 1) 배터리 기능

(1) 균형 충전 : 충전 중에 배터리 셀 전압의 균형을 자동으로 잡는다.

(2) 자동 방전 기능 : 팽창을 방지하기 위해, 배터리는 하루 동안 유휴 상태일 때 잔량의 약 96%, 9일 동안 유휴 상태일 때는 약 60%까지 자동으로 방전된다. 방전 중에 배터리에서 약간의 열이 발생하는 것은 정상이다.

(3) 과충전 보호 : 배터리가 완전히 충전되면 충전이 자동으로 멈춘다.

(4) 온도 감지 : 손상 방지를 위해 배터리는 5~40℃ 사이의 온도에서만 충전된다. 충전 과정에서 배터리 셀의 온도가 55℃를 초과할 경우 충전이 자동으로 중지된다.

(5) 과전류 보호 : 과도한 전류가 감지되면 배터리 충전이 중지된다.

(6) 과방전 보호 : 배터리가 사용되지 않을 때는 과도한 방전을 방지하기 위해 자동으로 방전이 중단된다. 배터리 사용 중에는 과방전 보호가 활성화되지 않는다.

(7) 합선 보호 : 합선이 감지되면 전력 공급을 자동으로 차단한다.

(8) 최대 절전 모드 : 배터리 셀 전압이 3.0V 미만이거나 배터리 잔량이 10% 미만이면 배터리가 최대 절전 모드로 전환되어 과도한 방전을 방지한다. 절전 모드에서 나오려면 배터리를 충전하면 된다.

(9) 통신 : 배터리의 전압, 용량, 전류에 대한 정보가 기체로 전송된다.

## 2) 배터리 사용

(1) 배터리 잔량 확인 : 전원 버튼을 한 번 눌러 배터리 잔량을 확인한다.

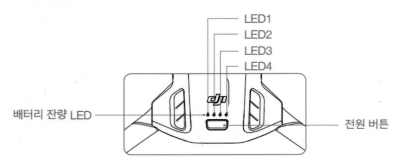

그림 **1-1** 배터리 잔량 확인. 출처 : DJI 홈페이지

(2) 배터리 잔량 LED : 충전이나 방전되는 동안 배터리 전력량 표시

| 배터리 잔량 LED | | | | |
|---|---|---|---|---|
| ◉ : LED 켜짐 | | ☼ : LED 깜박임 | ○ : LED 꺼짐 | |
| LED1 | LED2 | LED3 | LED4 | 배터리 잔량 |
| ◉ | ◉ | ◉ | ◉ | 배터리 잔량 ≥ 88% |
| ◉ | ◉ | ◉ | ☼ | 75% ≤ 배터리 잔량 < 88% |
| ◉ | ◉ | ◉ | ○ | 63% ≤ 배터리 잔량 < 75% |
| ◉ | ◉ | ☼ | ○ | 50% ≤ 배터리 잔량 < 63% |
| ◉ | ◉ | ○ | ○ | 38% ≤ 배터리 잔량 < 50% |
| ◉ | ☼ | ○ | ○ | 25% ≤ 배터리 잔량 < 38% |
| ◉ | ○ | ○ | ○ | 13% ≤ 배터리 잔량 < 25% |
| ☼ | ○ | ○ | ○ | 0% ≤ 배터리 잔량 < 13% |

(3) 전원 켜기 / 끄기 : 전원 버튼을 한 번 누른 다음 2초 동안 다시 길게 누르면 기체가 켜지거나 꺼진다. 배터리 잔량 LED는 기체가 켜져 있을 때 배터리 잔량을 표시한다. 기체의 전원이 꺼지면 배터리 잔량 LED가 꺼진다.

(4) 저온 주의사항

① -10℃~5℃의 저온에서 비행하면 배터리 용량이 현저히 줄어든다. 배터리의 온도를 높이기 위해 기체를 제자리에서 호버링하는 것이 좋다. 배터리는 사용할 때마다 항상 완전히 충전되어 있는지 확인한다.

② -10℃ 미만으로 온도가 극도로 낮은 환경에서는 배터리를 사용할 수 없다.

③ 최적의 성능을 위해 배터리 온도를 20℃ 이상으로 유지한다.

④ 저온 환경에서 배터리 용량이 줄어들면 기체의 풍속 저항 성능이 저하된다. 주의해서 비행해야 한다.

⑤ 높은 해발 고도에서는 각별히 주의해서 비행한다.

⑥ 추운 지역에서는 배터리를 배터리 함에 넣고 이륙하기 전에 기체를 예열한다.

**3) 배터리 충전 :** 배터리는 사용하기 전에 항상 완전히 충전한다. DJI Mini 3 Pro 양방향 충전허브, DJI 30W USB-C 충전기 또는 기타 USB PD 충전기와 같이 DJI에서 제공하는 충전 기기를 사용하는 것이 좋다. DJI Mini 3 Pro 양방향 허브와 DJI 30W USB-C 충전기는 모두 추가 액세서리이다. 공식 DJI 온라인 스토어를 방문하여 자세한 정보를 알아볼 수 있다.

기체 또는 DJI Mini 3 Pro 양방향 충전허브에 삽입해 배터리를 충전할 경우 최대 충전 전력은 30W이다.

(1) 충전허브 사용 : USB 충전기와 함께 사용할 때, DJI Mini 3 Pro 양방향 충전허브SMS 인텔리전트 플라이트 배터리 또는 인텔리전트 플라이트 배터리 플러스를 최대 3개까지 충전할 수 있으며 순서는 배터리 잔량이 높은 순서부터 차례로 충전된다. DJI 30W USB-C 충전기와 함께 사용할 경우, 충전허브는 약 56분 안에 인텔리전트 플라이트 배터리 1개를 그리고 약 78분 안에 인텔리전트 플라이트 배터리 플러스 1개를 완전히 충전할 수 있다. 충전허브가 USB 충전기를 통해 AC전원에 연결되면 사용자는 인텔리전트 플라이트 배터리와 외장기기(조종기 또는 스마트 폰 등)를 충전허브에 연결하여 충전할 수 있다. 기본적으로 외장기기보다 배터리를 먼저 충전한다. 충전허브가 AC 전원에 연결되어 있지 않은 경우, 인텔리전트 플라이트 배터리를 허브에 삽입하고 외장기기를 USB포트에 연결하여 인텔리전트 플라이트 배터리를 보조 배터리로 사용하여 기기를 충전한다.

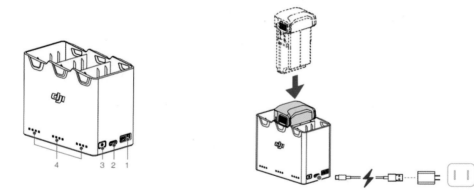

1. USB 포트 2.전원포트(USB-C) 3. 기능 버튼 4. 상태 LED

그림 **1-2** 배터리 충전허브. 출처 : DJI 홈페이지

(2) 충전 방법

① 딸깍 소리가 날 때까지 배터리를 충전허브에 삽입한다.

② USB-C 케이블과 DJI 30W USB-C 충전기 또는 기타 USB PD 충전기를 사용하여 충전허브를 전원 콘센트(100~240V, 50/60Hz)에 연결한다.

③ 배터리 잔량이 높은 배터리를 먼저 충전한다. 나머지는 배터리 잔량에 따라 순서대로 충전한다. 해당 상태 LED는 충전 상태를 표시한다. 해당 배터리가 완전히 충전되면 상태 LED가 녹색으로 유지된다.

**상태 LED 충전 상태**

| 깜박임 패턴 | 설명 |
|---|---|
| 어레이의 상태 LED가 연속적으로 깜박임 (빠르게) | 해당 배터리 포트의 배터리가 고속 충전기를 사용하여 충전된다. |
| 어레이의 상태 LED가 연속적으로 깜박임 (천천히) | 해당 배터리 포트의 배터리가 일반 충전기를 사용하여 충전된다. |
| 어레이의 상태 LED가 계속 커져 있음 | 해당 배터리 포트의 배터리가 완전히 충전된다. |
| 모든 상태 LED가 순서대로 깜박임 | 배터리가 삽입되지 않았다. |

(3) 배터리 잔량 : 충전허브의 각 배터리 포트에는 LED1에서 LED4(왼쪽에서 오른쪽으로)까지 해당하는 상태 LED어레이가 있다. 기능 버튼을 한 번 눌러 배터리 잔량을 확인한다. 배터리 잔량 LED 상태는 기체의 상태와 동일하다.

(4) 충전 시 주의사항

① DJI 30W USB-C 충전기 또는 기타 USB PD 충전기를 사용하는 것이 좋다.

② 주변 온도는 충전 속도에 영향을 미친다. 25℃의 환기가 잘 되는 환경에서 더 빨리 충전된다.

③ 충전허브는 BWX162-2453-7.38 인텔리전트 플라이트 배터리 및 BWX162-3850-7.38 인텔리전트 플라이트 배터리 플러스하고만 호환된다. 다른 배터리 모델과 함께 충전허브를 사용하면 안 된다.

④ 충전허브를 사용할 때는 평평하고 안정된 바닥에 놓는다. 화재가 발생하지 않도록 기기가 올바르게 절연되어 있는지 확인한다.

⑤ 충전허브의 금속 단자를 만지지 않는다.

⑥ 눈에 띄는 이물질이 있으면 깨끗하고 마른 천으로 금속 단자를 닦는다.

(5) 충전기 사용

① 배터리가 기체에 올바르게 설치되었는지 확인한다.

② USB 충전기를 AC 콘센트(100~240V, 50/60Hz)에 연결한다. 필요한 경우 전원 어댑터를 사용한다.

③ USB-C 케이블을 사용하여 USB 충전기를 기체의 충전 포트에 연결한다.

④ 배터리 잔량 LED는 충전 중인 현재 배터리 잔량을 표시한다.

⑤ 모든 배터리 잔량 LED가 계속 밝게 켜지면 배터리가 완전히 충전된 것이다. 충전이 완료된 후 충전기를 제거한다.

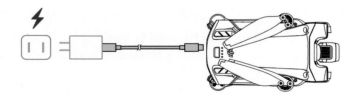

그림 **1-3** 충전기 사용. 출처 : DJI 홈페이지

⑥ 기체의 전원이 켜지면 배터리를 충전할 수 없다.

⑦ 기체 충전 포트의 최대 충전 전압은 12V이다.

⑧ 비행 직후에는 배터리 온도가 너무 높을 수 있으므로 인텔리전트 플라이트 배터리를 바로 충전하지 않는다. 충전하기 전에 배터리가 실온으로 냉각될 때까지 기다린다.

⑨ 배터리 셀의 온도가 5~40℃ 내에 있지 않으면 충전기가 배터리 충전을 멈춘다. 이상적인 충전 온도 범위는 22~28℃이다.

⑩ 배터리 상태를 유지하려면 적어도 3개월에 한 번은 배터리를 완전히 충전한다. DJI 30W USB-C 충전기 또는 기타 USB PD 충전기를 사용하는 것이 좋다.

⑪ DJI 30W USB-C 충전기 사용 시 인텔리전트 플라이트 배터리의 충전시간은 약 1시간 4분이며, 인텔리전트 배터리 플러스의 충전시간은 약 1시간 41분이다.

⑫ 안전을 위해 운송 중에는 배터리를 낮은 전력 수준으로 유지한다. 운송하기 전에는 배터리를 30% 이하로 방전하는 것이 좋다.

**충전 중 충전기 잔량 LED 상태**

| LED1 | LED2 | LED3 | LED4 | 배터리 잔량 |
|---|---|---|---|---|
| ☀ | ☀ | ○ | ○ | 0% < 배터리 잔량 ≤ 50% |
| ☀ | ☀ | ☀ | ○ | 50% < 배터리 잔량 ≤ 75% |
| ☀ | ☀ | ☀ | ☀ | 75% < 배터리 잔량 < 100% |
| ○ | ○ | ○ | ○ | 완전히 충전됨 |

⑬ 배터리 잔량 L+ED의 깜박임 빈도는 사용된 USB 충전기에 따라 달라진다. 충전 속도가 빠르면 배터리 잔량 LED가 빠르게 깜박인다.

⑭ 배터리가 기체에 올바르게 삽입되지 않은 경우, LED3과 4가 동시에 깜박인다. 배터리를 다시 삽입하고 안전하게 장착되었는지 확인한다.

⑮ 4개의 LED가 동시에 깜박이면 배터리가 손상되었음을 나타낸다.

## 4) 배터리 보호 장치

(1) 배터리 LED는 비정상적인 충전 상태에 의해 트리거되는 배터리 보호 알림을 표시할 수 있다.

| 배터리 보호 장치 | | | | | |
|---|---|---|---|---|---|
| LED1 | LED2 | LED3 | LED4 | 깜박임 패턴 | 상태 |
| ○ | ☀ | ○ | ○ | LED2가 초당 두 번 깜박임 | 과전류 감지됨 |
| ○ | ☀ | ○ | ○ | LED2가 초당 세 번 깜박임 | 합선 감지됨 |
| ○ | ○ | ☀ | ○ | LED3이 초당 두 번 깜박임 | 과충전 감지됨 |
| ○ | ○ | ☀ | ○ | LED3이 초당 세 번 깜박임 | 충전기 과전압 감지됨 |
| ○ | ○ | ○ | ☀ | LED4가 초당 두 번 깜박임 | 충전 온도가 너무 낮음 |
| ○ | ○ | ○ | ☀ | LED4가 초당 세 번 깜박임 | 충전 온도 너무 높음 |

(2) 배터리 보호 매커니즘이 활성화된 경우, 충전기를 분리하고 다시 연결해 충전을 재개해야 한다. 충전 온도가 비정상인 경우, 온도가 정상으로 돌아갈 때까지 기다리면 충전기의 플러그를 뽑았다가 다시 꽂지 않아도 배터리가 자동으로 다시 충전되기 시작한다.

## 4. 촬영용 드론에 사용되는 배터리의 종류

촬영용 드론에 사용되는 배터리는 그 드론의 특성, 필요성 및 사용 환경에 따라 다르지만, 대부분의 경우 리튬 폴리머(LiPo) 배터리 또는 리튬 이온(Li-ion) 배터리가 사용된다. 이 두 유형의 배터리 모두 잘 관리하면 촬영용 드론의 성능을 극대화하고 안전성을 보장할 수 있다. 항상 제조업체의 지침을 따르고, 배터리를 정기적으로 점검하며, 손상된 배터리는 즉시 폐기하는 것이 제일 안전하다.

### 1) 리튬 이온 배터리(Li-ion)

(1) 리튬 이온 배터리는 에너지 밀도가 높으므로 상대적으로 작은 공간에 많은 양의 전력을 저장할 수 있다. 이는 드론의 비행 시간을 늘려준다.

(2) 이 배터리는 메모리 효과*부록 참조가 거의 없어서 편리하며, 이는 완전히 방전되지 않아도 재충전이 가능하다는 것을 의미한다.

(3) 그러나 리튬 이온 배터리는 고출력용 드론에는 적합하지 않을 수 있다. 이는 배터리의 고전압 방전 능력이 제한적이기 때문이다.

### 2) 리튬 폴리머 배터리(LiPo)

(1) 리튬 폴리머 배터리는 고출력 응용 분야에서 가장 인기가 있다. 이는 LiPo 배터리가 빠른 속도로 방전될 수 있기 때문이다.

(2) 또한 리튬 폴리머 배터리는 가벼우며 공간 효율적인 디자인으로 인해 드론에 적합하다.

(3) 그러나 리튬 폴리머 배터리는 관리가 필요하며, 잘못된 사용은 화재 위험을 초래할 수 있다. 따라서 이들 배터리는 적절한 보호 회로와 함께 사용되어야 한다.

## 5. 촬영용 드론 배터리의 손상 및 예방

촬영용 드론의 배터리는 정상적인 사용 중에도 손상될 수 있다. 이는 과충전, 과방전, 과열, 물리적 손상 등으로 발생할 수 있으며, 배터리 성능 저하, 수명 단축, 심각한 경우 화재나 폭발 위험을 초래할 수 있다. 드론을 비행하기 전에는 항상 배터리 상태를 점검해야 하며, 배터리 관리 및 안전에 대한 제조업체의 지침을 반드시 따르는 조종자가 되어야 한다. 다음은 드론의 배터리 손상을 방지하고 관리하는 몇 가지 일반적인 방법을 제시하니 사용자는 이에 준한 관리가 필요할 것이다.

### 1) 적절한 충전 관리 : 배터리를 과충전하거나 과방전하지 않도록 주의해야 한다. 일반적으로 리튬 이온 또는 리튬 폴리머 배터리는 특정 전압 범위 내에서 안전하게 작동한다. 제조업체의 권장 사항을 따르고, 전용 충전기를 사용하는 것이 좋다.

2) **적절한 보관 :** 배터리를 사용하지 않을 때는 적절한 전압에서 보관해야 한다. 일반적으로 리튬 이온 및 리튬 폴리머 배터리는 약 40-60%의 충전 상태에서 안전하게 보관될 수 있다. 또한 배터리는 건조하고 서늘한 곳에 보관해야 한다.

3) **온도 관리 :** 배터리는 과열되지 않도록 관리해야 한다. 과도한 온도는 배터리 수명을 단축시키고, 매우 높은 온도는 화재를 일으킬 수 있다.

4) **물리적 손상 피하기 :** 배터리를 떨어뜨리거나 강한 충격을 주지 않아야 한다. 물리적 손상은 배터리 내부의 화학 반응을 방해하고, 심각한 경우 화재나 폭발을 일으킬 수 있다.

5) **배터리 점검 :** 배터리를 사용하기 전과 후에 항상 점검하는 습관이 필요하다. 팽창, 변색, 누출 등의 징후가 있으면 배터리 사용을 금지하고 폐기해야 한다.

## 6. 촬영용 배터리 충·방전에 의한 용량 및 수명

촬영용 드론에 사용되는 리튬 폴리머(LiPo) 및 리튬 이온(Li-ion) 배터리의 수명과 용량은 여러 요인에 따라 다르지만, 일반적으로 충전 및 방전 사이클의 수, 충전 방법, 보관 상태, 사용 조건 등에 영향을 받는다.

1) **충전 및 방전 사이클 :** 대부분의 리튬 이온 및 리튬 폴리머 배터리는 대략 300~500번의 충전 및 방전 사이클을 견딜 수 있다. 하지만 이는 완전히 충전한 후 완전히 방전하는 사이클을 말하며, 일반적으로 드론 배터리는 완전 방전 상태까지 이르지 않고 일찍 충전되는 경우가 많다. 이런 경우에는 배터리의 사이클 수명이 더 길어질 수 있다.

2) **충전 방법 :** 배터리를 과충전하거나 과방전하면 배터리 수명이 단축될 수 있다. 이를 방지하기 위해 드론에 사용되는 배터리 충전기는 일반적으로 배터리를 안전한 범위 내에서 충전하도록 설계되어 있다. 또한 배터리를 너무 빠르게 충전하면 열이 발생하여 배터리 수명을 단축시킬 수 있다.

(1) 1C 충전 시와 2C, 3C 충전 시 배터리 수명 그래프 : 1C 이하로 충전 권장

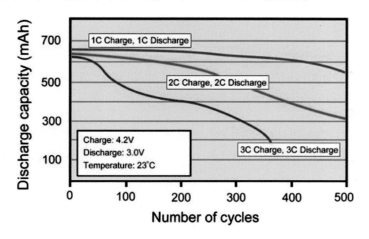

그림 **1-4** 배터리 수명 그래프. 출처 : 멀티로터 연구소

(2) 'C'는 배터리의 충전율을 나타내는 매개변수이다. 'C'값은 배터리의 총 용량을 기준으로 계산되며, 배터리를 안전하게 충전하는 데 필요한 시간을 나타낸다.

① 1C의 충전율은 배터리의 총 용량과 동일한 전류를 1시간 동안 공급하여 배터리를 완전히 충전하는 것을 의미한다. 예를 들어, 2000mAh(milliampere hour) 배터리를 1C로 충전한다면, 1시간 동안 2000mA(2A)의 전류를 공급하여 배터리를 완전히 충전하게 된다.

② 1C 이상의 높은 충전율로 배터리를 충전하면 배터리가 더 빨리 충전되지만, 배터리가 과열되거나 손상될 가능성이 있다. 따라서 배터리의 허용 충전율을 초과하지 않도록 주의해야 한다.

③ 일반적으로, 리튬 이온 및 리튬 폴리머 배터리를 충전할 때는 1C 이하의 충전율을 사용하는 것이 좋다. 하지만 이는 배터리 제조사의 지시사항에 따라 달라질 수 있으므로, 항상 배터리 및 충전기의 지시사항을 따르는 것이 중요하다.

**3) 보관 상태 :** 배터리를 오랜 시간 동안 사용하지 않을 때는 스토리지 모드(약 40-60%의 충전 상태)로 보관하는 것이 중요하다. 완전 충전 상태나 완전 방전 상태에서 배터리를 장기간 보관하면 배터리 수명이 단축될 수 있다.

(1) 스토리지 모드(약 40-60%의 충전 상태)

① 3.7~3.8V 전압대에서는 환원, 산화 반응이 거의 일어나지 않는다.

② 배터리가 충전하거나 방전을 일으킬 경우 환원, 산화 반응으로 전해액 성분 변화가 발생한다. 이러한 반응으로 인해 점차 내부저항도 증가하고 용량도 감소하게 된다.

③ 스토리지 모드는 배터리를 장기간 보관할 때 사용하는 용어이다. 배터리를 오랜 시간 동안 사용하지 않을 때, 특히 리튬 이온(Li-ion) 또는 리튬 폴리머(LiPo) 배터리와 같은 경우, 이는 중요한 관리 절차이다.

④ 스토리지 모드에서는 배터리를 안전하게 중간 충전 상태(약 40-60%)에서 보관한다. 완전 충전 상태나 완전 방전 상태에서 배터리를 장기간 보관하면, 세포에 과도한 압력을 가해 배터리 성능이 저하되거나 손상될 수 있다.

⑤ 스토리지 모드를 사용하면 배터리 수명을 연장하고 안전성을 유지할 수 있다. 일부 배터리 충전기는 스토리지 모드 기능을 제공하여, 안전하게 중간 충전 상태로 배터리를 조정한다. 이 기능이 없는 경우 배터리를 약 50% 정도 충전한 상태에서 보관하여 수동으로 스토리지 모드를 설정할 수 있다.

(2) 드론 배터리의 전기화학적 작동 원리는 환원-산화 (Redox) 반응을 기반으로 한다. 특히 리튬 이온(Li-ion) 또는 리튬 폴리머(LiPo) 배터리는 이러한 환원-산화 반응을 사용하여 에너지를 저장하고 방출한다.

① **충전 과정(환원 반응) :** 배터리를 충전할 때, 전류는 리튬 이온을 음극(대체로 그래핀 계열)으로 이동시킨다. 리튬 이온은 음극에서 전자를 흡수하고, 이를 통해 리튬 원자로 환원된다. 이러한 환원 반응은 배터리에 에너지를 저장한다.

② **방전 과정(산화 반응)** : 배터리를 사용할 때(즉, 방전 상태에서), 리튬 원자는 음극에서 전자를 잃어 리튬 이온으로 산화되고, 이 이온은 다시 양극으로 이동한다. 양극(대체로 리튬 금속 산화물)에서는 전자가 이동하면서 전기 에너지가 생성되며, 이를 통해 드론의 모터와 다른 전자 기기에 전력을 공급한다.

③ 이러한 산화-환원 반응은 리튬 이온 배터리의 기본적인 작동 원리이다. 또한 이 과정은 반복적으로 일어나며, 배터리가 충전과 방전을 반복하게 한다. 그러나 이러한 과정이 반복될수록 배터리 성능이 점차 감소하며, 이는 배터리 수명의 한정적인 특성을 나타내게 된다.

**4) 사용 조건** : 드론을 높은 온도 또는 낮은 온도에서 사용하면 배터리 수명이 단축될 수 있다. 또한 드론이 높은 부하 상태에서 긴 시간 동안 작동하면 배터리에 과도한 스트레스가 가해져 수명이 단축될 수 있다.

(1) 배터리 사용하면서 방전되는 용량

voltage(전압) V

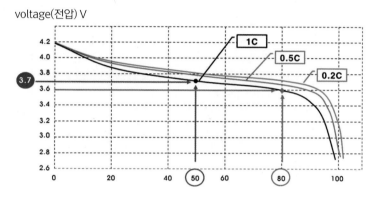

그림 **1-5** Discharge Capacity(방전율) %

① 스토리지 모드(안전모드)가 3.7~3.8V, 0~100은 총 배터리 용량 표시

② 안전모드인 곳에서 청색선 1C 충전 상태로 약 3.7V, 0.2C선을 보면 3.8V

③ 간과하지 말아야 할 것은 배터리 안전용량 50%를 넘지 않는다. 50%인 기준에서 배터리를 측정하면 실제 용량과 비슷한 절반의 용량이 충전됨을 확인할 수 있다.

④ 방전율 80% 그래프를 보면 전압이 급격히 떨어지기 시작하는 것을 확인할 수 있다. 대략 촬영용 드론의 배터리가 3.6V일 때는 약 25~30% 수준으로 조종자는 이 수준을 배터리 2차 경고로 설정하는 것이 타당할 것이다.

결론적으로 적절한 충전, 방전 및 보관 방법을 사용하면 드론 배터리의 수명을 최대한 연장할 수 있다. 또한 배터리의 용량은 시간이 지남에 따라 점차 감소하는 것이 일반적이므로, 이를 감안하여 주기적으로 배터리를 교체해야 한다.

# CHAPTER 02 조종기 준비

촬영용 드론 조종기는 영상 제작에서 필수적인 도구로서 여러 중요한 기능을 수행한다. 이 조종기를 통해 사용자는 드론을 정밀하게 조정하여 원하는 촬영 각도와 위치를 신속하게 찾을 수 있다. 또한 조종기에는 카메라의 모든 설정을 조정할 수 있는 인터페이스가 있어, 사용자가 노출, 초점, 프레임 속도 등을 실시간으로 제어할 수 있게 한다. 이를 통해 드론은 다양한 촬영 환경에 적응하며 고품질의 영상을 생성할 수 있다.

조종기의 또 다른 핵심 역할은 비행 경로 계획이다. 사용자는 조종기를 사용하여 드론의 비행 경로를 미리 프로그래밍할 수 있으며, 이는 특히 복잡한 촬영 시나리오나 연속된 샷을 캡처할 때 유용하다. GPS와 같은 내장된 내비게이션 시스템을 활용하면, 드론은 사전에 정해진 경로를 정확하고 안정적으로 비행할 수 있다.

안전성 확보도 조종기의 중요한 기능 중 하나이다. 드론의 배터리 수명, GPS 신호의 강도, 주변의 장애물 감지 등을 모니터링함으로써, 조종기는 사용자에게 비행 중 발생할 수 있는 잠재적 위험에 대해 경고한다. 또한 조종기는 비상 상황 발생 시 드론을 안전하게 회수할 수 있는 기능을 제공한다.

촬영용 드론 조종기는 이처럼 복잡한 기술을 사용자 친화적인 인터페이스를 통해 쉽게 조작할 수 있도록 만들어, 영상 촬영의 질을 향상시키고 촬영 과정의 유연성을 제공하는 동시에 촬영 중 안전을 유지하는 데 필수적인 역할을 한다.

다음 단계들을 반드시 거쳐서 안전한 조종이 될 수 있도록 해야 한다.

## 1. 주·보조·예비 조종기 준비

드론 비행 시 주 조종기, 보조 조종기, 예비 조종기의 준비는 안정적인 비행을 위한 중요한 단계로 다양한 역할과 상황에 대비하여 각각의 조종기를 준비하는 것이 효율적이다.

**1) 촬영용 드론 주 조종기 :** 촬영용 드론의 주 조종기는 드론의 비행과 카메라 조작을 담당하는 중요한 부분이다. 다음은 일반적인 촬영용 드론 주 조종기의 기능에 대한 설명이다. 이러한 기능 외에도 드론의 모델에 따라 조종기는 웨이포인트 설정, 오브젝트 트래킹, 자동 홈 복귀 기능 등을 제공할 수 있다.

또한 촬영용 드론의 주 조종기는 정기적인 유지 관리와 업데이트가 필요하다. 배터리는 항상 충전 상태를 유지하고, 필요에 따라 소프트웨어 업데이트를 수행해야 한다. 이는 드론의 성능과 안전성을 최대한 확보하는 데 중요하다.

(1) 비행 제어 : 조종기는 드론의 방향과 고도를 제어하는 두 개의 조이스틱을 갖추고 있다. 대체로 왼쪽 조이스틱은 드론의 상승/하강과 좌/우 회전(yaw)을 제어하고, 오른쪽 조이스틱은 드론의 앞/뒤 이동(pitch)과 좌/우 이동(roll)을 제어한다.

(2) 카메라 제어 : 조종기에는 카메라를 제어하는 다양한 버튼과 스위치가 있다. 이를 통해 카메라의 각도를 조절하거나 사진을 촬영하고 동영상을 녹화할 수 있다.

(3) 플라이트 모드 전환 : 대부분의 촬영용 드론은 다양한 플라이트 모드를 제공한다. 예를 들어, GPS 모드, 스포츠 모드, 자동 비행 모드 등이 있는데, 조종기를 사용해 모드 전환이 가능하다.

(4) 화면 또는 디스플레이 : 많은 드론 조종기에는 드론의 카메라로부터 실시간 영상을 받아보는 FPV(First Person View) 디스플레이가 있다. 이 디스플레이는 드론의 비행 상태와 배터리 수명 등 중요한 정보도 함께 보여준다.

**2) 촬영용 드론 보조 조종기 :** 보조 조종기는 주로 촬영용 드론에서 카메라 조작과 관련된 업무를 담당한다. 일반적인 드론 조종은 하나의 조종기를 통해 진행되지만, 복잡한 촬영 시나리오에서는 보조 조종기를 사용하여 한 사람이 드론의 비행을 제어하고, 다른 사람이 카메라를 조작하는 데 이용한다. 보조 조종기는 전문적인 드론 촬영에서 중요한 역할을 하며, 대형 촬영용 드론에 주로 사용된다. 다만, 보조 조종기를 사용하려면 동일한 드론과 호환되는 모델을 선택해야 하며, 사용 전에 조종기를 드론에 쌍방향 페어링을 해야 한다.

보조 조종기의 주요 기능은 다음과 같다.

(1) 카메라 제어 : 보조 조종기는 카메라의 회전 각도, 줌, 포커스, 셔터 등을 제어할 수 있다. 이를 통해 카메라 조종자는 비행 조종자가 드론을 안전하게 조종하는 동안 독립적으로 카메라를 제어할 수 있다.

(2) 설정 조절 : 보조 조종기는 종종 카메라의 설정을 조절하는 데 사용된다. 이에는 노출, 화이트 밸런스, 프레임 속도 등이 포함될 수 있다.

(3) 실시간 모니터링 : 많은 보조 조종기에는 카메라의 실시간 영상을 표시하는 디스플레이가 있다. 이는 카메라 조종사가 촬영 상황을 정확하게 파악하고 적절한 카메라 조작을 수행할 수 있게 한다.

**3) 촬영용 드론 예비 조종기 :** 드론 조종을 위한 예비 조종기를 준비하는 것은 많은 이점이 있다. 가장 중요한 것은, 주 조종기가 고장 났거나 배터리가 다 되었을 때 예비 조종기를 사용하여 안전하게 드론을 제어할 수 있다는 것이다.

드론 조종기는 특정 모델에 따라 매우 다양할 수 있으며, 일부는 복잡한 기능과 조작을 가지고 있을 수 있다. 따라서 예비 조종기를 선택할 때는 주 조종기와 동일한 모델을 선택하는 것이 좋다. 이렇게 하면 이미 익숙한 인터페이스와 조작법을 그대로 사용할 수 있다.

예비 조종기를 구입한 후에는 주 조종기와 마찬가지로 정기적인 점검과 유지 관리가 필요하다. 배터리 수명을 연장하기 위해 주기적으로 충전하고, 필요한 경우 소프트웨어 업데이트를 진행해야 한다.

마지막으로, 언제든지 사용할 수 있도록 예비 조종기를 안전하고 쉽게 접근할 수 있는 곳에 보관해야 한다. 예비 조종기는 항상 주 조종기와 동일한 작동 상태를 유지하도록 해야 할 것이다.

## 2. 펌웨어 및 소프트웨어 업데이트 확인

조종기 및 드론과 호환되는 최신 펌웨어와 소프트웨어가 설치되어 있는지 확인한다. 이는 안정성 및 성능 향상을 위해 중요하다.

## 3. 조종기와 드론의 페어링 확인

조종기와 드론 간의 연결이 올바르게 이루어졌는지 확인한다. 연결이 불안정하면 비행 중 문제가 발생할 수 있다.

## 4. 설정 및 보정 확인

조종기의 설정이 비행 목적과 일치하는지 확인하고, 필요한 경우 보정 작업을 수행한다. 이는 조종의 정확성을 보장하기 위해 필요하다.

## 5. 스위치 및 버튼 작동 테스트

조종기의 모든 스위치와 버튼이 정상적으로 작동하는지 테스트한다. 비행 중에 필요한 기능을 사용할 수 있도록 하는 데 중요하다.

## 6. 비상 중지 버튼 확인

비상 상황에서 드론을 즉시 착륙시킬 수 있는 비상 중지 버튼 등의 기능이 정확히 작동하는지 확인한다.

## 7. 조종기 모니터 및 디스플레이 확인

스마트 조종기일 경우 비행을 위한 모니터나 디스플레이가 정상적으로 작동하는지 확인한다.

DJI에서는 다양한 종류의 촬영용 드론 스마트 조종기를 제공한다. 이들은 드론 조종과 함께 고급 촬영 기능을 제어하고, 실시간 영상 피드를 제공하는 기능을 갖추고 있다. 다음은 DJI 촬영용 드론 스마트 조종기들의 특징과 주요 제원이다.

### 1) DJI Smart Controller 특징

(1) DJI Smart Controller는 DJI의 1세대 스마트 조종기로 Ocusync 2.0 기술을 탑재하고 있으며 이를 지원하는 기체와 호환 가능하다. 다양한 기능 버튼을 사용해 조종기로 다양한 작업을 수행하고 최대 8km 이내의 기체를 제어할 수 있다. 이중 전송 주파수 지원은 HD 동영상 다운링크를 안정적이고 신뢰성 있게 만든다.

(2) 밝고 선명한 스크린 : 5.5인치 내장 스크린은 1000cd/m2의 고휘도와 1920X1080 픽셀의 해상도를 자랑한다.

(3) 다중 연결 : 스마트 조종기는 Wi-Fi 및 블루투스 연결을 지원한다.

(4) 동영상 및 오디오 관리 : 스마트 조종기에는 내장 마이크와 스피커가 있다. H.264 및 H.265 형식으로 60fps에서 4K 동영상을 표시할 수 있다. 또한 HDMI 포트를 사용하여 외부 모니터에 동영상을 표시할 수 있다.

(5) 확장 저장 장치 기능 : 스마트 조종기의 저장 장치 용량은 microSD 카드를 사용해 늘릴 수 있다. 이 기능을

사용하면 사용자는 더 많은 이미지와 동영상을 저장할 수 있으며 컴퓨터로 쉽게 내보낼 수 있다.

(6) 다양한 환경에서도 안정적인 성능 : 스마트 조종기는 −20~40℃의 광범위한 온도 범위에서 정상적으로 작동할 수 있다.

(7) DJI FPV 고글 지원 : 고글(v01.00.05.00 이상)을 DJI 스마트 컨트롤러(v01.00.07.00 이상)에 연결하면 HDMI 라이브 방송 시청이 가능하다. USB-C 케이블을 사용해 고글을 DJI 스마트 컨트롤러에 연결하면, 에어 유닛의 카메라 뷰를 스마트 컨트롤러 화면에서 볼 수 있으며, HDMI 케이블을 사용해 라이브 뷰를 스마트 컨트롤러에서 다른 기기에 전송할 수 있다.

(8) DJI Go Share : 내장된 DJI GO4 앱의 새로운 DJI Go Share 기능을 사용하면 DJI GO4의 재생에서 다운로드한 이미지와 동영상을 스마트 기기로 전송할 수 있다.

(9) SkyTalk : 설정에서 DJI Lab(DJI 연구실)으로 이동해 활성화한다. SkyTalk가 활성화되면, 기체의 라이브 뷰를 타사 SNS 앱을 통해 친구들과 공유할 수 있다.

### 참고 DJI Smart Controller(주요 제원)

- 무게 : 약 630g
- 배터리 : Li-ion(5000mAh @ 7.2V)
- 충전온도 : 5~40℃
- 작동온도 : −20~40℃
- 작동 시간 : 2.5시간
- 내부 저장 장치 : 16GB+microSD카드 확장 가능
- 해상도 : 1920X1080
- 크기 : 5.5″
- 프레임 속도 : 60fps
- 밝기 : 1000nit
- 가격 : 850,000원
- 최대 전송 거리 : FCC 10km, CE·SRRC·MIC 6km
- 연동 기체 : DJI Mini 2, DJI Air 2S, DJI Air 2, DJI Mavic 2 Zoom, DJI Mavic 2 Pro, DJI Mavic 2 Enterprise 시리즈, DJI Mavic 2 Enterprise Advanced, DJI Phantom 4 Pro V2
- 2023년 현재 단종된 상태(해외에서 직구는 가능, 중고거래에서 구입 가능)

## 2) DJI RC Pro 조종기의 특징

(1) DJI RC Pro 조종기는 DJI의 대표적인 Ocusync 이미지 전송 기술의 최신 버전인 O3+를 탑재했으며, 최대 15km의 거리에서 기체 카메라로부터 라이브 HD 뷰를 전송할 수 있다. 또한 조종기는 듀얼 전송을 지원하여, HD 동영상 다운링크를 더 안정적으로 사용할 수 있데 돕는다. 조종기의 최대 작동 시간은 3시간이다.

(2) 고휘도 스크린 : 5.5인치 내장 스크린은 1000cd/m2의 고휘도와 1920X1080 픽셀의 해상도를 자랑한다.

(3) 다중 연결 옵션 : 사용자는 Wi-Fi를 통해 인터넷에 연결할 수 있으며 Android 운영 체제에는 블루투스 및 GNSS와 같은 다양한 기능이 제공된다.

(4) 오디오 및 동영상 : 스피커가 내장된 조종기는 H.264 4K/120fps 및 H.265 4K/120fps 동영상을 지원하며 Mini-HDMI 포트를 통해 동영상 출력도 지원한다.

(5) 저장 공간 확장 기능 : 조종기의 내부 저장 장치는 32GB이며 사진 및 동영상을 저장하여 컴퓨터에 더 쉽게 내보내기 할 수 있도록 microSD 카드의 사용을 지원한다.

(6) 다양한 환경에서도 안정적인 성능 : 조종기는 -10~40℃의 광범위한 온도 범위에서 정상적으로 작동할 수 있다.

(7) 여러 DJI 기체와 호환 : 사용자는 DJI Fly 앱에서 기체를 전환하여 다양한 기체 모델과 호환해 사용할 수 있다.

### 참고 DJI RC Pro(주요 제원)

- 무게 : 약 680g
- 배터리 : Li-ion(5000mAh @ 7.2V)
- 충전온도 : 5~40℃
- 작동온도 : -10~40℃
- 작동 시간 : 3시간
- 내부 저장 장치 : 32GB+microSD카드 확장 가능
- 해상도 : 1920X1080
- 크기 : 5.5″
- 프레임 속도 : 60fps
- 밝기 : 1000nit
- 가격 : 1,220,000원
- 최대 전송 거리 : FCC 15km, CE·SRRC·MIC 8km
- 연동 기체 : DJI Mini 3 Pro, DJI Air 2 S, DJI Mavic 3 Pro, DJI Air 3

### 3) DJI RC 조종기의 특징

(1) DJI RC 조종기는 Ocusync 기술을 지원하는 기체의 카메라에서 라이브 HD 뷰를 전송하는 Ocusync 이미지 전송 기술을 탑재하였다. 조종기에는 다양한 컨트롤과 사용자 설정 버튼이 있어 사용자가 최대 15km 거리에서 기체를 쉽게 제어하고 기체 설정을 원격으로 변경할 수 있다. 조종기는 2.4GHz와 5.8GHz 모두에서 작동하며 최적의 전송 채널을 자동으로 선택할 수 있다. 조종기의 최대 작동 시간은 4시간이다. 조종기에는 DJI Fly 앱이 사전 설치되어 있어 사용자가 비행 상태를 확인하고 비행 및 카메라 매개변수를 설정할 수 있다. 모바일 기기는 이미지 전송을 위해 Wi-Fi를 기체에 직접 연결할 수 있으므로 사용자는 기체 카메라에서 모바일 기기로 사진과 동영상을 다운로드할 수 있다. 사용자는 조종기를 사용하지 않고도 더 빠르고 편리하게 다운로드할 수 있다.

(2) 터치스크린 : 5.5인치 내장 스크린은 700cd/m$^2$ 밝기, 1920X1080 픽셀의 해상도를 자랑한다.

(3) 다중 연결 옵션 : Android 운영 체제에는 블루투스 및 GNSS와 같은 다양한 기능이 제공되며, 사용자는 Wi-Fi를 통해 인터넷에 연결할 수 있다.

(4) 저장 공간 확장 기능 : 조종기는 microSD 카드를 지원해 사진 및 동영상 캐시가 가능하여 사용자가 조종기에서 사진과 동영상을 미리 확인할 수 있다.

(5) 다양한 환경에서도 안정적인 성능 : 조종기는 -10~40℃의 광범위한 온도 범위에서 정상적으로 작동할 수 있다.

📝참고 **DJI RC(주요 제원)**

- 무게 : 약 390g
- 배터리 : Li-ion(5200mAh @ 3.6V)
- 충전온도 : 5~40℃
- 작동온도 : -10~40℃
- 작동 시간 : 4시간
- 내부 저장 장치 : microSD카드 확장 가능
- 해상도 : 1920X1080
- 크기 : 5.5″
- 프레임 속도 : 60fps
- 밝기 : 700nit
- 안테나 : 2개 내장 안테나
- 가격 : 329,000원
- 최대 전송 거리 : FCC 15km, CE·SRRC·MIC 8km
  - DJI Mini 3 Pro : FCC 12 km, CE·SRRC·MIC 8 km
  - DJI Mavic 3 : FCC 15 km, CE·SRRC·MIC 8 km
  - DJI Mavic 3 Cine : FCC 15 km, CE·SRRC·MIC 8 km
  - DJI Air 2S : FCC 12 km, CE·SRRC·MIC 8 km
- 연동 기체 : DJI Mini 3 Pro, DJI Mavic 3, DJI Mavic 3 Pro

### 4) DJI RC 2 조종기의 특징

(1) 강력한 프로세서 : DJI RC 2는 향상된 CPU와 GPU 성능을 자랑하는 강력한 프로세서를 탑재하여 모든 비행을 쉽고 직관적으로 제어할 수 있다.

(2) 동영상 전송 시스템 : 차세대 DJI O4 동영상 전송 기술은 2.4GHz, 5.1GHz, 5.8GHz 주파수 대역을 지원해 DJI RC 2는 향상된 간섭 저항 사양을 제공한다. DJI Air 3와 같이 O4와 호환되는 드론과 함께 사용할 경우, DJI RC 2는 저지연율의 선명한 HD 동영상을 최대 20km 거리까지 전송한다.

(3) 2T4R 안테나 : DJI RC 2는 내장 안테나 2개와 외장 안테나 2개를 탑재해 2T4R 시스템을 지원한다. 이전 세대 DJI RC와 비교했을 때, 송신 및 수신 안테나 모두 2배 더 많아졌기 때문에 신호 강도도 더 좋아지고 전송 성능도 개선되어 매끄러운 제어와 더 안전한 비행을 지원한다.

(4) FHD 스크린 : DJI RC 2는 700nit 고휘도를 유지하는 5.5" 1920×1080 내장 FHD 스크린을 탑재했다.

(5) 저장 용량 : DJI RC 2는 32GB 내장 공간을 제공해 직접 스크린을 녹화 및 캐시를 저장할 수 있다. 추가 저장 공간이 필요한 경우, microSD 카드를 삽입해 저장 공간을 확장할 수 있다.

(6) 가벼운 무게 및 컴팩트한 디자인 : 향상된 프로세스와 동영상 전송 성능, 추가 안테나, 액티브 쿨링 디자인까지 포함했지만, DJI RC 2의 무게는 420g밖에 되지 않는다. 덕분에 장시간 사용해도 편안한 그립감을 제공하며 쉽게 제어할 수 있다.

### 🖊️참고 DJI RC 2(주요 제원)

- 무게 : 약 420g
- 배터리 : Li-ion(6200mAh @ 3.6V)
- 충전온도 : 5~40℃
- 작동온도 : −10~40℃
- 작동 시간 : 3시간
- 내부 저장 장치 : 32GB+microSD카드 확장 가능  12
- 해상도 : 1920X1080
- 크기 : 5.5″
- 프레임 속도 : 60fps
- 밝기 : 700nit
- 안테나 : 4개 안테나(2T4R)
- 가격 : 428,000원
- 최대 전송 거리 : FCC 20km, CE·SRRC·MIC 10km
- 연동 기체 : DJI Air 3

## 8. 사용자 매뉴얼 및 지침 확인

모르는 기능이나 작동 방법에 대해서는 사용자 매뉴얼 및 지침을 참고하여 확인한다. DJI 촬영용 드론 주요 조종기의 버튼 기능에 대해 살펴보자.

### 1) DJI RC Pro 조종기

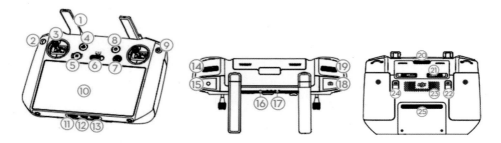

(1) 안테나 : 기체 제어 신호와 동영상 무선 신호를 중계한다.

(2) 뒤로가기 버튼 : 한 번 누르면 이전 화면으로 돌아간다. 두 번 누르면 홈 화면으로 돌아간다.

(3) 조종 스틱을 사용하여 기체 이동을 제어한다. 비행 제어 모드는 DJI Fly에서 설정한다. 조종 스틱은 탈착식이며 보관이 쉽다.

(4) 리턴 투 홈(RTH) 버튼 : 길게 눌러서 RTH를 시작한다. 다시 눌러서 RTH를 취소한다.

(5) 비행 일시 정지 버튼 : 한 번 누르면 기체에 제동을 걸고 호버링 상태로 전환한다(GNSS 또는 비전 시스템을 사용할 수 있는 경우에만 가능).

(6) 비행 모드 전환 스위치 : Cine, 일반 및 스포츠 모드로 전환한다.

(7) 5D 버튼 : DJI Fly에서 카메라 뷰, 설정, 제어로 들어가서 5D 버튼 기능을 본다.

(8) 전원 버튼 : 한 번 누르면 현재 배터리 잔량이 표시된다. 한 번 누른 다음 다시 길게 누르면 조종기가 켜지거나 꺼진다. 조종기의 전원이 켜진 후에 한 번 누르면 터치스크린이 켜지거나 꺼진다.

(9) 확인 버튼 : 한 번 눌러 선택 사항을 확인한다. DJI Fly를 사용할 때는 버튼이 작동하지 않는다.

(10) 터치스크린 : 화면을 터치하여 조종기를 조작할 수 있다. 터치스크린은 방수가 되지 않는다.

(11) microSD 카드 슬롯 : microSD 카드를 삽입하는 데 사용한다.

(12) USB-C 포트 충전용

(13) Mini HDMI 포트 동영상 출력용

(14) 짐벌 다이얼 : 카메라의 기울기를 제어한다.

(15) 녹화 버튼 : 버튼을 한 번 누르면 녹화를 시작하거나 중단한다.

(16) 상태 LED : 조종기의 상태를 나타낸다.

(17) 배터리 잔량 : LED 조종기의 현재 배터리 잔량을 표시한다.

(18) 포커스/셔터 버튼 : 버튼을 반 정도 누르면 초점이 자동으로 맞춰지고 끝까지 누르면 사진이 촬영된다.

(19) 카메라 : 제어 다이얼 줌 제어용

(20) 통풍구 : 열 발산에 사용된다. 사용 중 통풍구를 막으면 안 된다.

(21) 조종 스틱 보관 : 슬롯 조종 스틱을 보관한다.

(22) 사용자 설정 C1 버튼 : 짐벌을 중앙으로 복귀시키고 짐벌을 아래쪽으로 향하게 한다. 이 기능은 DJI Fly에서 설정할 수 있다.

(23) 스피커 : 사운드를 출력한다.

(24) 사용자 설정 C2 버튼 : 한 번 누르면 하단 보조등을 켜거나 끈다. 이 기능은 DJI Fly에서 설정할 수 있다.

(25) 흡기구 : 열 발산에 사용된다. 사용 중에는 흡기구를 덮으면 안 된다.

## 2) DJI RC 2 조종기

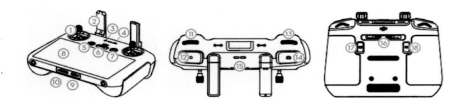

(1) 조종 스틱 : 조종 스틱을 사용하여 기체이동을 제어한다. 조종 스틱은 탈착식이며 보관이 쉽다. 비행 제어 모드는 DJI Fly 앱에서 설정한다.

(2) 안테나 : 기체 제어 신호와 동영상 무선신호를 중계한다.

(3) 상태 LED : 조종기의 상태를 나타낸다.

(4) 배터리 잔량 LED : 조종기의 현재 배터리 잔량을 표시한다.

(5) 비행 일시 정지/리턴 투 홈(RTH) 버튼 : 한 번 누르면 기체에 제동을 걸고 호버링 상태로 전환한다(GNSS 또는 비전 시스템을 사용할 수 있는 경우에만 가능). 길게 누르면 RTH를 시작하고, 다시 누르면 RTH를 취소한다.

(6) 비행 모드 전환 스위치 : Cine, 일반, 스포츠 모드 사이를 전환한다.

(7) 전원 버튼 : 한 번 누르면 현재 배터리 잔량이 표시된다. 한 번 누른 다음 다시 길게 누르면 조종기가 켜지거나 꺼진다. 조종기의 전원이 켜진 후에 한 번 누르면 터치스크린이 켜지거나 꺼진다.

(8) 터치스크린 : 화면을 터치하여 조종기를 조작할 수 있다. 터치스크린은 방수가 되지 않는다.

(9) USB-C 포트 : 조종기를 충전하고 컴퓨터에 연결하기 위해 사용한다.

(10) microSD 카드 슬롯 : microSD 카드를 삽입하기 위해 사용한다.

(11) 짐벌 다이얼 : 카메라의 기울기를 제어한다.

(12) 녹화 버튼 : 버튼을 한 번 누르면 녹화를 시작하거나 중단한다.

(13) 카메라 제어 다이얼 : 줌 제어에 사용한다. DJI Fly 앱에서 '카메라 뷰 〉 설정 〉 제어 〉 버튼 사용자 정의'로 이동하여 기능을 보고 설정한다.

(14) 포커스/셔터 버튼 : 버튼을 반 정도 누르면 초점이 자동으로 맞춰지고 끝까지 누르면 사진이 촬영된다.

(15) 스피커 : 사운드를 출력한다.

(16) 조종 스틱 보관 슬롯 : 조종 스틱을 보관한다.

(17) 사용자 설정 C2 버튼 : 한 번 누르면 보조등을 켜거나 끈다. DJI Fly 앱에서 '카메라 뷰 〉 설정 〉 제어 〉 버튼 사용자 정의'로 이동하여 기능을 보고 설정한다.

(18) 사용자 설정 C1 버튼 : 짐벌을 중앙으로 복귀시키고 짐벌을 아래쪽으로 향하게 한다. 이 기능은 DJI Fly 앱에서 설정할 수 있다. DJI Fly 앱에서 '카메라 뷰 〉 설정 〉 제어 〉 버튼 사용자 정의'로 이동하여 기능을 보고 설정한다.

## 3) DJI RC 조종기

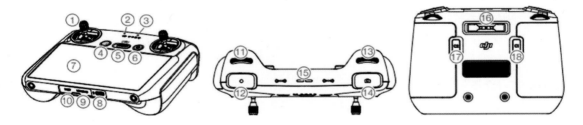

(1) 조종 스틱 : 조종 스틱을 사용하여 기체이동을 제어한다. 조종 스틱은 탈착식이며 보관이 쉽다. 비행 제어 모드는 DJI Fly 앱에서 설정한다.

(2) 상태 LED : 조종기의 상태를 나타낸다.

(3) 배터리 잔량 LED : 조종기의 현재 배터리 잔량을 표시한다.

(4) 비행 일시 정지/리턴 투 홈(RTH) 버튼 : 한 번 누르면 기체에 제동을 걸고 호버링 상태로 전환한다(GNSS 또는 비전 시스템을 사용할 수 있는 경우에만 가능). 길게 누르면 RTH를 시작한다. 다시 누르면 RTH를 취소한다.

(5) 비행 모드 전환 스위치 : Cine, 일반, 스포츠 모드 사이를 전환한다.

(6) 전원 버튼 : 한 번 누르면 현재 배터리 잔량이 표시된다. 한 번 누른 다음 다시 길게 누르면 조종기가 켜지거나 꺼진다. 조종기의 전원이 켜진 후에 한 번 누르면 터치스크린이 켜지거나 꺼진다.

(7) 터치스크린 : 화면을 터치하여 조종기를 조작할 수 있다. 터치스크린은 방수가 되지 않는다.

(8) USB-C 포트 : 조종기를 충전하고 컴퓨터에 연결하기 위해 사용한다.

(9) microSD 카드 슬롯 : microSD 카드를 삽입하기 위해 사용한다.

(10) 호스트 포트(USB-C) : 별도로 구매해야 하는 DJI 셀룰러 동글을 연결하기 위해 사용한다(추후 펌웨어 업데이트를 통해 지원 예정).

(11) 짐벌 다이얼 : 카메라의 기울기를 제어한다.

(12) 녹화 버튼 : 버튼을 한 번 누르면 녹화를 시작하거나 중단한다.

(13) 카메라 제어 다이얼 : 줌 제어에 사용한다. DJI Fly 앱에서 '카메라 뷰 〉 설정 〉 제어 〉 버튼 사용자 정의'로 이동하여 기능을 보고 설정한다.

(14) 포커스/셔터 버튼 : 버튼을 반 정도 누르면 초점이 자동으로 맞춰지고 끝까지 누르면 사진이 촬영된다.

(15) 스피커 : 사운드를 출력한다.

(16) 조종 스틱 보관 슬롯 : 조종 스틱을 보관한다.

(17) 사용자 설정 C2 버튼 : 짐벌을 중앙으로 복귀시키고 짐벌을 아래쪽으로 향하게 한다. 이 기능은 DJI Fly 앱에서 '카메라 뷰 〉 설정 〉 제어 〉 버튼 사용자 정의'로 이동하여 기능을 보고 설정한다.

(18) 사용자 설정 C1 버튼 : 짐벌을 중앙으로 복귀시키고 짐벌을 아래쪽으로 향하게 한다. 이 기능은 DJI Fly 앱에서 설정할 수 있다. DJI Fly 앱에서 '카메라 뷰 〉 설정 〉 제어 〉 버튼 사용자 정의'로 이동하여 기능을 보고 설정한다.

## 4) DJI RC-N2 조종기

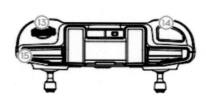

(1) 전원 버튼 : 한 번 누르면 현재 배터리 잔량이 표시된다. 한 번 누른 다음 다시 길게 누르면 조종기가 켜지거나 꺼진다.

(2) 비행 모드 전환 스위치 : 스포츠, 일반, Cine 모드 사이를 전환한다.

(3) 비행 일시 정지/리턴 투 홈(RTH) 버튼 : 한 번 누르면 기체에 제동을 걸고 호버링 상태로 전환한다(GNSS 또는 비

전 시스템을 사용할 수 있는 경우에만 가능). 길게 누르면 RTH를 시작하고, 다시 누르면 RTH를 취소한다.

(4) 배터리 잔량 LED : 조종기의 현재 배터리 잔량을 표시한다.

(5) 조종 스틱 : 조종 스틱은 탈착식이며 보관이 쉽다. 비행 제어 모드는 DJI Fly 앱에서 설정한다.

(6) 사용자 설정 버튼 : 한 번 누르면 짐벌을 중앙으로 복귀시키거나 짐벌을 아래로 기울인다(기본 설정). DJI Fly 앱에서 '카메라 뷰 〉 설정 〉 제어 〉 버튼 사용자 정의'로 이동하여 기능을 보고 설정한다.

(7) 사진/동영상 전환 : 한 번 누르면 사진 모드와 동영상 모드로 전환한다.

(8) 조종기 케이블 : 동영상 연동을 위해 조종기 케이블로 모바일 기기와 연결한다. 모바일 기기의 포트 유형에 따라 케이블을 선택한다.

(9) 모바일 기기 홀더 : 모바일 기기를 조종기에 단단히 장착하기 위해 사용한다.

(10) 안테나 : 기체 제어 신호와 동영상 무선신호를 전송한다.

(11) USB-C 포트 : 조종기를 충전하고 컴퓨터에 연결하기 위해 사용한다.

(12) 조종 스틱 보관 슬롯 : 조종 스틱을 보관한다.

(13) 짐벌 다이얼 : 카메라의 기울기를 제어한다. 줌 제어를 위해 짐벌 다이얼을 사용하려면 사용자 설정버튼을 길게 누른다.

(14) 셔터/녹화 버튼 : 한 번 누르면 사진을 촬영하거나 녹화를 시작 또는 중단한다.

(15) 모바일 기기 슬롯 : 모바일 기기를 고정하기 위해 사용한다.

## 5) DJI FPV 조종기

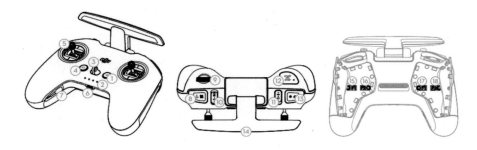

(1) 전원 버튼 : 한 번 누르면 현재 배터리 잔량이 표시된다. 한 번 누른 다음 다시 길게 누르면 조종기가 켜지거나 꺼진다.

(2) 배터리 잔량 LED : 조종기의 현재 배터리 잔량을 표시한다.

(3) 스트랩 연결부

(4) C1 버튼(맞춤 설정 가능) : 이 버튼의 기능은 고글에서 조정할 수 있다. 기본적으로 한 번 누르면 균형 선회(S

모드)를 조정하거나 비활성화할 수 있다. 두 번 누르면, ESC 신호음을 활성화 또는 비활성화할 수 있다.

(5) 조종 스틱 : 기체 이동 제어에 사용한다. 고글에서 조종 스틱 모드를 설정할 수 있다. 조종 스틱은 탈착식이 며 보관이 쉽다.

(6) USB-C 포트 : 조종기를 충전하고 컴퓨터에 연결하기 위해 사용한다.

(7) 조종 스틱 보관 슬롯 : 조종 스틱을 보관한다.

(8) 비행 일시 정지/RTH 버튼 : 한 번 누르면 기체에 제동을 걸고 호버링 상태로 전환한다(GPS 또는 하향 비 전 시스템을 사용할 수 있는 경우에만 가능). 버튼을 길게 누르면 RTH를 시작한다. 기체가 마지막으로 기 록된 홈포인트로 돌아온다. 다시 누르면 RTH가 취소된다.

(9) 짐벌 다이얼 : 카메라의 기울기를 제어한다.

(10) 비행 모드 전환 스위치 : 일반, 스포츠, 수동 모드로 전환한다. 수동 모드는 기본적으로 비활성화되어 있으 며 고글에서 활성화해야 한다.

(11) C2 스위치(맞춤 설정 가능) : 이 스위치의 기능은 고글에서 조정할 수 있다. 기본적으로 스위치를 토글하여 짐벌을 중앙으로 복귀시키고 위아래로 조정한다.

(12) 시작/정지 버튼 : 스포츠 모드를 사용할 때 한 번 누르면 크루즈컨트롤을 활성화 또는 비활성화할 수 있다. 수동 모드를 사용하는 경우 두 번 눌러 모터를 시작하거나 중지한다. 일반 또는 스포츠 모드를 사용할 때 고글에 카운트다운이 나타날 경우 한 번 눌러 배터리 부족 RTH를 취소해야 한다.

(13) 셔터/녹화 버튼 : 한 번 누르면 사진을 촬영하거나 녹화를 시작 또는 정지한다. 길게 누르면 사진 및 동영 상 모드로 전환한다.

(14) 안테나 : 기체 컨트롤 무선 신호를 중계한다.

(15) F1 : 오른쪽 스틱 저항 조정 나사(수직 나사)를 시계 방향으로 조이면 해당 스틱의 수직 저항을 높인다. 나 사를 풀면 수직 저항을 줄인다.

(16) F2 : 오른쪽 스틱 중앙 복귀 조정 나사(수직 나사)를 시계 방향으로 조이면 해당 스틱의 수직 중앙 복귀를 비활성화한다. 나사를 풀면 수직 중앙 복귀를 활성화한다.

(17) F1 : 왼쪽 스틱 저항 조정 나사(수직나사)를 시계 방향으로 조이면 해당 스틱의 수직 저항을 높인다. 나사 를 풀면 수직 저항을 줄인다.

(18) F2 : 왼쪽 스틱 중앙 복귀 조정 나사(수직 나사)를 시계 방향으로 조이면 해당 스틱의 수직 중앙 복귀를 비 활성화한다. 나사를 풀면 수직 중앙 복귀를 활성화한다.

## 9. 안테나 상태 점검

조종기의 안테나가 손상 여부, 올바른 위치를 확인한다.

## 10. 부품 및 도구 준비

필요한 예비 부품과 도구를 준비한다. 이는 현장에서의 긴급한 수리나 조정이 필요할 때 활용될 수 있다.

## 11. 배터리 충전

촬영용 드론의 조종기 충전은 드론 자체의 배터리 충전과 동일하게 중요한 과정이다. 조종기의 배터리가 부족하면 중간에 연결이 끊길 수 있으므로, 신중한 점검과 충전 과정을 통해 비행 중 문제 발생을 최소화해야 한다. 다음은 조종기를 충전하는 과정에서 고려해야 할 사항들이다.

### 1) 조종기 충전 시 고려사항

(1) 조종기 배터리 확인 : 조종기의 배터리 상태를 체크하고 외부 손상이나 이상 징후가 없는지 확인한다.

(2) 충전기와 케이블 선택 : 조종기 제조사에서 제공하거나 추천하는 충전기를 사용하면 안전하며, USB 또는 특정 연결 케이블을 사용할 수 있으므로, 조종기와 호환되는 케이블을 사용한다.

(3) 안전한 충전 : 조종기와 충전기의 안전 지침을 읽고 따르고, 과열을 방지하기 위해 시원한 곳에서 충전하며, 충전 중에 조종기와 충전기의 온도를 주기적으로 확인한다.

(4) 충전 시간 관리 : 조종기의 충전 시간을 확인하고 너무 오래 충전하지 않도록 주의한다.

(5) 전체 충전 여부 확인: 충전이 완료되면 즉시 충전기에서 분리한다.

(6) 충전 후의 보관 : 충전 후에는 조종기를 안전한 장소에 보관하며, 다음 사용 전까지 배터리가 방전되지 않도록 한다.

(7) 예비 배터리(또는 예비 조종기) 준비 : 긴 촬영 세션의 경우 예비 배터리를 준비하고 같은 방식으로 충전하면 유용할 수 있다.

(8) 안전 지침 준수 : 조종기의 안전 지침을 확인하고 준수한다. 각 조종기와 드론은 고유한 특성을 가지므로 제조사의 지침을 정확히 따르는 것이 중요하다.

# CHAPTER 03 펌웨어 업데이트

제품을 최신 버전의 펌웨어로 업데이트하면 기능, 안정성 등을 개선할 수 있다. 앱에 사용 가능한 새 펌웨어가 있다는 알림 메시지가 표시되면 적시에 펌웨어를 업데이트하는 것이 좋다. 이전 버전의 펌웨어를 장기간 사용하면 제품 성능에 영향을 줄 수 있다.

## 1. 촬영용 드론의 펌웨어 업데이트 절차

**1) 업데이트 준비 :** 드론이 충분한 배터리 잔량을 갖고 있는지 확인하고, 조종기도 충전되어 있는지 확인한다. 드론의 SD 카드가 정상적으로 작동하는지 확인하고, 모바일 장치가 필요한 경우 해당 앱이 최신 버전인지 확인한다.

**2) 업데이트 파일 다운로드 :** DJI 웹사이트 또는 제조사의 공식 앱을 통해 최신 펌웨어 업데이트 파일을 다운로드한다. 업데이트 파일은 드론 모델과 펌웨어 버전에 따라 다를 수 있으므로 정확한 파일을 다운로드해야 한다.

**3) 드론 연결 :** 드론과 조종기를 연결하고 드론을 켠다. 일부 드론은 USB 케이블을 사용하여 컴퓨터에 직접 연결할 수도 있다. 드론이 연결되면 조종기와 모바일 장치를 연결하면 된다.

**4) 펌웨어 업데이트 :** 드론과 조종기가 연결된 상태에서 업데이트 파일을 실행한다. 드론의 조종기 또는 모바일 앱에서 업데이트 절차를 시작할 수 있다. 업데이트 중에는 드론과 조종기 전원을 off하면 안되며, 업데이트 프로세스가 완료될 때까지 대기해야 한다.

**5) 업데이트 완료 및 확인 :** 업데이트가 완료되면 드론과 조종기를 재부팅하고, 모든 설정이 제대로 작동하는지 확인한다. 업데이트 후에는 드론의 비행 전에 안정성을 확인하기 위해 테스트 비행을 수행하는 것이 좋다.

## 2. 펌웨어 업데이트의 주요 종류

**1) 비행 안정성 및 조종 기능 업데이트 :** 드론의 비행 안정성과 조종 기능을 향상시키는 업데이트이다. 이러한 업데이트는 드론의 자동 비행 기능, 자세 제어, 오류 수정 등을 포함할 수 있다. 이는 드론의 비행 중 세밀한 제어와 안전을 강화하는 데 도움이 된다.

**2) 카메라 및 촬영 기능 업데이트 :** 드론의 카메라 및 촬영 기능을 개선하고 새로운 기능을 추가하는 업데이트이다. 이 업데이트는 촬영 모드, 화질, 조리개 및 노출 제어 등을 개선할 수 있으며, 새로운 기능으로는 화상 안정화, HDR 촬영, 하이스피드 촬영 등이 포함될 수 있다.

**3) 안전 및 보안 업데이트 :** 드론의 안전과 보안을 강화하는 업데이트이다. 이 업데이트는 드론의 비행 경로 제한, 높이 제한, 비행 금지 구역 업데이트 등을 포함할 수 있다. 또한 드론의 시스템 보안을 강화하는 패치 및 보완 조치도 포함될 수 있다.

4) **시스템 및 펌웨어 개선 :** 드론 시스템의 안정성과 성능을 개선하는 업데이트이다. 이는 드론의 배터리 수명 관리, GPS 정확도, 조종기 연결 안정성 등을 개선하는데 도움을 준다. 또한 소프트웨어 버그 수정과 호환성 개선도 이러한 업데이트에 포함될 수 있다.

## 3. 펌웨어 업데이트를 설치하기 전 주의사항

1) **정확한 모델 및 버전 확인 :** 업데이트를 설치하기 전에 드론 모델과 현재 사용 중인 펌웨어 버전을 확인한다. 잘못된 펌웨어를 설치하면 드론이 제대로 작동하지 않을 수 있으므로 주의가 필요하다.

2) **업데이트 안정성 확인 :** 업데이트가 출시된 지 얼마 되지 않은 경우, 다른 사용자들의 리뷰를 확인하여 업데이트의 안정성을 확인할 필요가 있다. 일부 경우에는 초기 버전의 업데이트에는 문제가 있을 수 있으므로 조심해야 한다.

3) **배터리 충전 상태 :** 업데이트를 설치하기 전에 드론과 조종기의 배터리를 충분히 충전해야 한다(50% 이상). 업데이트 도중 배터리가 소진되면 드론이 작동하지 않을 수 있다.

4) **인터넷 연결 및 속도 :** 업데이트를 설치할 때는 안정적인 인터넷 연결을 유지해야 한다. 업데이트 파일의 크기가 크거나 속도가 느린 인터넷 연결은 업데이트를 완료하는 데 오랜 시간이 걸릴 수 있다.

5) **제조사의 지침 및 소프트웨어 사용 :** 업데이트 전에 항상 제조사의 지침과 업데이트를 위한 공식 소프트웨어를 사용해야 한다. 이는 제조사의 지원 웹사이트나 애플리케이션을 통해 제공된다.

## 4. DJI Fly 앱 사용 펌웨어 업데이트 절차

1) 업데이트를 하기 전에 조종기에

   배터리 잔량이 20% 이상이며, 메모리 저장 공간이 최소 6.8GB인지 확인한다.

2) 업데이트는 네트워크 강도에 따라 다르지만 통상 약 15분이 소요된다. 전체 업데이트 과정에서 조종기를 켜고 인터넷에 연결되었는지 확인한다.

3) DJI Fly를 실행한다. 새 펌웨어를 이용할 수 있을 때 알림 메시지를 눌러 업데이트 화면으로 이동한다.

4) 업데이트는 최신 펌웨어 다운로드 후 자동으로 시작된다.

5) 업데이트가 완료되면 조종기가 자동으로 다시 시작된다.

   ※ 조종기에는 DJI Fly 앱이 이미 설치되어 있기 때문에 기체를 연동하지 않고도 조종기를 업데이트할 수 있다. 조종기의 전원을 켜고 DJI Fly의 홈화면으로 들어간다. 프로필 _ 설정 _ 펌웨어 업데이트 _ 펌웨어 업데이트 확인을 누른 다음 지침에 따라 조종기를 업데이트한다.

## 5. DJI GO 4 앱 사용 펌웨어 업데이트 절차

### 1) DJI GO 4 사용

(1) 기체 또는 조종기를 DJI GO 4에 연결하면 새 펌웨어 업데이트를 이용할 수 있는지 여부에 관한 통보를 받게 된다.

(2) 업데이트를 시작하려면 모바일 기기를 인터넷에 연결하고 화면에 표시된 지침을 따른다.

(3) 조종기가 기체에 연결되지 않으면 펌웨어 업데이트를 할 수 없다.

### 2) Mavic용 DJI Assistant 2 사용

(1) USB-C 포트는 컴퓨터에 기체를 연결하여 펌웨어를 업데이트할 때 사용한다.

(2) 기체의 전원을 끄고 Micro USB 케이블과 Micro USB 포트를 사용하여 기체를 컴퓨터에 연결한다.

(3) 기체의 전원을 켠다.

(4) DJI Assistant 2를 실행하고 DJI 계정으로 로그인한다.

(5) 해당 기체를 선택하고 왼쪽 창에서 펌웨어 업데이트를 클릭한다.

(6) 업데이트하려는 펌웨어 버전을 선택한다.

(7) 펌웨어가 다운로드될 때까지 기다린다. 펌웨어 업데이트는 자동으로 시작된다.

(8) 펌웨어 업데이트가 완료되면 기체가 자동으로 재부팅된다.

## 6. DJI Assistant의 종류

DJI Assistant는 DJI 제품 사용자를 위해 DJI가 개발한 컴퓨터 소프트웨어이다. 이 소프트웨어는 드론, 짐벌, 카메라 등의 제품을 업데이트, 조정, 진단하는 데 사용된다. DJI Assistant는 제품에 따라 다양한 버전이 있다. 2023년 7월 현재, DJI에서 제공하는 주요 Assistant 소프트웨어는 다음과 같으며, 이 외에도 DJI는 다양한 제품을 위한 다양한 버전의 DJI Assistant를 제공하고 있다. 제품에 따라 지원되는 기능과 사용법이 다를 수 있으므로, 사용하려는 제품에 맞는 DJI Assistant를 사용하는 것이 중요하다.

### 1) DJI Assistant 2 : DJI의 다양한 드론 모델에 사용되는 소프트웨어로, 펌웨어 업데이트, 시스템 캘리브레이션, 플라이트 데이터 관리, 시뮬레이터 기능 등을 제공한다. DJI Mavic, Phantom, Spark 등의 모델이 이에 해당한다.

### 2) DJI Assistant 2 For Autopilot : DJI의 자동비행 시스템을 위한 소프트웨어로, 시스템 설정, 펌웨어 업데이트, 시뮬레이션 등의 기능을 제공한다.

### 3) DJI Assistant 2 For Matrice : Matrice 시리즈 드론을 위한 전용 소프트웨어로, 펌웨어 업데이트, 시스템

설정, 캘리브레이션, 시뮬레이션 등의 기능을 제공한다.

4) **DJI Assistant for Ronin** : Ronin 시리즈 짐벌을 위한 전용 소프트웨어로, 짐벌의 설정을 조정하거나 펌웨어를 업데이트하는 데 사용된다.

5) **DJI Assistant for MG** : MG 시리즈의 농업용 드론을 위한 전용 소프트웨어로, 설정 조정, 펌웨어 업데이트, 시뮬레이션 등을 제공한다.

## 7. Mavic용 DJI Assistant 2

Mavic용 DJI Assistant 2는 DJI의 드론 제품을 위한 소프트웨어로, Mavic 시리즈를 포함한 다양한 모델에 사용된다. 이 소프트웨어는 사용자가 드론의 펌웨어를 업데이트하거나, 시스템 설정을 조정하거나, 드론의 비행 데이터를 관리하고 분석하는 데 도움을 준다. 사용자는 DJI의 공식 웹사이트에서 DJI Assistant 2 소프트웨어를 무료로 다운로드할 수 있다. 사용하기 전에 반드시 드론과 컴퓨터가 안정적으로 연결되어 있는지 확인해야 하며, 펌웨어 업데이트 등 중요한 작업을 수행할 때는 드론의 배터리가 충분히 충전되어 있는지 확인해야 한다. 드론 펌웨어 업데이트는 드론의 안정성과 기능을 향상시키는 데 중요한 역할을 한다. 업데이트를 확인하고 주기적으로 설치하여 드론을 최신 상태로 유지하는 것이 좋다. Mavic용 DJI Assistant 2의 주요 기능은 다음과 같다.

1) **펌웨어 업데이트** : 사용자가 드론의 펌웨어를 최신 상태로 유지할 수 있도록 도와준다. 펌웨어 업데이트는 드론의 성능 향상, 새로운 기능 추가, 버그 수정 등을 가능하게 한다.

2) **시스템 캘리브레이션** : 드론의 IMU(Inertial Measurement Unit)나 콤파스(Compass) 등의 시스템을 캘리브레이션하도록 도와준다. 이는 드론의 안정적인 비행을 돕는다.

3) **비행 데이터 관리 및 분석** : 드론의 비행 데이터를 저장하고 분석할 수 있도록 돕는다. 이 데이터는 비행 성능 분석, 문제 해결, 사고 조사 등에 활용될 수 있다.

4) **시뮬레이터** : 실제 비행 전에 드론의 비행을 시뮬레이션해 볼 수 있도록 돕는다. 이는 비행 기술 향상 및 안전한 비행 준비에 도움이 된다.

# CHAPTER 04 매개변수 확인

일반적으로 촬영용 드론은 제조사에서 이미 최적화되고 설정된 매개변수를 사용하여 최상의 비행과 촬영 성능을 제공한다. 따라서 대부분의 사용자들은 기본 매개변수를 사용하여 원하는 비행 및 촬영 결과를 얻을 수 있다.

그러나 일부 고급 사용자나 전문적인 용도를 위해 몇 가지 매개변수를 수정할 수 있는 경우가 있으며, 이러한 매개변수는 드론의 비행 동작, 촬영 설정, 조종기 조작 등을 조정할 수 있다.

## 1. 촬영용 드론의 매개변수 수정 전 주의사항

**1) 제조사 지침 :** 제조사는 사용자가 수정 가능한 매개변수와 이에 대한 지침을 제공할 수 있다. 사용자 매뉴얼, 제조사 웹사이트, 소프트웨어 도구 등을 통해 이러한 정보를 확인하고 따르는 것이 중요하다.

**2) 조심스러운 수정 :** 매개변수를 수정할 때는 신중하게 접근해야 한다. 잘못된 설정은 비행 안전성, 카메라 성능, 배터리 수명 등에 영향을 줄 수 있으므로 수정 전에 충분한 이해와 경험이 필요하다.

**3) 주의 사항 :** 드론 매개변수를 수정하는 경우, 해당 드론의 보증이 영향을 받을 수 있다. 제조사는 수정한 매개변수로 인한 문제에 대한 보증을 제공하지 않을 수 있으므로 주의해야 한다.

**4) 펌웨어 업데이트 :** 일반적으로 제조사가 공식적으로 지원하는 방법이다. 이는 드론 및 조종기의 성능과 안정성을 향상시키는 데 도움이 되는 매개변수 수정을 제공할 수 있다. 따라서 수정 가능한 매개변수에 대한 업데이트 정보를 확인하고, 제조사가 제공하는 도구와 지침을 따르는 것이 좋다.

## 2. 촬영용 드론의 안전 매개변수

촬영용 드론의 안전 매개변수는 드론의 비행 안전성과 조종자의 안전을 보장하기 위해 중요하다. 이러한 매개변수는 드론의 비행 제한, 조종 기능 설정, 안전 모드 등을 포함할 수 있다. 각 드론 모델과 제조사는 다양한 안전 매개변수를 제공하고 있으며, 이러한 매개변수는 드론의 비행 및 조종 기능을 개인에게 맞게 조정하고 안전한 운용을 보장하기 위해 사용된다. 안전 매개변수를 확인하고 조정하기 위해서는 드론의 사용자 매뉴얼이나 제조사의 웹사이트를 참조하면 된다.

**1) 비행 제한 설정 :** 드론의 비행 제한 설정은 드론이 안전한 공간에서 비행할 수 있도록 한다. 이러한 설정은 최대 비행 고도, 비행 거리 제한, 지정된 비행 구역 설정 등을 포함할 수 있다. 제조사의 애플리케이션 또는 조종기 설정에서 이러한 매개변수를 확인하고 조정할 수 있도록 하고 있다.

**2) 비행 안전 기능 :** 촬영용 드론은 비행 중 장애물 회피 및 안전한 비행을 위한 기능을 갖추고 있다. 예를 들어, 충돌 방지 센서, 자동 비상 착륙 기능, 홈 포인트 설정 등이 있다. 이러한 기능을 제조사가 제공한 매개변수를 통해 조정하고 사용할 수 있다.

3) **배터리 관리 및 경고** : 촬영용 드론은 배터리 상태를 관리하고 안전한 비행을 위한 경고 기능을 제공한다. 배터리 잔량 표시, 과충전 방지 기능, 낮은 배터리 경고 등이 있다. 배터리 관리와 관련된 매개변수는 제조사의 애플리케이션 또는 조종기 설정에서 확인하고 조정할 수 있다.

4) **조종자 경고 및 제한** : 촬영용 드론은 조종자의 안전을 위해 일부 기능을 제한할 수 있다. 예를 들어, 비행 제한 구역, 조종 기능 제한, 조종자 경고 표시 등이 있다. 이러한 매개변수는 제조사의 애플리케이션 또는 조종기 설정에서 확인하고 조정할 수 있다.

## 3. DJI GO4 앱 안전 매개변수

DJI GO 4는 DJI 촬영용 드론을 제어하기 위한 공식 모바일 애플리케이션이다. DJI GO 4 애플리케이션은 다양한 안전 매개변수와 설정을 제공하여 사용자가 드론을 안전하게 운용할 수 있도록 도와주고 있다. 사용자는 DJI GO 4 애플리케이션에서 이러한 매개변수를 확인하고 조정할 수 있는 능력을 구비해야 하며, 애플리케이션의 설정 메뉴를 통해 안전 매개변수에 접근할 수 있으며, 사용자 매뉴얼과 제조사의 지침을 따라야 한다.

1) **비행 제한 설정** : DJI GO 4에서는 드론의 비행 제한을 설정할 수 있다. 이는 최대 비행 고도, 최대 비행 거리, 비행 제한 구역 등을 포함하며, 이러한 설정을 통해 드론이 안전한 영역에서만 비행할 수 있도록 할 수 있다.

2) **안전한 비행 경고** : DJI GO 4는 안전한 비행을 위한 경고 메시지를 제공한다. 예를 들어, 드론의 배터리가 부족하거나 GPS 신호가 약할 때 경고가 표시될 수 있다. 이를 통해 사용자는 드론의 안전 상태를 신속하게 파악하고 조치를 취할 수 있다.

3) **안전한 비행 모드** : DJI GO 4에서는 안전한 비행을 위한 모드와 기능을 제공한다. 이는 자동 비상 착륙, 자동 복귀 기능, 충돌 방지 센서 설정 등을 포함하며 이러한 모드와 기능을 활성화하여 드론의 비행 안전성을 향상시킬 수 있다.

4) **통신 및 연결 안정성** : DJI GO 4는 드론과 조종기 간의 통신 및 연결 안정성을 관리하는 기능을 제공한다. 안정된 조종기 연결, 신호 간섭 감지, 신뢰할 수 있는 데이터 전송 등을 위한 매개변수를 제공하여 드론 조종에 필요한 신뢰성을 확보할 수 있다.

## 4. DJI Fly 앱 안전 매개변수

DJI Fly는 DJI의 최신 촬영용 드론 모델을 위한 공식 모바일 애플리케이션이다. DJI Fly 애플리케이션은 사용자가 드론을 안전하게 조종하고 촬영할 수 있도록 도와준다. 사용자는 DJI Fly 애플리케이션에서 이러한 매개변수를 확인하고 조정할 수 있는 능력을 구비해야 하며, 애플리케이션의 설정 메뉴를 통해 안전 매개변수에 접근할 수 있으며, 사용자 매뉴얼과 제조사의 지침을 따라야 한다.

1) **비행 제한 설정** : DJI Fly에서는 드론의 비행 제한을 설정할 수 있다. 이는 최대 비행 고도, 최대 비행 거리, 비행 제한 구역 등을 포함하며, 이러한 설정을 통해 드론이 안전한 범위 내에서만 비행할 수 있도록 제어할 수 있다.

**2) 안전한 비행 경고 :** DJI Fly는 안전한 비행을 위한 경고 메시지를 제공한다. 예를 들어, 배터리 잔량 경고, 낮은 GPS 신호 경고 등이 있다. 이러한 경고는 사용자가 드론의 안전 상태를 신속하게 파악하고 조치하도록 도와준다.

**3) 안전한 비행 모드 :** DJI Fly에서는 안전한 비행을 위한 모드와 기능을 제공한다. 이는 자동 비상 착륙, 자동 복귀 기능, 초보자 모드 등을 포함하며, 이러한 모드와 기능을 활성화하여 드론의 비행 안전성을 향상시킬 수 있다.

**4) 통신 및 연결 안정성 :** DJI Fly는 드론과 조종기 간의 통신 및 연결 안정성을 관리하는 기능을 제공한다. 안정된 조종기 연결, 신호 간섭 감지, 신뢰할 수 있는 데이터 전송 등을 위한 매개변수를 제공하여 드론 조종에 필요한 신뢰성을 확보할 수 있다.

# CHAPTER 05 기상 최종 확인 및 비행 실시 여부 결정

드론 비행 1일 전에 기상 상황을 최종 확인하고 비행 실시 여부를 결정하는 것은 드론 비행의 안전성과 성공적인 드론 운용을 위해 매우 중요하다. 또한 드론 비행 실시 여부를 결정하는 주요 요소이므로 비행 1일 전 최종 판단 Check-List를 활용하여 꼼꼼하게 비행을 준비해야 사고가 없을 것이다.

## 1. 드론 비행 전 기상 상황 확인 및 고려할 사항

기상 상황은 변할 수 있으므로 비행 직전에도 기상 상황을 확인해야 한다. 날씨 예보를 실시간으로 모니터링하고, 지속적으로 기상 상황을 판단하여 비행 실시 여부를 결정해야 하며, 비행 중에도 기상 변화를 지속적으로 관찰하고, 안전 우선으로 비행 계획을 수정하는 등 적극적이고 능동적인 대처가 필요하다.

1) **날씨 예보 확인** : 지역 기상 예보를 확인하여 비행 시간 동안의 날씨 조건을 파악해야 한다. 강한 바람, 강우, 안개, 폭풍 등은 드론 비행에 부적합한 조건이며, 날씨 예보를 확인하여 비행에 적합한 조건인지 조종자 스스로 평가를 해야 한다.

2) **풍속 및 풍향 확인** : 풍속과 풍향은 드론 비행에 큰 영향을 미친다. 드론 제조사는 비행 가능한 최대 풍속을 제시하고 있으며, 이를 넘지 않도록 주의해야 한다. 풍향은 드론 비행 경로와 고도를 고려하여 충분히 평가해야 한다.

3) **강우 여부** : 강우는 드론과 전자 기기에 손상을 줄 수 있으므로, 비행 중 강우가 예상되는 경우 비행을 피해야 한다. 또한 비행 중에 갑작스러운 강우가 발생할 수 있는 기상 조건에도 유의해야 한다.

4) **번개 위험** : 번개는 드론 비행 시 극도로 위험한 요소이다. 번개가 예상되는 지역에서는 드론 비행을 피해야 한다. 낮은 구름, 천둥소리, 번개 및 번개 활동을 신속하게 감지하고 이를 통해 비행 계획을 수정해야 한다.

5) **시각 및 가시성** : 충분한 시각 및 가시성을 유지해야 한다. 안개, 연기, 먼지 등이 비행 가시성을 저해할 수 있으므로 안전한 비행을 위해 적절한 시각 조건을 확인해야 한다.

## 2. 드론 비행 실시 여부를 결정하는 주요 요소

드론 비행 실시 여부를 결정할 때에는 항상 안전 우선으로 고려해야 한다. 비행 가능한 조건과 규정을 준수하며, 조종자의 경험과 판단력을 바탕으로 비행 가능성을 평가하여, 필요한 경우 상황에 따라 비행 계획을 수정하거나 비행을 연기해야 한다.

1) **기상 조건** : 기상 조건은 드론 비행에 가장 중요한 요소 중 하나이다. 날씨 상태, 풍속, 풍향, 강우 여부, 안개 등을 평가하여 비행에 적합한 조건인지 확인해야 하며, 안전하고 안정적인 비행을 위해서는 적절한 기상 조건이 요구된다.

**2) 비행 규정 :** 드론 비행은 국가 및 지역의 비행 규정을 준수해야 한다. 비행 제한 구역, 비행 높이 제한, 허가 요구 사항 등을 고려하여 비행 계획을 수립하고, 규정을 준수해야 한다.

**3) 비행 목적 :** 비행 목적에 따라 비행 실시 여부가 결정될 수 있다. 촬영, 조사, 탐색 등의 목적에 따라 비행이 필요한 경우, 비행 가능한 조건과 규정을 고려하여 적절한 결정을 내려야 한다.

**4) 비행 지역 :** 비행을 계획하는 지역의 특성과 조건도 고려해야 한다. 인구 밀집 지역, 비행 금지 구역, 비행 용이성 등을 평가하여 비행 가능성을 결정해야 한다.

**5) 조종자의 경험과 능력 :** 비행에 참여하는 조종자의 경험과 능력은 비행 실시 여부에 영향을 미칠 수 있다. 조종자는 자신의 기술과 능력을 고려하여 비행 가능한 상황을 판단해야 한다.

**6) 환경 요소 :** 주변 환경 요소도 비행 실시 여부에 영향을 줄 수 있다. 주변 건물, 장애물, 사람과의 거리, 동물의 유무 등을 평가하여 비행 가능성을 결정해야 한다.

# 06 관련 유관기관 유선 통보 및 협조

조종자가 어떤 비행을 하느냐에 따라 협조할 유관기관의 통제는 틀려지며, 특히 관제권 등 비행금지구역에서 비행 시 수일 전에 관할 통제 기관은 사전에 비행유무를 통보하라고 통제하고 있다. 우리나라에서는 관제권, 군 관할 관제권(공군, 해군, 육군, 미군), 군 관할 비행장 교통구역(육군), 비행금지구역, 비행제한구역, 주의공역에 대한 비행승인 관할 기관이 구분되어 있다. 그리고 관공서와 연계된 일반 주택 촬영 시 사전에 관공서에 연락하여 주민에게 드론 촬영 상황을 전파하도록 하는 등 적극적인 사전 조치가 필요하다. 특히 아파트 같은 경우에는 관리사무소에 연락하여 아파트 방송이나 게시판 등을 이용하여 주민에게 적극적으로 전파하여 개인 정보 보호와 사생활 침해를 방지해야 할 것이다.

이러한 통보 및 협조는 비행 전에 시간적 여유를 두고 해야 한다. 관할 기관마다 통제방식이 약간씩 상이하기 때문이다. 특히 항공 규제 기관에 통보하는 경우, 며칠 또는 몇 주 전에 해야 할 수도 있다. 이는 국가 및 지역에 따라 달라질 수 있으므로, 반드시 해당 국가 및 지역의 규정을 확인해야 한다.

이렇게 유관기관에 통보하는 것은 법적 의무뿐만 아니라, 사람들과 기타 항공기에 대한 안전을 확보하는 데도 중요하다. 따라서 드론 비행을 계획할 때는 반드시 이 점을 기억해야 한다. 우리나라에서 관련 기관들이 통제하는 내용과 연락처를 살펴보자.

## 1. 관련 유관기관 통제 예시

### 1) 비행 1일 전 및 비행당일 비행 시작 / 비행 종료 통제

**검토 결과 : 조건부 승인**

평일 관제권내 비행은 제한되어 있다. 신청내용 검토 결과 무인 초경량비행장치 비행 계획 구역이 관제권으로 관제권내 비행하는 항공기와 근접 예상됨에 따라, 무인 초경량비행장치 운행 중 항공작전과(무인항공기통제팀) 또는 관제탑 요청시 반드시 따라 주셔야 하며 다음과 같은 조건부로 승인한다.

o 조건부 사항(조종자 준수사항)
 - 16전투비행단 항공작전과 무인기통제팀(054-650-4728)으로 실제비행 1일 전 및 비행당일 비행 시작/비행 종료 시 반드시 유선통보(9시~16시)
 - 유선연결 안될시 통제팀 통제담당(상사 000)에게 문자통보(010-0000-0000)
 - 통보내용 : 비행자 성명, 비행위치(주소), 비행고도, 실제비행시작, 종료시간
 - 신청하신 비행경로/고도 반드시 준수하여 비행하셔야 한다.
 - 실제비행 1일 전 및 실제 비행시작/종료 연락 없이 비행 중 민원 신고 또는 기타 사유로 적발 시 무허가 비행으로 오인받거나 기타 불이익이 발생할 수 있다.
 - 비행신청자는 비행 중 반드시 통신 유지해야 하며 신청자가 연락 못 받을 시 동반 인원이 신청자의 연락처로 대리로 연락 가능해야 한다.
 - 군 시설 촬영금지, 민가 접근 금지
* 예천군 개포면 입암리 190-12 지역 비행 시 비행 시작 전후 기지작전과
 (054-650-5020 주말이나 시간 상관없음) 연락 반드시 하시기 바랍니다.

## 2. 관할 유관 기관 연락처

### 1) 초경량비행장치 비행승인 관할 기관 연락처

| 구 분 | 관 할 기 관 | 연 락 처 |
|---|---|---|
| 인천, 경기 서부<br>(화성, 시흥, 의왕, 군포, 과천, 수원, 오산, 평택, 강화) | 서울지방항공청<br>(항공운항과) | TP : 032-740-2157~8<br>FAX : 032-740-2159 |
| 서울, 경기 동부<br>(부천, 광명, 김포, 고양, 구리, 여주, 이천, 성남, 광주,<br>용인, 안성, 가평, 양평, 의정부, 남양주) | 김포<br>항공관리사무소<br>(안전운항과) | TP : 02-2660-5733 |
| 강원 영동지역<br>(고성, 속초, 양양, 강릉, 동해, 삼척, 태백) | 양양공항출장소 | TP : 033-670-7206 |
| 강원 영서지역<br>(철원, 화천, 양구, 인제, 춘천, 홍천, 원주, 횡성, 평창,<br>영월, 정선) | 원주공항출장소 | TP : 033-340-8202 |
| 충청남북도 | 청주공항출장소 | TP : 043-210-6204 |
| 전라북도 | 군산공항출장소 | TP : 063-471-5820 |
| 전라남도, 경상남북도, 부산, 대구, 울산, 광주<br>(관제권 외 지역) | 부산지방항공청<br>(항공운항과) | TP : 051-974-2152~3<br>FAX : 051-971-1219 |
| 제주 | 제주지방항공청<br>(안전운항과) | TP : 064-797-1745<br>FAX : 064-797-1759 |
| | 정석비행장 | TP : 064-780-0353 |

### 2) 관제권 및 군 관할 구역 비행승인 관련기관 연락처

(1) 관제권

| 구 분 | 관 할 기 관 | 연 락 처 |
|---|---|---|
| 울진공항 및 관제권 | 울진공항출장소 | TP : 054-787-8031 |
| 울산공항 및 관제권 | 울산공항출장소 | TP : 052-219-6211 |
| 여수공항 및 관제권 | 여수공항출장소 | TP : 061-689-6234 |
| 무안공항 및 관제권 | 무안공항출장소 | TP : 061-455-2217 |
| 비행장교통구역-태안 | 한서대학교 | TP : 041-671-6042 |

(2) 군 관할 관제권(공군)

| 구분 | 관할 기관<br>(각 기지 항공작전과 무인항공기 통제팀) | 연 락 처 |
|---|---|---|
| 서울 | 서울기지 | TP : 031-720-3232<br>FAX : 031-720-4459 |
| 수원 | 수원기지 | TP : 031-220-1224~5<br>FAX : 031-220-1167 |
| 원주 | 원주기지 | (주간) 033-730-4217,4222<br>(야간) 033-730-4222~3<br>FAX : 033-747-7801 |
| 강릉 | 강릉기지 | TP : 033-649-3025~6<br>FAX : 033-649-3790 |
| 청주 | 청주기지 | TP : 043-200-3051~2<br>FAX : 043-200-4679 |
| 충주 | 충주기지 | TP : 043-849-3570~1<br>FAX : 043-849-5599 |
| 해미 | 서산기지 | TP : 041-689-2029<br>FAX : 041-689-4455 |
| 성무 | 성무기지 | TP : 043-290-5513 |
| 부산/김해 | 부산기지 | TP : 051-979-2304, 2306 |
| 대구 | 대구기지 | TP : 053-989-3203~4<br>FAX : 053-989-4698 |
| 예천 | 예천기지 | TP : 054-650-4728<br>FAX : 054-650-5757 |
| 진주/ 사천 | 사천기지 | TP : 055-850-3250~1<br>FAX : 055-850-5454 |
| 광주 | 광주기지 | TP : 062-940-1313~4 |

(3) 군 관할 관제권(해군)

| 구분 | 관할 기관 | 연 락 처 |
|---|---|---|
| 포항공항 및 관제권 | 포항기지 | TP : 054-290-6325 |
| 목포공항 및 관제권 | 목포기지 | TP : 061-263-3021 |
| 진해관제권 | 진해기지사령부 | TP : 055-549-4232 |
| 포승 | 2함대사령부 | TP : 031-685-4336 |

(4) 군 관할 관제권(육군)

| 구분 | 관 할 기 관 | 연 락 처 |
|------|-----------|---------|
| 이천 | 항공사령부(비행정보반) | TP : 031-644-3705~6 |
| 논산 | 육군항공학교(관제근무대) | TP : 041-731-6491 |
| 속초 | 육군 3군단(항공작전과) | TP : 033-460-7383 |

(5) 군 관할 비행장 교통구역(육군)

| 구분 | 관 할 기 관 | 연 락 처 |
|------|-----------|---------|
| 홍천/현리 | 육군 3군단(항공작전과) | TP : 033-460-7383 |
| 가평 | 육군 5군단(항공작전과) | TP : 031-530-3383~4 |
| 양평/덕소/용인 | 육군 7군단(항공작전과) | TP : 031-640-3334 |
| 전주/영천 | 육군 제2작전사(화력항공과) | TP : 053-750-3384 |
| 춘천 | 육군 2군단(항공작전과) | TP : 033-249-6273~6 |
| 금왕 | 육군 특수전사(작전지원과) | TP : 02-3403-3351 |
| 조치원/하남/부천 | 육군 항공사령부(비행정보반) | TP : 031-644-3705~6 |

(6) 군 관할 관제권(미군)

| 구분 | 관 할 기 관 | 연 락 처 |
|------|-----------|---------|
| 오산 | 오산기지(美공군 운항실) | TP : 0505-784-4222<br>(신청 서식 안내담당)<br>TP : 0505-784-1356<br>(승인 담당, 미군) |
| 군산 | 군산기지(美공군 운항실) | TP : 063-470-4707<br>(문의 후 신청) |
| 평택 | 미육군 평택기지<br>(험프리 운항실) | TP : 0503-355-1003<br>(문의 후 신청) |

**3) 비행금지구역 관련기관 연락처**

| 구 분 | 관 할 기 관 | 연 락 처 |
|------|-----------|---------|
| P73(서울도심) | 수도방위사령부 | TP : 02-524-3346 |
| P518(휴전선지역) | 합동참모본부 | TP : 02-748-3294 |
| P61A(고리원전) | 원전 고리본부 | TP : 051-726-2057 |
| P61A(새울원전) | 원전 새울본부 | TP : 052-715-2767 |

| 구 분 | 관 할 기 관 | 연 락 처 |
|---|---|---|
| P62A(월성원전) | 원전 월성본부 | TP : 054-779-3165 |
| P63A(한빛원전) | 원전 한빛본부 | TP : 061-357-2823 |
| P64A(한울원전) | 원전 한울본부 | TP : 054-785-2063 |
| P65A(한국원자력연구원) | 한국원자력연구원 | TP : 042-868-8811 |
| P61B(고리/새울원전) | 부산지방항공청<br>(항공운항과) | TP : 051-974-2152~3<br>FAX : 051-971-1219 |
| P62B(월성원전) | | |
| P63B(한빛원전) | | |
| P64B(한울원전) | | |
| P65B(한국원자력연구원) | 청주공항출장소 | TP : 043-210-6204 |

## 4) 비행제한구역 관련기관 연락처

| 구 분 | 관 할 기 관 | 연 락 처 |
|---|---|---|
| R75(수도권지역) | 수도방위사령부 | TP : 02-524-3346 |
| 공군 사격장 | 공군작전사령부<br>(작전훈련과) | TP : 031-669-3014 |
| 육군 사격장 | 육군본부 훈련과 | TP : 042-550-3321 |
| 해군 사격장 | 해군작전사령부 | TP : 051-679-3116 |

## 5) 주의공역 관련기관 연락처

| 구 분 | 관 할 기 관 | 연 락 처 |
|---|---|---|
| 군 작전구역,<br>위험구역, 경계구역 | 공군작전사령부<br>(공역관리과) | TP : 031-669-5053 |

# 비행 1일 전 최종 판단 Check-List

드론을 비행하기 전에 다음의 체크리스트를 확인하면 안전한 비행을 위한 준비를 할 수 있을 것이다. 하지만 이는 일반적인 경우에 대한 것이고, 조종자가 처한 특별한 상황에 따라서 추가적인 사항들을 고려해야 할 수도 있다. 또한 현지 법규 및 규정에 따라 필요한 절차와 준비 사항이 달라질 수 있으니 꼭 확인하길 바란다.

| | 확인 사항 | Yes | No |
|---|---|---|---|
| 법적 준비와<br>규제 이행 | 1. 비행할 수 있는 자격증과 필요한 경우 승인 문서는 준비하였는가? | ☐ | ☐ |
| | 2. 비행제한구역에 대한 승인은 완료하였는가? | ☐ | ☐ |
| | 3. 항공촬영 승인은 완료하였는가? | ☐ | ☐ |
| | 4. 비행하려는 지역의 임시 비행금지구역은 확인하였는가? | ☐ | ☐ |
| | 5. GEO Zone 해제 절차는 신청하였는가? | ☐ | ☐ |
| 비행<br>환경<br>예상 | 1. 날씨 예보는 확인하였는가? | ☐ | ☐ |
| | 2. 평균풍속과 순간돌풍이 10m/s 이상으로 예보되었는가? | ☐ | ☐ |
| | 3. 안개 예보가 있는가? | ☐ | ☐ |
| | 4. 비행지역의 지형과 건물 등 장애물은 확인하였는가? | ☐ | ☐ |
| | 5. 관공서와 연계된 비행과 촬영일 경우 주민에게 전파하였는가? | ☐ | ☐ |
| | 6. 비행금지구역일 경우 관할 기관에 유선통보는 하였는가? | ☐ | ☐ |
| | 7. 지구 자기장 지수*부록참조는 확인하였는가? | ☐ | ☐ |

| 확인 사항 | Yes | No |
|---|---|---|
| **드론 및 장비 점검** | | |
| 1. 조종기와 배터리는 완충하였는가? | ☐ | ☐ |
| 2. 프로펠러는 이상 없으며, 여분은 준비하였는가? | ☐ | ☐ |
| 3. 기체와 조종기 페어링이 잘 되는가? | ☐ | ☐ |
| 4. 펌웨어는 최신 버전으로 업데이트하였는가? | ☐ | ☐ |
| 5. 기체의 GPS 수신상태는 양호한가? | ☐ | ☐ |
| 6. IMU, 지자계 센서 작동상태는 양호한가? | ☐ | ☐ |
| 7. 카메라 짐벌 상태는 양호한가? | ☐ | ☐ |
| 8. 조종기, 배터리 충전기는 준비하였는가? | ☐ | ☐ |
| 9. 기체, 조종기 SD카드는 정상작동하는가? | ☐ | ☐ |
| 10. 예비 기체와 예비 조종기 작동상태는 양호한가? | ☐ | ☐ |
| **비상 계획 구상 / 매개 변수 수정 구상** | | |
| 1. 드론 제어가 불가능해질 경우 대응 방안을 구상하였는가? | ☐ | ☐ |
| 2. 현장 지형과 기상을 고려해서 수정할 매개변수에 대해서 구상하였는가? | | |
| ☐ 비행고도 제한 | ☐ | ☐ |
| ☐ 비행반경 제한 | ☐ | ☐ |
| ☐ 배터리 1차, 2차 경고 | ☐ | ☐ |
| ☐ RTH 고도 | ☐ | ☐ |
| 3. 사고 발생 대비 관련 기관 연락처는 확인하였는가? | | |
| ☐ 관할 지방항공청 | ☐ | ☐ |
| ☐ 관할 경찰서, 소방서 | ☐ | ☐ |
| ☐ 항공·철도 사고조사위원회 | ☐ | ☐ |

PART

# 06

# 3단계 비행 전 최종
# 점검(D일)

CHAPTER

# 01 현지 기상 확인

드론 비행 전 현지의 기상 상태를 확인하는 것은 안전한 비행을 위해 매우 중요하다. 기상 상태 확인을 위해 다양한 웹 사이트나 앱을 사용할 수 있다. 이들은 실시간 기상 정보와 짧은 기간의 기상 예보를 제공하므로, 비행 전 현장의 기상 상태를 확인하는 데 도움이 될 수 있다. 이를 통해 바람, 강수량, 기온, 가시거리 등의 요소가 드론 비행에 어떤 영향을 미칠 수 있는지 판단할 수 있다. 이러한 정보는 드론 조종자가 비행 전에 기상 조건을 면밀히 평가하고, 필요한 경우 비행 계획을 조정하거나 취소하는 데 도움이 된다. 또한 특정 지역의 기상 규정 및 제한 사항을 확인하는 것도 중요할 수 있다. 예를 들어, 일부 지역에서는 강한 바람이나 폭우 시에 드론 비행을 금지할 수 있다. 따라서 드론 조종사는 현지 법규와 지침을 숙지하고 준수해야 한다. 이렇게 기상 상태를 확인하고 준비하는 것은 드론의 안전한 비행은 물론, 드론과 주변 환경을 보호하는 데도 매우 중요하다.

## 1. 비행 당일 확인해야 할 기상 조건

**1) 바람 :** 강한 바람은 드론의 안정성을 저해하고, 비행 경로를 벗어나게 만들거나, 드론이 충분한 속도로 비행하거나 지점으로 돌아오는 데 방해가 될 수 있다. 일반적으로, 초보자는 10mph(약 4.47m/s) 이하의 바람에서 비행하는 것이 가장 안전할 것이다.

**2) 강수 :** 비나 눈은 드론의 전자 부품에 손상을 입힐 수 있으므로, 이러한 기상 조건에서는 비행을 하지 않는 것이 가장 좋다.

**3) 기온 :** 드론의 배터리 성능은 기온에 따라 크게 달라질 수 있다. 너무 추운 날씨는 배터리 수명을 단축시킬 수 있으며, 너무 더운 날씨는 드론이 과열될 수 있으며 배터리의 Swelling 현상을 촉진시킨다.

**4) 가시거리 :** 안전한 비행을 위해서는 드론을 명확하게 볼 수 있어야 하며, 이는 특히 안개, 비, 눈 등으로 인해 가시거리가 제한된 경우에 더욱 중요하다.

## 2. 기상 조건이 원활하지 않을 경우 조치

기상 조건이 비행에 적합하지 않을 때에는 비행을 연기하는 것이 가장 안전한 선택이다. 안개, 강한 바람, 폭우 등의 기상 조건에서는 비행을 연기하고 안전한 조건에서 다시 시도하는 것이 좋다. 또한 비행 조건이 부적절한 경우에는 안전한 장소로 이동하여 비행을 시도할 수도 있다. 이럴 경우 보호가 필요한 장소나 악천후에 노출되지 않은 지역으로 이동하여 비행을 시도해야 할 것이다. 훌륭한 조종자는 기상에 민감하게 대처하며 비행계획을 조정할 수 있는 유연성이 있어야 한다.

# 02 장비 최종 점검

촬영용 드론의 비행 전 장비 최종 점검은 매우 중요하다. 이 점검 과정은 드론의 기계적 결함이나 문제를 사전에 발견하여, 비행 중 발생할 수 있는 심각한 안전 문제를 예방한다. 예를 들어, 프로펠러나 모터의 손상, 배터리 문제, 소프트웨어 오류 등은 비행 중 드론의 제어를 잃게 만들 수 있으며, 이는 장비 손상뿐만 아니라 주변 환경에도 위험을 초래할 수 있다. 또한 장비의 최종 점검은 잠재적인 기술적 문제를 미리 발견하고 해결함으로써, 드론과 관련 장비의 수명을 연장하고 더 큰 비용 발생을 방지할 수 있다.

특히 촬영용 드론의 경우 카메라와 짐벌 시스템과 같은 정밀 장비의 상태를 확인하는 것은 고품질의 영상 촬영을 보장하는 데 필수적이다. 점검을 통해 드론의 배터리 상태와 충전 수준을 확인하면, 비행 시간을 최적화하고 필요한 촬영을 완료할 수 있도록 한다. 이는 특히 시간과 조건이 중요한 상업적 촬영에서 매우 중요하다. 마지막으로 장비 점검은 드론 조종자가 현장의 기상 조건과 비행 환경에 적합한 장비 설정을 확인하고 조정하는 데 도움을 준다. 이는 드론의 안전한 비행을 보장하고, 촬영 목표를 성공적으로 달성하는 데 핵심적인 역할을 한다.

이러한 이유로 촬영용 드론을 운용하는 모든 조종자와 팀은 비행 전 장비 최종 점검을 철저히 수행하는 것을 일상적인 절차로 삼아야 한다. 이는 안전한 비행, 효율성 그리고 촬영의 성공을 보장하는 데 필수적인 단계이다.

## 1. 장비 최종 점검 항목

아래 항목은 일반적인 촬영용 드론 비행 전 장비 최종 점검 항목을 포함하고 있다. 특정 상황이나 촬영 목적에 따라 추가적인 점검 사항이 필요할 수 있으며, 조종자는 항상 장비의 안전을 우선으로 고려하여 비행을 진행해야 한다.

**1) 드론 본체 점검** : 드론 본체에 손상이 없는지 확인한다. 특히 프로펠러, 모터, 카메라, 센서 등이 정상인지 확인해야 한다.

**2) 배터리 점검** : 드론과 컨트롤러의 배터리 수준을 확인한다. 충분히 충전되었는지 확인하고 셀간 전압 편차도 확인한다.

**3) 조종기** : 조종기가 올바르게 작동하는지 확인한다. 조종기의 배터리 상태를 확인하고, 드론과의 페어링 상태를 확인한다.

**4) 카메라와 짐벌 점검** : 카메라와 짐벌의 작동 상태를 확인한다. 필요한 경우, 비행 전에 촬영 설정(해상도, 프레임 레이트, 색상 프로파일 등)을 조정한다.

**5) 메모리 카드 확인** : 메모리 카드가 적절히 장착되어 있고 충분한 저장 공간이 남아있는지 확인한다.

**6) 비행 경로 및 촬영 계획 확인** : 사전에 계획한 비행 경로와 촬영 계획을 다시 한 번 확인한다.

**7) GPS 신호 확인** : 드론이 GPS 신호를 잘 잡는지 확인한다. GPS 신호가 약하면 비행 경로 추적이나 귀환 기능 등에 문제가 발생할 수 있다.

**8) 비행 모드 설정 :** 필요에 따라 적절한 비행 모드를 설정한다. 예를 들어, 일반 비행 모드, 촬영 모드, 추적 모드 등이 있다.

**9) 통신 상태 확인 :** 드론과 컨트롤러 사이의 통신이 원활한지 확인한다.

**10) 비상 절차 확인 :** 비상 상황 대비 절차를 확인한다. 필요한 경우, 비상 착륙 지점을 미리 정하거나, 드론의 비상 착륙 기능 등을 점검한다.

# 03 현지 지형, 기온 고려 매개변수 수정

촬영용 드론의 현지 지형과 기온을 고려한 매개변수 수정은 비행과 촬영의 성공에 필수적인 요소이다. 먼저 지형의 특성에 따라 드론의 비행 경로와 고도 설정을 조정해야 한다. 산악 지역이나 복잡한 도시 환경에서는 장애물을 피하고 안정적인 비행을 위해 세심한 조정이 필요하다. 이는 드론과 주변 환경의 안전을 보장하며, 예기치 못한 사고를 예방하는 데 중요하다.

기온도 중요한 고려 사항이다. 낮은 기온은 드론의 배터리 성능에 영향을 미칠 수 있으며, 이로 인해 비행 시간이 단축되거나 예기치 않은 전력 소모가 발생할 수 있다. 반대로 높은 기온에서는 드론과 카메라 장비가 과열될 위험이 있다.

이러한 환경적 조건을 고려하여 드론의 설정을 조정하는 것은 배터리 수명을 최적화하고, 장비의 안정적인 작동을 보장한다. 촬영용 드론의 경우 이러한 매개변수 수정은 영상의 질에 직접적으로 영향을 미친다. 예를 들어, 특정 지형이나 기온 조건에서는 카메라 설정을 조정하여 최적의 촬영 결과를 얻을 필요가 있다. 이는 전문적인 드론 촬영에서 매우 중요한 요소로, 고객의 요구 사항을 충족시키고 최상의 결과물을 제공하는 데 기여한다.

결론적으로, 현지 지형과 기온을 고려한 드론의 매개변수 수정은 드론의 안전한 비행, 장비의 효율적인 운용 그리고 고품질의 촬영 결과를 얻기 위해 필수적이다. 이러한 조정은 드론 조종자의 전문성을 반영하며, 촬영 프로젝트의 성공적인 수행을 위한 중요한 기술이다.

## 1. 지형, 기온 고려 수정해야 할 매개변수 항목

**1) 비행 고도** : 특히 산악 지형과 같이 고도가 변동하는 지형에서는 드론의 비행 고도를 조절해야 한다. 너무 낮은 고도에서 비행하면 지형에 충돌할 위험이 있으므로, 안전한 고도를 설정해야 한다. 또한 주변의 높은 건물이나 지형을 고려해서 RTH 고도를 사전에 수정함으로써 드론의 안전한 귀환을 담보할 수 있다.

**2) GPS 모드** : 일부 드론은 GPS를 사용하여 자동으로 고도를 조정할 수 있다. 이는 특히 지형이 복잡하거나 고도가 자주 변하는 지역에서 유용할 수 있다.

**3) 비행 속도** : 강한 바람이나 기타 기상 조건에 대응하기 위해 드론의 비행 속도를 조절할 수 있다.

**4) 온도** : 드론의 배터리는 일반적으로 일정 온도 범위에서 가장 효율적으로 작동한다. 너무 더운 또는 너무 추운 환경에서는 배터리 수명이 단축될 수 있으므로, 가능하다면 드론이 과열되거나 과도하게 춥지 않도록 해야 한다. 만약 추운 날씨 속에서 비행을 한다면 배터리 1차 경고를 30%에서 40%로 상향해서 비행을 한다면 안전을 더 확보할 수 있을 것이다.

**5) 촬영 설정** : 현지의 조명 조건에 따라 카메라의 ISO, 셔터 속도, 화이트 밸런스 등을 조정해야 할 수도 있다. 낮은 조명 환경에서는 높은 ISO값을 사용하거나, 반대의 경우는 낮은 ISO값을 사용한다.

# CHAPTER 04 DJI GEO Zone 해제 및 기체 동기화

DJI의 GEO Zone은 지리적인 위치에 따라 드론의 비행을 제한하는 시스템이다. 이는 특정 지역에서의 드론 비행이 위험하거나 불법일 수 있기 때문에 설정되어 있다. 예를 들어, 공항 주변이나 정부 건물 주변 등은 일반적으로 비행이 제한되는 지역이다. 하지만 때로는 이러한 제한을 해제해야 할 경우가 있을 수 있다.

이를 위해 DJI는 "Self-Unlocking" 기능을 제공하고 있다. 이 기능을 사용하면 사용자는 자신이 안전하게 비행할 수 있다는 것을 증명하고 해당 지역에서의 비행 제한을 임시적으로 해제할 수 있다. 이 과정은 DJI의 웹사이트나 앱에서 진행할 수 있다. "Self-Unlocking" 과정이 완료되면, 이를 드론 본체에 동기화해야 한다. 이는 보통 DJI 앱을 사용하여 진행되는데 드론을 켜고 DJI 앱을 실행한 후, DJI Flysafe 페이지로 이동하면 "Unlocking Requests" 섹션에서 해당 해제 요청을 확인하고 동기화할 수 있다.

DJI GEO Zone 해제 기능을 사용하여 드론의 비행 제한 구역을 해제하면 비행 가능한 지역에서 자유롭게 비행할 수 있다. 그러나 항상 지역의 관련 법규와 규정을 준수하고, 비행이 안전한지 확인하기 위해 현지의 조건과 제한 사항을 고려해야 한다. 그리고 잠금해제 요청 제출은 통상 4단계로 구성된다.

### 잠금해제 요청 제출 단계
- 1단계 : 잠금 해제에 필요한 문서 및 정보를 준비한다(예 : 비행승인 서류).
- 2단계 : 공식 DJI 웹사이트에서 잠금 해제 라이선스를 신청한다.
- 3단계 : 잠금 해제 라이선스를 DJI 앱으로 가져온다.
- 4단계 : 기체에 동기화한다.

## 1. DJI GO 4 앱에서 동기화 절차

### 1) 동기화 단계

(1) DJI GO 4 앱 실행 : DJI GO 4 앱을 모바일 장치에서 실행한다. 앱을 실행한 후, 드론과 컨트롤러 간의 연결을 설정한다.

(2) GEO Zone 동기화 메뉴로 이동 : DJI GO 4 앱의 화면 상단 또는 하단에 있는 메뉴에서 "지도" 또는 "비행"과 같은 관련 메뉴로 이동한다. 거기에서 GEO Zone 동기화 또는 관련 설정을 찾을 수 있다.

(3) 기체 동기화 : GEO Zone 동기화 메뉴에서 드론과의 연결 상태를 확인하고, 필요한 경우 드론과 연결한다. 연결이 확인되면 드론의 위치와 DJI 서버의 GEO Zone 정보를 동기화하여 적용할 수 있다.

(4) GEO Zone 제한 확인 : 동기화가 완료되면 DJI GO 4 앱의 지도 화면에서 비행 제한 구역이 표시된다. 해당 구역은 드론 비행에 제한이 있는 지역을 나타내며, 비행 가능한 지역과 구분된다.

## 2) 동기화 세부 절차

(1) me _ More _ GEO Zone Unlocking Applications 클릭

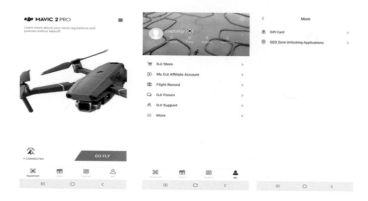

(2) Refresh 클릭 : 최신 리스트 확인

(3) General Settings _ Unlocking License 클릭

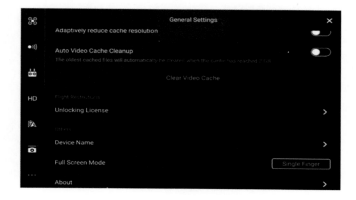

(4) Unlocking License List _ Aircraft 기체로 가져오기

(5) 최종 약관 내용 확인(승인, 허가구역에 대한 자격요건과 모든 비행책임은 본인에게 있음을 동의)

- I am authorized(if required) to fly this area 체크
  나는 이 구역에서 비행할 자격 요건을 갖추었다.

- I accept full responsibility for my fight 체크
  나는 이 구역에서 비행하는데 따른 모든 책임은 본인에 있음을 동의한다.

- By unlocking you agree to all terms and conditions 확인
  잠금을 해제하면 모든 약관에 동의한다.

- OK 클릭

## 2. DJI Fly 앱

지오존 동기화를 통해 DJI FLY 앱에서 GEO Zone 제한 정보를 실시간으로 업데이트하고, 드론 비행 제한 구역을 확인할 수 있다. 이를 통해 비행 가능한 지역과 비행 제한 구역을 구분하여 안전한 비행을 할 수 있다. 그러나 항상 지역의 관련 법규와 규정을 준수하고, 비행이 안전한지 확인하기 위해 현지의 조건과 제한 사항을 고려해야 한다.

**1)** **DJI FLY 앱 열기 :** DJI FLY 앱을 모바일 장치에서 실행한다. 앱을 실행한 후, 드론과 컨트롤러 간의 연결을 설정한다.

**2)** **GEO Zone 동기화 메뉴로 이동 :** DJI FLY 앱의 화면 상단 또는 하단의 메뉴에서 "지도" 또는 "비행"과 같은 관련 메뉴로 이동한다. 거기에서 GEO Zone 동기화 또는 관련 설정을 찾을 수 있다.

**3)** **기체 동기화 :** GEO Zone 동기화 메뉴에서 드론과의 연결 상태를 확인하고, 필요한 경우 드론과 연결한다. 연결이 확인되면 드론의 위치와 DJI 서버의 GEO Zone 정보를 동기화하여 적용할 수 있다.

**4)** **GEO Zone 제한 확인:** 동기화가 완료되면 DJI FLY 앱의 지도 화면에서 비행 제한 구역이 표시된다. 해당 구역은 드론 비행에 제한이 있는 지역을 나타내며, 비행 가능한 지역과 구분된다.

CHAPTER

# 05 관련 유관기관 비행 시작 통보

촬영용 드론의 비행 전 유관기관에 비행 시작을 통보하는 것은 여러 면에서 중요하다. 이러한 통보는 항공 안전을 유지하고, 법적 요구 사항을 준수하는 데 필수적이다. 특히 밀집된 도심지역이나 공항 근처와 같이 항공 트래픽이 많은 지역에서 드론을 운용할 경우, 이는 더욱 중요해진다. 유관기관에 비행 계획을 사전에 알림으로써, 드론 조종자는 다른 항공기와의 충돌 위험을 최소화하고, 항공 교통 관리에 협력할 수 있다. 또한 이러한 통보는 비상 상황이나 예기치 못한 사고 발생 시 신속하고 효과적인 대응을 가능하게 한다.

법적 측면에서 보면 많은 국가에서는 드론 비행에 관한 특정 규정을 두고 있으며, 이를 준수하는 것은 드론 조종자와 운영 기관에게 법적 책임을 다하는 것을 의미한다. 통보를 통해 드론 조종자는 관련 법규를 준수하고, 필요한 비행 허가나 제한 사항을 사전에 파악할 수 있다. 이는 불필요한 법적 문제나 처벌을 피하는 데 도움이 된다.

촬영 목적으로 드론을 사용하는 경우, 사전 통보는 촬영 계획의 원활한 진행을 보장하는 데도 중요하다. 비행 통보를 통해 필요한 허가를 사전에 얻고, 비행 경로와 시간을 확정함으로써 촬영 스케줄을 정확하게 준비할 수 있다. 이는 효율적인 작업 진행과 고객의 만족도를 높이는 데 기여한다.

따라서 촬영용 드론의 비행 전 유관기관에 비행 시작을 통보하는 것은 안전, 법적준수 그리고 촬영 프로젝트의 성공적인 수행을 위해 매우 중요한 절차이다. 이러한 절차는 드론 운용의 전문성을 높이고, 드론 조종자와 운영 기관의 신뢰도를 증진시키는 데 중요한 역할을 한다.

## 1. 관련 유관기관 통보가 필요한 경우

다음 사항은 국가와 지역에 따라 다르므로, 실제 비행 전에는 해당 규정과 규제를 확인하고 준수해야 한다. 비행을 시작하기 전에 관련 유관기관에 통보해야 하는지 여부를 명확히 확인하는 것이 중요하다. 우리나라는 통상 비행승인서에 언제 연락을 하라고 상세히 안내하고 있다.

1) **비행 제한 구역에서의 비행** : 공항 주변이나 군사 시설 등의 비행 제한 구역에서 촬영용 드론을 비행하는 경우에는 항공 당국에 통보해야 할 수 있다.

2) **보안 및 개인 정보 보호와 관련된 비행** : 공공시설, 정부 건물, 군사 시설 등에서 촬영용 드론 비행을 수행할 경우, 경찰 또는 국가 안전 기관에 통보해야 할 수 있다.

3) **특정 이벤트나 대규모 행사에서의 비행** : 대규모 이벤트나 행사에서 드론을 사용하여 촬영하는 경우, 해당 이벤트를 주최하는 단체나 관련 담당자에게 통보해야 할 수 있다.

## 2. 관련 유관기관에서 비행 전 통보하라는 예시

매 비행 시작 10분 전 대구기지 항공작전과 053)989-3214으로 최종확인 뒤 비행하시기 바랍니다. 연락 시 성함과 비행 위치, 고도, 예정 비행 종료시간 말씀해주시고 비행 종료 후에도 통보 바라며, 비행 중 항시 연락 가능 상태 유지해주시고, 안전비행하시길 바랍니다.

다음 사항 조건부 비행허가이니 꼼꼼히 확인하여주시길 바랍니다.

1. 대구공항 및 인근 국가중요시설, 군 시설 방면 촬영분만 아니라 카메라 영상 노출 금지
2. 드론비행 중 유인기(민항기, 전투기, 헬기 등) 목격 및 확인 시 최저고도 유지 및 즉시 착륙 조치

이와 관련하여 항공안전법 제 129조 및 동법 시행규칙 제 310조 조종자 준수사항을 반드시 확인하여 주시기 바랍니다.

미허가 비행 발견시 112로 신고 바라며, 비행 중 사고 발생 시에는 부산지방항공청에 신고바랍니다.

# 비행 당일 최종 점검 Check-List

다음은 촬영용 드론 비행 당일 최종 점검을 위한 일반적인 체크리스트이다. 특정 상황이나 촬영 목적에 따라 추가적인 점검 사항이 필요할 수 있다. 항상 드론의 안전과 현지 조건을 우선으로 고려하여 비행을 진행해야 한다.

| 확인 사항 | Yes | No |
|---|---|---|
| 1. 드론 본체에 손상이 없는가?<br>(프로펠러, 모터, 카메라, 센서 등) | ☐ | ☐ |
| 2. 조종기, 기체 배터리는 충전된 상태이며, 용량이 충분하고 여분의 배터리가 준비되어 있는가? | ☐ | ☐ |
| 3. 조종기 작동 상태, 조종기 배터리 충전 상태, 기체와의 페어링은 양호한가? | ☐ | ☐ |
| 4. 카메라와 짐벌 작동 상태는 양호한가? | ☐ | ☐ |
| 5. 카메라 품질 조정값(해상도, fps, WB 등)은 적절한가? | ☐ | ☐ |
| 6. 메모리 카드는 장착되어 있는가? 용량은 충분한가? | ☐ | ☐ |
| 7. GPS 신호 세기는 양호한가? | ☐ | ☐ |
| 8. 비행하기에 적합한 날씨인가?<br>(바람 세기, 강우 여부, 안개 등) | ☐ | ☐ |
| 9. 비행 지역에 지형과 장애물은 확인하였는가? | ☐ | ☐ |
| 10. 지형과 기상을 고려해서 매개변수는 수정하였는가?<br>(고도, 범위, RTH 고도, 배터리 1차 경고 등) | ☐ | ☐ |
| 11. GEO Zone 해제절차는 적용하였는가? | ☐ | ☐ |
| 12. 비행경로와 촬영 계획을 최종 확인하였는가?<br>(비행 구역, 비행 높이, 비행 속도 등) | ☐ | ☐ |
| 13. 필요한 안전용품은 준비되어 있는가?<br>(보호안경, 소화기 등) | ☐ | ☐ |
| 14. 사고 발생 대비 관련 기관 연락처는 휴대하고 있는가? | ☐ | ☐ |
| 15. 자격증, 비행승인서, 촬영승인서는 휴대하고 있는가? | ☐ | ☐ |
| 16. 관련 유관기관에 비행 통보를 하였는가? | ☐ | ☐ |

PART

# 07

## 4단계 비행 및 모니터링, 착륙(D일)

# CHAPTER 01 드론 조종자 준수사항 및 위반 시 행정처분

드론 항공촬영을 위한 여정은 사전 계획과 준비 소요가 많이 필요하다. 지금까지 여러분들이 드론 항공촬영을 위해 자격증을 취득하고 여러분들에게 최적화된 드론을 선택하여 구매하였으며 해당 국가 또는 지역의 비행 규정을 준수하기 위해서 필요한 허가를 취득하였다. 또한 비행 전 점검 체크리스트에 의한 최종 비행준비를 마친 상태이다.

이제 벅차오르는 가슴을 부여잡고 멋지게 비행하여 아름다운 장면을 촬영하고 내가 원하는 방향으로 후처리하고 편집하는 과정만 남아 있다. 많이 설렌다.

하지만 또 넘어야 할 산들이 많이 남아 있는 것을 알면 낙담할 것이 분명하다. 포기하지 말고 한걸음 한걸음 배우는 자세로 정진하는 태도가 절대로 필요하다. 왜냐하면 드론 항공촬영은 재미있고 창의적인 활동이지만 안전한 촬영과 그리고 멋진 촬영 결과물을 얻기 위해서이다.

4단계 비행 및 모니터링 단계에서는 조종자 준수사항과 1인 조종과 2인 조종을 이해하고, 안전한 비행을 위해 꼭 필요한 운용 앱에 대한 이해와 조종기술 능력 배양 방법을 살펴본 후 아름다움을 촬영하기 위한 사진 구도 잡는 방법과 카메라 품질 조정값에 대한 이해를 구체적으로 알아보자.

## 1. 관련 법령

드론 조종사는 안전하게 드론을 운영하기 위해 여러 가지 준수 사항을 지켜야 한다. 다만 국가별로 다소 차이가 있을 수 있으므로, 특정 국가나 지역에서 드론 활동을 계획할 경우 그 지역의 규정을 반드시 확인해야 한다. 우리나라를 기준으로 관련 법령 등 자세하게 살펴보자.

### 1) 항공안전법 제129조(초경량비행장치 조종자 등의 준수사항)

① 초경량비행장치의 조종자는 초경량비행장치로 인하여 인명이나 재산에 피해가 발생하지 아니하도록 국토교통부령으로 정하는 준수사항을 지켜야 한다.

② 초경량비행장치 조종자는 무인자유기구를 비행시켜서는 아니 된다. 다만, 국토교통부령으로 정하는 바에 따라 국토교통부장관의 허가를 받은 경우에는 그러하지 아니하다.

③ 초경량비행장치 조종자는 초경량비행장치사고가 발생하였을 때에는 국토교통부령으로 정하는 바에 따라 지체 없이 국토교통부장관에게 그 사실을 보고하여야 한다. 다만, 초경량비행장치 조종자가 보고할 수 없을 때에는 그 초경량비행장치소유자 등이 초경량비행장치사고를 보고하여야 한다.

④ 무인비행장치 조종자는 무인비행장치를 사용하여 개인정보 보호법 제2조 제1호에 따른 개인정보(이하 "개인정보"라 한다) 또는 위치정보의 보호 및 이용 등에 관한 법률 제2조 제2호에 따른 개인위치정보(이하 "개인위치정보"라 한다) 등 개인의 공적 · 사적 생활과 관련된 정보를 수집하거나 이를 전송하는 경우 타인의 자유와 권리를 침해하지 아니하도록 하여야 하며 형식, 절차 등 세부적인 사항에 관하여는 각각 해당 법률에서 정하는 바에 따른다.

⑤ 제1항에도 불구하고 초경량비행장치 중 무인비행장치 조종자로서 야간에 비행 등을 위하여 국토교통부령으로 정하는 바에 따라 국토교통부장관의 승인을 받은 자는 그 승인 범위 내에서 비행할 수 있다. 이 경우 국토교통부장관은 국토교통부장관이 고시하는 무인비행장치 특별비행을 위한 안전기준에 적합한지 여부를 검사하여야 한다.

⑥ 제5항에 따른 승인을 신청하고자 하는 자는 제127조 제2항 및 제3항에 따른 비행승인 신청을 함께 할 수 있다.

## 2) 항공안전법 시행규칙 제310조(초경량비행장치 조종자의 준수사항)

① 초경량비행장치 조종자는 법 제129조 제1항에 따라 다음 각 호의 어느 하나에 해당하는 행위를 해서는 안된다. 다만, 무인비행장치의 조종자에 대해서는 제4호 및 제5호를 적용하지 않는다.

1. 인명이나 재산에 위험을 초래할 우려가 있는 낙하물을 투하(投下)하는 행위

2. 주거지역, 상업지역 등 인구가 밀집된 지역이나 그 밖에 사람이 많이 모인 장소의 상공에서 인명 또는 재산에 위험을 초래할 우려가 있는 방법으로 비행하는 행위

2의2. 사람 또는 건축물이 밀집된 지역의 상공에서 건축물과 충돌할 우려가 있는 방법으로 근접하여 비행하는 행위

3. 법 제78조 제1항에 따른 관제공역·통제공역·주의공역에서 비행하는 행위. 다만, 법 제127조에 따라 비행승인을 받은 경우와 다음 각 목의 행위는 제외한다.

　가. 군사목적으로 사용되는 초경량비행장치를 비행하는 행위

　나. 다음의 어느 하나에 해당하는 비행장치를 별표 23 제2호에 따른 관제권 또는 비행금지구역이 아닌 곳에서 제199조 제1호나목에 따른 최저비행고도(150미터) 미만의 고도에서 비행하는 행위

　　1) 무인비행기, 무인헬리콥터 또는 무인멀티콥터 중 최대이륙중량이 25킬로그램 이하인 것

　　2) 무인비행선 중 연료의 무게를 제외한 자체 무게가 12킬로그램 이하이고, 길이가 7미터 이하인 것

4. 안개 등으로 인하여 지상목표물을 육안으로 식별할 수 없는 상태에서 비행하는 행위

5. 별표 24에 따른 비행시정 및 구름으로부터의 거리기준을 위반하여 비행하는 행위

6. 일몰 후부터 일출 전까지의 야간에 비행하는 행위. 다만, 제199조 제1호나목에 따른 최저비행고도(150미터) 미만의 고도에서 운영하는 계류식 기구 또는 법 제124조 전단에 따른 허가를 받아 비행하는 초경량비행장치는 제외한다.

7. 주세법 제2조 제1호에 따른 주류, 「마약류 관리에 관한 법률」 제2조 제1호에 따른 마약류 또는 화학물질관리법 제22조 제1항에 따른 환각물질 등(이하 "주류등"이라 한다)의 영향으로 조종업무를 정상적으로 수행할 수 없는 상태에서 조종하는 행위 또는 비행 중 주류등을 섭취하거나 사용하는 행위

8. 제308조 제4항에 따른 조건을 위반하여 비행하는 행위, 제308조 제4항에 따른 조건을 위반하여 비행하는 행위

8의2. 지표면 또는 장애물과 가까운 상공에서 360도 선회하는 등 조종자의 인명에 위험을 초래할 우려가 있는 방법으로 패러글라이더를 비행하는 행위

9. 그 밖에 비정상적인 방법으로 비행하는 행위

② 초경량비행장치 조종자는 항공기 또는 경량항공기를 육안으로 식별하여 미리 피할 수 있도록 주의하여 비행하여야 한다.

③ 동력을 이용하는 초경량비행장치 조종자는 모든 항공기, 경량항공기 및 동력을 이용하지 아니하는 초경량비행장치에 대하여 진로를 양보하여야 한다.

④ 무인비행장치 조종자는 해당 무인비행장치를 육안으로 확인할 수 있는 범위에서 조종하여야 한다. 다만, 법 제124조 전단에 따른 허가를 받아 비행하는 경우는 제외한다.

⑤ 「항공사업법」 제50조에 따른 항공레저스포츠사업에 종사하는 초경량비행장치 조종자는 다음 각 호의 사항을 준수하여야 한다.

1. 비행 전에 해당 초경량비행장치의 이상 유무를 점검하고, 이상이 있을 경우에는 비행을 중단할 것

2. 비행 전에 비행안전을 위한 주의사항에 대하여 동승자에게 충분히 설명할 것

3. 해당 초경량비행장치의 제작자가 정한 최대이륙중량 및 풍속 기준을 초과하지 아니하도록 비행할 것

4. 다음 각 목의 사항(다목부터 마목까지의 사항은 기구류 중 계류식으로 운영되지 않는 기구류의 조종자에게만 해당한다)을 기록하고 유지할 것

　　가. 탑승자의 인적사항(성명, 생년월일 및 주소)

　　나. 사고 발생 시 비상연락·보고체계 등에 관한 사항

　　다. 해당 초경량비행장치의 제작사 매뉴얼에 따른 비행 전·후 점검결과 및 조치에 관한 사항

　　라. 기상정보에 관한 사항

　　마. 비행 시작·종료시간, 이륙·착륙장소, 비행경로 등 비행에 관한 사항

5. 기구류 중 계류식으로 운영되지 않는 기구류의 조종자는 다음 각 목의 구분에 따른 사항을 관할 항공교통업무기관에 통보할 것

　　가. 비행 전: 비행 시작시간 및 종료예정시간

　　나. 비행 후: 비행 종료시간

⑥ 무인자유기구 조종자는 별표 44의3에서 정하는 바에 따라 무인자유기구를 비행해야 한다. 다만, 무인자유기구가 다른 국가의 영토를 비행하는 경우로서 해당 국가가 이와 다른 사항을 정하고 있는 경우에는 이에 따라 비행해야 한다.

## 2. 초경량비행장치 조종자 등에 대한 행정처분

**1) 관련 법령 :** 항공안전법 시행규칙 별표44의2 「초경량비행장치 조종자 등에 대한 행정처분 기준」 개정(2022.6.8.)

> ■ 처분의 구분
>   • 조종자증명 취소 : 초경량비행장치 조종자증명을 취소하는 것을 말한다.
>   • 효력정지 : 일정기간 초경량비행장치를 조종할 수 있는 자격을 정지하는 것을 말한다.
> ■ 1개의 위반행위나 사유가 2개 이상의 처분기준에 해당되는 경우와 고의 또는 중대한 과실로 인명 및 재산피해가 동시에 발생한 경우에는 그중 무거운 처분기준을 적용한다.
> ■ 위반행위의 차수에 따른 행정처분의 기준은 최근 1년간 같은 위반행위로 행정처분을 받은 경우에 적용한다. 이 경우 기간의 계산은 같은 위반행위에 대하여 행정처분을 받은 날과 그 처분 후 다시 같은 위반행위를 하여 적발된 날을 기준으로 한다.
> ■ 다음 각 목의 사유를 고려하여 행정처분의 2분의 1의 범위에서 가중하거나 감경할 수 있다.
>   • 가중할 수 있는 경우
>     - 위반의 내용·정도가 중대하여 공중에 미치는 영향이 크다고 인정되는 경우
>     - 위반행위가 고의나 중대한 과실에 의한 것으로 인정되는 경우
>     - 과거 효력정지 처분이 있는 경우
>   • 감경할 수 있는 경우
>     - 위반행위가 고의성이 없는 사소한 부주의나 오류로 인한 것으로 인정되는 경우
>     - 위반행위가 처음 발생한 경우
>     - 위반행위자가 법 위반상태를 시정하거나 해소하기 위하여 노력한 사실이 인정되는 경우

(1) 거짓이나 그 밖의 부정한 방법으로 자격증명을 받은 경우

    ① 해당 조문 : 법 제124조 제5항 제1호

    ② 처분 내용 : 조종자증명 취소

(2) 이 법을 위반하여 벌금 이상의 형을 선고받은 경우

    ① 해당 조문 : 법 제125조 제5항 제2호에 의거

    ② 처분 내용

        ■ 벌금 100만원 미만 : 효력정지 30일

        ■ 벌금 100만원 이상 200만원 미만 : 효력정지 50일

        ■ 벌금 200만원 이상 : 조종자증명 취소

(3) 초경량비행장치 조종자로서 업무를 수행할 때 고의 또는 중대한 과실로 초경량비행장치 사고를 일으켜 다음 각 목의 인명피해를 발생시킨 경우

　① 해당 조문 : 법 제125조 제5항 제3호에 의거

　② 처분 내용

　　■ 사망자가 발생한 경우 : 조종자증명 취소

　　■ 중상자가 발생한 경우 : 효력정지 90일

　　■ 중상자 외의 부상자가 발생한 경우 : 효력정지 30일

(4) 초경량비행장치의 조종자로서 업무를 수행할 때 고의 또는 중대한 과실로 초경량비행장치 사고를 일으켜 다음 각 목의 재산피해를 발생시킨 경우

　① 해당 조문 : 법 제125조 제5항 제3호

　② 처분 내용

　　■ 초경량비행장치 또는 제3자의 재산피해가 100억원 이상인 경우 : 효력정지 180일

　　■ 초경량비행장치 또는 제3자의 재산피해가 10억원 이상 100억원 미만인 경우 : 효력정지 90일

　　■ 초경량비행장치 또는 제3자의 재산피해가 10억원 미만인 경우 : 효력정지 30일

(5) 법 제125조 제2항을 위반하여 다른 사람에게 자기의 성명을 사용하여 초경량비행장치 조종을 수행하게 하거나 초경량비행장치 조종자증명을 빌려준 경우

　① 해당 조문 : 법 제125조 제5항 제3호의2

　② 처분 내용 : 조종자증명 취소

(6) 법 125조 제4항을 위반하여 다음 각 목에 해당하는 행위를 알선한 경우

　• 다른 사람에게 자기의 성명을 사용하여 초경량비행장치 조종을 수행하게 하거나 초경량비행장치 조종자증명을 빌려 주는 행위
　• 다른 사람의 성명을 사용하여 초경량비행장치 조종을 수행하거나 다른 사람의 초경량비행장치 조종자증명을 빌리는 행위

　① 해당 조문 : 법 제125조 제5항 제3호의3

　② 처분 내용 : 조종자증명 취소

(7) 법 제129조 제1항에 따른 초경량비행장치 조종자의 준수사항을 위반한 경우

　① 해당 조문 : 법 제125조 제5항 제4호

　② 처분 내용 : 1차 위반 효력정지 30일, 2차 위반 효력정지 60일, 3차 위반 효력정지 180일

(8) 법 제131조에서 준용하는 법 제57조 제1항을 위반하여 주류 등의 영향으로 초경량비행장치를 사용하여 비행을 정상적으로 수행할 수 없는 상태에서 초경량비행장치를 사용하여 비행한 경우

　① 해당 조문 : 법 제125조 제5항 제5호

　② 주류의 경우 처분 내용

　　■ 혈중알콜농도 0.02% 이상~0.06% 미만 : 효력정지 60일

　　■ 혈중알콜농도 0.06% 이상~0.09% 미만 : 효력정지 120일

　　■ 혈중알콜농도 0.09% 이상 : 효력정지 180일

　③ 마약류 또는 환각물질의 경우 처분 내용

　　■ 1차 위반 : 효력정지 60일

　　■ 2차 위반 : 효력정지 120일

　　■ 3차 위반 : 효력정지 180일

(9) 법 제131조에서 준용하는 법 제57조 제2항을 위반하여 초경량비행장치를 사용하여 비행하는 동안에 같은 조 1항에 따른 주류 등을 섭취하거나 사용한 경우

　① 해당 조문 : 법 제125조 제5항 제6호

　② 주류의 경우 처분 내용

　　■ 혈중알콜농도 0.02% 이상~0.06% 미만 : 효력정지 60일

　　■ 혈중알콜농도 0.06% 이상~0.09% 미만 : 효력정지 120일

　　■ 혈중알콜농도 0.09% 이상 : 효력정지 180일

　③ 마약류 또는 환각물질의 경우 처분 내용

　　■ 1차 위반 : 효력정지 60일

　　■ 2차 위반 : 효력정지 120일

　　■ 3차 위반 : 효력정지 180일

(10) 법 제131조에서 준용하는 법 제57조 제3항을 위반하여 같은 조 제1항에 따른 주류 등의 섭취 및 사용 여부의 측정 요구에 따르지 않은 경우

　① 해당 조문 : 법 제125조 제5항 제7호

　② 처분 내용 : 조종자증명 취소

(11) 조종자증명이 효력 정기 기간에 초경량비행장치를 사용하여 비행한 경우

　① 해당 조문 : 법 제125조 제5항 제8호

　② 처분 내용 : 조종자증명 취소

## 3. 과태료 부과기준

**1) 관련 법령 :** 항공안전법 시행령 별표 5 「과태료의 부과기준(제30조 관련)」(개정 2023.4.25.)

(1) 일반 기준

① 위반행위의 횟수에 따른 과태의 가중된 부과기준은 최근 5년간 같은 위반행위로 과태료 부과처분을 받은 경우에 적용한다. 이 경우 기간의 계산은 위반행위에 대하여 과태료 부과처분을 받은 날과 그 처분 후 다시 같은 위반행위를 하여 적발된 날을 기준으로 한다.

② 가목에 따라 가중된 부과처분을 하는 경우 가중처분의 적용 차수는 그 위반행위 전 부과처분 차수(가목에 따른 기간 내에 과태료 부과처분이 둘 이상 있었던 경우에는 높은 차수를 말한다)의 다음 차수로 한다.

③ 부과권자는 다음의 어느 하나에 해당하는 경우에는 제2호에 따른 과태료 금액의 2분의 1 범위에서 그 금액을 줄일 수 있다. 다만, 과태료를 체납하고 있는 위반행위자의 경우에는 그렇지 않다.

■ 위반행위가 사소한 부주의나 오류로 인한 것으로 인정되는 경우

■ 위반행위자가 법 위반상태를 시정하거나 해소하기 위하여 노력한 사실이 인정되는 경우

■ 그 밖에 위반행위의 정도, 위반행위의 동기와 그 결과 등을 고려하여 감경할 필요가 있다고 인정되는 경우

④ 부과권자는 고의 또는 중과실이 없는 위반행위자가 「소상공인기본법」 제2조에 따른 소상공인에 해당하고, 과태료를 체납하고 있지 않은 경우에는 다음의 사항을 고려하여 제2호의 개별기준에 따른 과태료의 100분의 70 범위에서 그 금액을 줄여 부과할 수 있다. 다만, 다목에 따른 감경과 중복하여 적용하지 않는다.

■ 위반행위자의 현실적인 부담능력

■ 경제위기 등으로 위반행위자가 속한 시장 · 산업 여건이 현저하게 변동되거나 지속적으로 악화된 상태인지 여부

⑤ 부과권자는 다음의 어느 하나에 해당하는 경우에는 제2호에 따른 과태료 금액의 2분의 1 범위에서 그 금액을 늘릴 수 있다. 다만, 법 제166조에 따른 과태료 금액의 상한을 넘을 수 없다.

■ 위반의 내용·정도가 중대하여 공중에 미치는 영향이 크다고 인정되는 경우

■ 법 위반상태의 기간이 6개월 이상인 경우

■ 그 밖에 위반행위의 정도, 위반행위의 동기와 그 결과 등을 고려하여 가중할 필요가 있다고 인정되는 경우

(2) 개별 기준

① **위반 행위 :** 초경량비행장치 소유자 등이 법 제122조 제5항을 위반하여 신고번호를 해당 초경량비행장치에 표시하지 않거나 거짓으로 표시한 경우

■ **근거 법조문** : 법 제166조 제5항 제4호

■ **과태료** : 1차 위반 50만원, 2차 위반 75만원, 3차 위반 100만원

② **위반 행위** : 초경량비행장치 소유자 등이 법 제123조 제4항을 위반하여 초경량비행장치의 말소 신고를 하지 않은 경우

■ **근거 법조문** : 법 제166조 제7항 제1호

■ **과태료** : 1차 위반 15만원, 2차 위반 22.5만원, 3차 위반 30만원

③ **위반 행위** : 법 제124조를 위반하여 초경량비행장치의 비행안전을 위한 기술상의 기준에 적합하다는 안전성인증을 받지 않고 비행한 경우(법 제161조 제2항이 적용되는 경우는 제외한다.)

■ **근거 법조문** : 법 제166조 제1항 제10호

■ **과태료** : 1차 위반 250만원, 2차 위반 375만원, 3차 위반 500만원

④ **위반 행위** : 법 제124조를 위반하여 초경량비행장치의 비행안전을 위한 기술상의 기준에 적합하다는 안전성인증을 받지 않고 비행한 경우(법 제161조 제2항이 적용되는 경우는 제외한다.)

■ **근거 법조문** : 법 제166조 제1항 제10호

■ **과태료** : 1차 위반 250만원, 2차 위반 375만원, 3차 위반 500만원

⑤ **위반 행위** : 법 제125조 제1항을 위반하여 초경량비행장치 조종자증명을 받지 않고 초경량비행장치를 사용하여 비행을 한 경우(법 제161조 제2항이 적용되는 경우는 제외한다.)

■ **근거 법조문** : 법 제166조 제2항

■ **과태료** : 1차 위반 200만원, 2차 위반 300만원, 3차 위반 400만원

⑥ **위반 행위** : 법 제125조 제2항부터 제4항까지의 규정을 위반한 사람으로서 다음의 어느 하나에 해당하는 경우

> 1. 다른 사람에게 자기의 성명을 사용하여 초경량비행장치 조종을 수행하게 하거나 초경량비행장치 조종자증명을 빌려 준 경우
> 2. 다른 사람의 성명을 사용하여 초경량비행장치 조종을 수행하거나 다른 사람의 초경량비행장치 조종자증명을 빌린 경우
> 3. 1 및 2의 행위를 알선한 경우

■ **근거 법조문** : 법 제166조 제3항 제4호

■ **과태료** : 1차 위반 150만원, 2차 위반 225만원, 3차 위반 300만원

⑦ **위반 행위** : 법 제127조 제3항을 위반하여 국토교통부장관의 승인을 받지 않고 초경량비행장치를 이용하여 비행한 경우(법 제161조 제4항제2호가 적용되는 경우는 제외한다.)

- **근거 법조문** : 법 제166조 제3항 제5호
- **과태료 :** 1차 위반 150만원, 2차 위반 225만원, 3차 위반 300만원

⑧ **위반 행위** : 법 제128조를 위반하여 국토교통부령으로 정하는 장비를 장착하거나 휴대하지 않고 초경량비행장치를 사용하여 비행을 한 경우

- **근거 법조문** : 법 제166조 제5항 제5호
- **과태료 :** 1차 위반 50만원, 2차 위반 75만원, 3차 위반 100만원

⑨ **위반 행위** : 법 제129조 제1항을 위반하여 국토교통부령으로 정하는 준수사항을 따르지 않고 초경량비행장치를 이용하여 비행한 경우

- **근거 법조문** : 법 제166조 제3항 제6호
- **과태료 :** 1차 위반 150만원, 2차 위반 225만원, 3차 위반 300만원

⑩ **위반 행위** : 초경량비행장치 조종자 또는 그 초경량비행장치 소유자 등이 법 제129조 제3항을 위반하여 초경량비행장치사고에 관한 보고를 하지 않거나 거짓으로 보고한 경우

- **근거 법조문 :** 법 제166조 제7항 제2호
- **과태료 :** 1차 위반 15만원, 2차 위반 22.5만원, 3차 위반 30만원

⑪ **위반 행위** : 법 제129조 제5항을 위반하여 국토교통부장관이 승인한 범위 외에서 비행한 경우

- **근거 법조문 :** 법 제166조 제3항 제7호
- **과태료 :** 1차 위반 150만원, 2차 위반 225만원, 3차 위반 300만원

# CHAPTER 02 드론 항공촬영 1인 조종과 2인 조종

드론 항공촬영은 1인 조종과 2인 조종 두 가지 방식으로 수행될 수 있다. 각각의 방식에는 장·단점이 있으며, 사용자의 선호도와 상황에 따라 선택할 수 있다. 항공촬영의 성격과 규모, 작업 요구사항을 고려하여 1인 조종 또는 2인 조종 중 적절한 방식을 선택한다. 작은 프로젝트이고 작업 부담을 감당할 수 있다면 1인 조종이 효율적이며, 복잡한 작업이나 큰 규모의 프로젝트에서는 2인 조종이 더 효과적일 것이다.

## 1. 항공촬영용 드론 1인 조종(Single-Operator)

항공촬영용 드론은 일반적으로 1인이 조종한다. 하지만 1인 조종으로 안전하고 원활한 비행을 수행하기 위해서는 다음과 같이 몇 가지 주의사항을 따라야 하며, 항상 안전과 법규를 준수하고, 조종 기술과 드론의 기능을 충분히 이해하고 활용해야 한다. 촬영 비행을 진행하기 전에 안전성과 준수해야 할 규정을 꼭 염두에 둬야 한다.

**1) 전문적인 훈련 :** 드론 조종은 훈련과 경험이 필요한 기술이다. 항공촬영용 드론을 1인으로 조종하기 전에, 적절한 훈련을 받고 조종 기술을 익혀야 한다. 그러기 위해서는 능력을 갖추고 있는 드론 교육원에서 운영하는 드론 항공촬영 교육 프로그램을 통해 훈련을 받는 것이 독학보다 효율적일 것이다.

**2) 법규 준수 :** 항공 당국의 규정과 관련 법규를 준수해야 한다. 드론 조종에 필요한 허가나 등록 절차를 완료하고, 비행 제한 구역과 비행 높이 등을 준수해야 한다.

**3) 비행 계획 :** 비행 전에 비행 계획을 세워야 한다. 비행 구역, 목표 지점, 비행 높이, 비행 시간 등을 고려하여 적절한 계획을 수립해야 한다.

**4) 조종기 이해 :** 항공촬영용 드론의 조종기를 완전히 이해해야 한다. 버튼, 스위치, 모드 설정 등을 숙지하고 조종기의 기능을 정확하게 이해해야만 안전사고를 예방할 수 있다.

**5) 모니터링 :** 드론 비행 중에는 항상 드론의 모니터링을 유지해야 한다. 비행 상황, 배터리 용량, GPS 신호 등을 실시간으로 확인하여 비행 안전성과 촬영 품질을 유지해야 한다.

**6) 환경 인식 :** 주변 환경과 잠재적인 위험 요소를 인식해야 한다. 사람들, 건물, 전선, 나무 등의 장애물에 대한 인식과 조종기능을 활용하여 충돌을 피해야 한다.

**7) 안전 우선 :** 언제나 안전을 최우선으로 생각해야 한다. 비행 중에는 항상 주변 환경과 조종기능을 모니터링하고, 비행 조건이 원활하지 않을 경우 비행을 연기 또는 취소해야 한다.

**8) 연습과 경험 :** 드론 조종은 연습과 경험을 통해 향상된다. 안전한 영역에서 반복적인 훈련과 비행을 통해 조종 기술을 향상시키는 노력이 필요하다.

## 2. 항공촬영용 드론 2인 조종(Dual-Operator)

항공촬영용 드론을 2인으로 조종하는 경우에는 조종자와 보조 조종자가 함께 작업하여 비행을 수행한다. 이는 안전성과 원활한 비행을 보장하기 위한 중요한 요소이다. 다음은 항공촬영용 드론을 2인으로 조종하는데 유용한 가이드라인이며, 효과적인 팀워크와 통신을 유지하면서, 조종 기술과 법규 준수에 신경을 쓰고, 항상 안전과 규정을 준수하고, 비행 전에는 비행 환경과 조종 기능을 충분히 이해하도록 노력하는 것이 필요하다.

**1) 역할 분담** : 조종자와 보조 조종자 사이에서 역할을 분담해야 한다. 조종자는 주로 드론의 비행 조종을 담당하고, 보조 조종자는 화면 모니터링, 카메라 조작, 통신 등을 담당할 수 있다.

**2) 통신** : 조종자와 보조 조종자 사이에 효과적인 통신 방법을 설정해야 한다. 무선 통신 장치를 사용하거나 라디오나 휴대폰으로 의사소통할 수 있다. 실시간으로 정보를 공유하고 지시사항을 전달할 수 있어야 한다.

**3) 비행 계획** : 비행 전에 함께 비행 계획을 세워야 한다. 비행 높이, 비행 구역, 비행 시간, 촬영 목표 등에 대해 상호 합의하고, 목표 지점에 대한 접근 방법과 안전거리 등을 함께 결정해야 한다.

**4) 조종 기술** : 조종자와 보조 조종자 모두가 충분한 조종 기술을 가지고 있어야 한다. 드론의 안전한 이륙, 착륙, 비행 제어, 장애물 회피 등을 신속하고 정확하게 수행할 수 있어야 한다.

**5) 모니터링** : 보조 조종자는 드론의 비행 상태와 카메라 영상을 모니터링하며 조종자에게 정보를 제공해야 한다. 화면 모니터링, 배터리 용량 확인, GPS 신호 확인 등을 책임진다.

**6) 안전 조치** : 비행 중에는 항상 안전을 우선으로 생각해야 한다. 잠재적인 위험 요소를 인지하고, 충돌 가능성이 있는 장애물과의 거리를 유지해야 하며, 비행 조건이 나빠질 경우 팀원 간에 통신하여 비행을 연기하거나 조정할 수 있어야 한다.

**7) 법규 준수** : 항공 당국의 규정과 관련 법규를 준수해야 한다. 비행 허가 및 등록 절차를 완료하고, 비행 제한 구역 및 비행 높이에 대한 규정을 준수해야 한다.

## 3. 드론 항공촬영 1인 조종과 2인 조종 방식의 장·단점 비교

| 구분 | 1인 조종 | 2인 조종 |
|---|---|---|
| 장점 | · 개인이 혼자서 모든 작업을 수행할 수 있어 효율적이다.<br>· 비용과 인력이 절약된다.<br>· 작은 프로젝트나 개인적인 촬영에 적합하다. | · 한 명은 드론 조종을 전담하고, 다른 한 명은 촬영과 모니터링에 집중할 수 있다.<br>· 역할을 분담하여 작업 효율성을 높일 수 있다.<br>· 복잡한 촬영 작업이나 큰 규모의 프로젝트에 적합하다. |
| 단점 | · 동시에 드론을 조종하고 촬영을 수행해야 하므로 작업 부담이 크다.<br>· 모니터링, 비행경로 및 촬영 각도 조정 등을 동시에 수행하기 어렵다. | · 추가적인 인력과 장비가 필요하며 비용이 더 많이 든다.<br>· 조종자와 촬영자 사이의 의사소통이 원활해야 한다. |

CHAPTER
# 03 촬영용 드론 운용 앱 이해

촬영용 드론과 그에 대한 운용 앱은 서로 밀접하게 연관되어 있으며, 각각이 서로를 보완하며 작동한다. 드론은 고급 카메라와 센서를 포함한 복잡한 기기로, 항공 사진촬영, 비디오 촬영, 조사, 관찰 등 다양한 용도로 사용된다. 반면에, 운용 앱은 이런 드론을 제어하고, 드론의 촬영 기능을 최대한 활용하도록 돕는 도구이다. 따라서 촬영용 드론과 운용 앱은 매우 밀접한 관계를 가지며, 이 둘 사이의 상호 작용은 드론의 성능을 최대화하고, 사용자가 드론을 안전하고 효과적으로 사용하도록 돕는다.

## 1. 촬영용 드론과 운용 앱과의 관계

**1) 제어 :** 운용 앱은 사용자가 드론의 비행 경로를 계획하고, 드론을 직접 조종하며, 비행 모드를 변경하는 등의 기본적인 비행 제어를 수행할 수 있도록 한다.

**2) 촬영 관리 :** 앱을 통해 사용자는 드론의 카메라 설정을 조절하고, 촬영 모드를 변경하고, 사진이나 비디오를 촬영할 수 있다. 이는 사용자가 효과적인 항공촬영을 수행하도록 돕는다.

**3) 비행 정보 모니터링 :** 앱은 사용자가 드론의 위치, 고도, 속도, 방향, 배터리 수준 등과 같은 중요한 비행 정보를 실시간으로 모니터링하도록 돕는다.

**4) 안전 관리 :** 앱은 사용자가 드론을 안전하게 운용하도록 돕는다. 앱은 비행 제한 구역에 대한 정보를 제공하며, 사용자가 비행 중에 발생할 수 있는 위험 상황을 감지하도록 돕는다.

**5) 편집 및 공유 :** 드론으로 촬영한 사진이나 비디오는 앱을 통해 편집하고 공유할 수 있다. 이는 사용자가 촬영한 내용을 쉽게 관리하고, 다른 사람들과 공유하도록 돕는다.

## 2. 촬영용 드론 운용 앱을 완벽하게 숙지하지 않는다면 다음과 같이 여러 문제가 발생할 수 있다. 따라서 드론 운용 앱을 잘 이해하고 숙지하는 것은 드론 비행의 안전성, 효율성, 법적 준수 그리고 장비 보호 등 여러 면에서 매우 중요하다.

**1) 안전 문제 :** 드론 운용 앱은 드론의 배터리 수준, 신호 강도, 비행 고도와 속도 등 중요한 비행 정보를 제공한다. 이러한 정보를 모를 경우, 드론이 비행 중에 문제가 발생할 가능성이 높아지고, 이로 인해 사람이나 재산에 피해를 줄 수 있다.

**2) 비효율적인 촬영 :** 운용 앱은 드론 촬영의 효율성과 품질을 높이기 위한 다양한 기능을 제공한다. 이런 기능들에는 특정 객체 추적, 자동 회전 촬영, 미리 설정된 비행 경로 등이 포함된다. 앱을 이해하지 못하면 이런 기능들을 제대로 활용하지 못하게 된다.

**3) 법규 위반 :** 많은 드론 운용 앱은 비행금지구역이나 제한구역에 대한 정보를 제공한다. 앱을 제대로 이해하지 못하면 법규를 위반하는 비행을 하게 될 가능성이 높다.

**4)** **장비 손상 :** 앱을 제대로 이해하지 못하면 드론이 고장 날 위험이 있다. 예를 들어, 배터리 수준이 낮을 때 착륙하는 것이 중요하지만, 앱을 이해하지 못하면 배터리가 완전히 소진되어 드론이 떨어지거나 손상될 수 있다.

## 3. DJI 촬영용 드론 운용 앱의 변천

DJI는 그들의 드론 제품군을 지원하기 위한 다양한 운용 앱을 발표하면서 지속적으로 진화해왔다. 이러한 앱은 사용자에게 더 나은 제어, 촬영 기능, 안전성 그리고 사용 편의성을 제공하도록 설계되었다. 각각의 DJI 앱은 특정 드론 모델에 가장 잘 맞도록 설계되었으며, 사용자에게 편리하고 안전하며 효율적인 드론 비행 경험을 제공하도록 노력하였다. 이들 앱은 DJI가 제공하는 드론의 능력을 최대한 활용할 수 있도록 돕는 핵심 도구이다.

**1)** **DJI GO :** DJI의 원래 앱은 DJI GO라고 불렸으며, 이것은 DJI Phantom 시리즈와 같은 초기 모델을 지원했다. 이 앱은 기본적인 비행 제어, 촬영 제어, 실시간 비행 데이터 모니터링, 비행 로깅, 설정 조정 등의 기능을 제공하였다.

**2)** **DJI GO 4 :** DJI GO 4는 DJI GO의 후속 버전으로, DJI의 더 많은 제품들을 지원하도록 확장되었다. 이에는 Mavic, Spark, Phantom 4 시리즈 등이 포함되었다. DJI GO 4는 원래의 DJI GO에 비해 개선된 사용자 인터페이스와 추가적인 기능들을 제공했다. 고급 촬영 모드(ActiveTrack, TapFly 등), 강화된 비행 안전 기능, 영상 편집 도구 등이 포함되었다.

**3)** **DJI Fly :** DJI Fly는 DJI의 가장 최신 앱으로, DJI Mini와 DJI Air 3, DJI Mavic 3와 같은 최신 모델을 지원한다. 이 앱은 사용자 친화적인 디자인과 직관적인 인터페이스를 제공하여, 드론을 처음 사용하는 사람들에게 적합하도록 설계되었다. DJI Fly는 쉬운 비행 준비, 간단한 편집 도구, 학습 자료 등의 기능을 포함하고 있다.

## 4. GO 4 앱

DJI GO 4는 DJI의 드론 및 기타 기기를 제어하는 데 사용되는 앱이다. 이 앱은 사용자가 드론을 조종하고 촬영을 수행하는 데 필요한 다양한 기능을 제공한다. DJI GO 4 앱을 제대로 이해하고 사용하면 사용자는 드론을 효과적으로 제어하고, 고급 촬영 기능을 활용하고, 안전하게 비행을 수행하는 등의 이점을 누릴 수 있을 것이다. DJI GO 4 앱 지원 기체 종류, 지원 모바일 기기와 주요 기능들은 다음과 같다.

**1)** **지원 기체 종류**

(1) Mavic 시리즈 : Mavic Pro, Mavic Pro Platinum, Mavic Air, Mavic 2 Pro, Mavic 2 Zoom, Mavic 2 Enterprise 등

(2) Phantom 시리즈 : Phantom 4, Phantom 4 Pro, Phantom 4 Advanced, Phantom 4 Pro V2.0 등

(3) Inspire 시리즈 : Inspire 2

(4) Spark

2) **지원 모바일 기기**

(1) iOS V 4.3.50, iOS 10.0 이상

① 호환 가능 iPhone X, iPhone 8 Plus, iPhone 8, iPhone 7 Plus, iPhone 7, iPhone 6s Plus, iPhone 6s, iPhone 6 Plus, iPhone 6, iPhone SE, iPad Pro, iPad, iPad Air 2, iPad mini 4

(2) 안드로이드 V 4.3.54, 안드로이드 5.0 이상

① 호환 가능 Samsung S9+, Samsung S9, Samsung S8+, Samsung S7, Samsung S7 Edge, Samsung S6, Samsung S6 Edge, Samsung Note 8, Huawei P20 Pro, Huawei P20, Huawei P10 Plus, Huawei P10, Huawei Mate 10 Pro, Huawei Mate 10, Huawei Mate 9 Pro, Huawei Mate 9, Huawei Mate 8, Honor 10, Honor 9, Vivo X20, Vivo X9, OPPO Find X, OPPO R15, OPPO R11, Mi Mix 2S, Mi Mix 2, Mi 8, Mi 6, Redmi Note 5, Google Pixel 2XL, OnePlus 6, OnePlus 5T

3) **비행 제어** : 앱을 사용하면 사용자는 드론의 비행 경로를 계획하고, 비행 모드를 변경하고, 드론의 고도와 속도를 조절하는 등의 기본적인 비행 제어를 수행할 수 있다.

4) **실시간 비행 정보 모니터링** : 앱은 실시간으로 드론의 위치, 고도, 속도, 방향, 배터리 수준 등과 같은 중요한 비행 정보를 모니터링하는 데 도움이 된다.

5) **고급 촬영 기능** : DJI GO 4는 다양한 고급 촬영 기능을 제공한다. 이러한 기능에는 ActiveTrack(특정 대상을 자동으로 추적하도록 드론 설정), TapFly(화면을 터치하여 드론의 비행 방향 설정), Gesture Mode(제스처를 인식하여 사진촬영) 등이 포함된다.

6) **영상 및 사진 편집** : 앱은 사용자가 드론으로 촬영한 영상 및 사진을 편집하고 공유하는 데 도움이 된다. 편집 도구를 사용하면 사용자는 영상에 필터를 적용하거나 음악을 추가하거나 텍스트를 입력하는 등의 작업을 수행할 수 있다.

7) **비행 제한 구역 안내** : DJI GO 4는 사용자가 드론을 안전하게 운용할 수 있도록 비행 제한 구역에 대한 정보를 제공한다. 사용자는 이 정보를 참조하여 해당 지역의 법률을 준수할 수 있다.

8) **설정과 조정** : 앱을 통해 사용자는 드론의 카메라 설정을 조정하거나, 드론의 비행 설정을 변경하거나, 앱의 인터페이스를 개인화하는 등의 작업을 수행할 수 있다.

## 5. DJI Fly 앱

DJI Fly는 DJI의 최신 모델을 지원하는 애플리케이션이다. 이 앱은 사용자 친화적인 디자인과 직관적인 인터페이스를 제공하여, 사용자가 드론을 쉽게 조종하고 촬영할 수 있도록 설계되었다. DJI Fly 앱 지원 기체 종류, 지원 모바일 기기와 주요 기능들은 다음과 같다.

## 1) 지원 기체 종류

(1) DJI Mini, DJI Mini SE, DJI Mini 2, DJI Mini 2 SE, DJI Mini 3, DJI Mini 3 Pro

(2) DJI Air 2, DJI Air 2S, DJI Air 3

(3) DJI FPV, DJI Avata

(4) Mavic 3, Mavic 3 Classic, Mavic 3 Pro

## 2) 지원 모바일 기기

(1) iOS V 1.10.6, iOS 11.0 이상

- 호환 가능 iPhone 14 Pro Max, iPhone 14 Pro, iPhone 14 Plus, iPhone 14, iPhone 13 Pro Max, iPhone 13 Pro, iPhone 13, iPhone 13 mini, iPhone 12 Pro Max, iPhone 12 Pro, iPhone 12, iPhone 12 mini, iPhone 11 Pro Max, iPhone 11 Pro, iPhone 11

(2) 안드로이드 V 1.10.6, Android 7.0 이상 요구됨

- 호환 가능 Samsung Galaxy S21 , Samsung Galaxy S20 , Samsung Galaxy S10+ , Samsung Galaxy S10 , Samsung Galaxy Note20 , Samsung Galaxy Note10+ , Samsung Galaxy Note9 , HUAWEI Mate40 Pro , HUAWEI Mate30 Pro , HUAWEI P40 Pro , HUAWEI P30 Pro , HUAWEI P30 , Honor 50 Pro , Mi 11 , Mi 10 , Mi MIX 4 , Redmi Note 10 , OPPO Find X3 , OPPO Reno 4 , vivo NEX 3 , OnePlus 9 Pro , OnePlus 9 , Pixel 6 , Pixel 4 , Pixel 3 XL

**3) 비행 준비 :** 앱을 통해 드론의 상태를 확인하고 비행 전 점검을 수행할 수 있다. 또한 사용자의 위치 정보를 기반으로 한 날씨 정보, 비행 제한 구역 등의 유용한 정보를 제공한다.

**4) 비행 및 촬영 제어 :** 사용자는 DJI Fly를 사용하여 드론을 비행하고 촬영할 수 있다. 비행 경로를 계획하거나, 촬영 모드를 변경하거나, 카메라 설정을 조절하는 등의 작업을 수행할 수 있다.

**5) 고급 촬영 모드 :** DJI Fly는 사용자가 손쉽게 전문적인 촬영을 수행할 수 있도록 돕는 다양한 고급 촬영 모드를 제공한다. 이러한 모드에는 웨이포인트, 나선형 등의 인텔리전트 비행 모드가 포함된다.

**6) 영상 및 사진 편집 :** 앱은 사용자가 드론으로 촬영한 영상 및 사진을 편집하고 공유하는 데 필요한 도구를 제공한다. 간단한 편집 기능을 통해 사용자는 촬영한 영상을 직접 편집하고, 음악을 추가하고, 필터를 적용할 수 있다.

**7) 학습 자료 :** DJI Fly는 사용자가 드론 비행 및 촬영을 배울 수 있는 다양한 학습 자료를 제공한다. 이는 사용자가 드론을 효과적으로 사용하는 데 도움이 된다.

## 6. DJI GO 4 앱과 DJI Fly 앱의 차이점

DJI GO 4 앱과 DJI Fly 앱은 모두 DJI의 드론을 제어하는 데 사용되지만, 각각 다른 모델에 초점을 맞추고 있으며 그에 따라 다양한 기능과 사용자 경험을 제공한다. 따라서 DJI GO 4와 DJI Fly 사이의 선택은 사용자의 필요성, 사용하는 드론의 모델, 그리고 사용자의 비행 및 촬영 경험 등에 따라 달라질 수 있다.

**1) 지원하는 모델 :** 앞에서 살펴보았듯이 DJI GO 4는 주로 DJI의 2020년 이전 모델 모델들을 지원한다. 이에는 Mavic Pro, Mavic Air, Mavic 2 Pro/Zoom, Phantom 4 series, Inspire 2 등이 포함된다. 반면 DJI Fly 는 최신 모델에 초점을 맞추고 있으며, DJI Air 3, DJI Mavic 3 Pro 등을 지원한다.

**2) 사용자 인터페이스 :** DJI Fly는 사용자 인터페이스가 더 심플하고 직관적이며, 초보자에게 친숙하도록 설계되었다. 이와 반대로 DJI GO 4는 더 많은 세부 설정과 고급 기능을 제공하므로, 조금 더 경험 많은 사용자나 프로페셔널 사용자에게 적합하다 할 수 있다.

**3) 기능 :** DJI GO 4는 다양한 비행 모드, 상세한 카메라 설정, 비행 데이터 로깅 등 많은 고급 기능을 제공한다. 이와 반대로 DJI Fly는 더 간단하게 사용할 수 있는 비행 모드와 기본적인 카메라 설정 등을 제공하며, 사용자가 쉽게 비행하고 촬영할 수 있도록 돕는다.

**4) 학습 자료 :** DJI Fly는 사용자가 드론 비행을 쉽게 배울 수 있도록 다양한 학습 자료를 포함하고 있다. 이에는 비행 안전 가이드, 비행 스킬 튜토리얼, 촬영 팁 등이 포함될 수 있다. 이와는 달리 DJI GO 4는 이러한 학습 자료를 제공하지 않는다.

# CHAPTER 04 DJI GO4 앱 화면 및 기능 상세 설명

## 1. **설명 기체 :** Mavic 2 PRO

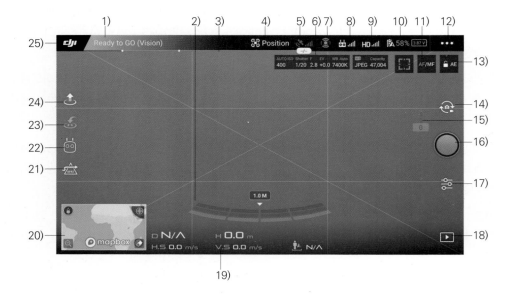

### 1) 시스템 상태 표시줄

(1) 비행 중(GPS) 는 기체 비행 상태를 나타내며 다양한 경고 메시지를 표시한다.

(2) 상태 표시 확인 : 드론과 GPS와의 연결 상태 확인(GPS, Vision)

① **녹색** : 정상 GPS 수신

② **주황색** : GPS 미수신 상태(Atti 모드, Vision 센서만 이용)

③ **적색** : 에러, 경고메시지(배터리, 센서 등)

(3) 기체 상태 확인 및 설정

① 전체 상태, 비행 모드, 콤파스 상태, IMU 상태, 최고 비행 고도 설정, 최대 비행 거리 설정, ESC 상태, 비전센서 상태, 현재 조종기 모드, 라디오 채널 품질, 조종기 배터리 잔량, 조종기 버튼 사용자 정의

② 전체 상태~최대 비행거리 설정

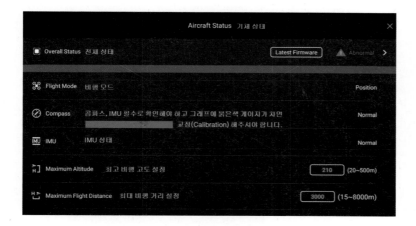

- 전체 상태 : 최신 펌웨어가 아니면 펌웨어 업데이트 진행

- 비행하고자 하는 모드 확인 : T, P, S

- 콤파스 센서 : 비정상이면 캘리브레이션 진행

- IMU 센서 : 비정상이면 캘리브레이션 진행

- 최고 비행 고도 설정 : 비행승인 시 통제받은 높이 이하로 설정

- 최대 비행 거리 설정 : 비행승인 시 신청한 비행 반경 범위로 설정

③ ESC 상태 ~ 조종기 배터리 잔량

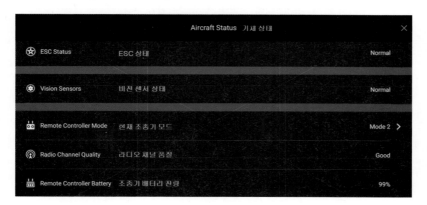

④ 조종자 조치

- ESC 상태 : 비정상 시 업체 정비 의뢰 또는 자가 수리

- 비전 센서 상태 : 비정상 시 DJI Assistant 2로 비전 센서 캘리브레이션 진행

- 현재 조종기 모드, 라디오 채널 품질, 조종기 배터리 잔량 확인

⑤ 조종기 버튼 사용자 정의 ~ 기체 배터리 온도

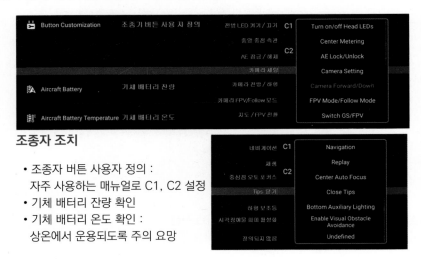

## 조종자 조치

- 조종자 버튼 사용자 정의 :
  자주 사용하는 매뉴얼로 C1, C2 설정
- 기체 배터리 잔량 확인
- 기체 배터리 온도 확인 :
  상온에서 운용되도록 주의 요망

## 2) 장애물 감지 상태

(1) ━━━━━━ 는 기체와 장애물 사이의 거리가 가까워지면 적색 바가 표시되고, 장애물이 감지 범위 내에 있으면 주황색 바가 표시된다.

## 3) 배터리 잔량 표시기

(1) ━o━o━o 는 배터리 잔량 표시기로 배터리 잔량을 동적으로 표시한다.

(2) 배터리 잔량 표시기에서 색상으로 표시된 영역은 다양한 기능을 수행하는데 필요한 전력 수준을 나타낸다.

## 4) 비행 모드

(1) 🚁 아이콘 옆의 텍스트는 현재 비행 모드를 나타낸다.

(2) 아이콘을 탭하면 비행 컨트롤러 설정을 구성할 수 있다. 이 설정으로 비행 제한을 수정하고 게인값을 설정할 수 있다.

(3) T(Tripod, 삼각대 모드)

① T 모드는 P 모드를 기반으로 하고 있으나 비행속도가 제한되어 촬영 중에 기체에 더욱 안정적이다.

② 최대 비행속도, 최대 상승속도 및 최대 하강속도는 1m/s이다. T 모드에서는 인텔리전트 플라이트 모드를 사용할 수 없다.

(4) P(Positioning, GPS 모드)

① P 모드는 GPS 신호가 강할 때 가장 잘 작동한다. 기체는 GPS와 비전 시스템을 활용하여 스스로 위치를 찾고 안정화하며 장애물을 피해 이동한다. 이 모드에서는 인텔리전트 플라이트 모드가 활성화된다.

② 전방 및 후방 비전 시스템이 활성화되고 조명 상태가 충분하면 최대 비행 고도 각도가 25°가 되고, 최대 전진비행 속도는 50km/h, 최대 후진비행 속도는 43km/h이다.

③ P 모드 사용 시 유의사항

■ 비전 시스템을 이용할 수 없거나 비활성화되어 있고 GPS 신호가 약하거나 콤파스에 간섭이 발생하는 경우에는 기체가 자동으로 자세(ATTI) 모드로 전환된다. 기체가 비전 시스템을 사용할 수 없으면 자체적으로 위치를 조정하거나 자동으로 제동을 걸 수 없기 때문에 잠재적인 비행 위험이 증가한다.

■ ATTI 모드에서는 기체가 주변의 영향을 쉽게 받는다. 바람 등의 환경적 요소는 수평이동을 야기하여 위험할 수 있으며 특히 협소한 공간에서 비행할 경우 더욱 그렇다.

(5) S(Sport, 스포츠 모드)

① S 모드에서는 비전 시스템이 비활성화되어 기체가 GPS만 사용하여 위치를 조종한다.

② 최대 비행 속도는 72km/h이며, 인텔리전트 플라이트 모드를 사용할 수 없어서 기체가 장애물을 감지하거나 피할 수 없다.

③ S 모드 사용 시 유의사항

■ 전방, 후방, 측면 비전 시스템 및 상향 적외선 감지시스템이 비활성화되기 때문에 기체가 경로에서 장애물을 자동으로 감지할 수 없다.

■ 기체의 최대 속도와 제동거리가 큰 폭으로 증가한다. 바람이 불지 않는 조건에서 최소 30m의 제동거리가 필요하다.

■ 하강 속도가 큰 폭으로 증가한다.

■ 기체의 반응성이 크게 향상되어 조종기에서 스틱을 조금만 움직여도 기체가 상당히 먼 거리를 이동한다. 비행 중 적절한 이동 공간을 유지하며 움직임에 주의해야 한다.

■ 조종기의 비행 모드 스위치를 사용하여 비행 모드 간에 전환할 수 있다. 비행 모드 간에 전환하려면 DJI GO 4에서 다중 비행 모드를 활성화 해야 한다.

**5) GPS 신호 강도**

(1) ![GPS 신호 아이콘]는 현재 GPS 신호 강도를 표시한다. 흰색 막대는 GPS 강도가 적정함을 나타낸다.

(2) 주요 기체 운용 GNSS(Global Navigation Satellite System)

　① DJI Mavic 2 Pro / Zoom : GPS+GLONASS

　② DJI Air 2 S : GPS+GLONASS+GALILEO

　③ DJI Mini 3 Pro, Mavic 3 Pro : GPS+GALILEO+BEIDOU

(3) GPS 신호 강도에 대한 이해

　① GPS 신호 강도는 다양한 요인에 따라 달라진다. 일반적으로 GPS 신호는 야외에서 가장 잘 작동하며, 실내에서는 건물 또는 구조물에 의해 신호가 차단될 수 있다. 또한 드론이 충분한 수의 GPS 위성과 연결되어야 정확한 위치 정보를 얻을 수 있다.

　② DJI 드론의 GPS 신호 강도는 해당 드론의 컨트롤러나 DJI의 모바일 앱을 통해 확인할 수 있다. 이들 시스템은 보통 실시간으로 GPS 신호 강도를 표시하며, 이를 통해 사용자는 현재 GPS 신호의 상태를 알 수 있다.

　③ 그러나 GPS 신호 강도에 대한 특정 수치는 다양한 요인들에 따라 변하며, DJI 드론의 사용자 설명서나 기술 사양에서는 일반적으로 특정 신호 강도 수치를 제공하지 않는다.

　④ 안전한 비행을 위해 GPS 신호 강도를 항상 확인하고, 신호가 약할 경우에는 조심스럽게 비행하거나 비행을 중단하는 것이 좋다.

## 6) 카메라 매개변수

(1) ［ISO 200 Shutter 1/100 EV -0.3 WB AUTO 5600K RAW 21 CAPACITY］ 카메라 매개변수와 내부 저장 장치 및 microSD 카드의 용량을 표시한다.

(2) ISO : 국제표준기구(International Organization for Standardization) 필름 감도 기준으로 빛에 대한 민감도를 수치로 나타낸 것

(3) Shutter : 셔터 스피드, 셔터가 움직이는 속도

(4) EV : Exposure Value의 약자로, 사진촬영에 있어서 노출의 양을 표현하는 단위

(5) WB : White Balance의 약자로, 카메라가 색상을 정확하게 재현하도록 하는 기능

　※ 카메라 매개변수는 별도 장 참조

## 7) 비전 시스템 상태

(1) ⓔ 버튼을 누르면 비전 시스템이 제공하는 기능을 활성화하거나 비활성화할 수 있으며 모든 비전 시스템의 상태를 표시한다.

　① **녹색 아이콘** : 해당 비전 시스템을 사용할 수 있음을 나타낸다.

　② **적색 아이콘** : 해당 비전 시스템을 사용할 수 없음을 나타낸다.

③ ActiveTrack 및 T모드 : 전 방위 장애물 감지

④ P 모드 : 측면 미작동

⑤ S 모드 : 전체 미작동

(2) 비전 시스템 및 적외선 감지시스템 이해

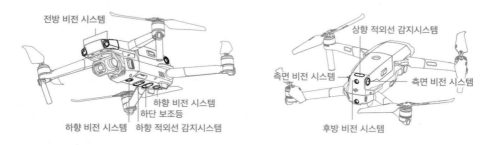

① 전방, 후방, 하향 및 측면 비전 시스템과 상향 및 하향 적외선 감지시스템이 장착되어 있어(조명 조건이 적절한 경우) 전 방위 장애물 감지가 가능하다.

② 전방, 후방 및 하향 비전 시스템의 주요 구성 요소는 기체의 기수, 후방 및 하단에 위치한 6대의 카메라 이다. 측면 비전 시스템은 기체 양쪽에 위치한 두 대의 카메라이다.

③ 상향 및 하향 적외선 감지시스템의 주요 구성 요소는 기체의 상단과 하단에 위치한 2대의 3D 적외선 모듈 이다.

④ 하향 비전 시스템 및 적외선 감지 시스템은 기체가 현재 위치를 유지하고, 제자리에서 더욱 정밀하게 호 버링하며, 실내 또는 GPS 신호를 사용할 수 없는 기타 환경에서도 비행할 수 있도록 지원한다. 또한 기 체 하단에 위치한 하단 보조등은 조명이 약한 하향 비전 시스템의 가시성을 향상시킨다.

⑤ 비전 시스템의 감지 범위는 다음과 같다. 감지 범위 밖에 있는 장애물은 기체가 감지하거나 회피할 수 없다.

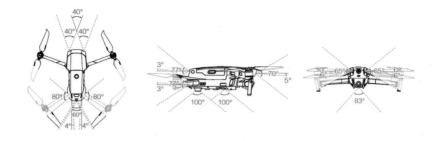

(3) 비전 시스템 카메라 캘리브레이션

① 기체에 설치된 비전 시스템 카메라는 공장에서 캘리브레이션된 것이다. 그러나 기체에 충돌이 발생하면,

Mavic용 DJI Assistant 2 또는 DJI GO 4를 통해 캘리브레이션이 필요할 수 있다.

② 비전 시스템 카메라를 캘리브레이션하는 가장 정확한 방법은 Mavic용 DJI Assistant 2를 사용하는 것이다. 아래 단계에 따라 전방 비전 시스템 카메라를 캘리브레이션한 다음에 같은 단계를 반복하여 다른 비전 시스템 카메라도 캘리브레이션하면 된다.

| 01 | 02 | 03 |
|---|---|---|
| 기체가 화면을 향하게 합니다 | 박스를 정렬합니다 | 기체 팬/틸트 캘리브레이션 |

③ 비전 시스템에 캘리브레이션이 필요하게 되면, DJI GO 4에서 알림을 보낸다. 컴퓨터가 근처에 없는 경우에도 앱에서 빠른 캘리브레이션을 수행할 수 있다. 빠른 캘리브레이션은 기체 상태 표시줄과 비전 센서를 눌러서 시작할 수 있다.

④ 비전 시스템에 캘리브레이션 시 주의사항은 다음과 같다.

■ 빠른 캘리브레이션은 비전 시스템 문제를 임시로 해결할 뿐이다.

■ 가능할 때, 기체를 컴퓨터에 연결하여 Mavic용 DJI Assistant 2로 전체 캘리브레이션을 수행하는 것이 좋다.

■ 잔디와 같은 질감이 있는 표면에서나 조명 조건이 적당할 때만 캘리브레이션을 수행하는 것이 좋다.

■ 대리석이나 세라믹 타일과 같이 반사가 심한 표면에서는 기체를 캘리브레이션하지 않는 것이 좋다.

(4) 비전 시스템 사용

① 하향 비전 시스템과 적외선 감지시스템은 기체가 켜질 때 자동으로 활성화된다. 추가 조치는 필요 없다.

② 기체는 GPS가 없어도 하향 비전 시스템을 사용하여 정밀하게 호버링할 수 있다.

③ 일반적으로 하향 비전 시스템은 GPS를 사용할 수 없는 실내 환경에서 사용된다. 하향 비전 시스템은 기체가 0.5~11m 고도에 있을 때 가장 잘 작동한다. 기체의 고도가 11m를 넘어가면 비전 포지셔닝 기능이 영향을 받을 수 있다.

④ 하향 비전 시스템을 사용하는 단계는 다음과 같다.

■ 기체가 P 모드인지 확인하고 평평한 바닥에 기체를 놓는다. 명확한 패턴 변화가 없는 표면에서는 하향 비전 시스템이 제대로 작동하지 않는다.

■ 기체의 전원을 켠다.

- 이륙 후 기체가 제자리에서 호버링한다.

- 기체 상태 표시등이 녹색으로 두 번 깜빡이면서 하향 비전 시스템이 작동 중임을 알린다.

⑤ 기체는 전방 및 후방 비전 시스템을 사용하여 전방에서 장애물을 감지하면 적극적으로 제동을 걸 수 있다. 전방 및 후방 비전 시스템은 조명이 적당하고 장애물이 분명하게 표시되거나 재질이 확실한 경우에 가장 잘 작동한다. 기체가 제동 시간을 충분히 가지도록 하려면 기체 속도가 전진 비행 시에는 50km/h (약 13.89m/s)가 넘지 않고 후진 비행 시에는 42km/h(11.67m/s)를 넘지 않아야 한다.

⑥ 측면 비전 시스템은 더 나은 조명과 질감 또는 뚜렷한 장애물을 필요로 하며 사람, 차량, 나뭇가지 또는 깜빡이는 불빛과 같은 동적 물체는 감지할 수 없다. 측면 비전 시스템은 ActiveTrack 2.0 및 삼각대 모드에서만 사용할 수 있다. 각속도는 24°/s로 제한되고 측면 비행 속도는 29km/h(8.06m/s)로 제한된다.

(5) 비전 시스템 및 적외선 감지 시스템 사용간 주의사항

① 측면 비전 시스템은 ActiveTrack 2.0 및 삼각대 모드에서만 사용할 수 있다. 측면 비전 시스템은 장애물을 감지하여 회피하는 능력이 제한적이며, 주변 환경에 의해 영향을 받을 수 있다. 기체에서 시선을 떼지 말고 DJI GO 4의 안내 메시지에 주의를 기울여야 한다. DJI는 측면 비전 시스템을 사용하는 동안 손상되거나 분실된 기체에 대해 어떠한 책임도 지지 않는다.

② 비전 시스템은 명확한 패턴 변화가 없는 표면 위에서는 제대로 작동할 수 없다. 비전 시스템은 기체 고도가 0.5~50m인 경우에만 효과적으로 작동한다. 기체의 고도가 11m를 넘어가면 비전 포지셔닝 기능이 영향을 받을 수 있다.

③ 하단 보조등은 주변 조명이 너무 약할 때 자동으로 활성화된다. 하단 보조등이 활성화되면 비전 시스템 카메라 성능이 영향을 받을 수 있다.

④ 비전 시스템은 기체가 물 위나 눈으로 덮인 지역 위로 비행하는 경우 제대로 작동하지 않을 수 있다.

⑤ 비전 시스템은 기체가 너무 빠르게 비행하는 경우 제대로 작동하지 않을 수 있다. 2m에서 10m/s 이상 또는 1m에서 5m/s 이상의 속도로 비행할 때는 주의해야 한다.

⑥ 다음 상황에서는 주의해서 기체를 작동해야 한다.

- 단색 표면(예: 완전히 검정색, 흰색, 적색, 녹색) 위로 비행하는 경우

- 반사가 잘 되는 표면 위로 비행하는 경우

- 물 또는 투명한 표면 위로 비행하는 경우

- 움직이는 표면 또는 물체 위로 비행하는 경우

- 조명이 자주 또는 심하게 변하는 구역에서 비행하는 경우

- 극도로 어둡거나(10럭스 미만) 밝은(40,000럭스 초과) 표면 위로 비행하는 경우

- 적외선을 강하게 반사하거나 흡수하는 표면(예: 거울) 위로 비행하는 경우

- 명확한 패턴 또는 결이 없는 표면 위로 비행하는 경우

- 동일한 반복 패턴 또는 결이 있는 표면(예: 동일한 디자인의 타일) 위로 비행하는 경우

- 표면적이 작은 물체(예:나뭇가지) 위로 비행하는 경우

⑦ 센서는 항상 깨끗하게 유지해야 한다. 센서를 조작하면 안된다. 적외선 감지 시스템을 가로막으면 안 된다.

⑧ 비전 시스템은 조명이 어두운 상태(100럭스 미만)에서 지면에 있는 패턴을 인식하지 못할 수 있다.

⑨ 기체 속도가 50km/h(약 13.89m/s)를 초과하면 비전 시스템이 장애물로부터 안전한 거리를 유지하면서 기체에 제동을 걸고 정지할 시간이 충분하지 않다.

⑩ 이륙 전에는 항상 다음 사항을 확인한다.

- 적외선 감지 및 비전 시스템의 유리 위에 스티커나 기타 장애물이 없는지 확인한다.

- 적외선 감지 및 비전 시스템의 유리 위에 오물, 먼지 또는 물이 묻은 경우 부드러운 천으로 닦아낸다. 알코올이 함유된 클렌저는 사용하면 안 된다.

- 적외선 감지 및 비전 시스템의 유리가 손상된 경우 DJI에 정비 의뢰한다.

⑪ 상향 적외선 감지 시스템은 기체 전체가 아니라 센서 바로 위의 직선거리만 감지한다. 또한 지붕과 같은 큰 장애물은 감지할 수 있지만 나뭇잎이나 전선과 같은 작은 장애물은 감지하지 못한다. 상향 적외선 감지 시스템에만 의존해서 기체 위로 장애물을 탐지하고 말고 주의해서 비행해야 한다.

⑫ 이륙 전에 하향 비전 시스템 및 하향 적외선 감지 시스템이 가려지게 하면 안 된다. 그렇게 되면 기체가 착륙 후 다시 이륙할 수 없게 되며 다시 시작해야 한다.

## 8) 조종기 신호

(1) ▓▓ ▁▃▅ 아이콘은 조종기 신호의 강도를 표시한다.

(2) 비행 중 간섭이 인식되면 아이콘은 깜박인다.

(3) DJI GO 4에 추가 경고가 없으면 해당 간섭이 기체 작동과 전반적인 비행 성능에 영향을 미치지 않는다는 것을 의미한다.

(4) 조종기 신호 강도에 대한 이해

① DJI 드론 조종기의 신호 강도는 고해상도 영상을 스트리밍하고, 드론을 안정적으로 조종하는 데 매우 중요하다.

② DJI는 OcuSync 및 Lightbridge 같은 기술을 사용하여 더 긴 거리에서도 안정적인 신호 전송을 보장하려고 노력하고 있다.

- OcuSync : OcuSync는 DJI의 독자적인 전송 기술로, 드론에서 조종기로 데이터를 보내는 데 있어 탁월한 성능을 자랑한다. OcuSync는 다중 빈도 대역 자동 스위칭을 사용하여 간섭을 최소화하며, 최신 모델인 Mavic 3 Pro는 최대 8km(CE) / 15km(FCC)의 전송 거리를 제공한다.

- Lightbridge : Lightbridge는 DJI의 이전 세대 전송 기술로, OcuSync 이전에 사용되었다. 그러나 여전히 많은 드론 모델에 사용되며, 4-5km의 신호 강도를 제공한다.

③ 조종기 신호강도에 영향을 주는 요소 : 드론 조종을 할 때는 아래 요소들을 고려하여 가능한 한 안정적인 환경에서 조작하는 것이 중요하다. 또한 드론 조종기의 신호 강도를 주기적으로 확인하고, 약해지는 신호를 조기에 감지하여 안전한 거리 내로 드론을 회수하는 것이 중요하다.

- 거리 : 거리는 가장 중요한 요소 중 하나이다. 드론이 조종기에서 너무 멀리 떨어지면 신호는 약해지고 드론의 응답성은 저하될 수 있다.

- 장애물 : 건물, 나무, 벽 등의 물리적 장애물은 신호를 차단하거나 약화시킬 수 있다. 신호가 장애물을 통과하려면 에너지를 소모해야 하므로, 장애물은 신호 강도를 크게 감소시킬 수 있다.

- 전자기 간섭 : 다른 무선 장치와 같은 주파수대를 사용하는 장치는 조종기의 신호 강도에 영향을 미칠 수 있다. 예를 들어, Wi-Fi 라우터, 스마트폰, 태블릿 등의 장치는 같은 주파수대를 사용할 수 있으며, 이는 드론 조종기의 신호 강도에 영향을 미칠 수 있다.

- 환경 요소 : 기상 조건(풍향, 풍속 등), 기온, 습도 등의 환경 요소도 신호 강도에 영향을 미칠 수 있다.

- 높이 : 조종기와 드론 간의 상대적인 높이 또한 신호 강도에 영향을 미친다. 조종기가 드론보다 낮은 곳에 있다면, 라인 오브 사이트(Line of Sight)가 확보되지 않을 가능성이 있으며, 이는 신호 강도를 감소시킬 수 있다.

## 9) HD 동영상 링크 신호 강도

(1) **HD .ıll** 아이콘은 기체와 조종기 사이의 HD 비디오 다운링크 연결의 강도를 표시한다.

(2) 비행 중 간섭이 인식되면 아이콘이 깜박인다. DJI GO 4에 추가 경고가 없으면 해당 간섭이 기체 작동과 전반적인 비행 성능에 영향을 미치지 않는다는 것을 의미한다.

(3) HD 동영상 링크 신호 강도에 대한 이해

① DJI 드론에서 HD 동영상 링크를 통해 실시간으로 고품질의 비디오 피드를 전송하는 데 필요한 신호 강도는 몇 가지 요소에 의해 영향을 받을 수 있다.

- 전송 기술 : DJI는 고품질 비디오 전송을 위해 Lightbridge, OcuSync 등의 독자적인 기술을 사용한다. 이들 기술은 고해상도의 비디오 데이터를 신속하고 안정적으로 전송하는 데 필요한 높은 대역폭을 제공한다.

- 거리와 장애물 : 조종기와 드론 사이의 거리가 너무 멀거나, 물리적 장애물이 신호를 차단하면 HD 비

디오 링크의 신호 강도는 감소할 수 있다.

- **전자기 간섭** : 주변의 다른 무선 장치는 동일한 주파수대를 사용하여 전자기 간섭을 일으킬 수 있다. 이는 HD 비디오 링크의 신호 강도를 약화시킬 수 있다.

- **드론의 성능** : 드론의 모델과 구성에 따라 신호 강도는 다를 수 있다. 일부 고급 드론은 향상된 안테나와 더 나은 무선 통신 기능을 통해 더욱 강력한 신호 강도를 제공한다.

② 안정적인 HD 비디오 링크를 유지하기 위해선 드론이 항상 조종기의 시야(LOS) 안에 있도록 하고, 가능한 한 거리를 유지하며, 강력한 신호 간섭을 일으키는 장치로부터 멀리 떨어져 있어야 한다. 또한 드론 조종기의 배터리 수준을 항상 확인하고, 낮은 배터리 수준이 신호 강도에 영향을 미치지 않도록 주의해야 한다.

## 10) 배터리 설정

(1) **61%** 현재 배터리의 잔량을 표시한다.

(2) 탭하여 배터리 정보 메뉴를 표시하고, 다양한 배터리 경고 임계값을 설정하고, 배터리 경고 내역을 볼 수 있다.

(3) 배터리 경고 임계값에 대한 이해

① 배터리 경고 임계값은 특정 전자 기기(드론, 스마트폰, 노트북 등)의 배터리 수준이 특정값 아래로 떨어질 때 사용자에게 알리는 설정으로 이 임계값은 기기의 설정이나 사용자의 선택에 따라 다를 수 있다.

② DJI 드론의 배터리 경고 임계값은 일반적으로 두 가지 주요 단계로 나눈다.

- **저전력 경고(Low Battery Warning)** : 이 경고는 배터리 수준이 특정 임계값(일반적으로 배터리 용량의 30% 정도)에 도달하면 시작된다. 이때 DJI 앱은 플라이트 시간이 얼마나 남았는지를 추정하고 사용자에게 알려준다. 사용자는 이 경고를 받으면 드론을 안전하게 착륙시킬 충분한 시간이 있다.

- **임계점 경고(Critical Low Battery Warning)** : 이 경고는 배터리 수준이 매우 낮아져서 드론이 곧 자동으로 착륙을 시작하게 될 경우에 발생한다. 일반적으로 배터리 용량이 10% 이하로 떨어지면 이 경고가 발생하며, 이때는 드론을 가능한 빨리 안전한 곳으로 착륙시켜야 한다.

- 이 경고 수준들은 사용자의 비행 환경 및 조건에 따라 DJI 앱 내에서 사용자가 설정할 수 있다. 조종자가 배터리 운용이 숙달되지 않았다면, 안전한 비행을 위해서 기본 설정을 그대로 유지하는 것이 좋다. 사용자는 항상 드론의 배터리 수준을 주시하고, 저전력 경고가 발생하면 드론을 안전하게 착륙시키는 것이 중요하다.

## 11) 포커스/측광 버튼

(1) ☐ / ⟨·⟩ 아이콘을 탭하면 포커스와 측광 모드 사이를 전환한다.

(2) 탭하여 포커스 또는 측광을 적용할 피사체를 선택한다.

(3) 연속 오토포커스는 오토포커스를 활성화한 후 기체와 카메라의 상태에 따라 자동으로 실행된다.

(4) 포커스/측광 모드에 대한 이해 : DJI 드론의 카메라 시스템은 다양한 초점 및 측광 모드를 지원하여 사용자가 다양한 촬영 조건에서 최상의 결과를 얻을 수 있게 해준다. 이러한 모드를 이해하고 올바르게 사용하면, DJI 드론을 사용하여 다양한 조명 조건 및 촬영 시나리오에서 뛰어난 결과를 얻을 수 있다.

① 포커스 모드 : DJI의 일부 드론은 조절 가능한 초점을 가진 카메라를 탑재하고 있다. 이런 모델에서는 대상을 더욱 선명하게 만들기 위해 초점을 맞출 수 있다. 초점 모드는 주로 두 가지 방식으로 작동한다.

- 자동 포커스(AF) : 이 모드에서 카메라는 자동으로 촬영 대상에 초점을 맞춘다. 이는 비행 중에 피사체를 빠르게 바꾸어야 하는 경우나 초점을 직접 조절하기 어려운 환경에서 유용하다.

- 수동 포커스(MF) : 이 모드에서는 사용자가 직접 초점을 조절할 수 있다. 이는 특정 장면이나 대상에 초점을 맞추려는 경우에 유용하며, 보다 미세한 조절이 가능하다.

② 측광 모드 : 측광은 카메라가 장면의 노출을 결정하는 방식을 의미한다. DJI 드론은 주로 세 가지 측광 모드를 지원한다.

- 평균 측광(Average metering) : 이 모드에서 카메라는 전체 장면의 빛을 평가하여 노출을 결정한다. 이는 일반적으로 균등하게 조명된 장면에 적합하다.

- 중앙 중점 측광(Center-weighted metering) : 이 모드에서 카메라는 장면의 중앙에 더 많은 가중치를 두어 노출을 결정한다. 이는 주요 피사체가 화면 중앙에 있을 때 유용하다.

- 스팟 측광(Spot metering) : 이 모드에서는 카메라가 화면의 매우 작은 부분만을 고려하여 노출을 결정한다. 이는 밝은 배경 앞에 있는 피사체를 촬영할 때 유용하다.

**12) 일반 설정 :** ● ● ● 탭하여 일반 설정 메뉴로 들어가서 측정 단위를 설정하고, 라이브 스트리밍을 활성화/비활성화하며, 비행경로 표시 설정을 조정할 수 있다.

  (1) MC Setting(비행 컨트롤러 설정)

   ① Remote Identification(원격식별)

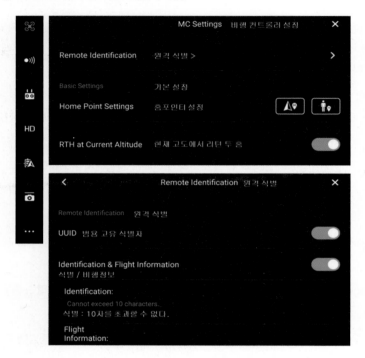

   ■ UUID(Universally Unique Identifiers) : 범용 고유 식별자를 말하는데 각 개체를 고유하게 식별 가능한 값을 말한다.

   ② 다중 비행 모드, 리턴 투 홈 고도

■ S(스포츠 모드) : 최대 비행속도 20m/s, 기체의 기동성은 향상되지만 장애물 회피 기능이 비활성화 된다.

■ P(포지셔닝 모드) : 최대 비행속도 14m/s, 인텔리전트 비행 모드가 지원되며 장애물 회피 기능이 활성화 된다.

■ T(삼각대 모드) : 최대 비행속도 1m/s, 비행제어 감도가 감소되며 구도를 섬세하게 잡을 수 있게 도와주며 회피기능이 활성화된다.

③ Advanced Settings(고급 설정) _ EXP(지수 곡선)

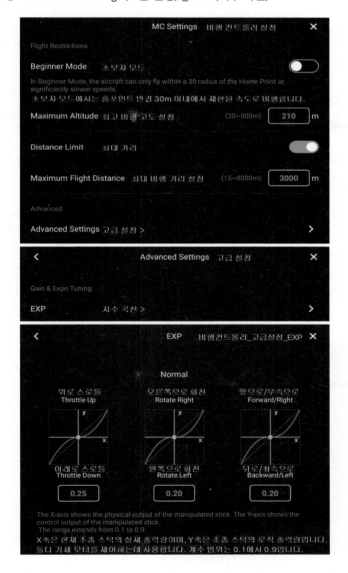

- EXP(Exponential Curve)[부록 참조]값은 기동의 첫 20~25%를 제어하는 조종값 설정으로, 쉽게 말해 각 해당 수치를 높이면 기체 움직임이 민감, 낮추면 둔감해진다.

- DJI 촬영용 드론의 EXP는 조종기의 조이스틱 이동과 드론의 반응 사이의 감도를 조절하는 설정이다. 이 설정은 조이스틱 이동에 따른 드론의 움직임을 부드럽게 조절하여 조종자가 더 정밀한 제어를 할 수 있도록 도와준다.

- EXP는 주로 로티 컨트롤(회전), 기울기 컨트롤(전진/후진, 좌/우 이동), 스로틀 컨트롤(상승/하강)에 적용될 수 있다. 이 설정은 주로 조종기의 설정 메뉴 또는 DJI 앱을 통해 조정할 수 있다.

- EXP 설정은 일반적으로 세 가지 유형이 있다.

  - 선형(Linear) : 조이스틱 입력과 드론 반응 사이에 직선적인 관계가 형성된다. 즉, 조이스틱을 어느 정도 움직이면 드론도 동일한 비율로 움직인다.

  - Positive Exponential : 조이스틱을 가볍게 움직일 때는 드론의 반응이 민감하게 이루어지지만, 조이스틱을 더 강하게 움직일 때는 드론의 반응이 완만해진다. 이 설정은 민감한 조작이 필요한 세밀한 움직임에 유용하다.

  - Negative Exponential : 조이스틱을 가볍게 움직일 때는 드론의 반응이 완만하게 이루어지지만, 조이스틱을 더 강하게 움직일 때는 드론의 반응이 민감해진다. 이 설정은 큰 움직임이 필요한 상황에서 유용하다.

- EXP 설정을 조정하면 조종자가 조종기를 더욱 정확하게 조작할 수 있으며, 드론의 움직임을 더 섬세하게 제어할 수 있다. 그러나 이 설정은 개인의 선호도와 조작 스타일에 따라 다를 수 있으므로, 여러 가지 설정 값을 실험해보고 사용자에게 가장 편안한 조작 환경을 찾는 것이 좋다. 초보 조종자는 가급적 초기 설정된 EXP값으로 드론을 운용하는 것이 사고를 예방할 수 있다.

④ Advanced Settings(고급 설정) _ Sensitivity(감도)

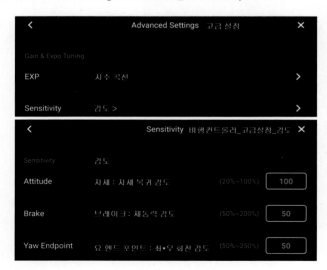

■ Sensitivity값은 EXP 이후 75%에 해당하는 기동의 최대 동작치로 설정하는 것으로써, 즉 조종에 대한 기체의 민감도를 나타낸다.

■ 드론의 "감도" 설정은 드론의 조종 반응성을 나타낸다. 이것은 조종기의 입력에 드론이 얼마나 빠르게 반응할지를 결정한다. 예를 들어, 조종기의 스틱을 한쪽 방향으로 최대로 기울였을 때 드론이 얼마나 빠르게 그 방향으로 회전하거나 이동할지를 결정한다.

■ DJI 드론은 일반적으로 3가지 주요 감도 설정을 가지고 있다.

  • Attitude(자세 감도) : 이것은 드론이 공중에서 이동하는 속도를 조절한다. 값이 높을수록 드론이 더 빠르게 이동한다.

  • Brake(제동 감도) : 이것은 드론이 얼마나 빠르게 멈출지를 조절한다. 값이 높을수록 드론이 더 빠르게 멈춘다.

  • Yaw Endpoint(Yaw 감도) : 이것은 드론이 회전하는 속도를 조절한다. 값이 높을수록 드론이 더 빠르게 회전한다.

■ 이러한 감도 설정은 모두 조종자의 개인적인 선호도에 따라 다르게 설정할 수 있다. 일반적으로 비행 기술이 뛰어난 조종사들은 높은 감도 설정을 선호할 수 있지만, 초보자나 촬영용으로 드론을 사용하는 사람들은 낮은 감도 설정을 선호할 수 있다. 낮은 감도 설정은 드론의 움직임을 더욱 부드럽게 만들어 주어, 안정적인 영상 촬영에 도움이 된다.

⑤ Advanced Settings(고급 설정) _ Gain

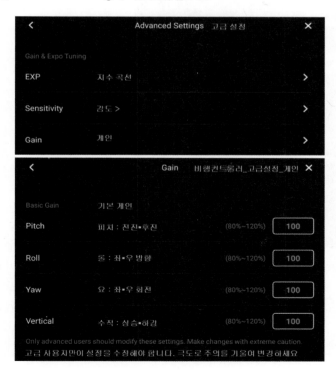

■ Gain값은 드론 비행의 외부 요소인 바람의 세기에 능동적 자세제어를 위한 대응값을 나타낸다.

■ DJI 드론의 Gain값은 기본적으로 드론의 자세 제어를 위한 파라미터로써 이는 조종기의 입력에 드론이 얼마나 강하게 반응할지를 결정하는데 도움이 된다. Gain은 특정 조작에 대한 드론의 반응성을 조절하며, 이는 드론의 성능과 안정성에 영향을 미친다.

■ DJI 드론에서는 크게 두 가지 유형의 Gain 설정이 있다.

• Basic Gain : 이 설정은 드론이 조종기의 입력에 얼마나 빠르게 반응할지를 조절한다. 더 높은 값은 더 빠른 반응을 초래하며, 드론이 더욱 민첩하게 움직이게 된다. 그러나 값이 너무 높으면 드론이 과도하게 반응하여 제어하기 어려워질 수 있다.

• Attitude Gain : 이 설정은 드론의 자세 제어를 조절한다. 더 높은 값은 드론이 더욱 강하게 자세를 유지하려고 할 것이며, 이는 바람 등의 외부 요인에 대해 더욱 안정적으로 비행할 수 있게 한다.

■ 이런 Gain값들을 조절함으로써, 드론의 비행 특성을 세부적으로 조정하고 사용자의 개인적인 비행 스타일에 맞춰 최적화할 수 있다. 그러나 이 값들을 조정하기 전에 기본값에서 충분히 비행을 연습하고 이해하는 것이 중요하며, 이러한 설정의 변경은 드론의 비행 특성에 큰 영향을 미칠 수 있으므로 주의해야 한다.

⑥ Advanced Settings(고급 설정) _ Sensors State(센서 상태) _ IMU

■ IMU(Inertial Measurement Unit, 관성 측정 장치)는 드론의 핵심 부품 중 하나이다. IMU는 보통 가속도계와 자이로스코프로 구성되며, 드론이 어떤 방향으로 얼마나 빠르게 움직이고 있는지를 측정한다. 이러한 정보는 드론의 비행 컨트롤러가 드론의 위치와 방향을 정확히 추정하고, 필요한 경우 조정하는 데 사용된다.

• 가속도계는 드론의 선형 가속도를 측정한다. 즉, 드론이 어느 방향으로 얼마나 빠르게 움직이고 있는지를 알려준다. 가속도계는 또한 중력의 방향을 감지하여 드론의 방향(예: 상하)을 알려준다.

- 자이로스코프는 드론의 각속도를 측정한다. 즉, 드론이 얼마나 빠르게 회전하고 있는지를 알려준다.

■ IMU의 성능과 정확도는 드론의 전반적인 비행 성능에 큰 영향을 미친다. 가속도계나 자이로스코프가 정확한 측정값을 제공하지 못하면, 드론은 실제 위치와 방향과 다른 위치와 방향을 가지고 있다고 오해할 수 있다. 이런 오류는 드론의 안정성을 손상시키고, 비행 사고를 유발할 수 있다.

■ 따라서 DJI 드론 사용자들은 정기적으로 IMU를 교정해야 한다. 이 과정은 드론의 컨트롤러가 IMU의 오차를 이해하고 보정하는 데 도움이 된다. IMU 교정은 다음과 같은 단계를 따른다.

- 드론을 평평한 표면에 놓는다.

- 드론의 배터리를 완전히 충전하고, 모든 펌웨어 업데이트를 완료한다.

- DJI 앱에서 IMU 교정 옵션을 선택한다.

- 앱의 지시사항을 따라 교정 과정을 완료한다.

■ 정확하게 교정된 IMU는 드론이 안정적으로 비행하고, 조종자의 입력에 정확하게 반응할 수 있게 도와준다. 그러나 IMU는 고도 변화, 온도 변화, 기계적 진동 등과 같은 외부 요인에 의해 영향을 받을 수 있으므로, 교정은 주기적으로 수행되어야 한다.

⑦ Advanced Settings(고급 설정) _ Sensors State(센서 상태) _ Compass

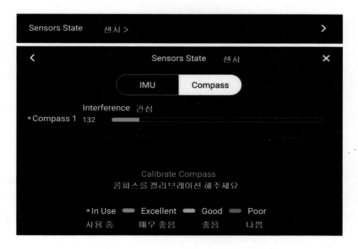

■ Compass 센서는 매우 중요한 역할을 한다. 드론의 나침반은 지구의 자기장을 감지하여 드론의 방향을 결정하는 역할을 한다. 이 정보는 드론이 어느 방향을 향하고 있는지를 알고, 필요한 경우 드론의 방향을 조정하는 데 사용된다.

■ 드론의 나침반은 다음과 같은 이유로 교정되어야 한다.

- **자기 간섭** : 드론의 모터나 배터리 그리고 그 외의 전자 장비는 자기장을 생성한다. 이 자기장은 드론의 나침반에 간섭을 일으킬 수 있다. 이러한 자기 간섭은 교정을 통해 줄일 수 있다.

- **지리적 변화** : 지구의 자기장은 지역에 따라 다르다. 따라서 다른 지역으로 이동하면 드론의 나침반을 교정해야 한다.

■ DJI 드론의 나침반 교정은 다음과 같은 단계를 따른다.

- DJI 앱에서 나침반 교정 옵션을 선택한다.

- 앱의 지시사항에 따라 드론을 수직으로, 그리고 수평으로 회전시킨다. 이 과정은 드론의 나침반이 모든 방향의 자기장을 측정할 수 있게 해준다.

- 앱이 나침반 교정이 완료되었다는 메시지를 표시하면 교정 과정을 마친다.

■ 드론의 나침반을 교정할 때는 몇 가지 주의사항이 있다. 첫째, 교정 과정 중에는 강한 자기장이 있는 물체 (예: 전자기기, 자동차, 철제 구조물)로부터 멀리 떨어져 있어야 한다. 둘째, 드론의 나침반은 교정 이후에도 간섭을 받을 수 있으므로, 항상 드론을 사용하기 전에 나침반 상태를 확인해야 한다.

■ 정확하게 교정된 나침반은 드론이 안정적으로 비행하고, 목표 방향으로 정확하게 이동할 수 있게 도와준다. 이는 특히 GPS 모드에서 중요하며, 정확한 위치 추정을 위해 나침반 데이터가 꼭 필요하다.

⑧ Advanced Settings(고급 설정) _ RC Signal Lost(조종기 신호 끊김)

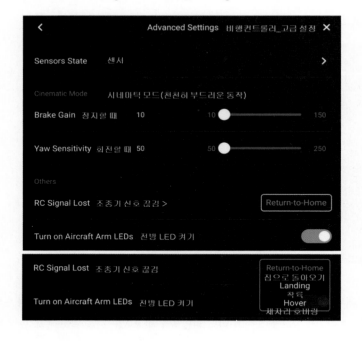

■ DJI 드론이 "RC Signal Lost"라는 메시지를 표시하는 경우, 이는 드론과 조종기 간의 무선 연결이 끊어졌음을 의미한다. 이 문제는 여러 가지 원인에 의해 발생할 수 있다.

- **거리와 간섭** : 드론이 조종기로부터 너무 멀리 떨어져 있거나, 무선 신호를 방해하는 물체(예: 건물, 나무, 전력선)가 있을 수 있다.

- **주파수 간섭** : 다른 무선 장치가 같은 주파수 대역을 사용하고 있어, 조종기의 신호가 간섭받을 수 있다.

- **조종기의 배터리 부족** : 조종기의 배터리가 너무 낮으면, 충분한 신호를 발생시키지 못할 수 있다.

- **드론이나 조종기의 기술적 오류** : 드론이나 조종기의 펌웨어 오류, 하드웨어 결함 등이 원인일 수 있다.

■ "RC Signal Lost" 상태에 들어가면, DJI 드론은 초기 설정으로 "Return-to-Home"(RTH, 자동 귀환) 모드를 활성화된다. 이 모드에서 드론은 GPS를 이용해 처음 이륙했던 위치로 자동으로 돌아가게 된다. 그러나 이 기능이 제대로 작동하려면, 드론의 GPS 신호가 강해야 하며, 처음 이륙 위치가 정확하게 기록되어 있어야 한다. 또한 조종자가 상황에 따라 Landing(착륙)이나 Hover(제자리 호버링)로 변경하여 모드를 활성화할 수 있다.

■ 이런 문제를 해결하기 위해 다음과 같은 조치들을 취할 수 있다.

- 드론과 조종기를 더 가까운 거리로 이동시키고, 무선 신호 간섭이 있는 물체를 피한다.

- 무선 간섭을 최소화하기 위해 다른 무선 장치를 꺼둔다.

- 조종기의 배터리를 충전한다.

- 드론과 조종기의 펌웨어를 최신 버전으로 업데이트하고, 필요한 경우 공장 초기 설정으로 재설정한다.

- 기술적 문제가 계속되는 경우, DJI 고객 서비스 센터에 수리 서비스를 의뢰한다.

■ 항상 안전하게 비행하기 위해서는 조종기의 신호 상태와 배터리 수준을 지속적으로 확인하는 것이 중요하다. 또한 긴 거리 비행을 계획하는 경우에는 항상 사전에 비행 경로를 확인하고, 가능한 간섭 요인을 최소화해야 한다.

⑨ Advanced Settings(고급 설정) _ Emergency Stop Mode(모터 급정지 방식)

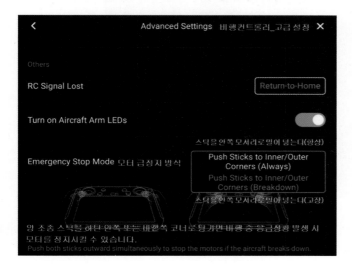

■ DJI 드론의 Emergency Stop Mode, 즉 비상 정지 모드는 드론이 위험 상황에 처해 있거나, 바로 착륙해야 할 때 사용되는 기능이다. 이 모드를 사용하면 드론의 모든 모터가 즉시 멈추고, 드론은 현재 위치에서 바로 아래로 떨어진다. 이는 드론이 고속으로 비행 중일 때나 높은 곳에서 비행 중일 때 위험할 수 있으므로, 반드시 신중하게 사용해야 한다.

■ DJI 드론의 비상 정지 모드는 특정한 조작을 통해 활성화된다. 물론, 이 조작은 드론의 모델과 함께 달라질 수 있다. 일반적으로, 비상 정지 모드를 활성화하려면 조종기의 두 개의 스틱을 모두 아래로 내리고 중앙으로 끌어 모아야 한다.

■ 드론의 비상 정지 모드는 다음과 같은 상황에서 사용될 수 있다.

• 드론이 관제탑이나 건물과 같은 대형 구조물에 충돌할 위험이 있을 때

• 드론이 비행을 계속하면 사람이나 동물에게 위험을 초래할 수 있을 때

• 드론이 제어를 벗어나 비행하는 것을 막을 수 없을 때

■ 그러나 이 모드는 매우 극단적인 상황에서만 사용해야 한다. 비상 정지 모드를 활성화하면 드론은 제어를 잃고 떨어지게 되므로, 드론 자체를 손상시키거나 주변 환경에 피해를 입힐 수 있다. 따라서 이 기능을 사용하기 전에 가능한 모든 다른 해결책을 먼저 고려해야 한다. 그리고 비상 정지 모드를 사용한 후에는 드론을 점검하여 모든 부품이 정상적으로 작동하는지 확인해야 한다.

(2) Visual Navigation Settings(시각 내비게이션 설정)

① Enable Forward and Backward Obstacle Sensing(시각 장애물 회피 활성화)

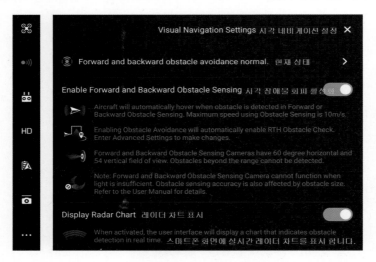

■  기체는 장애물이 감지되면 자동으로 호버링한다. 성공적으로 감지하려면 25° 미만의 자세각과 14m/s 미만(전방센서) 또는 12m/s 미만(후방센서) 비행속도가 필요하다.

■ 시각 장애물 회피 활성화하면 RTH 장애물 감지도 자동으로 활성화된다. 고급 설정에서 비활성화할 수 있다.

■ 전방 카메라의 시야각은 수평 39°, 수직 70°이다. 후방카메라의 시야각은 수평 60°, 수직 77°이다. 시야 밖의 장애물은 감지되지 않는다.

■ 주의 : 전방/후방 장애물 감지 카메라는 야간 및 저조도 환경에서는 작동하지 않는다. 장애물 감지 정확도는 크기에 따라 달라진다.

■ DJI의 고급 드론 모델들은 "Forward and Backward Obstacle Sensing" 기능을 제공한다. 이 기능은 드론의 전방과 후방에 위치한 장애물을 감지하고, 충돌을 방지하기 위해 드론의 비행 경로를 자동으로 조정한다.

■ 이 기능은 드론에 장착된 센서를 통해 작동하며, 주로 카메라, LiDAR(Light Detection and Ranging) 또는 초음파 센서를 사용한다. 이러한 센서는 드론 앞뒤의 환경을 스캔하고, 장애물의 위치와 거리를 실시간으로 계산하여 충돌을 피할 수 있다.

■ 이 기능을 활성화하려면 보통 다음과 같은 단계를 따른다.

• DJI 앱을 실행한다.

• 드론 설정 메뉴를 연다.

• "Obstacle Sensing" 또는 "Collision Avoidance" 같은 옵션을 찾아 클릭한다.

• "Enable Forward and Backward Obstacle Sensing" 옵션을 찾아 활성화한다.

■ 구체적인 단계는 앱의 버전이나 드론 모델에 따라 약간 다를 수 있다. 활성화 후에는 드론은 앞과 뒤에 장애물이 감지되면 자동으로 비행 속도를 줄이거나, 경로를 변경하여 장애물을 피하게 된다.

■ 그러나 이 기능에도 한계가 있다. 센서의 감지 범위나 정확도는 제한적이며, 작은 물체나 투명한 물체 또는 약한 조명 상황에서는 장애물을 제대로 감지하지 못할 수 있다. 따라서 이 기능은 안전 비행의 보조 도구일 뿐, 조종사가 드론의 비행을 주의 깊게 관찰하고 제어하는 것을 대체하지는 않는다.

② Advanced Setting(고급 설정) _ Enable Downward Vision Positioning(비전 포지셔닝 기능 사용)

■ Enable Downward Vision Positioning은 DJI 드론의 중요한 기능 중 하나이다. 이 기능은 드론이 지면에 대한 위치를 정확하게 추정하고, 안정적인 비행을 유지할 수 있게 도와준다.

■ 이 기능은 드론 하부에 위치한 비전 시스템을 이용한다. 이 비전 시스템은 주로 카메라와 초음파 센서를 사용하여 지면을 스캔하고, 지면과의 거리를 측정하며, 드론의 위치와 이동을 추적한다. 이 정보를 통해 드론은 GPS 신호가 약하거나 전혀 없는 상황에서도 안정적으로 호버링하거나 낮은 고도에서 비행할 수 있다.

■ "Enable Downward Vision Positioning" 기능을 활성화하면, 드론은 지면에 대한 위치 정보를 계속해서 갱신하고, 필요에 따라 비행 조정을 수행한다. 이는 특히 드론이 정밀한 위치에 머무르거나, 낮은 고도에서 정확한 비행 경로를 유지해야 하는 촬영 상황에서 유용하다.

■ 이 기능을 활성화하려면 보통 다음과 같은 단계를 따른다.

• DJI 앱을 실행한다.

• 드론 설정 메뉴를 연다.

• "Sensors" 또는 "Vision Systems" 옵션을 찾아 클릭한다.

• "Enable Downward Vision Positioning" 옵션을 찾아 활성화한다.

■ 다만, 이 기능에도 한계가 있다. 센서의 감지 범위나 정확도는 제한적이며, 복잡하거나 어두운 환경 또는 반사성 높은 표면에서는 제대로 작동하지 않을 수 있다. 따라서 비전 포지셔닝 기능을 의존하기 전에 항상 주변 환경을 확인하고, 필요한 경우 조종 기술을 이용해 안전하게 비행하는 것이 중요하다.

③ Advanced Setting(고급 설정)_RTH Obstacle Detection(장애물 감지 RTH)

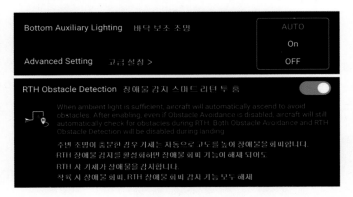

■ Return to Home(RTH)는 DJI 드론이 원래 이륙한 위치로 안전하게 귀환하는 기능이다. 이 기능은 조종기와 드론 간의 연결이 끊긴 경우, 배터리가 부족한 경우 또는 사용자가 수동으로 이 기능을 활성화한 경우에 동작한다.

■ RTH Obstacle Detection은 이 기능 중 일부로, 드론이 귀환하는 도중에 장애물을 감지하고 충돌을 피하는 역할을 한다. 이 기능은 드론에 내장된 전방 및 후방 장애물 감지 센서를 사용하여 작동한다.

이 센서들은 드론의 이동 경로 상에 있는 장애물을 실시간으로 감지하고, 장애물이 감지되면 드론은 장애물을 회피하거나 멈추어서 안전을 확보한다.

■ 그러나 이 기능은 드론 모델과 설정에 따라 달라질 수 있으며, 모든 종류의 장애물을 완벽하게 감지하거나 피할 수 있는 것은 아니다. 예를 들어, 작은 물체나 복잡한 배경, 빠른 속도 등의 상황에서는 센서가 장애물을 감지하지 못할 수도 있다.

■ 따라서 RTH 기능을 사용할 때는 항상 주변 환경을 주의 깊게 확인하고, 필요한 경우 수동 제어를 통해 안전을 확보하는 것이 중요하다. 또한 RTH 고도 설정이 충분히 높아서 주변의 높은 건물이나 나무를 회피할 수 있도록 설정하는 것도 중요하다. 이러한 설정은 DJI의 비행 앱 내에서 할 수 있다.

(3) Remote Controller Settings(조종기 설정)

① Remote Controller Calibration(조종기 캘리브레이션)

■ 조종기 캘리브레이션은 조종기의 입력과 드론의 반응이 정확하게 일치하도록 보장하는 과정으로써 이는 드론을 안전하게 비행하고 제어하기 위해 중요한 단계이다.

■ DJI 조종기의 캘리브레이션을 수행하려면 일반적으로 다음과 같은 단계를 따르며 모델에 따라 절차가 약간 다를 수 있다.

• DJI 앱을 실행하고, 드론과 조종기를 켜서 연결한다.

• 화면의 상단 메뉴에서, 세팅(톱니바퀴 아이콘)을 선택한다.

• 리스트에서 Controller를 선택한 후, Remote Controller Calibration을 찾아 선택한다.

• 화면에 표시되는 지시사항을 따른다. 일반적으로 모든 스틱과 휠을 가장자리까지 부드럽게 움직이

고 중심으로 되돌리는 과정을 포함한다.

- 모든 입력 장치를 캘리브레이션한 후, 완료 버튼을 누른다.

■ 이 과정을 통해 조종기의 모든 입력이 정확하게 인식되고 처리되도록 할 수 있다. 또한 이는 조종기의 오작동이나 성능 저하를 진단하고 수정하는 데에도 도움이 된다.

■ 주의할 점은, 캘리브레이션 과정 중에는 조종기의 모든 입력 장치를 강제로 움직이거나, 캘리브레이션 외의 다른 조작을 수행하지 않도록 해야 한다. 이는 캘리브레이션 결과를 왜곡하거나, 조종기를 손상시킬 수 있기 때문이다.

② Stick Mode

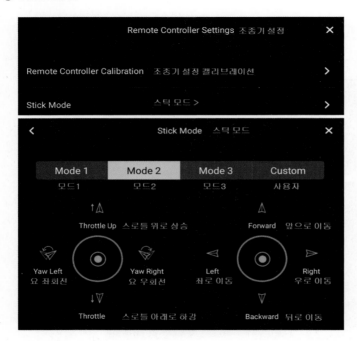

■ 조종기의 "Stick Mode" 설정은 드론의 비행 조작 방식을 결정한다. 이 설정은 사용자의 선호도나 편의에 따라 변경할 수 있다. DJI 제품의 경우, 일반적으로 3가지 스틱 모드(모드 1, 모드 2, 모드 3)를 선택할 수 있다.

- Mode 1 : 오른쪽 스틱은 드론의 상승 및 하강(Throttle)과 좌우 회전(Yaw)을 제어하고, 왼쪽 스틱은 전진/후진(Pitch)과 좌우 이동(Roll)을 제어한다.

- Mode 2 : 오른쪽 스틱은 전진/후진(Pitch)과 좌우 이동(Roll)을 제어하고, 왼쪽 스틱은 드론의 상승 및 하강(Throttle)과 좌우 회전(Yaw)을 제어한다. 이 모드는 많은 국가에서 가장 일반적으로 사용되며, 초보 사용자에게 가장 추천되는 모드이다.

- Mode 3 : 오른쪽 스틱은 드론의 상승 및 하강(Throttle)과 좌우 이동(Roll)을 제어하고, 왼쪽 스틱

은 전진/후진(Pitch)과 좌우 회전(Yaw)을 제어한다.

■ 이러한 설정을 변경하려면 다음의 단계를 따르면 된다.

- DJI 앱을 실행하고, 드론과 조종기를 켜서 연결한다.

- 화면의 상단 메뉴에서, 세팅(톱니바퀴 아이콘)을 선택한다.

- 리스트에서 'Controller'를 선택한 후, 'Stick Mode'를 찾아 선택한다.

- 원하는 모드를 선택하고, 변경 사항을 저장한다.

■ 스틱 모드는 조종 경험이나 개인적인 선호도에 따라 달라질 수 있으므로, 여러 가지 모드를 시도해보고 가장 편안하게 느껴지는 모드를 선택하는 것이 좋다.

③ Button Customization(버튼 사용자 지정)

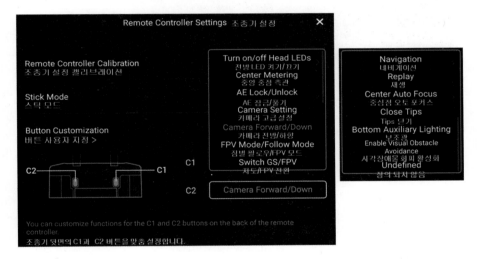

■ DJI의 드론은 조종기의 버튼을 사용자가 원하는 기능으로 지정할 수 있다. 이는 Button Customization 또는 버튼 사용자 지정 기능을 통해 이루어진다. 버튼 사용자 지정을 통해 원하는 기능을 더 빠르게 접근하거나, 자주 사용하는 기능을 쉽게 사용할 수 있게 된다.

■ 다음은 일반적인 버튼 사용자 지정 방법이다.

- DJI 앱을 실행한다.

- 드론과 조종기가 연결된 상태에서 설정 메뉴로 이동한다.

- 조종기 설정 또는 Remote Controller Settings을 선택한다.

- Button Customization 또는 버튼 사용자 지정을 선택한다.

- 각 버튼에 원하는 기능을 할당하도록 메뉴에서 선택한다. 이는 조종기 모델에 따라서 5D 버튼, C1, C2 버튼 등이 될 수 있다.

■ 버튼에 할당할 수 있는 기능은 조종기 모델과 앱 버전에 따라 다르다. 일반적으로 gimbal control(짐벌 제어), camera settings(카메라 설정), flight mode switch(비행 모드 변경) 등이 가능하다. 이외에도 앱에서 제공하는 다양한 기능을 버튼에 할당할 수 있다.

■ 버튼 사용자 지정을 통해 개인화된 조종 환경을 만들어, 드론을 더 효율적으로 제어할 수 있다. 이는 특히 촬영 중에 빠른 작업 전환을 위해 유용하다.

④ 5D Button Customization(5D 버튼 사용자 지정)

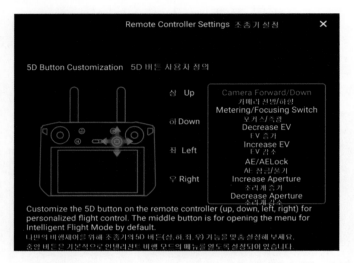

■ 5D 버튼은 사용자가 필요한 기능에 따라 맞춤 설정할 수 있는 다기능 버튼이다.

■ 5D 버튼은 보통 조종기의 전면에 위치하며, 상하좌우 및 누르기, 총 5가지 방향으로 작동하는 버튼이기 때문에 5D 버튼이라고 불린다.

■ 5D 버튼 사용자 지정을 설정하는 방법은 다음과 같다.

• DJI 앱을 실행한다.

• 조종기와 드론이 정상적으로 연결되었는지 확인한다.

• 설정 메뉴로 들어간다.

• Remote Controller Settings 혹은 조종기 설정을 클릭한다.

• 5D Button Customization 혹은 5D 버튼 사용자 지정을 선택한다.

• 각각의 버튼(상하좌우 및 누르기)에 할당할 기능을 선택한다.

■ 할당 가능한 기능은 앱과 드론의 모델에 따라 다르지만, 일반적으로 카메라 설정(줌 인/아웃 등), 비행 모드 전환, 짐벌 제어 등이 포함된다.

■ 5D 버튼을 사용자 지정으로 설정하면, 비행 중에 빠르게 필요한 기능을 전환하거나 조정하는 데 매우 유용하다.

⑤ Remote Controller Type(조종기 유형)

■ DJI 드론은 주조종기와 보조조종기, 두 종류의 조종기를 사용할 수 있다. 이들은 다음과 같은 역할을 수행한다.

• **주조종기** : 주조종기는 드론의 비행과 카메라 제어 그리고 기타 모든 주요 기능을 제어한다. 주조종기를 통해 드론의 이륙, 착륙, 항행, 회전 등의 주요 동작을 제어하며, 카메라의 방향 조정, 촬영 시작/종료, 설정 변경 등의 카메라 제어 역시 수행한다.

• **보조조종기** : 보조조종기는 주로 카메라 조작에 집중할 수 있게 해주는 역할을 한다. 일반적으로 주조종기를 사용하는 사람이 드론의 비행을 제어하는 동안, 보조조종기를 사용하는 사람은 카메라의 방향과 촬영 설정을 제어하게 된다. 이는 복잡한 촬영 상황에서 두 가지 역할을 분리하여 촬영의 효율성과 정확성을 높이는 데 도움이 된다.

■ DJI의 일부 고급 드론 모델에서는 이런 주조종기와 보조조종기의 동시 사용이 가능하다. 이때 조종기 간의 통신은 무선 방식으로 이루어지며, 두 조종기는 동일한 드론에 동시에 연결될 수 있다.

■ 주조종기와 보조조종기 설정은 DJI의 애플리케이션을 통해 수행할 수 있으며, 드론과 조종기 모두에 적절한 설정이 적용되어야 한다. 이때 Remote Controller Settings 또는 조종기 설정 메뉴에서 Remote Controller Type 또는 조종기 유형 설정을 변경하여 조종기를 주조종기 또는 보조조종기로 설정할 수 있다.

(4) Image Transmission Settings(영상 전송 설정)

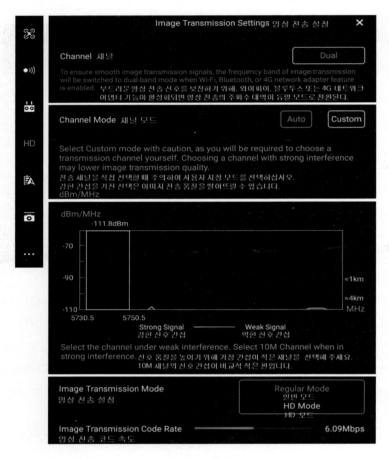

① DJI 드론의 Image Transmission Settings(영상 전송 설정)은 드론 카메라에서 실시간으로 촬영하는 영상을 조종기나 연결된 스마트 디바이스로 전송하는 방식을 제어하는 설정이다. 이 설정을 통해 영상의 해상도, 프레임 속도, 전송 품질 등을 조절할 수 있다.

② 아래에 몇 가지 중요한 "영상 전송 설정"에 대해 설명하겠다.

■ Transmission Quality : 이 설정은 드론에서 조종기로 전송되는 실시간 비디오 스트림의 품질을 제어한다. 더 높은 품질을 선택하면 더 선명한 영상을 볼 수 있지만, 이는 더 많은 전력을 사용하고 전송 지연을 증가시킬 수 있다.

■ Channel Mode : 이 설정은 사용하는 전송 채널을 자동 또는 수동으로 선택할 것인지 결정한다. 자동 모드는 드론이 현재 환경에서 가장 안정적인 채널을 자동으로 선택하게 하는 반면, 수동 모드는 사용자가 특정 채널을 직접 선택할 수 있게 한다.

■ Transmission Mode : DJI의 일부 드론 모델에서는 여러 전송 모드를 선택할 수 있다. 예를 들어, DJI Mavic 2 Pro에서는 Regular Mode, HD 등의 전송 모드를 선택할 수 있다. Regular 모드는 일반적인 사용 환경을 위한 것이고, HD 모드는 최상의 영상 품질을 제공하기 위한 것이다.

③ 위의 설정 외에도 Image Transmission Settings 메뉴에서는 전송 주파수(2.4GHz 또는 5.8GHz), 대역폭 할당 등의 추가 설정을 할 수 있다. 이러한 설정은 전송 품질, 전송 거리, 전송 지연 시간 등에 영향을 미칠 수 있다. 따라서 이들 설정은 사용 환경과 필요에 따라 적절하게 조절되어야 한다.

④ DJI 드론의 "영상 전송 코드 속도" 또는 "비트레이트"는 드론에서 조종기로 영상 데이터를 전송하는 속도를 나타낸다. 이는 일반적으로 Mbps(Megabits per second) 단위로 표현되며, 값이 클수록 영상의 품질이 높아진다.

■ 다만 높은 비트레이트는 더 많은 대역폭과 처리 능력을 필요로 하므로, 가용 대역폭이나 처리 능력에 제한이 있는 환경에서는 영상 전송의 지연이나 끊김 현상이 발생할 수 있다. 따라서 실제 사용 환경과 필요에 따라 적절한 비트레이트를 설정해야 한다.

■ DJI의 일부 고급 드론 모델에서는 이 비트레이트를 사용자가 직접 설정할 수 있다. 예를 들어, DJI Mavic 2 Pro에서는 최대 40Mbps의 비트레이트를 제공하며, 이는 Image Transmission Settings(영상 전송 설정) 메뉴에서 설정할 수 있다.

■ 하지만 일부 저가형 또는 중급 모델에서는 사용자가 비트레이트를 직접 설정할 수 없으며, 드론이 자동으로 가장 적절한 비트레이트를 선택하게 된다. 이런 경우에는 전송 품질, 전송 거리, 전송 지연 시간 등에 따라 자동으로 비트레이트가 조절된다.

## (5) Aircraft Battery(기체 배터리)

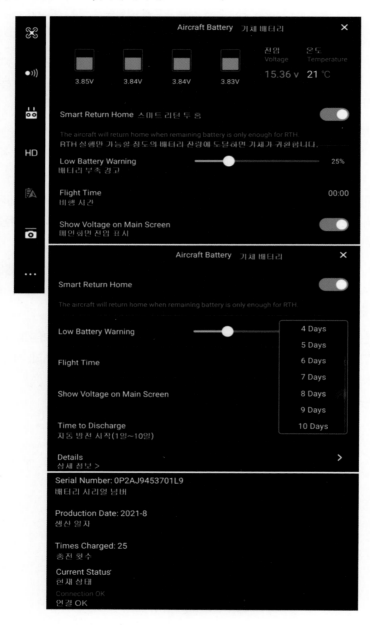

① DJI 촬영용 드론은 여러 센서를 통해 기체의 전압과 온도 등 다양한 정보를 실시간으로 모니터링하고 사용자에게 제공한다.

- 전압 : 배터리 전압은 드론의 배터리 상태를 나타내는 중요한 지표이다. 전압이 너무 낮으면 드론의 비행 성능이 저하되거나, 드론이 비행 중에 갑자기 멈출 수 있다. DJI 드론의 조종기 화면은 보통 메인

화면의 상단 또는 하단에 위치한 배터리 상태 표시 영역에서 현재의 배터리 전압을 확인할 수 있게 해준다.

- **온도** : 드론의 내부 온도는 성능과 안전에 중요한 영향을 미친다. 너무 높은 온도는 배터리 수명을 단축시키거나 내부 부품에 손상을 줄 수 있다. 일부 DJI 드론 모델은 배터리 온도 정보를 사용자에게 제공한다. 또한 드론이 너무 높은 온도에서 작동하거나 충전되는 것을 방지하기 위해 내장된 온도 센서와 온도 관리 시스템을 사용한다.

  이 정보들은 드론의 안전한 비행을 위해 주의 깊게 확인해야 한다. 전압이나 온도가 권장 범위를 벗어나면 즉시 비행을 중단하고 안전한 곳으로 드론을 착륙시켜야 한다. 그리고 배터리 전압이나 온도가 이상한 경우에는 DJI 고객센터와 상담하거나, 필요하다면 배터리를 교체해야 한다.

② DJI 드론의 Smart Return to Home(스마트 리턴 투 홈) 기능은 다양한 상황에서 드론이 자동으로 이륙점으로 되돌아오도록 하는 기능이다. 이 기능은 배터리 부족, 조종기와의 연결 끊김 등의 상황에서 자동으로 활성화될 수 있으며, 사용자가 직접 활성화할 수도 있다. 스마트 리턴 투 홈 기능은 다음과 같은 작동 방식을 가지고 있다.

- **리턴 투 홈 경로 설정** : 드론이 이륙할 때마다 이륙점의 위치를 자동으로 기록한다. 리턴 투 홈 기능이 활성화되면, 드론은 이 기록된 위치로 되돌아가게 된다.

- **장애물 감지와 회피** : 일부 고급 DJI 드론 모델에서는 리턴 투 홈 기능을 수행하는 동안 전방 및 아래쪽의 장애물을 감지하고 회피하는 기능을 제공한다. 드론은 장애물을 감지하면 자동으로 이를 회피하거나, 필요한 경우 이륙점으로의 경로를 재설정한다.

- **자동 이륙과 착륙** : 리턴 투 홈 기능이 활성화되면 자동으로 이륙점으로 되돌아가고, 도착하면 자동으로 착륙한다.

③ DJI 드론은 배터리 부족 상황을 사용자에게 알리기 위한 다양한 기능을 제공한다. 이 기능들은 사용자가 배터리 부족 상황을 인식하고 적절한 조치를 취할 수 있도록 돕는다. 이러한 경고는 드론의 안전한 비행을 돕기 위한 것이므로, 사용자는 경고 메시지를 신중하게 확인하고 적절한 조치를 취해야 한다. 특히 드론의 배터리 잔량은 비행 거리, 비행 속도, 바람 상황, 온도 등 여러 요인에 의해 영향을 받을 수 있으므로, 항상 여유 있게 계획하고 안전에 주의해야 한다.

- **저전력 경고** : 드론의 배터리 잔량이 특정 수준(일반적으로 30%) 아래로 떨어지면, 드론은 저전력 경고를 발생시킨다. 이때 조종기의 화면에 경고 메시지가 표시되며, 경우에 따라 경고음이 울릴 수 있다.

- **Critical 저전력 경고** : 배터리 잔량이 더욱 더 떨어져 드론의 안전한 비행이 어려운 수준(일반적으로 10~15%)에 이르면, 드론은 Critical 저전력 경고를 발생시킨다. 이때 드론은 자동으로 착륙 과정을 시작할 수 있다.

- **리턴 투 홈(RTH)** : 배터리 잔량이 안전하게 이륙점으로 되돌아가기에 충분하지 않다고 판단되면, 드론은 자동으로 리턴 투 홈 과정을 시작할 수 있다. 이때 조종기의 화면에 해당 사실이 표시되며, 사용

자는 이를 취소하거나 진행할 수 있다.

④ DJI 드론의 조종기 메인 화면은 드론의 현재 상태에 대한 다양한 정보를 제공한다. 그중 하나가 바로 배터리의 현재 전압이다.

- 배터리 전압은 드론의 배터리 상태를 나타내는 중요한 지표 중 하나로, 드론의 비행 가능 시간이나 성능 등에 영향을 미칠 수 있다. 전압이 너무 낮으면 드론의 비행 성능이 저하되거나, 드론이 비행 중에 갑자기 멈출 수 있다.

- 배터리 전압은 보통 메인 화면의 상단 또는 하단에 위치한 배터리 상태 표시 영역에서 확인할 수 있다. 전압 외에도 이 영역에서는 배터리의 남은 용량, 남은 비행 시간, 배터리 온도 등 다양한 정보를 확인할 수 있다.

- 이러한 정보는 드론의 안전한 비행을 위해 반드시 주의 깊게 확인해야 한다. 특히 배터리 전압이 너무 낮아지면 즉시 비행을 중단하고 드론을 안전한 장소로 착륙시켜야 한다.

⑤ DJI 드론의 배터리는 자동 방전 기능을 가지고 있다. 이는 배터리가 오랫동안 사용되지 않을 때 일정 수준 이하로 방전되는 것을 자동으로 조절하여 배터리 수명을 연장하고 안전을 유지하는 기능이다.

- 배터리가 완전히 충전된 상태로 오랫동안 보관되면 배터리 수명에 영향을 미칠 수 있기 때문에, 이 기능은 매우 중요하다.

- 배터리의 자동 방전 시작 시점은 일반적으로 배터리가 완전히 충전된 후 10일이라고 설정되어 있지만, DJI 앱에서 이 시점을 변경할 수 있다. 앱에서 배터리 설정 메뉴로 이동하면 자동 방전 시간을 선택하고 원하는 일(日)을 설정할 수 있다.

- 자동 방전이 시작되면 배터리는 저전력 모드로 전환되고, 그 전류는 배터리가 손상되지 않도록 충분히 낮게 유지된다. 자동 방전 과정은 배터리 온도와 환경 온도에 따라 시간이 달라질 수 있다.

- 배터리를 사용하기 전에는 항상 충분한 양의 전력이 있는지 확인하고, 오랫동안 사용하지 않은 배터리가 필요한 경우, 충분히 충전된 후 사용해야 한다.

⑥ DJI 드론 배터리는 리튬 폴리머(LiPo) 또는 리튬 이온(Li-ion) 배터리를 사용하는데, 이들은 충전 사이클(완전히 충전된 후 다시 완전히 방전되는 과정)에 따라 수명이 결정된다. 충전 사이클 수는 배터리의 성능을 유지하는 데 중요한 역할을 한다.

- 하나의 충전 사이클은 배터리가 완전히 충전된 후 완전히 소모될 때까지를 말한다. 예를 들어, 배터리를 50% 사용한 후 다시 완전히 충전하고, 다음에 다시 50%를 사용하면 이는 하나의 충전 사이클을 완료한 것이다.

- 일반적으로, LiPo 또는 Li-ion 배터리는 200~500 사이클 후에 최고 용량의 약 80% 정도만을 유지할 수 있다. 이는 배터리의 일반적인 수명으로, 이후에는 성능이 저하되거나 완전히 작동을 멈출 수 있다. 따라서 충전 횟수가 많아질수록 배터리 수명이 단축되는 경향이 있다.

- 그러나 이는 배터리 관리와 사용 방법에 따라 다소 변할 수 있다. 예를 들어, 배터리를 너무 자주 완전

히 방전하거나, 너무 고온이나 저온에서 사용하거나 저장하면 배터리 수명이 단축될 수 있다. 또한 완전히 충전된 상태로 배터리를 오랫동안 보관하는 것 역시 배터리 수명에 영향을 미칠 수 있다.

■ 따라서 배터리 수명을 최대한 유지하기 위해서는, 완전히 방전하기 전에 충전하고, 과도한 온도에서 보관하거나 사용하지 않도록 주의해야 한다. 또한 배터리를 오랫동안 사용하지 않을 경우에는 일정 수준 이하로 방전되도록 해야 한다. DJI 드론 배터리는 이를 위한 자동 방전 기능을 제공하는 것이다.

(6) Gimbal Settings(짐벌 설정)

① Camera Gimbal Advanced Settings(카메라 짐벌 고급 설정)

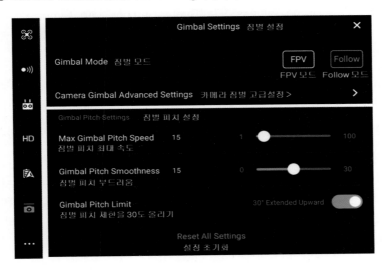

■ FPV 모드와 Follow 모드는 드론의 주요 비행 모드이며, 두 모드는 아주 다른 목적과 기능을 가지고 있다.

- FPV 모드 : FPV는 First Person View의 약자로, 이 모드에서는 드론이 비행하는 곳의 실시간 영상을 볼 수 있다. 이는 마치 드론의 조종사가 드론 안에 직접 앉아서 주변을 보는 것처럼 느껴진다. 이를 위해 FPV 고글을 착용하고, 드론이 보내는 실시간 비디오 피드를 통해 비행하는 드론의 시점에서 비행하게 된다. 이 모드는 고속 비행 및 경주, 비행 기술 향상 또는 실제 비행 경험을 원하는 사용자들에게 유용하다.

- Follow 모드 : Follow 모드(추적 모드)에서 드론은 특정 대상을 자동으로 추적하고 카메라로 촬영한다. 이 모드는 대상이 움직일 때마다 드론이 그 움직임을 따라가게 해서, 언제든지 그 대상이 카메라에 잡혀있게 한다. 이는 스포츠 이벤트, 아웃도어 어드벤처 등에서 자동 촬영이 필요한 경우에 특히 유용하다. Follow 모드를 사용하면 드론 조종사가 대상을 수동으로 추적하려고 하지 않아도 된다.

따라서 FPV 모드와 Follow 모드는 각각 사용자의 비행 경험과 촬영 목표에 따라 선택할 수 있는 다른 비행 모드이다.

■ DJI 드론의 짐벌 설정을 조정하면 카메라의 움직임을 세밀하게 제어하고, 촬영 시 부드럽고 안정적인 비디오를 만들 수 있다. 피치(Pitch)는 카메라가 위아래로 움직이는 각도를 말한다. 이 설정들은 사용자의 촬영 스타일과 필요에 따라 조정할 수 있다. 부드럽고 자연스러운 카메라 움직임을 원한다면, 더 낮은 피치 속도와 높은 피치 스무딩값을 사용하는 것이 좋다. 반면, 빠른 움직임과 즉각적인 반응을 원한다면, 더 높은 피치 속도와 낮은 피치 스무딩값을 사용하는 것이 좋다. 짐벌 피치 설정을 변경하는 방법은 다음과 같다.

- **DJI 앱 실행** : DJI Fly 또는 DJI GO 4 앱을 실행하고, 드론과 연결한다.

- **카메라 설정**: 앱의 메인 화면에서, 카메라 또는 짐벌 설정으로 이동한다.

- **피치 속도 조정** : "Advanced Settings" 또는 "Gimbal Settings" 내에 "Gimbal Pitch Speed" 설정을 찾을 수 있다. 이 설정은 카메라가 위아래로 움직이는 속도를 제어한다. 더 높은 값은 더 빠른 움직임을, 더 낮은 값은 더 느린 움직임을 나타낸다.

- **피치 스무딩 조정**: "Gimbal Pitch Smoothness" 설정은 카메라 움직임의 부드러움을 조절한다. 높은 값은 카메라의 움직임이 더 부드럽게 되고, 낮은 값은 더 빠르게 움직이게 한다.

■ DJI의 짐벌 피치 제한을 변경하려면, 보통 DJI의 모바일 앱을 통해 설정을 변경할 수 있다. 하지만 피치의 제한을 '30도 올리기'라는 표현은 약간 혼란스러울 수 있다.

- DJI 드론의 피치 제한은 일반적으로 −90도에서 +30도 사이이다. 여기서 −90도는 드론 카메라가 완전히 아래를 향하고, +30도는 드론 카메라가 약간 위를 향하는 것을 의미한다. 따라서 짐벌의 피치 제한을 '30도 올리기'라는 것은 이미 가능한 최대 한도인 +30도를 넘어서는 것을 의미하게 되는데, 이는 하드웨어적으로 불가능하다.

- 그러나 피치 속도를 변경하거나 피치 스무딩을 조정하여 카메라의 움직임을 더 빠르거나 느리게 조절하는 것은 가능하다. 이는 앞에서 설명한 방법에 따라 DJI 앱의 짐벌 설정 메뉴에서 변경할 수 있다.

② Gimbal Settings(짐벌 설정)

■ 일반적으로 DJI 드론의 짐벌은 피치(Pitch) 축만 사용자가 직접 조정할 수 있으며, 롤(Roll)과 요(Yaw) 축은 드론이 자동으로 제어하여 비행 중 안정성을 유지한다. 그러나 짐벌이 정렬되지 않은 것 같다면 짐벌 보정 도구를 이용하여 롤과 요 축 문제를 해결할 수 있다. 특정 DJI 드론 모델과 앱 버전에 따라 정확한 과정이 약간 다를 수 있으니 세부사항은 해당 기체의 사용자 매뉴얼을 참조한다. DJI 드론의 짐벌을 보정하는 기본 과정은 다음과 같다.

- **DJI 앱 실행** : 드론을 켜고 기기와 연결한다. 드론을 제어하는 데 사용하는 DJI 앱을 실행한다.

- **짐벌 설정 접근** : 앱의 메인 화면에서 설정 메뉴로 이동하고, 그중에서 '짐벌' 설정을 선택한다.

- **보정 과정 시작** : 짐벌 설정에서 '짐벌 자동 보정' 또는 '짐벌 보정'과 같은 옵션이 있을 것이다. 이 옵션을 선택하면 보정 과정이 시작된다.

- **보정 수행** : 앱은 보정 과정을 안내한다. 보정하는 동안 드론은 평평한 표면에 있어야 하며 움직이지 않아야 한다. 드론은 이 과정에서 자동으로 짐벌의 롤과 요를 조정한다.

■ DJI 드론의 짐벌 자동 캘리브레이션은 드론의 짐벌이 올바르게 작동하도록 보장하는 중요한 과정이다. 짐벌이 올바르게 정렬되지 않으면, 비디오에 불필요한 움직임이나 흔들림이 발생할 수 있다. 다음은 DJI 드론의 짐벌 자동 캘리브레이션 방법이다.

- **DJI 앱 실행** : 드론을 켜고 연결한다. 드론을 제어하는 DJI 앱을 실행한다.

- **짐벌 설정으로 이동** : 앱의 메인 화면에서 설정 메뉴로 이동한 다음, 짐벌 설정을 선택한다.

- **캘리브레이션 시작** : '짐벌 자동 캘리브레이션' 또는 '짐벌 캘리브레이션'을 선택하여 캘리브레이션 과정을 시작한다.

- **캘리브레이션 수행** : 앱은 캘리브레이션 과정을 안내한다. 캘리브레이션 동안에는 드론이 평평한 표면에 놓여 있어야 하며 움직이지 않아야 한다.

■ DJI 드론의 짐벌 캘리브레이션은 다음과 같은 상황에서 수행하는 것이 좋다. 하지만 너무 자주 캘리브레이션을 수행하는 것은 권장되지 않는다. 필요할 때만 캘리브레이션을 수행하고, 그 외의 경우에는 드론과 짐벌이 자체적으로 많은 보정 작업을 수행하도록 내버려두는 것이 좋다.

- **처음 구매 후** : 드론을 처음 구매하고 사용하기 전에 짐벌 캘리브레이션을 수행하는 것이 좋다.

- **드론의 충돌 또는 떨어짐 후** : 드론이 충돌하거나 높은 곳에서 떨어졌다면, 짐벌이 손상되었거나 불균형할 수 있으므로 캘리브레이션을 수행해야 한다.

- **비정상적인 카메라 움직임 발견 시** : 카메라가 비정상적으로 움직이거나, 카메라 화면이 흔들리거나, 카메라가 지정된 방향을 유지하지 않을 경우, 캘리브레이션을 수행해야 한다.

- **펌웨어 업데이트 후** : 드론의 펌웨어를 업데이트한 후에는 짐벌 캘리브레이션을 수행하는 것이 좋다.

(7) General Settings(일반 설정)

① Unit, Live Streaming Platform

■ DJI 촬영용 드론에서 사용하는 일부 주요 단위는 다음과 같다.

- **거리** : 미터(m) 또는 피트(ft) – 이는 드론이 컨트롤러로부터 얼마나 떨어져 있는지 또는 특정 고도 에 얼마나 높이 떠 있는지 측정한다.

- **속도** : 시간당 킬로미터(km/h) 또는 시간당 마일(mph) – 드론의 비행 속도를 측정한다.

- **각도** : 도(°) – 짐벌의 움직임(피치, 요, 롤)이나 드론의 회전을 측정하는 데 사용된다.

- **배터리 수준** : 퍼센트(%) – 배터리의 잔여 수준을 표시한다.

- **비트레이트** : 메가비트/초(Mbps) – 비디오 촬영 시 데이터 전송 속도를 측정한다.

- **촬영 해상도와 프레임레이트** : 픽셀과 초당 프레임 수(fps) – 비디오 해상도와 프레임레이트를 표시 한다. 예를 들어, 3840x2160 30fps는 3840픽셀의 가로 해상도와 2160픽셀의 세로 해상도에서 초당 30프레임의 비디오를 촬영한다는 뜻이다.

  이러한 단위들은 사용자가 드론을 안전하게 제어하고, 최적의 촬영 결과를 얻는 데 도움이 된다.

■ DJI 드론을 사용하여 라이브 스트리밍을 할 수 있다. 이 기능을 통해 사용자는 비행 중인 드론에서 실 시간으로 촬영하는 영상을 인터넷을 통해 바로 전송하고 공유할 수 있다. 여기서는 DJI Go 4 앱을 사 용하는 예를 들어 설명하겠다.

- **드론과 스마트폰 연결** : 드론을 켜고 컨트롤러와 연결한 뒤 컨트롤러를 스마트폰에 연결한다. 또는 스마트 컨트롤러 전원을 켠다.

- **DJI Go 4 앱 실행**: 스마트폰(스마트컨트롤러)에서 DJI Go 4 앱을 실행한다.

- **라이브 스트리밍 설정** : DJI Go 4 앱에서 카메라 뷰로 이동한 뒤 오른쪽 상단에 위치한 점 세 개 메뉴를 클릭하여 라이브 스트리밍 설정에 들어간다. 여기서 Facebook Live, YouTube 등 원하는 스트리밍 플랫폼을 선택하고 필요한 로그인 절차를 거친다.

- **라이브 스트리밍 시작** : 모든 설정이 완료되면 'Go Live' 또는 'Start'를 눌러 라이브 스트리밍을 시작한다.

  라이브 스트리밍 기능은 사용자의 인터넷 연결 속도와 신호 강도에 크게 의존하므로, 안정적인 연결 환경이 제공되는지 확인해야 한다.

  마지막으로, 이 기능은 DJI 앱 및 드론 모델에 따라 다르게 작동하거나 사용할 수 없을 수 있으므로, 구체적인 모델과 앱에 대한 사용자 설명서를 참조한다.

② Cache to SD Card(SD 카드에 캐시)

- ■ DJI 앱에서 촬영한 비디오의 캐시는 기본적으로 스마트폰의 내부 저장소에 저장된다. 그러나 일부 Android 장치에서는 앱의 캐시 위치를 외부 SD 카드로 변경하는 것이 가능할 수 있다. 이렇게 하면 스마트폰의 내부 저장 공간을 절약할 수 있다. 그러나 이 기능은 모든 Android 장치나 앱 버전에서 지원되지 않을 수 있으며, iOS 장치에서는 이런 설정을 변경할 수 없다. Android 장치에서 이 설정을 변경하려면, 일반적으로 다음과 같은 단계를 따른다.

- **장치 설정 접근** : 스마트폰의 설정 메뉴를 열어 '애플리케이션' 또는 '앱'으로 이동한다.

- **DJI 앱 설정 접근** : 앱 목록에서 DJI 앱(DJI GO, DJI GO 4, DJI Fly 등)을 선택한다.

- **저장 설정 변경** : 앱 정보 화면에서 '저장'을 선택하고, 그 다음 '저장 위치 변경' 또는 비슷한 옵션을 선택한다. 이때 외부 SD 카드를 선택하면 된다. 따라서 중요한 비디오는 여전히 드론의 microSD 카드에 저장되어야 하며, 캐시 설정 변경은 스마트폰의 저장 공간 관리에만 도움이 된다. 중요한 촬영물에 대한 백업은 항상 드론의 microSD 카드에서 직접 수행해야 한다.

- ■ 이러한 설정 변경 후에도, 중요한 영상은 여전히 드론의 microSD 카드에 직접 저장된다. 캐시된 동영상은 보조적인 복사본으로, 원본과 비교하여 해상도가 떨어질 수 있다.

③ Largest Video Cache Capacity(최대 동영상 캐시 용량)

- DJI 앱은 드론이 촬영하는 동영상의 캐시 버전을 사용자의 스마트폰 또는 태블릿에 저장할 수 있는 기능을 제공한다. 이는 촬영한 영상을 실시간으로 확인하거나, 비행이 끝난 후에 빠르게 리뷰할 수 있도록 해준다. 이러한 동영상 캐시의 최대 용량은 사용자가 앱 설정에서 지정할 수 있으며, 디바이스의 저장 공간에 따라 다르다. 일반적으로, DJI 앱은 2GB에서 16GB 사이의 최대 동영상 캐시 용량을 제공하며 동영상 캐시 용량을 조정하는 방법은 다음과 같다.

  • DJI 앱 실행 : 드론을 켜고 디바이스에 연결한 뒤, DJI 앱을 실행한다.

  • 일반 설정 접근 : 앱의 메인 화면에서 설정 메뉴로 이동한 다음, '일반 설정' 또는 '일반'을 선택한다.

  • 캐시 설정 조정 : '동영상 캐시 자동 삭제' 또는 '동영상 캐시 용량' 같은 옵션을 찾을 수 있다. 이를 통해 캐시의 최대 용량을 지정하거나, 캐시가 일정 용량에 도달했을 때 자동으로 이전 동영상을 삭제하도록 설정할 수 있다.

- 따라서 앱에서 제공하는 설정 옵션을 활용하여 동영상 캐시 용량을 효과적으로 관리하고, 디바이스의 저장 공간을 효율적으로 활용할 수 있다.

④ Adaptively reduce cache resolution(적응적으로 캐시 해상도 감소)

- Adaptively Reduce Cache Resolution 기능은 DJI 드론 앱에서 비디오 캐시 해상도를 동적으로 조정하는 기능이다. 이는 앱이 디바이스의 저장 공간이 부족하거나 네트워크 연결이 불안정할 때 자동으로 캐시 비디오의 해상도를 낮추도록 돕는 기능이다.

- 이 기능을 활성화하면, 디바이스의 저장 공간을 절약하면서도 실시간 스트리밍을 끊김 없이 유지할 수 있다. 그러나 이것은 캐시된 비디오의 품질이 떨어질 수 있다는 것을 의미하므로, 중요한 비디오의 백업은 여전히 드론의 메모리 카드에서 직접 수행해야 한다.

- 이 기능을 사용하려면, 보통 DJI 앱의 설정 메뉴에서 이와 관련된 설정을 찾아서 활성화하면 된다. 이는 '일반 설정' 또는 '캐시 설정' 등의 메뉴 아래에 위치해 있다.

⑤ Auto Video Cache Cleanup(캐시 자동 삭제)

■ 캐시 자동 삭제 기능은 DJI 앱에서 사용 가능하다. 이 기능은 지정된 최대 캐시 용량에 도달했을 때, 가장 오래 캐시된 동영상 파일부터 자동으로 삭제하여 캐시 용량을 유지하게 해준다. 이 기능을 사용하면, 저장 공간을 절약하면서도 최신 비행 영상을 계속 캐시할 수 있다. 이렇게 하면 드론이 촬영한 최신의 영상을 실시간으로 확인하거나, 비행 후에 빠르게 리뷰할 수 있다. 이 기능을 활성화하는 방법은 다음과 같다.

- DJI 앱 실행 : 드론을 켜고 디바이스에 연결한 뒤, DJI 앱을 실행한다.

- 일반 설정 접근 : 앱의 메인 화면에서 설정 메뉴로 이동한 다음, '일반 설정' 또는 '일반'을 선택한다.

- 캐시 자동 삭제 활성화 : '캐시 자동 삭제' 또는 비슷한 옵션을 찾아서 활성화하면 된다.

■ 다만, 중요한 영상은 캐시에서 안전하게 보관되지 않으므로 드론의 메모리 카드에 저장하거나 별도로 백업하는 것이 중요하다.

⑥ Download Footage to External SD Card(외부 SD 카드에 영상 다운로드)

■ DJI 드론은 주로 내장된 microSD 카드에 고해상도 동영상을 직접 저장한다. 따라서 드론에서 촬영한 고해상도 동영상을 외부 SD 카드로 다운로드하려면 다음과 같은 단계를 따르면 된다.

- 드론의 microSD 카드 제거 : 드론에서 microSD 카드를 제거한다.

- SD 카드 리더기 사용 : microSD 카드를 microSD 카드 리더기에 삽입한다. 이 카드 리더기는 외부 SD 카드 슬롯이 있는 컴퓨터 또는 노트북에 연결 가능해야 한다.

- 파일 전송 : 컴퓨터에서 microSD 카드를 열어 드론에서 촬영한 영상 파일을 찾는다. 그 다음, 이 파일들을 원하는 외부 SD 카드로 복사하거나 이동시킨다.

■ 그러나 드론을 직접 스마트폰 또는 태블릿에 연결하여 DJI 앱을 통해 촬영한 영상을 볼 수 있다. 이 경우, 앱은 드론에서 실시간으로 데이터를 받아와서 앱의 동영상 캐시에 저장한다. 캐시된 동영상은 원본과 비교해 해상도가 떨어질 수 있지만, 촬영 내용을 미리 확인하는 데는 충분하다. 이 캐시된 동영상을 외부 SD 카드에 저장하려면, 스마트폰의 설정을 변경하여 앱의 캐시 위치를 외부 SD 카드로 설정해야 한다.

⑦ Unlocking License(라이선스 잠금 해제)

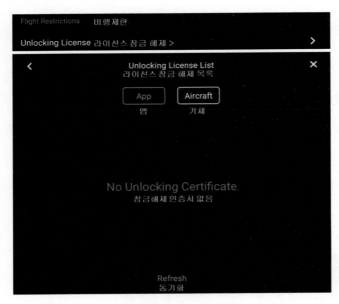

- DJI는 "Unlocking"이라는 프로세스를 통해 사용자가 특정 제한 구역에서 비행 허가를 요청할 수 있게 한다. Unlocking License는 사용자가 이 Unlocking 프로세스를 성공적으로 완료하면 제한된 구역에서 드론이 비행할 수 있도록 허가하는 라이선스이다.

- 일반적인 프로세스는 다음과 같다.

  • **제한 구역 식별** : DJI Fly Safe website에서 필요한 비행 지역의 제한 여부를 확인한다.

  • **허가 요청** : 필요한 문서(예: 비행승인서 등)를 준비하고, DJI의 Unlocking 프로세스를 통해 비행 허가를 요청한다.

  • **라이선스 사용** : 허가가 승인되면, DJI는 Unlocking License를 발행하고 이를 사용자의 DJI 계정에 연결한다. 이 라이선스를 DJI 앱에 로드하여 제한된 구역에서 비행할 수 있게 된다.

- 이러한 Unlocking 프로세스는 항상 현지 법규를 준수하는 것이 전제되어야 한다. 특히, 공항이나 다른 중요한 인프라 근처에서 비행할 계획이라면, 해당 국가의 항공 규제 기관으로부터 필요한 허가를 먼저 받아야 할 수 있다.

- 팁으로 이륙하는 장소마다 매번 동기화를 새로 실시하여야 기체가 정상 작동한다.

⑧ Device Name(기기 이름)

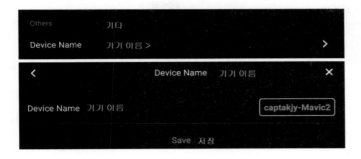

■ 다음과 같이 디바이스 이름을 변경할 수 있다.

  • DJI 앱을 실행한다.

  • 드론과 앱이 정상적으로 연결되었는지 확인한다.

  • 설정 메뉴로 이동한다.

  • Device Name 또는 Name Your Device 등의 옵션을 찾는다.

  • 새로운 디바이스 이름을 입력하고 저장한다.

■ 마찬가지로, 다른 디바이스(예: 스마트폰, 태블릿 등)의 이름을 변경하는 방법도 디바이스와 운영체제에 따라 다르다. 대부분의 경우, 디바이스 설정 메뉴에서 "About" 또는 "About This Device"와 같은 섹션을 찾아서 이름을 변경할 수 있다. 자세한 방법은 해당 디바이스의 사용자 매뉴얼을 참조하거나, 제조사의 고객 지원에 문의한다.

⑨ About(정보)

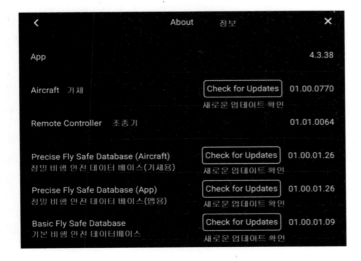

| Flight Controller SN | 플래 컨트 롤러 시리얼 넘버 | 1633GB2001Y021 |
| Camera Serial Number | 카메라 시리얼 넘버 | 0K8TF7W0020388 |
| Remote Controller SN | 소소 기 시리얼 넘버 | 1QULH71R0100U77582 |

- DJI 드론에 대한 정보를 찾으려면 General Settings(일반 설정) 메뉴에서 About(정보) 항목을 찾아야 한다. 이 메뉴는 보통 드론의 모델, 펌웨어 버전, 시리얼 번호와 같은 중요한 정보를 제공한다.

- 다음은 이 메뉴를 사용하는 방법이다.

  - DJI Go 4 앱 또는 DJI Fly 앱을 실행한다.

  - 드론과 앱이 정상적으로 연결되었는지 확인한다.

  - 설정 메뉴로 이동한다.

  - General Settings(일반 설정)을 선택한다.

  - About(정보)를 선택한다.

- 이제 화면에 드론에 대한 여러 가지 정보가 표시된다. 이 정보는 문제 해결, 펌웨어 업데이트 확인, 기술 지원 요청 등에 유용할 수 있다. 또한 이 정보는 드론이 정상적으로 작동하고 있는지, 필요한 업데이트가 있는지 확인하는 데도 도움이 될 수 있다.

### 13) 자동 노출 잠금

(1) 🔒 AE 탭하여 자동 노출값을 잠금한다

(2) 자동 노출 잠금에 대한 이해

① DJI 드론은 자동 노출 잠금(Auto Exposure Lock, AEL) 기능을 제공한다. 이 기능은 특히 노출값이 지속적으로 변경되는 빠르게 변하는 조명 조건에서 유용하다.

② 자동 노출 잠금 기능을 사용하면 카메라는 한 번 설정된 노출값을 유지하고, 더 이상 조명 조건의 변화에 따라 노출을 자동으로 조정하지 않는다. 이는 촬영하는 동안 일관된 노출값을 유지할 수 있게 해준다.

- 예를 들어, 드론이 밝은 하늘에서 어두운 땅으로 카메라를 향하게 하면, 카메라는 일반적으로 노출을 조정하여 어두운 땅을 더 잘 볼 수 있게 한다. 그러나 이것은 하늘이 과도하게 밝아 보이게 만들 수 있다. 이런 경우 자동 노출 잠금을 사용하면 처음에 설정된 노출값을 유지하여 하늘과 땅 모두에 대해 적절한 노출을 얻을 수 있다.

③ 자동 노출 잠금 기능은 DJI 앱에서 사용할 수 있다. 카메라 설정 메뉴에서 이 기능을 찾아 활성화하거나 비활성화할 수 있다.

## 14) 짐벌 슬라이더

(1) ▮▮▮●▮▮▮▮▮▮▮▮▮●짐벌 경사각을 표시한다.

(2) 짐벌 슬라이더에 대한 이해

① DJI 드론의 짐벌 슬라이더 각도는 카메라의 경사 각도를 조절하는 데 사용된다. 이는 드론이 고정된 상태에서도 다양한 각도에서 촬영할 수 있게 해준다.

② 짐벌 슬라이더를 조정하면 카메라가 위나 아래로 움직이며, 이것은 특히 비행 중에 지면이나 목표물을 다양한 각도에서 촬영해야 할 때 유용하다.

③ 짐벌의 각도 범위는 특정 DJI 드론 모델에 따라 다르며, 일반적으로는 −90도(수직 아래)에서 +30도(수직 위) 사이이다. 이 범위 내에서 사용자는 짐벌 슬라이더를 사용하여 카메라의 정확한 각도를 수동으로 조정할 수 있다.

④ 이 기능은 DJI의 컨트롤러에 있는 짐벌 조절 레버나 DJI 앱의 화면 상의 슬라이더를 사용하여 조정할 수 있다. 앱을 사용하면, 짐벌 각도를 미세 조정하는 데 더 많은 정밀도를 얻을 수 있다.

## 15) 사진/동영상 전환 : 🔄 탭하여 사진과 동영상 녹화 모드 사이를 전환한다.

1) 사진/동영상 전환 버튼에 대한 이해

① DJI 촬영용 드론의 컨트롤러는 사진 모드와 동영상 모드 사이를 쉽게 전환할 수 있는 버튼을 제공한다. 이 버튼은 일반적으로 컨트롤러의 앞면에 위치해 있으며, 컨트롤러 디자인에 따라 위치가 약간 다를 수 있다.

② 이 버튼을 누르면, 화면의 상태 표시줄에 있는 카메라 아이콘이 변경되며, 현재 선택된 모드를 나타낸다. 일반적으로 사진 모드는 카메라 아이콘으로, 동영상 모드는 동영상 카메라 아이콘으로 표시된다.

③ 또한 DJI 앱을 사용하면, 화면의 하단에 있는 모드 전환 버튼을 눌러서도 사진과 동영상 모드 사이를 전환할 수 있다. 이 버튼은 일반적으로 카메라와 동영상 카메라 아이콘 사이에 위치해 있다.

④ 무엇보다 중요한 것은, 이 기능을 사용하기 전에 드론의 배터리 수준, GPS 신호 강도, 와이파이 연결 상태 등을 항상 확인해야 한다. 또한 카메라 설정(예: 해상도, 프레임 속도, 노출 설정 등)도 사진과 동영상 촬영에 따라 달라질 수 있으므로, 모드를 전환할 때 이러한 설정을 확인하고 필요한 경우 조정해야 한다.

**16) 촬영/녹화 버튼 :** ⚫/⬤ 탭하여 사진촬영 또는 동영상 녹화를 시작한다.

(1) 촬영/녹화 버튼에 대한 이해

① DJI 촬영용 드론의 컨트롤러에는 사진촬영 및 동영상 녹화를 시작 및 중지하는 데 사용되는 촬영/녹화 버튼이 있다. 이 버튼은 일반적으로 컨트롤러 상단 또는 뒷면에 위치하며, 디자인과 드론 모델에 따라 약간 다를 수 있다.

② 사진촬영을 시작하려면, 버튼을 한 번 누르면 사진이 촬영된다. 일부 드론 모델에서는 버튼을 짧게 누르는 것만으로도 사진촬영이 가능하며, 다른 모델에서는 누른 상태로 유지하여 사진을 찍을 수 있다. 이를 연속 촬영 또는 지연 촬영 모드로 설정할 수도 있다.

③ 동영상 녹화를 시작하려면, 버튼을 길게 누르면 동영상 녹화가 시작된다. 다시 버튼을 길게 누르면 녹화가 중지된다. 일부 드론 모델에서는 녹화 중에도 버튼을 누르는 것으로 녹화를 중지할 수 있다.

④ DJI 앱을 사용하는 경우, 앱 내에서도 사진 및 동영상 촬영을 시작하고 중지하는 버튼이 제공된다. 이를 터치하여 촬영 및 녹화를 제어할 수 있다. 앱을 사용하면 추가적인 설정 옵션(해상도, 프레임 속도, 화질 등)을 조정할 수도 있다.

⑤ 사진과 동영상 촬영을 위한 버튼의 기능은 사용 중인 드론 모델에 따라 다를 수 있으므로, 해당 드론 모델의 사용자 매뉴얼을 참조하는 것이 좋다.

**17) 카메라 설정 :** 탭하여 카메라 설정 메뉴로 들어간다.

(1) 전체 _ AUTO(자동 모드) : 드론 카메라의 셔터 스피드와 조리개값이 환경의 밝기에 따라 자동으로 적정 노출값으로 셔터 스피드를 조절한다.

① 카메라를 자동 설정할 때는 몇 가지 주의사항이 있다.

- **라이트 밸런스**: 자동 설정을 사용하면 대부분의 경우에서 적절한 라이트 밸런스를 얻을 수 있지만, 특정 조명 상황에서는 조정이 필요할 수 있다. 특히 일출이나 일몰과 같이 색상이 뚜렷한 시간에는 수동으로 라이트 밸런스를 설정하는 것이 더 나을 수 있다.

- **노출** : 노출은 빛의 양을 결정한다. 자동 모드에서 카메라는 일반적으로 중앙 노출을 선택한다. 그러나 이는 항상 최적의 결과를 보장하지는 않는다. 특히 높은 대조도의 장면에서는 노출을 수동으로 조정하는 것이 좋을 수 있다.

- **ISO 설정** : 자동 모드에서 ISO는 카메라가 조명 상황에 따라 자동으로 결정한다. 그러나 이는 노이즈를 유발할 수 있다. 가능하다면 낮은 ISO값을 유지하고, 필요에 따라 셔터 속도를 조정하여 노출을 맞추는 것이 좋다.

- **포커스** : Mavic 2 Pro는 자동 포커스 기능을 제공한다. 그러나 일부 경우에는 수동으로 포커스를 조정해야 할 수도 있다. 특히 여러 대상이 화면에 나타나는 복잡한 장면에서는 수동 포커스가 필요할 수 있다.

- **해상도 및 프레임 속도** : 이들은 종종 사용자의 선호나 특정 프로젝트의 요구 사항에 따라 달라진다. 가능한 최고의 해상도와 프레임 속도를 선택하려면 작업을 진행하기 전에 이러한 설정을 확인하고 조정하는 것이 중요하다.

② 이러한 설정은 대부분의 사진 및 비디오 촬영에서 중요하지만, Mavic 2 Pro와 같은 고급 드론 카메라에서는 더욱 중요하다. 자동 설정이 편리할 수는 있지만, 최상의 결과를 얻기 위해서는 때때로 수동 설정을 사용해야 할 수도 있다. 이는 드론 촬영의 기술적 측면을 이해하고 카메라 설정을 적절히 조정하는 능력이 필요함을 의미한다.

(2) 전체 _ A(조리개 우선 모드) : 조리개값을 따로 설정하고 드론 카메라의 환경의 밝기에 따라 적정 노출값으로 셔터 스피드를 조절한다.

① 조리개 우선 모드(Aperture Priority Mode, A 모드)는 카메라가 조리개값을 유지하고 셔터 속도와 ISO를 조정하여 노출을 맞추는 모드이다. 이 모드는 특정 깊이의 피사계를 유지하면서 노출을 조절할 필요가 있을 때 유용하다. 그러나 이 모드를 설정할 때는 몇 가지 주의사항이 있다.

- **조리개값 설정** : 깊이의 피사계를 제어하기 때문에 조리개 설정은 중요하다. 더 큰 조리개(낮은 f/수치)는 적은 양의 피사계를 제공하고, 반대로 더 작은 조리개(높은 f/수치)는 더 많은 피사계를 제공한다. 이에 따라 촬영하려는 장면에 맞게 조리개값을 조절해야 한다.

- **민감한 노출** : 조리개 우선 모드에서, 카메라는 셔터 속도와 ISO를 조정하여 노출을 맞춘다. 이로 인해 빛의 양이 빠르게 바뀔 경우 노출이 민감하게 반응할 수 있다. 따라서 이러한 상황에서는 수동 모드

로 전환하거나 노출 보정을 사용하여 노출을 세밀하게 조절하는 것이 좋다.

- 낮은 셔터 속도 : 큰 조리개값을 사용하면, 카메라는 노출을 맞추기 위해 셔터 속도를 늦출 수 있다. 이로 인해 움직이는 주제의 모션 블러가 발생할 수 있으므로, 이를 염두에 두고 셔터 속도를 수동으로 조정해야 할 수도 있다.

- 높은 ISO : 비슷하게, 작은 조리개값을 사용하면 카메라는 노출을 맞추기 위해 ISO를 높일 수 있다. 이는 이미지 품질에 영향을 미칠 수 있으므로, 가능하다면 낮은 ISO값을 유지하고 필요에 따라 다른 설정을 조정하는 것이 좋다.

② 조리개 우선 모드는 다양한 촬영 상황에서 유용하지만, 사용 방법을 이해하고 적절한 설정을 선택하는 것이 중요하다. 특히 Mavic 2 Pro(조리개 범위 f/2.8에서 f/11)와 같은 고급 드론에서는 이러한 설정이 드론 촬영의 결과에 큰 영향을 미칠 수 있다.


(3) 전체 _ S(셔터 스피드 우선 모드) : 셔터 스피드를 따로 설정하고 드론 카메라의 환경의 밝기에 따라 적정 노출값으로 조리개를 조절한다.

① 셔터 우선 모드에서, 카메라는 설정된 셔터 속도를 유지하고 조리개와 ISO를 조정하여 노출을 맞춘다. 이 모드는 움직임을 제어하는 것이 중요할 때 유용하다. 그러나 이 모드를 설정할 때는 다음과 같은 주의사항이 있다.

- 셔터 속도 설정 : 움직이는 대상을 고정시키거나 모션 블러를 생성할 것인가에 따라 셔터 속도를 결정해야 한다. 빠른 셔터 속도는 움직이는 대상을 고정시키고, 느린 셔터 속도는 움직임을 블러 처리하여 움직임의 감각을 제공한다.

- 민감한 노출 : 셔터 우선 모드에서, 카메라는 조리개와 ISO를 조정하여 노출을 맞춘다. 이는 빛의 변화에 따른 노출의 민감한 반응을 초래할 수 있다. 빛의 조건이 빠르게 바뀔 경우, 노출 보정을 사용하거나 수동 모드로 전환하여 노출을 더 세밀하게 조정할 수 있다.

- 높은 ISO : 빠른 셔터 속도를 사용하면, 카메라는 노출을 맞추기 위해 ISO를 높일 수 있다. 이는 이미지의 품질에 영향을 미칠 수 있으므로, 가능하다면 낮은 ISO값을 유지하고 필요에 따라 다른 설정을 조정하는 것이 좋다.

- 작은 조리개 : 빠른 셔터 속도를 사용하면, 카메라는 노출을 맞추기 위해 조리개를 넓게 열 수 있다. 이는 피사계 깊이에 영향을 미칠 수 있으므로, 원하는 피사계 깊이에 따라 셔터 속도를 조정해야 할 수 있다.

② 셔터 우선 모드는 움직임을 제어하려는 다양한 촬영 상황에서 유용할 수 있다. 그러나 이 모드를 사용할 때는 적절한 설정을 선택하고 이해하는 것이 중요하다. 특히 고급 드론 카메라인 DJI Mavic 2 Pro(최소 셔터 스피드 8초, 최대 셔터 스피드 1/8000초)와 같은 경우에는 이러한 설정이 촬영 결과에 큰 영향을 미칠 수 있다.

(4) 전체 _ M(수동 모드) : 조리개값과 셔터 스피드값을 설정하고, 카메라 환경의 밝기에 따라 아래 부분에 표시된 노출값을 계산한다.

① 드론을 사용하여 수동 모드에서 촬영할 때는 몇 가지 주요 사항을 고려해야 한다.

- **카메라 설정 이해** : 조리개, 셔터 속도 및 ISO 등 카메라 설정에 대한 충분한 이해가 필요하다. 이러한 요소들이 서로 어떻게 상호작용하며 노출에 어떤 영향을 미치는지 알아야 한다.

- **드론의 안정성** : 드론은 움직이는 플랫폼이므로, 셔터 속도를 너무 느리게 설정하면 모션 블러가 발생할 수 있다. 따라서 적절한 셔터 속도를 선택하고, 필요하다면 ND 필터를 사용하여 노출을 조절해야 한다.

- **라이브 뷰 사용** : 드론은 일반적으로 라이브 뷰 기능을 제공한다. 이를 통해 카메라 설정을 실시간으로 조정하고 결과를 바로 확인할 수 있다.

- **배터리 수명** : 수동 모드에서 촬영은 시간이 오래 걸릴 수 있으므로, 배터리 수명을 계속 확인하고 충분한 비행 시간을 확보해야 한다.

- **안전한 비행** : 카메라 설정에 집중하는 동안 드론의 비행 경로를 계속 감시해야 한다. 충돌을 피하고 고도를 유지하며 비행 제한 영역을 피해야 한다.

- **날씨와 조명 조건** : 드론 촬영은 날씨와 조명 조건에 크게 영향을 받는다. 특히 햇빛의 강도와 각도는 카메라 설정을 크게 변경할 수 있으므로 이를 고려해야 한다.

② 수동 모드에서 드론을 사용하여 촬영하는 것은 다소 어려울 수 있지만, 올바른 기술과 연습을 통해 훨씬 더 많은 제어로 놀라운 결과를 얻을 수 있다.

(5) 사진 _ Photo

① ☐ Single Shot : 기본적인 사진촬영 모드

② HDR HDR : High Dynamic Range 모드는 카메라가 노출의 넓은 범위를 캡처할 수 있도록 하는 기술이다. 이는 사진에서 어두운 부분과 밝은 부분 사이의 세부 정보를 최대화하기 위해 사용된다. 일반적인 사진에서는 이러한 세부 정보가 손실될 수 있지만, HDR 모드에서는 더 많은 정보를 캡처하여 더 균형잡힌 이미지를 생성할 수 있다. Mavic 2 Pro와 같은 고급 드론은 HDR 모드를 내장하고 있다. 이는 사용자가 이러한 기술을 이용하여 더 나은 결과를 얻을 수 있게 해주는 또 다른 훌륭한 도구이다.

■ 드론의 HDR 모드는 일반적으로 다음과 같이 작동한다.

• 드론은 여러 장의 사진을 서로 다른 노출 설정으로 빠르게 촬영한다. 이 사진들은 일부는 어두운 부분의 세부 정보를 캡처하고, 일부는 밝은 부분의 세부 정보를 캡처하도록 설정된다.

• 이들 사진들은 그런 다음 카메라 내부나 외부의 소프트웨어에 의해 하나의 이미지로 병합된다. 이 과정에서는 각 노출의 최상의 부분이 결합되어 하나의 이미지에 보다 많은 세부 정보가 포함된다.

■ 드론에서 HDR 모드를 사용할 때는 다음 사항을 고려해야 한다.

• **대상 움직임** : HDR은 여러 사진을 촬영하고 병합하는 프로세스이기 때문에, 움직이는 대상을 촬영하는 데는 적합하지 않을 수 있다. 움직이는 대상은 여러 사진 사이에 변화하므로, 병합 과정에서 이상한 결과가 나올 수 있다.

• **드론의 움직임** : 드론이 공중에서 떠 있을 때는 항상 약간의 움직임이 있을 수 있다. 이러한 움직임은 HDR 사진을 병합할 때 문제가 될 수 있으므로, 가능한 한 안정적인 비행을 유지하려고 노력해야 한다.

• **오버프로세싱 주의** : HDR 이미지는 때때로 '인위적' 또는 '과장된'으로 보일 수 있다. 이는 세부 정보를 과도하게 강조하거나 색상이 너무 진하게 보이는 경향이 있기 때문이다. 따라서 이미지 처리 과정에서는 자연스러움을 유지하는 것이 중요하다.

③ ⬛ HyperLight : HyperLight 기능은 특히 어두운 조건에서 사용자가 더욱 깨끗하고 선명한 사진을 찍을 수 있도록 설계된 모드이다. 이 모드는 노이즈 감소를 최적화하여 저조도 환경에서 고화질의 이미지를 캡처하도록 돕는다. HyperLight는 Mavic 2 Pro 및 일부 다른 DJI 드론에서 사용할 수 있다.

■ HyperLight는 다음과 같이 작동한다.

• 카메라가 여러 장의 사진을 빠르게 찍는다. 이 사진들은 모두 동일한 조리개, 셔터 속도 및 ISO 설정을 사용한다.

• 사진들은 그런 다음 하나의 이미지로 병합되며, 이 과정에서 노이즈 및 그레인이 크게 감소한다.

■ 드론에서 HyperLight 모드를 사용할 때는 다음 사항을 고려해야 한다.

• **카메라 설정** : HyperLight는 ISO 설정이 높을 때 가장 효과적이다. 이는 높은 ISO 설정이 노이즈 증가를 초래하기 때문이다. 그러나 HyperLight 모드에서는 이러한 노이즈를 감소시키므로, 더 높은 ISO 설정을 안전하게 사용할 수 있다.

- **움직이는 대상** : HyperLight는 여러 사진을 찍고 병합하는 프로세스이므로, 움직이는 대상을 촬영하는 데는 적합하지 않을 수 있다. 움직이는 대상은 여러 사진 사이에서 위치가 변하므로, 병합 과정에서 이상한 결과가 나올 수 있다.

- **드론의 안정성** : 드론은 움직이는 플랫폼이므로, 가능한 한 안정적인 비행을 유지하는 것이 중요하다. HyperLight 모드에서는 여러 사진을 찍어야 하므로, 드론이 사진 간에 같은 위치를 유지하는 것이 중요하다.

④ ■ Burst Mode : Burst Mode는 카메라가 짧은 시간 동안 빠르게 연속해서 여러 장의 사진을 찍는 기능이다. 이 모드는 움직이는 대상을 촬영하거나, 정확한 타이밍을 잡기 어려운 순간을 포착하는 데 유용하다. Mavic 2 Pro의 Burst Mode에서는 3 frames, 5 frames, 7 frames 옵션을 선택할 수 있다. 이러한 옵션은 셔터 버튼을 한 번 누를 때 카메라가 찍을 사진의 수를 결정한다. 예를 들어, "5 frames"를 선택하면 셔터 버튼을 누를 때마다 카메라가 5장의 사진을 연속해서 찍는다. 이러한 Burst Mode는 드론을 사용하여 스포츠 이벤트, 동물, 자연현상 등을 촬영할 때 특히 유용하다.

■ 드론에서의 Burst Mode 작동 방식은 다음과 같다.

- 사용자가 Burst Mode를 선택하고 촬영 버튼을 누른다.

- 드론의 카메라는 설정된 간격으로 사진을 연속 촬영한다. 이 간격은 대개 초당 3장, 5장, 7장 또는 10장 등이 될 수 있다.

■ 드론에서 Burst Mode를 사용할 때는 다음 사항을 고려해야 한다.

- **메모리 카드 공간** : Burst Mode는 짧은 시간 동안 많은 양의 사진을 생성하므로, 충분한 저장 공간이 있는지 확인해야 한다. 또한 고해상도 이미지를 찍는다면 메모리 카드의 쓰기 속도도 고려해야 한다.

- **배터리 수명** : 연속 촬영은 드론의 배터리를 더 빨리 소모할 수 있으므로, 충분한 비행 시간을 확보해야 한다.

- **대상의 움직임** : Burst Mode는 빠르게 움직이는 대상을 포착하는 데 가장 효과적이다. 그러나 움직임이 빠르면 이미지가 흐릿해질 수 있으므로 셔터 속도를 적절히 설정해야 한다.

- **이미지 선택** : Burst Mode에서는 많은 수의 사진이 생성되므로, 나중에 가장 좋은 이미지를 선택하려면 시간이 필요하다.

⑤ ▨ AEB : AEB(Auto Exposure Bracketing)는 카메라가 동일한 장면에 대해 여러 장의 사진을 서로 다른 노출로 자동으로 촬영하는 기능이다. AEB는 하이라이트와 그림자 부분에서 세부 정보를 캡처하는 데 도움이 되며, 특히 노출이 어려운 장면에서 유용하다. AEB는 Mavic 2 Pro 및 일부 다른 DJI 드론에서 사용할 수 있다.

■ 드론의 AEB 모드는 일반적으로 다음과 같이 작동한다.

- 사용자가 AEB 모드를 선택하고, 브라케팅 시퀀스의 크기를 선택한다. 일반적으로 이것은 3장 또는 5장의 사진을 의미한다.

- 사용자가 촬영 버튼을 누르면, 드론의 카메라는 설정된 브라케팅에 따라 연속적으로 사진을 촬영한다. 각 사진은 이전 사진과 비교하여 노출이 약간 변경된다.

- 나중에 이들 사진들을 병합하여 하나의 고다이나믹 레인지 이미지를 만들 수 있다. 이는 사진 편집 소프트웨어를 사용하여 수행될 수 있다.

■ 드론에서 AEB 모드를 사용할 때는 다음 사항을 고려해야 한다.

- **움직이는 대상** : AEB는 여러 사진을 찍고 병합하는 프로세스이므로, 움직이는 대상을 촬영하는 데는 적합하지 않을 수 있다. 움직이는 대상은 여러 사진 사이에 변화하므로, 병합 과정에서 이상한 결과가 나올 수 있다.

- **드론의 안정성** : 드론은 움직이는 플랫폼이므로, 가능한 한 안정적인 비행을 유지하는 것이 중요하다. AEB 모드에서는 여러 사진을 찍어야 하므로, 드론이 사진 간에 같은 위치를 유지하는 것이 중요하다.

- **사진 편집 소프트웨어** : AEB 모드는 여러 사진을 찍는다, 그러나 이러한 사진을 병합하여 하나의 고다이나믹 레인지 이미지를 만드는 것은 사용자의 책임이다. 이는 사진 편집 소프트웨어를 사용하여 수행되며, 이에 대한 지식과 경험이 필요하다.

⑥ ▨ Interval : Interval 촬영 또는 인터벌 촬영은 카메라가 설정된 시간 간격으로 자동으로 사진을 찍는 모드를 가리킨다. 이는 일정 시간 동안 변화하는 장면을 캡처하는 데 사용되며, 이를 통해 타임랩스(Timelapse) 비디오를 만들 수 있다. 이 모드는 일출, 일몰, 구름의 움직임, 교통 흐름 등을 촬영하는 데 특히 유용하다. Mavic 2 Pro는 일반적으로 2초에서 60초까지의 범위에서 간격을 설정할 수 있다.

■ Interval 촬영 모드를 사용할 때 주의해야 할 사항은 다음과 같다.

- **비행 시간** : Interval 촬영은 장시간의 비행을 요구하므로, 배터리 수명을 체크하고 필요한 경우 추가 배터리를 준비해야 한다.

- **날씨 조건** : 날씨 변화, 특히 강풍이 드론의 안정성에 영향을 미칠 수 있으므로 체크해야 한다.

- **SD 카드 용량** : 각 사진은 상당한 용량을 차지할 수 있으므로, 충분한 용량의 SD 카드가 필요하다.

- **프레임 속도와 촬영 시간** : 영상의 부드러움과 촬영 시간을 고려하여 적절한 인터벌 시간을 설정해야 한다.

마지막으로, 찍은 사진들은 후처리 과정에서 비디오 편집 소프트웨어를 사용해 타임랩스 영상으로 합쳐진다. 이 과정은 소프트웨어의 지식과 경험이 필요하다.

⑦ ▧ Pano : 파노라마 촬영은 드론이 제공하는 훌륭한 기능 중 하나로, 장면의 전체적인 분위기를 잡거나 광대한 풍경을 촬영하는 데 탁월하므로, 이를 잘 활용하면 독특하고 인상적인 사진을 얻을 수 있다. Mavic 2 Pro에서도 Sphere(구형), 180°, Horizontal(수평), Vertical(수직) 파노라마 모드를 사용할 수 있다.

■ 파노라마 촬영의 기본적인 과정은 다음과 같다.

- **드론 준비 :** 드론을 켜고, 앱이나 컨트롤러와 연결한다.

- **파노라마 모드 선택 :** 카메라 설정에서 파노라마 또는 Pano 모드를 선택한다. 몇몇 고급 드론 모델은 360도, 180도, 수평, 수직 등 다양한 유형의 파노라마 촬영 모드를 제공한다.

- **촬영 시작 :** 셔터 버튼을 눌러 촬영을 시작하면, 드론은 자동으로 여러 장의 사진을 찍는다.

- **이미지 병합 :** 촬영이 완료되면, 드론이나 드론의 앱이 자동으로 이 사진들을 하나의 파노라마 이미지로 병합한다. 몇몇 드론은 이 과정을 자동으로 수행하지만, 일부 드론은 이를 위해 별도의 소프트웨어를 사용해야 할 수 있다.

■ 파노라마 촬영 모드를 사용할 때 고려해야 할 주요 사항은 다음과 같다.

- **배터리 수명 :** 파노라마 촬영은 일반적으로 더 많은 시간과 배터리를 소모한다. 촬영이 중간에 중단되지 않도록 배터리를 미리 충분히 충전하고 필요한 경우 백업 배터리를 준비한다.

- **날씨 및 비행 조건 :** 강한 바람, 눈, 비 등의 날씨 조건은 드론의 비행과 사진 품질에 영향을 미칠 수 있다. 안전하고 효과적인 촬영을 위해 날씨를 미리 확인하고 적절한 비행 조건을 선택해야 한다.

- **이미지 편집 :** 자동으로 병합된 파노라마 이미지는 종종 추가적인 편집이 필요하다. 이를 위해 Adobe Photoshop, Lightroom 등의 이미지 편집 도구를 사용할 수 있다.

(6) 사진 _ 이미지 크기, 이미지 파일형식, 화이트밸런스, 스타일, 색

① Image Ratio(이미지 비율) : 드론에서 사용하는 Image ratio는 주로 사진의 가로와 세로의 비율을 나타낸다. 이 비율은 사진이 어떻게 보일지 결정하는 중요한 요소 중 하나이다. 대부분의 드론 카메라에서 사용하는 표준 이미지 비율은 3:2, 4:3 또는 16:9이며, Mavic 2 Pro도 지원한다.

이미지 비율은 촬영하는 주제와 의도 그리고 최종 출력 매체에 따라 선택해야 한다. 예를 들어, 사진을 인스타그램에 게시하려는 경우 1:1(정사각형) 또는 4:5(세로 모드) 비율을 선택하면 좋다. 다양한 이미지 비율을 실험해보고 가장 적합한 비율을 찾는 것이 좋다. 현재는 세로 촬영을 지원하는 드론도 있다. 이 비율들은 각각 다음과 같은 특징을 가지고 있다.

- **3:2** : 이 비율은 전통적인 35mm 필름 카메라에서 사용되던 표준 비율로, 여전히 많은 DSLR 카메라에서 기본으로 사용되는 비율이다. 이 비율은 풍경사진이나 인물사진 등 다양한 종류의 촬영에 적합하다.

- **4:3** : 이 비율은 보통 스마트폰 카메라와 일부 포인트 앤 샷 카메라에서 사용되며, 드론 카메라에서도 자주 사용된다. 이 비율은 사진을 인쇄하거나 디지털 액자에 표시할 때 좋다.

- **16:9** : 이 비율은 주로 비디오 촬영에 사용되며, HDTV와 대부분의 모니터에 사용하는 와이드 스크린 형식에 최적화되어 있다. 이 비율은 동영상 촬영에 적합하며, 동적이고 현대적인 느낌을 준다.

② Image Format : 드론 카메라에서는 주로 JPEG와 RAW 두 가지 형식의 이미지 포맷이 사용된다. Mavic 2 Pro의 경우에는 이미지 형식을 JPEG만 RAW(DNG)만, 또는 JPEG와 RAW(DNG) 모두 선택할 수 있다.

JPEG와 RAW를 동시에 선택하면, 카메라는 동일한 촬영에 대해 두 가지 형식의 파일을 모두 저장한다. 이는 편집에는 RAW 이미지를, 공유에는 JPEG 이미지를 사용하는 등 다양한 용도로 활용할 수 있다.

드론을 사용하여 사진을 촬영할 때는, 원하는 결과와 작업 흐름에 따라 적절한 이미지 형식을 선택해야 한다. JPEG는 사용이 간편하며 즉시 공유할 수 있는 이미지가 필요할 때 유용하며, RAW는 더 많은 이미지 편집과 조정을 필요로 할 때 더 나은 선택일 수 있다. Mavic 2 Pro 처럼 두 형식을 동시에 저장하는 기능을 제공하기도 한다. 이 두 형식은 각각 다음과 같은 특징을 가지고 있다.

- **JPEG(Joint Photographic Experts Group)** : JPEG는 가장 일반적으로 사용되는 이미지 형식 중 하나이다. 이 형식은 이미지를 압축하여 파일 크기를 줄이는 데 효과적이다. 그 결과로, JPEG 파일은 메모리 카드에 많은 양의 사진을 저장하는 데 유리하다. 그러나 이 압축 과정에서 이미지의 일부 정보가 손실될 수 있다는 점이 단점이지만 JPEG는 대부분의 장치에서 호환되고, 공유하기도 쉽다.

- **RAW(DNG)** : Digital Negative의 약자로, RAW 형식은 이미지 정보를 압축하지 않고 센서에서 직접 가져온다. 이것은 사진에 더 많은 정보를 유지하며, 사진 후처리 과정에서 더 큰 유연성을 제공하지만 하지만, RAW 파일은 JPEG에 비해 훨씬 큰 저장 공간을 차지하며, RAW 이미지를 보거나 편집하려면 전용 소프트웨어(예: Adobe Lightroom, Photoshop 등)가 필요하다.

③ White Blacnce : 드론 카메라에서 화이트 밸런스(White Balance)는 사진에서 색상의 정확도를 유지하는 데 중요한 역할을 한다. 이 설정은 다양한 조명 조건에서 촬영된 이미지에서 흰색과 다른 색상이 어떻게 표현되는지 결정한다.

기본적으로 Mavic 2 Pro는 AWB(자동 화이트 밸런스) 설정을 사용한다. 그러나 조명 조건에 따라 다른 화이트 밸런스 설정을 선택하는 것이 중요하며, 이렇게 함으로써 색상이 왜곡되는 것을 방지하고, 사진의 색상 정확도를 향상시킬 수 있다.

드론을 통한 촬영에서 화이트 밸런스를 올바르게 설정하는 것은 중요하다. 잘못된 화이트 밸런스 설정은 이미지에서 색상이 왜곡될 수 있기 때문이다. 그러나 이를 올바르게 설정하면, 사진에서 색상의 정확도와 풍부함을 높일 수 있다. RAW 형식으로 촬영할 경우, 후처리 과정에서 화이트 밸런스를 수정하는 것이 가능하지만, JPEG 형식으로 촬영할 경우에는 촬영 시점에서 화이트 밸런스를 올바르게 설정하는 것이 중요하다.

■ 드론 카메라에서는 두 가지 방법으로 화이트 밸런스를 설정할 수 있다.

• **자동 화이트 밸런스(Auto White Balance, AWB)** : 이 모드에서, 드론 카메라는 주변의 조명 조건을 분석하고 적절한 화이트 밸런스를 자동으로 설정한다. 이 모드는 촬영 조건이 빠르게 변하거나, 화이트 밸런스를 직접 설정하는 데에 불편함이 있는 사용자에게 유용하다.

• **수동 화이트 밸런스(Manual White Balance)** : 이 모드에서, 사용자는 Kelvin(K) 단위의 화이트 밸런스값을 직접 설정할 수 있다. 이는 특정 조명 조건에서 더 정확한 색상 표현을 위해 사용된다. 일반적으로, 낮은 Kelvin값은 더 따뜻한(주황색 계열) 이미지를, 높은 Kelvin값은 더 차가운(파란색 계열) 이미지를 생성한다.

■ Mavic 2 Pro 드론에서는 화이트 밸런스를 자동 또는 수동으로 설정할 수 있다. 화이트 밸런스를 설정하는 몇 가지 특정 모드는 다음과 같다.

• **Auto(AWB)** : 자동 화이트 밸런스는 드론 카메라가 현재의 조명 조건을 분석하고 화이트 밸런스를 자동으로 조정하도록 한다. 이 설정은 변동하는 조명 조건에서 적절하게 사용할 수 있다.

• **Sunny** : 이 설정은 일반적으로 맑은 날에 사용된다. 일광 화이트 밸런스는 대략적으로 5200K를 기준으로 한다.

• **Cloudy** : 이 설정은 대체로 흐린 날에 사용된다. 흐린 화이트 밸런스는 대략적으로 6000K를 기준으로 한다.

• **Incandescent** : 이 설정은 백열등 같은 텅스텐 조명에서 사용된다. 이러한 조명은 일반적으로 더 따뜻한 색상 온도를 가지므로, 이 설정은 화이트 밸런스를 높여 따뜻한 색조를 줄인다.

• **Custom** : 사용자 정의 모드에서는 사용자가 직접 화이트 밸런스값을 설정할 수 있다. Kelvin(K) 단위로 설정할 수 있으며, 보통 2000K에서 10000K 사이의 값을 설정할 수 있다.

④ Style : 드론에서 "스타일(Style)" 설정은 카메라가 이미지에 적용하는 색상, 콘트라스트, 채도 등을 조정한다.

각 드론 제조사는 다양한 스타일 프리셋을 제공할 수 있다. 예를 들어, DJI 드론은 "Standard", "Landscape", "Soft", "Custom" 등 다양한 스타일 옵션을 제공한다. 사용자는 이들 프리셋 중 하나를 선택하거나, 필요에 따라 직접 파라미터를 조정하여 사용자 정의 스타일을 생성할 수 있다.

Mavic 2 Pro도 카메라 설정에서 "스타일(Style)"은 이미지의 샤프니스, 콘트라스트, 채도를 각각 -3에서 +3의 범위로 조정될 수 있다.

스타일 설정은 촬영 환경과 촬영하는 주제, 그리고 개인적인 취향에 따라 다르게 설정될 수 있다. 그러므로 개인이 다양한 설정을 실험하고 가장 좋은 결과를 제공하는 설정을 찾는 것이 중요하다.

■ 일반적으로 스타일 설정은 샤프니스(Sharpness), 콘트라스트(Contrast), 채도(Saturation)의 세 가지 파라미터로 구성된다.

• **샤프니스(Sharpness)** : 이 설정은 이미지의 선명도를 조정한다. 높은 샤프니스 설정은 이미지의 세부 사항을 더욱 잘 드러내지만, 너무 높은 값은 이미지에 잡음을 더할 수 있다.

• **콘트라스트(Contrast)** : 콘트라스트는 이미지의 밝은 부분과 어두운 부분 사이의 차이를 조정한다. 높은 콘트라스트 설정은 이 차이를 더욱 확대하며, 낮은 설정은 이 차이를 줄인다.

• **채도(Saturation)** : 채도는 이미지의 색상 강도를 조정한다. 높은 채도 설정은 색상을 더욱 선명하게 만들며, 낮은 설정은 색상을 더욱 흐리게 만든다.

(7) 기타 : Save Original Panorama(원본 파노라마 사진 저장), Save Original Hyperlapse(원본 하이퍼랩스 사진 저장), Histogram, Lock Gimbal White Shooting(촬영 시 짐벌 고정), AFC(지속적 자동 초점), Auto Sync HD Photos(HD 사진 자동 동기화), Video Captions(동영상 캡션), Overexposure Warning(과노출 경고), Head LEDs Auto Turn Off(전방 LED 자동 끄기), Grid(그리드), Center Point(중심점), Anti-Flicker(깜빡임 방지 기능), Peaking Threshold(피크 최대값), File Index Mode(파일 인덱스 모드), Storage Location(저장 위치), Hyperlapse Video Frame(하이퍼랩스 영상 프레임), Reset Camera Settings(카메라 설정 초기화), Format SD Card(SD 카드 포맷), Format Internal Storage(내부 저장 포맷)

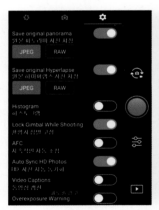 

① Save Original Panorama(원본 파노라마 사진 저장) : 드론이 촬영한 여러 사진을 합쳐 만든 파노라마 사진의 원본을 저장하는 기능을 말한다. 일반적으로 드론은 여러 장의 사진을 촬영하고, 이들을 하나의 파노라마 이미지로 합치는데 이 과정에서 각 사진을 일부 자르거나 왜곡하여 이미지가 서로 매끄럽게 이

어지도록 하는 스티칭(Stitching) 작업이 이루어진다.

■ Save Original Panorama 기능을 사용하면, 이렇게 스티칭된 파노라마 사진뿐만 아니라 스티칭하기 전의 각각의 원본 사진들도 저장할 수 있다. 이렇게 원본 사진을 각각 저장하는 이유는 다음과 같다.

• **후처리 유연성** : 원본 사진을 각각 보유하고 있으면, 나중에 다른 스티칭 소프트웨어를 사용하여 파노라마를 다시 만들거나, 각 사진을 개별적으로 후처리하는 등의 작업을 할 수 있다.

• **스티칭 오류 방지** : 드론이 자동으로 스티칭한 파노라마 사진에는 때때로 오류나 이상한 왜곡이 발생할 수 있다. 이런 경우, 원본 사진들을 이용해 수동으로 스티칭하거나 문제를 수정할 수 있다.

② Save Original Hyperlapse(원본 하이퍼랩스 사진 저장) : 하이퍼랩스 촬영 시 원본 이미지를 저장하는 기능을 말한다. 하이퍼랩스는 일정 시간 간격으로 촬영한 여러 장의 사진을 이어 붙여 만드는 타임랩스의 한 형태로, 이동 경로를 통해 시간의 경과를 보여주는 것이 특징이다.

■ Save Original Hyperlapse 기능을 사용하면, 하이퍼랩스 동영상뿐만 아니라 그 동영상을 구성하는 각각의 원본 사진들도 모두 저장하게 된다. 이를 통해 유저는 원하는 이미지를 개별적으로 보거나 편집할 수 있으며, 다른 하이퍼랩스 동영상을 만들기 위한 소스로 사용할 수 있다.

■ 원본 이미지를 모두 저장하게 되면 저장 공간이 많이 필요하므로, 충분한 저장 공간을 확보하고 시작하는 것이 좋다. 또한 원본 이미지를 모두 저장하면 하이퍼랩스의 생성 시간이 늘어날 수 있으므로 이 점을 고려할 필요가 있다.

■ 원본 하이퍼랩스 사진 저장 기능은 드론의 설정 메뉴에서 활성화하거나 비활성화할 수 있다. Mavic 2 Pro와 같은 고급 드론에서는 이 기능을 지원하며, 이를 통해 사용자는 본인이 원하는 방식으로 사진을 후처리하거나 다양하게 활용할 수 있게 된다.

③ Histogram : Histogram은 디지털 카메라나 이미지 편집 소프트웨어에서 종종 볼 수 있는 그래픽 도구로, 이미지의 픽셀 강도 분포를 시각적으로 보여준다. 이는 사진의 전반적인 노출 상태를 평가하는데 도움이 된다.

■ Histogram은 주로 가로축에 픽셀 강도(빛의 밝기 또는 색상 강도), 세로축에 해당 강도를 가진 픽셀의 수를 나타내는 형태로 그려진다. 히스토그램의 왼쪽 끝은 검은색(최저 강도), 오른쪽 끝은 흰색(최대 강도)을 나타내며, 중간은 중간 톤(그레이스케일)을 나타낸다.

■ 히스토그램을 통해 이미지의 노출을 평가하면 다음과 같은 정보를 얻을 수 있다.

• **밝기의 분포** : 히스토그램의 모양은 이미지의 밝기 분포를 보여준다. 예를 들어, 히스토그램이 왼쪽에 더 많이 치우쳐 있으면 이미지가 전반적으로 어둡다는 것을 의미하며, 오른쪽에 치우쳐 있으면 이미지가 전반적으로 밝다는 것을 의미한다.

• **하이라이트와 섀도우** : 히스토그램의 양 끝은 이미지의 하이라이트(밝은 부분)와 섀도우(어두운 부분)를 보여준다. 히스토그램이 왼쪽 끝이나 오른쪽 끝에 치우쳐 있으면, 섀도우 또는 하이라이트 부분에서 디테일을 잃고 있을 가능성이 높다. 이를 '클리핑'이라고 하며, 이런 상황에서는 카메라의

노출 설정을 조절해야 한다.

■ 드론 카메라에서도 히스토그램 기능을 제공하는 경우가 많다. 특히 DJI의 고급 드론들은 카메라 뷰파인더에서 실시간 히스토그램을 보여주어, 촬영 전에 노출을 정확하게 조절하는 데 도움을 준다. 이 기능은 드론의 카메라 설정 메뉴에서 활성화하거나 비활성화할 수 있다.

④ Lock Gimbal White Shooting(촬영 시 짐벌 고정) : 드론의 카메라를 안정적으로 유지하고, 원하는 구도를 유지하게 하는 중요한 기능이다.

■ 짐벌은 카메라를 고정하고, 드론이 움직임에 따라 카메라가 움직이지 않도록 하는 장치로써 이를 통해 카메라가 흔들리지 않고 부드럽게 이동하며, 고정된 시점에서 촬영할 수 있다.

■ Lock Gimbal While Shooting은 특히 하이퍼랩스 또는 타임랩스 촬영과 같이 긴 시간 동안 동일한 카메라 각도를 유지해야 하는 상황에서 유용하다. 이 기능을 활성화하면, 카메라가 지정된 방향을 유지하고 드론의 움직임에 영향을 받지 않는다.

■ 이 기능은 Mavic 2 Pro 등에서 사용할 수 있으며, 기능을 사용하려면, 드론의 카메라 설정 메뉴에서 이 기능을 활성화해야 한다. 다만, 이 기능을 사용할 때는 주변 환경을 주의 깊게 확인하고, 드론의 움직임에 따라 카메라가 충돌하지 않도록 주의가 필요하다.

⑤ AFC(지속적 자동 초점) : AFC(Auto Focus Continuous) 또는 지속적 자동 초점은 카메라가 주제에 계속 초점을 맞추는 모드이다. 이는 움직이는 주제에 초점을 맞추거나, 카메라나 주제가 지속적으로 움직이는 상황에 유용하다.

■ 드론 카메라에서 AFC를 사용하면, 움직이는 대상을 계속 촬영하거나, 드론이 이동하면서 변화하는 풍경을 촬영할 때 초점이 맞도록 도와준다. 예를 들어, 드론을 사용하여 자동차 경주나 운동 선수를 촬영할 때 AFC는 카메라가 움직이는 대상에 계속 초점을 맞출 수 있게 해준다.

■ Mavic 2 Pro와 같은 고급 드론 모델에서는 AFC 기능을 제공한다. 이 기능을 사용하려면, 드론의 카메라 설정 메뉴에서 이 기능을 활성화하거나 비활성화할 수 있다.

■ AFC를 사용할 때에는 대상이 너무 빨리 움직이거나, 너무 가까이 오거나 멀어지지 않게 주의해야 한다. 이러한 상황에서는 카메라가 초점을 놓칠 수 있다. 또한 드론의 배터리 상태와 날씨, 조명 등 외부 환경도 AFC의 성능에 영향을 줄 수 있으므로 이 점도 고려해야 한다.

⑥ Auto Sync HD Photos(HD 사진 자동 동기화) : 드론이 촬영한 고화질 사진을 자동으로 동기화하여 저장하는 기능을 말한다.

■ 이 기능을 활성화하면, 드론이 촬영한 사진들이 자동으로 연결된 스마트폰이나 태블릿에 고화질 형태로 전송되고 저장된다. 이는 촬영 후에 고화질 사진을 즉시 확인하고 편집할 수 있는 큰 장점을 제공하며, 사진이 드론에서 손실되는 것을 방지하는 중요한 백업 기능을 수행한다.

■ 이 기능은 Mavic 2 Pro 같은 고급 드론 모델에서 사용할 수 있으며, 이 기능을 활성화하려면 드론의 카메라 설정 메뉴에서 이 옵션을 찾아 활성화하면 된다.

■ 하지만 이 기능을 사용하려면 드론과 연결된 스마트폰이나 태블릿에 충분한 저장 공간이 있어야 하며, 전송 과정에서 배터리 소모가 늘어나므로 이 점도 고려해야 한다.

⑦ Video Captions(동영상 캡션) : 동영상에 메타데이터를 자동으로 포함하는 옵션이다.

■ 이 메타데이터는 촬영 정보(예: 날짜, 시간, 카메라 설정 등)와 같은 중요한 정보를 제공한다. 이러한 정보는 촬영을 분석하거나 나중에 편집할 때 유용할 수 있다.

■ 이 기능은 Mavic 2 Pro 같은 고급 드론 모델에서 사용할 수 있으며, 동영상 캡션 기능을 활성화하면, 촬영한 동영상에 특정 정보가 자동으로 추가되며, 이 정보는 나중에 동영상 편집 소프트웨어에서 확인할 수 있다.

■ 이 기능을 사용하려면, 드론의 카메라 설정 메뉴에서 이 기능을 찾아 활성화해야 한다. 다만, 이 기능은 추가적인 메모리를 사용하므로, 저장 공간을 효율적으로 관리하는 것이 중요하다. 또한 메타데이터가 실제 동영상 화면에 표시되지 않도록 주의해야 한다.

⑧ Overexposure Warning(과노출 경고) : 사진이나 동영상에서 특정 영역이 너무 밝아 정보가 손실되는 경우를 알려주는 기능이다. 이 기능은 카메라의 LCD 화면이나 뷰파인더에서 보통 '점선' 또는 '얼룩' 형태로 표시된다.

■ 드론에서 이 기능을 사용하면, 실시간으로 과노출되는 영역을 확인하고 카메라 설정을 조정하여 올바른 노출을 얻을 수 있으며, 특히 밝은 환경에서 촬영할 때 또는 대조가 큰 장면에서 유용하다.

■ Mavic 2 Pro 같은 고급 드론 모델에서 이 기능을 제공하며, 이 기능을 사용하려면 드론의 카메라 설정 메뉴에서 이 기능을 찾아 활성화하면 된다.

■ 다만, 과노출 경고는 참고 도구일 뿐, 모든 장면에서 완벽한 노출을 보장하지는 않는다. 때로는 의도적으로 특정 영역을 과노출하거나 언더노출하는 등 노출을 조절하여 원하는 효과를 얻을 수도 있다. 따라서 이 기능은 다른 카메라 설정과 함께 적절히 사용해야 한다.

⑨ Head LEDs Auto Turn Off(전방 LED 자동 끄기) : 드론이 촬영을 시작할 때 전방에 위치한 LED 라이트를 자동으로 끄는 기능이다.

■ 이 기능은 촬영 시 LED 라이트가 카메라에 반사되어 영상에 불필요한 광선이 들어가는 것을 방지한다.

■ Mavic 2 Pro와 같은 고급 모델들은 이 기능을 제공하며 이 기능을 활성화하면 드론이 촬영을 시작할 때 LED 라이트가 자동으로 꺼져, 카메라가 촬영하는 영상에 LED 라이트의 반사 또는 광선이 나타나지 않는다.

■ 이 기능을 활성화하려면, 드론의 카메라 설정 메뉴에서 해당 옵션을 찾아 활성화할 수 있다. 이 기능은 촬영 품질을 향상시키는 데 도움이 될 수 있지만, LED 라이트가 꺼진 상태에서는 드론의 위치나 방향을 확인하기 어려울 수 있으므로 주의가 필요하다.

⑩ Grid(그리드) : 카메라의 뷰파인더나 LCD 화면에 격자 모양의 라인을 표시하여, 사진이나 동영상을 촬영할 때 구도를 잡는 데 도움을 준다.

- 그리드 라인은 '삼분의 법칙'을 적용하거나 수평선을 맞추는 등의 다양한 촬영 기법을 쉽게 적용할 수 있게 도와준다.

- 드론의 카메라 설정에서 그리드 기능을 활성화하면, 실시간으로 화면에 그리드 라인이 표시되므로 촬영 구도를 더 정확하게 설정할 수 있다. Mavic 2 Pro와 같은 고급 모델들은 이 기능을 제공한다.

- 이 기능을 사용하려면, 드론의 카메라 설정 메뉴에서 그리드 옵션을 찾아 활성화할 수 있다. 그리드 라인은 촬영된 사진이나 동영상에는 나타나지 않으며, 촬영을 돕는 참고 도구일 뿐이다. 따라서 그리드 라인을 기준으로 구도를 잡았다고 해서 항상 완벽한 사진을 얻을 수 있는 것은 아니며, 다양한 촬영 기법과 함께 적절히 활용해야 한다.

⑪ Center Point(중심점) : 카메라의 뷰파인더나 LCD 화면의 중앙에 표시되는 마크나 기호이다. 이 기능은 사진이나 동영상을 촬영할 때 주요한 대상이나 장면을 정확하게 중심에 놓도록 도와준다.

- 드론 카메라의 설정 메뉴에서 중심점 옵션을 활성화하면 실시간으로 화면의 중앙에 마크나 기호가 표시되며, 이를 통해 촬영 대상을 정확하게 프레임의 중앙에 배치할 수 있다.

- Mavic 2 Pro와 같은 DJI 드론은 다양한 중심점 옵션을 제공한다. 사용자는 다양한 모양과 크기의 중심점 중에서 선택하여 사용할 수 있다.

- 중심점 기능은 특히 정적인 대상을 촬영하거나, 특정 대상을 정확하게 프레임의 중앙에 놓아야 하는 촬영 상황에서 유용하게 활용할 수 있다. 하지만 모든 상황에서 대상을 중앙에 놓는 것이 최선의 구도가 아닐 수 있으므로, 다양한 촬영 기법과 함께 적절하게 활용하는 것이 중요하다.

⑫ Anti-Flicker(깜빡임 방지 기능) : 카메라가 특정 빛원에서 발생하는 깜빡임 현상을 감지하고 자동으로 줄이는 기능이다.

- 이 깜빡임 현상은 주로 플루오레센트 라이트나 LED 라이트 같은 인공 광원에서 발생하며, 이런 빛원은 특정 주파수로 깜빡이는 경향이 있다. 이때 카메라의 셔터 스피드가 빛의 깜빡임 주파수와 동기화되지 않으면, 동영상에 깜빡거리는 불규칙한 밝기 변화가 나타날 수 있다.

- Anti-Flicker 기능은 이런 문제를 방지하기 위해 카메라가 셔터 스피드를 자동으로 조정하여 깜빡임을 최소화한다.

- Mavic 2 Pro와 같은 DJI 드론은 이 Anti-Flicker 기능을 제공하며, 드론의 카메라 설정 메뉴에서 Anti-Flicker 옵션을 찾아 활성화할 수 있다. 일반적으로 'Auto', '50Hz', '60Hz' 등의 옵션을 제공하며, 'Auto' 설정을 선택하면 드론이 자동으로 깜빡임을 감지하고 조정한다.

- 그러나 이 기능은 인공 광원에서 발생하는 깜빡임 현상만을 감지하고 조정하므로, 자연광에서의 촬영에는 큰 영향을 주지 않는다. 또한 깜빡임 현상이 심각한 경우에는 Anti-Flicker 기능만으로 완전히 해결되지 않을 수도 있다.

⑬ **Peaking Threshold(피킹 임대치)** : 포커스 피킹 기능과 관련된 설정이다. 포커스 피킹은 카메라의 뷰 파인더나 LCD 화면에서 초점이 맞는 부분을 강조하여 보여주는 기능으로, 특히 수동 초점 모드에서 초점을 맞추는 데 매우 유용하다.

- 포커스 피킹 기능을 활성화하면 초점이 맞는 부분에 컬러 테두리(보통 빨간색, 녹색, 또는 흰색)가 표시되며, 이 테두리의 강도는 피킹 임계치 설정에 따라 달라진다.

- Peaking Threshold 설정은 이 컬러 테두리가 얼마나 강하게 표시될지를 결정한다. 임계치가 높게 설정되면, 초점이 더욱 정확하게 맞아야 컬러 테두리가 표시된다. 반대로 임계치가 낮게 설정되면, 초점이 조금만 맞아도 컬러 테두리가 표시된다.

- 따라서 Peaking Threshold 설정은 자신의 촬영 스타일과 환경에 따라 적절히 조절하는 것이 중요하다. 임계치가 너무 높으면 초점을 맞추는 것이 어려울 수 있고, 임계치가 너무 낮으면 초점이 흐릿한 부분까지도 초점이 맞는 것처럼 보일 수 있다.

- 주의할 점은, 피킹 임계치는 포커스 피킹 기능의 도움을 받아 초점을 맞추는 데 사용되는 도구일 뿐, 실제 촬영된 사진이나 동영상에는 나타나지 않는다는 것이다.

⑭ **File Index Mode(파일 인덱스 모드)** : 메라가 새로운 사진이나 동영상을 촬영할 때마다 파일 이름을 어떻게 지정할지를 결정하는 설정이다.

- Mavic 2 Pro와 같은 DJI 드론은 일반적으로 'Reset'과 'Continuous', 두 가지 파일 인덱스 모드를 제공한다.

- 'Reset': 이 모드가 선택되면, 드론의 메모리 카드를 교체하거나 포맷할 때마다 파일 인덱스가 리셋된다. 예를 들어, 메모리 카드를 포맷하면 다음 촬영 파일의 이름은 다시 '0001'부터 시작한다.

- 'Continuous': 이 모드가 선택되면, 드론은 새로운 파일을 촬영할 때마다 파일 인덱스를 계속해서 증가시킨다. 메모리 카드를 교체하거나 포맷하더라도 파일 인덱스는 리셋되지 않는다. 예를 들어, 마지막으로 촬영한 파일의 이름이 '0070'이었다면, 다음 촬영 파일의 이름은 '0071'이 된다.

- 어떤 모드를 선택할지는 사용자의 촬영 습관과 워크플로우에 따라 달라진다. 예를 들어, 메모리 카드를 자주 교체하거나 포맷하는 경우에는 'Reset' 모드가 더 적합할 수 있고, 여러 메모리 카드에 걸쳐 촬영한 파일을 관리하고자 하는 경우에는 'Continuous' 모드가 더 유용할 수 있을 것이다.

⑮ **Storage Location(저장 위치)** : 드론에서 촬영한 사진과 동영상을 어디에 저장할지를 결정한다.

- Mavic 2 Pro와 같은 DJI 드론은 일반적으로 'Internal Storage'와 'SD Card', 두 가지 저장 위치를 제공한다.

  - **'Internal Storage'** : 이 위치를 선택하면, 촬영한 사진과 동영상이 드론의 내장 메모리에 저장된다. Mavic 2 Pro는 8GB의 내장 메모리를 제공한다.

  - **'SD Card'** : 이 위치를 선택하면, 촬영한 사진과 동영상이 외부 SD 카드에 저장된다. 사용자는 별도로 구매한 SD 카드를 드론에 삽입하여 사용할 수 있다.

- 어떤 위치에 저장할지는 사용자의 필요에 따라 선택하면 된다. 예를 들어, 오랫동안 촬영을 하거나 고해상도 촬영을 하는 경우에는 더 많은 저장 공간을 제공하는 SD 카드에 저장하는 것이 좋을 수 있다. 반면에 가볍게 촬영을 하거나 긴급한 경우에는 내장 메모리에 저장하는 것이 편리할 수 있다.

- 특히, 드론을 사용하여 중요한 촬영을 할 경우에는 촬영 내용을 안전하게 보관하기 위해 외부 SD 카드에 저장하고, 촬영이 끝난 후에는 SD 카드를 안전하게 보관하는 것이 좋다.

⑯ Hyperlapse Video Frame(하이퍼랩스 영상 프레임) : 하이퍼랩스(Hyperlapse) 촬영 모드에서 생성되는 비디오의 프레임 속도를 결정한다.

- 하이퍼랩스는 시간의 경과를 압축하여 표현하는 시간 경과 영상의 한 형태로, 드론이 느리게 이동하면서 주기적으로 사진을 촬영하고, 이들 사진을 연속적인 동영상으로 만드는 방식으로 생성된다.

- 프레임 속도는 비디오가 얼마나 부드럽게 재생되는지를 결정한다. 초당 프레임 수(Frames Per Second, FPS)로 표시되며, 높은 프레임 속도는 비디오가 더 부드럽게 보이게 만든다. 그러나 높은 프레임 속도는 더 많은 데이터를 필요로 하므로, 저장 공간과 비디오 편집 용량을 고려해야 한다.

- Mavic 2 Pro와 같은 드론은 하이퍼랩스 촬영 모드에서 다양한 프레임 속도 옵션을 제공할 수 있다. 예를 들어, 24fps, 25fps, 30fps 등의 옵션을 선택할 수 있을 것이다. 옵션은 드론의 펌웨어 버전 및 사용자의 지역 설정에 따라 다를 수 있다.

- 따라서 어떤 프레임 속도를 선택할지는 원하는 비디오의 외관, 사용 가능한 저장 공간, 비디오 편집 용량 등을 고려하여 결정해야 한다.

⑰ Reset Camera Settings(카메라 설정 초기화) : 드론의 카메라 설정을 기본 상태로 되돌리는 기능이다.

- 이 설정을 사용하면, 사용자가 직접 변경한 모든 카메라 설정(화이트 밸런스, 셔터 속도, ISO, 등)이 제조업체의 기본 설정값으로 복원된다.

- 이 기능은 여러 가지 이유로 유용할 수 있다.

  - 사용자가 다양한 설정을 변경해본 후 원래 상태로 되돌리고 싶을 때

  - 카메라 설정이 이상하게 동작하거나 문제가 생겼을 때

  - 다른 사람이 사용하도록 드론을 빌려주거나 팔 때

- 하지만 이 설정을 사용하기 전에, 현재 카메라 설정을 유지하고 싶다면 반드시 설정을 기록하거나 백업해두어야 한다. 설정을 초기화하면 이전에 설정한 모든 정보가 삭제되므로, 초기화 이후에는 이전 설정을 복원할 수 없다.

⑱ Format SD Card(SD 카드 포맷) : SD 카드에 저장된 모든 데이터를 삭제하고, SD 카드를 처음 구매했을 때의 상태로 초기화한다.

- 이 기능은 SD 카드에 문제가 생겼을 때 또는 SD 카드의 저장 공간을 모두 확보하고 싶을 때 유용하게 사용할 수 있다.

■ 다음과 같은 경우에 SD 카드 포맷을 고려할 수 있다.

• SD 카드에 저장 공간이 부족하거나, 불필요한 파일로 인해 SD 카드가 가득 찬 경우

• SD 카드에 오류가 발생한 경우

• 다른 장치에서 SD 카드를 사용하기 전에 모든 데이터를 삭제하고 싶은 경우

■ 그러나 SD 카드를 포맷하기 전에, SD 카드에 저장된 중요한 파일이 없는지 반드시 확인해야 한다. SD 카드를 포맷하면, SD 카드에 저장된 모든 데이터가 영구적으로 삭제되어 복구할 수 없게 되므로, 중요한 파일을 백업하지 않고 SD 카드를 포맷하면, 중요한 파일을 영구적으로 잃어버릴 수 있다.

■ 마지막으로, SD 카드를 포맷하는 과정에서는 드론의 전원이 꺼지지 않도록 주의해야 한다. 전원이 꺼지면 SD 카드에 손상이 발생할 수 있다. 따라서 충분한 배터리 용량이 확보되어 있는지 확인하고, 안전한 곳에서 SD 카드를 포맷해야 한다.

⑲ Format Internal Storage(내부 저장 포맷) : 드론의 내부 저장 공간에 저장된 모든 데이터를 삭제하고, 내부 저장 공간을 처음 구매했을 때의 상태로 초기화하는 기능이다. 이 기능은 내부 저장 공간에 문제가 생겼을 때 또는 내부 저장 공간의 저장 용량을 모두 확보하고 싶을 때 유용하게 사용할 수 있다.

■ 다음과 같은 경우에 내부 저장 공간 포맷을 고려할 수 있다.

• 내부 저장 공간에 저장 공간이 부족하거나, 불필요한 파일로 인해 내부 저장 공간이 가득 찬 경우

• 내부 저장 공간에 오류가 발생한 경우

• 다른 사용자에게 드론을 팔거나 대여하기 전에 모든 데이터를 삭제하고 싶은 경우

■ 하지만 내부 저장 공간을 포맷하기 전에, 내부 저장 공간에 저장된 중요한 파일이 없는지 반드시 확인해야 한다. 내부 저장 공간을 포맷하면, 저장된 모든 데이터가 영구적으로 삭제되어 복구할 수 없게 된다. 따라서 중요한 파일을 백업하지 않고 내부 저장 공간을 포맷하면, 중요한 파일을 영구적으로 잃어버릴 수 있다.

■ 마지막으로, 내부 저장 공간을 포맷하는 과정에서는 드론의 전원이 꺼지지 않도록 주의해야 한다. 전원이 꺼지면 내부 저장 공간에 손상이 발생할 수 있다. 따라서 충분한 배터리 용량이 확보되어 있는지 확인하고, 안전한 곳에서 내부 저장 공간을 포맷해야 한다.

**18) 재생 :** ▶ 탭하여 재생으로 이동하여 촬영과 동시에 사진과 동영상을 미리 볼 수 있다.

(1) DJI 드론의 조종기에 있는 재생 버튼은 사용자가 드론의 카메라로 촬영한 이미지와 비디오를 실시간으로 확인하고 검토하는 기능을 제공한다. 이 버튼을 누르면, 조종기의 화면에 드론이 저장한 사진과 영상이 표시되며, 이를 통해 촬영한 내용을 확인하고, 필요한 경우 다시 촬영할 수 있다.

(2) 이 기능은 특히 촬영 중인 사진이나 비디오의 질을 실시간으로 확인하고, 조명, 각도, 구도 등을 조정해야 하는 프로페셔널 사진작가나 비디오 제작자에게 유용하다.

(3) 이 재생 기능은 일부 모델에서는 SD 카드에 직접 저장된 콘텐츠를 보여주고, 다른 모델에서는 드론의 카메라에서 실시간으로 스트리밍되는 콘텐츠를 보여준다. 어떤 경우에도 이 기능을 통해 사용자는 즉시 자신이 촬영한 사진이나 비디오를 검토하고 평가할 수 있다.

## 19) 비행 원격 측정

(1) D : 기체와 홈포인트 사이의 거리를 나타낸다.

　　H : 홈포인트로부터의 높이를 나타낸다.

　　HS : 기체 수평 속도를 나타낸다.

　　VS : 기체 수직 속도를 나타낸다.

(2) 조종기 화면에 표시되는 D, H, HS, VS에 대한 이해

　　① DJI의 드론 조종기는 사용자에게 거리, 높이, 수평 속도, 수직 속도와 같은 중요한 비행 정보를 실시간으로 제공한다.

　　　　■ **거리** : 이는 조종기와 드론 간의 거리를 나타낸다. 이 정보는 안전한 비행을 위해 중요하며, 드론이 조종 가능한 범위 내에 있는지 확인하는 데 사용된다.

　　　　■ **높이** : 이는 드론의 현재 고도를 나타낸다. 이는 일반적으로 드론이 출발한 지점에 대한 상대적인 높이로 표시된다. 고도 정보는 드론이 안전하게 날고 있는지, 고도 제한을 준수하고 있는지 확인하는 데 필요하다.

　　　　■ **수평 속도** : 이는 드론이 지상에 대해 얼마나 빠르게 이동하고 있는지를 나타낸다. 이는 일반적으로 시간당 킬로미터(km/h) 또는 시간당 마일(mph)로 표시된다. 비행 동안에는 드론의 수평 속도를 계속 모니터링하고 필요에 따라 조절해야 한다.

　　　　■ **수직 속도** : 이는 드론이 상승 또는 하강하고 있는 속도를 나타낸다. 수직 속도도 시간당 킬로미터(km/h) 또는 시간당 마일(mph)로 표시된다. 드론이 안전하게 상승하고 하강하고 있는지 확인하기 위해 수직 속도를 모니터링해야 한다.

　　② DJI 조종기의 디스플레이는 이러한 정보를 사용자에게 명확하게 전달하도록 설계되어 있다. 모든 정보는 실시간으로 업데이트되며, 이를 통해 조종사는 드론의 비행 상태를 즉시 파악하고 필요한 조치를 취할 수 있다.

## 20) 지도 : 탭하여 지도를 볼 수 있다.

(1) DJI 드론 조종기의 화면에 표시되는 지도는 여러 가지 목적으로 사용된다.

　　① **비행 경로 계획** : 사용자는 지도 위에 경로를 그려 드론이 해당 경로를 따라 비행하도록 계획할 수 있다. 이 기능은 특히 사전에 정의된 비행 경로를 따라야 하는 상황에서 유용하다.

② **드론의 위치 파악** : 지도는 실시간으로 드론의 현재 위치를 보여준다. 이는 특히 드론이 시야에서 사라졌을 때 드론의 위치를 파악하는 데 매우 유용하다.

③ **홈 포인트 설정 및 반환** : 홈 포인트는 드론의 출발지를 말한다. 만약 드론과의 연결이 끊어지거나 배터리가 부족할 경우, 드론은 자동으로 홈 포인트로 돌아온다. 이 홈 포인트는 지도 위에서 설정하고 확인할 수 있다.

④ **지리적 특성 파악** : 사용자는 지도를 통해 비행할 영역의 지형 및 주변의 특성(건물, 나무, 전선 등)을 파악할 수 있다. 이는 안전한 비행을 위해 중요한 정보를 제공한다.

(2) DJI의 조종기는 보통 위성 지도 또는 일반 지도 두 가지 모드를 제공한다. 위성 지도 모드는 더욱 상세한 정보를 제공하므로, 복잡한 지형에서 비행할 때 유용하며, 일반 지도 모드는 덜 복잡하지만, 전반적인 경로 계획이나 대략적인 위치 파악에 유용하게 쓰인다.

**21) APAS(Advanced Pilot Assistance Systems, 고급 파일럿 보조 시스템) :** 탭하여 APAS 기능을 활성화/비활성화한다.

(1) 전방 및 후방 비전 시스템이 비활성화되어 있거나 사용할 수 없는 경우에는 APAS 기능이 비활성화된다.

(2) DJI APAS는 자동 피할 기능으로, 드론이 장애물을 감지하고 자동으로 회피하도록 도와준다. 이 기능은 비행 중에 안전한 비행 경로를 유지하고, 충돌을 방지하기 위해 설계되었다.

(3) APAS는 다양한 센서와 알고리즘을 사용하여 드론 주변의 장애물을 감지한다. 주로 전면, 후면 및 측면에 위치한 비전 센서, 초음파 센서, LiDAR(라이다) 등이 사용된다. 이 센서들은 드론 주변의 물체와의 거리, 속도 및 방향을 측정하여 장애물과의 충돌 위험을 평가한다.

(4) APAS 기능을 사용하면 드론이 장애물을 감지하고 자동으로 회피 동작을 수행한다. 예를 들어, 드론이 장애물과 비행 경로가 교차되는 상황에서는 장애물을 피하기 위해 자동으로 회피 비행 경로를 선택한다. 이를 통해 드론이 안전하게 비행하면서 사용자의 간섭 없이 장애물을 회피할 수 있다.

(5) APAS는 비숙련된 조종자나 복잡한 환경에서 특히 유용하다. 그러나 항상 주의해야 한다. 모든 장애물을 감지하거나 피할 수 있는 완벽한 시스템은 아니기 때문이다. 작은 물체, 투명한 장애물, 빠른 속도로 움직이는 장애물은 센서에 의해 감지되지 않을 수 있다. 따라서 조종사는 항상 주변 환경을 주의 깊게 관찰하고 필요한 경우 수동으로 제어를 해야 한다.

(6) APAS 기능은 DJI의 일부 드론 모델에서 사용할 수 있으며, 비행 환경에 따라 사용자가 활성화 또는 비활성화할 수 있다.

**22) 인텔리전트 플라이트 모드 :**  탭하여 인텔리전트 플라이트 모드를 선택한다.

(1) DJI의 드론은 여러 가지 "인텔리전트 플라이트 모드"를 제공하며, 이들 모드는 자동화된 비행과 촬영 기능을 제공해 사용자에게 다양한 도움을 준다. 다음은 DJI 드론의 몇 가지 인텔리전트 플라이트 모드에 대한 설명이다.

① 액티브트랙(ActiveTrack) : 이 모드를 사용하면 드론이 특정 대상을 자동으로 추적하고 카메라를 대상에 초점을 맞추도록 할 수 있다. 이는 움직이는 대상을 촬영할 때 특히 유용하다.

② 포인트 오브 인터레스트(Point of Interest) : 이 모드를 사용하면 드론이 특정 지점을 중심으로 원형 경로를 따라 비행하면서 카메라를 중심에 맞춘다. 이는 건물이나 특정 장소를 중심으로 360도 비디오를 촬영하는 데 유용하다.

③ 웨이포인트(Waypoints) : 이 모드를 사용하면 사용자는 드론이 따라가야 하는 특정 경로를 사전에 설정할 수 있다. 드론은 설정된 경로를 따라 자동으로 비행하며, 각 웨이포인트에서 특정 동작을 수행할 수 있도록 설정할 수 있다.

④ 트립샷(Tripod) : 이 모드는 드론이 매우 천천히 움직이며, 고정된 카메라처럼 작동하도록 한다. 이는 매우 안정적인 비디오 촬영을 가능하게 하며, 특히 섬세한 촬영에 유용하다.

⑤ 팔로우미(Follow Me) : 이 모드를 사용하면 드론이 사용자를 자동으로 추적하고 촬영한다. 사용자가 움직일 때마다 드론도 같이 움직이므로, 이동 중인 사용자를 촬영하는 데 유용하다.

(2) 이러한 인텔리전트 플라이트 모드는 사용자가 특정 상황에 맞게 드론을 쉽게 조정하고, 효과적인 사진이나 비디오를 촬영할 수 있도록 돕는다. 각 모드는 특정 상황에 최적화되어 있으므로, 적절한 모드를 선택하는 것이 중요하다.

**23) 스마트 RTH :** 🏠 탭하여 스마트 RTH 절차를 시작하고 마지막으로 기록된 홈포인트로 기체를 돌려보낸다.

(1) DJI 촬영용 드론의 스마트 RTH(Return to Home) 기능은 드론이 자동으로 출발지로 안전하게 되돌아가는 기능이다. 이 기능은 비행 중에 드론과 연결이 끊어지거나 배터리가 부족할 때 등의 상황에서 유용하게 사용된다.

(2) 스마트 RTH 기능은 다음과 같은 동작을 수행한다.

① **자동 복귀** : 스마트 RTH를 활성화하면 드론은 현재 위치에서 출발지로 자동으로 돌아간다. 이때 드론은 최적의 경로를 선택하여 안전하게 이동한다.

② **장애물 회피** : 스마트 RTH 기능은 드론이 자동으로 장애물을 회피하도록 도와준다. 비행 중에 장애물이 감지되면 드론은 회피 비행 경로를 선택하여 충돌을 피한다.

③ **자동 착륙** : 드론이 출발지에 근접하면, 스마트 RTH는 자동으로 착륙을 시작한다. 이때 드론은 안전하게 착륙하기 위해 이착륙 장소를 정확하게 조정한다.

(3) 스마트 RTH 기능은 DJI 드론의 안전성과 사용자 경험을 향상시키는 데 중요한 역할을 한다. 그러나 항상 주의해야 한다. 이 기능을 사용하기 전에는 주변 환경을 신중하게 평가하고, 드론이 안전하게 착지할 수 있는 장소를 확인해야 한다. 또한 스마트 RTH 기능은 GPS 신호와 관련이 있으므로 드론이 GPS 신호를 받을 수 있는 열린 공간에서 사용하는 것이 좋다.

**24) 자동 이륙/착륙 :** 🛫 / 🛬 탭하여 자동 이륙 또는 착륙을 시작한다.

(1) DJI 촬영용 드론은 자동 이륙 및 자동 착륙 기능을 제공하여 사용자가 편리하게 드론을 이동시키고 안전하게 이륙 및 착륙할 수 있도록 지원한다.

① **자동 이륙** : 드론을 이륙시키기 위해 일반적으로는 드론의 전원을 켠 후에는 사용자가 조종기에서 이륙 명령을 내려야 한다. 그러나 일부 DJI 드론 모델에서는 자동 이륙 기능이 제공된다. 사용자가 자동 이륙 기능을 사용하면 드론은 이륙 준비를 마친 후에 자동으로 이륙한다. 이러한 기능은 특히 비행 초기에 편리하며, 사용자가 드론을 수동으로 이륙시킬 필요가 없다.

② **자동 착륙** : 자동 착륙 기능은 드론을 안전하게 착륙시키는 데 도움을 준다. 사용자가 자동 착륙 기능을 활성화하면 드론은 현재 위치에서 안전한 착륙 지점을 찾아가기 위해 내장된 센서와 GPS를 사용한다. 드론은 착륙을 시작하고 안전하게 착지할 때까지 이러한 기능을 사용하여 착륙 과정을 자동으로 수행한다.

(2) 자동 이륙 및 자동 착륙 기능은 DJI 드론의 안전성과 사용자 편의성을 높이기 위해 개발된 기능이다. 그러나 항상 주의해야 한다. 사용하기 전에 주변 환경을 확인하고, 드론이 안전하게 착지할 수 있는 장소를 선택하는 것이 중요하다. 또한 자동 이륙 및 착륙 기능을 사용할 때에도 드론을 주시하고 조종하는 것이 좋다.

**25) HOME :** *dji* 탭하여 기본 메뉴로 돌아온다.

## CHAPTER
# 05 DJI Fly 앱 화면 및 기능 상세 설명

**1. 설명 기체 :** Mavic 3 Pro

### 1) 홈

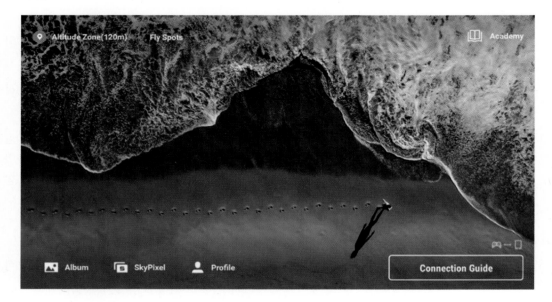

(1) DJI Fly를 실행하고 홈 화면으로 들어간다.

(2) 비행 인기 지역 : 인근의 비행 및 촬영 장소를 보거나 공유하고, GEO 구역에 관해 자세히 알아보고, 다른 사용자가 찍은 여러 장소의 공중사진을 찾아볼 수 있다.

(3) 아카데미 : 아카데미에 들어가면 제품 튜토리얼, 비행 팁, 비행 안전 고지, 매뉴얼 문서를 읽을 수 있다.

(4) 앨범 : 기체 앨범 또는 로컬 기기에 저장된 사진과 동영상을 볼 수 있다. 제작을 한 번 누르고 템플릿 또는 프로를 선택한다. 템플릿은 가져온 영상에 대한 자동 편집 기능을 제공한다. 고급은 사용자가 수동으로 영상을 편집할 수 있도록 한다.

(5) SkyPixel : 다른 사용자가 공유하는 동영상과 사진을 보려면 SkyPixel로 이동하면 된다.

(6) 프로필 : 계정 정보 및 비행기록을 보고, DJI 포럼 및 온라인 스토어를 방문하고, 내 드론 찾기 기능, 오프라인 지도 및 펌웨어 업데이트, 카메라 뷰, 캐시된 데이터, 계정 개인 정보, 언어 등과 같은 기타 설정에 액세스한다.

## 2) 화면 및 기능 상세 설명

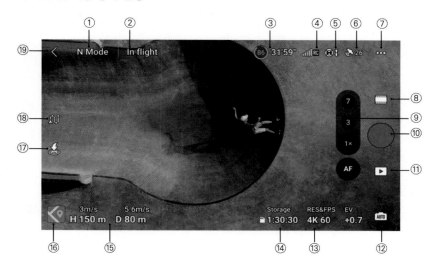

(1) 비행모드 : 현재 비행 모드를 나타낸다.

(2) 태표시줄 : 기체의 비행 상태를 표시하고 다양한 경고 메시지를 보여준다.

(3) (80) 31'59" 배터리 정보 : 현재 배터리의 잔량 및 남은 비행 시간을 표시한다. 누르면 배터리에 관한 자세한 정보를 확인할 수 있다.

(4) 동영상 다운링크 신호 강도 : 기체와 조종기 사이의 동영상 다운링크 신호 강도를 표시한다.

(5) 비전 시스템 상태 : 아이콘의 왼쪽은 수평 비전 시스템의 상태를 표시하며, 오른쪽은 상향 및 하향 비전 시스템의 상태를 나타낸다. 아이콘은 비전 시스템이 정상 작동 중일 경우 흰색이며 비전 시스템을 이용할 수 없는 경우 적색으로 변경된다.

(6) 26 GNSS 상태 : 현재 GNSS 신호 강도를 표시한다. GNSS 신호 상태를 점검하려면 누른다. 홈포인트는 아이콘이 GNSS 신호가 강함을 나타내는 흰색일 때 업데이트할 수 있다.

(7) ● ● ● 설정 : 한 번 누르면 안전성, 제어, 카메라 및 전송을 위한 매개변수를 보거나 설정한다.

① 안전성

■ 비행 보조

• 장애물 회피 동작 : 수평 비전 시스템은 장애물 회피 동작을 우회 또는 정지로 설정한 후에 활성화된다. 장애물 회피가 비활성화되면 기체는 장애물을 회피할 수 없다.

• 우회 옵션 : 우회를 사용할 때 일반 또는 고급 우행 비행(Nifty) 모드를 선택한다.

• 레이더 지도 표시 : 활성화되면 실시간 장애물 감지 레이더 지도가 표시된다.

■ 리턴 투 홈(RTH) : 고급 RTH, 자동 RTH 고도를 설정하고 홈포인트를 업데이트하려면 누른다.

■ 항공안전 : 비행을 위한 최고 고도 및 최대 거리를 설정하려면 누른다.

■ 센서 : IMU와 콤파스 상태를 보고 필요한 경우 캘리브레이션을 시작하려면 누른다.

■ 배터리 : 배터리 셀 상태, 일련번호, 충전 횟수와 같은 배터리 정보를 보려면 누른다.

■ 보조 LED : 보조 LED를 자동, 켜기 또는 끄기로 설정하려면 누른다. 이륙 전에는 보조 LED를 켜지 않는다.

■ 기체 전면 암 LED : 기체 전면 암 LED를 자동 또는 켜기로 설정하려면 누른다. 자동 모드에서는 기체 전면 LED가 촬영 중에 비활성화되어 품질에 영향을 미치지 않는다.

■ GEO 구역 잠금 해제 : GEO 구역 잠금 해제에 대한 정보를 보려면 누른다.

■ 내 드론 찾기 : 이 기능은 기체 LED를 활성화하거나 신호음을 울리거나 지도를 사용하여 기체의 위치를 찾는 데 도움이 된다.

■ 안전 고급 설정

• 신호 끊김 : 조종기 신호가 끊겼을 때 기체의 동작은 RTH, 하강 또는 호버링으로 설정할 수 있다.

• 비상 프로펠러 정지 : 비상시에만, 충돌, 모터 정지, 기체가 공중에서 흔들리거나, 기체가 제어를 벗어나 매우 빠르게 상승 또는 하강하는 등의 비상 상황에서 비행 중 스틱 조합 명령(CSC)[부록 참조]를 수행해야만 모터를 정지할 수 있음을 나타낸다. 언제든지, 사용자가 스틱 조합 명령(CSC)을 수행하면 언제든지 모터가 중간에 정지될 수 있음을 나타낸다.

• AirSense[부록 참조] : AirSense가 활성화될 경우 유인 기체가 감지될 때 DJI Fly에 경보가 나타난다. AirSense를 사용하기 전에 DJI Fly 알림 메시지의 고지사항을 읽어 이해한다.

② 제어

■ 기체 설정

• 단위 : 미터법 또는 야드-파운드법으로 설정할 수 있다.

• 피사체 스캔 : 활성화하면 기체가 자동으로 피사체를 스캔하여 카메라 뷰에 표시한다(단일 촬영 사진 및 일반 동영상 모드에만 사용 가능).

• 게인 및 EXPO 튜닝 : 최대 수평 속도, 최대 상승 속도, 최대 하강 속도, 최대 각속도, 요평활도[부록 참조], 정지 감도, EXPO 및 짐벌 최대 틸트 제어 속도와 틸트 평활도를 포함하여 다양한 비행 모드에서 기체와 짐벌에서 미세 조정되는 게인 및 EXPO 설정을 지원한다.

■ 짐벌 설정 : 짐벌 모드를 설정하고, 짐벌 캘리브레이션을 수행하고 짐벌을 중앙으로 복귀하고 아래로 움직이려면 누른다.

■ 조종기 설정 : 사용자 설정 버튼의 기능을 설정하고, 조종기를 캘리브레이션하고, 조종 스틱 모드를 전환하려면 누른다. 조종 스틱 모드를 변경하기 전에 조종 스틱 모드의 작동을 이해하고 있어야 한다.

■ 비행 튜토리얼 : 비행 튜토리얼을 볼 수 있다.

■ 기체에 다시 연동 : 기체가 조종기에 연동되어 있지 않으면 눌러서 연동을 시작한다.

③ 카메라

■ 카메라 매개변수 설정 : 촬영 모드에 따라 서로 다른 설정을 표시한다.

• 사진 모드 : 형식, 종횡비

• 녹화 모드 : 형식, 색상, 코딩 형식, 동영상 비트 전송률, 동영상 자막

• MasterShot : 형식, 색상, 코딩 형식, 동영상 비트 전송률, 동영상 자막

• QuickShot : 형식, 색상, 코딩 형식, 동영상 비트 전송률, 동영상 자막

• 하이퍼랩스 : 사진 유형, 촬영 프레임, 형식

• 파노라마 : 사진 유형

■ 일반 설정

• 깜박임 방지 기능 : 활성화하면 조명이 있는 환경에서 촬영할 때 광원으로 인한 영상 깜박임이 줄어든다. 프로모드에서 깜박임 방지 기능은 셔터 속도와 ISO가 자동으로 설정된 경우에만 적용된다.

• 히스토그램 : 활성화 시 사용자는 화면을 통해 노출이 적절한지 확인할 수 있다.

• 피킹 레벨 : MF 모드에서 활성화하면 포커스가 맞춰진 개체가 빨간색 윤곽선으로 표시된다. 피킹 레벨이 높을수록 윤곽선이 두꺼워진다.

• 과도 노출 경고 : 활성화되면 과도 노출 영역이 대각선으로 활성화된다.

• 격자선 : 대각선, 9각형 격자, 중심점과 같은 격자선을 활성화한다.

• 화이트밸런스 : 자동으로 설정하거나 색온도를 수동으로 조정한다.

■ 저장 장치

• 저장 장치 : 녹화된 파일의 기체의 microSD 카드 또는 기체의 내부 저장 장치에 저장한다. Mavic 3 Pro에는 8GB의 내부 저장 장치가 있다. Mavic 3 Pro Cine에는 1TB SSD가 내장되어 있다.

• 사용자 정의 폴더 명명 : 변경하면 향후 파일을 저장할 때 폴더가 기체 저장 장치에 자동으로 생성된다.

• 사용자 정의 파일 명령 : 변경하면 기체 저장 장치에서 향후 파일에 새 이름이 적용된다.

• 녹화 시 캐시 : 활성화되면 동영상을 녹화할 때 조종기의 라이브 뷰가 조종기 저장 장치에 저장된다.

• 최대 동영상 캐시 용량 : 캐시 한도에 도달하면 가장 오래된 캐시가 자동으로 삭제된다.

■ 카메라 설정 초기화 : 누르면 카메라 매개변수가 기본 설정으로 복원된다.

■ USB 모드 : Mavic 3 Pro Cine는 USB 모드를 지원하여 기체의 배터리 잔량이 부족할 때 사용자가

영상을 복사할 수 있다. 기체 전원을 켜고 DJI Fly에서 USB 모드를 활성화한 후 기체를 컴퓨터에 연결하여 USB 모드를 사용한다. 이때는 기체의 내부 저장 장치에 액세스할 수 있다. 컴퓨터에서 기체의 연결을 끊고 기체를 재시작하여 USB 모드를 종료한다. DJI Assistant2를 통해 비활성화된 경우 기체를 다시 시작하고 컴퓨터에 연결하면 USB 모드가 다시 활성화된다.

• USB 모드에서는 기체가 조종기와의 연결이 끊어지고 프레임 암 조명이 꺼지며 기체 내부의 팬이 멈춘다.

④ 전송

■ 라이브 플랫폼을 선택하여 카메라 뷰를 실시간 방송할 수 있다. HDMI 출력, 주파수 대역 및 채널 모드도 전송 설정에서 설정할 수 있다.

• 라이브 플랫폼 및 HDMI 출력은 DJI RC를 사용하는 동안 지원되지 않는다.

⑤ 정보

■ 기기 이름, Wi-Fi 이름, 모델명, 앱 버전, 기체 펌웨어, FlySafe 데이터, SN 등과 같은 정보를 표시한다.

■ 모든 설정 초기화를 눌러 카메라, 짐벌 및 안전 설정을 포함한 설정을 기본값으로 재설정한다.

■ 모든 데이터 삭제를 눌러 모든 설정을 기본값으로 재설정하고, 비행로그를 포함하여 내부 저장 장치 및 microSD 카드에 저장된 모든 데이터를 삭제한다. 보상 청구 시 증빙자료(비행로그)를 제공하는 것이 좋다. 비행 중 사고가 발생한 경우 비행로그를 지우기 전에 DJI 고객지원에 문의한다.

(8) 촬영 모드

① 📷 사진 : 단일, 탐색, AEB, 연사 촬영, 타이머 촬영

■ 탐색 모드는 Mavic 3 Pro의 망원 및 미디엄 망원 카메라를 사용하여 더 먼 거리에서 뷰를 더 안전하게 탐색한다. 탐색 모드에서 사용자는 다음과 같은 방법으로 하이브리드 줌을 사용할 수 있다.

• 줌 버튼을 누르고 1x, 3x, 7x, 14x, 28x를 포함한 일련의 줌 사이를 전환한다.

• 줌 버튼을 길게 누른 상태에서 위아래로 드래그하여 카메라 줌을 조정한다.

• 화면에서 두 손가락을 사용하여 확대하거나 축소한다.

• 조종기의 카메라 제어 다이얼을 사용하여 확대하거나 축소한다.

② 🎥 동영상 : 일반, 야간, 탐색 및 슬로 모션

■ 야간 모드는 더 나은 소음 감소와 깨끗한 영상을 제공하며 최대 12800 ISO를 지원한다.

■ 야간 모드는 현재 4K 24/25/30fps를 지원한다.

■ 야간 모드에서는 장애물 회피 기능이 비활성화된다.

■ 야간 모드는 RTH 또는 착륙이 시작되면 자동으로 종료된다.

■ RTH 또는 자동 착륙 중에는 야간 모드를 사용할 수 없다.

■ 야간 모드에서는 FocusTrack이 지원되지 않는다.

③ ★ MasterShot : 피사체를 드래그하여 선택한다. 기체는 순서대로 다른 조작을 실행하고 피사체를 프레임 중앙에 유지하면서 녹화한다. 나중에 짧은 동영상이 자동 생성된다.

④ ⊕ QuickShot : Dronie, Rocket, Circle, Helix, Boomerang, Asteroid

⑤ ⓘ 하이퍼랩스 : 프리, 서클, 코스 락, 웨이포인트

⑥ ▮▮▮ 파노라마 : Sphere, 180°, 와이드 및 수직, 기체는 자동으로 여러 장의 사진을 촬영하고 선택한 파노라마 사진 유형에 따라 파노라마 사진을 합성한다.

(9) 카메라 전환/포커스 버튼

① ❼ 아이콘을 누르면 망원 카메라로 전환한다.

② ❸ 아이콘을 누르면 미디엄 망원 카메라로 전환한다.

③ ❶ˣ 아이콘을 누르면 Hasselblad 카메라로 전환한다.

■ 카메라 버튼을 길러 눌러 줌 바를 불러와 디지털 줌을 조정한다.

■ AF/MF : 한 번 누르면 AF와 MF 사이를 전환한다. 아이콘을 길게 눌러 줌 바를 표시한다.

(10) ● 셔터/녹화 버튼 : 한 번 눌러 사진을 찍거나 동영상 녹화를 시작 또는 중단한다.

(11) ▶ 재생 : 재생으로 이동하여 촬영과 동시에 사진과 동영상을 미리 보려면 누른다.

(12) AUTO 카메라 모드 전환 : 한 번 누르면 자동과 프로 사이를 전환한다. 여러 모드에서 서로 다른 매개변수를 설정할 수 있다.

(13) RES&FPS 4K 60 촬영 매개변수 : 현재 촬영 매개변수를 표시한다. 매개변수 설정에 액세스하려면 누른다.

(14) Storage ▪1:30:30 저장 장치 정보 : 현재 저장 장치에 저장할 수 있는 남은 사진 수 또는 동영상 녹화 시간을 보여준다. microSD 카드 또는 기체 내부 저장 장치의 잔여 용량을 확인하려면 누른다.

(15) 비행 원격 측정 : 기체와 홈포인트 사이의 수평거리(D) 및 속도뿐만 아니라 수직거리(H) 및 속도를 표시한다.

(16) ◀ 지도 : 한 번 누르면 자세계로 전환하여 기체 또는 조종기의 중심 맞춤을 지원하고, 기체의 방향 및 틸트각, 조종기 위치, 홈포인트 위치와 같은 정보를 표시한다.

403

(17) 자동 이륙/착륙/RTH

　　① 🔼/🔽 아이콘을 누른다. 알림 메시지가 표시되면 버튼을 길게 눌러 자동 이륙 또는 착륙을 시작한다.

　　② 🛬 누르면 스마트 RTH를 시작하고 마지막으로 기록된 홈포인트로 기체를 돌려보낸다.

(18) 🎮 웨이포인트 비행 : 누르면 웨이포인트 비행을 활성화/비활성화한다.

(19) 〈 뒤로 : 누르면 홈 화면으로 돌아간다.

## 3) DJI Fly 앱 운용 시 주의사항

(1) DJI Fly를 실행하기 전에 기기를 완전히 충전한다.

(2) DJI Fly를 사용하려면 모바일 셀룰러 데이터가 필요하다.

(3) 휴대폰을 디스플레이 기기로 사용하는 경우에는 비행 중에 전화를 받거나 문자를 사용하지 않는다.

(4) 표시되지 않은 안전 알림 메시지, 경고 메시지, 고지 사항을 모두 주의 깊게 읽어본다. 해당 지역의 관련 규정을 숙지한다. 모든 관련 규정을 인지하고 준수하는 방식으로 비행해야 하는 책임은 전적으로 조종자에게 있다.

　　① 자동 이륙 및 자동 착륙 기능을 사용하기 전에 경고 메시지를 읽고 이해한다.

　　② 기본 제한을 초과하여 고도를 설정하려면 먼저 경고 메시지와 고지 사항을 읽고 이해한다.

　　③ 비행 모드 간을 전환하기 전에 경고 메시지와 고지 사항을 읽고 이해한다.

　　④ GEO 구역 안이나 근처에서는 경고 메시지와 고지 사항 메시지를 읽고 이해한다.

　　⑤ 인텔리전트 플라이트 모드를 사용하기 전에 경고 메시지와 고지 사항을 읽고 이해한다.

(5) 앱에서 착륙하라는 알림 메시지가 나타나면 안전한 장소에 기체를 즉시 착륙시킨다.

(6) 비행 전에는 항상 앱에 표시된 체크리스트의 모든 경고 메시지를 검토한다.

(7) 기체를 작동시킨 경험이 전혀 없거나 자신 있게 비행할 만큼 충분한 경험이 없는 경우에는 앱에 내장된 튜토리얼을 사용하여 비행기술을 습득한다.

(8) 앱은 사용자의 작동을 지원하기 위해 설계되었다. 앱에만 의존하여 기체를 제어하지 말고 사용자의 적절한 판단에 의존해야 한다. 앱 사용에는 DJI Fly 이용 약관과 DJI 개인 정보 처리 방침이 적용된다. 앱에 있는 이용약관과 개인정보 처리방침을 주의 깊게 읽는다.

CHAPTER
# 06 인텔리전트 플라이트 모드 촬영 기술

인텔리전트 플라이트 모드 촬영 기술 : DJI 드론의 인텔리전트 플라이트 모드는 사용자가 쉽게 고품질의 비디오를 촬영할 수 있도록 돕는 일련의 자동 비행 및 촬영 기능을 제공한다. 여기에는 ActiveTrack, Point of Interest, Waypoints, Course Lock 등의 모드가 포함되어 있다.

이들 모드는 모두 사용자가 직접 조종하는 것보다 간편하고 정교한 비디오 촬영을 가능하게 하지만 사용자는 여전히 안전하게 비행하고 법규를 준수할 책임이 있다. DJI Mavic 2 Pro, DJI Mavic 3 Pro의 인텔리전트 플라이트 모드를 자세하게 살펴보자.

## 1. Mavic 2 pro

**1) 인텔리전트 플라이트 모드 :** 하이퍼랩스, QuickShot, ActiveTrack 2.0, 관심지점(POI2.0), 웨이포인트, TapFly 및 시네마틱 모드를 포함하는 인텔리전트 플라이트 모드를 지원한다. DJI GO 4에서 인텔리전트 플라이트 모드를 선택한다. 인텔리전트 플라이트 모드를 사용할 때는 배터리 잔량이 충분하며 기체가 P 모드에서 작동 중인지 확인한다.

(1) 하이퍼랩스 : Free, Circle, 코스 락, 웨이포인트 등이 있다.

① Free : 기체가 자동으로 사진을 찍고 타임랩스 동영상을 생성한다. 기체가 지상에 있는 동안 Free 모드를 사용할 수 있다. 이륙 후 조종기를 사용하여 기체의 고도, 비행 속도 및 짐벌 각도를 제어한다. 조종 스틱을 잡고 일정한 속도로 2초간 가속한 다음 C1 버튼을 누른다. 속도가 고정되고 기체가 사진 촬영 시 해당 속도로 계속 주행한다. 그동안에도 기체의 방향은 제어할 수 있다. Free 모드를 사용하는 방법은 다음과 같다.

■ 시간 간격 및 비디오 촬영 시간을 설정한다. 화면에는 촬영할 사진 수와 촬영 시간이 표시된다.

■ 셔터 버튼을 눌러 시작한다.

② Circle : 기체가 피사체 주위를 비행하는 동안 자동으로 사진을 찍어 타임랩스 동영상을 생성한다. Circle 모드는 시계 방향 또는 반시계 방향으로 이동하도록 선택할 수 있다. 조종기에서 어떤 명령이라도 수신하면 기체가 Circle 모드에서 빠져나온다. Circle 모드를 사용하는 방법은 다음과 같다.

■ 시간 간격 및 비디오 촬영 시간을 설정한다. 화면에는 촬영할 사진 수와 촬영 시간이 표시된다.

■ 화면에서 피사체를 선택한다.

■ 셔터 버튼을 눌러 시작한다.

③ 코스 락 : 첫 번째 방법으로 기체의 방향은 고정되지만 피사체는 선택할 수 없다. 두 번째 방법으로는 기체의 방향이 고정되고 기체가 선택한 피사체 주위를 비행한다. 코스 락을 사용하는 방법은 다음과 같다.

■ 시간 간격 및 비디오 촬영 시간을 설정한다. 화면에는 촬영할 사진 수와 촬영 시간이 표시된다.

■ 비행 방향을 설정한다.

■ 피사체를 선택한다(해당되는 경우).

■ 셔터 버튼을 눌러 시작한다.

④ 웨이포인트 : 기체가 자동으로 2~5개의 웨이포인트의 비행 경로에서 사진을 찍고 타임랩스 동영상을 생성한다. 기체는 웨이포인트 1부터 5까지 또는 5부터 1까지 순서로 비행할 수 있다. 조종기에서 어떤 명령이라도 수신하면 기체가 웨이포인트 모드에서 빠져나온다. 웨이포인트 모드를 사용하는 방법은 다음과 같다.

■ 원하는 웨이포인트와 렌즈 방향을 설정한다.

■ 시간 간격 및 비디오 촬영 시간을 설정한다. 화면에는 촬영할 사진 수와 촬영 시간이 표시된다.

■ 셔터 버튼을 눌러 시작한다.

■ 기체가 자동으로 초당 25프레임의 1080p의 고화질 타임랩스 동영상을 생성하며, 재생 메뉴에서 해당 동영상을 볼 수 있다. JPEG 또는 RAW 형식으로 저장할 수 있으며 카메라 설정에서 내부 저장소나 SD카드를 선택하여 해당 영상을 저장할 수 있다.

⑤ 하이퍼랩스 사용 시 다음 상황에 주의한다.

■ 최적의 성능을 위해 50m 이상의 고도에서 하이퍼랩스를 사용하고 인터벌 촬영 시간 간격과 셔터 속도 간에 최소 2초 이상의 차이를 설정하는 것이 좋다.

■ 기체로부터 15m 이상 안전한 거리에서 정지한 피사체(고층 건물, 산악 지형 등)를 선택하는 것이 좋다. 기체에 너무 가까이 있는 피사체를 선택하지 않는다.

■ 하이퍼랩스 모드 작동 중 장애물이 감지되면 기체가 제동을 걸고 제자리에서 호버링한다.

■ 기체는 최소 25장의 사진을 촬영한 경우에만 동영상을 생성하며, 1초 분량의 동영상을 생성하는 데 25장의 사진이 필요하다. 이 동영상은 조종기에서 명령을 수신하거나 또는 모드가 예기치 않게 종료되는 경우(예 : 배터리 부족 RTH가 실행되는 경우)에 생성된다.

(2) QuickShot : QuickShot 촬영 모드에는 Dronie, Circle, Helix, Rocket, Boomerang, Asteroid 및 돌리 줌(Mavic 2 Zoom에서만 지원) 등이 있다. 선택한 촬영 모드에 따라 동영상을 녹화한 다음 자동으로 10초 분량의 동영상을 생성한다. 이렇게 생성된 동영상은 재생 메뉴에서 보거나 편집하거나 소셜 미디어에 공유할 수 있다.

① ↗ Dronie : 기체가 카메라를 피사체에 고정한 상태로 후방으로 비행하면서 상승한다.

■ 기체 이동

■ Dronie 클릭 / 한 번 더 선택 후방 이동거리(~120m) 지정

■ 드래그 / 피사체 선택

■ GO 클릭

■ 시작, 후방으로 이동하면서 상승

■ 종료 후 시작 위치로 원 위치

② ⟳ Circle : 일정한 고도에서 원을 그린다.

- 기체 이동
- Circle 클릭 / 한 번 더 선택 방향 선택(CW, CCW)
- 드래그 / 피사체 선택
- GO 클릭
- 시작, 회전하면서 촬영
- 종료 후 시작 위치로 원 위치

③ ⟳ Helix : 나선형으로 회전(점점 멀리 가면서 높이 이동)하면서 상승한다.

- 기체 이동
- Helix 클릭 / 한 번 더 선택, 거리 및 회전 방향 설정
- 드래그 / 피사체 선택
- GO 클릭
- 시작, 점점 멀리가면서 상승
- 종료 후 시작 위치로 원위치

④ ↑ Rocket : 기체가 카메라를 아래로 향한 채로 상승한다.

- 기체 이동
- Rocket 클릭 / 한 번 더 선택, 거리 설정
- 드래그 / 피사체 선택
- GO 클릭
- 시작, 수직 상승하면서 촬영
- 종료 후 시작 위치로 원위치

⑤ ⟳ Boomerang : 기체가 출발 지점에서 멀어지면서 상승하고 되돌아올 때 하강하는 타원형 경로를 그리면서 피사체 주위를 비행한다. 기체의 출발 지점이 타원형의 긴 축의 한쪽 끝을 구성하고 긴 축의 다른 쪽 끝은 출발 지점에서 피사체의 반대편에 있다. Boomerang을 사용할 때는 충분한 공간을 확보해야 하는데 기체 주위에 수평으로 30m 이상의 반경이 있어야 하고 기체 위로는 10m 이상의 공간이 필요하다.

- 기체 이동

- Boomerang 클릭 / 한 번 더 선택, 거리 및 회전 방향 설정

- 드래그 / 피사체 선택

- GO 클릭

- 시작, 점점 멀리가면서 상승

- 상승 정점에서 다시 하강하면서 원위치까지 촬영

⑥ Asteroid : 기체가 후진으로 상승하면서 사진을 여러 장 찍은 다음 출발 지점으로 돌아온다. 생성된 동영상은 가장 높은 위치의 파노라마로 시작한 다음에 하강을 보여준다. Asteroid를 사용할 때는 충분한 공간을 확보해야 하는데 기체 뒤로 40m 이상의 공간과 기체 위로는 50m 이상의 공간이 있어야 한다.

- 기체 이동

- Asteroid 클릭 / 한 번 더 선택, 거리 설정

- 드래그 / 피사체 선택

- GO 클릭

- 시작, 후진 상승하면서 파노라마 촬영

- 종료 후 시작 위치로 원위치

⑦ QuickShot 종료 : 비행 모드 전환 스위치를 S 또는 T 모드로 전환하면(DJI GO 4에서 다중 비행 모드를 활성화한 경우에 한하여) 언제든지 촬영 중 QuickShot을 종료할 수 있다. 비상 제동을 걸려면 조종기의 비행 일시 정지 버튼을 누르거나 DJI GO 4에서 표시를 누른다.

⑧ QuickShot 비행 시 주의사항은 다음과 같다.

- 건물과 기타 장애물이 없는 장소에서 사용한다. 비행 경로에 사람, 동물 또는 기타 장애물이 없는지 확인한다. 기체가 장애물을 감지하면 제동을 걸고 제자리에서 호버링한다.

- 항상 기체 주변의 물체에 주의를 기울이고 조종기를 사용하여 충돌과 같은 사고를 피하고 기체가 가려지는 일이 없게 한다.

- 피사체가 장시간 차단되거나 시야에서 벗어나는 경우, 피사체가 기체로부터 50m 이상 떨어진 경우, 피사체와 주변의 색상 또는 패턴이 비슷한 경우, 피사체가 공중에 있는 경우, 피사체가 빠르게 움직이는 경우, 조명이 극도로 낮거나(300럭스 미만) 높은(10,000럭스 초과) 경우에 특히 주의한다.

- 건물과 가깝거나 GPS 신호가 약한 곳에서는 사용하지 않는다. 이런 곳에서 사용하면 비행 경로가 불안정해진다.

- 현지 개인정보 보호법과 규정을 준수한다.

■ QuickShot 모드 사용 중에는 측면 비전 시스템을 사용할 수 없다.

(3) ActiveTrack 2.0 : ActiveTrack 2.0을 사용하면 모바일 기기 화면에서 대상을 선택할 수 있다. 기체가 비행 경로를 조정하여 피사체를 추적한다. 별도의 외장 추적 장치가 필요하지 않다. 최대 16개까지 피사체를 자동으로 식별하고 다른 추적 전략을 사용하여 사람, 차량 및 보트를 추적할 수 있다.

① ActiveTrack 2.0 사용 : 기체가 P 모드이고 인텔리전트 플라이트 배터리가 충분히 충전되어 있는지 확인한다. ActiveTrack 2.0 사용방법은 다음과 같다.

■ 이륙하여 지면에서 최소 2m 이상의 고도에서 호버링한다.

■ DJI GO 4 앱에서 아이콘을 누른 다음 ActiveTrack 2.0을 선택한다.

■ 최적의 성능을 위해 기체가 피사체를 자동으로 인식하도록 선택하는 것이 좋다. 이렇게 하려면 화면에서 인식된 피사체를 선택하고 눌러서 선택을 확인한다. 기체가 원하는 피사체를 인식하지 못한 경우에는 화면에서 피사체 주변을 드래그하여 수동으로 탭한다. 그러나 피사체를 수동으로 선택하면, 기체의 피사체 추적 능력이 영향을 받을 수 있다. 상자가 적색으로 바뀌면 대상을 식별할 수 없다는 뜻이며, 다시 선택해야 한다.

■ 기체가 비행 경로에 있는 장애물을 자동으로 회피한다. 피사체 이동 속도가 너무 빠르거나 장애물이 있어 기체가 추적하던 피사체를 놓치면 피사체를 다시 선택해 추적을 재개한다.

「추적 모드」　　　「평행 모드」　　　「스포트라이트」

- ActiveTrack 2.0 추적 모드 : 기체가 일정한 거리에서 피사체를 추적한다. 조종기의 롤 스틱이나 틸트 스틱을 사용하여 거리를 변경할 수 있고, DJI GO 4의 슬라이더를 사용하면 피사체 주변을 선회하여 비행할 수 있다. 피사체의 프레임은 왼쪽 스틱과 짐벌 다이얼을 사용하여 조정한다. 장애물을 감지된 후 조종기를 조작하면 기체가 제동을 걸고 제자리에서 호버링하며 조치를 취하지 않으면 기체가 장애물을 피하려고 시도한다.

- ActiveTrack 2.0 평행 모드 : 기체가 전면과 측면에서 일정한 각도와 거리로 피사체를 추적한다. 조종기의 롤 스틱을 사용하면 피사체 주위를 선회하여 비행할 수 있다. 피사체의 프레임은 왼쪽 스틱과 짐벌 다이얼을 사용하여 조정한다. 장애물을 감지하면 기체가 제동을 걸고 제자리에서 호버링한다.

- ActiveTrack 2.0 스포트라이트 : 기체가 피사체를 자동으로 추적하지 않지만 비행하는 동안 카메라가 피사체를 계속 향하고 있다. 조종기를 사용하여 기체를 조작할 수는 있지만, 방향 제어는 비활성화된다. 피사체의 프레임은 왼쪽 스틱과 짐벌 다이얼을 사용하여 조정한다. 장애물을 감지하면 기체가 즉시 제동을 건다.

② ActiveTrack 2.0 종료 : 즉시 제동을 걸려면 조종기에서 비행 일시 정지 버튼을 누른다. 화면에서 ⊗ 표시를 누르거나 조종기에서 비행 모드 전환 스위치를 S 모드로 전환하면 종료할 수 있다. 종료하면 기체가 제자리에서 호버링하며, 이때 사용자는 수동으로 비행하거나 다른 피사체를 추적하거나 홈포인트로 돌아갈 수 있다.

(4) 관심지점 2.0(POI 2.0) : 정지 상태의 피사체를 관심지점으로 선택한다. 서클 반경, 비행 고도 및 비행 속도를 설정한다. 기체는 이러한 설정에 따라 피사체 주위를 비행한다. Mavic 2 Pro는 GPS 포지셔닝을 통해 POI를 선택하고 화면에서 선택할 수 있도록 지원한다.

① 화면에서 POI 선택 : 원하는 피사체 주변에 박스를 드래그하여 화면에서 GO를 누른다. 기체가 피사체의 위치를 측정하고 해당 위치를 성공적으로 측정하면 피사체 주변을 비행하기 시작한다. 짐벌 다이얼을 사용하면 피사체 프레임을 조정할 수 있다. 서클 반경, 비행 고도 및 비행 속도는 비행 중에도 조정할 수 있다.

- 기체와 10m 이상 안전거리를 두고 정지 피사체(고층 건물, 산악 지형)를 선택하는 것이 좋다.

- 투명한 파란색 하늘 같은 명확하지 않은 패턴의 피사체는 선택하지 않는다.

- 너무 작은 피사체는 선택하지 않는다.

- 윤곽이 명확한 피사체를 선택한다. 그렇지 않으면, 피사체가 화면에 올바르게 위치하지 않을 수 있다.

- 기체가 위치를 측정하는 동안에는 제어가 불가능하지만, 조종 스틱, 비행 일시 정지 버튼, 비행 모드 전환 스위치 및 STOP 아이콘을 사용하면 측정을 중단할 수 있다.

② GPS 포지셔닝을 통해 피사체 선택 : 기체를 수동으로 피사체 위로 비행한 다음 C1 버튼을 누르거나 DJI GO 4에서 선택하여 피사체를 확인한다. 관심지점에서 최소 5m 떨어진 곳에서 기체를 비행한다.

비행 속도와 서클 방향은 DJI GO 4에서 설정할 수 있다. GO를 누르면 비행을 시작한다. 짐벌 다이얼을 사용하면 피사체 프레임을 조정할 수 있다. 서클 반경, 비행 고도 및 비행 속도는 비행 중에도 조정할 수 있다.

- GPS 포지셔닝에는 고도 측정기능이 없다.

- GPS 위치를 쉽게 측정하려면 짐벌 틸트를 −90°로 조절하는 것이 좋다.

③ 비행 매개변수 설정

- **서클 반경** : 반경은 화면 슬라이더를 밀어 조정할 수 있고 조종기의 틸트 스틱을 사용하면 값을 올릴 수 있다.

- **비행 속도** : 비행 속도 범위는 0~10m/s이며 +값은 기체가 지점을 반시계 방향으로 돌고, −값은 기체가 시계 방향으로 회전하는 것을 의미한다. 속도는 화면 슬라이더를 밀어 조정할 수 있고 조종기의 스틱을 사용하면 값을 올릴 수 있다.

- **서클 방향** : 화면 버튼을 밀어서 방향을 선택할 수 있다.

- **서클 자세** : 자세는 화면 슬라이더를 밀어서 조정할 수 있고 조종기의 틸트 스틱을 사용하면 값을 올릴 수 있다.

- **짐벌 각도** : 짐벌의 요는 요 스틱으로 제어할 수 있고, 짐벌 다이얼을 사용하면 짐벌의 틸트를 조절할 수 있다. 해당 아이콘을 탭하면 짐벌이 중앙으로 복귀한다(관심지점을 선택하는 데 GPS 포지셔닝을 사용한 경우, 요만 중앙으로 복귀한다. 화면에서 관심지점을 선택한 경우에는 요와 틸트 모두 중앙으로 복귀한다).

④ **관심지점 종료** : 화면에서 ⊗ 표시를 누르거나 비행 일시 정지 버튼을 누르면 관심지점 모드를 일시 정지한다. 비행 일시 정지 버튼을 길게 누르면 관심지점 모드가 종료된다.

- 기체가 POI 도중 장애물을 감지하면 제동을 걸고 제자리에서 호버링한다.

- 기체 기수가 비행 중 관심지점을 향하는 경우에는 기체가 장애물을 피할 수 없다. 관심지점은 넓고 개방된 장소에서 사용한다.

(5) 웨이포인트 : 기체가 설정된 순서에 따라 웨이포인트(특정 지점)로 비행한다. 비행 방향과 속도는 비행 중에 제어할 수 있다. Mavic 2 Pro를 웨이포인트로 비행하여 웨이포인트를 선택하고 개별적으로 기록할 수 있다. 또한 다음과 같은 방법으로 이륙하기 전에 지도에서 웨이포인트를 선택하고 편집할 수도 있다.

① 지도에 웨이포인트와 관심지점을 추가한다. 기체의 카메라는 웨이포인트 사이를 이동할 때 관심지점을 가리킨다.

② 웨이포인트와 관심지점을 눌러 고도, 비행 속도 및 기타 매개변수를 설정한다.

③ 웨이포인트와 관심지점을 끌어서 위치를 조정한다.

④ 비행속도, 페일세이프 설정 및 기체 동작은 웨이포인트를 완료한 후 구성할 수 있다.

⑤ 웨이포인트 및 관심지점은 지도에서 편집하는 동안 앱에 저장할 수 있으며, 비행경로를 기록하고 반복할 수 있다.

- 고층 건물로 둘러싸인 환경과 같은 까다로운 환경에서는 각 웨이포인트를 수동으로 비행하여 웨이포인트를 설정하는 것이 좋다.

(6) TapFly : TapFly에는 Forward, Backward, Free의 3가지 하위 모드가 있다. 조명 조건이 적절하면 기체는 감지하는 장애물을 자동으로 피할 수 있다.

① Forward : 기체가 장애물을 감지하는 전방 비전 시스템을 사용하여 목표를 향해 비행한다.

② Backward : 기체가 장애물을 감지하는 후방 비전 시스템을 사용하여 목표 반대 방행으로 비행한다.

③ Free : 기체가 목표를 향해 비행한다. 조종기를 사용하여 기체의 방향을 자유롭게 조종할 수 있다. 이 모드에서는 기체가 장애물을 피할 수 없다.

④ TapFly 사용

■ 기체가 P 모드이고 인텔리전트 플라이트 배터리가 충분히 충전되어 있는지 확인한다. TapFly를 사용하는 방법은 다음과 같다.

• 이륙하여 지면에서 1m 이상의 고도에서 호버링한다.

• DJI GO 4에서  아이콘을 누르고 TapFly를 선택한 다음 하위 모드를 선태하여 메시지를 따른다.

• 목표에 탭하고 GO가 표시될 때까지 기다린다. GO를 누르면 기체가 자동으로 목표를 향해 비행한다. 목표에 도달할 수 없는 경우에는 메시지가 표시된다. 이 경우, 다른 목표를 선택하고 다시 시도한다. 비행 중에도 화면을 눌러 목표를 변경할 수 있다.

⑤ TapFly 종료 : 조종기의 비행 일시 정지 버튼을 누르거나 조종 스틱을 비행 반대 방향으로 당기면 기체가 제동을 걸고 제자리에서 호버링한다. 화면을 탭하면 TapFly가 재개된다. TapFly를 종료하려면  표시를 누르거나 비행 모드 전환 스위치를 S 모드로 전환한다.

(7) 시네마틱 모드 : DJI GO 4 앱에서 시네마틱 모드를 선택한다. 시네마틱 모드에서는 기체의 제동거리는 늘어나고 회전 속도는 줄어든다. 기체는 정지할 때까지 천천히 속도를 줄여서 제어 입력이 고르지 못한  경우에도 영상을 매끄럽고 안정되게 유지한다.

## 2. Mavic 3 Pro 인텔리전트 플라이트 모드

**1) FocusTrack, MasterShot, QuickShot, 하이퍼랩스, 크루즈컨트롤 인텔리전트 플라이트 모드를 지원한다.**

(1) FocusTrack : Spotlight 2.0, POI 3.0, ActiveTrack 5.0이 포함되어 있다.

① Spotlight 2.0 : 카메라를 피사체에 고정시켜 놓고 기체를 수동으로 제어할 수 있으며 정지된 피사체, 차량, 보트 및 사람과 같은 움직이는 피사체 촬영을 지원한다.

■ 제어 : 조종스틱을 사용하여 기체를 이동한다.

• 롤 스틱을 움직여 피사체에 원을 그리듯 움직인다.

• 피치 스틱을 움직여 피사체와의 거리를 변경한다.

• 스로틀 스틱을 움직여 고도를 변경한다.

• 요 스틱을 움직여 프레임을 조종한다.

■ 장애물 회피 : 기체는 DJI Fly에서 장애물 회피 동작이 우회 또는 정지로 설정되어 있어도 비전 시스템이 정상적으로 작동 시 장애물이 감지되면 제자리에서 호버링한다(참고 : 장애물 회피는 스포츠 모드에서 비활성화된다).

② POI 3.0 : 기체는 설정된 반경과 비행 속도로 피사체 주위를 돌며 추적한다. 최대 비행속도는 12m/s이며 비행속도는 실제 반경에 따라 동적으로 조정될 수 있다.

■ 제어 : 조종 스틱을 사용하여 기체를 이동한다.

• 롤 스틱을 움직여 피사체 주위에 기체의 선회 속도를 변경한다.

• 피치, 스로틀, 요는 Spotlight 2.0과 동일하게 제어한다.

■ 장애물 회피 : 비전 시스템이 정상적으로 작동 시 비행 모드나 DJI Fly의 장애물 회피 동작 설정에 관계없이 기체는 장애물을 우회한다.

③ ActiveTrack 5.0 : 기체는 추적 피사체로부터 일정한 거리와 고도를 유지하며 Trace(추적) 및 Parallel(평행) 모드가 있다. 최대 비행속도는 12m/s이며, 차량, 보트 및 사람과 같은 움직이는 피사체 촬영을 지원한다.

■ 제어 : 조종 스틱을 사용하여 기체를 이동한다.

• 롤 스틱을 움직여 피사체에 원을 그리듯 움직인다.

• 피치, 스로틀, 요는 Spotlight 2.0/POI 3.0와 동일하게 제어한다.

■ 장애물 회피 : POI 3.0와 동일하게 작동한다.

■ Trace(추적) 모드 : 추적 방향(기본 방향 : 뒤로)을 설정한 후, 기체는 이동 방향으로 피사체를 추적하고 피사체를 향한 방향은 추적 방향과 일정하게 유지된다.

- 추적 모드에서 방향 설정은 피사체가 안정적인 방향으로 움직일 때만 설정이 가능하다. 추적하는 동안 추적 방향을 조정할 수 있다.
- Parallel(평행) 모드 : 추적이 시작될 때 기체가 피사체로부터 일정한 각도와 거리를 유지하면서 측면에서 추적을 시작한다.
- ActiveTrack에서 지원되는 기체와 피사체의 Following 범위는 다음과 같다.

| 구분 | 사람 | | 차량/보트 | |
|---|---|---|---|---|
| 카메라 | Hasselblad | 미디엄 망원 카메라 | Hasselblad | 미디엄 망원 카메라 |
| 거리 | 4~20m<br>(최적:5~10m) | 7~20m | 6~100m<br>(최적:20~50m) | 16~100m |
| 고도 | 2~20m(최적:2~10m) | | 6~100m(최적:10~50m) | |

- ActiveTrack을 시작할 때 거리와 고도가 범위를 벗어날 경우 기체는 지원되는 거리와 고도 범위로 비행한다. 최상의 성능을 위해 최적의 거리와 고도에서 기체를 비행해야 한다.

④ FocusTrack 사용

- 이륙한다 : FocusTrack은 다음과 같이 지원되는 줌 비율 내에서 사용해야 한다. 그렇지 않으면 피사체 인식에 영향을 미친다.
- Spotlight/POI : 차량, 보트, 사람과 같이 움직이는 피사체 및 정지된 피사체를 최대 7x 줌으로 촬영할 수 있다. 망원카메라는 정지된 피사체만 지원한다.
- ActiveTrack : 차량, 보트, 사람과 같이 움직이는 피사체를 최대 3x 줌 지원한다.
- 카메라 뷰에서 피사체를 드래그하여 선택하거나 DJI Fly의 제어 설정에서 피사체 스캔을 활성화하고 인식된 피사체를 한 번 눌러 FocusTrack을 활성화한다.
- 기체는 기본적으로 Spotlight에 들어간다.

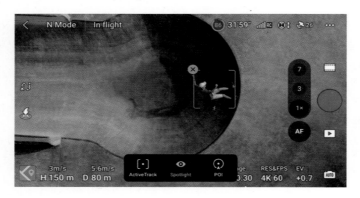

• POI로 전환하려면 화면 하단을 누른다. 방향과 속도를 설정한 후 GO를 눌러 비행을 시작한다.

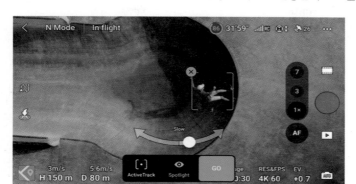

• ActiveTrack으로 전환하려면 화면 하단을 누른다. 추적모드에서 방향 휠(전방, 후방, 좌측, 우측, 전면 대각선 좌측, 전방 대각선 우측, 후방 대각선 좌측 및 후방 대각선 우측)을 사용하여 추적방향을 변경할 수 있다. 장시간 조작이 없거나 화면의 다른 영역을 한 번 누르면 방향 휠이 최소화된다. 방향 휠이 최소화되면 모드 아이콘을 좌측 또는 우측으로 밀어서 추적 또는 평행으로 전환한다. 추적을 다시 선택하면 추적 방향이 뒤로 재설정된다. 추적을 시작하려면 GO를 누른다.

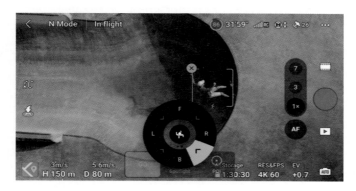

■ 셔터/녹화 버튼을 눌러 사진을 찍거나 녹화를 시작한다. 재생에서 영상을 본다.

■ FocusTrack 종료

• POI 또는 ActiveTrack에서 조종기의 비행 일시 정지 버튼을 한 번 누르거나 화면의 정지를 눌러 Spotlight로 돌아간다.

• Spotlight에 있을 때 조종기에서 비행 일시 정지 버튼을 눌러 FocusTrack을 종료한다.

■ FocusTrack 시 다음 상황에 주의한다.

• 사람과 동물이 달리거나 차량이 움직이는 구역에서는 FocusTrack을 사용하지 않는다.

• 작은 물체나 가느다란 물체(예 : 나뭇가지, 전선 등) 또는 투명한 물체(예: 물, 유리 등)가 있는 구역에서는 FocusTrack을 사용하지 않는다.

- 추적 대상 피사체가 움직이는 곳이 평평한 곳이 아닌 경우, 움직이면서 모양이 심하게 바뀌는 경우, 장시간 시야에서 벗어나는 경우, 눈 덮인 표면 위를 움직이는 경우, 주변 환경과 비슷한 색상이나 패턴인 경우, 조명이 극도로 낮거나(<300럭스) 높은(>10,000럭스) 경우 사용할 때는 더욱 주의한다.

- FocusTrack을 사용할 때는 현지 개인정보 보호법과 규정을 준수한다.

- 자동차, 보트 및 사람만 추적하도록 권고한다. 다른 피사체를 추적할 때는 주의해서 비행한다.

- 지원 가능한 움직이는 피사체에서 자동차 및 요트는 자동차와 소형 및 중형 요트를 의미한다. 원격 제어 모델의 자동차나 보트를 추적하지 않는다.

- 추적 중인 피사체와 다른 피사체가 근처를 지날 경우, 두 피사체가 실수로 바뀔 수도 있다.

- FocusTrack은 탐색 모드에 있을 때 또는 5.1K 및 120fps 이상 및 Apple ProRes 422HQ/422/422 LT 설정에서 녹화할 때 비활성화된다.

- 조명이 충분하지 않고 비전 시스템을 이용할 수 없는 경우, 정지 피사체에 여전히 Spotlight 및 POI를 사용할 수 있지만 장애물 회피는 사용할 수 없고, ActiveTrack도 사용할 수 없다.

- 기체가 지상에 있을 때는 FocusTrack을 사용할 수 없다.

- FocusTrack은 기체가 비행제한 근처나 GEO 구역을 비행하는 경우 제대로 작동하지 않을 수 있다.

(2) MasterShot : 피사체를 프레임 중앙에 유지하며 다른 움직임을 여러 개 연속 촬영해 단편의 시네마틱한 동영상을 생성한다.

① MasterShot 사용

- 기체를 이륙하고 지면에서 최소 2m 고도에서 호버링하도록 한다.

- DJI Fly에서 촬영 모드 아이콘을 누른 다음 MasterShot을 선택하고 지침을 따른다. 사용자는 촬영 모드를 사용하는 방법을 이해하고 주변 지역에 장애물이 없는지 확인해야 한다.

- 카메라 뷰에서 대상 피사체를 드래그하여 선택하고 비행 범위를 설정한다. 시작을 한 번 눌러 녹화를 시작할 수 있다. 촬영이 끝나면 기체가 원래 위치로 다시 돌아온다.

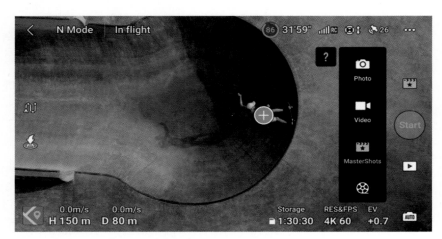

- 동영상에 액세스하고 편집하거나 소셜 미디어에 공유하려면 아이콘을 한 번 누른다.

② MasterShot 종료

- 비행 일시 정지 버튼을 한 번 누르거나 DJI Fly에서 ⊗ 아이콘을 눌러 MasterShot을 종료한다. 그러면 기체가 정지하고 호버링한다.

③ MasterShot 사용 시 다음 상황에 주의한다.

- MasterShot은 건물과 기타 장애물이 없는 장소에서 사용해야 한다. 비행경로에 사람, 동물 또는 기타 장애물이 없는지 확인해야 하며, 조명이 충분하고 비전 시스템에 적합한 환경일 경우, 장애물이 감지되면 기체는 정지하고 제자리에서 호버링한다.

- 피사체가 장시간 차단되거나 시야에서 벗어나는 경우, 피사체와 주변의 색상 또는 패턴이 비슷한 경우, 피사체가 공중에 있는 경우, 피사체가 빠르게 이동하는 경우, 조명이 극도로 낮거나(<300럭스) 높은(>10,000럭스) 경우에는 MasterShot을 사용하지 않는다.

- 건물과 가까운 곳이나 GNSS 신호가 약한 곳에서는 MasterShot을 사용하지 않는다. 그렇지 않으면 비행경로가 불안정해질 수 있다.

- MasterShot을 사용할 때는 현지 개인정보 보호법과 규정을 준수한다.

(3) QuickShot : QuickShot 촬영 모드에는 Dronie, Rocket, Circle, Helix, Boomerang 및 Asteroid가 있다. 기체는 선택한 촬영 모드에 따라 녹화한 다음 자동으로 짧은 동영상을 생성한다. 이렇게 생성된 동영상은 재생 메뉴에서 보거나 편집하거나 소셜미디어에 공유할 수 있다.

① ↗ Dronie : 기체가 카메라를 피사체로 고정한 상태로 후방으로 비행하면서 상승한다.

② ↑ Rocket : 기체가 카메라를 아래로 향한 채로 상승한다.

③ ☉ Circle : 기체가 피사체 주위를 돈다.

④ ⟲ Helix : 기체가 피사체 주변을 나선형으로 돌면서 상승한다.

⑤ ⟳ Boomerang : 기체가 타원형 경로를 따라 피사체 주위를 비행하면서, 시작 지점에서 멀어지도록 상승하고 후방으로 비행하면서 하강한다. 기체의 시작 지점이 타원형 장축의 한쪽 끝을 형성하고, 다른 쪽 끝은 시작 지점으로부터 피사체의 반대쪽에 위치한다.

- Boomerang을 사용할 때는 충분한 공간을 확보해야 한다(기체 주위에 최소 30m의 반경, 기체 위로는 최소 10m).

⑥ ⊙ Asteroid : 기체가 앞뒤로 비행하며, 여러 장의 사진을 찍고 다시 시작 지점으로 비행한다. 생성된 동영상은 최고 위치의 파노라마로 시작한 다음 하강하는 기체로부터 뷰를 보여준다.

- Asteroid를 사용할 때는 충분한 공간을 확보해야 한다(기체 뒤로 최소 40m, 기체 위로 최소 50m).

⑦ QuickShot 사용

- 기체를 시작하고 지면의 최소 2m 위에서 호버링한다.

- DJI Fly에서 촬영 모드 아이콘을 누른 다음 QuickShot을 선택하고 알림 메시지를 따른다. 사용자는 촬영 모드를 사용하는 방법을 이해하고 주변 지역 장애물이 없는지 확인해야 한다.

- 촬영 모드 선택하고, 카메라 뷰에서 대상 피사체를 드래그하여 선택한 후 시작을 눌러 녹화를 시작한다. 촬영이 종료되면 기체가 원래 위치로 돌아온다.

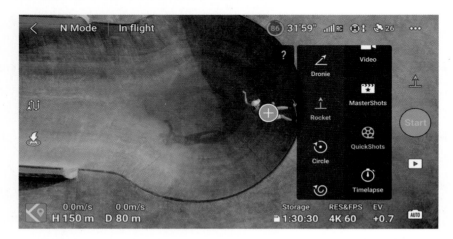

- 동영상에 액세스하고 편집하거나 소셜미디어에 공유하려면 ▶ 아이콘을 누른다.

⑧ QuickShot 종료

- 비행 일시 정지 버튼을 한 번 누르거나 DJI Fly에서 ✖ 아이콘을 눌러 QuickShot을 종료한다. 기체가 정지하고 호버링한다. 다시 화면을 한 번 누르면 기체가 계속 촬영한다.

⑨ QuickShot 사용 시 다음 상황에 주의한다.

- QuickShot은 건물과 기타 장애물이 없는 장소에서 사용한다. 비행경로에 사람, 동물 또는 기타 장애물이 없는지 확인한다. 조명이 충분하고 비전 시스템에 적합한 환경일 경우 장애물이 감지되면 기체는 정지하고 제자리에서 호버링한다.

- 기체 주변의 물체의 주의를 기울이고 조종기를 사용하여 기체와 충돌을 피한다.

- 피사체가 장시간 차단되거나 시야에서 벗어나는 경우, 피사체가 기체로부터 50m 이상 떨어진 경우, 피사체와 주변의 색상 또는 패턴이 비슷한 경우, 피사체가 공중에 있는 경우, 피사체가 빠르게 이동하는 경우, 조명이 극도로 낮거나(<300럭스) 높은(>10,000럭스) 경우에는 QuickShot을 사용하지 않는다.

- 건물과 가까운 곳이나 GNSS 신호가 약한 곳에서는 QuickShot을 사용하지 않는다. 그렇지 않으면

비행경로가 불안정해질 수 있다.

■ QuickShot을 사용할 때는 현지 개인정보 보호법과 규정을 준수한다.

(4) 하이퍼랩스 : 하이퍼랩스 촬영 모드에는 프리, 서클, 코스 락, 웨이포인트 등이 있다.

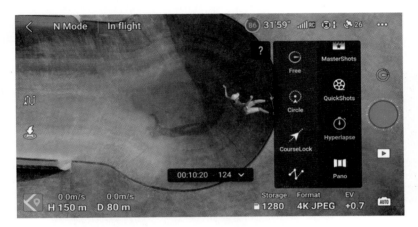

① 프리 : 기체가 자동으로 사진을 찍고 타임랩스 동영상을 생성한다. 기체가 지상에 있는 동안 프리 모드를 사용할 수 있다. 이륙 후에 조종기를 이용해 기체의 이동과 짐벌 각도를 제어한다.

■ 인터벌 시간, 동영상 길이 및 최대 속도를 설정한다. 화면에서는 찍을 사진 장수와 촬영 시간을 표시한다.

■ 셔터/녹화 버튼을 눌러 촬영을 시작한다.

② 서클 : 선택한 피사체 주변을 비행하며 기체가 자동으로 사진을 찍어 타임랩스 동영상을 생성한다.

■ 인터벌 시간, 동영상 길이 및 최대 속도를 설정한다. 서클 모드는 시계 방향 또는 반시계 방향으로 이동하도록 선택할 수 있다. 화면에서는 찍을 사진 장수와 촬영 시간을 표시한다.

■ 화면에서 피사체를 드래그하여 선택한다. 요 스틱과 짐벌 다이얼을 사용해 프레임을 조정한다.

■ 셔터/녹화 버튼을 눌러 촬영을 시작한다.

③ 코스 락 : 코스 락을 사용하면 사용자가 비행 방향을 수정할 수 있다. 코스 락을 사용할 때 사용자는 카메라가 항상 피사체를 향하도록 객체를 선택하거나 사용자가 기체 방향과 짐벌을 제어할 수 있도록 객체를 선택하지 않을 수 있다.

■ 인터벌 시간, 동영상 길이 및 속도를 설정한다. 화면에서는 찍을 사진 장수와 촬영 시간을 표시한다.

■ 비행 방향을 설정한다.

■ 해당되는 경우, 피사체를 드래그하여 선택한다. 피사체를 선택한 후 기체는 자동으로 방향 또는 짐벌을 제어하여 피사체를 중앙에 맞춘다. 이때 프레임은 수동으로 조정할 수 없다.

■ 셔터/녹화 버튼을 눌러 촬영을 시작한다.

④ **웨이포인트** : 기체는 비행경로에 2~5개의 웨이포인트에서 자동으로 사진을 찍고 타임랩스 동영상을 생성한다. 기체는 1~5 또는 5~1 웨이포인트로 순서대로 비행할 수 있다.

- **웨이포인트 비행 방법** : 웨이포인트 비행을 사용하면 사전 설정된 웨이포인트에 의해 생성된 웨이포인트 비행 경로에 따라 비행 중 기체가 이미지를 캡처할 수 있다. POI는 웨이포인트에 연동될 수 있다. 비행 중에는 비행 방향이 POI를 향하게 된다. 웨이포인트 비행경로를 저장하고 반복할 수 있다.

- **웨이포인트 비행 활성화** : 웨이포인트 비행을 활성화하려면 DJI Fly의 카메라 뷰 왼쪽에 있는 아이콘을 누른다.

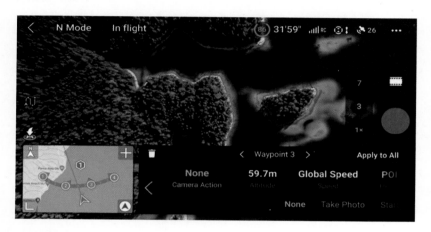

- **웨이포인트 고정**

- 이륙하기 전에 지도를 통해 고정할 수 있다.

- 웨이포인트는 이륙 후에 다음 방법을 통해 고정할 수 있다. 단 GNSS가 필요하다.

  - **조종기 사용** : C1 버튼을 한 번 눌러 웨이포인트를 고정한다.

  - **조작 패널 사용** : 조작 패널에서 아이콘을 눌러 웨이포인트를 고정한다.

  - **지도 사용** : 지도에 들어간 후 눌러 웨이포인트를 고정한다. 지도를 통한 웨이포인트의 기본 고도는 이륙 지점에서 50m로 설정된다.

- 웨이포인트를 길게 눌게 지도에서 위치를 이동한다.

- **웨이포인트 고정 시 주의사항**

  - 보다 정확하고 부드러운 Imaging 결과를 위해 해당 위치로 비행할 때 웨이포인트를 고정하는 것이 좋다.

  - 조종기와 조작 패널을 통해 웨이포인트를 고정하면 수평 GNSS 위치, 이륙 지점으로부터의 고도, 비행 방향 및 짐벌 틸트가 기록된다.

  - 지도를 사용하여 웨이포인트를 고정하기 전에 조종기를 인터넷에 연결하고 지도를 다운로드한다. 웨이포인트가 지도를 통해 고정되면 수평 GNSS 위치만 기록될 수 있다.

  - 비행경로는 웨이포인트 사이를 선회하며, 비행 경로 동안 기체 고도가 낮아질 수 있다. 웨이포인트

를 설정할 때 아래에 있는 장애물을 회피해야 한다.

■ 웨이포인트 설정

- 설정하려면 웨이포인트 번호를 누른다. 웨이포인트 매개변수는 다음과 같이 설명된다.

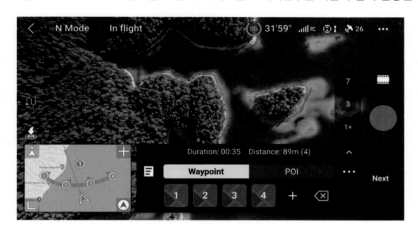

- **카메라 동작** : 웨이포인트에서의 카메라 동작으로, 없음, 사진촬영, 녹화 시작 또는 녹화 중단 중에 선택한다.

- **고도** : 이륙 지점에서 웨이포인트의 고도이다. 웨이포인트 비행이 반복될 때 더 나은 성능을 얻으려면 동일한 이륙 고도에서 이륙해야 한다.

- **속도** : 웨이포인터 비행 속도이다. 전체 설정 속도는 기체가 웨이포인트 비행 경로 동안 동일한 속도로 비행하고, 사용자 정의는 웨이포인트 사이를 비행할 때 기체가 일정한 속도로 가속 또는 감속한다. 기체가 웨이포인트에 있을 때 사전 설정된 속도에 도달한다.

- **비행 방향** : 웨이포인트의 기체 비행 방향이다. 팔로우 코스는 비행 경로에 대한 수평 접선에서 기체의 비행방향이다. POI는 POI를 향한 기체 비행 방향을 가리키도록 POI 번호를 누른다. 수동은 웨이포인트 비행 중에 사용자가 기체 비행 방향을 조정할 수 있다. 사용자 정의는 막대를 드래그하여 비행 방향을 조정한다. 비행 방향은 지도뷰에서 미리 볼 수 있다.

- **짐벌 틸트** : 웨이포인트의 짐벌 틸트이다. POI는 카메라가 특정 POI를 향하도록 하려면 POI 번호를 누른다. 수동은 웨이포인트 비행 중에 사용자가 짐벌 틸트를 조정할 수 있다. 사용자 정의는 막대를 드래그하여 짐벌의 틸트를 조정한다.

- **줌** : 웨이포인트의 카메라 줌이다. 디지털(1~3x)는 막대를 드래그하여 줌 비율을 조정한다. 수동은 웨이포인트 비행 중에 사용자가 줌 비율을 조정할 수 있다. 자동은 두 웨이포인트 사이를 비행할 때 기체가 줌 비율을 조정한다.

- **호버링 시간** : 현재 웨이포인트에서 기체가 호버링하는 시간이다.

- 카메라 액션을 제외한 모든 설정은 모두 적용을 선택한 후 모든 웨이포인트에 적용할 수 있다. 현재 선택한 웨이포인트를 삭제하려면 🗑 아이콘을 누른다.

■ POI 설정

- 조작 패널에서 POI를 눌러 POI 설정으로 전환한다. 웨이포인트에서 사용되는 것과 동일한 방법으로 POI를 고정한다.

- POI의 번호를 눌러 POI의 고도를 설정하면 POI를 웨이포인트에 연동할 수 있다. 여러 웨이포인트를 동일한 POI에 연동할 수 있으며 카메라는 웨이포인트 비행 중에 POI를 향한다.

■ 웨이포인트 비행 계획

- ● ● ● 또는 다음을 눌러 전체 설정 속도, 비행 종료 동작, 신호 상실 시 및 시작 위치와 같은 비행 경로에 대한 매개변수를 설정한다. 설정은 모든 웨이포인트에 적용된다.

    - 전체 설정 속도 : 전체 비행 경로 동안의 비행 속도이다. 설정 후에는 모든 웨이포인트의 속도가 이 속도로 설정된다.

    - 비행 종료 : 비행 임무가 끝난 후 기체의 동작이다. 호버링, RTH, 착륙 또는 시작으로 돌아가기로 설정할 수 있다.

    - 신호 유실 시 : 비행 중 조종기 신호가 끊겼을 때 기체의 동작이다. RTH, 호버링, 착륙 또는 계속으로 설정할 수 있다.

    - 시작 위치 : 시작 웨이포인트를 선택한 후, 이 웨이포인트에서 다음 웨이포인트까지 비행 경로가 시작된다.

■ 웨이포인트 비행 전 조치

- 웨이포인트 비행을 수행하기 전에 DJI Fly의 설정 _ 안전 페이지에서 장애물 회피 동작 설정을 확인한다. 우회 또는 정지로 설정하면 웨이포인트 비행 중에 장애물이 감지되면 기체가 정지하고 제자리에서 호버링한다. 장애물 회피 동작이 비활성화되면 기체는 장애물을 회피할 수 없다.

- 웨이포인트 비행을 수행하기 전에 환경을 관찰하고 경로에 장애물이 없는지 확인한다.

- 기체와 가시권(VLOS)을 유지해야 한다. 긴급 상황에서는 비행 일시 정지 버튼을 누른다.

■ 웨이포인트 비행 수행

- 웨이포인트 비행 작업을 업로드하려면 GO를 누른다. 업로드 프로세스를 취소하고 웨이포인트 비행 매개변수 설정으로 돌아가려면 ❚❚ 아이콘을 누른다.

- 웨이포인트 비행 작업은 업로드 후 수행되며 비행 시간, 웨이포인트 및 거리가 카메라 뷰에 표시된다. 조종 스틱 입력으로 웨이포인트 비행 중에 비행 속도를 변경한다.

- 작업이 시작된 후 웨이포인트 비행을 일시 중지하려면 ❚❚ 아이콘을 누른다. 웨이포인트 비행을 계속하려면 ▶ 아이콘을 누른다. 웨이포인터 비행을 중지하고 웨이포인트 비행 편집 상태로 돌아가려면 아이콘을 누른다.

■ 라이브러리 : 웨이포인트 비행을 계획할 때 작업이 자동으로 생성되고 매분마다 저장된다. 라이브러

리에 들어가 수동으로 작업을 저장하려면 왼쪽의 ☰ 아이콘을 누른다.

- 비행 경로 라이브러리에서 사용자는 저장된 작업을 확인하고 눌러서 작업을 열거나 편집할 수 있다.

- 작업 이름을 편집하려면 ✎ 아이콘을 누른다.

- 작업을 삭제하려면 왼쪽으로 민다.

- 작업 순서를 변경하려면 우측 상단 모서리에 있는 아이콘을 누른다.

  - ⏱ : 작업이 시간 순으로 정렬된다.

  - ⊞ : 작업이 시작 웨이포인트와 기체의 현재 위치 사이의 거리에 따라 가장 짧은 것부터 가장 먼 것으로 정렬된다.

■ 웨이포인트 비행 종료 : 웨이포인트 비행을 종료하려면 ⇗ 아이콘을 누른다. 작업을 라이브러리에 저장하고 종료하려면 저장 및 종료를 누른다.

⑤ 하이퍼랩스 사용 시 다음 상황에 주의한다.

■ 최적의 성능을 위해 50m 이상의 고도에서 하이퍼랩스를 사용하고 인터벌과 셔터 시간 사이에 2초 이상의 차이를 설정하도록 권장한다.

■ 기체로부터 15m 이상 안전한 거리에서 정지한 피사체(높은 빌딩, 산악 지형 등)를 선택하는 것이 좋다. 기체에 너무 가까이 있는 피사체를 선택하지 않는다.

■ 조명이 충분하고 비전 시스템에 적합한 환경일 경우, 하이퍼랩스 중에 장애물이 감지되면 기체는 정지하고 제자리에서 호버링한다. 하이퍼랩스 중 조명이 부족하거나 비전 시스템에 적합하지 않은 환경일 경우, 기체는 장애물 회피 없이 계속 촬영하니 주의해야 한다.

■ 기체는 최소 25장의 사진을 찍은 후에만 동영상을 생성하며, 이는 동영상 1초를 만드는데 필요한 분량이다. 하이퍼랩스가 정상적으로 종료되는지 또는 기체가 모드에서 예기치 않게 종료되는지(예 : 배터리 부족 RTH가 트리거된 경우)에 관계없이 기본적으로 동영상이 생성된다.

(5) 크루즈컨트롤 : 조건이 허용되는 경우, 크루즈컨트롤 기능을 사용하면 기체가 조종기의 현재 조종 스틱 입력을 잠글 수 있다. 조종 스틱 움직임을 계속 사용하지 않고 현재 조종 스틱 입력에 해당하는 속도로 비행한다. 크루즈컨트롤 기능은 조종 스틱 입력을 늘려 나선형 상승과 같은 기체 움직임도 지원한다.

① **크루즈컨트롤 버튼 설정** : DJI Fly로 이동하여 설정 _ 제어 _ 버튼 사용자 정의를 선택한 다음 C1, C2 또는 C3 버튼을 크루즈컨트롤로 설정한다.

② **크루즈컨트롤 실행**

■ 조종 스틱을 누른 상태에서 크루즈컨트롤 버튼을 누르면 조종 스틱 입력에 따라 기체가 현재 속도로 비행한다. 크루즈컨트롤이 설정되고, 조종 스틱을 놓으면 스틱은 중앙으로 자동 복귀한다.

■ 조종 스틱이 중앙으로 돌아오기 전에 크루즈컨트롤 버튼을 다시 누르면 기체가 현재 조종 스틱 입력에 따라 비행 속도를 재설정한다.

■ 중앙으로 돌아온 후 조종 스틱을 밀면 기체가 이전 속도를 기준으로 증가된 속도로 비행한다. 이 경우 크루즈컨트롤 버튼을 다시 누르면 기체가 증가된 속도로 비행한다.

③ **크루즈컨트롤 종료** : 조종 스틱 입력 없이 크루즈컨트롤 버튼을 누르거나, 조종기의 비행 일시 정지 버튼을 누르거나, 화면의 ⓧ 아이콘을 눌러 크루즈컨트롤을 종료한다. 기체가 정지하면 호버링한다.

④ **크루즈컨트롤 사용 시 다음 상황에 주의한다.**

■ 크루즈컨트롤은 일반, Cine, 스포츠 모드 또는 APAS, 프리 하이퍼랩스 및 FocusTrack에서 사용할 수 있다.

■ 조종 스틱 입력 없이 크루즈컨트롤을 시작할 수 없다.

■ 최고 고도 또는 최대 거리에 가까운 경우, 기체가 조종기 또는 DJI Fly에서 연결이 끊긴 경우, 기체가 장애물을 감지하고 제자리에서 호버링하는 경우, RTH 또는 자동 착륙 중인 경우에는 크루즈컨트롤을 사용할 수 없다.

■ 비행 모드를 전환하면 크루즈컨트롤이 자동 종료된다.

■ 크루즈컨트롤의 장애물 회피는 현재 비행 모드를 따른다.

# CHAPTER 07 드론으로 항공 사진 및 영상 촬영

드론 조종자가 멋진 사진과 영상을 찍기 위해서는 다양한 요소들을 이해한 가운데 계속적인 연습이 필요하다. 몇 가지 중요한 요소를 제시하면 다음과 같다.

첫째, 드론 조종 능력 향상이다. 드론 조종 능력이 뛰어나야 훌륭한 사진과 영상을 촬영할 수 있다. 기본적인 비행기능 외에도 카메라 각도 조절, 고도 조절, GPS 기능 등 다양한 기능에 익숙해지는 것이 중요하다.

둘째, 사진 및 영상 촬영 기술 익히기이다. 규칙의 3분할, 중심 구도 등의 기본적인 사진 구도를 이해하고 응용하는 능력이 필요하며, 적절한 조명, 촬영 시간대 선택 등도 중요한 요소이다.

셋째, 영상 편집 능력 습득이다. 사진뿐만 아니라 영상의 경우에는 편집 과정이 매우 중요하다. 영상 편집 소프트웨어를 이용해 색상 보정, 클립 잘라내기, 여러 클립 병합 등의 작업을 진행할 수 있어야 한다.

넷째, 환경 및 날씨 이해이다. 외부에서 드론을 이용해 촬영하기 때문에, 환경과 날씨는 사진 및 영상의 품질에 큰 영향을 미친다. 좋은 날씨와 조명하에서 촬영할 수 있는 시간을 계획하고, 촬영 장소의 특성을 잘 이해하는 것이 중요하다.

다섯째, 드론 촬영 관련 법규 이해이다. 촬영하려는 지역의 드론 비행 관련 법규를 정확히 이해하고, 필요한 허가를 받아야 한다.

여섯째, 창의적 사고 능력이다. 사진과 영상은 창의적인 표현수단이다. 새로운 시각에서 보는 것, 색다른 각도를 시도하는 것 등 창의적인 시도는 사진과 영상의 품질을 크게 향상시킬 수 있다.

이러한 점들을 고려하여 계속해서 연습하고, 다양한 기법을 시도해 보는 것이 중요하다. 자신만의 스타일과 기법을 발견하게 될 것이다. 중요한 몇 가지 요소들을 살펴보고, 전문가들이 제시하는 여러 가지 팁을 알아보자.

## 1. 멋진 드론 촬영을 위한 중요 요소 및 팁

**1) 카메라 매개변수 이해 :** 카메라의 매개변수(파라미터)는 사진의 외관과 품질을 결정하는 주요 요소이다. 여기에는 다음과 같은 것들이 포함된다.

(1) ISO : ISO는 카메라의 센서가 빛에 얼마나 민감한지를 결정하는 카메라 설정이다. ISO값이 높을수록 카메라 센서는 더 많은 빛을 받아들이고, 이는 사진이 더 밝게 나타나게 한다. 그러나 ISO값을 높게 설정하면 그만큼 노이즈(사진의 곡물 또는 픽셀화된 점)가 많이 발생한다. 즉, 높은 ISO값은 어두운 환경에서 더 많은 디테일을 캡처할 수 있게 해주지만, 사진의 전반적인 품질은 낮아질 수 있다. 반대로, 낮은 ISO값은 더 적은 노이즈와 더 높은 이미지 품질을 제공하지만, 사진이 더 어둡게 나타나므로 충분한 빛이 있는 환경에서 사용하는 것이 이상적이다.

ISO, 셔터 속도 그리고 조리개는 사진의 노출을 결정하는 세 가지 주요 요소로서, 이를 '노출 삼각형'이라고도 한다. 이 세 가지 요소는 상호 연관되어 있으며, 한 요소를 변경하면 다른 요소들과의 균형을 맞추기 위해 조절해야 할 수 있다. 이러한 요소들을 어떻게 조절하느냐에 따라 사진의 빛과 그림자, 깊이감, 움직임 등의 표현이 달라진다.

① 1980년대까지만 해도 국가별 필름감도의 표기방법 상이하여 혼란이 발생하였다(ASA 100 = DIN 21° = GOST 90).

- **미국** : ASA(American Standards Association) 규격

- **독일 중심의 유럽** : DIN(Deutsche Industrie Normen) 규격

- **러시아 등 동구권** : GOST(Gosudarstvennyy Standart) 규격

② 국제표준기구(International Organization for Standardization)에서 이러한 혼란을 방지하기 위해서 필름 감도 기준을 정립하였다.

- ISO 5800(1987년 컬러 필름용), ISO 6(1993년, 흑백 필름용) 등의 규격이며 ISO 감도라 호칭한다.

- 초기 ISO는 ASA 감도와 DIN 감도를 ISO 100/21°, ISO 200/24° 등으로 병행 표기하였다.

- 현재 ISO는 편의상 DIN 기준은 생략하고 ASA 수치만 표기하는 것이 일반적 표기 방법이다.

그림 7-1 과거 필름에 표기된 ASA 수치 기반 ISO 감도 표시          그림 7-2 ISO로고

③ 드론에서 ISO 설정 시 다음의 권장 사항을 고려하는 것이 좋다.

- **밝은 환경에서 촬영** : 가능한 한 낮은 ISO 설정(예: ISO 100 또는 200)을 사용한다. 이는 이미지 노이즈를 최소화하고 최상의 이미지 품질을 얻는 데 도움이 된다. 낮에는 ISO 100으로 놓고 촬영하면서 다른 설정을 바꾸었는데도 어둡다면 ISO를 조금씩 올려주면서 촬영하면 된다.

- **어두운 환경에서 촬영** : 더 많은 빛을 캡처하기 위해 높은 ISO 설정(예: ISO 800 또는 1600)을 사용할 수 있다. 그러나 이는 노이즈 증가를 초래하므로, 필요한 만큼만 ISO를 높이는 것이 중요하다. 1600 이상 설정되면 노이즈가 발생하기 때문에 1600 이하 설정을 권장한다.

- **비디오 촬영** : 비디오 촬영에서는 일반적으로 가능한 한 낮은 ISO값을 유지하는 것이 좋다. 노이즈는 비디오에서 더욱 두드러지므로, ISO를 높이는 대신에 셔터 속도나 프레임 레이트를 조절하는 방법을 고려해야 한다.

■ 드론 카메라의 성능은 모델에 따라 다르므로, 가장 좋은 결과를 얻기 위해 여러 설정을 실험해 보는 것이 중요하다. 또한 촬영 환경과 조명 조건에 따라 설정을 조절해야 한다.

(2) 셔터 속도 : 드론 카메라의 셔터 속도는 센서가 빛을 얼마나 오랫동안 노출시킬지를 결정한다. 즉, 셔터가 열려 있는 시간을 나타낸다. 이 셔터 속도는 사진이나 영상의 노출 및 움직임의 표현에 영향을 미친다.

←빠르다                                                           늦다→

① **빠른 셔터 속도**: 빠른 셔터 속도(예: 1/1000초)는 빛을 짧은 시간 동안만 센서에 노출시킨다. 이는 움직이는 객체를 '정지시키는' 효과를 만들어낸다. 즉, 빠른 움직임을 선명하게 캡처할 수 있다. 그러나 빠른 셔터 속도는 덜 빛을 센서에 허용하므로, 충분한 조명이 필요하다.

■ 스포츠 경기 같은 움직임을 촬영할 때 유용하다. 셔터 속도가 너무 빠르면 끊기는 느낌의 영상이 되고, 교류조명이 있는 경우에는 깜빡임이 영상에 나타나는 Flickering 현상이 생긴다.

② **느린 셔터 속도** : 느린 셔터 속도(예: 1/30초)는 빛을 긴 시간 동안 센서에 노출시키며, 이는 움직임을 블러처리하거나 스트림화하는 효과를 만들어낸다. 예를 들어, 드론이 고속으로 이동할 때 느린 셔터 속도를 사용하면 동적인 블러 효과가 만들어진다. 그러나 이 설정은 이미지에 빛이 과도하게 들어가서 과노출을 일으킬 수 있으므로 주의해야 한다.

■ 야경, 물의 움직임, 차량 이동 촬영할 때 유용하다. 낮에 장노출 촬영을 원하면 ND 필터를 사용하면 되며, 너무 느리면 어색한 모션 블러 현상과 젤로 현상*<sup>부록 참조</sup>이 생긴다.

■ **장노출 촬영** : 드론으로 장노출 사진을 촬영하는 것은 매우 매력적인 결과를 가져올 수 있다. 장노출 촬영은 셔터가 긴 시간 동안 열려 있어 빛이 센서에 계속해서 노출되는 방식이다. 이를 통해 움직이는 대상들(예를 들어, 물, 구름, 차량 등)이 빛의 흐름으로 나타나고, 정지된 대상들은 선명하게 캡처된다. 드론으로 장노출 사진을 찍는 방법은 다음과 같다.

• **적절한 조건 선택** : 먼저, 날씨와 시간이 적합한지 확인해야 한다. 일반적으로 장노출 사진은 낮보다는 야간이나 황혼 시에 더 잘 작동한다. 또한 바람이 많이 불거나 불안정한 날씨에는 드론이 안정적으로 비행하기 어려우므로 장노출 촬영에는 부적합하다.

- **드론 설정** : 드론의 카메라 설정을 조정해야 한다. 이는 셔터 속도를 느리게 설정함으로써 이루어진다. 일반적으로 장노출 촬영을 위해서는 셔터 속도가 1초 이상 필요하며, 경우에 따라서는 수 초 또는 분 이상 필요할 수도 있다. 그러나 이런 긴 셔터 속도는 이미지가 과도하게 밝아질 수 있으므로 ISO를 가능한 낮게 설정하고, 필요하다면 ND 필터(중화 필터)를 사용하여 빛의 양을 줄여야 한다. 모션 블러 이용 셔터 속도의 예는 다음과 같다.

| 피사체 | 셔터 속도 |
|---|---|
| 자동차 궤적 | 30초 |
| 밤하늘의 별 점상 | 15~20초(30초 이상 시 궤적이 표시) |
| 폭포나 계곡의 물줄기 | 1초는 결이 살아 있는 느낌<br>10초 이상은 뭉개지지만 부드러운 느낌 |
| 바닷가의 파도를<br>부드럽게 표현 | 1~2초 |
| 움직이는 사람의 잔상 | 1/30~1/10초 |
| 패닝 샷 | 1/30초 |

- **드론 비행** : 드론을 안정적으로 비행시키는 것이 중요하다. 장노출 사진을 찍을 때 드론은 완전히 정지해 있어야 하므로 GPS 모드를 사용하여 드론이 정확한 위치에 머무르고 있어야 한다.

- **사진 촬영** : 설정이 완료되면, 셔터를 눌러 사진을 찍는다. 촬영이 끝나면 사진을 검토하여 노출이 적절한지 확인한다. 노출이 너무 밝거나 어두운 경우, 카메라 설정을 미세 조정하고 다시 시도한다.

- **후처리** : 마지막으로, 사진 편집 소프트웨어를 사용하여 장노출 사진의 노출, 색상, 명암 등을 미세하게 조정한다.

- 마지막으로, 장노출 촬영은 연습이 필요한 기술이므로, 여러 번 시도하면서 최적의 설정과 기법을 찾아가는 것이 중요하다.

③ 조리개가 빛의 양을 물리적으로 조절한다면 셔터는 시간적으로 조절하는 것이다. 셔터 속도가 너무 빠르면 화면의 부드러움이 적어지고, 너무 늦으면 잔상이 생긴다. 초당 Frame 수의 2배를 해야 센서가 이미지를 캡처할 수 있는 시간이 충분해진다.

- 30fps(Frame per Second)
- 1/30(0.033)초마다 한장
- 개방 1/60(0.016)초 설정

④ 드론에서 셔터 속도 Tip

- 24프레임/초 비디오의 경우 1/50초 셔터 속도 사용한다. 비디오 촬영에서는 셔터 속도가 프레임 속도의 약 2배가 되도록 설정하는 것이 일반적이다. 이를 "셔터 속도 규칙" 또는 "180도 규칙"이라고 한다. 예를 들어, 비디오가 초당 30프레임으로 촬영된다면, 셔터 속도는 1/60초가 이상적이다. 이는 모션 블러가 자연스럽게 보이도록 만들어 준다.

- 사진 촬영 시 1/120보다 빠르게 하는 것을 권장한다. 이하 시 사진이 흔들릴 수 있기 때문이다. 늦어도 1/100 이상 설정한다.

(3) 조리개(f-stop 또는 aperture) : 조리개는 사람의 눈의 홍채와 같은 기능을 하며, 렌즈 내부의 개방 크기를 조정하여 빛의 양을 조절한다. 드론 카메라에서 조리개의 역할은 크게 노출 조절과 깊이감 생성 두 가지이다.

① **노출 조절** : 조리개는 카메라의 렌즈를 통해 센서로 들어오는 빛의 양을 조절한다. 조리개가 넓게 열릴수록 더 많은 빛이 들어오고, 조리개가 좁게 닫힐수록 더 적은 빛이 들어온다. 이는 사진 또는 비디오의 전체적인 밝기를 조절하는 데 중요한 역할을 한다.

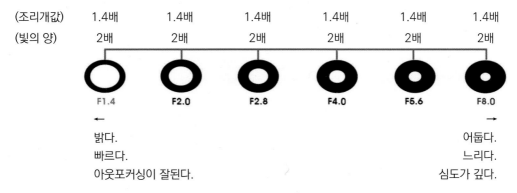

- 조리개의 f-stop값은 렌즈의 초점 거리를 렌즈의 직경으로 나눈 값이다. 즉, f-stop = 초점 거리 / 렌즈의 직경이다. 따라서 f-stop값이 작으면 렌즈의 직경이 크고 더 많은 빛이 센서로 들어오게 된다. 반대로 f-stop값이 크면 렌즈의 직경이 작고 더 적은 빛이 센서로 들어온다.

- 그러나 f-stop값과 빛의 양 사이의 관계는 비례 관계가 아닌 역수의 제곱 관계이다. 즉, f-stop값을 두 배로 증가시키면 (예: f/2에서 f/4로 변경) 빛의 양은 1/4로 줄어든다. 이것은 카메라 조리개의 "노출값" 개념과 관련이 있다. 노출값이 1 증가하면 센서로 들어오는 빛의 양이 절반으로 줄어들고, 노출값이 1 감소하면 센서로 들어오는 빛의 양이 두 배가 된다. 이를 "노출 단계" 또는 "스톱"이라고 부르며, f-stop의 각 값(예: f/1.4, f/2, f/2.8, f/4, f/5.6, f/8, f/11, f/16 등)은 빛의 양이 절반 또는 두 배가 되는 노출 단계를 나타낸다.

- 따라서, f-stop값을 조절하여 드론 카메라의 노출을 세밀하게 조절할 수 있다. 하지만 노출을 조절할 때는 f-stop값 외에도 셔터 속도와 ISO값 등 다른 카메라 설정도 고려해야 한다. 이 세 가지 요소는

"노출 삼각형"이라는 개념을 형성하며, 함께 조절되어야 원하는 노출 효과를 얻을 수 있다.

② **깊이감 생성** : 조리개 설정은 이미지의 '깊이 효과' 또는 '포커스'에 영향을 준다. 조리개가 넓게 열릴 때 (낮은 f-stop값, 예: f/1.8), 이미지의 특정 부분만이 선명하게 포커스되고 배경은 흐릿하게 보인다. 이를 '얕은 깊이감'이라고 한다. 반대로, 조리개가 좁게 닫힐 때 (높은 f-stop값, 예: f/16), 이미지 전체가 선명하게 보인다. 이를 '깊은 깊이감'이라고 한다.

- 낮은 f-stop값, 예: f/1.8 : 아웃포커싱, 어두울 때

  • 보통 인물사진에서 많이 활용한다. 조리개 수치를 낮은 렌즈를 사용하고 망원렌즈일수록 유리하며, 인물과 배경 사이의 거리가 멀수록 아웃포커싱 효과가 잘 나타난다. 아웃포커싱 사진을 잘 찍는 방법은 조리개 숫자를 낮추고, 광각보다는 망원으로, 가까이에서, 피사체 뒤로 배경을 멀리 두고 찍는 것이다.

  • 야간 촬영을 하거나 조명이 부족한 실내 촬영 시 사진 자체가 흔들리게 되거나 노이즈가 지글지글하게 잔뜩 생길 때 셔터스피드 확보를 위해 조리개를 개방하여 촬영한다.

- 높은 f-stop값, 예: f/16 : 풍경, 인증샷, 빛 갈라짐 표현 등

  • 대상부터 배경까지 초점이 모두 맞는 사진을 얻기 위해 보통 f8 이하에서 해상력이 극대화 되므로 조리개를 조여야 한다.

  • 야경에서 빛이 별처럼 갈라지는 것을 표현하기 위해서 사용한다. 조리개 날수가 짝수인 경우 빛 갈라짐은 조리개 날수만큼 생긴다. 홀수인 경우는 조리개 날수의 두 배가 생긴다.

③ 드론 촬영에서, 고정된 조리개값을 가진 카메라를 사용하는 모델이 많지만 일부 고급 모델에서는 사용자가 조리개값을 직접 조절할 수 있다. 이렇게 하면 드론 조종사가 노출과 깊이감을 더 세밀하게 조절하여 창의적인 촬영을 할 수 있다.

- DJI Mini 3 Pro : f/1.7
- DJI Air 3 : 광각카메라 f/1.7, 망원카메라 f/2.8
- DJI Mavic 2 Pro : f/2.8~f/11
- DJI Mavic 3 Pro : Hasselblad카메라 f/2.8~f/11, 미디엄 망원카메라 f/2.8, 망원카메라 f/3.4

④ 그러나 주의해야 할 점은, 조리개값이 클수록 (f-stop값이 낮을수록) 더 많은 빛이 들어와서 이미지가 더 밝아질 수 있지만, 동시에 이미지의 특정 부분만 포커스되고 나머지 부분은 흐릿하게 될 수 있다는 것

이다. 반대로, 조리개값이 작을수록(f-stop값이 클수록) 더 적은 빛이 들어와서 이미지가 더 어두워질 수 있지만, 이미지 전체가 선명해질 수 있다는 것이다. 따라서 어떤 효과를 원하는지에 따라 적절한 조리개값을 선택해야 한다.

⑤ 드론에서 조리개 수치 Tip

- 조리개 수치를 올리면 사진이 어두워지므로 카메라는 적정 노출을 위해 ISO는 올리고 셔터스피드는 낮추게 된다.

- 셔터스피드가 느리면 피사체가 흔들린 사진을 찍을 수 있다. 따라서 조리개 우선모드로 촬영할 때 셔터스피드를 주의해서 촬영해야 한다. 사진을 통해 핸드블러를 확인하거나 셔터음을 통해 확인할 수 있다.

- ISO 조절을 통해 셔터스피드 확보가 필요하다. 정지인물 기준 1/60 밑으로 내려가면 흔들릴 확률이 높다.

(4) 화이트 밸런스(White Balance) : 화이트 밸런스는 카메라가 색상을 정확하게 재현하는 데 사용하는 설정이다. 실제로 우리가 볼 때 흰색은 흰색으로 보이지만, 카메라 센서는 다양한 광원(예: 햇빛, 형광등, 백열등)에서 나오는 빛의 색상 온도에 따라 이를 다르게 해석할 수 있다.

① 화이트 밸런스 설정을 통해, 카메라는 특정 색상 온도에 따라 색상을 보정하여 이미지의 색상이 사람 눈이 실제로 본 것과 같게 나타낼 수 있다. 예를 들어, 형광등 하에서 촬영하면 이미지에 푸른색 빛이 돌 수 있지만, 화이트 밸런스를 올바르게 설정하면 이 푸른색 빛을 보정하여 흰색이 실제로 흰색으로 나타나게 할 수 있다.

② 드론 카메라에서 화이트 밸런스를 설정하는 것은 특히 중요하다. 이는 드론이 고도에 따라 다양한 광원 조건에서 촬영해야 하기 때문이다. 드론 카메라는 대부분 자동 화이트 밸런스 기능을 제공하여 다양한 빛 조건에서도 색상을 올바르게 재현할 수 있지만, 보다 정확한 색상 재현을 위해 수동으로 화이트 밸런스를 조절할 수 있는 옵션도 제공하는 경우가 많다. 이를 통해 조종사는 현재의 빛 조건에 가장 적합한 화이트 밸런스 설정을 선택할 수 있다.

③ 색온도는 광원의 색상을 측정하는 척도이다. 색온도는 켈빈(Kelvin, K) 단위로 표시되며, 높은 색온도는 푸른색 빛을, 낮은 색온도는 붉은색 빛을 나타낸다. 예를 들어, 햇빛은 약 5,600K의 색온도를 가지며, 흐린 날의 광원은 약 6,500K, 텅스텐 전구는 약 3,200K의 색온도를 가진다.

화이트 밸런스 설정은 특정 색온도의 광원에 맞게 색상을 보정한다. 이는 카메라가 광원의 색온도를 감지하고 이에 따라 이미지의 색상을 자동으로 보정하도록 하여, 광원의 색온도와 관계없이 흰색이 실제로 흰색으로 보이게 하는 역할을 한다. 따라서 화이트 밸런스와 색온도는 서로 밀접하게 연관되어 있다.

④ 드론에서 화이트 밸런스 Tip

- 화이트 밸런스는 통상 AUTO 모드를 활용한다.

- DJI Mavic 2 Pro 기준으로 AWB(Auto White Balance)는 2,000~10,000k, 흐림은 6,000K, 맑음

은 5,600K, 백열등은 2,800~3,500K, 형광등은 3,200~6,500K를 나타낸다.

■ 기억하자! 야간 WB는 3,200K, 맑은 날은 5,600K, 흐린 날은 6,000K

**2) 사진 구도 이해** : 일반적인 사진 구도라 함은 사진 내의 요소들이 어떻게 배치되고 조화를 이루는지에 대한 개념이다. 즉, 사진을 찍을 때 카메라의 뷰파인더나 LCD 화면 내에 어떤 요소를 넣을지, 어떻게 배치할지 결정하는 것이라고 할 수 있다. 구도는 사진의 분위기와 메시지를 결정하는 매우 중요한 요소이다. 같은 대상을 찍더라도 구도에 따라 완전히 다른 느낌과 메시지를 전달할 수 있기 때문이다.

사진 구도를 결정하는 요소는 대상의 위치, 각도, 배경, 조명, 색상 등 다양하며, 이들 요소는 사진 작가의 의도와 메시지에 따라 다르게 사용될 수 있다.

사진 구도에는 여러 가지 기본 원칙이 있다. 대표적인 예로는 '삼분법'이 있다. 이는 이미지를 가로 세로로 각각 세 개의 동일한 부분으로 나눈 그리드를 사용하여 주요 요소를 그리드의 교차점에 배치하는 원칙이다. 이 외에도 '대칭법', '주의선 원칙', '프레이밍' 등 다양한 구도 원칙이 있다. 이러한 원칙들은 사진의 균형감과 강조점을 결정하는 데 도움이 되지만, 반드시 따라야 하는 규칙은 아니다. 때로는 이러한 원칙을 깨는 것이 더 흥미로운 이미지를 만들어낼 수 있다.

사진 구도는 창의적인 표현의 일부이므로, 자신만의 스타일과 시각을 반영하여 자유롭게 실험해보는 것이 중요하다. 이러한 일반적인 사진 구도와 드론 사진 구도의 차이점을 살펴보고 유용한 드론 사진 구도 팁을 알아보자.

(1) 일반적인 사진 구도와 드론 사진 구도와의 차이점

① **시점** : 가장 중요한 차이점은 촬영 각도와 시점이다. 일반적인 사진 촬영은 대개 지면 수준에서 이루어지며, 대상을 수평선 위나 아래에서 보는 경우가 일반적이다. 반면 드론 촬영은 고도를 조절함으로써 매우 다양한 시점에서 촬영할 수 있다. 이를 통해 새로운 시각과 각도를 제공하고, 일반적인 촬영 방법으로는 볼 수 없는 풍경이나 대상을 포착할 수 있다.

② **크기와 거리** : 드론은 거대한 풍경이나 넓은 지역을 촬영하는 데 매우 유용하다. 즉, 일반적인 사진 촬영과 달리 드론은 거리와 크기에 대한 새로운 인식을 제공한다.

③ **비행 경로** : 드론은 고정된 위치에서 촬영하는 것 외에도 비행 경로를 통해 독특한 동적 촬영을 만들 수 있다. 이는 팬, 틸트, 줌 등의 카메라 기능과 결합되어 놀라운 이동 촬영을 생성할 수 있다.

④ **구도의 다양성** : 드론 촬영에서는 대칭, 조망, 직각, 조각, 조형물 등의 다양한 구도를 사용할 수 있다. 이러한 구도는 일반적으로 지상에서의 촬영에는 사용하기 어렵거나 불가능하다.

⑤ 즉, 드론을 사용하면 보다 다양한 시각에서의 사진 구도를 탐색하고 실험할 수 있으며, 이는 독특하고 매력적인 사진을 만드는 데 도움이 될 수 있다. 그러나 모든 사진 촬영에서와 마찬가지로, 사진 구도는 전체적인 사진의 품질과 분위기에 큰 영향을 미치므로 신중하게 고려되어야 한다.

(2) 드론에서 유용한 사진 구도 : 드론을 사용하여 사진을 찍을 때 고려해야 할 구도와 기법은 지상에서 사진을 찍을 때와는 조금 다르다. 드론을 통해 우리는 새로운 시각과 각도에서 사진을 촬영할 수 있기 때문이다. 다

음은 드론 사진 구도에 대한 몇 가지 주요 원칙과 팁이다.

① **규칙의 삼분법** : 전통적인 사진과 마찬가지로, 드론 사진에서도 규칙의 삼분법을 사용하여 구도를 만들 수 있다. 화면을 3x3 그리드로 나누고 주요 대상이나 지점을 이 그리드의 4개의 교차점에 위치함으로써 관람자의 주목을 끌 수 있다. 삼분법을 적용하면 다음과 같은 특징과 장점이 있다.

■ **새로운 시각** : 드론은 고도를 조절하여 다양한 시각에서 촬영할 수 있다. 삼분법을 사용하면 하늘, 땅, 수면 등 다양한 요소와의 관계를 통해 풍경의 균형을 맞출 수 있다.

■ **주요 대상 강조** : 드론으로 촬영할 때 주요 대상(예: 건물, 사람, 자동차 등)을 화면의 교차점에 배치하면 해당 대상에 더 많은 주목을 받을 수 있다.

■ **경치의 균형** : 삼분법을 통해 하늘과 땅의 비율을 조절하면 사진의 균형을 더욱 잘 맞출 수 있다. 예를 들어, 아름다운 구름이 많은 하늘을 강조하고 싶다면 하늘 부분을 두 개의 섹션에, 땅 부분을 한 개의 섹션에 배치할 수 있다.

■ **동적인 구도** : 드론 촬영에서는 자주 움직이는 대상(예: 동물, 차량, 사람 등)을 촬영할 때 삼분법을 사용하면 동적이고 자연스러운 구도를 만들 수 있다.

② **전체적인 풍경 캡처** : 드론을 사용하면 광대한 풍경을 한 번에 캡처할 수 있다. 이를 활용하여 장면의 전체적인 분위기와 환경을 포착해보자.

③ **직각에서의 촬영** : 드론을 사용하면 바로 아래나 위에서 사진을 찍을 수 있다. 이러한 직각에서의 촬영은 흥미로운 패턴이나 구조를 강조하는 데 도움이 된다.

④ **대각선 구도** : 대각선은 사진에 동적 감을 추가하고 눈길을 끈다. 드론으로 찍은 사진에서는 길, 강, 해안선 등의 대각선 요소를 활용하여 흥미로운 구도를 만들 수 있다.

⑤ **경계와 프레이밍** : 드론 사진에서는 특정 대상을 강조하기 위해 자연적인 프레임을 찾을 수 있다. 예를 들면, 산맥이나 나무, 건물 등을 활용하여 주제나 대상을 프레이밍하는 것이 좋다.

■ "프레이밍"이란 사진이나 영화에서 구도를 설정하는 방식 중 하나로, 주제나 대상을 다른 요소로 둘러싸는 기법을 말한다. 프레이밍은 주제나 대상에 주목을 끌어, 이미지의 깊이를 만들거나 중요한 요소를 강조하는 데 도움을 준다. 프레이밍을 통해 사진이나 영상의 구도는 더욱 풍부하고 흥미롭게 될 수 있다. 이 기법을 효과적으로 사용하면, 관람자의 시선을 원하는 방향으로 유도하거나 스토리텔링에 깊이를 추가하는 데 도움을 줄 수 있다.

■ 프레이밍 기법을 사용하는 몇 가지 방법을 소개한다.

• **자연적인 요소 사용** : 나무, 동굴 입구, 창문, 문틀 등과 같은 자연적 또는 인위적인 요소를 사용하여 대상을 둘러싸서 프레이밍할 수 있다.

• **인물의 프레이밍** : 두 명의 인물이 서로를 바라보면서 그 사이에 있는 대상에 주목을 끄는 경우와 같이, 인물을 사용하여 다른 대상을 프레이밍할 수도 있다.

- **빛과 그림자의 프레이밍** : 특정 광원이나 그림자를 사용하여 대상을 강조할 수 있다. 예를 들면, 어두운 공간에 있는 작은 광원이 대상을 밝게 조명하는 경우 등이다.

- **색상의 프레이밍** : 밝은 색상의 배경 앞에 어두운 대상이나 반대로 어두운 배경 앞에 밝은 대상을 위치시키는 것으로 대상을 강조할 수 있다.

- **깊이와 레이어링** : 전경, 중경, 배경 사이의 레이어를 활용하여 대상을 프레이밍하거나 강조할 수 있다.

⑥ **주제의 위치** : 중앙에 주제를 둘 필요는 없다. 때로는 주제를 구도의 한쪽에 위치시키는 것이 더 흥미로운 사진을 만들 수 있다.

⑦ **날씨와 시간** : 드론 사진에서는 날씨와 시간이 큰 영향을 미친다. 황금시간(해가 뜨거나 지는 시간)에 촬영하면 따뜻한 색상과 긴 그림자를 포착할 수 있다.

⑧ **배경과 대조** : 대상과 배경 사이의 대조를 활용하여 대상을 강조하자. 예를 들어, 밝은 배경 앞에 어두운 대상이나 반대로 어두운 배경 앞에 밝은 대상을 위치시키는 것이 좋다.

**3) 항공 사진 촬영을 위한 10가지 Tip(Written by DJI in 2018-03-07)**

(1) 편안하게, 안전하게 그리고 여유로운 마음으로 : 매순간 당신은 안정적인 드론 비행을 유지하기 위하여 기억해야 할 것들이 너무나도 많다. 드론을 띄우기 전, 단 몇 분이라도 편안한 마음을 가져보자. 그렇게 하면 비행에 집중하는데 좀 더 도움이 되며, 아마도 당신이 찾던 멋진 결과물을 발견하게 될 것이다.

(2) 황금 타이밍 이용하기 : 조금만 일찍 일어나 마법의 시간 동안에 사진을 촬영해 보자! 여기서 마법의 시간 (또는 황금 타이밍이라고도 함)이란 일몰 직전과 일출 이후를 말한다. 이 시간이 되면 빛이 훨씬 부드럽고, 색이 강조되며 모든 것이 평소보다 천 배는 더욱 멋지게 보일 것이다.

(3) 그리드를 이용한 촬영 : 이것은 새를 추격하기 위한 게임이 아닌 황금 분할의 규칙을 사용하여 사진을 구성할 수 있도록 추가되었다. 눈금을 이용해 몇 개의 사진을 촬영하고, 수직 격자선 중 하나 또는 교차하는 지점에서 피사체/초점을 지점으로 사진의 구도를 잡을 때 시도해 보자. 이전보다 균형 잡힌 사진을 보게 될 것이다.

(4) D-log 모드로 RAW 이미지 촬영 : 가능하다면 D-log 컬러 모드를 사용하여 RAW 이미지로 캡처하도록 기능을 전환해 보자. 미리보기를 하면 보기보다 반대되는 것처럼 탁하고 색이 바랜듯하게 보일 수 있다. 그러나 이 방법을 이용해 촬영하면 가능한 자세하게 디테일을 캡처하므로 후반 작업에서 사진을 편집 시 수월하게 할 수 있다.

(5) 자동으로 노출을 차등적으로 찍는 기능(AEB) : 공기나 태양광선 같이 다양한 요인으로 인해 생생한 프리뷰
가 걱정된다면 사진 촬영 시 정확한 노출 수준을 확보하는 것은 매우 어려울 수도 있다. 다행히 자동 노출
계층(AEB) 기능이 있다! AEB는 다양한 노출을 이용해 여러 가지 사진을 찍는다. 또한 노출값이 가장 좋은
사진을 선택하거나 모두 하나로 결합하여 더욱 아름다운 HDR 사진을 만들어 준다.

(6) 감광 필터의 활용 : ND 필터(감광 필터)는 색상을 보존하면서 빛을 흡수한다. 기본적으로 ND 필터는 드론
을 위한 선글라스 같은 존재이다. 대부분의 비행은 햇볕이 잘 드는 조건에서 이루어지기 때문에 사진이 빛
에 과다하게 노출될 수 있다. 그러나 ND 필터를 사용하면 이 빛을 걸러내고 사진의 노출 수준을 사용할 수
있는 정도까지 낮출 수 있다. f-stop의 축소가 가능하므로 사용을 고려하고 있다면 ND8 필터로 시작하는
것이 좋다.

(7) 새로운 관점에서 본 풍경 : 인간은 땅 위에서 살아가는 존재이다. 따라서 우리 삶의 대부분은 평지에 발을 붙이고 있는 시간이 대부분이다. 항공 사진 촬영은 이전에는 볼 수 없었던 방식으로 무언가를 새롭게 볼 수 있는 기회를 제공하기 때문에 더욱 매력적이다. 다음번에는 무언가를 포착하기 위해 시도해 보자. 시도하다 보면 언젠가는 놀랄 만큼 아름다운 풍경, 패턴 및 비밀을 발견하게 될지도 모른다.

(8) 사진 보정 툴 활용하기 : 다행히 강력한 후반작업용 편집 툴이 우리에게 편의를 제공하지만, 모든 옵션과 슬라이더에 적용하기는 매우 어려울 수도 있다. 이론과 설명서를 읽는데 시간을 보내는 대신, 당장 실험을 시작하고 소프트웨어의 옵션 익히기를 권장한다. 아마도 결과에 대하여 놀랄지도 모른다.

(9) 히스토그램 활용하기 : 히스토그램은 사진의 노출과 깊은 관련이 있고 노출의 과다 또는 부족은 사진의 톤에 큰 영향을 미친다. 후반 작업에서 색상을 실험하거나 변경할 때 이를 최고조에 달하게 하려면 과다 노출 및 색상의 과열을 방지해 주어야만 한다.

(10) 탐험을 즐기자 : 모든 사진이 동일하게 보이기 시작하면 같은 지점에서의 비행을 멈추는 것이 좋다. 가족이나 친구와 함께 모험을 즐겨보자. 다양한 포트폴리오를 위해 새로운 장소를 방문해 보는 것도 도움이 될 것이다.

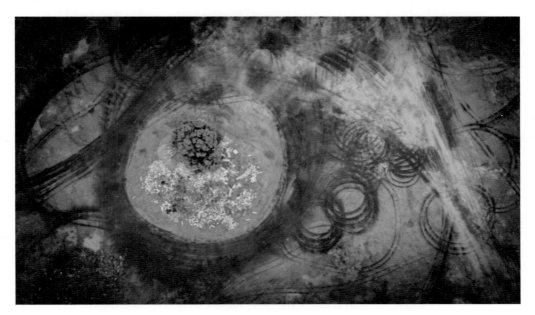

**4) 드론 사진 촬영기술을 한 단계 높이기 위한 11가지 팁 :** 드론 사진을 촬영하기 전, 우리는 전문가들이 찍은 항공 사진에서 영감을 받고자 한다. 때로는 훌륭한 사진들을 통해 어쩌면 이토록 상상력이 풍부하고, 눈에 확 띄게 촬영을 할 수 있는지 궁금해 한다. 온라인 사진 잡지이자 유튜브 채널 COOPH*<sup>부록 참조</sup>는 그들의 비디오에서 독특한 촬영 팁과 트릭을 공개하였다(Written by DJI in 2018-05-10).

(1) 시점의 변화 : 드론은 다른 어떤 카메라도 제공할 수 없는 시점을 제공한다. 바로 위와 아래에서 놀랍고 환상적인 순간을 포착하기 위해 공중에서의 시점을 최대한 활용하고 사용해 보기 바란다. 친구들과 땅에 드러누워 상상할 수 있는 어떤 포즈를 취해 달라고 요청해보자. DJI 촬영용 드론을 사용하면 공원 벤치나 벽과 같은 평범한 사물이 건물의 선반처럼 보일 수 있어 뛰어 넘는 듯한 착각을 준다. 이런 트릭들을 사용해 재밌는 장면을 만들어 보자.

(2) 대칭의 아름다움 : 새의 시점으로 보면 여러분이 땅에서 볼 수 없는 아름다움을 재발견하게 해준다. 특히 위에서 본 공원이나 마을 광장은 놀라운 대칭을 보여 준다. 완벽한 거울 이미지를 만드는 장면을 포착해 보자.

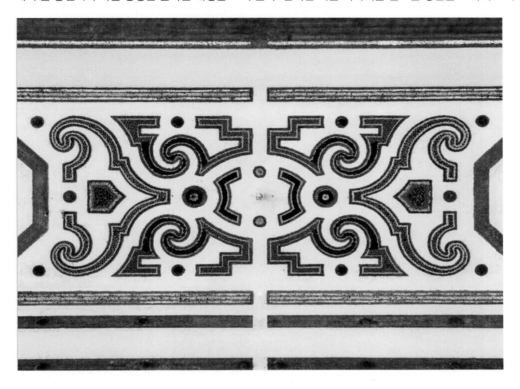

(3) 분할선 찾기 : 어느 사진에서나 선명한 선이 샷의 구성을 형성하여 보는 사람의 시선을 유도한다. 당신도 똑같이 할 수 있다. 도로나 트레일을 이용해 선을 왼쪽에서 오른쪽으로, 위에서 아래로 또는 코너에서 코너까지 연장하도록 장면을 구성한다. 이 각도로 촬영하고 어떤 모양이 만들어지는지 확인해 보자.

(4) 특별한 패턴의 발견 : DJI 촬영용 드론을 가지고 나가 특별한 장소를 찾아보자. 세상에 존재하는 흥미로운 모양과 패턴을 발견하고 놀랄 것이다. 기이한 모양일수록 더욱 흥미롭다.

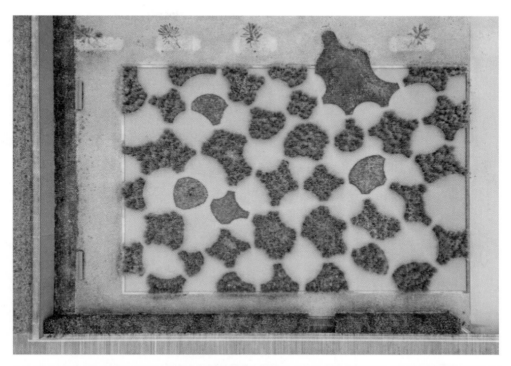

(5) 항공 파노라마 촬영 : DJI 촬영용 드론의 파노라마 기능을 과소평가하지 말자. 여러분은 파노라마를 보는 사람들에게 더 넓은 풍경을, 불완전한 사진이 아닌 전체적인 아름다움을 보여줄 수 있을 것이다.

(6) 셀카의 재발견 : DJI 촬영용 드론을 드는 순간, 영원히 셀카봉은 필요 없다고 말하고 싶다. 여러분이 어떤 배경을 사용하는지는 그리 중요하지 않다. 왜냐하면 세계 어느 곳에서나 공중에서 본 시점으로 바라볼 수 있기 때문이다.

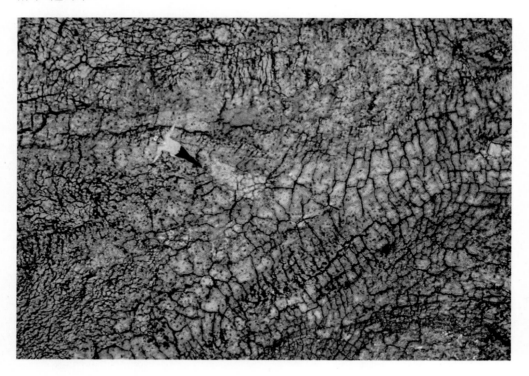

(7) 대비되는 색상 : 개인적으로는 색감이 풍부한 물체를 찍는 것을 좋아한다. 물론 여러분도 좋아할 것이다. 밝고 선명한 색조는 위에서 보면 더욱 아름답다. 대비가 클수록 장면이 더 극적으로 나오기 때문에 여러분은 밝은 색과 어두운 색을 함께 사용하고, 더 나아가 상호 보완적인 색상도 사용하도록 해보자.

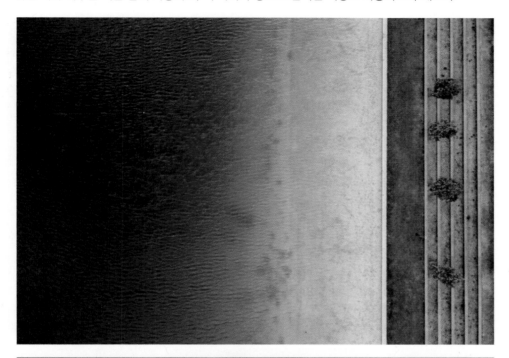

(8) 반복 속에서 찾은 아름다움 : 어떤 장소는 반복을 찾을 수 있는 좋은 기회를 제공한다. 조심스럽게 배열된 물체들은 정밀하게 정형화된 선을 형성할 수 있다. 선적 장소나 기차역과 같은 장소에는 동일한 모양의 물건이 많이 있다. 평범한 이웃들의 집들조차도 모두 나란히 있는 성격을 가지고 있다.

(9) 추상적으로 촬영하기 : 우리 모두가 페인트 붓을 가진 피카소는 될 수 없지만, 드론을 이용해서 추상적인 예술을 만들 수 있다. DJI 촬영용 드론을 조종하여 곡선이나 불규칙한 모양을 찾아보자. 여러분이 생각하는 만큼 다양한 방법으로 장면을 구성하고, 모든 독특한 광경을 포착해보자. 어디에서나 시각적인 스토리가 존재하며, 당신은 그냥 감상하기만 하면 된다.

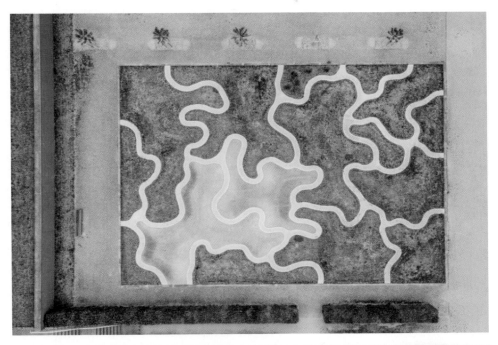

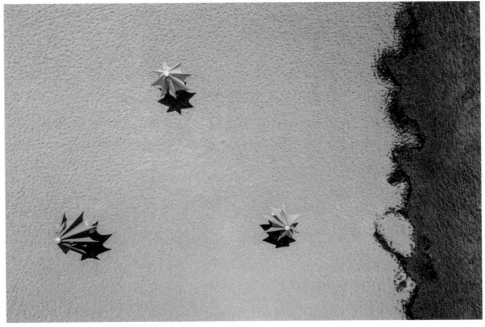

(10) 그림자로 표현하는 스토리 : 그림자는 당신의 상상의 나래를 펴는 열쇠가 될 수 있다. 해가 지기 직전에 우리의 그림자는 거대한 실루엣으로 확장되어 모든 움직임과 활동을 보여 준다. 비록 당신의 모습은 자세히 보이지 않을 수도 있지만, 당신의 그림자는 모든 이야기를 말해 줄 수 있다.

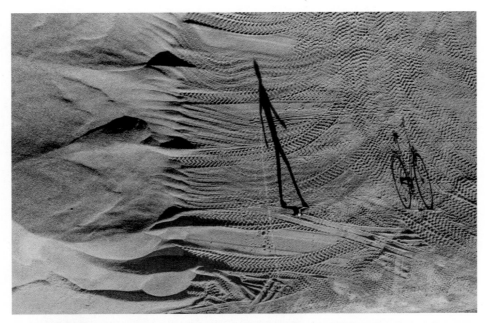

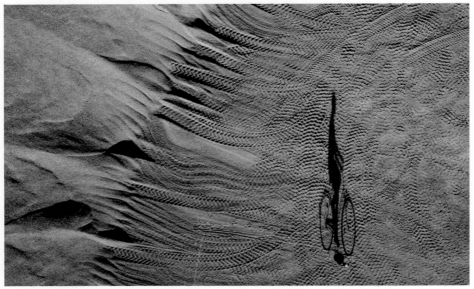

(11) 지평선에서 본 시점 : 그림자를 가지고 놀고 나면, 이제는 지평선을 볼 시간이다. 여기서는 이전의 모든 팁을 결합하여 숨 막힐 듯한 경치를 만들 수 있다. 대칭적인 선, 낯선 모양, 높은 대비 또는 환상적인 그림자를 찾아보자. 독특한 시점과 도달하기 어려운 각도에서의 지평선 사진은 다른 사람들이 거의 찍을 수 없는 이미지에 일종의 깊이와 삶의 활기를  불어넣어 준다.

**5) 전문 드론 촬영 스토리텔링에 필수적인 카메라 동작 12가지 :** 흥미진진하고 색다른 항공 이미지를 촬영하고 싶
다면, 단순한 촬영과 편집으로 불가능하다. 스토리텔링의 핵심은 기억에 남을 만한 영상을 만드는 것이기 때문
이다. 각 카메라 동작을 통해 묘사되는 이야기는 최종 편집 본에 아주 중요한 요소이다. DJI 가이드에서는 돋
보이는 항공 촬영 스토리를 만들어 줄 12가지 카메라 동작을 제시하고 있다.

　(1) 오프닝 : 상승 샷, 조감도, 푸시 인

　　① **상승 샷** : 상승 샷을 촬영하면 익숙했던 주변도 좀 더 색다른 시각으로 바라 볼 수 있다. 점진적인 심도를
　　더해주고, 시청자는 환경에 대한 이해도가 커진다.

　　② **조감도** : 기체를 사용해 하늘에서 내려다보는 조감도를 멋지게 담을 수 있다. 장면에 큰 장애물과 간섭
　　없이 스토리가 진행되는 곳을 직접적으로 보여줄 수 있다. 그저 그런 따분한 영상을 촬영하고 싶진 않을
　　것이다. 그렇다면 하강 샷 또는 하강하면서 동시에 회전하는 샷을 촬영해 역동감을 더해본다.

452

③ 푸시 인 : 피사체를 향해 비행하면서 조금씩 거리를 간다. 피사체를 강조하면서 피사체와 환경 간의 관계를 효과적으로 잘 보여줄 수 있다. 비행 속도에 따라 영상의 템포, 스타일이 달라진다.

(2) 스토리 전개 : 전진비행, 통과비행, 우회비행

① 전진 비행 + 짐벌 상향 전환 : 전진 비행을 진행하면서 짐벌을 위로 움직임으로써 시각을 확대하면 화면에 더 다양한 요소를 담아낼 수 있다. 이런 카메라 동작은 사람 눈의 시각적 습관을 따르기에 좀 더 몰입감 있는 장면을 연출한다.

② 통과 비행 : 특정 요소를 통과하는 비행으로 두 장면을 연결해본다. 가까워지는 근접 샷에 빠른 비행을 더하면 아드레날린이 솟구치는 멋진 장면이 만들어진다.

③ **우회비행** : 시야를 살짝 가린 상태로 장면을 시작한 다음, 전진 비행을 하며 원하는 피사체를 공개한다.

(3) 추적 : 하늘에서 쫓아가는 추적 샷, 원형 회전+추적, 고정 추적

① **하늘에서 쫓아가는 추적 샷** : 하늘에서 피사체를 따라 가는 추적 장면을 연출해보자. 영상에 긴장감을 더해 피사체와 주변 환경 간의 인터랙션을 더 잘 보여줄 것이다. 시청자는 피사체의 속도감과 장면의 변화를 좀 더 직접적으로 느낄 수 있다.

② **원형 회전+추적** : 피사체를 중심으로 회전해 시청자에게 360° 전경을 보여준다. 이 동작은 크기, 움직임, 위치에서 피사체와 주변 환경의 차이를 두드러지게 보여줄 수 있다. 특히 DJI Mavic 3 기체는 이 장면에 딱 맞는 제품이다. ActiveTrack 5.0 탑재로, 8개 방향에서 추적할 수 있어 훌륭한 카메라 동작을 구현할 수 있다.

③ **고정 추적** : 피사체를 선택하면, 화면 중심에 피사체를 두고 계속해서 기체가 피사체 움직임에 따라 추적한다. 이 동작으로 시청자는 마치 함께 움직이는 듯한 느낌을 받게 된다. 트랜지션(전환)에서 주로 사용된다.

(4) 클로징 : 후진 비행, 원형 회전+후진 비행, 시야 이탈

① **후진 비행** : 기체를 피사체로부터 멀어지게, 역방향으로 비행한다. 장면의 템포를 늦추는 데 잘 사용되는 테크닉이다. 평화롭고 평온한 느낌을 줄 때 효과적이다.

② **원형 회전+후진 비행** : 피사체를 중심으로 살짝 원형으로 회전하면서 기체를 후진 비행해보자. 약간의 극적 요소와 함께 장면을 마무리할 때 아주 좋은 촬영 기법이다.

③ **시야 이탈** : 추적이나 특별한 카메라 움직임은 필요 없다. 그저 피사체가 프레임에서 벗어나길 기다리면 된다. 피사체가 사라진 후 마지막 장면에 초점을 두는 게 중요하다. 역동적인 요소는 제거하고 장면을 부동 상태로 유지한다.

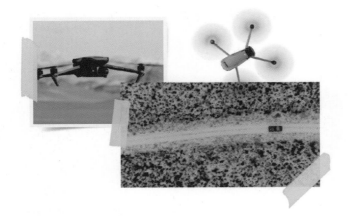

# CHAPTER 08 드론 비행 중 사고 발생 시 조치

드론 조종자는 발생한 사고가 법령에 준한 보고를 해야 할 사고일 경우 신속히 관련 기관에 보고하고 후속조치를 해야 한다. 이 세상에는 추락한 드론과 추락하지 않은 드론이 있다. 어떤 다양한 원인으로 사고는 발생할 수 있다. 몇 가지 주요 원인을 살펴보고 관련 법령을 알아보자.

## 1. 드론 사고 주요 원인 및 관련 법령

**1) 드론 사고 발생 주요 원인 :** 이러한 사고를 최대한 피하기 위해서는 철저한 사전 점검, 안전한 비행 환경 확보, 적절한 비행 기술과 지식 그리고 법규 준수가 중요하다.

(1) 조종자의 실수 : 가장 일반적인 원인 중 하나는 조종자의 실수이다. 조종자가 드론의 조작법을 제대로 알지 못하거나, 주변 환경을 제대로 파악하지 못해 사고가 발생할 수 있다.

(2) 기기의 고장 : 드론의 고장이나 결함으로 인해 사고가 발생할 수 있다. 예를 들어, 배터리가 갑자기 방전되거나, 프로펠러가 고장나는 등의 상황이 이에 해당한다.

(3) 날씨와 환경적 요인 : 강풍, 폭우, 안개 등의 기상 조건이나, 고지대, 건물, 나무 등의 물리적 장애물에 부딪히는 등의 환경적 요인도 사고를 유발할 수 있다.

(4) 통신 장애 : 조종자와 드론 사이의 신호가 끊기거나 간섭을 받는 경우에도 제어를 잃고 사고를 일으킬 수 있다.

(5) 법규 위반 : 비행 제한 구역에서 비행하거나, 허가되지 않은 고도에서 비행하는 등의 법규 위반으로 인한 사고도 발생할 수 있다.

(6) 기타 기술적 이슈 : 드론의 펌웨어 오류나 GPS 신호 손실, 비정상적인 센서 작동 등과 같은 기술적 이슈로 인해 사고가 발생할 수 있다.

**2) 조종자 준수사항, 사고의 정의 등 관련 법령**

(1) 항공안전법 시행규칙 제310조(초경량비행장치 조종자의 준수사항)

> ① 초경량비행장치 조종자는 법 제129조 제1항에 따라 다음 각 호의 어느 하나에 해당하는 행위를 하여서는 아니 된다.
> 다만, 무인비행장치의 조종자에 대해서는 제4호 및 제5호를 적용하지 아니한다.
>
> 1. 인명이나 재산에 위험을 초래할 우려가 있는 낙하물을 투하(投下)하는 행위
>
> 2. 주거지역, 상업지역 등 인구가 밀집된 지역이나 그 밖에 사람이 많이 모인 장소의 상공에서 인명 또는 재산에 위험을 초래할 우려가 있는 방법으로 비행하는 행위
>
> 2의2. 사람 또는 건축물이 밀집된 지역의 상공에서 건축물과 충돌할 우려가 있는 방법으로 근접하여 비행하는 행위

3. 법에 따른 관제공역 · 통제공역 · 주의공역에서 비행하는 행위. 다만, 법 제127조에 따라 비행승인을 받은 경우와 다음 각 목의 행위는 제외한다.

　가. 군사목적으로 사용되는 초경량비행장치를 비행하는 행위

　나. 다음의 어느 하나에 해당하는 비행장치를 관제권 또는 비행금지구역이 아닌 곳에서 최저비행고도(150미터) 미만의 고도에서 비행하는 행위

　1) 무인비행기, 무인헬리콥터 또는 무인멀티콥터 중 최대이륙중량이 25킬로그램 이하인 것

　2) 무인비행선 중 연료의 무게를 제외한 자체 무게가 12킬로그램 이하이고, 길이가 7미터 이하인 것

4. 안개 등으로 인하여 지상목표물을 육안으로 식별할 수 없는 상태에서 비행하는 행위

5. 비행시정 및 구름으로부터의 거리기준을 위반하여 비행하는 행위

6. 일몰 후부터 일출 전까지의 야간에 비행하는 행위. 다만, 최저비행고도(150미터) 미만의 고도에서 운영하는 계류식 기구 또는 법에 따른 허가를 받아 비행하는 초경량비행장치는 제외한다(→야간비행금지, 단 특별비행승인을 받으면 가능).

7. 「주세법」 주류, 「마약류 관리에 관한 법률」 마약류 또는 「화학물질관리법」 따른 환각물질 등(이하 "주류등"이라 한다)의 영향으로 조종업무를 정상적으로 수행할 수 없는 상태에서 조종하는 행위 또는 비행 중 주류 등을 섭취하거나 사용하는 행위

8. (안전관리사항, 기상운용한계치, 비행경로) 위반행위(유인항공기 사항임)

9. 그 밖에 비정상적인 방법으로 비행하는 행위

② 초경량비행장치 조종자는 항공기 또는 경량항공기를 육안으로 식별하여 미리 피할 수 있도록 주의하여 비행하여야 한다.

③ 동력을 이용하는 초경량비행장치 조종자는 모든 항공기, 경량항공기 및 동력을 이용하지 아니하는 초경량비행장치에 대하여 진로를 양보하여야 한다.

④ 무인비행장치 조종자는 해당 무인비행장치를 육안으로 확인할 수 있는 범위에서 조종하여야 한다.

## (2) 항공안전법 제2조(정의)

8. "초경량비행장치사고"란 초경량비행장치를 사용하여 비행을 목적으로 이륙[이수(離水)를 포함한다. 이하 같다]하는 순간부터 착륙[착수(着水)를 포함한다. 이하 같다]하는 순간까지 발생한 다음 각 목의 어느 하나에 해당하는 것으로서 국토교통부령으로 정하는 것을 말한다.

　가. 초경량비행장치에 의한 사람의 사망, 중상 또는 행방불명

　나. 초경량비행장치의 추락, 충돌 또는 화재 발생

　다. 초경량비행장치의 위치를 확인할 수 없거나 초경량비행장치에 접근이 불가능한 경우

(3) 항공안전법 제125조(초경량비행장치 조종자증명 등)

> ⑤ 국토교통부장관은 초경량비행장치 조종자증명을 받은 사람이 다음 각 호의 어느 하나에 해당하는 경우에는 초경량비행장치 조종자증명을 취소하거나 1년 이내의 기간을 정하여 그 효력의 정지를 명할 수 있다.
>
> 　3. 초경량비행장치의 조종자로서 업무를 수행할 때 고의 또는 중대한 과실로 초경량비행장치사고를 일으켜 인명피해나 재산피해를 발생시킨 경우

(4) 항공안전법 제129조(초경량비행장치 조종자 등의 준수사항)

> ③ 초경량비행장치 조종자는 초경량비행장치사고가 발생하였을 때 정하는 바에 따라 지체 없이 국토교통부장관에게 그 사실을 보고하여야 한다. 다만, 조종자가 보고할 수 없을 때에는 그 초경량비행장치소유자등이 초경량비행장치사고를 보고하여야 한다.

(5) 항공안전법 시행령 제26조(권한 및 업무의 위임·위탁)

> ① 국토교통부장관은 법 제135조 제1항에 따라 다음 각 호의 권한을 지방항공청장에게 위임한다.
>
> 　5. 법 제129조 제3항에 따른 초경량비행장치 조종자 또는 초경량비행장치사고 보고의 접수

(6) 항공안전법 시행규칙 제6조(사망·중상 등의 적용 기준)

> ② 법 제2조 제6호 가목, 같은 조 제7호 가목 및 같은 조 제8호 가목에 따른 행방불명은 항공기, 경량항공기 또는 초경량비행장치 안에 있던 사람이 항공기사고, 경량항공기사고 또는 초경량비행장치사고로 1년간 생사가 분명하지 아니한 경우에 적용한다.
>
> ③ 법 제2조 제7호 가목 및 같은 조 제8호 가목에 따른 사람의 사망 또는 중상에 대한 적용기준은 다음 각 호와 같다.
>
> 　1. 경량항공기 및 초경량비행장치에 탑승한 사람이 사망하거나 중상을 입은 경우. 다만, 자연적인 원인 또는 자기 자신이나 타인에 의하여 발생된 경우는 제외한다.
>
> 　2. 비행 중이거나 비행을 준비 중인 경량항공기 또는 초경량비행장치로부터 이탈된 부품이나 그 경량항공기 또는 초경량비행장치와의 직접적인 접촉 등으로 인하여 사망하거나 중상을 입은 경우

(7) 항공안전법 시행규칙 제7조(사망·중상의 범위)

> ① 법 제2조 제6호 가목, 같은 조 제7호 가목 및 같은 조 제8호 가목에 따른 사람의 사망은 항공기사고, 경량항공기사고 또는 초경량비행장치사고가 발생한 날부터 30일 이내에 그 사고로 사망한 경우를 포함한다.
>
> ② 법 제2조 제6호 가목, 같은 조 제7호 가목 및 같은 조 제8호 가목에 따른 중상의 범위는 다음 각 호와 같다.
>
> 1. 항공기사고, 경량항공기사고 또는 초경량비행장치사고로 부상을 입은 날부터 7일 이내에 48시간을 초과하는 입원치료가 필요한 부상
>
> 2. 골절(코뼈, 손가락, 발가락 등의 간단한 골절은 제외한다)
>
> 3. 열상(찢어진 상처)으로 인한 심한 출혈, 신경·근육 또는 힘줄의 손상
>
> 4. 2도나 3도의 화상 또는 신체표면의 5퍼센트를 초과하는 화상(화상을 입은 날부터 7일 이내에 48시간을 초과하는 입원치료가 필요한 경우만 해당한다)
>
> 5. 내장의 손상
>
> 6. 전염물질이나 유해방사선에 노출된 사실이 확인된 경우

**3) 사고 보고 등 관련 법령**

(1) 항공안전법 시행규칙 제312조(초경량비행장치사고의 보고 등)

> 법 제129조 제3항에 따라 초경량비행장치사고를 일으킨 조종자 또는 그 초경량비행장치소유자등은 다음 각 호의 사항을 지방항공청장에게 보고하여야 한다.
>
> 1. 조종자 및 그 초경량비행장치소유자등의 성명 또는 명칭
>
> 2. 사고가 발생한 일시 및 장소
>
> 3. 초경량비행장치의 종류 및 신고번호
>
> 4. 사고의 경위
>
> 5. 사람의 사상(死傷) 또는 물건의 파손 개요
>
> 6. 사상자의 성명 등 사상자의 인적사항 파악을 위하여 참고가 될 사항

① 사고 발생 시 조치 조종자 또는 소유자 조치 : 회사에서 운용중인 매뉴얼이다. 상황에 맞게 수정 적용하기 바란다.

■ 원칙 : 인명 및 재산 피해 발생 시 신속한 인명구호 및 인근 구조기관에 신고부터 한 후 지체없이 유관기관에 보고한다.

- **경산 소방서 하양 119안전센터 :** 053-852-0119

- **진량 파출소 :** 053-853-0112

- **부산지방항공청 :** 주간)051-974-2142, 야간/휴일)051-974-2100,2200
  **서울지방항공청 :** 주간)032-740-2146, 2169
  　　　　　　　　　야간)032-740-2107, 2108
  **제주지방항공청 :** 064-797-1789

- **항공·철도사고조사위원회 항공조사팀 :** 주간)044-201-5447, 야간/휴일)02-2621-4107~4110

■ **보고요령 예시) :** 항공안전법 시행규칙 제312조(초경량비행장치사고의 보고 등)에 의거

> 영남드론항공 ○○○ 대표입니다. 사고 최초 보고입니다.
>
> 조종자 김○○이 3월 4일 15시경 경산시 진량읍 부기리 217에서 1종 기체 C4CM0002437로 1종 비행연습을 위해 비행 이륙 중 갑자기 기체가 조종자 위치로 돌진하여 조종자 김○○이 ○○ 부위에 중상을 입었습니다.
>
> 조종자는 김○○은 남 38세이며 경산 ○○에 거주중이며 현재 소방서와 경찰서에는 연락하였으며 곧 도착 예정입니다.

(2) 국제민간항공조약 부속서 13.3.1항과 5.4.1항

> 사고나 준사고 조사의 궁극적 목적은 사고나 준사고를 방지하기 위함이므로 비난이나 책임을 묻기 위한 목적으로 사용하여서는 안된다.
>
> 비난이나 질책을 묻기 위한 사법적 또는 행정적 소송절차는 본 부속서의 규정 하에 수행된 어떠한 조사와도 분리되어야 한다.

(3) 대한민국 항공·철도 사고조사에 관한 법률 제4장 제30조

> 사고조사는 민·형사상 책임과 관련된 사법절차, 행정처분절차, 또는 행정쟁송절차와 분리수행되어야 한다고 규정하고 있으며, 그러므로 대한민국 항공·철도사고조사에 관한 법률에 의거 실시한 사고조사 결과에 따라 작성된 본 사고조사 보고서는 항공안전을 증진시킬 목적 이외의 용도로 사용하여서는 아니 된다.

## 4) 드론 주요 사고사례

(1) 2017.5월, 경북 봉화 어린이날 행사 중 인파 위 비행 중 사고(4명 부상)

(2) 2017, 경기 소재 교육원에서 기체 돌진(교관 부상/얼굴 봉합)

(3) 2018.4월, 경기 상설시험장에서 자격증 시험 중 응시자간 기체 충돌

(4) 2019, 경기 화성 실기평가조종자 시험 중 기체 안전펜스 충돌

(5) 2019.4월, 대전 우체국 인근, 독립의 횃불 릴레이 행사 중 도로위 군중위로 추락

    ① 군중 3명 경상(드론에 얼굴 및 머리 맞음)

    ② 축하비행 드론(총 3대) : 횃불봉송(X4-10), 축하비행(Inspire1), 사진촬영(Inspire2)

    ③ 추락한 드론 : 축하비행(Inspire1) 드론이 이륙 직후 행사장인 도로에 추락

    ④ 조종자 3명 모두 지도조종자

    ⑤ P-65 비행금지구역에서 비행승인 없이 비행

    ⑥ 군중이 없는 골목에서 이륙 직후 돌풍(빌딩풍)에 의해 태극기와 프로펠러가 접촉하여 추락

**5) 드론 사고예방을 위한 조종자 조치사항 :** 드론 조종자가 사고 예방을 위해 취해야 할 주요 조치는 다음과 같다. 이러한 조치들을 통해 드론 사고를 방지하고, 만약의 사고 발생 시 최소한의 피해로 대응할 수 있다.

(1) 교육 및 훈련 : 드론 조종에 필요한 교육을 받고, 실제 비행 전 충분한 훈련을 거치는 것이 중요하다. 이는 조종자가 드론을 안전하게 조종하는 데 필요한 기본적인 지식과 기술을 갖추게 해준다.

(2) 예비 점검 : 비행 전에는 드론의 상태를 철저히 점검해야 한다. 배터리의 충전 상태, 프로펠러의 손상 여부, GPS 신호 상태 등을 확인하고, 문제가 있을 경우 적극적으로 조치해야 한다.

(3) 비행 계획 : 비행 전에는 비행 경로를 계획하고, 주변 환경을 파악해야 한다. 건물, 나무, 전선 등의 장애물이 있는지 확인하고, 가능한 안전한 경로를 선택해야 한다.

(4) 법규 준수 : 드론 조종에 관한 법규를 준수해야 한다. 비행 제한 구역, 최대 허용 고도 등을 확인하고 이를 준수하며, 필요한 경우 사전에 허가를 받아야 한다.

(5) 기상 상황 확인 : 강풍, 폭우, 안개 등의 나쁜 기상 조건에서는 드론을 비행시키지 않아야 한다. 비행 전에는 기상 예보를 확인하고, 상황에 따라 비행을 연기하거나 취소하는 것이 좋다.

(6) 정기적인 유지보수 : 드론을 정기적으로 점검하고 유지보수해야 한다. 이는 드론의 성능을 유지하고, 고장으로 인한 사고를 방지하는 데 도움이 된다.

(7) 비상 상황 대비 : 끝으로, 비상 상황이 발생했을 때 즉시 대응할 수 있도록 준비해야 한다. 비상 착륙 위치를 미리 정하거나, 사고 발생 시 신속히 보고할 수 있도록 하는 등의 대비책을 마련해두는 것이 좋다.

**6) DJI 안전 지침 준수(예 :** DJI Mavic 3 Pro) : DJI에서는 기체별 비행환경과 비행조작, 배터리 안전성에 대한 안전지침을 홈페이지 _ 카메라 드론 _ 다운로드 _ 매뉴얼에서 제공하고 있다. 조종자는 지침을 준수하도록 노력해야 한다. 이것은 사고예방과도 직결되기 때문이다.

(1) 비행 환경

① 12m/s 이상의 강풍, 눈, 비, 안개, 우박 및 번개를 포함하는 악천후 조건에서는 기체를 사용하지 않는다.

② 해발 6,000m 이상 고도에서 이륙하지 않는다.

③ 온도 : -10℃ 미만이거나 40℃ 이상인 환경에서는 기체를 비행하지 않는다.

④ 자동차, 선박 및 항공기와 같은 움직이는 물체에서는 이륙하지 않는다.

⑤ 물이나 눈과 같이 빛을 반사하는 표면에 가깝게 비행하지 않는다. 그렇지 않으면 비전 시스템이 제한될 수 있다.

⑥ GNSS 신호가 약할 때는 적절한 조명 및 가시성을 갖춘 환경에서만 기체를 비행한다. 주변 조도가 낮을 경우 비전 시스템이 비정상적으로 작동할 수 있다.

⑦ Wi-Fi 핫스팟, 라우터, Bluetooth 기기, 고압선, 대규모 송전 시설, 레이더 스테이션, 모바일 기지국 및 방송 타워를 포함하여 자기 또는 무선 간섭이 있는 영역 근체에서 기체를 비행하지 않는다.

⑧ 고공 비행 시, 상층운, 거센 기류, 급격한 기온 하락 등의 환경적 변화를 경험할 수 있으며, 이는 배터리 및 전력 성능에 영향을 주어 사고를 일으킬 수 있으므로 피하는 것이 좋다.

⑨ 사막이나 해변에서 이륙할 때는 모래가 기체에 들어가지 않도록 주의한다.

⑩ 탁 트인 지역에서 기체를 비행한다. 건물, 산 및 나무는 GNSS 신호를 차단하고 내장 콤파스에 영향을 줄 수 있다.


(2) 비행 조작

① 회전하는 프로펠러와 모터에 접근하지 않는다.

② 기체 배터리, 조종기 및 모바일 기기가 완전히 충전되었는지 확인한다.

③ 선택한 비행 모드를 숙지하고 모든 안전 기능 및 경고를 이해해야 한다.

④ 고공 비행 시, 다른 기체와 안전거리를 유지해야 하며, 주의를 기울여 충돌 사고를 피해야 한다.

⑤ DJI Fly와 기체 펌웨어가 최신 버전으로 업데이트되었는지 확인한다.

⑥ 배터리 부족이나 강풍 경고가 발생하면 기체를 안전한 장소에 착륙시킨다.

⑦ RTH가 진행되는 동안 조종기로 기체 속도와 고도를 제어하여 충돌을 방지한다.


(3) 배터리 안전성 공지

① 배터리는 깨끗하고 건조한 상태로 유지해야 한다. 배터리를 액체에 닿지 않도록 해야 한다. 배터리를 비 내리는 곳이나 습기가 있는 곳에 두면 안 된다. 배터리를 물에 빠뜨리면 안 된다. 그렇지 않으면 폭발하 거나 화재가 발생할 수 있다.

② DJI 정품이 아닌 배터리를 사용하지 않는다. DJI 충전기 사용을 권장한다.

③ 배터리가 팽창, 누출 또는 손상된 경우 사용하지 않는다. 그러한 상황에서는 DJI 또는 DJI 공인 딜러에 게 연락한다.

④ 배터리는 −10~40℃의 온도에서 사용해야 한다. 고온 환경에서는 폭발이나 화재가 일어날 수 있다. 저 온 환경에서는 배터리 성능이 저하될 수 있다.

⑤ 배터리를 어떤 식으로든 분해하거나 구멍을 뚫지 않는다.

⑥ 배터리 내부의 전해액은 부식성이 강한 물질이다. 전해액이 피부에 묻거나 눈에 들어간 경우 즉시 물로 해당 부위를 씻은 후 의료 지원을 받아야 한다.

⑦ 배터리는 어린이의 손에 닿지 않고 동물이 접근할 수 없는 곳에 보관한다.

⑧ 충돌이 일어나거나 심한 충격이 가해진 경우 배터리를 사용하지 않는다.

⑨ 배터리 화재가 발생하는 경우 물, 모래나 건식 분말 소화기를 사용하여 불을 끈다.

⑩ 비행 직후에는 배터리를 충전하지 않는다. 배터리 온도가 너무 높아질 수 있으며 배터리에 심각한 손상 을 일으킬 수 있다. 충전하기 전에 배터리가 실온에 가까워질 때까지 식힌다. 배터리는 5~40℃의 온도 범위에서 충전한다. 이상적인 충전 온도 범위는 22~28℃이다. 이상적인 온도 범위에서 충전하면 배터 리 수명이 연장될 수 있다.

⑪ 배터리를 불에 노출하면 안 된다. 난로, 히터, 더운 날 차안 등 열원 근처에 배터리를 두지 않는다. 직사 광선 아래 배터리를 보관하면 안 된다.

⑫ 완전히 방전된 배터리를 장기간 보관하지 않는다. 그렇지 않으면 배터리가 과방전되고 배터리 셀에 돌 이킬 수 없는 손상이 발생할 수 있다.

⑬ 충전량이 낮은 배터리를 장기간 보관하면 배터리가 최대 절전 모드로 들어가게 된다. 최대 절전모드에 서 나오게 하려면 배터리를 재충전한다.

**7) DJI 촬영용 드론 운용 시 발생 가능한 상황에 따른 조종자 조치 방법 및 TIP**

(1) 기체 GPS 신호 불량 또는 신호 손실 발생

① 현상 : DJI 앱에서 GPS 신호 약함 또는 GPS 신호 없음 경고가 다음 문제와 함께 나타나는 경우(사용된 모델 및 앱에 따라 상이할 수 있음)

■ DJI Fly : GPS 신호 막대가 노란색 또는 빨간색으로 바뀐다. 신호 없음이 표시된다. 검색된 위성 수의 개수가 0개이다.

■ DJI GO 4 : GPS 신호 막대의 수가 3개 미만이고 위성의 수가 12개 미만이다.

② 원인 : GPS 신호는 주변 환경에 의해 방해를 받을 수 있다. 기체 위에 장애물, 고강도 고체 자기장, 금속 물체가 있거나 기체 근처에 고압 타워가 있는 경우 GPS 신호가 약하거나 손실된다.

③ 조종자 조치

- 기체의 전원을 켠 후 GPS 신호를 검색하는 데 약 1~3분이 소요된다.

- 개방된 실외 환경에서 기체를 이륙시키는 것이 좋다. 실내 환경에서는 GPS 신호가 방해를 받기 쉽고 기체가 표류하여 안전상 위험이 발생할 수 있다.

- 비행 중에는 주변 환경에 주의하고 GPS 신호를 방해할 수 있는 건물, 산, 나무 등으로부터 기체를 멀리 유지한다.

④ TIP

- 비전 시스템을 사용할 수 없거나 비활성화된 경우 GPS 신호가 약하거나 콤파스에 간섭이 발생하면 기체가 자동으로 자세(ATTI) 모드로 변경된다. ATTI 모드에서는 기체 상태 표시등이 노란색으로 천천히 깜박이며 기체가 주변 환경에 더 쉽게 영향을 받아 수평 이동이 발생할 수 있다. 일부 인텔리전트 비행 기능은 사용할 수 없으며 기체가 자동으로 호버링하거나 정지할 수 없다. 따라서 사고 방지를 위해 가능한 한 빨리 안전한 장소에 기체를 착륙시켜야 한다.

- 전자기 간섭이 있는 장소에서 기체를 비행하면 안 된다. 전자기 간섭의 원인으로는 고압선, 송전 시설, 레이더 스테이션, 모바일 기지국, TV 송신탑, Wi-Fi 핫스팟, 라우터 및 블루투스 기기가 포함된다.

(2) 기체 강제 착륙

① 현상 : 조종자가 원인을 인식하기 전에 기체가 강제 착륙을 시도한다.

② 원인

- 제한구역 주변을 비행할 때는 GPS 신호가 약해졌다가 복구되는 경우 드론이 제한 구역에 진입한 것으로 확인되는 경우가 있다.

- RTH 진행 중에 앱에서 '배터리 매우 부족' 경고 메시지를 표시하는 경우 기체를 강제 착륙시키게 된다.

- 기체가 매우 낮은 전압 때문에 강제 착륙한다.

  • 저온 환경에서 드론을 이륙시키는 경우, 배터리가 적정 온도 범위 내에서 작동하지 않기 때문에 전압이 이륙 중 급격하게 강하하게 되고, 그렇게 되면 앱에서 '매우 낮은 전압' 경고 메시지를 표시한다.

  • 배터리 잔량이 낮은(약 40%) 상황에서 조종 스틱을 장시간 동안 완전히 밀어서 사용하는 경우 과도한 전원 출력이 발생해 전압이 급격하게 떨어지고 앱에서는 경고 메시지를 표시하게 된다.

③ 조종자 조치

- 이륙시키기 전에 근처에 제한 구역이 있는지 확인한다. 제한 구역 근처에서는 적법한 절차 외에는 비행하면 안 된다.

- 앱에서 표시하는 기체 배터리 잔량을 주의 깊게 확인하고, 비행 거리와 고도를 기준으로 판단했을 때 배터리 잔량이 안전하게 복귀하는 데 충분한 상태에서 비행하도록 한다.

■ 배터리가 매우 부족한 경우

• 사용하기 전에 배터리를 예열해 주는 것이 좋다.

• 배터리 잔량이 충분하지 않은 경우 조종 스틱을 완전히 밀지 않도록 한다.

(3) 기체 과열 문제

① **현상** : 기체의 전원을 켠 후 기체의 아래 부분이 과열되거나, 비행 중 앱에 기체 프로세서 과열 또는 기체 프로세서 칩 과열이라는 경고 메시지가 표시된다.

② **원인**

■ 기체가 전원을 켠 후에도 이륙하지 않고 오랫동안 유휴 상태이다.

■ 기체가 열대 지역이나 장시간 동안 고온인 실외에서 비행하였다.

■ 하드웨어 오류이다.

③ **조종자 조치**

■ 앱에 경고 메시지가 표시되지 않는 경우, 기체 전원을 켠 후 기체에서 어느 정도 열기가 방출된다고 느껴지는 것은 정상이다.

■ DJI Mini 시리즈 기체에는 냉각팬이 들어 있지 않으며, 장시간 세워 두는 경우 기체 온도가 지속적으로 상승할 수 있다. 일단 전원을 켠 후에는 최대한 빨리 드론을 이륙시키는 것이 좋다.

■ 작동 온도 범위 내에서 드론 비행을 진행한다.

• DJI Mavic 시리즈, DJI Air 시리즈, DJI Mini 시리즈, DJI FPV 등은 주변 온도 최대 40°C에서 비행할 수 있다. 기체를 고온 환경에서 작동하면 안 된다. 고온 환경에서 작동 시 배터리 수명이 급격히 저하되며, 비행 사고로 이어질 수 있다.

• 앱에 "기체 프로세서 과열" 또는 "기체 프로세서 칩 과열" 경고 메시지가 표시되는 경우 지체 없이 기체를 홈포인트로 가져와 착륙시킨 다음, 기체의 전원을 끄고 식을 때까지 기다린다.

(4) 인텔리전트 플라이트 배터리의 보관 중 명백한 과열 문제

① **현상** : 보관 중 과열이 발생한다.

② **원인**

■ 배터리 보관 중 자체 방전으로 인해 문제가 발생한다.

■ 보관 환경으로 인해 문제가 발생한다.

③ 조종자 조치

- 리튬 배터리를 완전히 충전된 상태로 장기간 보관하면 배터리 사용시간에 심각한 영향을 미친다. 보관 안전을 보장하고 배터리 사용시간을 연장하기 위해 배터리는 배터리 잔량의 약 60%까지 자동으로 방전된다. 방전 프로세스 중에는 배터리에서 보통 수준의 발열이 발생할 수 있는데 이는 정상적인 반응이다.
- 서늘하고 건조하며 통풍이 잘 되는 곳에 배터리를 보관한다.
- 위의 해결 방법을 시도한 후에도 문제가 지속되면 DJI 고객지원에 문의하여 도움을 요청한다.

(5) 인텔리전트 플라이트 배터리의 충전 중 명백한 과열 문제

① **현상** : 충전 중 과열이 발생한다.

② **원인**

- 충전 전력이 높다.
- 열 발산이 불량하다.

③ 조종자 조치

- 인텔리전트 플라이트 배터리가 빠르게 충전되고 있다(고속 충전 시 지원되는 전원 출력은 DJI 공식 웹사이트에서 각 모델의 사양 참조), 충전 속도를 보장하기 위해 충전 전력을 더 높게 하고, 충전 중 배터리에서 적당한 열이 방출되는 것을 느낄 수 있는 것이 정상이다.
- 주위 온도가 낮고 통풍이 잘 되는 환경에서 배터리를 충전한다.
- 위의 해결 방법을 시도한 후에도 문제가 지속되면 DJI 고객지원에 문의하여 도움을 요청한다.

(6) 인텔리전트 플라이트 배터리의 사용 중 명백한 과열 문제

① **현상** : 충전 중 과열이 발생한다.

② **원인** : 비행 중에 기체 배터리와 부품이 과열되는 것은 정상이다.

③ 조종자 조치

- 인텔리전트 플라이트 배터리를 사용하는 경우 배터리 전압이 높아 충분한 전력을 생산할 수 있을 때 배터리 및 기타 부품이 과열되는 것은 정상이다.
- 착륙 후 주위 온도가 낮고 통풍이 잘 되는 환경에서 기체를 약 30분 동안 그대로 둔 다음 배터리가 실온으로 냉각되었는지 확인한다.
- 위의 해결 방법을 시도한 후에도 문제가 지속되면 DJI 고객지원에 문의하여 도움을 요청한다.

(7) 기체 침수 문제

① 현상 : 기체가 강이나 바다에 침수되어 회수하였다.

② 원인

- 바다에 근접하여 비행하여 파도로 인한 침수가 발생하였다.

- 강이나 바다에서 비행간 비전 센서의 오류로 인한 침수가 발생하였다.

③ 조종자 조치

- 강이나 바다에서 비행 시에는 비전 센서 오류가 발생하여 고도 편차가 심하게 발생할 수 있다. 따라서 꼭 비행을 해야 된다면 하방 비전 센서는 비활성화를 하고 비행한다.

- 기체에는 정밀 전자 부품이 포함되어 있다. 이러한 부품이 물에 노출되면 물의 전해질(예: 칼슘, 마그네슘, 칼륨 및 염)과 반응하여 부식을 일으켜 전반적인 성능에 영향을 준다.

  • 배터리를 제거하고 서늘하고 통풍이 잘 되는 환경에서 건조시킨다. 건조 후 기체의 전원을 켜서는 안된다.

  • 배터리가 부풀어 오르거나 새지 않으면 기체와 배터리를 DJI로 보내 진단을 받는다.

- 기체를 회수할 수 없는 경우 앱에서 비행 기록을 동기화하고 DJI 고객지원에 문의하여 도움을 요청한다.

(8) 이미지 전송 문제

① 현상 : 앱에서 카메라 뷰로 들어간 후 또는 비행 중 앱에서 "이미지 전송 신호 없음"이라는 알림 메시지가 표시되거나 이미지 전송 화면이 검게 변한다.

② 원인

- 기기 펌웨어 버전에서 앱 버전이 지원되지 않는다. 예를 들어, 이전에 설치된 조종기 펌웨어가 기체에서 지원되지 않는다.

- 이미지 전송은 신호 간섭에 의해 영향을 받기 쉽다, 예를 들어, 무선 신호 등이 영향을 준다.

- microSD 카드가 호환되지 않거나 손상되었다.

③ 조종자 조치

- 펌웨어 버전 문제일 경우 최신 DJI GO 4 또는 DJI Fly 앱을 사용하여 기체 및 조종기의 펌웨어를 최신 버전으로 업데이트한 후 이 문제가 해결되었는지 확인한다.

- 신호간섭 문제일 경우 먼저 앱에서 현재 채널 상태를 확인한다. 그런 다음 "수동" 모드 대신 "자동"을 선택하면 최적의 채널을 자동으로 선택하는 데 도움이 된다. 그리고 신호 간섭이 심할 경우 현재 지역에서 기체를 비행하지 말고 밀집된 건물이 없는 다른 곳을 찾는다.

- DJI Fly에서 채널 상태를 확인하려면 카메라 뷰로 들어가 상단 우측 모서리의 "..."를 누른 다음 "전송"을 누른다.

(9) 제멋대로 움직이는 기체 짐벌

① **현상** : 기체를 정상적으로 사용하는 동안 짐벌이 제멋대로 움직이고 앱에 경고 메시지가 표시된다.

② **원인**

- 기체의 전원을 켜고 자체 점검을 수행하는 중 짐벌과 카메라의 위치가 비정상적임이 감지된다.

- 짐벌 하드웨어 오류이다.

③ **조종자 조치**

- 앱에서 짐벌 캘리브레이션을 실행한다.

- **DJI Fly 앱** : DJI Mavic 3, DJI Air 3, DJI Mini 3 Pro 등

- DJI Fly를 실행하고 카메라 뷰에 들어가 "시스템 설정"("…" 아이콘)으로 이동한 다음, "제어"와 "짐벌 캘리브레이션"을 차례로 탭한 다음 "자동"을 선택한다. 그런 다음 화면에 표시되는 안내에 따라 짐벌을 캘리브레이션한다.

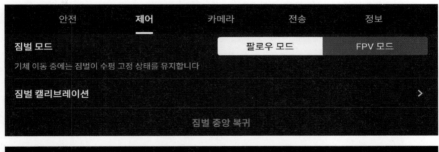

■ DJI GO 4 앱 : DJI Mavic 2 등

• DJI GO 4를 실행하고 카메라 뷰에 들어가서 "시스템 설정"("…" 아이콘)으로 이동한 다음, "짐벌 설정"과 "짐벌 자동 캘리브레이션"을 차례로 탭해 화면에 표시되는 안내에 따라 짐벌을 캘리브레이션한다.

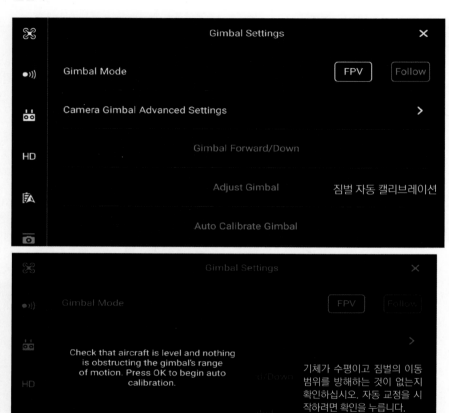

- DJI GO 4에서 채널 상태를 확인하려면 카메라 뷰로 들어가 상단 우측 모서리에 있는 "..."를 누른 다음 "HD"(또는 Wi-Fi를 통해 연결하는 경우 "Wi-Fi")를 누른다.

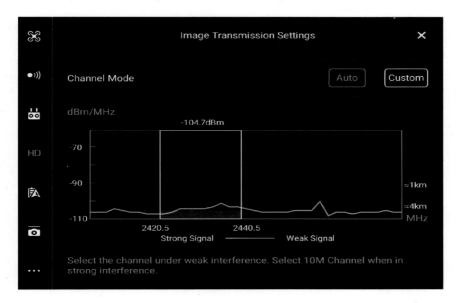

- microSD 카드가 호환되지 않거나 손상되었을 경우 microSD 카드가 장착된 경우 먼저 카드를 제거하고 기체를 재시동한 후 다시 장착한다. 그런 다음 문제가 해결되었는지 확인한다.

(10) 조종 스틱 / 다이얼 오작동

① 현상

- 조종기의 조종 스틱을 눌렀을 때 기체가 반응하지 않는다.
- 기체의 반응이 조종 스틱의 움직임과 일치하지 않는다.
- 조종 스틱을 누르지 않은 상태에서 기체가 비정상적으로 움직인다.

② 원인

- 조종기의 조종 스틱이나 다이얼을 장시간 사용한 후 조종 스틱 입력에 오류가 발생하였다.
- 조종기가 떨어지거나 충돌하여 조종 스틱, 다이얼 또는 버튼에 하드웨어 오류가 발생하였다.

③ 조종자 조치

- 기체를 조종기 및 모바일 기기에 연결한다(DJI RC 시리즈 및 DJI 스마트 컨트롤러의 경우 필요하지 않음).
- 조종기 캘리브레이션을 시작한다.

- 조종 스틱을 위로 완전히 밀었을 때 스틱 이동 범위가 0%여야 정상이다.

- 조종 스틱을 예비 방향으로 완전히 밀면 스틱 움직임의 해당 비율이 앱에 표시된다.

- 조종 스틱을 예비 방향으로 다시 위로 밀면 스틱 움직임의 해당 비율이 앱에 다시 표시된다.

- 위에서 언급한 단계에 따라 해당 방향으로 조종 스틱을 밀거나 다이얼을 토글하여 캘리브레이션한다.

(11) 조종기 버튼 오작동

① **현상** : 조종기 사용 시 조종기 버튼이 눌리지 않거나, 전원 버튼, RTH 버튼, 셔터/녹화 버튼 등 버튼을 눌러도 해당 기능이 작동하지 않는다.

② **원인** : 조종기의 버튼이 이물질로 막혔거나, 조종기가 떨어지거나 충돌해 하드웨어 오류가 발생했을 수 있다.

③ **조종자 조치**

- 조종기의 버튼이 이물질로 막힌 경우 작은 도구를 사용하여 조심스럽게 제거한다.

- 기체를 조종기 및 모바일 기기에 연결한다(DJI RC 시리즈 및 DJI 스마트 컨트롤러의 경우 필요하지 않음). 버튼이 정상적으로 기능하는지 확인한다.

(12) 비행 중 조종기 신호 오류 발생

① **현상**

- 비행 중 조종기 신호가 약해지거나 끊기거나 이미지 전송 화면이 정지하거나 전송이 끊긴다.

- 기체가 조종기에 연결되면 조종기 신호 오류 메시지가 표시된다.

② **원인**

- 조종기의 안테나가 기체를 향하도록 유지되지 않아 신호 수신에 영향을 준다.

- 비행 중 장애물이나 무선 간섭에 의해 신호가 영향을 받는다.

- 조종기에서 하드웨어 오류가 발생하였다.

③ **조종자 조치**

- 이륙하기 전에 조종기 안테나의 면이 기체를 향하도록 한다. 이렇게 해야 최상의 상태로 신호를 수신할 수 있다.

- 비행 중 이미지 전송 화면이 멈추거나 전송이 끊긴 경우 스로틀 스틱을 위로 밀어 기체가 장애물 위로 비행할 수 있도록 하면 이미지 전송을 복구할 수 있다.

- 이륙하기 전에 조종기 신호 오류가 표시되는 경우 앱에서 펌웨어 업데이트 경고 메시지가 표시되는지 확인한다. 메시지가 표시되는 경우 먼저 화면 지침에 따라 업데이트한다.

④ TIP

- 이륙 전에 비행 환경을 관찰하고 장애물이나 보행자 등 비행에 영향을 줄 수 있는 상황을 방지한다.

- 주변의 각 장애물 높이를 관찰하고 RTH 중 충돌이 발생할 경우 이륙 전에 적절한 RTH 고도를 설정한다.

(13) 비행 중 DJI 앱에 "고도 및 거리제한" 알림 메시지가 표시

① **현상** : 기체가 특정 고도 또는 거리로 비행할 때 비행 고도와 거리가 제한된다는 경고가 앱에 표시된다.

② **원인**

- 앱 버전이 오래되었다.

- 기체가 제한 구역에서 비행 중이다.

- 기체가 초보자 또는 튜토리얼 모드에 있다.

- GPS 신호가 약하고, 비행 중 환경 간섭이 있다.

- 비행 고도 또는 거리가 설정되었다.

- 기체가 페이로드 모드에 진입한다.

- DJI 계정 정보가 앱에 기록되지 않는다.

③ **조종자 조치**

- 앱 버전이 최신인지 확인한다.

- 기체가 제한 구역 또는 고도 제한 구역에 있는 경우 제한되지 않은 구역에서 비행한다.

- 초보자 모드 또는 튜토리얼 모드가 활성화된 경우 고도 또는 거리가 제한된다. 기본 비행 조작을 배울 필요가 없다면 비행 전에 초보자 모드를 종료한다.

- 현재 작동 환경에서 GPS 신호가 강한지 확인한다.
  - DJI Fly : 카메라 뷰의 GPS 신호 막대가 흰색이다.
  - DJI GO 4 : 카메라 뷰의 GPS 신호 막대 수가 3개 이상이거나 위성 수가 12개 이상이다.

- 앱의 설정에서 비행 고도 및 거리를 조정한다.

- DJI Mavic Mini, DJI Mini SE 또는 DJI Mini 2/2 SE에 프로펠러 가드를 장착하고 페이로드 모드에 진입하면 비행 안전을 위해 비행 고도 및 거리가 제한된다.

- 위에 해당하지 않는 상황에서 기체의 고도 또는 거리가 여전히 제한되는 경우 DJI 계정 정보가 작성되지 않은 것이 원인일 수 있다. 이 경우 앱을 종료하고 모바일 기기를 다시 시작한 다음 앱을 다시 실행한다. 이때 앱에서 DJI 계정 정보를 다시 작성하며 이에 따라 문제가 해결될 수 있다.

- 비행 중 강한 신호 간섭이 있고 기체가 연결이 끊겼다가 다시 연결되면 데이터 쓰기가 실패할 수 있으며 고도 또는 거리 제한 알림 메시지가 나타날 수 있다. 알림 메시지가 표시되지만 비행에 영향을 미치지 않으면 다른 비행 환경에서 드론을 비행하는 것이 좋다.

(14) 기체 전원 끄기 실패

① 현상 : 전원 버튼을 눌렀는데 배터리 전원이 꺼지지 않는다.

② 원인

- 펌웨어 업데이트에 실패하였다.

- 전원 버튼이 손상되었다.

③ 조종자 조치

- 드론에 배터리를 삽입하고 펌웨어를 다시 업데이트한다. 펌웨어 업데이트에 실패하고 제품 전원이 꺼지지 않는 경우 기체와 배터리를 DJI로 보내 진단을 받도록 하고, 클릭해 온라인 수리 요청을 제출한다.

- 전원 버튼이 손상되어 제품 전원을 끌 수 없는 경우, 배터리를 DJI로 보내 진단을 받을 수 있도록 하고, 클릭해 온라인 수리 요청을 제출한다.

(15) 기체 렌즈 김서림 현상

① 현상 : 기체를 정상적으로 사용하는 동안 렌즈에 김이 서린다.

② 원인 : 습도가 지나치게 높고 온도가 급격히 높아지는 경우 렌즈 표면에서 수증기가 응결된다. 겨울철에 안경을 낀 상태에서 갑자기 따뜻한 실내로 들어가면 안경에 김이 서리는 것과 같은 이치와 같다. 하지만 주변 온도가 일정하게 유지되면 김이 저절로 사라진다.

③ 조종자 조치

- 제품을 일정 시간 동안 온도차가 별로 없는 환경에 두고 김이 저절로 사라질 때까지 기다린다.

- 온도차가 거의 없는 환경에서도 같은 문제가 자주 발생하는 경우 렌즈에 이상이 있을 수 있다. 온라인 수리 요청을 제출한다.

(16) 드론 녹화 자동 중단

① 현상

- 기체가 몇 초 후에 녹화를 중지한다.

- 동영상 녹화가 몇 분 후에 중단되었다.

- 동영상 녹화가 30분 후에 중단되었다.

② 원인

- microSD 카드에 오류가 있거나, microSD 카드가 호환되지 않거나, SD 카드의 메모리가 가득 찼다.

- 기체의 최대 녹화 시간 한도에 도달하였다.

③ 조종자 조치

- microSD 카드에 오류가 있거나, microSD 카드가 호환되지 않거나, SD 카드의 메모리가 가득 찬 경

우 호환되는 microSD 카드를 사용한다.

■ microSD 카드의 남은 공간을 확인한다.

· **DJI Fly 앱**

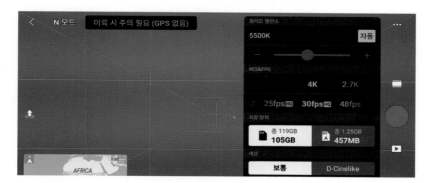

· DJI GO 4 앱

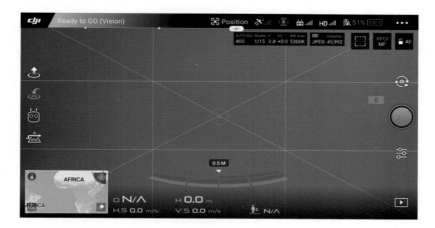

■ microSD 카드가 호환되고 공간도 충분히 남아 있는 경우, 데이터를 백업한 다음 microSD 카드를 포맷해
본다.

• DJI Fly 앱

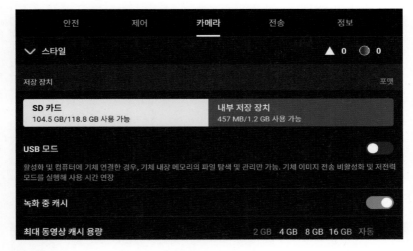

• DJI GO 4 앱

■ 드론의 카메라 설계는 작동 시간과 고화질 항공 이미지에 더 중점을 두기 때문에 동영상 녹화 시간은
30분으로 제한되어 있다. 이 제한 시간이 초과되면 녹화가 자동으로 중단된다.

(17) 비행 중 기체 암 진동

① **현상** : 조종기 조작 없이 기체가 제자리에서 호버링하고 앱에 경고가 표시되지 않을 때 기체 암이 진동한
다.

② **원인**

■ 기체가 지면으로 추락하여 기체 암이 손상되었다.

- 프로펠러가 손상되었거나 기형이다.

- 기체 암의 회전축이 느슨하다.

③ 조종자 조치

- 충돌 또는 낙하로 인해 기체 암이 손상된 경우 진단을 위해 온라인 수리 요청을 제출한다.

- 기체를 착륙시키고 프로펠러를 확인한다. 기체 프로펠러가 손상되거나, 금이 갔거나, 기형인 경우 예비 프로펠러를 사용한다.

- 기체의 전원을 끄고 기체 암을 펼친 다음 손으로 암을 토글한다. 기체 암이 느슨한지 확인한다. 느슨한 경우 진단을 위해 온라인 수리 요청을 제출한다.

(18) 앱의 "짐벌 모터 과부하" 경고

① 현상 : 비행 중 앱에 "짐벌 모터 과부하" 경고가 나타난다.

② 원인

- 짐벌보호대 또는 짐벌버클이 제거되지 않았거나, 짐벌축 암의 보호스티커가 제거되지 않았거나, 짐벌에 파편이 끼어있다.

- 짐벌과 카메라에 타사 액세서리(필터 또는 광각렌즈 등)가 장착되어 있다.

- 스포츠 모드에서는 조종스틱이 짐벌의 조정한계를 초과하여 크게 움직인다.

- 짐벌 하드웨어에 오류가 있다.

③ 조종자 조치

- 기체를 사용하기 전에 짐벌보호대, 짐벌버클과 보호스티커를 제거하고 기체암을 펼친다. 그런 다음 기체를 평평한 표면에 놓고 짐벌과 카메라가 이물질로 막혔는지 확인한다.

- 필터, 광각렌즈 등 타사 액세서리가 설치되어 있는 경우 제거한 후 경고가 계속 나타나는지 확인한다.

- 기체가 스포츠(S) 모드에 있을 때 앱에 이 경고가 표시되는 경우 조종스틱을 살짝 밀려고 하면 앱 경고가 자동으로 사라진다.

(19) 앱에 "비전 시스템 오류" 또는 "캘리브레이션 필요" 경고 표시

① 현상

- 앱에 오류 코드와 함께 "XX 비전 시스템 오류" 경고(예: 전방 비전 시스템 오류)가 표시되거나 DJI 고객지원에 문의하라는 알림 메시지가 표시된다.

- 앱에 기체 캘리브레이션을 수행하라는 알림 메시지가 표시된다.

② 원인

- 기체의 포장을 푼 후 보호 필름을 제거하지 않았거나 렌즈가 더러워졌다.

- 새 기체가 자체 점검을 수행할 때 운송 중 발생하는 진동으로 인해 비전 시스템 오류가 감지될 수 있다.

- 기체를 오랫동안 사용하지 않았다.

- 펌웨어 오류가 있다.

- 비전 시스템 하드웨어가 손상되었다.

③ 조종자 조치

- 기체의 각 비전 시스템에서 보호 필름을 제거한다. 렌즈가 더러우면 알코올에 적신 깨끗한 면봉으로 렌즈를 부드럽게 닦는다.

- 기체 펌웨어가 최신 버전으로 업데이트되었는지 확인한 후 DJI Assistant 2를 사용하여 비전 캘리브레이션을 다시 수행한다.

- 험한 운송 후 또는 기체를 장기간 사용하지 않은 경우 자체 점검 중 비전 시스템 오류가 표시될 수 있다. 앱 알림 메시지에 따라 비전 캘리브레이션을 수행한다.

④ TIP

- 기체를 조명이 약한 곳(어두운 곳)에서 사용하면 주변 조명이 너무 약하고 비전 시스템을 사용할 수 없다는 경고가 앱에 표시된다. 조명이 밝은 곳으로 비행하여 사용한다.

- 기체를 야간에 사용하면 비전 시스템을 사용할 수 없다. 주의하여 비행해야 한다.

# 09 착륙

촬영용 드론의 착륙은 그 자체로 중요하다 할 수 있다. 이 과정은 드론의 안전성, 효율성 그리고 장기적인 성능 유지에 핵심적인 역할을 한다.

먼저, 드론의 안전한 착륙은 장비의 보호에 매우 중요하다. 촬영용 드론은 종종 고가의 카메라와 섬세한 센서를 탑재하고 있다. 이러한 장비는 충격에 매우 민감하기 때문에, 부드럽고 정밀한 착륙은 장비를 보호하고 장기적인 사용을 가능하게 한다. 만약 착륙 과정에서 실수가 발생한다면, 이는 비싼 수리비용으로 이어질 수 있으며, 최악의 경우 장비의 완전한 손실로 이어질 수도 있다.

또한 착륙의 정밀성은 드론의 전체 비행 경험을 개선한다. 드론 조종자는 착륙 과정을 통해 비행 기술을 더욱 향상시킬 수 있으며, 이는 더 안전하고 효율적인 비행을 가능하게 한다. 뿐만아니라 정확한 착륙은 드론의 배터리 수명을 보존하는 데에도 도움을 준다. 비효율적인 착륙은 추가적인 배터리 소모를 야기할 수 있으며, 이는 전체 비행 시간을 줄이는 결과를 낳는다.

드론의 착륙은 비행 데이터의 보존에 중요한 역할을 한다. 많은 촬영용 드론은 비행 중 촬영한 영상이나 데이터를 내부 메모리에 저장한다. 안전한 착륙은 중요한 데이터를 보호하며, 특히 전문적인 촬영에서는 이 데이터가 매우 중요한 가치를 지닐 수 있다.

안전한 착륙은 법적 측면에서도 중요하다. 많은 지역에서는 드론의 운영에 대한 엄격한 규정이 적용되고 있다. 부주의한 착륙은 법적 문제를 야기할 수 있으며, 이는 드론 운영자에게 벌금이나 기타 법적 책임을 부과할 수 있다. 따라서 규정을 준수하는 안전한 착륙은 드론 조종자가 법적 문제를 회피하는 데 필수적이다.

마지막으로 드론의 착륙은 재사용성과 관련하여 중요하다. 드론이 무사히 착륙하면 이는 곧바로 다음 비행을 위한 준비 상태로 전환될 수 있음을 의미한다. 특히 상업적 촬영이나 연속적인 작업을 수행하는 경우에 중요하며, 드론의 빠른 회전율과 효율적인 운영을 가능하게 한다.

종합적으로 볼 때 드론 착륙의 중요성은 단순히 기계를 땅에 내려놓는 것 이상이다. 드론의 착륙은 장비의 보호, 비행 기술의 향상, 데이터의 안전한 보존, 법적 준수 그리고 효율적인 재사용 가능성과 같은 여러 면에서 중요하다. 따라서 드론 조종사에게 있어서 안전하고 정확한 착륙은 단순히 선택 사항이 아닌 필수적인 기술로 여겨질 수 있다.

CHAPTER
# 10 비행 후 점검 Check-List

드론 비행 후 점검은 비행에 이상이 없었는지, 장비가 올바르게 작동하였는지를 확인하고 다음 비행을 위해 기기의 상태를 미리 파악하는 데 큰 도움이 된다. 이러한 체크 리스트를 따라 점검을 실시해야 드론의 수명을 연장하고, 잠재적인 문제를 사전에 발견하여 사고를 예방하는 데 도움이 될 것이다.

| 확인 사항 | Yes | No |
|---|---|---|
| 1. 드론 본체에 외부 손상이나 변색 등 이상 없는가?<br>(프레임, 모터, 카메라, 센서 등) | ☐ | ☐ |
| 2. 프로펠러 상태는 양호한가?<br>(균열, 깨짐, 찍힘 등 → 발견 시 즉각 교체) | ☐ | ☐ |
| 3. 비전센서 오류는 없는가? 업데이트를 해야 하는가?<br>(오류 발생 시 귀가 후 즉시 캘리브레이션 실시) | ☐ | ☐ |
| 4. 배터리 상태는 양호한가?<br>(배부름 현상 확인, 충전횟수 기록 유지) | ☐ | ☐ |
| 5. 카메라 렌즈 상태는 양호한가?<br>(이물질, 지문 자국 등 → 발견 시 도구 이용 즉각 청소) | ☐ | ☐ |
| 6. 카메라 저장 매체에 제대로 저장되었는가?<br>(필요한 경우 백업) | ☐ | ☐ |
| 7. 소프트웨어 및 펌웨어는 최신 버전인가?<br>(최신 버전 확인, 업데이트를 통해 버그 수정, 새기능 추가) | ☐ | ☐ |
| 8. 비행 로그 및 데이터는 이상 없는가?<br>(비행 로그 검토 → 이상 시 기록 유지) | ☐ | ☐ |
| 9. 관련 유관기관에 비행 종료 통보를 하였는가? | ☐ | ☐ |
| 10. 기타 액세서리 상태는 이상 없는가?<br>(랜딩 스키드, ND 필터 등) | ☐ | ☐ |
| 11. 본체, 프로펠러 등 청소는 실시하였는가?<br>(필요한 경우 알코올 또는 전자기기 전용 클리너로 청소) | ☐ | ☐ |

PART

# 08

# 촬영용 드론 예방정비

# 촬영용 드론 예방정비의 중요성 및 주요 점검 내용

CHAPTER 01

촬영용 드론의 예방정비는 마치 무대 위의 연극배우가 공연 전에 대본을 점검하고, 목소리를 조율하는 것과 같다. 이러한 준비 과정은 공연의 성공을 위해 필수적이며, 촬영용 드론 운영에 있어서도 마찬가지이다. 예방정비는 드론의 최적 성능을 보장하고, 예상치 못한 고장이나 사고를 예방하는 핵심 과정이다.

드론의 예방정비는 그 자체로 기술과 세심함의 결합을 요구한다. 이 과정은 단순히 기계적 문제를 해결하는 것을 넘어서, 드론의 성능을 최적화하고, 비행 중 안전과 효율성을 보장하는 데 중요한 역할을 한다. 주요 점검 내용은 드론의 물리적 구조, 소프트웨어 업데이트, 배터리 상태, 센서의 정확도 등을 포함한다. 이 모든 요소는 드론이 안정적으로 비행하고, 고품질의 영상을 촬영하는 데 필수적이다.

따라서 촬영용 드론의 예방정비는 단순한 점검을 넘어서 드론 운영의 핵심 요소이다. 이는 드론을 효과적으로 사용하고, 장기적으로 드론의 수명을 연장시키며, 비용을 절감하는 데 중요한 역할을 한다. 정기적이고 철저한 예방정비는 드론 운영자에게 안정성, 신뢰성, 운영의 효율성을 제공한다.

## 1. 촬영용 드론 예방정비 중요성 및 점검 내용

**1) 촬영용 드론 예방정비의 중요성 :** 촬영용 드론의 예방정비는 드론의 성능 유지, 수명 연장, 사고 예방 등 여러 가지 이유로 중요하다.

(1) 드론의 수명 연장 : 정기적인 예방정비를 통해 드론의 모든 부품이 제대로 작동하고 있는지 확인할 수 있다. 이는 부품의 수명을 연장하고, 교체가 필요한 부품을 빠르게 찾아내는 데 도움이 된다.

(2) 사고 예방 : 드론의 부품 중 하나라도 제대로 작동하지 않으면 사고를 일으킬 수 있다. 예방정비를 통해 이러한 문제를 사전에 발견하고 해결하여 사고를 예방할 수 있다.

(3) 성능 유지 : 드론의 카메라, 프로펠러, 모터 등이 제대로 작동하면 드론의 전체 성능을 유지할 수 있다. 이는 고화질의 사진과 동영상을 촬영하거나 효율적인 비행을 위해 필요하다.

(4) 비용 절감 : 부품이 손상되거나 고장나기 전에 문제를 발견하고 해결하면 큰 수리비용이나 부품 교체 비용을 절감할 수 있다.

(5) 안전 비행 : 예방정비를 통해 드론의 배터리 상태를 체크하고, 비행 중에 배터리가 갑자기 방전되는 것을 방지할 수 있다. 또한 센서나 GPS 등의 기능이 제대로 작동하는지 확인하여 안전한 비행을 보장할 수 있다.

따라서 촬영용 드론을 사용하는 모든 사용자는 정기적인 예방정비를 수행하여 드론의 수명을 늘리고, 사고를 예방하며, 최상의 성능을 유지해야 할 것이다.

**2) 촬영용 드론 예방정비 주요 점검 내용 :** 촬영용 드론의 경우, 예방적 정비는 드론의 기능을 최대한 활용하고, 안전하고 효과적인 비행을 보장하는 데 매우 중요하다. 주요 예방적 정비 작업은 다음과 같다.

(1) 카메라 및 짐벌 점검 : 카메라 렌즈와 센서가 깨끗한지 확인하고, 짐벌이 원활하게 움직이는지 확인한다. 이 부분이 손상되거나 오작동하면 촬영 품질에 크게 영향을 미칠 수 있다. Mavic 3 Pro의 카메라와 짐벌 사용에 있어 주의사항을 살펴보자.

① 카메라 운용 시 주의사항

- 사용 및 보관 중에 카메라의 온도와 습도가 카메라에 적합한 범위 내에 있는지 확인한다.
- 렌즈는 손상이나 이미지 품질 불량을 방지하기 위해 렌즈 클렌저를 사용하여 세척한다.
- 발생된 열로 인해 기기가 손상되거나 사용자가 부상을 입을 수 있으므로 카메라 통풍구를 막으면 안 된다.
- 운용상의 부주의로 카메라 초점이 잘 맞지 않을 수 있다.
  - 멀리 있는 어두운 물체 촬영 시
  - 반복되는 패턴 및 텍스처 또는 분명한 패턴 및 텍스처가 없는 물체 촬영 시
  - 거리, 가로등, 유리 등 빛나거나 반사되는 물체 촬영 시
  - 깜박이는 물체 촬영 시
  - 빠르게 움직이는 물체 촬영 시
  - 기체/짐벌이 빠르게 움직일 때
  - 초점 범위에서 거리가 다른 물체 촬영 시
- 사진 및 동영상 저장 시 주의사항
  - 사진이나 동영상을 찍을 때 기체에서 microSD 카드를 분리하면 microSD가 손상을 입을 수 있다.
  - 카메라 시스템의 안정성을 위해 단일 동영상 녹화는 최대 30분으로 제한된다.
  - 카메라를 사용할 때는 먼저 설정을 점검하여 올바르게 구성되었는지 확인한다.
  - 기체의 전원이 꺼지면 사진 및 동영상을 카메라에서 전송 또는 복사할 수 없다.
  - 기체의 전원을 올바르게 끄지 않으면 카메라 매개변수가 저장되지 않으며 녹화된 동영상에 영향을 줄 수 있다.

② 짐벌 운용 시 주의사항

- 기체에 전원이 켜진 후에는 짐벌을 건드리지 않는다.
- 이륙 중에 짐벌을 보호하려면 탁 트인 평평한 지면에서 이륙한다.

- 짐벌의 정밀 구성품은 충돌 또는 충격에 의해 손상될 수 있으며, 이로 인해 짐벌이 비정상적으로 작동할 수 있다.

- 짐벌 모터에 먼지나 모래가 들어가지 않도록 주의한다.

- 짐벌 모터는 기체가 고르지 못한 지면에 있거나 짐벌이 방해를 받는 경우, 짐벌에 충돌과 같은 과도한 외부의 힘이 가해지는 경우 보호 모드에 들어갈 수 있다.

- 짐벌이 켜진 후 짐벌에 외부적인 힘을 가하면 안 된다.

- 짐벌에 공식 액세서리 외에 추가적인 하중을 가하면 짐벌이 비정상적으로 작동하거나 모터가 영구적으로 손상될 수 있다.

- 기체를 켜기 전에 짐벌 보호대를 분리하고 사용하지 않을 때 짐벌 보호대를 부착한다.

- 안개나 구름이 많이 낀 상태에서 비행하면 짐벌이 젖어서 일시적인 장애가 발생할 수 있다. 짐벌을 충분히 말려주면 기능이 완전히 복구된다.

(2) 프로펠러와 모터 점검 : 프로펠러에 균열이나 흠집이 없는지 확인하고, 모터가 과열되지 않는지 점검한다. 손상된 프로펠러나 문제가 있는 모터는 즉시 교체해야 한다. 프로펠러와 모터 사용에 있어 주의사항을 살펴보자.

① 프로펠러/모터 운용 시 주의사항

- 모터는 서로 다른 방향으로 회전하도록 설계되어 있다. CCW(Count Clock Wise, 반시계방향), CW(Clock Wise, 시계방향)을 거꾸로 장착되지 않도록 주의한다.

  • **예** : DJI Air 3(A : CCW 프로펠러, B : CW 프로펠러)

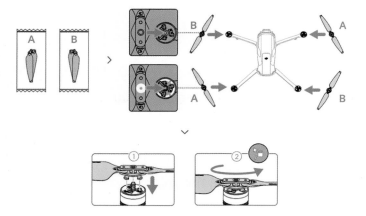

- 프로펠러 블레이드는 날카롭기 때문에 주의해야 한다.

- 제조자의 정품 프로펠러만 사용하고 비슷한 유형을 혼합해서 사용하면 안 된다.

- 비행을 시작하기 전에 항상 프로펠러와 모터의 결속 상태를 확인한다.

- 오래되고 금이 가거나 파손된 프로펠러는 사용하지 않는다.

■ 프로펠러를 조이거나 구부리면 안 된다.

■ 모터가 단단히 장착되어 있고 부드럽게 회전하는지 확인한다. 모터가 원활하게 회전하지 않을 경우 기체를 즉시 착륙시킨다.

■ 모터 구조를 변경하려고 시도하지 않는다.

■ 비행 후에는 모터가 뜨거울 수 있으므로 모터를 만지거나 손이나 신체 부위가 모터에 닿지 않도록 한다.

■ 전원을 켤 때 ESC(전자변속기) 소리가 정상인지 확인한다.

(3) 배터리 점검 : 배터리의 상태를 주기적으로 점검하고, 부풀어 오르거나 손상된 배터리는 사용하지 않는다. 배터리의 수명이 줄어들면 비행 시간에 영향을 미치므로, 적절한 배터리 관리가 필요하다. DJI Mavic 3 Pro의 인텔리전트 플라이트 배터리를 예로 배터리에 대해 상세히 살펴보자.

① 배터리 기능

■ **배터리 잔량 표시** : 배터리 잔량 LED는 현재 배터리 잔량을 표시한다.

■ **자동 방전 기능** : 배터리 팽창을 방지하기 위해 3일 동안 사용하지 않을 경우 배터리 잔량이 96%로 자동 방전되고, 9일 동안 사용하지 않을 경우에는 60%로 자동 방전된다. 방전 중에 배터리에서 약간의 열이 발생하는 것은 정상적인 현상이다.

■ **균형 충전** : 충전 중에 배터리 셀 전압의 균형을 자동으로 잡는다.

■ **과충전 보호** : 배터리가 완전히 충전되면 충전이 자동으로 멈춘다.

■ **과방전 보호** : 배터리가 사용되지 않을 때는 과도한 방전을 방지하기 위해 자동으로 방전을 중단한다. 배터리 사용 중에는 과방전 보호가 활성화되지 않는다.

■ **합선 보호** : 합선이 감지되면 전력 공급을 자동으로 차단한다.

■ **최대 절전 모드** : 20분 동안 작동하지 않으면 절전을 위해 배터리 전원이 꺼진다. 배터리 잔량이 5% 미만이면 6시간 후에 배터리가 최대 절전 모드로 전환되어 과도한 방전을 방지한다. 최대 절전 모드에서는 배터리 잔량 표시등이 켜지지 않는다. 절전 모드에서 나오려면 배터리를 충전한다.

■ **통신** : 배터리의 전압, 용량, 전류에 대한 정보가 기체로 전송된다.

② 배터리 사용

■ **배터리 잔량 표시** : 전원 버튼을 한 번 눌러 배터리 잔량을 확인한다. 배터리 잔량 LED는 방전되는 동안 배터리 전력량을 표시한다.

◉ : LED 켜짐, ☀ : LED 깜빡임, ○ : LED 꺼짐

| LED1 | LED2 | LED3 | LED4 | 배터리 잔량(%) |
|------|------|------|------|----------------|
| ◉ | ◉ | ◉ | ◉ | 88~100 |
| ◉ | ◉ | ◉ | ☀ | 76~87 |
| ◉ | ◉ | ◉ | ○ | 63~75 |
| ◉ | ◉ | ☀ | ○ | 51~62 |
| ◉ | ◉ | ○ | ○ | 38~50 |
| ◉ | ☀ | ○ | ○ | 26~37 |
| ◉ | ○ | ○ | ○ | 13~25 |
| ◉ | ○ | ○ | ○ | 0~12 |

■ 저온 주의사항

- −10~5℃의 저온에서 비행하면 배터리 용량이 현저히 줄어든다. 배터리의 온도를 높이기 위해 기체를 제자리에서 호버링하는 것이 좋다. 배터리는 사용할 때마다 항상 완전히 충전되어 있는지 확인한다.

- −10℃ 미만으로 온도가 극도로 낮은 환경에서는 배터리를 사용할 수 없다.

- 저온 환경에서는 DJI Fly 앱에 배터리 잔량 낮음 경고가 표시되면 곧바로 비행이 종료된다.

- 최적의 성능을 위해 배터리 온도를 20℃ 이상으로 유지한다.

- 저온 환경에서 배터리 용량이 줄어들면 기체의 풍속 저항 성능이 저하된다.

- 높은 고도에서는 각별히 주의해서 비행해야 한다(기온 감률 현상 : 1000ft당 2℃, 1km당 6.5℃ 떨어짐).

■ 사고, 화재, 폭발, 홍수, 쓰나미, 눈사태, 산사태, 지진, 먼지 또는 모래 폭풍이 있는 지역에서 배터리 및 배터리 충전기를 사용하지 않는다.

③ 배터리 충전

■ 배터리를 처음 사용하기 전에 충전하여 활성화해야 한다.

■ 배터리는 사용하기 전에 항상 완전히 충전한다. 충전 시 가급적 전용 충전기를 사용한다(Mavic 3 Pro : DJI 100W USB-C 전원 어댑터, DJI 65W 휴대용 충전기 또는 기타 USB PD 충전기).

■ 배터리 전원이 꺼진 상태에서 배터리 충전 케이블을 사용하여 기체를 충전기에 연결한다.

■ 배터리 잔량 LED는 충전 중인 현재 배터리 잔량을 표시한다.

| LED1 | LED2 | LED3 | LED4 | 배터리 잔량(%) |
|---|---|---|---|---|
| ◉ | ◉ | ○ | ○ | 0~50 |
| ◉ | ◉ | ◉ | ○ | 51~75 |
| ◉ | ◉ | ◉ | ◉ | 76~99 |
| ○ | ○ | ○ | ○ | 100 |

■ 배터리 잔량 LED는 비정상적인 충전 상태에 의해 트리거되는 배터리 보호 알림을 표시할 수 있다.

| LED1 | LED2 | LED3 | LED4 | 깜박임 패턴 | 상태 |
|---|---|---|---|---|---|
| ○ | ◉ | ○ | ○ | LED2가 초당 두 번 깜빡임 | 과전류 감지 |
| ○ | ◉ | ○ | ○ | LED2가 초당 세 번 깜빡임 | 합선 감지 |
| ○ | ○ | ◉ | ○ | LED3가 초당 두 번 깜빡임 | 과충전 감지 |
| ○ | ○ | ◉ | ○ | LED3가 초당 세 번 깜빡임 | 충전기 과전압 감지 |
| ○ | ○ | ○ | ◉ | LED4가 초당 두 번 깜빡임 | 충전 온도가 너무 낮음 |
| ○ | ○ | ○ | ◉ | LED4가 초당 세 번 깜빡임 | 충전 온도가 너무 높은 |

• 위와 같이 배터리 보호 매커니즘이 활성화된 경우, 충전기를 분리하고 다시 연결해 충전을 재개한다. 충전 온도가 비정상인 경우 정상으로 돌아올 때까지 기다린다. 그러면 배터리는 충전기의 플러그를 뽑았다가 다시 꽂을 필요 없이 자동으로 충전을 재개한다.

■ 배터리 잔량 LED가 모두 꺼지면 인텔리전트 플라이트 배터리가 완전히 충전된 것이다. 배터리가 완전히 충전되면 USB 충전기를 분리한다.

■ 비행 직후에는 배터리 온도가 너무 높을 수 있으므로 인텔리전트 플라이트 배터리를 충전하면 안 된다. 다시 충전하기 전에 배터리가 작동 온도로 냉각될 때까지 기다린다.

■ 배터리 셀의 온도가 작동 범위인 5~40℃ 내에 있지 않으면 충전기가 배터리 충전을 멈춘다. 이상적인 충전 온도 범위는 22~28℃이다.

■ 배터리 성능을 유지하려면 적어도 3개월에 한 번은 배터리를 완전히 충전한다.

■ 안전을 위해 운송 중에는 배터리는 낮은 전력 수준으로 유지한다. 운송하기 전에는 배터리를 30% 이하로 방전하는 것이 좋다.

■ 배터리 잔량 표시기를 정기적으로 검사하여 현재 배터리 잔량과 전체적인 배터리 사용 시간을 확인한다. 배터리의 충전 사이클은 200회이다. 200회 충전 사이클 이후에는 계속 사용하지 않는 것이 좋다.

④ 배터리 보관

- 내장 Lipo 배터리가 과열되지 않게 하기 위해 인텔리전트 플라이트 배터리를 직사광선이 닿지 않는 서늘하고 건조한 장소에 보관한다. 3개월 이상 보관하는 경우 권장 보관 온도는 22~28℃이다. −10~45℃ 온도 범위를 벗어나는 환경에는 절대 보관하면 안 된다.

- 배터리는 장기 보관 후 절전 모드로 들어간다. 절전 모드를 종료하려면 배터리를 충전한다.

⑤ 배터리 폐기

- 배터리는 완전히 방전된 후에만 특정 재활용 상자에 넣어 폐기한다. 일반 쓰레기통에 폐기하면 안 된다.

- 배터리 폐기 및 재활용 관련 현지 규정을 엄격히 준수해야 한다.

- 과방전 후 전원이 켜지지 않는 경우 즉시 폐기한다.

- 인텔리전트 플라이트 배터리의 전원 켜기/끄기 버튼이 비활성화되고 배터리를 완전히 방전시킬 수 없는 경우, 전문 배터리 폐기 또는 재활용 기관에 연락하여 도움을 받는다.

(4) 전자 시스템 및 소프트웨어 점검 : GPS, IMU, 비전 시스템 등의 전자 시스템을 점검하고, 필요한 경우 업데이트 또는 교체를 한다. 또한 드론 및 컨트롤러의 펌웨어 및 소프트웨어가 최신 상태인지 확인한다.

① 펌웨어 업데이트 절차(예: DJI Mavic 3 Pro) : DJI Assistant 2(소비자 드론 시리즈용)를 DJI 홈페이지 다운로드 센터에서 다운을 받아서 기체와 조종기 펌웨어를 별도로 업데이트해야 한다.

- **기체 펌웨어 업데이트**

  - DJI Assistant 2(소비자 드론 시리즈용)를 실행하고 DJI 계정으로 로그인한다.

  - 기체의 전원을 켠 다음 20초 내에 USB-C 포트를 사용하여 기체를 컴퓨터에 연결한다.

  - DJI Mavic 3 Pro를 선택하고 펌웨어 업데이트를 클릭한다.

  - 펌웨어 버전을 선택한다.

  - 펌웨어가 다운로드될 때까지 기다린다. 펌웨어 업데이트는 자동으로 시작된다.

  - 펌웨어 업데이트가 완료되면 기체는 자동으로 재부팅한다.

- **조종기 펌웨어 업데이트**

  - DJI Assistant 2(소비자 드론 시리즈용)를 실행하고 DJI 계정으로 로그인한다.

  - 조종기의 전원을 켠 다음 USB-C 포트를 사용하여 조종기를 컴퓨터에 연결한다.

  - DJI Mavic 3 Pro 조종기를 선택하고 펌웨어 업데이트를 클릭한다.

  - 펌웨어가 다운로드될 때까지 기다린다. 펌웨어 업데이트는 자동으로 시작된다.

  - 펌웨어 업데이트가 완료될 때까지 기다린다.

■ 펌웨어 업데이트 주의사항

• 배터리 펌웨어는 기체 펌웨어에 포함되어 있다. 모든 배터리를 업데이트해야 한다.

• 펌웨어를 업데이트하려면 모든 단계를 준수해야 한다. 그렇지 않으면 업데이트가 실패할 수 있다.

• 업데이트 중에 컴퓨터가 인터넷에 연결되어 있는지 확인한다.

• 업데이트를 수행하기 전에 인텔리전트 플라이트 배터리는 40% 이상, 조종기는 30% 이상 충전되어 있는지 확인한다.

• 업데이트 중에 USB-C 케이블을 분리하면 안 된다.

• 펌웨어 업데이트는 약 10분 정도 소요된다. 짐벌이 늘어지고 기체 표시등이 깜박거리다 재부팅되는 것은 정상적인 현상이다. 업데이트가 자동 완료될 때까지 기다린다.

(5) 비행 데이터 분석 : 비행 로그를 분석하여 잠재적인 문제를 발견하고, 이를 바탕으로 예방적인 조치를 취한다.

(6) 드론 프레임 점검 : 드론의 프레임을 주기적으로 점검하여 균열, 손상, 변형 등이 없는지 확인한다. 손상된 프레임은 즉시 수리하거나 교체해야 한다.

(7) 테스트 비행 : 모든 점검과 정비가 완료된 후에는 테스트 비행을 실시하여 드론이 정상적으로 작동하는지 확인한다.

# 02 촬영용 드론 일일 예방정비

촬영용 드론의 일일 점검은 각 비행 전·후에 비행 전 안전을 확보하는데 초점을 맞추어 시행한다. 다음 체크리스트를 참고, 소유하고 있는 드론의 특성을 고려하여 예방정비표를 수정·활용하는 등 실질적으로 일일 예방정비를 습성화해야 한다.

### 촬영용 드론 일일 예방정비표

일자 : 20 . .

| 점검항목 | 세부 점검 내용 | 조치 | | | |
|---|---|---|---|---|---|
| | | 이상무 | 자체정비 | 구매/청구 | 업체정비 |
| 드론 프레임 | · 손상 확인 : 흠집, 균열, 손상, 변형 등<br>· 나사 확인 : 조임 상태, 느슨한 나사 유무<br>· 부품 확인 : 프레임에 연결된 모든 부품 연결 상태 | ☐<br>☐<br>☐ | ☐<br>☐<br>☐ | ☐<br>☐<br>☐ | ☐<br>☐<br>☐ |
| 프로펠러 | · 손상 확인 : 각 블레이드 균열, 손상 확인<br>· 청소 : 표면 먼지, 이물질 제거<br>· 장착 확인 : 장착 상태, 헐거움 상태 확인 | ☐<br>☐<br>☐ | ☐<br>☐<br>☐ | ☐<br>☐<br>☐ | ☐<br>☐<br>☐ |
| 모터 | · 손상 확인 : 외부 손상, 이상한 소리<br>· 청소 : 먼지, 이물질, 작은 돌 등 | ☐<br>☐ | ☐<br>☐ | ☐<br>☐ | ☐<br>☐ |
| 배터리 | · 충전 상태 확인 : 100% 충전 여부<br>· 손상 확인 : 외부 손상, 배부름 현상 | ☐<br>☐ | ☐<br>☐ | ☐<br>☐ | ☐<br>☐ |
| 카레라 / 짐벌 | · 청소 : 먼지, 이물질 제거<br>· 상태 확인 : 외부 손상, 구동간 이상한 소음 | ☐<br>☐ | ☐<br>☐ | ☐<br>☐ | ☐<br>☐ |
| 센서 | · 청소 : 깨끗이 청소(알코올 청소 금지), 이물질 확인<br>· 작동 점검 : 원활한 작동 상태 확인 | ☐<br>☐ | ☐<br>☐ | ☐<br>☐ | ☐<br>☐ |
| 조종기 | · 청소 : 깨끗이 청소, 얼룩이나 기타 이물질 확인<br>· 버튼 및 스틱 작동 점검 : 원활한 작동 상태 확인 | ☐<br>☐ | ☐<br>☐ | ☐<br>☐ | ☐<br>☐ |
| 펌웨어 | · 펌웨어 상태 확인 : 정상 작동 상태 확인 | ☐ | ☐ | ☐ | ☐ |
| 테스트 비행 | · 비행 전 검사 : 비행 전 모든 부품 작동 상태 확인 | ☐ | ☐ | ☐ | ☐ |

# CHAPTER 03 촬영용 드론 주간 예방정비

촬영용 드론의 주간 예방정비는 일반적으로 일주일에 한 번 이상 한주의 시작이나 끝에 또는 제조사의 권장주기로 수행하며, 장비의 수명 연장과 최적의 성능 유지에 초점을 맞추어 실시한다. 다음 체크리스트를 참고, 소유하고 있는 드론의 특성을 고려하여 예방정비표를 수정·활용하는 등 실질적으로 주간 예방정비를 습성화해야 한다.

## 촬영용 드론 주간 예방정비표

일자 : 20 .  .

| 점검항목 | 세부 점검 내용 | 조치 | | | |
|---|---|---|---|---|---|
| | | 이상무 | 자체정비 | 구매/청구 | 업체정비 |
| 드론<br>프레임 | · 외부 점검 : 균열, 손상, 헐거움<br>· 청소 : 외부 이물질(먼지, 흙, 모래 등) 제거<br>· 나사 체크 : 모든 나사 제자리에, 제대로 조여져 있는지 | ☐<br>☐<br>☐ | ☐<br>☐<br>☐ | ☐<br>☐<br>☐ | ☐<br>☐<br>☐ |
| 프로펠러 | · 상세 점검 : 각 부분 상세 점검, 마모, 흠집, 균열 등<br>· 밸런스 확인 : 밸런싱 점검 | ☐<br>☐ | ☐<br>☐ | ☐<br>☐ | ☐<br>☐ |
| 모터 | · 세부 점검 : 각 부분 상세 점검<br>· 장착 확인 : 안정적 장착 상태 | ☐<br>☐ | ☐<br>☐ | ☐<br>☐ | ☐<br>☐ |
| 배터리 | · 성능 확인 : 정상 작동, 예상/실제 비행 시간 비교<br>· 연결 상태 점검 : 드론과의 연결 상태 | ☐<br>☐ | ☐<br>☐ | ☐<br>☐ | ☐<br>☐ |
| 카메라<br>/ 짐벌 | · 렌즈 체크 : 스크래치, 먼지, 기타 이물질 확인,<br>　　　　　　필요한 경우 청소, 보호필름 교체<br>· 짐벌 장착 확인 : 안정적 장착 상태 | ☐<br><br>☐ | ☐<br><br>☐ | ☐<br><br>☐ | ☐<br><br>☐ |
| 센서 | · 성능 확인 : 정상 작동 여부 확인<br>· 연결 점검 : 드론과 연결 상태 확인 | ☐<br>☐ | ☐<br>☐ | ☐<br>☐ | ☐<br>☐ |
| 조종기 | · 배터리 상태 확인 : 배부름 확인, 필요시 교체 및 충전<br>· 신호 강도 점검 : 신호 강도, 드론과 연결 상태 확인 | ☐<br>☐ | ☐<br>☐ | ☐<br>☐ | ☐<br>☐ |
| 펌웨어 | · 오류 점검 : 오류가 없는지 체크, 오류 발견시 즉시 해결 | ☐ | ☐ | ☐ | ☐ |
| 테스트<br>비행 | · 비행 데이터 분석 : 비행 로그 분석, 드론 성능 추적,<br>　　　　　　　　　필요한 경우 조정 실시 | ☐ | ☐ | ☐ | ☐ |

CHAPTER

# 04 촬영용 드론 월간 예방정비

촬영용 드론의 월간 예방정비는 성능을 유지하고 잠재적인 문제를 사전에 발견하고 해결하는 것이 중요하다. 월간 점검은 일일 또는 주간 점검보다 더 깊은 수준의 점검을 포함하며, 시간이 오래 걸릴 수 있다.

일반적으로 매월 한 번 수행되며, 특정한 시기를 정하는 것이 중요하다. 예를 들어, 매월 첫 날이나 마지막 날 등 일정한 날짜를 정하여 일관성을 유지하는 것이 좋다. 그러나 이러한 일정은 드론의 사용 빈도, 비행 환경, 기후 조건 등에 따라 달라질 수 있다. 드론을 매우 빈번하게 사용하거나 험한 환경에서 사용하는 경우, 더 자주 점검을 해야 할 수 있다. 반대로 드론을 거의 사용하지 않는 경우, 점검은 덜 자주 할 수 있다. 제조사의 권장 사항을 따르는 것이 가장 안전하고 효과적이며, 사용자 매뉴얼이나 제조사 웹사이트에서 이러한 정보를 찾을 수 있다.

월간 점검이 완료된 후에는 점검 내용을 기록하여 이력을 관리하는 것이 좋다. 이는 장기적으로 드론의 상태를 추적하고 잠재적인 문제를 조기에 발견하는 데 도움이 되기 때문이다.

### 촬영용 드론 월간 예방정비표

일자 : 20  .  .

| 점검항목 | 세부 점검 내용 | 조치 | | | |
|---|---|---|---|---|---|
| | | 이상무 | 자체정비 | 구매/청구 | 업체정비 |
| 드론 프레임 | · 세부 점검 : 작은 균열, 손상 놓치지 않도록 정밀 점검<br>· 세척 및 청소 : 먼지, 흙, 모래 청소<br>· 나사 및 볼트 조여짐 확인<br>· 교체 필요성 평가 : 균열, 손상, 헐거움 등으로 인한 평가 | ☐<br>☐<br>☐ | ☐<br>☐<br>☐ | ☐<br>☐<br>☐ | ☐<br>☐<br>☐ |
| 프로펠러 | · 정밀 점검 : 모든 부분 철저히 검사<br>· 교체 검토 : 손상 정도에 따라 교체 검토 | ☐<br>☐ | ☐<br>☐ | ☐<br>☐ | ☐<br>☐ |
| 모터 | · 성능 점검 : 정상적인 작동 상태<br>· 모터 냉각 확인 : 모터의 냉각 속도 | ☐<br>☐ | ☐<br>☐ | ☐<br>☐ | ☐<br>☐ |
| 배터리 | · 수명 확인 : 수명 확인, 필요시 배터리 교체<br>· 세부 부품 점검 : 세부 점검, 손상/마모 부품 교체 | ☐<br>☐ | ☐<br>☐ | ☐<br>☐ | ☐<br>☐ |
| 카메라 / 짐벌 | · 성능 점검 : 정상적인 성능 발휘 점검<br>· 소프트웨어 업데이트 확인 : 펌웨어 업데이트 | ☐<br>☐ | ☐<br>☐ | ☐<br>☐ | ☐<br>☐ |
| 센서 | · 설정 점검 : 설정 적절성, 필요한 변경사항 적용<br>· 마모 점검 : 부품 손상, 마모 점검, 필요시 교체 | ☐<br>☐ | ☐<br>☐ | ☐<br>☐ | ☐<br>☐ |
| 조종기 | · 버튼 및 스틱 마모 점검 : 마모 상태, 필요시 교체/보정<br>· 펌웨어 업데이트 확인 : 최신 버전 확인, 필요시 업데이트 | ☐<br>☐ | ☐<br>☐ | ☐<br>☐ | ☐<br>☐ |
| 펌웨어 | · 업데이트 확인 : 최신 펌웨어 업데이트가 있는지 확인, 필요시 업데이트 진행 | ☐ | ☐ | ☐ | ☐ |
| 테스트 비행 | · 비행 경로 검토 : 예정된 비행경로의 안전성 확인, 필요한 경우 조정 실시 | ☐ | ☐ | ☐ | ☐ |

# CHAPTER 05 촬영용 드론 분기 예방정비

촬영용 드론의 분기 예방정비는 꾸준한 성능을 유지하고 장기적인 수명을 보장하기 위해 중요하다. 다음 체크리스트를 참고, 소유하고 있는 드론의 특성을 고려하여 예방정비표를 수정·활용하는 등 실질적으로 분기 예방정비를 습성화해야 한다.

## 촬영용 드론 분기 예방정비표

일자 : 20 .  .

| 점검항목 | 세부 점검 내용 | 조치 | | | |
|---|---|---|---|---|---|
| | | 이상무 | 자체정비 | 구매/청구 | 업체정비 |
| 드론 프레임 | · 외부 점검 : 균열, 손상, 헐거움<br>· 청소 : 외부 이물질(먼지, 흙, 모래 등) 제거<br>· 나사 체크 : 모든 나사 제자리에, 제대로 조여져 있는지 | ☐<br>☐<br>☐ | ☐<br>☐<br>☐ | ☐<br>☐<br>☐ | ☐<br>☐<br>☐ |
| 프로펠러 | · 성능 평가 : 성능 평가, 필요시 조정<br>· 장착 장비 점검 : 장착 시 사용 장비 점검 | ☐<br>☐ | ☐<br>☐ | ☐<br>☐ | ☐<br>☐ |
| 모터 | · 부품 점검 및 교체 : 부품 점검, 필요시 교체<br>· 모터 전기 부분 확인 : 배터리 연결 후 전원 공급 | ☐<br>☐<br>☐ | ☐<br>☐<br>☐ | ☐<br>☐<br>☐ | ☐<br>☐<br>☐ |
| 배터리 | · 용량 테스트 : 전체 용량 테스트, 성능 저하 시 교체<br>· 충전 장치 점검 : 충전 장치 작동 상태, 필요시 교체 | ☐<br>☐<br>☐ | ☐<br>☐<br>☐ | ☐<br>☐<br>☐ | ☐<br>☐<br>☐ |
| 카메라 / 짐벌 | · 부품 점검 및 교체 : 내부 부품 점검, 필요시 부품 교체<br>· 전체 기능 테스트 : 모든 기능 테스트 후 문제 발견 | ☐<br>☐ | ☐<br>☐ | ☐<br>☐ | ☐<br>☐ |
| 센서 | · 펌웨어 업데이트 : 최신 버전 업데이트<br>· 부품 점검 및 교체 : 손상, 마모 상태 점검, 필요시 교체 | ☐<br>☐ | ☐<br>☐ | ☐<br>☐ | ☐<br>☐ |
| 조종기 | · 성능 테스트 : 전반적인 성능 테스트, 필요시 보정<br>· 부품 점검 및 교체 : 손상, 마모 상태 점검, 필요시 교체 | ☐<br>☐ | ☐<br>☐ | ☐<br>☐ | ☐<br>☐ |
| 펌웨어 | · 성능 점검 : 올바르게 제어하고 있는지 확인, 문제 발견 시 업데이트 또는 수정 | ☐ | ☐ | ☐ | ☐ |
| 테스트 비행 | · 테스트 비행 수행 : 정기적인 테스트 비행을 통해 드론 성능 확인, 문제 발견 시 즉시 해결 | ☐ | ☐ | ☐ | ☐ |

# 06 촬영용 드론 반년 예방정비

촬영용 드론의 반년 예방정비는 장기적인 성능을 유지하기 위해서 중요하다. 다음 체크리스트를 참고, 소유하고 있는 드론의 특성을 고려하여 예방정비표를 수정·활용하는 등 실질적으로 반년 예방정비를 습성화해야 한다.

**촬영용 드론 반년 예방정비표**

| 점검항목 | 세부 점검 내용 | 조치 | | | |
|---|---|---|---|---|---|
| | | 이상무 | 자체정비 | 구매/청구 | 업체정비 |
| 드론 프레임 | · 외부 점검 : 균열, 손상, 헐거움 | ☐ | ☐ | ☐ | ☐ |
| | · 청소 : 외부 이물질(먼지, 흙, 모래 등) 제거 | ☐ | ☐ | ☐ | ☐ |
| | · 나사 체크 : 모든 나사 제자리에, 제대로 조여져 있는지 | ☐ | ☐ | ☐ | ☐ |
| 프로펠러 | · 교체 : 성능 저하 확인 시 교체 | ☐ | ☐ | ☐ | ☐ |
| | · 밸런스 점검 : 밸런싱 점검, 필요시 조정 | ☐ | ☐ | ☐ | ☐ |
| 모터 | · 수명 점검 : 수명 점검, 필요시 교체 | ☐ | ☐ | ☐ | ☐ |
| | · 모터 열 관리 : 열 발산 상태, 과열 위험 여부 | ☐ | ☐ | ☐ | ☐ |
| | | ☐ | ☐ | ☐ | ☐ |
| 배터리 | · 수명 예측 : 수명 예측, 필요시 새 배터리 준비 | ☐ | ☐ | ☐ | ☐ |
| | · 관리시스템 점검 : 충전 장치, 보관 장소 확인 | ☐ | ☐ | ☐ | ☐ |
| | | ☐ | ☐ | ☐ | ☐ |
| 카메라 / 짐벌 | · 카메라 수명 점검 : 카메라 점검, 필요시 교체 | ☐ | ☐ | ☐ | ☐ |
| | · 성능 테스트 : 전반적인 성능 테스트 후 개선 부분 파악 | ☐ | ☐ | ☐ | ☐ |
| 센서 | · 정확도 테스트 : 정확도 테스트 후 필요한 보정 | ☐ | ☐ | ☐ | ☐ |
| | · 성능 테스트 : 전체 테스트, 문제부분 보정 | ☐ | ☐ | ☐ | ☐ |
| 조종기 | · 신호 강도 테스트 : 신호 강도 테스트 후 필요한 보정 | ☐ | ☐ | ☐ | ☐ |
| | · 화면 점검 : 화면 상태 점검, 필요한 수리 또는 교체 | ☐ | ☐ | ☐ | ☐ |
| 펌웨어 | · 성능 최적화 : 성능을 정기적으로 최적화하여 기기 성능 향상 | ☐ | ☐ | ☐ | ☐ |
| | · 안정성 테스트 : 안정성 테스트하여 문제가 없는지 확인 | ☐ | ☐ | ☐ | ☐ |
| 테스트 비행 | · 비행 시나리오 업데이트 : 비행 시나리오 업데이트하여 다양한 조건에서 안정적으로 비행할 수 있도록 조치 | ☐ | ☐ | ☐ | ☐ |

# CHAPTER 07 촬영용 드론 연간 예방정비

촬영용 드론의 연간 예방정비는 드론의 성능 유지 및 수명 연장을 위해서 중요하다. 다음 체크리스트를 참고, 소유하고 있는 드론의 특성을 고려하여 예방정비표를 수정·활용하는 등 실질적으로 연간 예방정비를 습성화해야 한다.

### 촬영용 드론 연간 예방정비표

일자 : 20 ＿ ＿ ＿

| 점검항목 | 세부 점검 내용 | 조치 | | | |
|---|---|---|---|---|---|
| | | 이상무 | 자체정비 | 구매/청구 | 업체정비 |
| 드론<br>프레임 | · 외부 점검 : 균열, 손상, 헐거움<br>· 청소 : 외부 이물질(먼지, 흙, 모래 등) 제거<br>· 나사 체크 : 모든 나사 제자리에, 제대로 조여져 있는지 | ☐<br>☐<br>☐ | ☐<br>☐<br>☐ | ☐<br>☐<br>☐ | ☐<br>☐<br>☐ |
| 프로펠러 | · 프로펠러 세부 점검 : 전 세부 점검, 손상/마모 시 교체<br>· 프로펠러 성능 테스트 : 전반적인 성능 테스트, 필요시 교체 | ☐<br>☐ | ☐<br>☐ | ☐<br>☐ | ☐<br>☐ |
| 모터 | · 세부 점검 및 교체 : 전 부품 점검, 손상/마모 시 교체<br>· 성능 테스트 : 전반적인 성능 테스트 후 교체 | ☐<br>☐<br>☐ | ☐<br>☐<br>☐ | ☐<br>☐<br>☐ | ☐<br>☐<br>☐ |
| 배터리 | · 교체 : 수명, 성능 저하 확인 시 교체<br>· 성능 테스트 : 전반적인 성능 테스트, 필요시 교체 | ☐<br>☐ | ☐<br>☐ | ☐<br>☐ | ☐<br>☐ |
| 카메라<br>/ 짐벌 | · 세부 점검 및 교체 : 전 부품 모두 점검, 필요시 교체<br>· 성능 테스트 : 카메라, 짐벌 성능 상세히 테스트하여 성능저하 또는 문제 부분 파악하고 보정 | ☐<br>☐ | ☐<br>☐ | ☐<br>☐ | ☐<br>☐ |
| 센서 | · 전체 점검 : 전체 상태 점검, 필요시 교체, 개선<br>· 성능 테스트 : 정밀 테스트 후 문제 센서 보정 | ☐<br>☐ | ☐<br>☐ | ☐<br>☐ | ☐<br>☐ |
| 조종기 | · 전체 점검 : 전체 상태 점검, 필요한 교체나 개선<br>· 성능 테스트 : 정밀 테스트, 성능 저하나 문제 부분 파악하고 보정 | ☐<br>☐ | ☐<br>☐ | ☐<br>☐ | ☐<br>☐ |
| 펌웨어 | · 보안 검사 : 보안 상태 검사, 문제 발견 시 즉각 조치 | ☐ | ☐ | ☐ | ☐ |
| 테스트 비행 | · 통합 비행 성능 검사 : 전반적인 비행 성능 검사, 필요한 개선 사항 식별 및 해결 | ☐ | ☐ | ☐ | ☐ |

PART

# 09

## 추락한 내 드론 찾기

# CHAPTER 01 개요

DJI 드론의 추락 후 회수는 마치 바다에서 소중한 보물을 찾는 것과 같다. 이 과정은 드론의 무사한 회수뿐만 아니라, 그 안에 담긴 중요한 데이터와 장비를 보호하는 데 필수적이다. 추락한 드론을 찾는 것은 드론의 손상 정도를 평가하고, 필요한 경우 수리를 통해 재사용 가능성을 높이는 데 중요하다. 또한 드론 내부에 저장된 비행 데이터와 영상 자료를 회수하는 데도 필수적이다. 이는 사고 분석, 기록 보존, 법적 책임 등에 중요한 역할을 한다.

마지막으로 추락한 드론을 신속하게 찾아내어 공공 안전을 확보하고 환경을 보호하는 것도 중요하다. 따라서 DJI 드론 사용자는 비행 전 위치 추적 기능을 활성화하고, 만약의 사태에 대비하여 신속하게 드론을 회수할 수 있는 계획을 세워야 할 것이다.

## 1. DJI 앱에서 내 드론 찾기

DJI GO 4는 DJI의 이전 모델을 지원하며, DJI Fly는 더 최신의 드론 모델을 지원한다. 두 앱 모두 "내 드론 찾기" 기능을 제공하지만, 각 앱의 디자인과 인터페이스에는 약간의 차이가 있다.

DJI GO 4는 "Find My Drone"을 선택하면, 마지막으로 기록된 드론의 위치를 지도에 표시해 준다. 이 지도는 표준 지도 뷰와 위성 뷰를 전환하여 볼 수 있다. 또한 앱은 신호 손실이 발생했을 때 드론의 위치를 자동으로 기록하며, 플래시 및 비프음으로 드론의 위치를 찾을 수 있도록 도와준다.

DJI Fly의 "내 드론 찾기" 기능은 DJI GO 4와 매우 유사하다. 마지막으로 기록된 드론의 위치를 지도에 표시하며, 필요에 따라 비프음과 LED 라이트를 이용해서 드론의 위치를 찾을 수 있도록 도와준다. 디자인이 더 심플하고 직관적으로 바뀌었으며, 지도 뷰는 사용자의 선택에 따라 표준 지도 뷰와 위성 뷰 등으로 전환할 수 있다.

두 앱 모두 드론의 GPS 위치를 사용하여 마지막 위치를 기록하고 사용자가 드론을 찾을 수 있도록 도와주지만 이 기능은 배터리가 완전히 소진된 상태에서는 사용할 수 없으며, GPS 신호가 약한 곳이나 신호가 전혀 도달하지 않는 곳에서는 정확한 위치 추적이 어려울 수 있다. 각 앱의 내 드론 찾기 방법을 구체적으로 살펴보자.

CHAPTER

# 02 DJI GO 4 앱에서 내 드론 찾기

## 1. 시작화면과 The Flight Records에서 내 드론 찾기

### 1) 시작화면 상세 설명에서 내 드론 찾기

(1) 시작화면에서 상세 설명 클릭

(2) Find My Drone 클릭

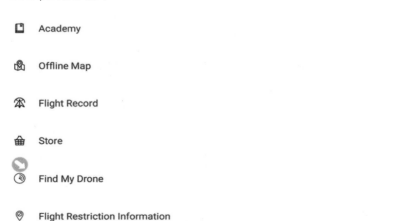

(3) Find My Drone 클릭 후 화면

① GPS 세기, 조종 신호 세기, 배터리 잔량 확인

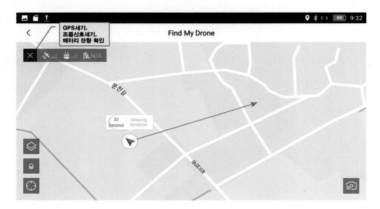

② 지도 종류

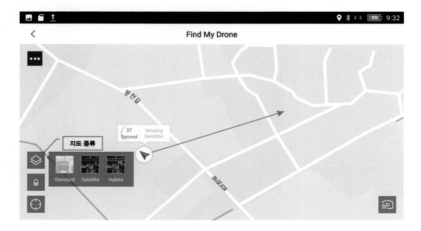

③ 지도 정치

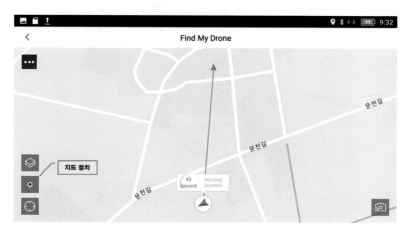

④ 화면 보는 위치 선택

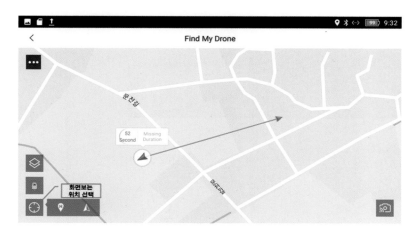

⑤ 기체 현위치 화면

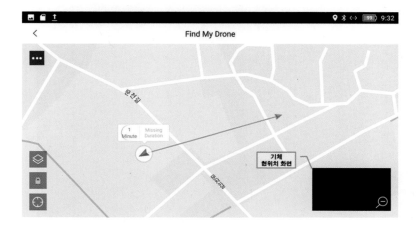

## 2) The Flight Records

(1) 시작화면에서 나 클릭

(2) Flight Records 클릭

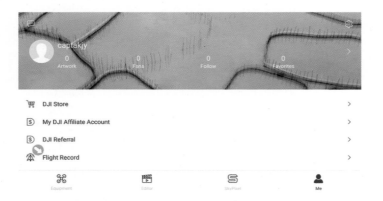

(3) Flight List 클릭

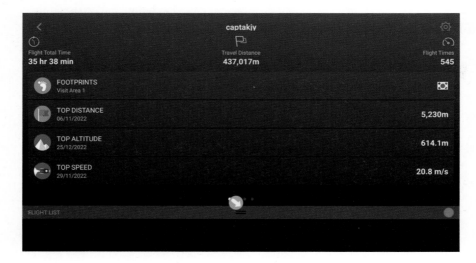

(4) 동기화 구름 표시 클릭

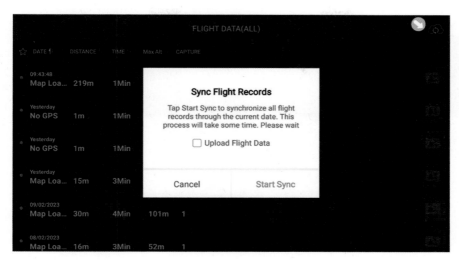

① 비행 기록 동기화 중

(5) 비행 기록 클릭 후 화면

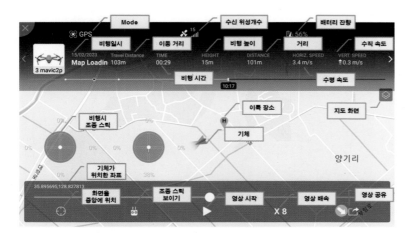

(6) 비행 기록 공유하기

(7) 기체 좌표를 구글 맵 또는 카카오 맵에 입력

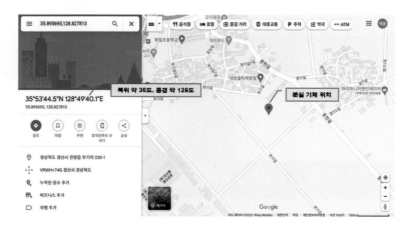

CHAPTER

# 03 DJI Fly 앱에서 내 드론 찾기

## 1. 프로필과 앱의 안전 설정에서 내 드론 찾기

### 1) 프로필에서 내 드론 찾기

(1) 시작화면에서 프로필 클릭

(2) 내 드론 찾기 클릭

(3) 내 드론 찾기 클릭 후 화면

① 기체 또는 조종자 위치를 화면 중심으로 이동

■ 깜박임 및 신호음의 역할

- **깜박임 :** 드론에는 LED 라이트가 있는 경우가 많다. 이들은 밝은 색상으로 깜박이며, 사용자가 드론의 위치를 시각적으로 파악하도록 도와준다. 특히 어두운 환경에서는 이 기능이 매우 유용하다.

- **신호음 :** 깜박이는 라이트와 함께 드론은 특정 신호음을 발생시킬 수 있다. 이 소리는 사용자가 드론의 위치를 청각적으로 인식하게 도와준다. 이는 특히 시야가 제한된 상황이나, 드론이 장애물 뒤에 숨어있을 때 유용하다.

- 이 두 기능은 함께 작동하여 사용자가 드론을 더 쉽게 찾을 수 있도록 도와준다. 이러한 기능은 특히 프로페셔널 드론 플라이어나 취미용 드론 사용자들에게 매우 중요하며, 드론의 손실을 방지하고 효율적인 사용을 도와주는 매우 유용한 도구이다.

② 지도정치

③ 지도 종류

④ 기체가 위치한 곳의 화면

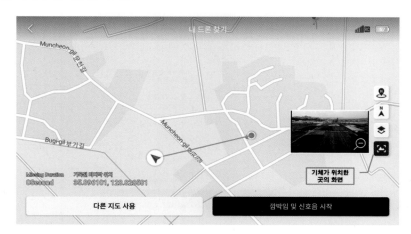

## 2) 앱의 안전 설정에서 내 드론 찾기

### (1) GO FLY 클릭

### (2) 안전 설정에서 내 드론 찾기 클릭

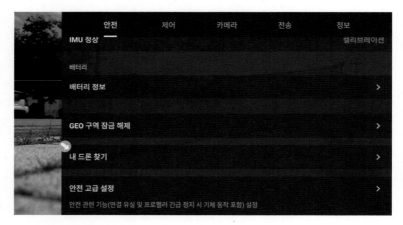

### (3) 내 드론 찾기 클릭 후 화면

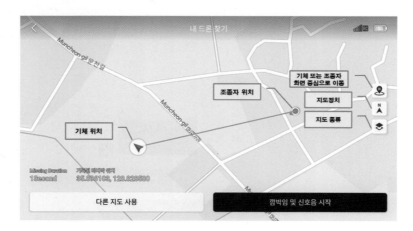

① 기체 또는 조종자 위치를 화면 중심으로 이동

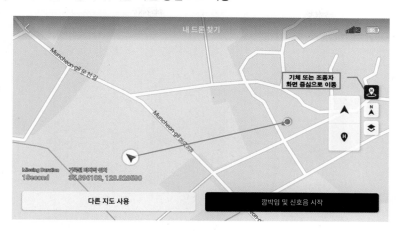

② 지도정치

③ 지도 종류

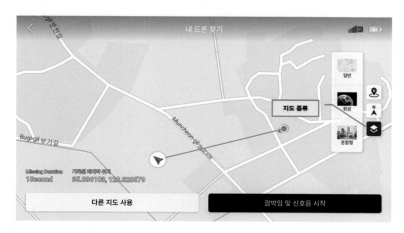

PART

# 10

# 영상 편집 기초

드론으로 촬영한 영상을 편집하는 것은 매우 재미있는 활동이다. 편집을 통해 당신의 영상에 다양한 효과를 더하거나, 필요 없는 부분을 제거하거나, 여러 클립을 하나의 비디오로 합치는 등 다양한 작업을 수행할 수 있다. 다음은 드론 영상을 편집하는데 필요한 기본적인 스텝들이다.

## 1. 드론 영상 편집을 위한 기본 스텝

**1) 원본 영상 선택 :** 촬영한 영상 중에서 편집할 영상을 선택한다. 선택하는 기준은 영상의 화질, 장면의 흥미로움, 촬영 각도 등 다양하게 있을 수 있다.

(1) 편집을 용이하게 하는 드론 영상 촬영 방법 : 드론을 사용해 영상을 촬영하려면 몇 가지 요소를 고려하면 좋다. 이러한 가이드라인을 따르면, 편집 과정이 더 쉬워지고, 최종 영상의 품질을 향상시킬 수 있다. 드론을 통한 영상 촬영은 뛰어난 시각적 효과를 가져다 주지만, 촬영과 편집에 있어서는 전통적인 비디오 촬영과 비슷한 주의사항이 필요하다. 영상의 목적과 요구 사항을 명확히 이해하고, 촬영 전에 충분한 계획을 세우는 것이 중요하다.

① **미리 계획하기 :** 촬영할 위치를 미리 조사하고, 원하는 구도와 각도를 미리 계획한다. 이는 편집 시간을 크게 줄일 수 있다.

② **다양한 각도와 고도에서 촬영하기 :** 하나의 위치에서 다양한 각도와 고도에서 촬영함으로써 편집 시 더 많은 선택의 여지를 가지게 된다.

③ **안정된 비행 모드 사용하기 :** 대부분의 고급 드론들은 GPS나 비전 센서를 사용하여 공중에서 안정적으로 머물 수 있는 기능을 갖추고 있다. 이 기능을 사용하면 흔들림 없는 고화질의 영상을 촬영할 수 있다.

④ **촬영 해상도와 프레임레이트 설정 :** 최대한 높은 해상도와 프레임레이트로 촬영하면, 편집 과정에서 더 많은 유연성을 가질 수 있다. 예를 들어, 4K 해상도로 촬영하면 1080p 프로젝트에서 확대/축소를 자유롭게 할 수 있고, 높은 프레임레이트로 촬영하면 슬로우 모션 효과를 적용할 수 있다.

⑤ **로그 또는 플랫 색상 프로필 사용 :** 가능한 경우, 로그 또는 플랫 색상 프로필로 촬영하면, 편집 과정에서 색 보정이 더 용이해진다.

⑥ **다양한 촬영 기법 활용 :** 특정 대상을 따라가거나, 고도를 변경하면서 이동하는 등 다양한 촬영 기법을 사용하면, 최종 영상이 더 동적이고 흥미롭게 보일 수 있다.

**2) 편집 소프트웨어 선택 :** 영상을 편집할 소프트웨어를 선택한다. Adobe Premiere Pro, Final Cut Pro, DaVinci Resolve 등이 대표적인 전문적인 편집 소프트웨어이다. 초보자의 경우 DJI GO 4, DJI Fly, DJI LightCut, iMovie, Windows Movie Maker 같은 간단한 소프트웨어도 좋은 선택이 될 수 있다.

(1) Adobe Premiere Pro 프로그램의 특징과 장·단점 : Adobe Premiere Pro는 전문적인 비디오 편집에 가장 널리 사용되는 소프트웨어 중 하나이다. 이는 뛰어난 기능 집합과 유연성을 제공하므로, 방송국, 영화 제작자, YouTuber 등 다양한 사용자들에게 인기가 있다.

① 특징

- **비선형 편집** : 비디오 클립을 자유롭게 배치하고 편집할 수 있다.

- **다양한 형식 지원** : 다양한 형식의 동영상, 오디오, 이미지 파일을 지원하며, 4K 해상도 이상의 동영상 편집도 가능하다.

- **다중 트랙 편집** : 여러 비디오 및 오디오 트랙을 동시에 편집할 수 있다.

- **효과와 전환** : 다양한 비디오 효과와 전환을 적용할 수 있으며, Adobe After Effects와 함께 사용하면 더욱 강력한 비주얼 이펙트를 생성할 수 있다.

- **색 보정** : Lumetri Color 도구를 이용하여 고급 색 보정이 가능하다.

- **Adobe Creative Cloud와의 호환성** : Adobe의 다른 소프트웨어(Photoshop, After Effects 등)와의 강력한 통합이 가능하다.

② 장점

- **강력한 기능** : Adobe Premiere Pro는 거의 모든 비디오 편집 작업을 수행할 수 있는 매우 강력한 도구를 제공한다.

- **통합성** : Adobe Creative Cloud의 일부로, 다른 Adobe 제품들과의 원활한 통합을 제공한다. 이는 작업 흐름을 크게 향상시킬 수 있다.

- **지원과 자료** : 이 프로그램은 널리 사용되므로, 다양한 튜토리얼, 커뮤니티 포럼, 자료들이 인터넷 상에 풍부하게 있다.

③ 단점

- **비용** : Adobe Premiere Pro는 월정액 구독 형태로 비용이 발생하며, 이는 시간이 지남에 따라 상당한 비용이 될 수 있다(월 24,000원, 연간 277,200원).

- **학습 곡선** : 이 편집 도구는 매우 강력하지만, 그만큼 많은 기능과 복잡성을 가지고 있다. 따라서 처음 사용하는 사람들에게는 다소 어려울 수 있다.

- **시스템 요구 사항** : Adobe Premiere Pro는 고성능의 하드웨어를 요구한다. 낮은 사양의 컴퓨터에서는 느리게 작동하거나 문제가 발생할 수 있다.

| 구분 | 최소 사양 | 권장 사양 |
|---|---|---|
| CPU | · Intel 6세대 이상의 CPU<br>· AMD RyzenTM 1000 시리즈 이상의 CPU | · Intel 7세대 이상의 CPU<br>· AMD RyzenTM 3000 시리즈 이상의 CPU |
| OS | Microsoft Windows 10(64비트) 버전 2004 이상 | |
| 메인<br>메모리 | · 8GB | · 16GB(HD 미디어용)<br>· 32GB(4K 미디어용) |
| 그래픽카드<br>(하드<br>웨어 가속) | 2GB 이상의 그래픽 메모리 | · 4GB 이상의 그래픽 메모리<br>· NVIDIA GeForce GTX 970 이상<br>· NVIDIA GeForce GTX 1060 6 GB 이상<br>· NVIDIA GeForce GTX 1650 이상<br>· Intel® HD Graphics 5000 이상<br>· Intel® HD Graphics 6000 이상<br>· Intel® Iris Graphics 540 이상<br>· Intel® Iris™ Plus Graphics 640 이상 |
| 스토리지<br>여유 공간 | · 설치를 위한 8GB의 하드 디스크 여유 공간 설<br>치 중 추가 공간 필요(이동식 플래시 스토리지<br>에는 설치되지 않음)<br>· 미디어용 추가 고속 드라이브 | · 앱 설치 및 캐시용 고속 내장 SSD 미디어<br>용 추가 고속 드라이브 |
| 모니터 해상도 | · 1280 × 800 | · 1920 × 1080 이상 |
| 사운드 카드 | · ASIO 호환 또는 Microsoft Windows 드라이버 모델 | |
| 네트워크<br>스토리지 연결 | · 1기가비트 이더넷(HD만 해당) | · 10기가비트 이더넷<br>(4K 공유 네트워크 워크플로우) |

따라서 Adobe Premiere Pro는 프로페셔널 수준의 비디오 편집을 필요로 하는 사람들에게 적합한 도구이다.
하지만 초보자 또는 간단한 편집 작업만 필요한 사람들에게는 더 단순하고 저렴한 소프트웨어가 더 적합할 수
있다.

(2) Final Cut Pro 프로그램의 특징과 장·단점 : Final Cut Pro는 Apple에서 개발한 전문적인 비디오 편집 소프트웨어로, 맥(Mac) 사용자들 사이에서 특히 인기가 있다. 이 소프트웨어는 매우 강력한 편집 기능을 갖추고 있으며, 동시에 사용자 친화적인 인터페이스를 제공한다.

① 특징

- **비선형 편집** : 비디오 클립을 자유롭게 배치하고 편집할 수 있다.

- **다양한 형식 지원**: 다양한 형식의 동영상, 오디오, 이미지 파일을 지원하며, 4K 해상도 이상의 동영상 편집도 가능하다.

- **다중 트랙 편집** : 여러 비디오 및 오디오 트랙을 동시에 편집할 수 있다.

- **효과와 전환** : 다양한 비디오 효과와 전환을 적용할 수 있다.

- **색 보정** : 고급 색 보정 도구를 이용하여 영상의 색상을 조절할 수 있다.

- **Magnetic Timeline** : 편집하는 동안 클립 사이의 간격을 자동으로 조절하는 유니크한 기능이다.

② 장점

- **사용자 친화적인 인터페이스** : Final Cut Pro는 매우 직관적이고 사용자 친화적인 인터페이스를 제공한다. 이로 인해 사용자는 편집 과정을 더욱 쉽게 수행할 수 있다.

- **강력한 성능** : Final Cut Pro는 매우 효율적으로 시스템 자원을 활용하며, 특히 맥에서는 매우 빠르게 동작한다.

- **한 번의 결제** : 대부분의 전문적인 비디오 편집 소프트웨어는 구독 기반의 비용을 부과하지만, Final Cut Pro는 한 번의 결제로 영구적으로 사용할 수 있다.

③ 단점

- **맥 전용** : Final Cut Pro는 맥 운영 체제에서만 실행되므로, Windows나 Linux 사용자들은 이를 사용할 수 없다.

| 구분 | 시스템 요구사항 |
|------|----------------|
| Mac | · macOS 11.6.1 이상<br>· RAM : 4GB<br>· Metal API 호환 그래픽카드<br>· VRAM : 4K 편집, 3D 제목, 360º 비디오 편집의 경우, 최소 1GB 이상 권장[5] |
| iPad | · iPadOS 16.4 이후 버전이 설치된 iPad Pro 12.9(5세대 및 6세대), iPad Pro 11(3세대 및 4세대) 또는 iPad Air(5세대) |

■ 비용 : 비록 한 번의 결제로 영구적으로 사용할 수 있다고는 하지만, 그 가격이 상당히 높은 편이다.

| 일시불 | 교육용 할인 | iPad용 |
|---|---|---|
| 450,000원 | 117,046원 | 월 6,900원, 연 69,000원 |

■ 학습 곡선 : 비록 사용자 친화적인 인터페이스를 가지고 있지만, 그럼에도 불구하고 Final Cut Pro의 모든 기능을 완전히 활용하려면 시간과 학습이 필요하다.

따라서, Final Cut Pro는 맥 사용자들 중에서 특히, 전문적인 비디오 편집을 수행하려는 사람들에게 인기가 있다. 하지만 비용과 맥 전용이라는 점을 고려해야 한다.

(3) DaVinci Resolve 프로그램의 특징과 장·단점 : DaVinci Resolve는 Blackmagic Design에서 개발한 전문적인 비디오 편집 소프트웨어로, 특히 색 보정 기능이 뛰어난 것으로 알려져 있다. 그 외에도 편집, 오디오 후처리, 시각 효과(VFX) 등을 한 소프트웨어에서 처리할 수 있다.

① 특징

■ 비선형 편집 : 비디오 클립을 자유롭게 배치하고 편집할 수 있다.

■ 다양한 형식 지원 : 다양한 형식의 동영상, 오디오, 이미지 파일을 지원하며, 고해상도 동영상 편집도 가능하다.

■ 다중 트랙 편집: 여러 비디오 및 오디오 트랙을 동시에 편집할 수 있다.

■ 효과와 전환 : 다양한 비디오 효과와 전환을 적용할 수 있다.

■ 고급 색 보정 : DaVinci Resolve의 가장 큰 특징 중 하나는 강력한 색 보정 도구를 이용하여 영상의 색상을 정교하게 조절할 수 있다는 것이다.

■ Fusion VFX : 2D 및 3D 작업, 파티클 시스템 등의 고급 시각효과 기능을 제공한다.

■ Fairlight 오디오 : 전문적인 오디오 후처리 도구를 포함하고 있다.

② 장점

- **다기능성** : 편집, 색 보정, 시각 효과, 오디오 후처리 등을 하나의 패키지에서 처리할 수 있다.

- **강력한 색 보정** : DaVinci Resolve는 업계에서 가장 강력하고 정교한 색 보정 도구로 알려져 있다.

- **무료 버전 제공** : 기본적인 편집 기능을 포함한 무료 버전이 제공된다. 프로페셔널 수준의 기능을 필요로 하는 경우, 유료 버전인 DaVinci Resolve Studio(438,800원)를 구매할 수 있다.

③ 단점

- **학습 곡선** : DaVinci Resolve의 모든 기능을 활용하려면 시간과 학습이 필요하다. 그만큼 강력하고 복잡한 도구들을 포함하고 있기 때문이다.

- **시스템 요구사항** : DaVinci Resolve는 그 특성상 고사양의 컴퓨터를 요구한다. 특히, 고해상도 동영상을 편집하거나 고급 시각 효과를 적용하려면 더욱 강력한 하드웨어가 필요하다.

• Davinci Resolve 18 버전 기준 시스템 요구사항

| 구분 | 시스템 요구사항 |
|---|---|
| macOS | · macOS 11 Big Sur 이상<br>· 최소 8GB 이상의 메모리 (퓨전 기능은 16GB 이상)<br>· 최소 2GB 이상의 VRAM을 지원하는 GPU<br>· Metal 혹은 OpenGL 1.2 지원 필요 |
| iPadOS | · iPadOS 16.0 이상 및 A12 Bionic 칩 이상이 설치된 iPad<br>· Apple M1 미탑재 제품군의 경우 상당수 기능의 제한과 타임라인 및 결과물의 화질이 최대 1080p로 제한<br>· Apple M1 칩셋 탑재 제품군의 경우 상당수 기능의 제한<br>· Apple M2 칩셋 탑재 제품군의 경우 소형 제품군에 한하여 일부 기능이 제한되며, 대형 제품군만 모든 기능을 사용할 수 있음. |
| Windows | · Windows 10 Creaters Update 이상<br>· 최소 16GB 이상의 메모리 (퓨전 기능은 32GB 이상)<br>· 최소 2GB 이상의 VRAM을 지원하는 GPU<br>· CUDA 11 혹은 OpenGL 1.2 지원 필요<br>· 최신 버전의 GPU 드라이버 필수 (NVIDIA의 경우 451.82 이상 권장) |

따라서 DaVinci Resolve는 비디오 편집뿐만 아니라 색 보정, 시각 효과, 오디오 후처리 등을 한 번에 처리하고 싶은 전문가들에게 훌륭한 선택이 될 수 있다. 그러나 그만큼 학습 곡선이 가파르며, 시스템 요구사항이 높은 편이다.

(4) KineMaster 프로그램의 특징과 장·단점 : KineMaster는 모바일 디바이스용으로 개발된 전문적인 비디오 편집 앱이다. Android와 iOS 모두에서 사용할 수 있으며, 편집 도구와 효과를 다양하게 제공하여 사용자가 강력한 비디오 콘텐츠를 제작할 수 있게 한다.

① 특징

- **비선형 편집** : 비디오와 오디오 클립을 자유롭게 배치하고 편집할 수 있다.
- **다중 트랙 편집** : 여러 비디오 및 오디오 트랙을 동시에 편집할 수 있다.
- **다양한 효과와 전환** : 다양한 비디오 효과와 전환을 적용하여 독특한 스타일의 비디오를 제작할 수 있다.
- **텍스트와 스티커 추가** : 영상에 텍스트나 스티커를 추가하여 정보를 제공하거나 강조 효과를 줄 수 있다.
- **음악과 사운드 효과 추가** : 기본적으로 제공하는 사운드 효과나 음악 또는 사용자가 직접 업로드한 사운드 파일을 추가할 수 있다.

② 장점

- **직관적인 인터페이스** : KineMaster는 사용하기 쉬운 사용자 인터페이스를 제공한다. 이로 인해 사용자는 편집 과정을 쉽게 이해하고 사용할 수 있다.
- **풍부한 기능** : KineMaster는 전문적인 편집 도구와 효과를 다양하게 제공한다. 이로 인해 사용자는 모바일 디바이스에서도 풍부한 콘텐츠를 제작할 수 있다.
- **모바일 최적화** : KineMaster는 모바일 디바이스에서 효율적으로 작동하도록 설계되었다. 이로 인해 사용자는 언제 어디서나 비디오를 편집할 수 있다.

③ 단점

- **유료 구독 필요** : KineMaster의 모든 기능을 이용하려면 유료 구독이 필요하다. 무료 버전을 사용할 경우 일부 기능에 제한이 있으며, 편집한 비디오에 워터마크가 포함된다(월간 9,900원, 연간 49,000원).

■ 기능 제한 : 모바일 디바이스에 최적화되어 있기 때문에, PC용 편집 소프트웨어에 비해 일부 기능이 제한적일 수 있다.

■ 장치 성능 : 영상 편집은 자원을 많이 소모하는 작업으로, 일부 오래된 또는 저사양의 모바일 디바이스에서는 느리게 작동하거나 문제가 발생할 수 있다.

따라서 KineMaster는 모바일 디바이스에서 비교적 복잡한 비디오 편집 작업을 수행하려는 사용자에게 적합하다. 하지만 그럼에도 불구하고 모든 기능을 이용하려면 유료 구독이 필요하며, 장치 성능에 따라 작동 속도나 안정성에 차이가 있을 수 있다.

(5) Shotcut 영상 편집 프로그램의 특징과 장·단점 : Shotcut은 무료로 사용할 수 있는 오픈 소스 비디오 편집 소프트웨어이다. 그러나 무료라는 것이 그 기능을 제한하지는 않는다. 여러 가지 고급 기능을 갖추고 있으며, 강력하면서도 사용자 친화적인 인터페이스를 제공한다.

① 특징

■ 플랫폼 독립적 : Shotcut은 Windows, macOS, Linux 등 다양한 운영체제에서 작동한다.

■ 다양한 형식 지원 : 많은 오디오, 비디오, 이미지 형식을 지원하며, FFmpeg를 사용하여 이러한 형식을 처리한다.

■ 다기능 : 타임라인 편집, 다중트랙 레이어링, 색 보정, 필터, 전환 효과, 오디오 편집 등 다양한 편집 도구를 제공한다.

■ 4K 해상도 지원 : UHD 및 4K 비디오를 포함하여 높은 해상도 비디오를 지원한다.

② 장점

■ 무료 : 소프트웨어 자체가 무료로 사용할 수 있으며, 고급 기능을 위한 추가 비용을 지불할 필요가 없다.

■ 직관적인 인터페이스 : 사용자 친화적인 인터페이스를 가지고 있으며, 비디오 편집에 빠르게 적응할 수 있다.

■ 노드 기반 편집 : 필터, 전환 효과 등을 레이어로 쌓아 올려 더 복잡한 편집을 할 수 있다.

③ 단점

- 학습 곡선 : 비록 사용자 친화적인 인터페이스를 가지고 있지만, 초기 사용자에게는 Shotcut의 모든 기능을 이해하고 사용하는데 시간이 걸릴 수 있다.

- 부정확한 렌더링 : 때때로, 렌더링 결과가 예상과 다르게 나올 수 있다. 이 문제를 해결하려면, 프로젝트를 종종 저장하고 렌더링을 여러 번 시도해야 할 수도 있다.

- 버그와 안정성 문제 : 일부 사용자는 버그 또는 크래시 문제를 보고했다. 이러한 문제를 최소화하려면, 소프트웨어를 최신 상태로 유지하는 것이 중요하다.

이러한 특징 및 장단점을 고려하여, Shotcut은 비교적 간단한 프로젝트를 수행하거나 비디오 편집에 처음 입문하는 사람들에게 적합할 수 있다. 그러나 복잡한 프로젝트나 고급 편집을 원하는 경우에는 다른 전문적인 비디오 편집 소프트웨어를 고려해 볼 수 있다.

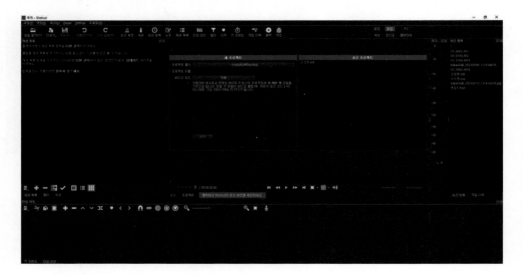

(6) DJI에서 제공해주는 영상 편집 프로그램의 특징과 장·단점 : DJI는 자신의 제품과 함께 사용할 수 있는 몇 가지 비디오 편집 앱을 제공하고 있다. 이들 중 가장 잘 알려진 세 가지는 LightCut, DJI Fly와 DJI Go 4이다.

① 특징

- LightCut : LightCut은 다중 하드웨어 연결, 실시간 영상 미리보기, 내보내기 없는 빠른 출력을 지원한다. AI 기반 원탭 편집 기능, 다채로운 동영상 템플릿, 영감을 불어넣어 줄 촬영 튜토리얼과 같은 다양한 리소스를 지원해 DJI 사용자에게 안정적인 촬영 및 편집 툴을 제공한다.
  - 지원 기체 : DJI Air 3, DJI Mavic 3 Pro, DJI Mini 3 Pro 등
  - 지원 모바일 기기
    - iOS v4.68.5, iOS 11.0 이상, 호환 가능 호환 기기 : iPhone 13 Pro Max, iPhone 13 Pro, iPhone 13, iPhone 13 mini, iPhone 12 Pro Max, iPhone 12 Pro, iPhone 12, iPhone 12 mini, iPhone

11 Pro Max, iPhone 11 Pro, iPhone 11, iPhone XS Max, iPhone XS, iPhone XR, iPhone X, iPhone 8.

- 안드로이드 v4.68.5, 안드로이드 7.0 이상, 호환 가능 호환 기기 : HUAWEI P50 Pro, HUAWEI Mate 40 Pro, HUAWEI Mate 40, HUAWEI P40 Pro, HUAWEI P40, HUAWEI Mate 30 Pro, HONOR Magic3 Pro, SAMSUNG Galaxy S22, SAMSUNG Galaxy S20, SAMSUNG Galaxy S10+, SAMSUNG Galaxy Note 10+, Mi 12 Pro, Mi 11, Mi 10 Ultra, Mi 9, Redmi K40 Pro, OPPO Find X5 Pro, OnePlus 10 Pro, Google Pixel 3.

■ DJI Fly : 이 앱은 DJI의 최신 드론과 함께 사용하기 위해 디자인되었다. 이 앱은 사용자 친화적인 인터페이스와 함께 간단하고 직관적인 비디오 편집 기능을 제공한다.

• 지원 기체 : DJI Air 3, DJI Mavic 3 Pro, DJI Mini 3 Pro 등

• 지원 모바일 기기

- iOS V 1.11.0, iOS 11.0 이상, 호환 가능 iPhone 14 Pro Max, iPhone 14 Pro, iPhone 14 Plus, iPhone 14, iPhone 13 Pro Max, iPhone 13 Pro, iPhone 13, iPhone 13 mini, iPhone 12 Pro Max, iPhone 12 Pro, iPhone 12, iPhone 12 mini, iPhone 11 Pro Max, iPhone 11 Pro, iPhone 11

- 안드로이드 V 1.11.0, Android 7.0 이상, 호환 가능 Samsung Galaxy S21 , Samsung Galaxy S20 , Samsung Galaxy S10+ , Samsung Galaxy S10 , Samsung Galaxy Note20 , Samsung Galaxy Note10+ , Samsung Galaxy Note9 , HUAWEI Mate40 Pro , HUAWEI Mate30 Pro , HUAWEI P40 Pro , HUAWEI P30 Pro , HUAWEI P30 , Honor 50 Pro , Mi 11 , Mi 10 , Mi MIX 4 , Redmi Note 10 , OPPO Find X3 , OPPO Reno 4 , vivo NEX 3 , OnePlus 9 Pro , OnePlus 9 , Pixel 6 , Pixel 4 , Pixel 3 XL

■ DJI Go 4 : 이 앱은 DJI의 Mavic 2 이하 시리즈 등과 호환되며, 실시간 비디오 스트리밍, 카메라 설정 조정, 자동 비행 모드 설정 등 다양한 기능을 제공한다. 또한 비디오 편집 기능도 포함되어 있어 드론으로 촬영한 영상을 직접 편집하고 공유할 수 있다.

• 지원 기체 : Mavic 2, Inspire 2, Phantom 4 등

• 지원 모바일 기기

- iOS V 4.3.50, iOS 10.0 이상, 호환 가능 iPhone X, iPhone 8 Plus, iPhone 8, iPhone 7 Plus, iPhone 7, iPhone 6s Plus, iPhone 6s, iPhone 6 Plus, iPhone 6, iPhone SE, iPad Pro, iPad, iPad Air 2, iPad mini 4

- 안드로이드 V4.3.54, 안드로이드 5.0 이, 호환 가능 Samsung S9+, Samsung S9, Samsung S8+, Samsung S7, Samsung S7 Edge, Samsung S6, Samsung S6 Edge, Samsung Note 8, Huawei P20 Pro, Huawei P20, Huawei P10 Plus, Huawei P10, Huawei Mate 10 Pro, Huawei Mate 10, Huawei Mate 9 Pro, Huawei Mate 9, Huawei Mate 8, Honor

10, Honor 9, Vivo X20, Vivo X9, OPPO Find X, OPPO R15, OPPO R11, Mi Mix 2S, Mi Mix 2, Mi 8, Mi 6, Redmi Note 5, Google Pixel 2XL, OnePlus 6, OnePlus 5T

② 장점

- **직관적인 인터페이스** : DJI의 앱은 모두 사용자 친화적인 인터페이스를 가지고 있으며, 사용하기 쉽다.

- **직접적인 호환성** : DJI의 앱은 DJI의 제품과 직접적으로 호환되므로, 복잡한 설정 없이 쉽게 연결하고 사용할 수 있다.

- **템플릿과 자동 편집** : 이들 앱은 템플릿을 사용하여 쉽게 비디오를 편집할 수 있는 기능을 제공한다. 특히 자동 편집 기능을 통해 사용자가 복잡한 편집 과정 없이도 전문적으로 보이는 비디오를 만들 수 있게 도와준다.

③ 단점

- **제한된 기능** : DJI의 앱은 간단한 편집 작업에는 충분하지만, 고급 편집 기능이 제한적이다. 프로페셔널 수준의 편집 작업을 하려면, Adobe Premiere Pro나 Final Cut Pro 같은 전문적인 편집 소프트웨어를 사용해야 할 수 있다.

- **호환성** : 특정 앱은 특정 DJI 제품과 호환되므로, 여러 DJI 제품을 사용하는 경우 여러 앱을 설치하고 사용해야 할 수 있다.

따라서 DJI의 앱은 DJI 제품으로 촬영한 영상을 간단하게 편집하고 공유하는 데 매우 유용하다. 하지만 고급 편집 기능을 필요로 하는 경우에는 이들 앱 외에도 전문적인 비디오 편집 소프트웨어를 고려해야 할 수 있다

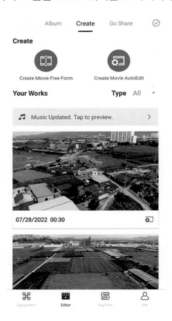

**3) 편집 :** 편집 소프트웨어를 이용해 영상을 편집한다. 편집 과정에서는 클립의 순서 변경, 트랜지션 추가, 색상 보정, 음악 및 효과음 추가 등의 작업을 할 수 있다.

**4) 리뷰 및 수정 :** 편집이 끝나면 영상을 전체적으로 리뷰하고, 필요한 수정사항이 있는지 확인한다.

**5) 내보내기 및 공유 :** 마지막으로 영상을 내보내고 원하는 YouTube, Instagram 등의 플랫폼에 공유할 수 있다.

드론 영상 편집은 시간과 노력이 필요한 작업이지만, 그 결과물은 매우 만족스러울 것이다. 다양한 편집 기법을 익혀서 여러분들만의 독특하고 멋진 드론 영상을 만들어 보자!

CHAPTER
# 02 DJI GO 4 앱을 활용한 영상 편집하기

## 1. DJI GO 4 앱에서 영상 편집

### 1) DJI GO 4 다운로드

(1) DJI 홈페이지 _ 고객지원 _ 다운로드 센터 _ 안드로이드 APK 다운로드

(2) 핸드폰 내파일에서 APK 다운로드

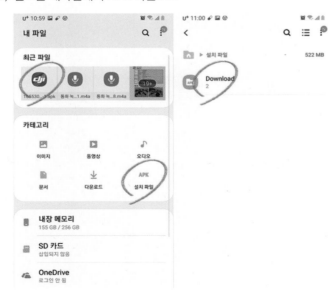

(3) 설치 후 이메일과 비번 입력하여 활성화

## 2) 영상 한 개로 편집하기

(1) DJI GO 4 앱에서 편집기 열기

① 앱에서 편집기 클릭

## ② 앨범에서 영상 불러오기

## ③ 제작하기에서 영상 불러오기

(2) 클립 준비

① 앨범에서 영상 선택하기

② 제작하기에서 영상 선택하기

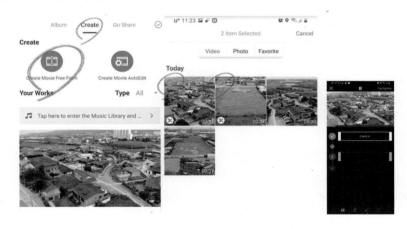

■ 준비된 영상을 적절히 잘라, 여러 개의 클립으로 준비하는 단계

• 영상을 앨범에서 선택 시 : 하나의 영상으로 시작

• 제작하기 _ Make Movie Free Form에서 시작 시 : 2개 이상의 영상으로 시작

③ 앨범에서 영상 선택하기

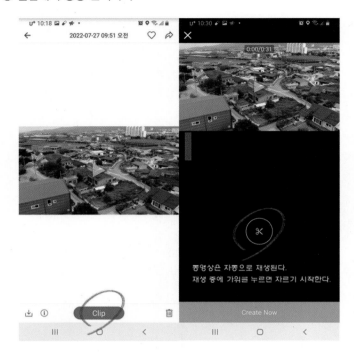

④ 영상에서 클립 만들기

⑤ 영상 렌더링

⑥ 영상 공유하기

(3) 영상 편집하기

① 기본 메뉴 구성

- ■ 🎞 필름 : 영상 배치, 길이, 트랜지션, 속도, 효과 등을 조절하는 탭
- ■ 🎵 음표 : 배경 음악 삽입
- ■ 🪄 요술봉 : 프리셋을 통해 DJI에서 제공하는 편집 효과 적용
- ■ T 텍스트 : 텍스트 삽입

② 트랜지션 효과 및 클립 배치/추가/삭제

❶ 세 개의 클립으로 전체 영상 구성(타임라인이 검은 세로줄로 구분)

❷ 세부 편집화면으로 이동

❸ 트랜지션 효과 주기(없음 등 8개 효과)
　(클립이 바뀔 때 여러 가지 전환효과 가능)

❹ 클립을 길게 꾹 눌러 클립이 선택된 상태에서

　• 드래그해서 클립 순서를 변경 가능

　• 클립을 휴지통으로 이동시켜 삭제 가능

❺ +버튼을 누르면 영상 추가 기능

　• 영상을 선택해서 잘라서 클립으로 넣을 수도 있고, 영상을 넣고
　　자르기도 가능

❻ 클립 청색 부분을 드래그하여 영상 선택 범위 조절 가능

③ 세부 편집 _ 트랜지션 효과 및 클립 배치/추가/삭제(필름 모양 탭)

❶ 각 클립을 누르면 세부 편집 화면으로 이동

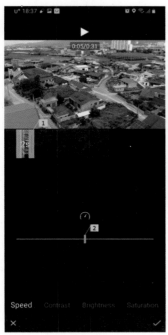

❶ 청색 막대를 좌우로 이동하여 영상 선택 범위 조절

❷ 속도 탭 : 좌우로 드래그

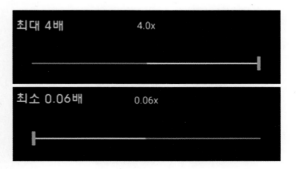

③ 세부 편집 _ 트랜지션 효과 및 클립 배치/추가/삭제(계속)

❶ 각 클립을 누르면 세부 편집 화면으로 이동

❶ 밝기 탭 : 좌우로 드래그

• 최대 100, 최소 -100

③ 세부 편집 _ 트랜지션 효과 및 클립 배치/추가/삭제(계속)

❶ 채도 탭 : 좌우로 드래그

- 최대 100, 최소 −100

❶ 틸트 시프트 탭 : 영상 가장자리에 극단적인 블러(흐림) 효과

❷ 효과 없음

❸ 원

❹ 선형 지우기

④ 세부 편집 _ 음악 탭 : 영상에 배경 음악 입히기

DJI GO 4 앱은 제작을 시작하면 음악이 자동으로 추천되어 선택 →
이 탭에서 배경음악 수정

❶ 장르 선택

❷ 앨범 자켓을 눌러 곡 선택

❸ 음악 리듬 버튼 누른 후 선택

| Music Rhythm Mode | 음악 리듬 모드 |
|---|---|
| Auto | 자동 |
| Highlight | 하이라이트 |
| Full | 완곡 |
| Cancel | 취소 |

❹ 장르 선택에서 +버튼 눌러 앨범 또는 로컬로 이동
 • 앨범에서 음악 선택(총 72곡)

 • 로컬에서 내 폰에 저장된 음악 사용

⑤ 세부 편집 _ 효과 탭 : DJI에서 제공하는 프리셋(무료 영상 효과) 편집 효과 적용

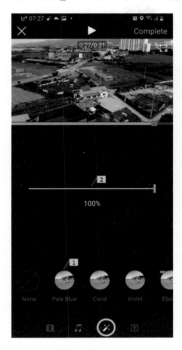

❶ 효과 선택

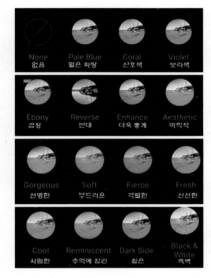

❷ 효과 조절 : 0~100%

⑥ 세부 편집 _ 텍스트 탭 : 하단의 텍스트 탭을 누르면 텍스트 효과로 이동

❶ 텍스트를 제외하면 모두 프리셋으로 수정 불가

⑥ 세부 편집 _ 텍스트 탭(계속)

❶ 텍스트 선택

❷ 텍스트 입력

❶ 드래그하여 글씨 크기 조절 가능

❷ 글자색만 설정 가능

❸ 애니메이션 주기 : 보통, 확대, 움직임

√ 타임라인에 원하는 시간대 올려 놓기 불가

√ 글자 효과 없음

⑦ **영상 내보내기 : 편집이 완료된 영상을 저장 또는 공유하기**

❶ 완료 버튼을 누르면 영상 렌더링 시작

당신의 작품을 스카이픽셀, dji의 항공 사진 및 비디오 공유 플랫폼에 업로드하세요

Tips: Upload your work to SkyPixel, DJI's aerial photo and video sharing platform.

Tips: Output work will be saved to your device.

출력 작업이 장치에 저장됩니다.

❶ 태그 추가

←       Tags

Sunset   DJI Mini 3 Pro   DJI Mavic 3
DJI Action 2   DJI POCKET 2   DJI FPV
DJI Mini 2   DJI OM 4   Mavic Air 2
Holiday   Mavic Mini   Osmo Mobile 3
Osmo Action   Osmo Pocket   Mavic 2
MyMoment   NowItsEpic   Graduation
Dayinthelife   Mavic Air

❷ 위치 숨기기

Cancel      Location      Done

🔍 Search for Location

Hidden position   ✓

⑦ 영상 내보내기(계속)

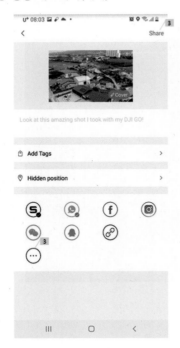

❶ 공유하기

## 3) 두 개 이상 영상 편집하기

(1) 제작하기 선택, Create Movie Free Form 선택

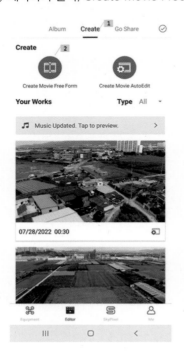

❶ 제작하기 선택

❷ Create Movie Free Form 선택

(2) 편집 영상 선택

❶ 편집하고자 하는 영상 선택

❷ 영상 제작하기 선택

(3) 영상 편집하기

❶ 클립을 나누지 않고 두 개의 영상을 불러오기

❷ 편집하기

(클립 자르기, 순서 구분, 편집, 음악, 효과 등)

√ 앨범에서 하나의 영상에서 시작해도
    편집화면에서 추가로 영상을 불러올 수 있다.

## 4) 자동 영상 편집하기

### (1) 제작하기 선택, Create Movie Free Form 선택

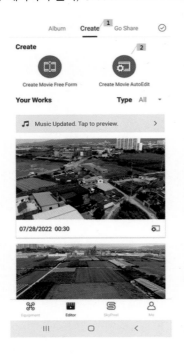

❶ 제작하기 선택

❷ Create Movie AutoEdit 선택

### (2) 편집 영상 선택

❶ 편집하고자 하는 영상 선택

❷ 영상 제작하기 선택

## (3) 영상 편집하기

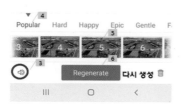

❶ 오프닝 프리셋 설정 : 켜기/끄기만 가능, 종류는 랜덤

❷ 필터 켜기/끄기로 약간의 Enhance 보정 효과

❸ 스피커 : 원래 소리를 나게 하거나, 소거, 배경음악의 볼륨
　　조절은 안 된다.

❹ 음악 장르 추천 : 음악 장르 변경 가능, 장르별 음악은 고정이다.

❺ 클립 순서 변경 : 꾹 눌러 영상의 위치 변경 가능, 길이 변경은
　　안 된다.

❻ 다시 생성 클릭

## (4) 편집 영상 생성

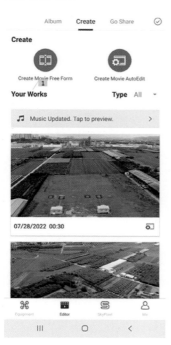

❶ Your Works 아래로 편집 영상 생성

CHAPTER
# 03 DJI Fly 앱을 활용한 영상 편집하기

## 1. DJI Fly 앱에서 영상 편집

### 1) 모바일 기기에 DJI Fly 앱 다운로드

(1) DJI 홈페이지 _ 고객지원 _ 다운로드 센터 _ 안드로이드 APK 다운로드

(2) 핸드폰 내 파일에서 APK 다운로드

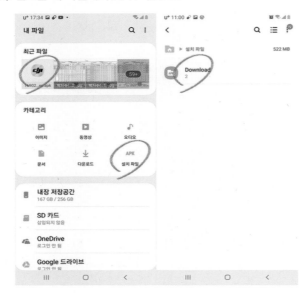

(3) 설치 후 이메일과 비번 입력하여 활성화

## 2) 영상 편집하기

(1) 모바일 기기에서 DJI Fly 앱 실행

❶ 모바일 기기에서 DJI Fly 앱을 클릭한다.

(2) DJI Fly 앱에서 앨범 선택

❷ DJI Fly 앱 시작화면에서 앨범을 선택한다.

(3) 우측 하단의 제작 선택

❸ 우측 하단의 제작을 클릭한다.

(4) 영상에 적용할 템플릿 선택하기

❹ 영상에 적용할 템플릿을 결정하여 선택한다.

• 적용할 템플릿 선택한 후 제작을 클릭한다.

 – 템플릿마다 클립 개수와 시간이 이미 정해져 있다. 따라서 선택할 템플릿을 미리 시청하고 영상 분위기와 가장 잘 어울리는 템플릿을 다운받아 사용하면 된다.

❹ 영상에 적용할 템플릿을 결정하여 선택한다.

• DJI Fly앱에서 제공하는 템플릿 : 5개

– One Day : 클립 9개, 길이 25.4초
– Old School : 클립 34개, 길이 35.6초
– Have Fun : 클립 17개, 길이 24.1초
– My City : 클립 12개, 길이 25초
– 1980s : 클립 5개, 길이 12.8초

• AI 편집기(LightCut)로 편집 시 선택한다.
• 내 편집 : 편집 중인 클립을 수정할 수 있다.

## (5) 편집할 영상 선택하기

❺ 편집할 영상들을 선택한 후 추가를 클릭한다.

• 템플릿이 지원하는 클립 개수만큼 파일을 선택한 후 우측 상단 추가를 클릭한다.
• 영상 순서는 편집 과정에서 수정 가능하기 때문에 영상 선택 순서에 고민할 필요 없다.

✎참고  DJI Fly 앱의 QuickTransfer

① DJI QuickTransfer란? DJI에서 만든 기술로, DJI Fly 앱을 지원하는 드론과 스마트폰/태블릿 간에 Wi-Fi로 연결하여 드론의 SD카드에 저장된 파일을 스마트폰/태블릿으로 자동 복사하는 과정을 말한다(케이블, 리모컨 연결 불필요). → Window, MAC OS 또는 Linux를 실행하는 PC에서는 QuickTransfer를 사용할 수 없다.

② DJI QuickTransfer를 실행하기 위한 사전 준비

- Wi-Fi 활성화
- microSD 카드가 삽입된 드론 기체(조종기 전원은 끈다.)
- DJI Fly 앱이 설치된 스마트폰/태블릿

③ DJI QuickTransfer 실행간 주의사항 : 다른 폰에 한 번 연결한 적이 있다면 기존 폰에서 Wi-Fi 연결을 끊어야 지금 검색하는 핸드폰에서 검색이 된다.

④ DJI QuickTransfer 절차

❶ 모바일 DJI Fly 앱을 실행하고 전환을 클릭한다.

- 모바일 첫 연결 시 기체 전원 2초간 누르기 → 기체 연결 중

- 기체가 식별되면 연결 클릭 → 연결 성공

❷ 앨범 보기를 클릭한다.

❸ microSD 카드에 저장되어 있는 파일 중에서 이동할 파일을 선택한 후 우측 하단의 내려받기를 클릭한다.

❹ 파일 다운로드 중

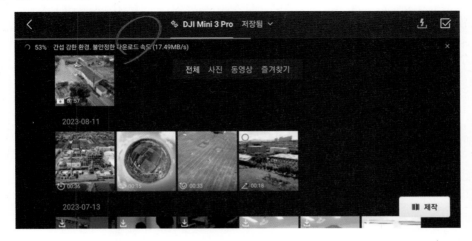

❺ 다운로드 완료, 모바일 기기에서 파일 확인 : 모바일 기기의 갤러리에 DJI Album이 생성되면서 이동한 파일을 확인할 수 있다.

(6) 영상 크기 선택하기

❻ 편집할 영상의 크기를 선택한다.

크기를 선택했으면 완료를 클릭한다.

(7) 배경 음악 추가하기

❼ 음악을 클릭하여 배경 음악을 추가한다.

• 추가를 클릭한다.

• 음악 라이브러리에서 찾고자 하는 노래를 클릭한다.

• 로컬(본인 모바일 기기에서도 음악을 선택할 수 있으며, 음악 추출을 선택하면 들어 있는 핸드폰의 동영상에서 음악을 추출하여 현재의 클립에서 적용도 할 수 있다)

## (8) 음악 비트 나누기

❽ RHYTHM을 클릭한다(비트 마커 표시/지우기).

- RHYTHM을 클릭한다.
- 편집자가 음악을 재생한 후 비트가 바뀌는 부분에 비트 마커 표시 버튼을 클릭하여 비트를 수동으로 설치할 수 있고, 활성화되어 있는 자동 비트 마커를 클릭하면 자동으로 비트가 표시된다.
- CHILLOUT(마음을 차분하게 해주는 전자 음악), 보통, 빠르게 중 클릭하면 비트 마커가 자동으로 생성된다.
- 적용하기를 원하면 우측 하단 체크표시를 클릭한다.

 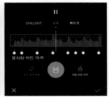

- 음악의 비트가 바뀌는 순간에 컷이 전환되도록 좌측 하단의 자르기를 이용해서 불필요한 컷을 삭제한다.
- 컷 편집이 완료되면 미리보기를 클릭하여 비트를 확인한다.
- 음악도 단락이 종료되는 지점을 고려해서 컷 편집한다.
- 음악이 영상보다 더 길면 영상을 추가한다.
- 영상을 추가한 후 음악의 끝부분에 맞추어 영상을 컷 편집한다.

---

### 🖉참고  음악 관련 기타 세부 편집 방법

■ 음악 변경하기
- 변경을 클릭한다.
- 음악 라이브러리에서 변경하고자 하는 노래를 클릭한다.
- 적색 클립을 다시 한 번 클릭하면 흰색 선이 좌우로 생긴다.

- 선택한 음악을 클립에 넣고 싶은 부분만큼 좌우로 드래그하여 음악 넣는 부분을 선택한다.
- 클립 아래 음악이 비어 있는 부분은 클립을 좌우로 드래그해서 세로줄을 위치시킨 후 음악을 추가하면 다른 음악을 해당 클립에 삽입할 수 있다.

■ 클립하기

- 클립을 클릭한다.
- 전체 음악 부분 중에서 영상 시작 부분에 위치하고자 하는 음악 부분을 좌우로 드래그해서 앞으로 당겨 위치시킨다.
- 시작 부분을 설정할 때 음악의 전체 시간을 고려해서 영상의 뒷 부분까지 음악이 있는지 반드시 확인한다.

■ 음량 조절하기

- 음량을 클릭한다.
- 희망하는 음량 크기로 드래그하여 수정한다.(최소 0, 최대 200)
- 페이드 인, 아웃을 활성화하기를 원한다면 오른쪽으로 드래그하여 활성화한다.
- 해당 클립만 적용하기를 원하면 우측 하단 체크표시를 클릭한다.
- 전체 영상 적용하기를 원하면 전체 적용을 클릭한다.

■ 삭제하기

• 삭제하고자 하는 클립의 음악에 세로선을 위치시킨다.

• 삭제를 클릭한다.

• 해당 클립의 음악이 삭제되는 순간 해당 클립은 빈칸이 되며, 추가 탭만 활성화되고, 나머지 탭은 비활성화된다.

## (9) Text 넣기

❾ 텍스트를 클릭한다.

• 텍스트 탭을 클릭한다.

• 자막을 넣고 싶은 클립 부분을 좌우로 드래그해서 세로선을 위치시킨다.

• 눌러서 자막 추가를 클릭한다.

✎참고 **Text 관련 기타 세부 편집 방법**

■ 애니메이션 선택하기

- 인, 아웃, 전체 효과 중에 선택하여 클릭한다.

- 각 효과별로 최소 0초에서 최대 3초까지 가능하다. 길이를 드래그하여 값을 적용한다.

- 인/아웃 효과가 있으면 전체 설정은 되지 않는다. 따라서 전체 설정을 하려면 인/아웃 효과를 삭제해야 한다.

■ 복사하기

- 자막이 있는 녹색 세로선과 흰색 세로선을 일치시킨다.

- 복사하기를 클릭한다.

- 복사하기를 하면 바로 옆 프레임으로 복사된다.

- 자막이 있는 녹색 선을 한 번 더 클릭하면 좌우로 두꺼운 흰색 세로선이 생긴다. 이것을 좌우로 드래그하는 위치까지 자막이 표시되게 된다.

참고 **편집 관련 기타 세부 편집 방법**

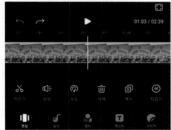

■ 자르기

- 클립의 중앙 분리 흰색 선을 위치한 곳에서 자르기를 누르면 클립이 2개로 분리된다.

- 클립을 한 번 더 클릭하면 두꺼운 흰색선이 클립의 좌우로 생기며 흰색선을 좌우로 조정하면 조정된 부분이 삭제된다.

- 클립을 손으로 좌우로 드래그하면 fps 단위까지 삭제할 수 있다.

- 클립을 꾹 눌러 드래그하여 영상 순서를 바꿀 수 있다.

■ 음량 조절하기

- 음량을 클릭한다.

- 희망하는 음량 크기로 드래그하여 수정한다.(최소 0, 최대 200)

- 해당 클립만 적용하기를 원하면 우측 하단 체크표시를 클릭한다.

- 전체 영상 적용하기를 원하면 전체 적용을 클릭한다.

■ 일정 속도 조절하기

• 모든 클립의 속도를 일정하게 적용하고자 한다면 일정 속도를 클릭한다.

• 마크를 드래그하여 원하는 속도로 조절한다(최소 0.25X, 최대 8.00X).

• 해당 클립만 적용하기를 원하면 우측 하단 체크표시를 클릭한다.

• 전체 영상 적용하기를 원하면 전체 적용을 클릭한다.

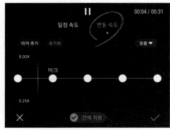

■ 변동 속도 조절하기

• 클립의 구간 변동 속도를 적용하고자 한다면 변동 속도를 클릭한다.

• 변동 속도를 적용하는 구간의 마크를 눌러, 위, 아래, 좌, 우로 드래그하여 사용자가 원하는 속도로 조절한다.

• 해당 클립만 적용하기를 원하면 우측 하단 체크표시를 클릭한다.

• 전체 영상 적용하기를 원하면 전체 적용을 클릭한다.

■ 맞춤식 속도 조절하기

• 클립의 속도를 맞춤식으로 적용하고자 한다면 맞춤을 클릭한다.

• 몽타주, 히어로, 블렛, 점프, 플래시 인, 플래시 아웃 중에서 원하는 맞춤을 클릭한다.

• 해당 클립만 적용하기를 원하면 우측 하단 체크표시를 클릭한다.

• 전체 영상 적용하기를 원하면 전체 적용을 클릭한다.

■ 삭제하기
- 삭제하고자 하는 클립을 좌우로 드래그하여 흰색 세로선 위에 위치시킨다.
- 삭제를 클릭한다.

- 클립이 한 개만 있다면 삭제는 비활성화된다.

■ 복사하기
- 복사하고자 하는 클립을 좌우로 드래그하여 흰색 세로선 위에 위치시킨다.
- 복사를 클릭한다.

557

■ 되감기
- 되감기를 하고자 하는 클립을 좌우로 드래그하여 흰색 세로선 위에 위치시킨다.
- 되감기를 클릭한다.
- 만약에 해당 클립에 음악이 있었다면, 되감기를 실시하면 음악 은 없어진다.

🖊 참고 **필터 관련 기타 세부 편집 방법**

■ 필터 선택하기
- 필터 탭을 클릭한다.

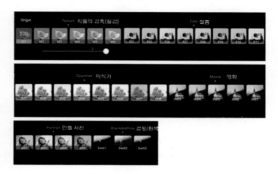

- 적용할 필터를 클릭한다.

- 적용할 필터의 세부값을 수정 버튼을 드래그하여 값을 적용한다 (최소 0, 최대 100).

- 적용하기를 원하면 우측 하단 체크표시를 클릭한다.

- 필터 적용은 모든 클립에 동일하게 적용된다.

■ 색상 선택하기

- 색상 탭을 클릭한다.

- 밝기, 대비, 채도, 온도, 비네트, 선명도를 사용자가 원하는 색 상 크기로 수정 버튼을 드래그하여 값을 적용한다(각각 최소 0 에서 최대 100).

※ 비네트 : 화면 중앙부에서 에지 부분으로 원형이나 타원형 모 양으로 물결처럼 부드럽게 퍼져 나가는 효과를 말한다.

- 해당 클립만 적용하기를 원하면 우측 하단 체크표시를 클릭한다.

- 전체 영상 적용하기를 워하면 전체 적용을 클릭한다.

- 활성화가 된 탭은 적색으로 변한다.

■ Glamoirous 선택하기

• Glamoirous 탭을 클릭한다.

• 슬림하게, 턱라인, 매끈하게, 밝게, 크게를 사용자가 원하는 크기로 수정 버튼을 드래그하여 값을 적용한다.

(각각 최소 0에서 최대 100)

• 해당 클립만 적용하기를 원하면 우측 하단 체크 표시를 클릭한다.

• 전체 영상 적용하기를 원하면 전체 적용을 클릭한다.

• 활성화가 된 탭은 적색으로 변한다.

---

**참고 스티커 관련 세부 편집 방법**

■ 추가하기

• 스티커 탭을 클릭한다.

• 클립을 좌우로 드래그하여 스티커 위치를 결정한다.

• 추가를 클릭한다.

• 다양한 스티커 중에서 결정하여 체크표시를 클릭한다.

■ 변경하기

• 변경을 클릭한다.

• 변경하고자 하는 스티커를 결정하여 체크 표시를 클릭한다.

• 넣은 스티커의 우측 모서리를 드래그하면 자막 크기와 자막 위치, 자막 회전 각도를 수정할 수 있다.

■ 복사하기

• 스티커가 있는 황색 세로선과 흰색 세로선을 일치시킨다.

• 복사하기를 클릭한다.

• 복사하기를 하면 바로 옆 프레임으로 복사된다.

• 자막이 있는 황색 선을 한 번 더 클릭하면 좌우로 두꺼운 흰색 세로선이 생긴다. 이것을 좌우로 드래그하는 위치까지 스티커가 표시되게 된다.

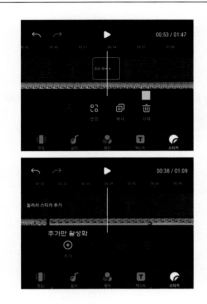

■ 삭제하기

• 삭제하고자 하는 스티커 클립에 세로선을 위치시킨다.

• 삭제를 클릭한다.

• 해당 클립의 스티커가 삭제되는 순간 해당 클립은 빈칸이 되며, 추가 탭만 활성화되고, 나머지 탭은 비활성화된다.

(10) Title 넣기

❿ Title을 클릭한다.

• Showtime, myvlog, white, black, monster 중 선택한다.

• 우측 하단 체크 표시를 클릭한다.

## (11) 트랜지션 효과 넣기

❶ 트랜지션 효과 넣기 : 없음 등 32개

- 클릭하면 다양한 화면 전환 효과가 나타난다.
  적용하고자 하는 효과를 클릭한다.

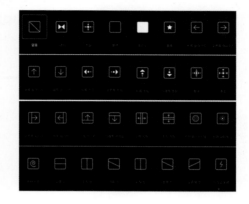

## (12) End 넣기

❷ End를 클릭한다.

- Showtime, myvlog, white, black, monster 중 선택한다.
- 우측 하단 체크 표시를 클릭한다.

## (13) 영상 내보내기

❸ 완료 버튼을 클릭한다.

• 내보내기할 동영상 해상도를 선택한다(720p, 1080p).

• 완료를 클릭하면 모바일 기기에 저장된다.

• SNS 등 공유하기를 클릭한다. 파일을 공유한다.

# CHAPTER 04 LightCut 앱을 활용한 영상 편집하기

## 1. LightCut 앱에서 영상 편집

### 1) 모바일 기기에 LightCut 앱 다운로드

(1) DJI 홈페이지 _ 고객지원 _ 다운로드 센터 _ 안드로이드 APK 다운로드

### 2) One-Tap EDIT 영상 편집하기

(1) 모바일 기기에서 LightCut 앱 실행

❶ 모바일 기기에서 LightCut을 클릭한다.

(2) One-Tap Edit 실행

❷ One-Tap Edit를 클릭한다.

(3) 모바일에서 편집할 영상 선택

❸ 더 나은 결과를 얻으려면 클립을 5개 이상 선택한다.

■ 편집할 영상 5개 이상 선택한다.

■ Next를 클릭한다.

참고 **전체 화면 설명**

❶ 화면 비율

• 기본은 16:9(가로 모드)로 설정되어 있다.

• 클릭하면 9:16(세로 모드)으로 설정을 변경할 수 있다.

❷ 영상 해상도

- 기본은 1080p(FHD급) 30fps로 설정되어 있다.

- 1080p를 클릭하면 해상도와 fps를 변경할 수 있는 화면이 나타나며, 드래그하여 해상도와 fps를 변경할 수 있다.

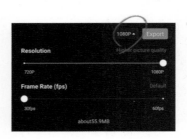

❸ 완성된 영상 내보내기

- 편집을 완료한 후 클릭하면 화면이 자동생성된다.

- Done을 클릭하면 영상 제작이 완료되고, 모바일 기기의 LightCut 디렉토리가 생성되면서 영상이 저장된다.

- 완성된 영상을 바로 SNS에 업로드할 수 있다.

❹ 영상 미리보기

• 현재의 템플릿에서 영상이 자동 실행된다.

• 정지 버튼을 누르면 정지할 수 있다.

❺ Sticker On / Off하기

• 현재 적용되고 있는 템플릿의 음악을 제외한 다양한 효과를 On, Off할 수 있다.

❻ 현재 영상 시간 / 전체 영상 시간

• 현재 보여지고 있는 영상의 시간과 전체 영상 시간을 확인할 수 있다.

❼ 사용할 템플릿 선택하기

• Recommended(추천)

• Vlog

• Urban

• Cheer, Chill, Tempo, Cadent

❽ 컷 편집하기

❾ 음악 편집하기

❿ 텍스트, 스티커 편집하기

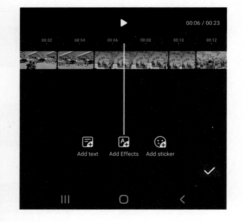

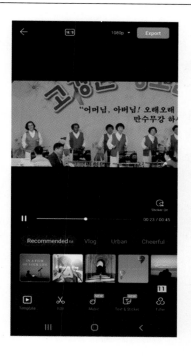

⓫ 필터 편집하기
 • 필터 선택하기

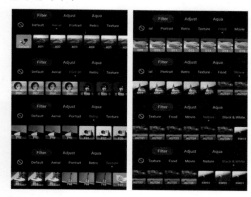

 • 필터 Adjust, Aqua 편집하기

 • 필터 Aqua 편집하기

## (4) One-Tap Edit 편집하기

❶ 음악, 효과, 컷편집까지 자동으로 편집된 영상을 확인한다.

❷ 편집자의 의도에 맞지 않은 과한 스티커 등은 Sticker On, Off 기능을 활용해서 삭제한다.

❸ 편집자의 의도에 맞게 템플릿을 선택하여 수정한다.

❹~❼ 편집자의 의도에 맞게 Edit, Text&Sticker, Filter를 수정한다.

❽ 해상도와 fps를 설정한다.

❾ Export를 클릭하여 영상을 인코딩한다.

■ 인코딩이 완료되면 상단의 Done을 클릭한다.
  또는 공유하고자 하는 SNS를 클릭하여 공유한다.

■ 완성된 영상을 모바일 앨범의 LightCut 디렉토리에서 확인한다.

❿ 완성된 영상에서 다른 템플릿 적용 또는 전면 수정하고 싶다면 우측 상단의 Drafts를 클릭한다.

■ 편집 프로젝트 목록을 확인한 후 수정하고자 하는 프로젝트를 클릭한다. 그러면 템플릿 모두를 다시 수정할 수 있다.

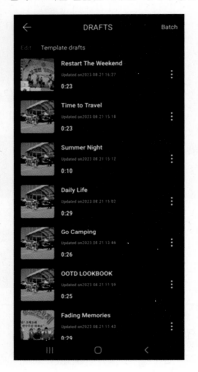

### 3) New Project 영상 편집하기

(1) 모바일 기기에서 LightCut 앱 실행

❶ 모바일 기기에서 LightCut을 클릭한다.

(2) New-Project 실행

❷ New Project를 클릭한다.

(3) 편집할 영상 선택하기

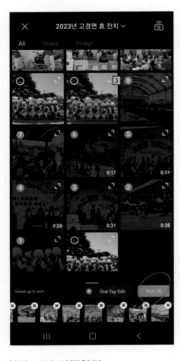

❸ 편집할 영상들을 선택한 후 Next를 클릭한다.

• 템플릿의 지원 여부에 상관없이 편집하고자 하는 동영상을 모두 선택한다.

• 영상 순서는 가급적 편집 순서대로 선택 시 편집간 순서 변경을 위한 노력을 줄일 수 있다.

(4) 영상 크기 선택하기

❹ 편집할 영상의 크기를 선택한다.
크기를 선택했으면 다시 한 번 Defaut를 클릭한다.

## (5) 배경 음악 추가하기

❺ Music을 클릭한다. 다음 More를 클릭하여 음악을 추가한다.

- 제공되는 음악은 LightCut에서 기본적으로 제공되는 저작권에 문제가 없는 음악이다.
- 본인 모바일 기기에 저장된 음악도 사용할 수 있다(Local을 클릭하여 선택하면 된다).
- 드론 영상에 특화된 음악은 Aerials에 있는 음악들이다.
- 음악 사진을 클릭하면 미리듣기를 할 수 있다.
- Use를 클릭하면 음악이 추가된다.

## (6) 음악 비트 나누기

❻ 음악 비트 그림을 클릭한다.

- 음악 사진을 클릭한 후 하단의 리듬 버튼을 클릭한다.

- 음악을 재생한 후 비트가 바뀌는 부분에서 +를 클릭한 후 우측 하단 체크 표시를 클릭한다.

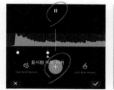

- 음악의 비트가 바뀌는 순간에 컷이 전환되도록 좌측 하단의 Cut을 이용해서 불필요한 컷을 삭제한다.

- 컷 편집이 완료되면 미리보기를 클릭하여 컷과 비트를 확인한다.
- 음악도 단락이 종료되는 지점을 고려해서 컷 편집한다.
- 음악이 영상보다 더 길면 영상을 추가한다.
- 영상을 추가한 후 음악의 끝부분에 맞추어 영상을 컷 편집한다.

(7) Text 넣기

❼ Text를 클릭한다.

- 영상을 좌우로 드래그하여 Text가 들어갈 범위를 설정한다.
- 영상에 있는 Text를 좌우로 드래그하면 크기, 위치 등을 변경할 수 있다.
- 하단의 Edit를 클릭하면 효과, 스타일, 애니메이션, 위치 등을 수정할 수 있다.

(8) 해상도 수정하기

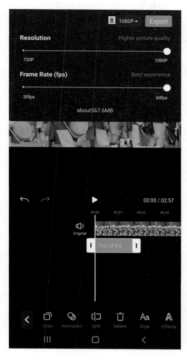

❽ 1080p를 클릭한다.

- 편집자가 희망하는 해상도와 fps를 드래그하여 설정한다.

(9) 영상 내보내기

❾ Done를 클릭한다.

- Done를 클릭하면 인코딩이 진행된다.

- 인코딩이 완료되면 Save as template를 클릭하여 영상 이름을 설정한다.

- 편집 완료된 영상을 SNS에 공유하고자 한다면 하단의 SNS 종류 중에 선택하여 공유한다.

# 05 Shotcut 프로그램을 활용한 영상 편집하기

Shotcut은 오픈 소스, 크로스 플랫폼 비디오 편집 소프트웨어이다. 이 소프트웨어는 다양한 비디오, 오디오 및 이미지 포맷을 지원하며, 사용자가 전문적인 품질의 비디오를 제작할 수 있도록 다양한 편집 도구를 제공한다.

또한 Shotcut은 사용자 친화적인 인터페이스와 강력한 편집 기능을 제공함으로써, 초보자부터 전문가까지 다양한 사용자들이 활용할 수 있다. 비디오 편집을 시작하는 사람들에게 훌륭한 선택이 될 수 있으며, 그 기능과 유연성 덕분에 더 경험이 많은 편집자들에게도 적합하다. 이 프로그램을 활용하여 영상편집 시 유의사항은 다음과 같다.

## 1. Shotcut 영상편집 시 유의사항

**1) 연속성 유지 :** 시간과 공간의 연속성을 유지해야 한다. 그렇지 않으면 시청자가 혼란스러워할 수 있다. 예를 들어, 한 장면에서 배경, 위치, 시간 등이 갑자기 변하면 이해하기 어렵다.

**2) Continuity :** 장면이나 촬영각이 바뀔 때, 이전의 장면과 다음의 장면이 자연스럽게 이어지도록 해야 한다. 이것은 특히 피사체의 위치, 움직임, 화면의 방향성 등에 주의해야 한다. 즉, 샷간의 연속성을 유지하는 것이 중요하다.

**3) Jump cut 피하기 :** 같은 장면이나 액션에서 너무 많은 Jump cut(같은 프레임에서 약간의 시간을 건너뛰고 컷하는 기법)을 사용하면, 시청자가 혼란스러워하거나 불편해할 수 있다. 특별한 효과를 위해 의도적으로 사용하지 않는다면, 점프 컷은 가능한 피하는 것이 좋다.

**4) Pacing :** 영상의 페이싱(진행 속도)은 중요한 부분이다. 장면이 너무 빨리 바뀌면 시청자가 이해하기 어렵고, 너무 느리게 바뀌면 지루해질 수 있다. 적절한 Pacing은 주제, 분위기, 장르에 따라 다르므로, 해당 영상의 목적과 내용에 따라 결정해야 한다.

**5) 전환 효과 사용 :** 전환 효과는 다양한 샷을 서로 연결하는 좋은 방법이지만, 과도하게 사용하면 오히려 혼란스러울 수 있다. 효과의 사용은 서로 다른 장면이나 아이디어를 연결하는 데 있어서 의미있는 연결고리가 되어야 하며, 단순히 장식적인 용도로만 사용해서는 안 된다.

**6) Storytelling :** 모든 편집이 결국은 이야기를 이해하는데 도움을 주어야 한다. 샷 컷이나 전환, 그래픽 효과 등이 시청자에게 주는 정보는 결국 스토리를 전달하는데 있어서 중요한 요소가 된다. 이 점을 유의하면서 편집을 진행하면 된다.

**7) 음향과의 조화 :** 영상은 시각적 요소뿐 아니라 음향적 요소와도 깊이 연결되어 있다. 배경 음악, 효과음, 대화 등 모든 소리가 영상과 잘 맞아야 한다. 즉, 소리와 화면이 동기화되어야 하며, 둘 사이의 밸런스를 잘 맞춰야 한다.

**8) 적절한 샷 길이 :** 샷의 길이는 그 샷이 주는 감정이나 정보에 따라 다르다. 긴 샷은 느린 페이스를 만들고, 감정을 더 깊게 쌓을 수 있다. 짧은 샷은 빠른 페이스를 만들고, 긴장감이나 활동성을 증폭시킨다. 따라서 샷의 길이는 그 샷이 전달하려는 메시지와 감정에 맞게 결정해야 한다.

## 2. Shotcut 프로그램을 활용한 영상 편집하기

### 1) Shotcut 프로그램 다운로드

(1) 홈페이지 _ 다운로드 _ 윈도우 설치 프로그램 클릭

(2) 설치 후 초기화면

### 2) 프로젝트 생성

(1) 만들 프로젝트의 저장 위치를 본인 컴퓨터 폴더로 지정

(2) 원하는 해상도로 비디오 모드 설정 : HD 1080 60fps

**3) 영상 편집하기**

(1) 컷 편집

① 파일 넣기

■ 파일 넣기 : 파일 열기하면 미리보기 확인 가능

■ 재생 목록에 있는 + 버튼 누르기(파일을 드래그해도 삽입 가능)

■ 타임라인에 + 버튼 누르면(여기도 드래그 가능) 컷 편집 준비 완료

② 영상 나누기

■ 원하는 위치로 가서 마우스 클릭

■ 키보드 S키를 누르면 영상이 나누어진다.

③ 비디오 트랙 추가 : 타임라인의 앞쪽에 우클릭, 여기서 비디오 트랙 추가

④ 클립 이동 : 드래그해서 이동 또는 일반 문서 편집 시 사용하는 단축키(ctrl+c/v, ctrl+x, ctrl+z/y)도 모두 사용 가능

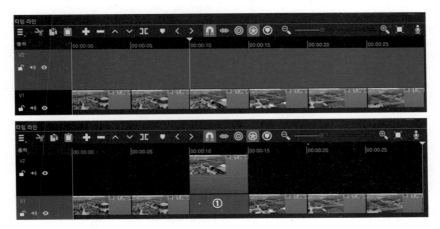

⑤ 불필요한 클립 지우기

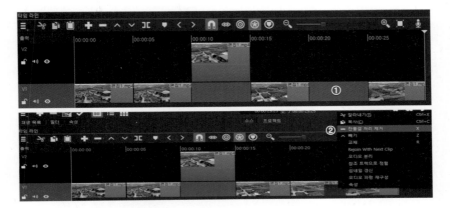

- Delete 키 누르기 : 클립만 지워지고 빈 공간이 남는다.

- 마우스 우클릭 후 잔물결 처리 제거(X) 누르기 : 빈 공간까지 사라진다.

(2) 화면 전환

① 단순히 클립을 겹쳐줄 경우

- 클립을 드래그하여 겹쳐주면 되는데 이 경우 페이드 인/페이드 아웃 효과

② 다양한 화면전환 효과

■ 영상 겹쳐진 부분 클릭, ② 속성 누르기, ③ 다양한 화면전환 효과(23개) 중 선택

(3) 필터 넣기

■ 클립 선택(선택된 클립은 빨간색 박스 표시), ② 필터 선택, ③ 필터 추가(+) 선택

■ 즐겨찾기에서 크기와 회전 선택 시 각각의 숫자로 수정, ② 화면을 드래그해서 사용

## (4) 자막 넣기

- 클립 선택(선택된 클립은 빨간색 박스 표시)

- 필터 선택, ③ 필터 추가(+) 선택, ④ 텍스트 : 서식 선택

- 자막 공간 생성, ② 자막 넣기

- 직접 입력 또는 드래그해서 원하는 위치와 크기로 수정

## (5) 오디오 넣기

- 타임라인에 오디오 트랙 추가를 위해 타임라인의 앞쪽에서 오디오 트랙 추가

- 원하는 음악을 파일 열기 _ 재생목록에 추가 _ 타임라인의 추가 순서로 삽입

- + 버튼, 드래그 모두 가능

- 오디오도 컷 편집과 동일하게 S로 자르고 이동, 붙이기 등 모든 기능 가능

(6) 내보내기(인코딩)

- 편집 중 저장 X : .mlt(우리가 했던 편집에 대한 정보만 가지고 있는 파일)로 저장

- 파일 _ 출력 _ 비디오 선택하여 저장

PART

# 11

## 드론 매핑 기초

# CHAPTER 01 드론 매핑이란 무엇인가?

드론 매핑은 지상의 특정 지역을 드론을 사용하여 측량하고, 그 정보를 바탕으로 2D 또는 3D 지도를 생성하는 과정을 의미한다. 이 과정은 대상 영역의 고해상도 이미지를 캡처하고, 그 이미지를 복합하여 정밀한 지형, 지물, 건물 등의 공간 정보를 표현한다.

드론 매핑은 사진 측량학의 원리를 사용하며, 농업, 건설, 채굴, 환경 모니터링 등 다양한 산업 분야에서 활용되고 있다. 전통적인 지상 측량 방법에 비해 빠르고 비용 효율적으로 대규모 지역을 측량할 수 있는 장점을 가지고 있다.

## 1. 드론 매핑 개요

**1) 사진 측량학의 원리 :** 사진 측량학(Photogrammetry)은 사진을 사용하여 물체의 형상이나 크기, 위치 등을 측정하는 기술이다. 여러 장의 사진을 기반으로 3차원 공간의 정보를 재구성하는 과정을 포함하며, 주로 지도 작성, 건설, 설계, 연구 등의 분야에서 사용된다. 사진 측량학의 주요 원리는 다음과 같으며, 사진 측량학은 복잡한 수학적 원리와 알고리즘을 기반으로 현대의 컴퓨터 기술과 함께 활용되어 빠르게 발전하고 있다. 특히 드론 매핑과 같은 분야에서는 사진 측량학의 원리가 핵심적으로 사용되며, 대규모 지역의 빠른 측량 및 모델링이 가능하게 하고 있다.

(1) 입체 측량(Stereo Photogrammetry)

　　① 두 장 이상의 사진을 사용하여 물체의 입체적인 정보를 추출한다.

　　② 같은 지점을 서로 다른 각도에서 촬영한 사진들을 비교하면서 교차점을 찾아 공간적인 좌표를 계산한다.

(2) 중심 투영 이론(Central Projection Theory)

　　① 사진 측량학에서는 카메라의 렌즈를 통해 물체가 이미지 센서에 투영되는 과정을 수학적으로 모델링한다.

　　② 중심 투영 이론은 이러한 투영 과정을 기술하며, 물체의 3D 좌표를 2D 이미지 상의 좌표로 변환한다.

(3) 카메라 보정(Camera Calibration)

　　① 카메라의 내부 및 외부 파라미터를 알아내기 위한 과정이다. 내부 파라미터에는 렌즈 왜곡, 초점 거리 등이 있으며, 외부 파라미터에는 카메라의 위치와 방향이 포함된다.

　　② 정확한 3D 원을 위해서는 카메라의 특성을 정확히 알아야 한다.

(4) 번들 조정(Bundle Adjustment)

　　① 여러 장의 사진과 여러 뷰에서 관측된 동일한 점들을 사용하여 카메라의 파라미터와 3D 장면 구조를 동시에 최적화하는 과정이다.

　　② 이를 통해 사진들 간의 상대적인 관계와 장면의 3D 구조를 함께 조정하며 정확도를 높인다.

(5) 3D 모델링

① 측량된 데이터를 바탕으로 3D 모델을 생성한다.

② 이 과정에서는 점 구름(Point Cloud) 생성, 표면 재구성(Surface Reconstruction), 텍스처 매핑(Texture Mapping) 등이 포함될 수 있다.

## 2) 드론 매핑의 장점과 절차

(1) 장점

① **비용 효율성** : 전통적인 측량 방법에 비해 비용이 적게 든다.

② **시간 절약** : 대규모 지역도 빠른 시간 내에 측량이 가능하다.

③ **고해상도** : 드론은 상대적으로 낮은 고도에서 비행하기 때문에 매우 고해상도의 이미지를 제공한다.

④ **접근 용이성** : 기존 방법으로는 어려운 지역도 드론을 통해 쉽게 측량할 수 있다.

(2) 절차

① **비행 계획** : 대상 영역의 지도를 생성하려면 드론이 정확한 경로와 패턴으로 비행해야 한다. 비행 계획은 해당 영역을 체계적으로 촬영하도록 드론의 비행 경로를 설계하는 과정이다.

② **데이터 수집** : 드론은 비행 중에 고해상도 사진을 연속적으로 촬영한다. 이러한 이미지들은 GPS 및 기타 센서 정보와 결합되어 공간 데이터를 제공한다.

③ **데이터 처리** : 수집된 이미지는 특수한 소프트웨어를 통해 처리되어 각 이미지 간의 상대적 위치를 파악한다. 이미지들은 점 구름, 디지털 지형 모델, 디지털 표면 모델 등을 생성하기 위해 정렬 및 병합된다.

④ **2D/3D 맵 생성** : 처리된 데이터는 2D 지도나 3D 모델로 변환된다. 이는 농업, 건설, 환경 모니터링 등 다양한 분야에서 실용적인 응용을 제공한다.

## 3) 사진 측량학과 매핑의 관계 : 사진 측량학은 매핑 과정에서 중요한 역할을 한다. 드론이나 위성에서 수집한 이미지를 분석하여 공간적인 특성을 추출하고, 이를 지도에 표현하는 데 사용된다.

(1) 데이터 수집 : 사진 측량학을 통해 대상 지역의 사진을 수집하고 정렬한다.

(2) 3D 모델링 : 수집된 이미지를 사용하여 지형, 건물, 도로 등의 3D 모델을 생성한다.

(3) 지도 생성 : 3D 모델을 바탕으로 2D 지도를 작성하거나, 직접적으로 이미지를 분석하여 지도를 생성한다.

(4) 분석과 응용 : 생성된 지도와 모델은 분석, 설계, 모니터링 등 다양한 용도로 사용된다.

결론적으로, 사진 측량학은 매핑 과정의 핵심 부분으로, 현대의 공간 정보 과학에서 뗄 수 없는 중요한 역할을 하고 있다.

# 주요 매핑 프로그램의 특징과 장·단점 비교 분석

## 1. 주요 프로그램 비교 분석

**1) Fix4D 프로그램 :** Pix4D는 사진 측량학과 드론 매핑을 위한 선두적인 소프트웨어 중 하나로, 이미지 처리와 3D 맵 생성, 지형 및 구조물 분석 등을 수행하며, 연구, 건설, 농업, 광산 산업 등 다양한 분야에서 활용되고 있다.

   (1) 주요 특징

   ① **다기능성 :** Pix4D는 2D 지도 및 3D 모델 생성, 점 구름 처리, NDVI 지도(식물 생장 분석) 등 다양한 기능을 제공한다.

   ② **자동화 및 사용자 정의 :** 자동화된 작업 흐름을 통해 초보자도 사용하기 쉽게 하면서도, 전문가 사용자들은 고급 설정을 통해 프로젝트를 세밀하게 조정할 수 있다.

   ③ **정확한 측량 :** 정교한 알고리즘을 통해 정확하고 신뢰할 수 있는 결과를 제공한다.

   ④ **다양한 호환성 :** 다양한 드론 및 카메라와 호환되며, 다른 GIS 및 CAD 소프트웨어와의 통합도 용이하다.

   (2) 장점

   ① **유연성 :** 다양한 산업과 응용 분야에 사용할 수 있으며, 필요에 따라 사용자 정의가 가능하다.

   ② **직관적인 인터페이스 :** 사용하기 쉬운 인터페이스를 제공하므로, 전문가가 아닌 사용자도 직관적으로 사용할 수 있다.

   ③ **강력한 분석 도구 :** 3D 모델링 및 분석을 위한 강력한 도구를 제공하여, 고급 분석이 가능하다.

   ④ **클라우드 지원 :** 로컬 컴퓨터 또는 클라우드에서 작업을 처리할 수 있어 유연성을 제공한다.

   (3) 단점

   ① **가격 :** Pix4D는 고급 기능을 제공하는 만큼 비용이 상대적으로 높을 수 있다.

   ② **하드웨어 요구 사항 :** 고해상도 이미지 처리와 복잡한 3D 모델링을 위해서는 상당한 컴퓨팅 파워가 필요할 수 있으므로, 일부 오래된 하드웨어에서는 성능 제약이 있을 수 있다.

   ③ **학습 곡선 :** 기본 기능은 직관적이지만, 고급 기능을 완전히 활용하려면 시간과 노력이 필요할 수 있다.

**2) DJI Terra 프로그램 :** DJI Terra는 DJI에서 개발한 드론 매핑 및 3D 모델링 소프트웨어로, 특히 DJI의 드론과 매끄럽게 통합된다. 지형과 구조물을 3D로 매핑하고 분석하는 데 사용되며, 전문가나 기업들에게 적합한 매핑 솔루션으로, 현장에서 빠르고 효과적인 데이터 수집 및 분석을 가능하게 한다.

(1) 주요 특징

① **통합된 디자인** : DJI의 드론과 완벽하게 통합되어, 비행 계획 및 데이터 수집 과정이 매끄럽다.

② **자동화된 매핑** : 사용자가 비행 경로와 촬영 매개변수를 설정하면, 자동으로 2D 및 3D 매핑 작업을 수행한다.

③ **강력한 분석 도구** : 지형 측량, 식물 분석, 건설 진척도 모니터링 등 다양한 분석 도구를 제공한다.

④ **실시간 재구성** : 일부 모드에서는 실시간으로 3D 모델을 재구성하며, 현장에서 즉시 결과를 확인할 수 있다.

⑤ **다양한 데이터 출력** : 점 구름, 디지털 표면 모델, 디지털 지형 모델 등 다양한 데이터 형식을 출력할 수 있다.

(2) 장점

① **사용자 친화적** : 사용하기 쉽고 직관적인 인터페이스를 제공하여, 전문가가 아닌 사용자도 쉽게 활용할 수 있다.

② **빠른 처리 속도** : 효율적인 알고리즘을 사용하여 매핑 작업을 빠르게 수행한다.

③ **DJI 드론과의 호환성** : DJI 드론 사용자에게는 특히 이상적인 소프트웨어로, 하드웨어와의 효율적인 통합을 제공한다.

(3) 단점

① **하드웨어 제한** : 주로 DJI 드론과 함께 사용되도록 설계되어, 다른 제조사 드론과의 호환성이 제한될 수 있다.

② **가격** : 고급 버전은 상당한 비용을 수반할 수 있다.

③ **특화된 기능** : 일부 사용자에게는 과도하게 특화된 기능을 제공할 수도 있으며, 이로 인해 일반적인 용도에 대한 유연성이 떨어질 수 있다.

**3) DroneDeploy 프로그램** : DroneDeploy는 다양한 산업 분야에서 사용되는 클라우드 기반 드론 매핑 및 분석 소프트웨어로 상업용 드론 작업에 있어 광범위한 적용성과 유연성을 제공하며, 특히 중소 규모의 기업이나 팀 작업에 적합한 소프트웨어로 알려져 있다. 다양한 분야에서 활용 가능하며, 누구나 쉽게 접근하고 사용할 수 있는 구조로 되어 있다.

(1) 주요 특징

① **클라우드 기반** : DroneDeploy는 클라우드 기반 소프트웨어로서, 어디에서나 데이터를 업로드하고 접근할 수 있다.

② **간편한 비행 계획 작성** : 드론 비행 경로를 쉽게 설계하고 프로그래밍할 수 있어, 자동화된 데이터 수집이 가능하다.

③ **다양한 분석 도구** : 2D 지도, 3D 모델, 식물 건강 분석, 볼륨 계산 등 다양한 분석 도구를 제공한다.

④ 멀티플랫폼 지원 : 웹과 모바일 앱을 통해 프로젝트 관리와 데이터 분석이 가능하다.

⑤ 다양한 드론과 호환 : 다양한 제조사의 드론과 호환된다.

(2) 장점

① 사용 편의성 : 직관적인 인터페이스와 간단한 작업 흐름으로 빠르게 익힐 수 있다.

② 협업 지원 : 클라우드 기반이므로, 팀원 간의 협업과 공유가 용이하다.

③ 지속적인 업데이트 : 클라우드 서비스의 이점을 활용하여 지속적인 업데이트와 새로운 기능 추가가 가능하다.

④ 사용자 정의 및 확장성 : API와 플러그인을 통해 다양한 통합과 맞춤화가 가능하다.

(3) 단점

① 인터넷 의존성 : 클라우드 기반의 특성상 오프라인에서의 작업이 제한될 수 있다.

② 가격 : 고급 기능과 협업 도구에 접근하려면 상대적으로 높은 비용의 구독이 필요할 수 있다.

③ 데이터 보안 : 클라우드 저장은 편리하지만, 데이터 보안과 관련된 고려사항이 있을 수 있다.

**4) Propeller 프로그램 :** Propeller는 드론을 통한 지형 및 건설 현장의 3D 매핑을 중심으로 한 소프트웨어 플래폼으로 주로 건설, 광산, 농업 등 다양한 산업에서 사용되며, 현장의 효율성과 정확성을 높이기 위한 다양한 도구를 제공한다. 클라우드 기반의 특성은 협업과 데이터 관리를 용이하게 하지만, 동시에 인터넷 연결에 대한 의존성도 증가시킨다.

(1) 주요 특징

① 3D 매핑 : 드론으로 촬영한 이미지를 사용해 정밀한 3D 지도와 모델을 만들 수 있다.

② 실시간 현장 분석 : 현장의 상태와 진척 상황을 실시간으로 확인하고 분석할 수 있다.

③ 클라우드 기반 : 데이터는 클라우드에서 저장되고 처리되므로 어디에서나 접근이 가능하다.

④ 다양한 분석 도구 : 볼륨 계산, 지형 분석, 작업 흐름 모니터링 등의 다양한 분석 도구를 제공한다.

⑤ 협업과 공유 : 팀 내에서 데이터를 쉽게 공유하고 협업할 수 있다.

⑥ 드론과의 호환성 : 다양한 드론 제조사와 호환된다.

(2) 장점

① 사용 편리성 : 직관적인 인터페이스와 사용자 친화적인 설계로 누구나 쉽게 사용할 수 있다.

② 시간 절약 : 자동화된 데이터 처리와 분석 도구로 빠른 결정 및 실행을 지원한다.

③ 정확한 분석 : 정밀한 3D 모델링과 고급 분석 도구로 신뢰성 있는 정보를 제공한다.

④ 통합 가능성 : 기존 시스템과의 통합이 가능하므로 작업 흐름에 잘 맞는다.

(3) 단점

　① 가격 : 고급 기능과 지원을 이용하려면 상당한 비용이 발생할 수 있다.

　② 인터넷 연결 필요 : 클라우드 기반 서비스이므로 안정적인 인터넷 연결이 필요하다.

　③ 특화된 기능 : 일부 사용자에게는 과도하게 특화된 기능을 제공할 수 있으며, 일반적인 용도에 대한 유연성이 떨어질 수 있다.

**5) Agisoft Metashape 프로그램 :** Agisoft Metashape는 사진 측량과 3D 모델링에 사용되는 프로페셔널 소프트웨어로 드론이나 항공 사진을 포함한 다양한 이미지 소스를 이용하여 정밀한 3D 콘텐츠를 생성하는 연구, 건설, 미학, 문화 유산 보존, 광산 산업 등 다양한 분야에서 활용되며, 그 성능과 기능은 전문가들에게 인정받고 있다. 그러나 그만큼의 복잡성과 비용이 수반되므로, 구매 전에 특정 프로젝트나 업무 요구 사항과 잘 맞는지 평가해 보는 것이 중요하다.

(1) 주요 특징

　① 사진 측량 : 다양한 사진을 사용하여 정밀한 3D 모델, 지형도, 질감 메시 등을 생성한다.

　② 자동화된 워크플로우 : 이미지 정렬, 지형 모델링, 질감 매핑 등의 과정이 자동화되어 있다.

　③ 다양한 데이터 지원 : 드론, 위성, 전통적인 카메라로 촬영한 이미지를 지원한다.

　④ 고급 편집 도구 : 사용자가 직접 3D 모델을 세밀하게 편집할 수 있는 도구를 제공한다.

　⑤ 지리 정보 시스템(GIS) 통합 : GIS와의 통합이 가능하며, 지리적인 데이터를 효과적으로 관리하고 분석한다.

(2) 장점

　① 강력한 기능 : 매우 정밀한 3D 모델링과 분석이 가능하다.

　② 유연성 : 다양한 카메라와 이미지 형식을 지원하며, 다양한 산업 분야에 활용할 수 있다.

　③ 사용자 지정 : 고급 사용자를 위한 사용자 지정 스크립팅 및 자동화 옵션이 있다.

　④ 지리 정보 분석 : 지리 데이터를 기반으로 한 분석이 가능하며 GIS 통합을 제공한다.

(3) 단점

　① 학습 곡선 : 많은 기능과 전문적인 도구로 인해 초보 사용자에게는 익히기 어려울 수 있다.

　② 가격 : 프로페셔널 수준의 소프트웨어로, 라이선스 비용이 높을 수 있다.

　③ 하드웨어 요구 사항 : 정밀한 분석과 모델링을 위해서는 상당한 컴퓨팅 파워가 필요할 수 있으며, 고사양의 하드웨어가 요구될 수 있다.

**6) 3DF Zephyr 프로그램 :** 3DF Zephyr는 3D 모델링과 사진 측량 분야에서 사용되는 소프트웨어로, 사진에서 3D 모델을 자동으로 재구성하는 기능을 제공하는 등 사진 측량 및 3D 모델링을 수행하는 다양한 산업 분야에서 사용될 수 있으며, 특히 드론 매핑과 관련된 작업에서 유용하다. 사용자 친화적인 디자인과 정확한 결과는 큰 장점이지만, 필요에 따라 하드웨어 및 비용을 고려해야 할 수도 있다.

(1) 주요 특징

① **사진에서 3D 재구성 :** 2D 이미지에서 자동으로 3D 모델을 생성한다.

② **다양한 데이터 입력 :** 드론, DSLR, 스마트폰 등 다양한 카메라로 촬영한 이미지를 지원한다.

③ **사용자 친화적 인터페이스 :** 초보자도 쉽게 사용할 수 있게 설계되어 있다.

④ **다양한 편집 도구 :** 3D 메시 편집, 텍스처 매핑, 지형 모델링 등의 도구를 제공한다.

⑤ **포인트 클라우드 처리 :** 포인트 클라우드 데이터의 임포트, 편집, 내보내기 등을 지원한다.

⑥ **VR 및 AR 지원 :** 가상 현실 및 증강 현실에 대한 지원을 제공한다.

⑦ **기계 학습 기반 기술:** 정확한 3D 재구성을 위해 기계 학습 알고리즘을 활용한다.

(2) 장점

① **접근성 :** 사용하기 쉬운 인터페이스와 튜토리얼로 학습 곡선이 완만하다.

② **높은 정확도 :** 최신 알고리즘과 기술을 활용해 정밀한 3D 모델을 생성한다.

③ **유연성 :** 다양한 이미지 형식과 카메라를 지원하며, 다양한 산업 분야에 활용할 수 있다.

④ **다양한 버전 :** 다양한 가격대와 기능을 제공하는 버전이 있어, 필요에 따라 선택할 수 있다.

(3) 단점

① **하드웨어 요구 사항 :** 정밀한 3D 모델링을 위해 높은 하드웨어 사양이 필요할 수 있다.

② **고급 기능의 복잡성 :** 일부 고급 기능은 전문 지식이 필요하며 익히기 어려울 수 있다.

③ **가격 :** 상업용 버전과 고급 기능을 이용하려면 상당한 비용이 들 수 있다.

드론 매핑 활용 사례

드론 매핑은 최근 몇 년 동안 다양한 산업 분야에서 중요한 역할을 담당하게 되었다. 이 혁신적인 기술은 고정밀도의 지리적 데이터 수집을 가능하게 하여, 계획, 감시 그리고 분석 작업을 혁신적으로 변화시켰다. 드론을 이용한 매핑은 토지 관리부터 건설, 농업, 환경 보호에 이르기까지 다양한 분야에 활용되고 있다. 이 기술은 빠르고 효율적이며, 특히 접근이 어려운 지역이나 대규모 지역의 데이터를 수집할 때 뛰어난 능력을 발휘한다. 주요 활용 사례를 분야별로 살펴 보자.

## 1. 분야별 활용 사례

**1) 농업 분야 :** 농업 분야에서 드론 매핑은 정밀 농업의 일환으로 빠르게 성장하고 있으며, 생산성 향상, 비용 절감, 환경 보호 등에 기여하며, 미래 농업의 중요한 도구로 자리 잡고 있다. 데이터를 신속하게 수집하고 분석함으로써 농부들은 더 지능적이고 의사결정을 내릴 수 있으며, 농장의 효율성과 지속 가능성을 높일 수 있다.

(1) 작물 모니터링 : 드론은 농장 전체를 빠르게 조사하여 작물의 건강 상태, 습도, 영양 상태 등을 모니터링한다. 또한 적외선 및 멀티스펙트럴 이미지를 통해 병충해나 결핍증 상태를 조기에 감지할 수 있다.

(2) 수분 및 건조 상태 분석 : 특정 주파수의 이미지를 사용하여 토양의 수분 상태를 분석한다. 이를 통해 물의 과다 또는 부족한 지역을 식별하고 효율적인 관수 계획을 수립할 수 있다.

(3) 수확량 예측 : 드론 매핑을 통해 작물의 생장 패턴과 밀도를 분석하며, 이를 기반으로 수확량을 예측한다.

(4) 토양 분석 및 토양 관리 : 지형 및 토양 특성을 분석하여 최적의 작물 재배 계획을 수립하고 토양 건강을 평가한다.

(5) 재배 지역 계획 및 설계 : 3D 지형도를 사용하여 농장의 기울기, 배수, 햇빛 등을 분석하고, 이를 기반으로 최적의 재배 지역과 패턴을 계획한다.

(6) 농약 및 비료 분사 관리 : 작물의 상태와 토양의 영양 상태를 분석하여 농약과 비료의 정밀 분사 계획을 수립한다. 이를 통해 환경에 미치는 영향을 줄이고 비용을 절약할 수 있다.

(7) 자동화 및 원격 관리 : 드론 매핑 데이터를 통해 농업 장비와 연동하여 작업의 자동화와 원격 관리를 가능하게 한다.

**2) 건설 인프라 분야 :** 건설 및 인프라 분야에서 드론 매핑은 프로젝트의 효율성, 정확성, 안전성을 향상시키는데 큰 도움을 제공한다. 시간과 비용을 절약하고, 더 안전하고 정확한 작업 수행을 가능하게 함으로써 기존 방법에 비해 훨씬 더 신속하고 효율적인 데이터 수집이 가능하여 많은 기업과 기관에서 활용하고 있다.

(1) 사이트 조사 및 분석 : 초기 프로젝트 설계 단계에서 드론을 이용하여 사이트의 지형, 지질, 수질 등을 빠르게 조사하고 분석한다. 이를 통해 땅의 특성과 환경적 제약 조건을 정확하게 이해하고 최적의 설계를 수립

할 수 있다.

(2) 프로젝트 진척 상황 모니터링 : 건설 중인 프로젝트의 정기적인 모니터링을 통해 진척 상황을 정확하게 추적하고 문제 발생 시 신속하게 대응한다. 이를 통해 일정 관리가 간소화되고 비용 초과를 최소화할 수 있다.

(3) 3D 모델링 및 시뮬레이션 : 드론이 촬영한 고해상도 이미지를 이용해 3D 모델을 생성하고 가상 현실에서의 시뮬레이션을 수행한다. 이를 통해 설계 단계에서 문제점을 미리 발견하고 해결할 수 있으며, 향후 유지보수 계획을 세울 수 있다.

(4) 안전 감사 및 위험 평가 : 드론을 사용하여 높은 곳이나 접근하기 어려운 지역의 안전 상황을 점검한다. 이를 통해 작업자의 안전을 확보하고 잠재적인 위험 요소를 조기에 발견할 수 있다.

(5) 자재 및 재고 관리 : 드론으로 자재 및 재고 상태를 실시간으로 확인하고 필요한 자재의 배치 및 주문을 관리한다. 이를 통해 자재 낭비를 최소화하고 작업 효율성을 높일 수 있다.

(6) 인프라 유지보수 및 검사 : 기존 인프라의 상태를 정기적으로 검사하고 유지보수 계획을 수립한다. 또한 다리, 도로, 파이프라인 등의 점검을 수월하게 하여 장기적인 안전성과 효율성을 보장할 수 있다.

(7) 환경 및 지역사회 영향 평가 : 드론을 통한 지속 가능한 건설 방법의 모니터링과 환경 보호 대책의 효과 평가 등을 수행한다.

**3) 환경과 생태학 분야 :** 드론 매핑은 환경과 생태학 분야에서 광범위하게 활용되고 있으며, 다양한 사례들이 존재한다. 드론을 사용하면 다른 방법에 비해 비용이 낮고, 시간이 적게 걸리며, 전례 없는 정확도와 효율성을 제공하여 환경과 생태학 분야의 연구자들에게 이전에 얻기 어려웠던 통찰력을 제공한다. 이로 인해 환경 보호와 생태계 복원 노력이 강화되고 있으며, 지구의 지속 가능한 미래를 위한 중요한 도구로 인식되고 있다.

(1) 생태계 조사와 모니터링 : 드론은 특정 지역의 식물군계와 동물군계를 조사하고 모니터링하는 데 사용될 수 있다. 예를 들어, 삼림이나 습지의 식물 분포를 지도화하거나, 멸종 위기 동물의 서식지를 모니터링할 수 있다.

(2) 물리학적 지형 측량 : 드론은 물리학적 지형을 정확하게 측량하는 데 사용될 수 있으며, 이는 홍수 위험 평가, 강변의 침식 모니터링, 해안선 변화 등의 연구에 적용된다.

(3) 산불 모니터링 및 관리 : 드론은 산불이 어떻게 퍼지고 있는지 실시간으로 관찰하고 예측하는 데 도움을 줄 수 있다. 이러한 정보는 산불 진화 작업을 효과적으로 지휘하고 계획하는 데 사용된다.

(4) 기후 변화 연구 : 드론은 빙하의 녹음, 해수면 상승, 기후 변화와 관련된 다른 현상을 조사하는 데 사용될 수 있다. 이런 데이터는 기후 변화의 영향을 이해하고 대응하기 위해 중요하다.

(5) 농업 및 토지 관리 : 드론은 농작물의 상태를 모니터링하고, 물과 비료의 효율적인 사용을 돕기 위해 사용될 수 있으며, 이는 지속 가능한 농업 관리에 중요하다. 또한 토지 이용 변화와 그에 따른 생태계 영향도 조사할 수 있다.

(6) 습지와 강변 생태계 복원 : 드론은 습지와 강변 생태계 복원 프로젝트의 진전 상황을 모니터링하고, 복원 작업의 효과를 평가하는 데 사용될 수 있다.

(7) 야생 동물 조사 : 특정 종의 동물을 수동으로 추적하고 세는 것은 시간이 오래 걸리고 비효율적일 수 있다. 드론은 빠르고 효과적으로 대규모 지역의 동물을 조사할 수 있어, 훨씬 더 정확한 데이터를 제공한다.

(8) 환경 오염 모니터링 : 드론은 수질 오염, 대기 오염, 토양 오염 등을 실시간으로 모니터링하며, 오염 원인을 찾고 대응할 수 있게 한다.

(9) 재해 평가 및 대응 : 자연재해 발생 시 드론은 피해 상황을 신속히 평가하고 대응 계획을 세우는 데 필요한 중요한 정보를 제공한다.

(10) 침식 제어 및 관리 : 드론은 침식 지역의 모니터링과 침식 제어 대책의 효과를 평가한다.

(11) 해양 생태계 연구 : 드론은 해안선 및 해양 생태계의 변화를 모니터링하며, 해양 생물의 분포와 건강 상태를 연구한다.

(12) 환경 영향 평가 : 건설 프로젝트나 산업 활동이 주변 환경에 미치는 영향을 정확하게 평가하여 지속 가능한 개발을 위한 계획과 정책 수립에 기여한다.

**4) 광산 및 지질 조사 분야 :** 드론 매핑은 광산 및 지질 조사 분야에서도 효과적으로 활용되고 있으며, 이러한 안전 및 효율성을 향상시키는 중요한 변화를 가져오고, 이는 광산 산업의 혁신과 성장에 기여하고 있다.

(1) 지형 및 지질 구조 분석 : 드론을 사용하여 지형 및 지질 구조를 3D로 매핑하고 분석, 광산의 개발 가능성 평가, 광물 자원 추정, 안정성 평가 등에 활용된다.

(2) 광산 계획 및 설계 : 드론으로 얻은 정밀한 지형 데이터를 바탕으로 광산의 설계 및 운영 계획을 수립하며, 채굴 과정의 최적화에 활용된다.

(3) 채굴 진척 상황 모니터링 : 드론은 정기적이거나 필요에 따라 채굴 작업의 진척 상황을 모니터링하며, 계획 대비 실제 진척 상황을 확인하고 필요한 조치를 취하는 데 활용된다.

(4) 안전 감시 및 관리 : 광산 안정성을 지속적으로 모니터링하고 위험 요소를 식별, 사고 예방 및 대응 계획을 수립하는 데 사용된다.

(5) 환경 영향 평가 및 관리 : 드론은 광산 운영이 주변 환경에 미치는 영향을 평가하고 모니터링하는 데 활용되며, 지속 가능한 광산 관리를 지원한다.

(6) 재해 대응 : 광산에서 발생한 사고나 이상 상황에서 드론은 신속한 평가 및 대응을 돕는다. 예를 들어, 산사태나 홍수 등의 위험을 신속히 평가하고 대응 계획을 수립하는 데 활용된다.

(7) 자원 탐사 : 드론은 지질 조사 및 광물 자원 탐사에서 효과적인 수단으로 활용되며, 다양한 센서를 통해 지하자원의 위치와 양을 추정한다.

(8) 접근이 어려운 지역 조사 : 드론은 기존 방법으로는 접근이 어려운 지역의 조사를 가능하게 하며, 위험 또는 어려운 환경에서도 안전하게 작업을 수행한다.

(9) 자동화 및 비용 절감 : 드론을 활용한 자동화는 인력 및 시간의 절약을 가져와 비용 효율성을 높인다.

(10) LiDAR와의 통합 : 레이저 센서인 LiDAR를 드론에 장착해 지형 및 지질 구조의 3차원 매핑을 수행하며, 세부적인 분석을 가능하게 한다.

(11) 물리적 파라미터 조사 : 드론은 자기장, 중력, 방사선 등의 물리적 파라미터를 조사할 수 있는 센서를 장착할 수 있다. 이를 통해 지하 구조와 광물의 존재를 더 정확하게 파악할 수 있다.

**5) 문화유산 및 고고학 분야 :** 문화유산 및 고고학 분야에서 드론 매핑은 점점 중요한 도구로 인식되고 있다. 드론을 활용하여 지상의 문화유산이나 고고학적 유적을 조사하고 분석하는 것은 비파괴적이며 효율적인 방법으로 많은 정보를 획득할 수 있게 하는 유용한 도구로서, 유적지의 보존, 연구, 홍보 등 다양한 측면에서 그 가치가 인정받고 있다.

(1) 유적지의 3D 모델링 : 드론으로 촬영한 이미지를 사용하여 고고학적 유적지나 건축물의 3D 모델을 생성한다. 이를 통해 유적의 현재 상태를 기록하거나 손상된 부분의 복원 계획을 세울 수 있다.

(2) 미발견 유적지 탐사 : 드론은 접근이 어려운 지역이나 밀림, 사막 등의 환경에서도 비행이 가능하므로 미발견의 유적지나 고고학적 특징을 발견하는데 활용될 수 있다.

(3) 유적지 모니터링 및 보존 : 고정된 시간 간격으로 드론을 사용하여 유적지의 상태를 모니터링하고, 환경적 요인이나 인간의 활동에 의한 변화를 파악하여 적절한 보존 조치를 취한다.

(4) 디지털 문화유산 아카이브 구축 : 드론으로 얻은 데이터를 활용하여 문화유산의 디지털 아카이브를 구축하며, 이를 교육, 연구, 전시 등의 목적으로 활용할 수 있다.

(5) 가상현실 및 증강 현실 콘텐츠 제작 : 드론으로 촬영한 고해상도 이미지와 3D 모델을 활용하여 문화유산 관련 VR 및 AR 콘텐츠를 제작하고, 이를 통해 관람객이나 학생들이 유적지를 체험하도록 돕는다.

(6) 침식 및 환경 영향 분석 : 드론 매핑을 통해 침식, 홍수, 지진 등의 자연재해로 인한 문화유산의 손상 정도나 환경 변화를 분석하고, 이를 바탕으로 보존 및 복원 작업을 계획한다.

(7) 허가 없는 채굴 및 약탈 모니터링 : 드론은 허가 없는 채굴이나 약탈 등 문화유산에 대한 위협을 감시하고 이를 예방하는 데 활용된다.

(8) 교육 및 연구 : 드론 매핑으로 얻은 데이터는 학생들이나 연구자들이 문화유산과 관련된 연구 및 교육 자료로 활용된다.

(9) 관광 프로모션 : 드론 촬영을 통해 아름다운 문화유산의 영상을 제작하고, 이를 활용해 관광 캠페인이나 프로모션을 진행한다.

**6) 재난 관리 및 대응 분야 :** 드론 매핑은 재난 관리 및 대응 분야에서 중요한 도구로 다양하게 활용되고 있다. 특히 신속한 대응, 정확한 정보 수집, 효율적인 자원 배치 등의 장점을 제공하여 재난의 피해를 최소화하고, 복구 작업을 더 효과적으로 수행할 수 있게 돕는다.

(1) 재난 현장 감시 및 평가 : 드론은 재난이 발생한 현장을 신속하게 감시하고 평가하는 데 사용된다. 지진, 홍

수, 산불 등의 재난 현장에서의 상황을 실시간으로 파악하고 대응을 계획한다.

(2) 피해 정도 측정 및 분석 : 고해상도 이미지와 3D 매핑 기술을 통해 피해 지역의 정확한 형상을 캡처하고 분석한다. 이를 통해 피해 정도를 정확히 파악하고 복구 작업을 계획할 수 있다.

(3) 구조 및 구조대 지원 : 구조 작업에서 드론은 사람들의 위치를 찾고, 구조대에게 정보를 제공하며, 실시간으로 상황을 모니터링한다. 또한 필요한 물품을 배달하는 데도 사용될 수 있다.

(4) 위험 지역 탐색 : 드론은 산사태 위험 지역이나 화학 물질 유출 등 위험한 지역의 탐색을 수행하고, 해당 지역의 상황을 평가하는 데 활용된다.

(5) 재난 예방 및 경고 시스템 : 드론은 재난 예방을 위한 모니터링과 조사 업무를 수행하며, 이를 통해 미리 위험을 감지하고 주민에게 경고를 전달하는 시스템에 통합된다.

(6) 환경 및 생태계 평가 : 재난이 환경에 미치는 영향을 평가하기 위해 드론을 활용하여 신속하게 생태계의 변화와 손상 정도를 분석한다.

(7) 인프라 검사 및 평가 : 재난 후 인프라의 안정성을 검사하고 평가하는 데 드론을 사용하여, 다리, 도로, 건물 등의 안전 상태를 빠르게 확인한다.

(8) 커뮤니케이션 지원 : 통신 인프라가 파괴된 경우, 드론을 활용하여 임시 통신 네트워크를 구축하고 긴급 통신 지원을 제공할 수 있다.

(9) 교육 및 시뮬레이션 : 드론 매핑과 가상현실 기술을 결합하여, 실제와 유사한 재난 상황을 시뮬레이션하고, 이를 통해 구조대와 주민들의 훈련 및 교육을 진행한다.

**7) 부동산 및 토지 개발 분야** : 드론 매핑은 부동산 및 토지 개발 분야에서 더 빠르고 정확한 결정을 내리는 데 도움을 주며, 비용과 시간을 절약하고, 품질과 안전을 향상시키는 데 기여한다.

(1) 지형 조사 및 분석 : 드론을 사용하여 대지의 지형, 지질, 식생 등을 빠르고 정확하게 조사하고 분석할 수 있다. 이 정보는 건물 위치 선정, 기반시설 설계, 토지 개발 계획 수립 등에 활용된다.

(2) 3D 모델링 및 시뮬레이션 : 드론은 고해상도 이미지와 LiDAR 데이터를 수집하여 대상 지역의 3D 모델을 생성한다. 이 모델은 건축 설계, 햇빛 분석, 풍경 시뮬레이션 등에 사용될 수 있다.

(3) 진행 상황 모니터링 및 관리 : 건설 및 개발 프로젝트의 진행 상황을 정기적으로 모니터링하고 문서화하는 데 드론이 사용된다. 이를 통해 프로젝트 일정과 비용을 효과적으로 관리할 수 있다.

(4) 부동산 마케팅 및 홍보 : 드론은 아름다운 항공 사진과 영상을 제공하여 부동산의 시장성과 가치를 높일 수 있다. 특히 고급 주택, 리조트, 상업 단지 등의 판매와 임대에 효과적이다.

(5) 환경 및 인접 지역 영향 평가 : 드론은 개발 지역 주변의 환경과 인접 지역에 미치는 영향을 평가하는 데 사용된다. 이 정보는 환경 보호와 지역 사회와의 조화를 이루는 데 도움이 된다.

(6) 법적 및 규제 준수 : 드론은 토지 경계, 지적 조사, 법적 규제 등을 정확하게 확인하고 준수하는 데 필요한

데이터를 제공한다.

(7) 토지 사용 최적화 : 드론은 토지의 기존 사용 상황을 파악하고, 농지, 공원, 상업 지역 등의 최적 배치를 계획하는 데 사용된다.

(8) 재해 위험 평가 : 토지 개발 전에 드론은 홍수, 산사태, 지진 등의 재해 위험을 평가하고 분석하는 데 활용된다. 이를 통해 안전한 구조물과 인프라 설계를 돕는다.

(9) 원격 투자 및 검토 : 해외 투자자나 원격 위치의 이해당사자들은 드론을 통해 실시간으로 부동산 상황을 검토하고 평가할 수 있다.

**8) 숲리학 분야 :** 드론 매핑은 숲리학 분야에서 탐사와 연구, 관리와 보호, 교육과 의식 개선 등의 다양한 목적으로 활용되고 있으며, 이를 통해 숲의 지속 가능한 관리와 보존이 가능해지고 있다.

(1) 나무 및 식물 종 분류 : 드론은 고해상도 이미지를 통해 다양한 나무와 식물 종을 식별하고 분류하는 데 활용된다. 이를 통해 특정 지역의 생물 다양성을 평가하고 보존할 수 있다.

(2) 지구력 평가 및 감시 : 드론은 숲의 건강 상태를 모니터링하고, 병충해, 가뭄, 홍수 등의 영향을 평가하는 데 사용된다. 이 정보는 적시 대응 및 관리를 가능하게 한다.

(3) 탄소 저장량 측정 : 드론은 숲의 탄소 저장량을 측정하고 분석하는 데 활용된다. 이 정보는 기후 변화 연구와 탄소 상쇄 프로젝트에 중요하다.

(4) 재산 및 성장률 측정 : 드론은 나무의 높이, 지름, 밀도 등을 정확하게 측정하여 재산량과 성장률을 추정한다. 이는 숲의 경영과 자원 관리에 필수적이다.

(5) 야생 동물 조사 및 모니터링 : 드론은 숲속의 야생 동물을 무인으로 조사하고 모니터링하는 데 사용된다. 이를 통해 특정 종의 개체 수와 이동 경로를 파악하고 보호할 수 있다.

(6) 화재 감지 및 관리 : 드론은 숲 화재의 조기 감지와 진화 작업을 지원한다. 실시간 영상을 통해 불이 어디로 퍼지고 있는지 파악하고 효과적인 대응을 할 수 있다.

(7) 침입 및 불법 활동 모니터링 : 숲의 불법 벌목, 동물 밀렵 등의 침입과 불법 활동을 감시하는 데 드론이 사용된다.

(8) 지형 및 수계 분석 : 드론은 숲 내의 지형, 지질, 수계 등을 분석하고, 이를 기반으로 하천 관리, 지하수 보호, 침식 방지 등의 환경 보호 조치를 계획한다.

(9) 환경 교육 및 의식 개선 : 숲의 아름다운 항공 사진과 영상은 환경 교육과 의식 개선에 활용된다. 특히 어린이와 청소년 대상의 환경 교육에 효과적이다.

**9) 도시 계획 및 개발 분야 :** 드론 매핑은 도시 계획 및 개발 분야에서 다양하게 활용될 수 있는 강력한 도구이다. 기존의 수동적인 방법에 비해 더 빠르고 정확하게 정보를 수집할 수 있으며, 이를 통해 더 효과적인 결정을 내릴 수 있다.

(1) 지형 및 지형학 분석 : 드론을 사용하면 지면의 고해상도 3D 지도를 생성할 수 있으며, 이를 통해 지형의 경사, 고도, 기타 지형 특성을 분석할 수 있다. 이는 도로, 다리, 수로 등의 인프라 계획에 필수적인 정보를 제공한다.

(2) 교통 분석 : 드론은 교통 흐름과 패턴을 파악하는 데 유용하게 활용된다. 실시간 트래픽 모니터링은 교통 체증을 완화하고, 교통 관리를 최적화하는 데 도움을 준다.

(3) 환경 영향 평가 : 드론 매핑을 통해 환경의 변화를 감지하고, 개발 프로젝트가 주변 환경에 미치는 영향을 평가할 수 있다. 이는 지속 가능한 도시 계획의 중요한 부분이다.

(4) 재난 대응 및 관리 : 드론은 재난 상황에서 빠르게 지역을 조사하고, 피해 정도를 평가하는 데 활용된다. 홍수, 지진 등의 재난 후에는 신속한 대응이 필요하며, 드론은 이러한 상황에서 매우 효과적이다.

(5) 건설 현장 모니터링 : 건설 프로젝트의 진행 상황을 정기적으로 모니터링하는 데 드론을 사용할 수 있다. 드론은 현장의 안전 문제를 조기에 발견하고, 프로젝트 일정을 관리하는 데 도움을 준다.

(6) 문화유산 보존 : 드론은 역사적인 건물이나 문화유산의 3D 모델을 만드는 데 사용될 수 있으며, 이는 보존과 복원 작업에 중요한 역할을 한다.

(7) 도시 농업 관리 : 도시 내의 농업 지역을 관리하고 모니터링하기 위해 드론을 활용할 수 있다. 이는 작물의 성장 상황을 추적하고, 물 및 비료의 효율적인 사용을 지원한다.

**10) 보안 및 군사 분야 :** 드론 매핑은 보안 및 군사 분야에서 혁신적인 기술로 각광받고 있으며, 기존 방법에 비해 더 신속하고 효과적인 해결책을 제공한다. 그러나 동시에, 개인정보 침해, 무인 기술의 남용 등의 윤리적 고려 사항도 존재하므로, 적절한 법규와 지침을 따르는 것이 중요하다.

(1) 지리정보시스템(GIS) 생성 : 군사 작전의 계획과 실행에 필요한 고해상도 지도를 빠르게 생성할 수 있다. 이 지도는 지형, 장애물, 기타 중요한 지리적 특성을 포함할 수 있으며, 작전을 수행하는 데 중요한 역할을 한다.

① 지리정보시스템(Geographic Information System, GIS)은 지리적 데이터를 수집, 저장, 분석, 관리, 공유하고 시각화하는 컴퓨터 시스템이다. GIS는 물리적, 사회적 및 경제적 현상의 공간적 측면을 이해하고 분석하는 데 사용되며, 다양한 산업과 분야에서 의사결정 도구로 활용되고 있다. 위치와 관련된 문제 해결과 의사결정 과정을 보다 효과적이고 효율적으로 만들어주는 기술로서 지속적으로 성장하고 있는 분야이다.

■ GIS의 주요 구성 요소는 다음과 같다.

• **하드웨어** : GIS를 실행하는 데 필요한 컴퓨터, 서버, 네트워크 장비 등의 물리적 구성 요소이다.

• **소프트웨어** : GIS 데이터를 처리, 분석, 시각화하는 데 사용되는 프로그램 및 응용 소프트웨어이다.

• **데이터** : 지리적 위치, 특성, 관계 등을 포함하는 정보로, 공간 데이터와 속성 데이터의 두 가지 주요 유형이 있다.

- **사람** : GIS 사용자, 분석가, 개발자 등이 포함되며, 시스템을 운영하고 분석 작업을 수행한다.
- **절차** : 데이터 수집, 관리, 분석, 공유 등을 포함하는 일련의 작업 및 방법론이다.

■ GIS의 활용 분야는 다음과 같다.

- **환경 관리** : 환경 보호, 오염 모니터링, 자원 관리 등에 활용된다.
- **도시 계획 및 관리** : 도시의 인프라, 교통, 주거, 상업 지역 계획 등에 사용된다.
- **교통 분석** : 교통 흐름, 병목 지점 분석, 최적 경로 계획 등에 활용된다.
- **보건 의료** : 질병 확산 분석, 의료 시설 위치 최적화 등에 사용된다.
- **비상 대응** : 자연재해 또는 비상 상황 시 응급 대응 계획을 수립하고 실행하는 데 도움을 준다.
- **부동산 분석** : 부동산 가치, 시장 분석, 위치 기반 분석 등에 활용된다.
- **농업** : 토양 분석, 작물 모니터링, 농업 자원 관리 등에 사용된다.
- **군사 및 경찰 업무** : 보안과 감시 작업에서 GIS와 드론 매핑은 중요한 도구로 활용된다.

② **GIS와 드론 매핑의 연계** : 지리정보시스템(GIS)과 드론 매핑은 현대의 많은 산업 분야에서 광범위하게 사용되고 있는 기술로, 서로 밀접하게 연결되어 있다. GIS는 지리적 정보를 관리하고 분석하는 시스템으로, 드론 매핑은 이러한 정보를 수집하는 효과적인 방법 중 하나이다.

■ 데이터 수집 : 드론은 고해상도 이미지와 3D 모델을 생성하는 데 사용된다. 이러한 정보는 GIS에서 분석되며, 지형, 식생, 건물, 도로 등의 특성을 파악하는 데 활용된다.

■ 빠른 업데이트 : 드론은 신속하게 현장을 조사할 수 있으므로, 지리적 정보의 최신화가 필요할 때 빠르게 데이터를 업데이트할 수 있다.

■ 정밀도 : 드론 매핑은 전통적인 지형 측량 방법에 비해 더 높은 정밀도를 제공한다. 이는 GIS 분석에서 중요한 역할을 하며, 더 정확한 의사결정을 가능하게 한다.

■ 접근성 : 드론은 산악 지역, 습지, 화산 등과 같이 전통적인 방법으로는 접근하기 어려운 지역에서도 매핑을 수행할 수 있다.

■ 비용 효율성 : 드론을 사용하면 큰 지역을 빠르게 매핑할 수 있으며, 인건비와 시간을 절약할 수 있다.

그림 **11-1** 한국교통공사 ROADPLUS

(2) 감시 및 정찰 : 드론은 원격 감시와 정찰에 이상적인 도구로서, 특정 지역의 활동을 모니터링하고 상황 인식을 높이는 데 사용된다. 드론은 실시간 비디오 피드를 제공하여 위협을 신속하게 감지하고 대응할 수 있게 한다.

(3) 국경 보안 : 국경 지역에서 불법 침입을 감지하고 예방하기 위해 드론을 사용할 수 있다. 드론은 지속적으로 국경을 순찰하며, 불법 활동을 신속히 식별하고 대응할 수 있는 정보를 제공한다.

(4) 재난 대응 : 군사 부대는 자연재해 또는 인공재해에 대응하는 데 드론을 활용할 수 있다. 드론은 신속한 탐색 및 구조 작업을 지원하며, 피해 지역의 상황을 정확하게 평가하는 데 필요한 정보를 제공한다.

(5) 훈련 및 시뮬레이션 : 드론 매핑은 군사 훈련 시나리오를 개발하고 분석하는 데 활용된다. 드론은 복잡한 전장 환경을 시뮬레이션하고, 실제 작전에서 발생할 수 있는 다양한 시나리오를 연습하게 해준다.

(6) 폭탄 제거 및 폐기물 처리 : 드론은 폭탄, 지뢰 그리고 다른 위험한 폐기물의 식별과 처리에 사용될 수 있다. 드론은 위험 지역을 안전하게 접근하고, 전문가들이 상황을 평가하고 적절하게 대응할 수 있게 한다.

(7) 기밀 정보 수집 : 드론은 원격 지역에서의 기밀 정보 수집에 활용될 수 있으며, 군사나 정부 기관이 해당 지역의 위협을 평가하고 대응 계획을 세우는 데 도움을 준다.

**11) 에너지 분야 :** 에너지 분야의 드론 매핑 활용은 비용 절감, 작업 효율 증가, 안전 강화, 환경 보호 등 다양한 이점을 제공한다. 또한 지속 가능한 에너지 솔루션을 개발하고 실행하는 데 중요한 역할을 하며, 에너지 분야의 혁신과 성장을 촉진하고 있다.

(1) 설비 점검 및 유지보수 : 드론은 전력선, 변압기, 석유 및 가스 파이프라인, 풍력터빈 등의 설비 점검에 사용

된다. 고해상도 이미지와 센서를 사용하여 정밀한 점검을 수행하며, 손상 및 결함을 신속하게 감지한다.

(2) 재생에너지 프로젝트 : 풍력 및 태양광 에너지 프로젝트에서 드론은 최적의 위치 선정, 설계, 건설 및 운영을 위한 매핑 작업을 수행한다. 드론은 풍속, 지형, 식생 등과 같은 중요한 요소를 분석한다.

(3) 온실가스 감시 : 특정 센서를 탑재한 드론은 석유 및 가스 시설에서의 메탄 누출 등 온실가스 감시에 활용된다. 이를 통해 환경 규제를 준수하고 에너지 효율을 높일 수 있다.

(4) 지열 에너지 프로젝트 : 드론은 지열 에너지 프로젝트의 지리적 탐사와 평가에 활용된다. 고해상도 매핑을 통해 지열 에너지 추출에 적합한 위치를 식별하고 분석할 수 있다.

(5) 재해 대응 및 안전 관리 : 에너지 인프라의 안전을 유지하기 위해 드론은 비상 상황에서 신속한 대응을 지원하며, 정기적인 안전 점검을 수행한다.

(6) 자동화 및 원격 감시 : 드론은 에너지 시설의 지속적인 모니터링을 가능하게 하며, 원격으로 데이터를 수집하고 분석한다. 이를 통해 더 효과적인 감시 및 관리가 가능하다.

(7) 미니그리드[부록 참조] 및 배전시스템 평가 : 드론은 미니그리드 및 배전 시스템의 설계 및 운영에 중요한 데이터를 제공한다. 지역 커뮤니티의 에너지 필요에 따른 최적의 시스템 구성을 평가하는 데 사용될 수 있다.

# DroneDeploy 프로그램의 매핑 과정

여러 프로그램 중에 DroneDeploy의 평가판(유효기간 14일) 버전을 활용하여 매핑 과정을 살펴보자. DroneDeploy 매핑 과정을 크게 보면 다음과 같이 4단계로 구분할 수 있다.

## 1. DroneDeploy 매핑 과정

### 1) 계획 단계

(1) 비행 경로 계획 : 사용자는 특정 지역을 선택하고 매핑하려는 영역을 정의한다. 그런 다음, DroneDeploy 는 최적의 비행 경로를 자동으로 생성한다.

(2) 해상도 및 오버랩 설정 : 사용자는 이미지 해상도 및 오버랩률을 설정하여 매핑의 정확도와 세부 사항을 조절할 수 있다.

(3) 비행 설정 확인 : 고도, 속도, 카메라 설정 등을 확인하고 조절한다.

### 2) 비행 단계

(1) 드론 출발 : 설정이 완료되면 드론을 출발시키고, 자동으로 지정된 경로를 따라 비행한다.

(2) 데이터 수집 : 드론은 비행 경로를 따라 이동하면서 연속적으로 이미지를 촬영한다. 이 이미지는 나중에 지도 및 3D 모델을 생성하는 데 사용된다.

### 3) 데이터 처리 단계

(1) 데이터 업로드 : 비행이 완료되면, 촬영한 이미지를 DroneDeploy 서버로 업로드한다.

(2) 이미지 스티칭 : DroneDeploy는 업로드된 이미지를 자동으로 결합(스티칭)하여 연속적인 고해상도 지도를 생성한다.

(3) 3D 모델링 : 필요한 경우, 이미지를 기반으로 3D 지형 모델 또는 건물의 3D 모델을 생성할 수 있다.

### 4) 분석 및 공유 단계

(1) 분석 도구 사용 : 생성된 지도 및 모델을 분석하고, 다양한 측정 도구와 통합 분석 기능을 활용할 수 있다.

(2) 보고서 작성 : 매핑 결과를 기반으로 보고서를 작성하고, 통찰력 있는 정보를 추출한다.

(3) 결과 공유 : 지도 및 분석 결과를 팀원 또는 이해 관계자와 쉽게 공유할 수 있다.

## 2. DroneDeploy 프로그램 활용 매핑하기

### 1) DroneDeploy 검색 후 회원가입 하기

(1) 등록하세요 클릭

(2) 평가판 계정 만들기

## (3) 관련 정보 입력

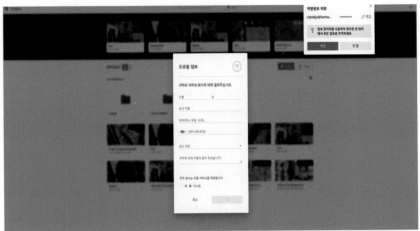

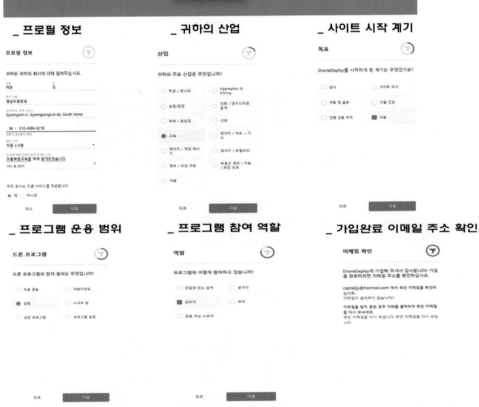

_ 프로필 정보

_ 귀하의 산업

_ 사이트 시작 계기

_ 프로그램 운용 범위

_ 프로그램 참여 역할

_ 가입완료 이메일 주소 확인

(4) 가입 결과 이메일 확인

## 2) 평가판(유효기간 14일) 화면

## 3) 프로젝트 클릭

**4) 1단계 :** 지도 작업을 진행할 대상지역 혹은 공간 선정

(1) 여기에서 프로젝트 만들기 클릭

(2) 프로젝트 이름 입력 후 클릭

(3) 표준 맵 및 모델 만들기 클릭

(4) 사진 촬영 임무를 수행할 비행경로 자동 설정된 화면

(5) 사진 촬영 임무를 수행할 비행경로 수정(촬영영역은 피사체보다 10~20% 크게 설정)

### 5) 2단계 : 기체의 비행고도 설정

※ 기본 설정은 200ft(약 60m), 고도를 낮게 할수록 선명도, 비행속도, 작업속도 ↑

**6) 3단계 :** Structure Mode 설정

※ 지표면 고도 측정용으로 3D 구조물 생성 시 필요, 2D 지도 작업 시는 Default 유지

(1) 2D 매핑 : 표면의 평면적인 특성을 분석하는 데 적합하며, 일반적으로 더 빠르고 간단한 프로세스이다.

　① **차원** : 2D 매핑은 두 차원(가로와 세로)으로 이루어진 표면상의 표현이다.

　② **데이터 형식** : 2D 매핑은 이미지 또는 지도 형식으로, 특정 지역의 평면적인 모습을 나타낸다.

　③ **용도** : 토지 사용 분석, 농업 모니터링, 지형 분석 등 다양한 분야에서 사용된다.

　④ **복잡성** : 2D 매핑은 3D 매핑에 비해 상대적으로 단순하고 빠른 처리가 가능하다.

　⑤ **정보** : 고도나 지형의 공간적 변화를 보여주지 않으며, 표면의 텍스처와 색상 정보만을 제공한다.

(2) 3D 매핑 : 3D 매핑은 공간의 입체적인 특성을 모델링하고 분석하는 데 사용되며, 더 복잡한 정보와 분석을 제공한다.① **차원** : 3D 매핑은 세 차원(가로, 세로, 높이)으로 이루어진 공간적인 표현이다.

　② **데이터 형식** : 3D 매핑은 3D 모델 또는 지형 표현으로, 높이와 깊이 정보를 포함하여 물체나 지형의 입체적인 모습을 나타낸다.

　③ **용도** : 건설 시뮬레이션, 홍수 위험 분석, 3D 프린팅, 가상현실 등에 사용된다.

　④ **복잡성** : 3D 매핑은 더 많은 데이터를 처리하고 분석해야 하므로, 2D 매핑보다 더 복잡하고 시간이 소요된다.

　⑤ **정보** : 지형의 높이, 기울기, 볼륨 등 공간적인 정보를 제공하며, 더욱 세밀하고 정확한 분석을 가능하게 한다.

**7) 4단계 :** Livemap 설정

※ 비행과 동시에 지도가 생성되도록 하는 기능, 비행과 동시에 처리해야 할 정보량 또한 늘어나기 때문에 Default 유지

**8) 5단계 :** Advanced Setting

**9) 6단계 :** 스마트폰과 기체 연결 후 Start Preflight Checklist 실행(자동)

※ 문제가 있을 경우 붉은색으로 표시

**10) 7단계 :** Start flight

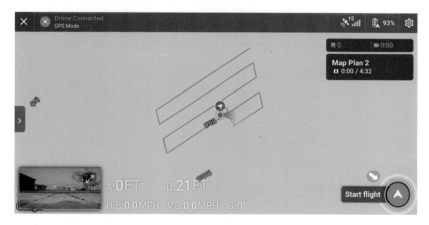

(1) 카메라 세팅/설정, 비행궤도에 따라 카메라 각도도 알아서 변경하여 촬영 시작 및 종료(자동 RTH), 사진은 JPEG로 저장한다.

(2) 배터리 교체 후 이륙 시 마지막 임무 종료 지점에서 다시 촬영을 시작한다.

**11) 8단계 :** 비행 완료

당신의 이미지를 지도로 가공하다
드론의 SD 카드를 Mac 또는 PC에 연결하고
dronedeploy.com에 로그인하여 이미지를 업
로드하십시오

Process your images into a
map

Please connect your drone's SD card to your Mac
or PC and login to DroneDeploy.com to upload
your images there.

**12) 9단계 :** DroneDelpoy에 사진 업로드

(1) 진행 절차 : DroneDeplay 서버 → 연산장치 → 프로그램을 통해 결과물 생성, 이후 저장 및 보관

(2) 업로드 후 결과 바로 확인은 불가능하다. 200장 사진의 결과물은 약 4시간 정도 소요된다.

**13) 10단계 :** DroneDelpoy로부터 지도제작 완료 메일 접수

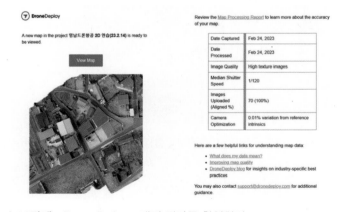

**14) 11단계 :** DroneDelpoy 매핑 결과물 확인하기

## (1) Plant Health(식생지수)

## (2) Elevation(높이)

## (3) Map Photos

(4) 편집도구

① Location

② Distance

③ Area

④ Volume

⑤ Count

⑥ Radius

⑦ Issue

### 15) Export(추출하기)

(1) Export 클릭

(2) 추출할 지도 유형 선택

(3) Export 클릭

(4) 이메일 확인, 지도 다운로드 후 열람

PART

# 부록

# CHAPTER 01 차시별 교수 계획(예)

## 1차시  드론 항공촬영의 역사

■ 학습 목표

- 드론 항공촬영의 역사를 이해할 수 있다.
- 드론 항공촬영 분야에 있어 DJI의 역할을 이해할 수 있다.
- 드론 항공촬영 분야에 있어 발전시킬 내용을 이해할 수 있다.

■ 소주제별 교육시간, 요망수준, 방법

| 소주제 | 시간 | 요망수준 | 방법 |
|---|---|---|---|
| 1. 항공촬영의 역사 | 20분 | 이해 | 강의 |
| 2. 드론 항공촬영의 연도별 역사 | 30분 | 이해 | 강의 |
| 3. 왜 2000년대 들어서서 드론을 활용한 항공촬영이 발전하게 되었는가? | 20분 | 이해 | 강의 |
| 4. 드론 항공촬영 분야에 DJI는 어떤 역할을 하였는가? | 30분 | 이해 | 강의 |
| 5. 현재 드론 항공촬영 활용 분야 | 20분 | 이해 | 강의 |
| 6. 드론 항공촬영 분야 발전시킬 내용 | 30분 | 이해 | 강의 |

## 2차시  Drone Flagship DJI

■ 학습 목표

- 지금 현재 DJI의 모습을 이해할 수 있다.
- DJI의 CEO 프랭크 왕, DJI 역사와 성공비결을 이해할 수 있다.
- 앞으로 DJI가 극복해야 할 과제를 이해할 수 있다.

■ 소주제별 교육시간, 요망수준, 방법

| 소주제 | 시간 | 요망수준 | 방법 |
|---|---|---|---|
| 1. 지금 현재 DJI의 모습 | 20분 | 이해 | 강의 |
| 2. 드론계의 스티브 잡스, 프랭크 왕 | 30분 | 이해 | 강의 |
| 3. DJI의 역사와 성공 비결 | 50분 | 이해 | 강의 |
| 4. DJI의 극복 과제 | 50분 | 이해 | 강의 |

## 3차시 나에게 맞는 촬영용 드론 선택하기

■ 학습 목표

- 제원 및 성능을 이해하고, 나에게 맞는 촬영용 드론을 선택할 수 있다.
- 드론 원스톱 민원서비스 사이트에서 기체를 신고할 수 있다.
- 드론에 적용되는 보험을 이해할 수 있다.
- 드론에 필요한 부수기재의 특성을 알고 선택할 수 있다.

■ 소주제별 교육시간, 요망수준, 방법

| 소주제 | 시간 | 요망수준 | 방법 |
|---|---|---|---|
| 1. 촬영용 드론의 구성품과 작동 원리 | 20분 | 이해 | 강의 |
| 2. 촬영용 드론 구매 원칙 | 10분 | 이해 | 강의 |
| 2. DJI 촬영용 드론의 제원 및 성능 | 10분 | 이해 | 강의 |
| 3. DJI 촬영용 드론의 조종기 제원 및 성능 | 10분 | 이해 | 강의 |
| 4. 제원표에서 이것만은 이해합시다! | 20분 | 이해 | 강의 |
| 5. 기체 신고하기 | 40분 | 숙달 | 강의/<br>개별 실습 |
| 6. 기체 보험 가입하기 | 20분 | 이해 | 강의 |
| 7. 촬영용 드론 부수기재 무엇을 사야 하나? | 10분 | 이해 | 강의 |
| 8. 드론 구매 Check-List | 10분 | 이해 | 강의 |

## 4~5차시 드론 비행계획 수립 절차, 1단계 : 비행계획 수립(D-14~D-7일)

■ 학습 목표

- 드론 비행계획 수립 절차를 이해할 수 있다.
- DJI GEO Zone에 대해 이해하고, 내 기체에 적용할 수 있다.
- 드론 원스톱 민원서비스 사이트에서 비행 승인을 신청할 수 있다.
- 드론 원스톱 민원서비스 사이트에서 항공 촬영 승인을 신청할 수 있다.
- 드론 특별비행승인 제도를 이해할 수 있다.

■ 소주제별 교육시간, 요망수준, 방법

| 소주제 | 시간 | 요망수준 | 방법 |
|---|---|---|---|
| 1. 드론 비행계획 수립 절차 | 10분 | 이해 | 강의 |
| 2. 1단계 : 비행계획 수립(D-14~D-7일) | | | |
| 1) 비행 일자 및 비행계획 지역 주소 확인 | 10분 | 이해 | 강의 |
| 2) 기상 확인 | 10분 | 이해 | 강의 |
| 3) 공역 확인 | 10분 | 이해 | 강의 |
| 4) Dji GEO Zone 확인 | 10분 | 이해 | 강의 |
| 5) 비행 승인 신청 | 25분 | 숙달 | 강의/<br>개별 실습 |
| 6) 항공 촬영 승인 신청 | 25분 | 숙달 | |
| 7) DJI GEO Zone 잠금 해제 요청 | 30분 | 숙달 | |
| 8) 드론 특별비행승인 신청 | 10분 | 이해 | 강의 |
| 9) 드론 비행 계획 수립 Check-List | 10분 | 숙달 | 강의 |

■ 실습평가 과제물 부여

• 관제권, 비행금지구역, 비행제한구역 중에서 비행승인 신청 후 결과물 제출

• DJI GEO Zone 잠금 해제 신청 후 통과 화면 캡쳐 후 결과물 제출, 해제 신청한 지역에서 비행, 항공사진 촬영 후 사진 제출

## 6~7차시 2단계 : 비행 전 준비(D-7~D-1일)

■ 학습 목표

• 배터리의 특성을 이해할 수 있다.

• 촬영용 드론의 매개변수를 이해할 수 있다.

• 최종 판단 Check-List를 이용하여 비행 실시 여부를 결정할 수 있다.

■ 소주제별 교육시간, 요망수준, 방법

| 소주제 | 시간 | 요망수준 | 방법 |
|---|---|---|---|
| 3. 2단계 : 비행 전 준비(D-7~D-1일) | | | |
| 1) 배터리 충전 상온 보관 | 100분 | 이해 | 강의 |
| 2) 조종기 준비 | 50분 | 숙달 | 강의 |
| 3) 펌웨어 업데이트 | 50분 | 숙달 | 강의/실습 |
| 4) 매개변수 확인 | 50분 | 숙달 | 강의/실습 |
| 5) 기상 최종 확인 및 비행 실시 여부 결정 | 20분 | 이해 | 강의 |
| 6) 관련 유관기관 유선 통보 및 협조 | 20분 | 이해 | 강의 |
| 7) 비행 1일 전 최종 판단 Check-List | 10분 | 숙달 | 강의 |

## 8~9차시  3단계 : 비행 전 최종 점검(D일)

■ 학습 목표

- 장비 부분품에 대한 최종 점검을 할 수 있다.
- DJI GEO Zone을 해제하고 기체에 동기화를 할 수 있다.
- 최종 점검 Check-List를 이용하여 이상유무를 확인할 수 있다.

■ 소주제별 교육시간, 요망수준, 방법

| 소주제 | 시간 | 요망수준 | 방법 |
| --- | --- | --- | --- |
| 4. 3단계 : 비행 전 최종 점검(D일) | | | |
| 1) 현지 기상 확인 | 20분 | 이해 | 강의 |
| 2) 장비 최종 점검 | 30분 | 이해 | 강의 |
| 3) 현지 지형, 기상 고려 매개변수 수정 | 50분 | 숙달 | 강의 |
| 4) DJI GEO Zone 해제 및 기체 동기화 | 150분 | 숙달 | 야외 실습 |
| 5) 관련 유관기관 비행 시작 통보 | 20분 | 이해 | 강의 |
| 6) 비행 당일 최종 점검 Check-List | 30분 | 숙달 | 강의 |

## 10~11차시  4단계 : 비행 및 모니터링, 착륙(D일)

■ 학습 목표

- 조종자 준수사항과 1인 조종과 2인 조종법을 이해할 수 있다.
- DJI 앱을 능수능란하게 운용하여 항공촬영을 할 수 있다.
- 사고 발생 시 신속한 조치를 할 수 있다.

■ 소주제별 교육시간, 요망수준, 방법

| 소주제 | 시간 | 요망수준 | 방법 |
| --- | --- | --- | --- |
| 5. 4단계 : 비행 및 모니터링, 착륙(D일) | | | |
| 1) 드론 조종자 준수사항 및 위반시 행정처분 | 10분 | 숙달 | 강의 |
| 2) 드론 항공 촬영 1일 조종과 2인 조종 | 10분 | 이해 | 강의 |
| 3) 촬영용 드론 운용 앱 이해 | 20분 | 이해 | 강의 |
| 4) DJI GO 4 앱 화면 및 기능 상세 설명 | 50분 | 숙달 | 강의/실습 |
| 5) DJI Fly 앱 화면 및 기능 상세 설명 | 50분 | 숙달 | 강의/실습 |
| 6) 인텔리전트 플라이트 모드 촬영 기술 | 20분 | 숙달 | 강의 |
| 7) 드론으로 항공 사진 및 영상 촬영 | 100분 | 숙달 | 야외 실습 |
| 8) 드론 비행 중 사고 발생 시 조치 | 20분 | 숙달 | 강의 |
| 9) 착륙 | 10분 | 이해 | 강의 |
| 10) 비행 후 점검 Check-List | 10분 | 숙달 | 강의 |

■ 실습평가 과제물 부여

- 조별 평가, 항공촬영 후 2분 이내의 영상물을 제작하여 제출

## 12차시 촬영용 드론 예방정비

■ 학습 목표

- 촬영용 드론의 예방정비의 중요성을 이해하고 점검할 수 있다.
- 일일, 주간, 월간, 분기, 반년, 연간 예방정비를 할 수 있다.

■ 소주제별 교육시간, 요망수준, 방법

| 소주제 | 시간 | 요망수준 | 방법 |
|---|---|---|---|
| 1. 촬영용 드론의 예방정비 중요성 및 주요 점검 내용 | 25분 | 이해 | 강의 |
| 2. 촬영용 드론 일일 예방정비 | 25분 | 숙달 | 강의 |
| 3. 촬영용 드론 주간 예방정비 | 25분 | 숙달 | 강의 |
| 4. 촬영용 드론 월간 예방정비 | 25분 | 숙달 | 강의 |
| 5. 촬영용 드론 분기 예방정비 | 20분 | 숙달 | 강의 |
| 6. 촬영용 드론 반년 예방정비 | 20분 | 숙달 | 강의 |
| 7. 촬영용 드론 연간 예방정비 | 10분 | 숙달 | 강의 |

## 13차시 추락한 내 드론 찾기

■ 학습 목표

- 추락한 내 드론을 찾을 수 있다.

■ 소주제별 교육시간, 요망수준, 방법

| 소주제 | 시간 | 요망수준 | 방법 |
|---|---|---|---|
| 1. 개요 | 10 | 이해 | 강의 |
| 2. DJI GO 4 앱에서 내 드론 찾기 | 70분 | 숙달 | 야외 실습 |
| 3. DJI Fly 앱에서 내 드론 찾기 | 70분 | 숙달 | 야외 실습 |

## 14차시 　영상 편집 기초

■ 학습 목표

- 드론으로 촬영한 영상을 DJI 앱이나 전문 영상 편집 프로그램을 활용하여 편집할 수 있다.

■ 소주제별 교육시간, 요망수준, 방법

| 소주제 | 시간 | 요망수준 | 방법 |
|---|---|---|---|
| 1. 드론으로 촬영한 영상 편집하기 | 20분 | 이해 | 강의 |
| 2. DJI GO 4 앱을 활용한 영상 편집하기 | 30분 | 숙달 | 실습 |
| 3. DJI Fly 앱을 활용한 영상 편집하기 | 20분 | 숙달 | 실습 |
| 4. LightCut 앱을 활용한 영상 편집하기 | 30분 | 숙달 | 실습 |
| 5. Shotcut 프로그램을 활용한 영상 편집하기 | 50분 | 숙달 | 실습 |

## 15차시 　드론 매핑 기초

■ 학습 목표

- 드론 매핑의 개념과 프로그램을 활용할 수 있다.
- 드론 매핑 프로그램을 운용할 수 있다.

■ 소주제별 교육시간, 요망수준, 방법

| 소주제 | 시간 | 요망수준 | 방법 |
|---|---|---|---|
| 1. 드론 매핑이란 무엇인가? | 20분 | 이해 | 강의 |
| 2. 주요 매핑 프로그램의 특징과 장·단점 비교 분석 | 30분 | 숙달 | 강의 |
| 3. 드론 매핑 활용 사례 | 20분 | 숙달 | 강의 |
| 4. DroneDeploy 프로그램의 매핑 과정 | 80분 | 숙달 | 실습 |

# CHAPTER 02 용어 해설

## 노콘(No Control) 현상

드론 노콘 현상이란 드론과 사용자의 컨트롤러 간에 연결이 끊어진 상황을 말하며, 이것은 주로 무선 신호의 간섭, 거리의 초과, 배터리의 소모, 기술적 오류 등에 의해 발생한다.

## 메모리 효과

메모리 효과는 주로 니켈-카드뮴(NiCd) 또는 니켈-메탈-하이드라이드(NiMH) 충전식 배터리에서 발견되는 현상이다. 이 현상은 배터리가 완전히 방전되기 전에 반복적으로 충전될 경우 발생하며, 배터리가 '기억'하여 충전 사이클을 완전히 방전되었던 수준까지만 유지하려는 경향을 보인다.

예를 들어, 배터리의 용량이 100%인데 계속 40%에서 충전을 시작했다면, 그 배터리는 어느 시점에서 40%가 '완전 방전' 상태라고 '기억'하기 시작한다. 그 결과, 충전 사이클이 줄어들고, 배터리 용량이 실제로 감소하게 된다.

하지만 현대의 리튬 이온(Li-ion) 및 리튬 폴리머(LiPo) 배터리는 이러한 메모리 효과에 대해 크게 걱정할 필요가 없다. 이들 배터리는 완전히 방전되지 않아도 안전하게 충전할 수 있으며, 일반적으로 메모리 효과에 영향을 받지 않는다.

## 모션 블러

모션 블러는 사진이나 영상에서 움직임을 표현하기 위한 기법이다. 이는 셔터가 열려 있는 동안에 카메라 또는 촬영 대상이 움직임에 따라 발생한다. 모션 블러는 때때로 원치 않는 현상일 수 있지만, 때로는 창조적인 효과를 위해 의도적으로 사용되기도 한다.

모션 블러를 얻기 위한 몇 가지 방법은 다음과 같다.

1. 느린 셔터 속도 사용 : 셔터가 오래 열려 있을수록, 촬영하는 동안 발생하는 움직임이 블러 처리된다. 이 기법은 움직이는 물체를 "스며드는" 모습으로 표현하거나, 움직임이 있는 장면에서 시간의 경과를 나타내는 데 유용하다.
2. 패닝 : 카메라를 움직이는 대상에 맞춰 움직이면, 배경은 흐리게 나타나고 대상은 상대적으로 명확하게 나타난다. 이 기법은 빠르게 움직이는 대상을 촬영할 때 흔히 사용된다.
3. 줌 블러 : 줌 렌즈를 사용하여 셔터가 열린 동안 줌을 조정하면, 이미지 중심부는 명확하게 나타나고 주변 부분은 블러 처리된다. 이 기법은 동적인 움직임 또는 깊이감을 추가하는 데 사용된다.

모션 블러를 의도적으로 사용하려면 적절한 셔터 속도를 선택하고, 필요에 따라 카메라 또는 렌즈의 움직임을 조절하는 것이 중요하다. 그러나 이러한 기법은 노출을 제어하는 데 추가적인 고려사항을 더하므로, 적절한 노출을 유지하기 위해 더 높은 ISO값이나 더 큰 조리개값이 필요할 수도 있다.

## 상온

"상온"은 일반적으로 생활환경에서 자연적으로 나타나는 온도를 의미하며, 보통 약 15°C에서 25°C 사이를 지칭한다. 이는 국가와 지역에 따라 약간씩 다를 수 있다.

"상온 보관"이라는 표현은 약품, 식품, 화학물질 등을 보관할 때 흔히 사용되며, 이는 냉장보관이나 냉동보관이 필요하지 않은 항목들에 대해 적용된다. 이런 상황에서의 "상온"은 일반적으로 직사광선이나 과도한 열을 피할 수 있는 실내 온도를 의미한다.

## 셀룰러 동글

DJI 셀룰러 동글은 DJI 드론에서 셀룰러 연결을 제공하는 장치이다. 이 동글은 드론과 함께 사용되며, 드론에서 실시간 비디오 스트리밍, 위치 정보, 제어 신호 등을 셀룰러 네트워크를 통해 전송할 수 있게 해준다.

DJI 셀룰러 동글은 주로 드론 비행에 필요한 데이터 연결을 제공하고, 원격 지역이나 Wi-Fi가 불안정한 환경에서도 안정적인 연결을 유지할 수 있다. 셀룰러 동글은 드론과 연결된 모바일 장치에 장착되며, 드론과 모바일 장치 사이의 데이터 통신을 셀룰러 네트워크를 통해 처리한다.

## 임계값

"임계값"은 어떤 변화가 발생하는 한계나 기준점을 의미한다.

드론에서의 임계값은 그 운영과 관련된 다양한 변수와 파라미터에 대한 안전하고 효과적인 기준점을 설정하는 데 중요하다. 드론의 임계값 사용 예는 다음과 같으며, 이러한 임계값 설정은 드론의 안전성을 높이며, 사용자에게 안전한 비행 경험을 제공한다.

1. 배터리 잔량 : 배터리의 잔량이 특정 임계값 이하로 떨어지면, 드론은 사용자에게 경고를 보내거나 자동으로 시작 위치로 귀환할 수 있다. 이는 드론이 배터리 부족으로 인해 추락하는 것을 방지하기 위함이다.
2. 통신 거리 : 드론과 원격 제어 장치 사이의 통신이 일정 거리 이상 떨어질 때, 드론은 자동으로 귀환 모드로 전환될 수 있다.
3. 온도 : 드론의 일부 부품은 과도한 열로 인해 손상될 수 있다. 특정 온도 임계값을 초과하면 드론은 이를 모니터링하여 사용자에게 경고를 보낼 수 있다.
4. 고도 : 드론의 최대 허용 고도를 임계값으로 설정할 수 있다. 이 값을 초과할 경우 드론은 자동으로 해당 고도 이하로 내려오도록 설계될 수 있다.
5. 속도 : 드론의 최대 속도도 임계값으로 설정될 수 있으며, 이 값을 초과할 경우 드론의 속도를 제한할 수 있다.
6. 장애물 감지 : 드론에는 장애물 감지 센서가 장착되어 있을 수 있으며, 장애물과의 거리가 특정 임계값보다 가까워지면 드론은 자동으로 방향을 변경하거나 정지할 수 있다.
7. 전력 및 전압 : 모터의 전력 소모나 배터리의 전압이 임계값을 초과하면, 드론은 이를 감지하고 적절한 조치를 취할 수 있다.

## 젤로 현상

고주파 진동 등으로 카메라를 좌우로 왔다 갔다 하면 화면 중간이 끊어진 것처럼 보이는 현상으로 드론의 짐벌의 구조 및 댐퍼가 제대로 작동을 하지 않으면 당연히 젤로 현상이 발생하게 된다.

## 지구자기장 지수(K-index)

Kp(세계) : Kp는 미국 NOAA SWPC(Space Weather Prediction Center)에서 위도 44~60도 사이의 8개 지자기 관측소에서 구한 K 지수를 통합하여 산출하고 있다. SWPC는 일분 단위의 지자기 관측 자료를 이용하여 Kp 지수값을 실시간으로 모니터링한다. 실시간으로 지자기 관측소에서의 자료를 사용할 수 없는 경우에는, 사용 가능한 자료를 바탕으로 한 지수를 이용해서 가장 적절한 예측값을 산출한다.

Kk(국내) : 지구와 지구 주위에서 자석과 같은 자성을 지니는 지자기가 존재한다. 이 지자기는 형태가 고정되어 있지는 않지만 규칙적으로 변화한다. 하지만 외부의 요인(태양풍, CME 등)으로 지자기의 변화가 규칙적인 변화보다 큰 지자기 교란이 발생한다. 즉, K 지수는 특정 지역에서의 지자기 변동의 정도를 로그스케일로 나타낸 지수이다. 3시간에 한번씩, 조용한 상태인 0에서 급변하는 상태 9까지로 표시된다.

지구자기장 지수 4이하는 안전단계, 5는 주의단계, 6 이상은 금지단계를 의미한다.

## 튜토리얼

튜토리얼이라는 단어는 주로 새로운 소프트웨어, 하드웨어, 기술 등을 배울 때 사용되는 학습 자료나 가이드를 의미한다. 튜토리얼은 일반적으로 단계별 설명, 스크린샷, 비디오 클립 등을 포함하여 사용자가 새로운 시스템이나 프로세스를 이해하고 사용할 수 있게 돕는다.

특히 드론의 경우, 조종 방법, 안전 지침, 기본적인 비행 기술, 고급 기능 등을 배우기 위한 튜토리얼이 많이 제공된다. 이러한 튜토리얼은 사용자 매뉴얼, 온라인 동영상, 웹사이트 게시물 등 다양한 형태로 제공될 수 있다.

특히 DJI 같은 드론 제조사의 경우, 공식 웹사이트나 YouTube 채널에서 다양한 드론 모델 및 기능에 대한 튜토리얼을 제공한다. 이러한 튜토리얼은 드론을 안전하게 조종하고 최대한 활용하는 데 매우 유용하다.

드론을 처음 사용하는 경우, 해당 드론의 사용자 매뉴얼을 철저히 읽고, 가능한 모든 튜토리얼을 시청하는 것이 좋다. 이는 단지 드론 조종을 익히는 것뿐만 아니라, 드론을 안전하게 조종하고 운영하며, 기능을 최대한 활용하는 데 도움이 된다.

## 평활도

평활도 설정은 드론의 비행 및 조작을 좀 더 부드럽게 하기 위한 것이다. 이는 드론의 움직임을 좀 더 자연스럽고, 부드럽게 만들어, 특히 비디오 촬영 시 더욱 전문적인 결과물을 얻는 데 도움이 된다.

평활도 설정은 일반적으로 조종기의 스틱 움직임에 대한 드론의 반응률을 제어한다. 이 설정이 높으면 드론은 스틱의 움직임에 대해 더 느리게 반응하며, 이는 드론의 움직임을 더욱 부드럽게 만든다. 반대로 이 설정이 낮으면 드론은 스틱의 움직임에 대해 더 빠르게 반응하며, 이는 드론의 움직임을 더욱 민첩하게 만든다.

평활도 설정은 피치, 롤, 요 등 드론의 주요 운동에 대해 개별적으로 조정될 수 있다. 드론 조종사는 이 설정을 통해 드론이 자신의 조종 입력에 어떻게 반응하는지를 세밀하게 제어할 수 있다. 이 설정을 조정하려면 DJI의 조종 앱에서 해당 설정 메뉴로 이동하면 된다.

평활도 설정은 조종사의 비행 스타일과 능력, 그리고 특정 비행 시나리오에 따라 조정해야 한다. 예를 들어, 드론 촬영 시에는 부드러운 움직임이 중요하므로 평활도를 높게 설정하는 것이 좋다. 반면에 레이싱 드론을 조종하거나 빠른 움직임이 필요한 경우에는 평활도를 낮게 설정하는 것이 더 효과적일 수 있다.

## 프로슈머

"프로슈머"는 "Professional"과 "Consumer"의 합성어로, 전문적인 지식이나 기술을 갖춘 일반 소비자를 의미한다. 프로슈머는 일반적인 소비자보다 특정 제품이나 서비스에 대한 깊은 지식이나 경험을 갖추고 있으며, 종종 그들의 의

견이나 평가가 다른 소비자들에게 영향을 미치곤 한다.

디지털 시대와 함께, 인터넷의 발전과 소셜미디어의 급속한 확산으로 정보에 접근하기가 훨씬 쉬워졌다. 이로 인해 일반 소비자들도 특정 분야의 전문 지식을 쉽게 얻을 수 있게 되었고, 그 결과로 프로슈머라는 새로운 소비자 유형이 등장하게 되었다.

기업들은 프로슈머의 영향력을 고려하여 마케팅 전략을 수립하거나 제품 개발에 참여시키기도 한다. 프로슈머의 피드백은 제품이나 서비스의 품질 개선에 큰 도움을 줄 수 있으며, 그들의 추천은 다른 소비자들에게 큰 신뢰를 줄 수 있다.

이러한 프로슈머의 특징은 다음과 같다.

1. 전문 지식 : 특정 분야나 제품에 대한 깊은 지식과 경험이 있다.
2. 액티브한 참여 : 새로운 제품을 시험하거나, 리뷰를 작성하는 등 적극적으로 정보를 공유하며, 종종 온라인 커뮤니티나 포럼에서 활발하게 활동한다.
3. 영향력 : 프로슈머의 의견은 다른 소비자들에게 큰 영향을 미치곤 한다. 그들의 추천이나 비평은 많은 사람들이 제품을 선택할 때 고려하는 중요한 요소가 될 수 있다.
4. 높은 기대치 : 프로슈머는 자신의 전문 지식과 경험을 바탕으로 제품이나 서비스에 높은 기대치를 갖고 있다.

## 플라이어웨이(Flyaway)

드론의 "플라이어웨이"는 드론이 조종자의 제어를 벗어나 예상치 못한 방향으로 비행하는 현상을 의미한다. "플라이어웨이"는 DJI 제품을 포함한 여러 드론에서 발생할 수 있는 문제 중 하나이다.

DJI 드론에서의 플라이어웨이는 다음과 같은 원인으로 발생할 수 있다.

1. GPS 신호 손실 : 드론이 충분한 GPS 신호를 잡지 못하면 정확한 위치를 판단하지 못하게 되어 플라이어웨이가 발생할 수 있다.
2. 나침반 오류 : 나침반이 잘못 보정되었거나 간섭을 받으면 드론은 잘못된 방향 정보를 받게 되어 제대로 된 방향 제어가 어려워진다.
3. 펌웨어 오류 : 드론의 펌웨어에 문제가 있거나 최신 업데이트가 제대로 적용되지 않았을 경우 문제가 발생할 수 있다.
4. 조종기와의 연결 문제 : 드론과 조종기 사이의 연결이 끊어지면, 드론은 보통 "Return to Home" 모드를 활성화시키지만, 때때로 이 기능이 제대로 작동하지 않을 수 있다.

이러한 플라이어웨이를 방지하려면

1. 비행 전 체크리스트 : GPS 연결, 나침반 보정, 배터리 상태 등 필요한 모든 항목을 사전에 체크한다.
2. 펌웨어 업데이트 : DJI는 제품의 안정성과 기능을 향상시키기 위해 정기적으로 펌웨어 업데이트를 제공한다. 업데이트를 꾸준히 확인하고 설치한다.
3. 비행 환경 : 전력선, 큰 건물, 높은 구조물 등으로부터 안전한 거리를 유지하며, 강한 전자기 간섭이 예상되는 지역을 피하여 비행한다.
4. DJI Care : DJI는 손상된 제품의 교체나 수리를 위한 서비스인 DJI Care를 제공하고 있다. 이 서비스를 구매하면 플라이어웨이와 같은 사고에 대비할 수 있다.

DJI는 플라이어웨이 문제를 해결하기 위해 지속적으로 기술을 발전시키고 있다. 그러나 사용자의 안전 수칙과 준비도 중요하다.

### 픽셀

"픽셀"이란 "picture element"의 줄임말로, 디지털 이미지나 디스플레이의 기본 단위이다. 각 픽셀은 고유의 색상을 가지며, 이들이 모여 하나의 이미지를 형성한다.

픽셀의 수가 많을수록 그림이 더 세밀하고 선명하게 보이는데, 이것이 해상도이다. 예를 들어, 1920x1080 해상도의 화면은 가로로 1920개, 세로로 1080개의 픽셀이 모여 있는 것으로 이 화면은 총 약 207만 개의 픽셀로 이루어져 있다는 것이다.

### Aerodynamics

Aerodynamics(항공 역학)는 공기와 그 안을 움직이는 물체 간의 상호작용에 관한 과학이다. 특히, 공기와 움직이는 물체 간의 힘과 그 원인을 연구하는 분야로 Aerodynamics는 항공기, 드론, 자동차, 기차, 건물 디자인 및 스포츠 장비와 같은 많은 응용 분야에서 중요한 역할을 한다.

Aerodynamics의 주요 개념 및 원리는 다음과 같다.

1. 압력과 흐름 : 공기는 압력을 가지며, 이 압력은 공기의 움직임과 직접 관련이 있다. 공기가 물체 주위로 흐를 때, 압력의 변화는 물체에 힘을 작용시킨다.
2. 저항(Drag) : 물체가 공기 중을 움직일 때, 공기와의 상호작용으로 발생하는 저항을 의미한다. 이는 물체의 속도, 크기, 형태, 표면의 거칠기 및 공기의 점성에 따라 달라진다.
3. 양력 : 공기의 움직임으로 인해 발생하는 수직 힘이다. 항공기의 날개 디자인은 양력을 최대화하고 저항을 최소화하기 위해 특별히 고안되었다.
4. 베르누이의 원리 : 빠르게 움직이는 유체의 압력은 느리게 움직이는 유체의 압력보다 낮다는 원리이다. 이 원리는 날개의 형태와 양력 생성에 중요한 역할을 한다.
5. 유동 복사 : 공기의 움직임과 관련된 현상 및 패턴을 연구하는 것이다. 예를 들어, 날개 끝에서 발생하는 회전 유동이나 날개 뒷부분에서 발생하는 꼬리 유동 같은 현상이 있다.
6. 고속 Aerodynamics : 음속에 가까운 속도나 초음속에서의 공기와 물체 간의 상호작용을 연구하는 분야이다. 이는 초음속 항공기의 디자인과 성능에 중요한 영향을 미친다.

Aerodynamics는 물체와 공기 간의 복잡한 상호작용을 이해하고 최적화하기 위한 중요한 도구이다. 특히 항공 및 우주 산업에서는 성능, 안전, 효율성을 향상시키기 위해 이 분야의 연구가 지속적으로 이루어지고 있다.

### AIP

AIP(Aeronautical Information Publication)는 항공정기간행물로써 국제 민간 항공 기구(ICAO)의 표준에 따라 각 국가가 발행하는, 그 국가의 항공에 관한 정보를 담은 공식 문서이다. AIP는 항공기 조종사, 항공 회사, 항공교통관제(ATC) 및 항공 관련 기타 서비스 제공자가 안전, 순서 그리고 항공 운항의 효율성을 유지하기 위해 필요한 모든 관련 정보를 제공한다.

### AirSense

DJI가 제공하는 하나의 안전 기능이다. 이 기능은 ADS-B(Automatic Dependent Surveillance-Broadcast) 신호를 수신하여 드론 조종사에게 근처에 있는 유인 항공기의 위치 정보를 제공한다. 이 정보는 조종사가 안전하게 비행할 수 있도록 돕는다.

ADS-B는 항공기가 자체적으로 GPS 위치 정보와 기타 정보를 브로드캐스팅하는 시스템이다. 이 정보는 땅에 있는 ADS-B 수신기와 다른 항공기에게 전송되며, 이를 통해 항공 통제 및 항공기 간의 안전한 거리 유지를 돕는다.

DJI AirSense 기능을 가진 드론은 이러한 ADS-B 신호를 수신하여 드론 조종 앱의 지도에 유인 항공기의 위치를 표시한다. 이는 조종사가 근처의 항공기를 인지하고 필요한 경우 회피 조치를 취할 수 있도록 돕는다.

그러나 주의할 점은 AirSense는 유인 항공기의 위치 정보를 제공할 뿐, 자동으로 드론을 회피하는 기능은 제공하지 않기 때문에 조종자는 항상 안전한 비행을 위해 주변 상황을 철저히 파악하고 필요한 조치를 취해야 한다.

## CME

CME는 "Coronal Mass Ejection"의 약자로, 일반적으로 태양 코로나(태양의 외곽부)에서 큰 양의 플라즈마와 함께 자기장이 갑작스럽게 방출되는 현상을 말한다.

CME는 우주 날씨에 중요한 영향을 미치는 이벤트 중 하나로, 강력한 CME가 지구를 직접적으로 강타할 경우, 고위도 지역에서 오로라를 일으키는 등의 아름다운 현상을 만들어내지만, 동시에 위성, 통신, 전력 그리드 등에 중대한 영향을 미칠 수 있다. 이런 현상은 "태양폭풍"이라고도 불리며, 과학자들은 이러한 활동을 감시하고 예측하려고 노력하고 있다.

## COOPH

COOPH는 "Cooperative of Photography(사진 협동 조합)"의 약자로, 사진에 대한 열정을 가진 사람들의 공동체를 의미한다. COOPH은 사진 작가, 시각 예술가, 디자이너들이 모여 함께 사진에 대한 아이디어를 공유하고, 각자의 비전을 실현하기 위해 협력하는 공동체이다.

COOPH은 사진에 대한 다양한 자료를 제공하는데, 이는 사진 작품, 튜토리얼, 팁, 기술 등을 포함된다. 또한 사진에 대한 깊이 있는 이해와 관심을 더욱 키울 수 있도록 독창적이고 품질 높은 사진 관련 제품들도 제공한다.

그들의 YouTube 채널에서는 사진 촬영 팁, 창의적인 아이디어, DIY 프로젝트 등 다양한 사진 관련 콘텐츠를 제공한다. 이 채널은 초보 사진작가부터 전문 사진작가까지 모두에게 유익한 정보를 제공하고 있다.

## CSC

CSC는 Combination Stick Command의 약자로, 드론 조종기의 스틱을 특정 패턴으로 움직여 특정 명령을 실행하는 것을 말한다. DJI의 드론에서는 CSC를 사용해 드론을 긴급 착륙시키거나 비행을 즉시 시작하는 등의 명령을 수행할 수 있다.

CSC의 가장 일반적인 예로는 두 스틱을 아래로 내리고 안쪽이나 바깥쪽으로 모두 밀어서 드론의 모터를 시작하거나 정지시키는 것이 있다. 이러한 명령은 드론이 고장 났거나 제어가 불가능한 상황에서 드론을 안전하게 착륙시키는 데 사용된다.

다만, CSC를 잘못 사용하면 드론의 비행 도중에 모터가 꺼질 수 있으므로 주의가 필요하다. 예를 들어, 드론이 비행 중일 때 두 조이스틱을 아래로 내리고 중앙으로 모으면, CSC가 활성화되어 드론의 모터가 바로 꺼질 수 있다. 이런 이유로, 비행 중에는 CSC를 실수로 실행하지 않도록 주의해야 한다.

DJI 드론의 조종기 인터페이스에 익숙해지고 모든 명령어를 정확히 이해하는 것이 중요하다. 특히 비상 상황에서는 정확한 조종이 중요하므로, 모든 CSC를 익히고 언제 어떻게 사용해야 하는지를 알아야 한다.

## DeMUX

Demultiplexer, 역다중화로 더 많은 입력 신호를 더 적은 수의 출력 신호로 전환하는 데 사용되는 전자 장치인 멀티플렉서(Multiplexer 또는 Mux)의 반대 개념이다.

Demultiplexer는 단일 입력을 여러 출력으로 분리하는 장치로, 일반적으로 디지털 회로에서 사용된다. 입력 신호는 여러 출력 신호 중 하나를 선택하는 '선택' 신호에 의해 제어된다. 선택 신호의 값에 따라 입력 신호는 해당 출력 신호로 라우팅된다.

예를 들어, 2-to-1 데멀티플렉서는 단일 입력 신호를 두 개의 출력 신호로 분리할 수 있다. 선택 신호가 0일 때, 입력 신호는 첫 번째 출력으로 라우팅되고, 선택 신호가 1일 때, 입력 신호는 두 번째 출력으로 라우팅된다.

이러한 Demultiplexer는 디지털 회로, 통신 시스템, 데이터 라우팅 등 다양한 애플리케이션에서 중요한 역할을 하며, 일반적으로 정보를 효율적으로 전송하고, 데이터 흐름을 제어하며, 여러 입력 및 출력 장치 사이에서 데이터를 적절히 분배하는 데 사용된다.

## Early Adopter

새로운 기술, 제품 혹은 아이디어를 초기에 빠르게 받아들이는 소비자나 조직을 의미한다. 이들은 주로 혁신에 개방적이며, 새로운 아이디어나 제품에 대한 리스크를 감수할 준비가 되어 있다.

## EXPO

Exponential의 약어로 조종기 스틱의 입력에 대한 드론의 반응률을 제어하는 설정이다. 이 설정을 통해 조종사는 드론의 핸들링 특성을 자신의 비행 스타일에 맞게 조정할 수 있다.

EXPO 설정은 일반적으로 0에서 1 사이의 값을 가진다.

EXPO값이 0에 가까울수록, 조종기 스틱의 작은 움직임에도 드론이 빠르게 반응한다. 이는 정밀한 조종을 필요로 하는 상황에서 유용하며, 고수준의 비행 기술을 요구한다.

반대로, EXPO값이 1에 가까울수록 드론은 스틱의 움직임에 더 느리게 반응한다. 이는 초보 조종사에게 적합하며, 드론을 더 안정적으로 운영하도록 돕는다.

EXPO 설정은 피치, 롤, 요 등 드론의 주요 운동에 대해 개별적으로 조정될 수 있다. 조종사는 이 설정을 통해 드론이 자신의 조종 입력에 어떻게 반응하는지를 세밀하게 제어할 수 있다.

EXPO 설정을 조정하려면 DJI의 조종 애플리케이션인 DJI GO 4 또는 DJI Fly에서 설정 메뉴로 이동하고, "고급 설정" 또는 "비행 컨트롤 설정"을 선택한 후 "EXPO"를 선택하면 된다. 여기에서 원하는 EXPO값을 선택하거나 직접 입력할 수 있다.

## Fail-Safe

"Fail-Safe"는 기기나 시스템이 문제나 오류가 발생했을 때 안전한 상태로 전환되도록 설계된 기능을 의미한다. 이 기능은 기기의 손상을 방지하거나, 사용자 또는 주변 환경에 피해를 주는 것을 방지하기 위해 사용된다.

드론에서의 Fail-Safe에 대해 설명하면 다음과 같다.

1. 배터리 저하 : 드론의 배터리 수준이 일정 수치 이하로 떨어지면, 드론은 자동으로 출발지점(홈 포인트)으로 귀환하거나 현재 위치에서 안전하게 착륙하도록 설계될 수 있다.

2. 신호 손실 : 드론과 조종기 간의 연결이 끊겼을 때, 드론은 자동으로 홈 포인트로 귀환하거나 안전한 곳으로 착륙한다.

3. GPS 손실 : GPS 신호를 잃게 될 경우, 드론은 호버링 상태로 남거나 설정에 따라 안전한 위치로 착륙하도록 동작할 수 있다.

4. 모터나 프로펠러 오류 : 하나 이상의 모터나 프로펠러에 문제가 발생하면, 드론은 안전한 방식으로 착륙하려고 시도할 수 있다.

이와 같이 드론의 Fail-Safe 기능은 주로 비행 중에 발생할 수 있는 여러 문제 상황들에 대비하여 안전한 조치를 취하기 위해 설계된다. 사용자는 구매 전에 드론의 Fail-Safe 기능을 확인하고, 실제로 비행을 시작하기 전에 어떻게 작동하는지 정확하게 이해해야 한다.

## FDM

Frequency Division Multiplexing의 약어로, 여러 데이터 스트림을 하나의 신호 채널에 결합하는 데 사용되는 유형의 멀티플렉싱 기술이다. FDM은 각 데이터 스트림을 다른 주파수 대역에 할당함으로써 여러 데이터 스트림을 동시에 전송할 수 있게 한다.

FDM에서는 전체 대역폭이 여러 개의 비오버랩 주파수 서브 밴드로 나누어지며, 각 서브 밴드는 각각 다른 데이터 스트림에 할당된다. 이렇게 하면 여러 데이터 스트림이 동일한 전송 매체를 공유할 수 있지만, 각 스트림은 서로 다른 주파수 대역을 사용하므로 상호 간섭을 피할 수 있다.

FDM은 무선 통신, 텔레비전 방송, 케이블 인터넷 서비스 등에서 널리 사용된다. 예를 들어, FM 라디오 방송은 각 방송국이 서로 다른 주파수 대역을 사용하도록 FDM을 사용하므로 여러 방송국이 동시에 방송을 전송할 수 있다.

드론 통신에서도 FDM이 사용될 수 있으며, 이를 통해 드론은 다른 드론이나 지상 기지와 동시에 통신할 수 있다. 이러한 각각의 통신 링크는 고유한 주파수 대역을 사용하여 다른 링크와의 간섭을 방지할 수 있다.

## FL

Flight Level(FL)은 표준 대기압(해수면에서의 대기압은 1013.25 헥토파스칼 또는 29.92인치 수은기압)에서의 고도를 나타내며, '100ft' 단위로 표시된다. 예를 들어, Flight Level 350(FL350)은 표준 대기압에서 35,000ft를 의미하며, 비행고도가 1만4천 ft 이상일 때는 사용하는 비행고도 표기 방법이다.

## Flat Profile

Flat Profile은 비디오 및 디지털 사진 촬영에서 사용되는 컬러 프로필 중 하나이다. Flat Profile은 이미지 또는 비디오의 색상과 명암 대비를 최소화하여 제공되는데, 이는 후처리 과정에서 색 보정과 그레이드(grading) 작업을 더 유연하게 하기 위함이다.

Flat Profile의 주요 특징 및 이점은 다음과 같다.

1. 유연한 후처리 : Flat Profile로 촬영된 영상은 후처리에서 색상, 명암, 대비 등을 더욱 세밀하게 조절할 수 있다.

2. Dynamic Range 확장 : Flat Profile은 높은 Dynamic Range를 유지하면서 촬영을 하게 해준다. 이로 인해 밝은 부분과 어두운 부분 사이의 세부 정보가 더 잘 보존된다.

3. 컬러 그레이딩 : Flat Profile로 촬영된 영상은 컬러 그레이딩 작업에 더 적합하다. 이는 색상 톤과 스타일을 자유롭게 변경할 수 있게 해준다.

4. 포스트 프로덕션 최적화 : 영상 제작자들은 종종 특정 무드나 느낌을 주기 위해 영상의 색상을 수정한다. Flat Profile은 이러한 수정을 더 용이하게 해준다.

예를 들어, 많은 디지털 카메라 및 드론 제조사들은 자체 Flat Profile(예: DJI의 D-Log, Canon의 C-Log, Sony의 S-Log 등)을 제공한다. 이 Profile들은 영상 제작자들에게 더 큰 후처리 유연성을 제공하기 위해 설계되었다.

다만, Flat Profile로 촬영된 원본 영상은 매우 흐리고 무색처럼 보일 수 있으므로, 꼭 후처리 과정을 거쳐야 한다.

## GNSS

GNSS는 Global Navigation Satellite System의 약자로, 전 세계의 위성 내비게이션 시스템을 통칭하는 용어이다. GNSS에는 GPS(미국), GLONASS(러시아), Galileo(유럽), Beidou(중국) 등이 포함된다.

각 시스템은 지구를 순환하는 여러 위성과 그 위성들의 신호를 수신하는 지상 기반의 수신기로 구성된다. 이러한 시스템은 위치, 속도, 시간 정보를 제공하는 데 사용된다. GNSS 시스템은 항공, 해상, 차량 내비게이션뿐만 아니라 농업, 건설, 군사, 과학 연구 등 다양한 분야에서 광범위하게 사용되고 있다.

이러한 GNSS 시스템은 여러 위성의 신호를 동시에 수신함으로써, 수신기의 위치를 산출할 수 있다. 일반적으로는 최소 4개의 위성 신호가 필요하며, 더 많은 위성 신호를 수신하면 위치 결정의 정확성이 향상된다. GNSS 시스템은 보통 실외에서 가장 효과적이며, 건물, 산, 나무 등의 장애물에 의해 신호가 가로막히거나 왜곡될 수 있다.

## Gyro stabilization

Gyro stabilization은 기기나 장비의 움직임을 안정화하기 위해 자이로스코프를 사용하는 기술을 말한다. 이 기술은 특히 카메라와 같은 장비에서 중요하며, 드론, 액션 카메라, 비디오 카메라, DSLR 등 여러 기기에서 널리 활용된다. Gyro stabilization의 주요 특징 및 이점은 다음과 같다.

1. 안정화 : Gyro stabilization은 기기의 움직임을 감지하고 보정하여 진동, 흔들림 또는 다른 움직임으로부터 영상이나 이미지를 안정화한다.

2. 높은 정밀도 : 자이로스코프는 매우 민감하게 움직임을 감지할 수 있기 때문에, 미세한 움직임도 즉시 감지하고 보정한다.

3. 다양한 활용 : 드론, 핸드헬드 진동 제어 장치, 카메라 장비 등 다양한 기기에서 활용되며, 특히 운동 중에도 고정된 영상을 제공한다.

드론에 적용될 때 Gyro stabilization의 특징은 다음과 같다.

1. 드론의 카메라 안정화 : 드론이 공중에서 움직일 때 발생하는 진동이나 흔들림으로 인해 영상이 흔들릴 수 있다. Gyro stabilization은 이러한 움직임을 보정하여 부드럽고 안정적인 영상을 제공한다.

2. 직접적인 연동 : 드론의 카메라 진동 제어 장치는 자이로스코프와 모터를 결합하여 카메라를 원하는 위치에 정확하게 위치시킨다.

3. Gyro stabilization은 영상과 사진 촬영에 있어서 흔들림과 진동을 줄여서 고화질의 결과물을 얻기 위한 핵심 기술이다.

## Hasselblad

Hasselblad는 스웨덴 기반의 고급 카메라 및 사진 장비 제조사이다. 이 회사는 중형 포맷 카메라로 가장 잘 알려져 있으며, 그들의 제품은 종종 전문 사진작가와 고급 애호가 사이에서 선호되고 있다.

Hasselblad은 1941년에 설립되었으며, 특히 1969년 아폴로 11호 달 착륙 임무에서 NASA에 의해 사용된 것으로 유명하다. 이 임무에서 촬영된 역사적인 달 표면의 사진은 Hasselblad 카메라로 촬영되었다.

Hasselblad 카메라는 그들의 뛰어난 이미지 품질, 탁월한 구성 및 구조 그리고 교환 가능한 렌즈 및 액세서리 등으로 인해 찬사를 받아 왔다.

최근에는 드론 제조사 DJI와 협력하여 고품질 카메라를 탑재한 드론을 생산하고 있다. 이들은 DJI의 드론 비행 기술과 Hasselblad의 카메라 기술을 결합하여 고화질의 공중 사진 및 영상 촬영을 가능하게 한다.

## IFR

instrument flight rules, 계기비행방식으로 항공기와 지형 등의 상호관계를 대조하지 않고, 비행자세 · 비행지점 · 항로 등을 자체에 장비된 계기에만 의존하여 비행하거나 착륙하는 방식이다.

## Line of Sight

"Line of Sight"(LOS)는 통신, 관측, 측정 등에서 많이 사용되는 용어로, 어떤 두 점이 직선으로 연결되어 있고 그 사이에 장애물이 없는 상태를 말한다.

통신에서의 LOS : 무선 통신에서는 송신기와 수신기 사이에 직접적인 시야가 있어야 한다. 이는 특히 마이크로파, 인프라레드(IR) 통신, 레이저 통신 등 고주파 대역에서 중요하다. 이런 대역에서는 신호가 직선 경로를 따라 전파되므로, 장애물이 있으면 통신이 차단될 수 있다.

관측 및 측정에서의 LOS: 천문학, 지질학, 기상학 등에서는 대상과 관측자 사이에 직접적인 시야가 필요하다. 이는 관측 대상이 물리적으로 보이는 위치에 있어야 함을 의미한다.

드론 조종에서 LOS는 드론과 조종기 사이에 직접적인 시야가 있어야 함을 의미한다. 이는 안전한 조종을 위해 중요하며, 신호가 물리적 장애물에 의해 차단되는 것을 방지한다. 또한 많은 국가에서는 안전한 드론 비행을 위해 LOS 내에서만 드론을 운용하는 것이 법적으로 요구되고 있다.

## Mini-grid

Mini-grid는 소규모의 지역 전력망을 의미하며, 일반적으로 한정된 지역이나 커뮤니티를 위해 설계된 독립된 전기배급 시스템이다. Mini-grid는 전기가 부족하거나 전기망이 미치지 못하는 지역에서 전력을 제공할 수 있는 기능을 가지고 있으며, 중앙 전력 그리드와 독립적으로 작동하거나 그리드에 연결될 수 있다.

Mini-grid는 여러 가지 에너지 원을 사용할 수 있으며, 태양광, 풍력, 수력 등의 재생에너지 뿐만 아니라 발전기와 같은 전통적인 에너지 원도 포함될 수 있다. 이 시스템은 전력 공급의 안정성과 지역 커뮤니티의 에너지 요구에 유연하게 대응할 수 있도록 설계된다. Mini-grid는 특히 원격지역, 전기망 확장이 어려운 곳, 긴급 전력 공급이 필요한 지역 등에서 중요한 역할을 하며, 지속 가능한 전력 공급 솔루션으로도 인식되고 있다.

## Multimodal 데이터 통합

Multimodal 데이터 통합은 여러 다른 종류의 데이터 소스나 modality에서 얻어진 데이터를 함께 분석 및 처리하는 과정을 말한다. "모달리티"는 특정한 방식이나 매체를 통해 얻어진 정보나 데이터의 형식을 의미한다.

예를 들어, 의료 분야에서는 MRI, CT, X-ray와 같은 다양한 이미징 기법을 통해 얻어진 이미지 데이터를 멀티모달 데이터로 볼 수 있다. 이러한 다양한 모달리티의 데이터를 통합하면 환자의 상태나 병변을 보다 정밀하게 파악할 수 있다.

Multimodal 데이터 통합의 주요 특징 및 중요성은 다음과 같다.

1. 다양한 관점 제공 : 각 모달리티는 특정한 정보나 관점을 제공한다. 이를 통합함으로써 보다 완전하고 다양한 정보를 확보할 수 있다.
2. 정확성 향상 : 각각의 데이터 소스가 가진 한계나 누락된 정보를 다른 데이터 소스를 통해 보완하므로 전반적인 분석의 정확성이 향상될 수 있다.
3. 데이터 간 연계성 : 여러 모달리티의 데이터를 통합하면 데이터 간의 연관성이나 상호작용을 파악하는 데 도움이 된다.
4. 복잡한 분석 가능 : 다양한 데이터 소스를 통합하면 복잡한 문제에 대한 해답을 찾거나 고급 분석을 수행하는 데 필요한 근거를 제공할 수 있다.

Multimodal 데이터 통합은 의료, 로봇공학, 머신 러닝, 인공지능, 보안 등 다양한 분야에서 활용되며, 그 중요성은 계속해서 증가하고 있다.

## MUX

Multiplexe, 다중화로 여러 입력 신호를 받아서 단일 출력 신호로 병합하는 장치이다. 이는 여러 개의 데이터 소스로부터 하나의 신호 채널을 통해 데이터를 전송할 때 유용하며, Multiplexer는 '선택 라인'이라고 하는 제어 신호를 사용하여 어떤 입력이 현재 출력되어야 하는지를 결정한다. 예를 들어, 4-to-1 multiplexer는 4개의 입력과 2개의 선택 라인을 가지며, 선택 라인의 조합에 따라 입력 중 하나가 출력으로 선택된다.

Multiplexer는 디지털 회로와 통신 시스템에서 널리 사용된다. 예를 들어, 데이터 네트워크에서는 여러 데이터 스트림을 단일 전송 매체(예: 케이블 또는 무선 링크)를 통해 전송하기 위해 multiplexer를 사용할 수 있는데 이렇게 하면 전송 매체의 효율적인 사용을 향상시키고 전체 시스템의 복잡성을 줄일 수 있다. 또한 디지털 회로에서는 여러 입력 신호 중 하나를 선택하여 처리하는 데 multiplexer가 사용될 수 있다.

## nit

$1m^2$ 넓이의 평면 광원이 그 평면과 수직인 방향에서 일정한 휘도를 가지며, 그 광도가 1Cd(칸델라)일 때, 그 방향에서의 휘도를 말한다. 이 휘도의 단위는 nit(MKS 단위)이며, sb(stilb)($Cd/m^2$)의 단위도 사용된다. 1nit는 SI단위계의 $Cd/m^2$와 같다.

## NM

Nautical Mile의 줄임말로, 항공 및 해상 이동 거리를 측정하는 단위이다. 1해리(1NM)는 약 1.852킬로미터 또는 약 1.15078마일이다.

해리는 지구의 크기에 기초하여 정의되었다. 하나의 해리는 지구의 원 위에서 1분의 호(arc minute)에 해당하는 거리로 1도는 60해리, 1분은 1해리가 된다.

항공 및 해상에서 거리를 표시하는 데 사용되는 이 단위는 지리적 위치를 정확하게 기술하고, 항로를 계획하는 데 중요하다.

## NOTAM

NOTAM(Notice to Airmen)은 항공 운용에 영향을 미칠 수 있는 중요한 정보나 변경사항을 통보하기 위해 사용되는 공식적인 통보 시스템이다. 이 정보는 일반적으로 항공 운용, 비행 통제 또는 비행장 설비와 관련된 정보이다.

드론 운영자에게 NOTAM은 중요한 안전 정보를 제공한다. 드론 비행 전에 NOTAM을 확인하면 해당 지역의 잠재적 위험을 인지하고, 드론 비행을 안전하게 계획하고 조정하는 데 도움이 된다. NOTAM 정보는 항공기 운영자를 위해 제공되는 항공정보 출판물(AIP) 또는 국가 항공 당국의 웹사이트에서 확인할 수 있으며 일부 드론 애플리케이션 또한 이 정보를 제공하기도 한다.

## OSI 7 Layer 계층

네트워킹 프로토콜과 서비스를 구조화하고 설명하는데 사용되는 개념적인 프레임워크이다. 이 모델은 국제 표준화 기구(ISO)에 의해 개발되었으며, 데이터 통신이 어떻게 이루어지는지 이해하는 데 도움이 된다. 각 계층은 본문을 참조하고 이러한 계층화는 개발자가 각 계층의 작동 방식을 이해하고 디버그하는 데 도움을 준다. 또한 한 계층에서 문제가 발생하더라도 다른 계층에는 영향을 미치지 않는다.

## Portability

Portability는 어떤 제품, 기기, 소프트웨어 등이 휴대하기 쉬운 정도를 의미한다. portability는 다양한 맥락에서 사용되며, 그 의미와 중요성은 해당 맥락에 따라 다를 수 있다. 그리고 portability는 사용자에게 편의성과 유연성을 제공하기 때문에 많은 제품 및 서비스에서 중요한 특성으로 간주된다.

1. 제품 및 기기 : 제품의 크기, 무게, 형태 등이 휴대성에 영향을 준다. 예를 들어, 접이식 드론은 휴대하기 용이하므로 높은 portability를 가진다고 할 수 있다.
2. 소프트웨어 : 소프트웨어의 portability는 그것이 다양한 환경이나 플랫폼에서 쉽게 작동하거나 이식될 수 있는 정도를 의미한다. 예를 들어, 다양한 운영 체제에서 작동하는 프로그램은 높은 portability를 가진다고 볼 수 있다.

## RFID

"Radio Frequency Identification"의 약자로, 무선 주파수를 사용해 태그에 저장된 정보를 식별하고 추적하는 기술을 말한다.

RFID 시스템은 주로 태그와 리더기로 구성된다.

RFID 태그는 물체에 부착되어 그 물체의 정보를 저장하고, 무선 신호를 통해 그 정보를 전송한다. RFID 태그는 ID 태그는 주로 IC(통합회로) 칩과 안테나로 구성되어 있으며, 종류에 따라 배터리가 내장된 것도 있다.

RFID 리더기는 RFID 태그에서 보내는 신호를 수신하고 해석하여 태그에 저장된 정보를 읽어낸다. 리더기는 일반적으로 컴퓨터나 다른 정보 시스템과 연결되어 있어, 수집된 정보를 분석하고 활용할 수 있다.

RFID는 바코드와 같은 전통적인 추적 기술에 비해 많은 이점을 가지고 있다.

예를 들어, 바코드는 직접적인 시각적 접촉이 필요하지만, RFID 태그는 직접적인 시각적 접촉 없이도 물체를 식별하고 추적할 수 있다. 또한 RFID 태그는 먼지나 더러움에 덜 민감하며, 바코드보다 더 많은 정보를 저장할 수 있다.

이런 장점들 덕분에 RFID는 물류 및 공급망 관리, 유통, 보안, 헬스케어, 동물 추적 등 다양한 분야에서 널리 활용되고 있다.

## RTH

RTH는 "Return to Home"의 약자로, 드론이 원래의 출발 지점으로 자동으로 반환하는 기능을 의미한다. 이 기능은 특히 드론의 배터리 수준이 낮아지거나 컨트롤러와의 연결이 끊어질 때 등에 활성화되어, 드론이 안전하게 홈포인트로 돌아올 수 있도록 도와준다.

RTH 기능은 드론 조종사가 드론의 위치를 잃어버렸거나 기타 비상 상황이 발생했을 때에도 매우 유용하다. 이 기능은 대부분의 고급 드론에 표준적으로 내장되어 있으며, 활성화 방법은 모델에 따라 다르다. 하지만 대부분의 경우, 단순히 컨트롤러에서 버튼을 누르는 것으로 RTH 모드를 활성화할 수 있다.

RTH 기능을 사용할 때 주의해야 할 점은, 이 기능이 항상 드론을 안전하게 홈포인트로 돌아오게 해주지는 않는다는 것이다. 예를 들어, 드론이 직접적으로 위로 상승하지 않고 바로 홈포인트로 돌아오려고 할 경우, 건물이나 기타 장애물에 충돌할 수 있다. 따라서 RTH 기능을 사용하기 전에 항상 환경을 체크하고 안전한 고도 설정을 확인해야 하는 것이 필수이다.

## Semantic 분석

Semantic 분석은 언어나 텍스트 데이터의 의미를 분석하는 과정을 말한다. 즉, 단순히 텍스트의 구조나 문법을 파악하는 것을 넘어서 그 내용이 실제로 가지는 의미를 이해하고 분석하는 것이다.

Semantic 분석의 주요 적용 분야와 개념은 다음과 같다.

1. 자연어 처리(NLP) : 시맨틱 분석은 자연어 처리의 핵심 부분 중 하나이다. NLP에서 Semantic 분석은 문장이나 문서가 전달하려는 메시지나 정보를 이해하고 해석하는 데 중요한 역할을 한다.
2. 의미 네트워크 : 개체, 개념, 사건 등의 의미적 관계를 그래프 형태로 표현하는 방법이다.
3. 온톨로지 : 특정 도메인에 대한 개체와 그들 간의 관계를 표현하며, Semantic 웹의 핵심 구성 요소 중 하나이다.
4. Semantic 웹 : 웹 상의 정보를 사람뿐만 아니라 기계가 이해하고 해석할 수 있도록 메타데이터와 온톨로지를 활용하여 구조화하는 기술 및 표준의 집합이다.
5. 텍스트 분석 : 텍스트 데이터 내에서 주요 주제, 감정, 인사이트 등의 의미적 통찰을 추출하는 분석 방법이다.

Semantic 분석은 이러한 방법과 기술을 활용하여 텍스트나 데이터의 실제 '의미'를 파악하고, 이를 바탕으로 다양한 응용 분야에서 효과적인 분석 및 처리를 수행하는 데 중요한 역할을 한다.

## Swelling 현상

"Swelling"이라는 용어는 흔히 배터리, 특히 리튬 이온 배터리나 리튬 폴리머 배터리에서 사용되며, 배터리 케이스가 팽창하는 현상을 의미한다.

이 현상은 배터리 내부에서 가스가 생성되어 압력이 증가할 때 발생한다. 이 가스는 배터리를 과충전하거나 과방전하거나, 너무 높은 온도에서 사용하거나, 배터리를 물리적으로 손상시킬 때 생성될 수 있다.

배터리 팽창은 잠재적으로 위험한 상황을 나타내므로, 팽창한 배터리를 발견하면 즉시 사용을 중단하고 전문가에게 상담해야 한다. 팽창한 배터리는 폭발하거나 화재를 일으킬 수 있으므로, 안전을 위해 적절한 처리가 필요하다.

드론 비행 전에는 항상 드론의 배터리 상태를 확인하고, 팽창이나 손상, 과열 등의 징후가 없는지 확인해야 한다.

## TMD

Time Division Multiplexing의 약자로, 여러 데이터 스트림을 하나의 신호 채널에 결합하는 데 사용되는 유형의 멀티플렉싱 기술이다. 각 데이터 스트림은 동일한 채널을 공유하지만, 각각은 시간적으로 분리된 슬롯에서 전송된다.

TDM의 주요 개념은 채널의 전체 대역폭을 동일한 시간 간격으로 나누는 것인데 각각의 데이터 스트림은 순차적으로 자신의 시간 슬롯에 할당되며, 이를 통해 여러 데이터 스트림이 동일한 전송 매체를 공유할 수 있다. 이 시간 슬롯은 너무 빠르게 전환되어 각 데이터 스트림이 거의 동시에 전송되는 것처럼 보인다.

TDM은 전화 네트워크에서 음성 신호를 전송하거나 디지털 신호를 전송하는 데 널리 사용되는데 예를 들어, E1 또는 T1 디지털 전화 회선은 여러 개의 전화 통화를 단일 회선으로 결합하기 위해 TDM을 사용한다.

TDM에는 몇 가지 주요 변형이 있다. 예를 들어, 동기식 TDM(STDM)에서는 각 데이터 스트림에 고정된 시간 슬롯이 할당되며, 비동기식 TDM(ATDM)에서는 데이터 스트림이 전송할 데이터를 가지고 있을 때만 시간 슬롯이 할당된다.

## VFR

Visual flight rule, 유시계비행방식으로 계기에 의하지 않고 조종사가 직접 눈으로 보면서 비행하는 방식이다.

## 1TB SSD

1TB SSD는 1테라바이트(TB)의 저장 용량을 가진 Solid State Drive(SSD)를 뜻한다.

SSD는 전통적인 하드 디스크 드라이브(HDD)의 대체재로, 데이터를 저장하기 위해 플래시 기반 메모리를 사용한다. SSD는 HDD에 비해 데이터 접근 및 전송 속도가 빠르며, 움직이는 부품이 없어서 충격에 강하고 소음이 적다. 이런 이유로 SSD는 현대의 많은 컴퓨터와 노트북, 서버, 게임 콘솔 등에 사용되고 있다.

1TB는 매우 큰 저장 공간을 의미하며, 이는 고해상도의 사진 및 비디오, 게임, 응용 프로그램, 문서 등을 저장하기에 충분한 공간을 제공한다. SSD의 용량은 일반적으로 사용자의 필요에 따라 다양하게 선택할 수 있으며, 1TB SSD는 많은 양의 데이터를 빠르게 저장하고 접근할 필요가 있는 사용자에게 적합하다.

# CHAPTER 03 Index

## 가, 나, 다

## 숫자, 알파벳

# 초경량비행장치 조종자증명 시험 종합 안내서 (23.8.7 기준)

## 1) 초경량비행장치 조종자증명 업무 개요

### (1) 초경량비행장치 조종자증명 담당업무별 전화번호 안내

| 담당업무 | 전화번호 |
|---|---|
| 자격제도 / 실기시험 / 교육기관 등록 및 담당자 변경 | 031-645-2104 |
| 실기시험 위원 관리 | 031-645-2103 |
| 학과시험 운영 / 자격증 발급 | 031-645-2100 |
| 자격시험 및 환불 | 031-645-2106 |

\* 방문 상담을 원할 경우, 사전 업무담당자와 시간 약속 필수

### (2) 자격증명 업무범위(항공안전법 제125조) : (초경량비행장치 조종자) 초경량비행장치를 사용하여 비행 또는 조종하는 행위

### (3) 자가용 조종사, 경량항공기조종사, 초경량비행장치조종자 비교 구분

| 구분 | 자가용조종사 | 경량항공기조종사 | 초경량비행장치조종자 |
|---|---|---|---|
| 분류 | 항공기 | 경량항공기 | 초경량비행장치 |
| 기체 종류 | 비행기, 헬리콥터, 활공기, 비행선, 항공우주선 | 조종형비행기, 체중이동형비행기, 경량헬리콥터, 자이로플레인, 동력패러슈트 | 동력비행장치, 회전익비행장치, 유인자유기구, 동력패러글라이더, 행글라이더, 패러글라이더, 낙하산류, 무인비행기, 무인비행선, 무인멀티콥터, 무인헬리콥터, |
| 신고 | 지방항공청 | 지방항공청 | 한국교통안전공단 |
| 검사 | 지방항공청 | 항공안전기술원 | 항공안전기술원 |
| 보험 | 보험가입 필수 | 보험가입 필수 | 초경량비행장치, 항공기대여업, 항공레저스포츠사업에 사용할 때 (항공사업법 제70조) |
| 자격 종류 | 비행기, 헬리콥터, 활공기, 비행선, 항공우주선 | 조종형비행기, 체중이동형비행기, 경량헬리콥터, 자이로플레인, 동력패러슈트 | 동력비행장치, 회전익비행장치, 유인자유기구(자가용/사업용), 동력패러글라이더, 행글라이더, 패러글라이더, 낙하산류, 무인비행선, 무인비행기, 무인멀티콥터, 무인헬리콥터, <br> \* '21.3.1부터 무인비행기, 무인멀티콥터, 무인헬리콥터는 각각 1~4종으로 분류됨 |
| 조종 교육 | 사업용조종사 + 조종교육증명 보유자 | 경량항공기조종사 + 조종교육증명 보유자 | 공단에 등록한 지도조종자 |

## (4) 초경량비행장치 조종자 자격시험 시행 절차

※ 응시자격 신청은 학과시험 합격과 상관없이 실기시험 접수 전에 미리 신청

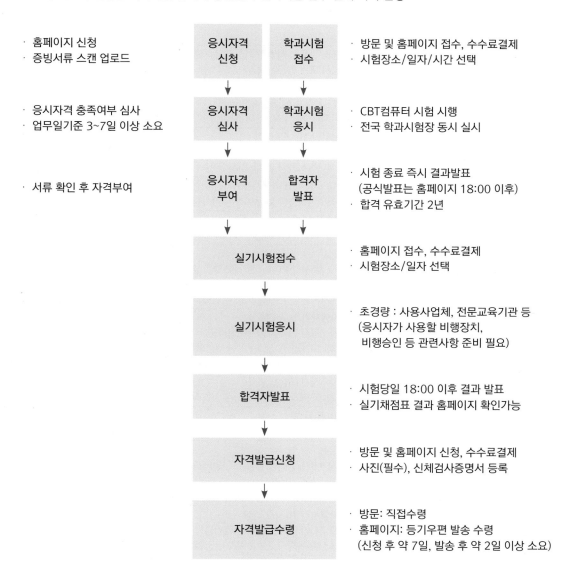

- 홈페이지 신청
- 증빙서류 스캔 업로드

**응시자격 신청** / **학과시험 접수**
- 방문 및 홈페이지 접수, 수수료결제
- 시험장소/일자/시간 선택

- 응시자격 충족여부 심사
- 업무일기준 3~7일 이상 소요

**응시자격 심사** / **학과시험 응시**
- CBT컴퓨터 시험 시행
- 전국 학과시험장 동시 실시

- 서류 확인 후 자격부여

**응시자격 부여** / **합격자 발표**
- 시험 종료 즉시 결과발표
  (공식발표는 홈페이지 18:00 이후)
- 합격 유효기간 2년

**실기시험접수**
- 홈페이지 접수, 수수료결제
- 시험장소/일자 선택

**실기시험응시**
- 초경량 : 사용사업체, 전문교육기관 등
  (응시자가 사용할 비행장치,
   비행승인 등 관련사항 준비 필요)

**합격자발표**
- 시험당일 18:00 이후 결과 발표
- 실기채점표 결과 홈페이지 확인가능

**자격발급신청**
- 방문 및 홈페이지 신청, 수수료결제
- 사진(필수), 신체검사증명서 등록

**자격발급수령**
- 방문: 직접수령
- 홈페이지: 등기우편 발송 수령
  (신청 후 약 7일, 발송 후 약 2일 이상 소요)

## 2) 초경량비행장치 조종자 응시자격 안내

### (1) 무인동력비행장치 응시자격(항공안전법 시행규칙 제306조)

| 자격 | 연령 | 비행경력 또는 관련 자격 보유자 | | 전문교육기관 이수 |
|---|---|---|---|---|
| 공통사항 | | · 비행경력은 안정성 인증검사, 비행승인 등의 적법한 기준 및 절차를 따른 경력을 말함<br>· 보통 이상 운전면허 신체검사 증명서 또는 항공신체검사증명서를 소지해야 함 | | |
| 무인비행기 | 만 14세 이상 | 1종 | 해당종류 비행시간 20시간 이상<br>(2종 무인비행기 자격소지자 15시간 이상, 3종 무인비행기 자격소지자는 17시간 이상)<br>* 최대이륙중량 25kg 초과 ~ 자체중량 150kg 이하 무인비행기 비행경력 | 전문교육기관 해당과정 이수 |
| | | 2종 | 1종 또는 2종 무인비행기 비행시간 10시간 이상<br>(3종 무인비행기 자격소지자 7시간 이상)<br>* 최대이륙중량 7kg 초과 ~ 최대이륙중량 25kg 이하 무인비행기 비행경력 | |
| | | 3종 | 1종, 2종, 3종 무인비행기 중 어느 하나의 비행시간 6시간 이상<br>* 최대이륙중량 2kg 초과 ~ 최대이륙중량 7kg 이하 무인비행기 비행경력 | |
| | | 4종 | 해당 종류 온라인 교육과정 이수로 대체<br>* 최대이륙중량 2kg 이하의 무인비행기에 해당(만 10세 이상) | 해당 없음 |
| 무인헬리콥터 | 만 14세 이상 | 1종 | 해당종류 비행시간 20시간 이상<br>(2종 무인헬리콥터 자격소지자 15시간 이상, 3종 무인헬리콥터 자격소지자는 17시간 이상,<br>1종 무인멀티콥터 자격소지자 10시간 이상)<br>* 최대이륙중량 25kg 초과 ~ 자체중량 150kg 이하 무인헬리콥터 비행경력 | 전문교육기관 해당과정 이수 |
| | | 2종 | 1종 또는 2종 무인헬리콥터 비행시간 10시간 이상<br>(3종 무인헬리콥터 자격소지자 7시간 이상, 2종 무인멀티콥터 자격소지자 5시간 이상)<br>* 최대이륙중량 7kg 초과 ~ 최대이륙중량 25kg 이하 무인헬리콥터 비행경력 | |
| | | 3종 | 1종, 2종, 3종 무인헬리콥터 중 어느 하나의 비행시간 6시간 이상<br>(3종 무인멀티콥터 자격소지자 3시간 이상)<br>* 최대이륙중량 2kg 초과 ~ 최대이륙중량 7kg 이하 무인헬리콥터 비행경력 | |
| | | 4종 | 해당 종류 온라인 교육과정 이수로 대체<br>* 최대이륙중량 2kg 이하의 무인헬리콥터에 해당(만 10세 이상) | 해당 없음 |
| 무인멀티콥터 | 만 14세 이상 | 1종 | 해당종류 비행시간 20시간 이상<br>(2종 무인멀티콥터 자격소지자 15시간 이상, 3종 무인멀티콥터 자격소지자는 17시간 이상,<br>1종 무인헬리콥터 자격소지자 10시간 이상)<br>* 최대이륙중량 25kg 초과 ~ 자체중량 150kg 이하 무인멀티콥터 비행경력 | 전문교육기관 해당과정 이수 |
| | | 2종 | 1종 또는 2종 무인멀티콥터 비행시간 10시간 이상<br>(3종 무인멀티콥터 자격소지자 7시간 이상, 2종 무인헬리콥터 자격소지자 5시간 이상)<br>* 최대이륙중량 7kg 초과 ~ 최대이륙중량 25kg 이하 무인멀티콥터 비행경력 | |
| | | 3종 | 1종, 2종, 3종 무인멀티콥터 중 어느 하나의 비행시간 6시간 이상<br>(3종 무인헬리콥터 자격소지자 3시간 이상)<br>* 최대이륙중량 2kg 초과 ~ 최대이륙중량 7kg 이하 무인멀티콥터 비행경력 | |
| | 만 10세 이상 | 4종 | 해당 종류 온라인 교육과정 이수로 대체<br>* 최대이륙중량 2kg 이하의 무인멀티콥터에 해당 | 해당 없음 |

※ 4종 무인동력비행장치(무인비행기, 무인헬리콥터, 무인멀티콥터) 온라인 교육 수강 방법

- 한국교통안전공단배움터(https://edu.kotsa.or.kr) 접속 → 로그인(회원가입 필수) → 온라인 강의실 → 수강신청 → 해당교육과정 신청 및 수강 → 교육이수증명서(수료증) 발급

(2) 응시자격 제출 서류

　① (필수) 비행경력증명서 1부

　② (필수) 유효한 2종 보통이상 운전면허 신체검사 증명서 또는 항공신체검사증명서도 가능

　③ (추가) 전문교육기관 이수증명서 1부(전문교육기관 이수자에 한함)

(3) 응시자격 신청 방법

　① 신청기간 : ~ 실기시험 접수 전까지

　② 처리기간 : 신청일로부터 업무일 기준 3~7일 정도 소요 (처리 기간을 고려해 실기시험 접수 전까지 미리 신청)

　③ 경로 : TS국가자격시험 홈페이지(lic.kotsa.or.kr) [응시자격신청] 메뉴 이용

　④ 대상 : 초경량비행장치 조종자 증명시험 응시자

　⑤ 효력 : 최종합격 전까지 한 번만 신청하면 유효

　　* 학과시험 유효기간 2년이 지난 경우 제출서류가 미비하면 다시 제출

　　* 제출서류에 문제가 있는 경우 합격했더라도 취소 및 민·형사상 처벌 가능

　⑥ 신청절차 : [응시자] 제출서류 스캔파일 등록 → [응시자] 해당 종류 응시자격 신청 → [공단] 응시조건/면제조건 확인/검토 → [공단] 응시자격처리(부여/기각) → [공단] 처리결과 통보(SMS) → [응시자] 처리결과 홈페이지 확인

## 3) 초경량비행장치조종자 학과시험 안내

(1) 학과시험 면제기준(항공안전법 시행규칙 제86조 및 별표 6, 제88조, 제306조) : 21년 3월 1일부터 시행되었으며, 무인비행장치 전문교육기관 교육과정 이수자에 대한 학과시험 면제 유효기관(2년) 적용은 21년 3월 1일 이후 입과한 사람부터 적용

　① 다른 종류의 자격증을 보유한 경우

| 응시하고자 하는 자격 | 보유자격 | 면제대상 |
|---|---|---|
| 동력비행장치 | 운송용조종사(비행기) | 동력비행장치 학과시험 |
| | 사업용조종사(비행기) | |
| | 자가용조종사(비행기) | |
| 회전익비행장치 | 운송용조종사(헬리콥터) | 회전익비행장치 학과시험 |
| | 사업용조종사(헬리콥터) | |
| | 자가용조종사(헬리콥터) | |
| 동력비행장치 | 타면조종형비행기 소지자 | 동력비행장치 학과시험 |
| 회전익비행장치 | 경량헬리콥터 소지자 | 회전익비행장치 학과시험 |
| 동력패러글라이더 | 동력패러슈트 소지자 | 동력패러글라이더 학과시험 |
| *무인멀티콥터(1~3종) | 무인헬리콥터(1~3종) | 무인멀티콥터(1~3종) 학과시험<br>*유효기간: 보유자격 취득일로부터 2년 |
| *무인헬리콥터(1~3종) | 무인멀티콥터(1~3종) | 무인헬리콥터(1~3종) 학과시험<br>*유효기간: 보유자격 취득일로부터 2년 |

② 전문교육기관을 이수한 경우

| 응시하고자 하는 자격 | 보유자격 | 면제대상 |
|---|---|---|
| 초경량비행장치조종자<br>(무인비행장치 제외) | 해당 종류 교육과정 이수 | 해당종류 학과시험 |
| *무인비행장치 조종자 | 해당 종류 교육과정 이수 | 해당종류 학과시험<br>*유효기간: 교육 이수일로부터 2년 |

(2) 학과시험 접수기간(항공안전법 시행규칙 제306조) : 시험일자와 접수기간은 제반 환경에 따라 변경될 수 있다.

① 접수 담당 : 031-645-2100

② 접수 일자 : '22년 12월 26일 20:00부터 최초 접수 시작

③ 접수 마감 시간 : 시험일자 2일 전 23:59

④ 접수 시작 시간 : 시험일로부터 3개월 이전 일자의 20:00부터

⑤ 접수 변경 : 시험일자/장소를 변경하고자 하는 경우 환불 후 재접수

⑥ 접수 제한 : 정원제 접수에 따른 접수인원 제한(시험장별 좌석수 제한)

⑦ 응시 제한 : 공정한 응시기회 제공을 위해 초경량비행장치 종류 중 기접수 시험이 있는 경우 중복접수 불가(기접수한 시험의 홈페이지 결과 발표(18:00) 이후 시험 접수 가능)

(3) 학과시험 일정 : TS국가자격시험 홈페이지 접속 → 초경량(드론)조종자 → 공지사항 → [시험정보]2023년 초경량비행장치(드론 등) 자격시험 시행일정 안내

(4) 학과시험 접수 방법

① 인터넷 : TS국가자격시험 홈페이지(lic.kotsa.or.kr)

② 결제수단 : 인터넷(신용카드, 실시간계좌이체), 방문(화성 드론자격센터에서만 방문 접수 가능/신용카드, 현금)

(5) 학과시험 응시수수료(항공안전법 시행규칙 제321조 및 별표 47) : 응시수수료 48,400원(부가세 포함)

(6) 학과시험 환불 기준(항공안전법 시행규칙 제321조)

① 환불기준 : 수수료를 과오납한 경우, 공단의 귀책사유 등으로 시험을 시행하지 못한 경우, 학과시험 시행일자 기준 2일 전날 23:59까지 또는 접수가능 기간까지 취소하는 경우

예시) 시험일(1월10일), 환불마감일(1월8일 23:59까지)

* 기타 환불기간 경과자에 대한 환불처리 기준 확인 : TS국가자격시험 홈페이지 접속 → 초경량(드론)조종자 → 시험취소 및 환불안내

② 환불금액 : 100% 전액

③ 환불시기 : 신청 즉시(실제 금액 환불 확인은 카드사나 은행에 따라 5~6일 소요)

(7) 학과시험 환불 방법

① 환불 담당 : 031-645-2106

② 환불 종료 : 환불 마감일(시험일자 2일 전)의 23:59까지

③ 환불 방법 : TS국가자격시험 홈페이지-[신청·조회]-[항공자격]-[예약/접수]-[접수확인]

④ 환불 절차 : (응시자) 환불 신청(인터넷) → (공단) 시스템에서 즉시 환불 → (공단) 결제시스템 회사에 해당 결제내역 취소 → (은행) 결제 내역 취소 확인 →(응시자) 결제 내역 실제 환불 확인

(8) 초경량비행장치 조종자(통합 1과목 40문제) 학과시험 시험과목 및 범위(항공안전법 시행규칙 제306조)

| 과 목 | 범 위 |
|---|---|
| 항공법규 | 해당 업무에 필요한 항공법규 |
| 항공기상 | 가. 항공기상의 기초지식<br>나. 항공기상 통보와 일기도의 해독 등 (무인비행장치는 제외)<br>다. 항공에 활용되는 일반기상의 이해 등 (무인비행장치에 한함) |
| 비행이론 및<br>운용 | 가. 해당 비행장치의 비행 기초원리<br>나. 해당 비행장치의 구조와 기능에 관한 지식 등<br>다. 해당 비행장치 지상활주(지상활동) 등<br>라. 해당 비행장치 이·착륙<br>마. 해당 비행장치 공중조작 등<br>바. 해당 비행장치 비상절차 등<br>사. 해당 비행장치 안전관리에 관한 지식 등 |

(9) 무인비행장치(무인비행기, 무인헬리콥터, 무인멀티콥터, 무인비행선) 학과시험 과목별 세목 현황(총 31개 세목)

• 세목이란 : 학과시험 과목별 시험범위에 대한 상세 시험 범위

• 활용 방법 : 미리 공개된 세목을 숙지하여 수험공부에 활용

• 취약 세목 : 학과 시험 후 합격 여부와 상관없이 틀린 문제에 대한 세목인 개인별 취약세목을 홈페이지 학과시험 결과 조회에서 확인 가능

① 법규 분야(10개 세목)

■ 000. 목적 및 용어의 정의

■ 002. 공역 및 비행제한

■ 010. 초경량비행장치 범위 및 종류

■ 012. 신고를 요하지 아니하는 초경량비행장치

■ 020. 초경량비행장치 신고 및 안전성인증

■ 023. 초경량비행장치 변경/이전/말소

■ 030. 초경량비행장치 비행자격 등

- 031. 비행계획 승인
- 032. 초경량비행장치 조종자 준수사항
- 040. 초경량비행장치 사고/조사 및 벌칙

② 이론 분야(22개 세목)

- 060. 비행준비 및 비행 전 점검
- 061. 비행절차
- 062. 비행 후 점검
- 070. 기체의 각 부분과 조종면의 명칭 및 이해
- 071. 추력 부분의 명칭 및 이해
- 072. 기초 비행이론 및 특성
- 073. 측풍 이착륙
- 074. 엔진고장 및 비정상 상황 시 절차
- 075. 비행장치의 안정과 조종
- 076. 송수신 장비 관리 및 점검
- 077. 배터리의 관리 및 점검
- 078. 엔진의 종류 및 특성
- 079. 조종자 및 역할
- 080. 비행장치에 미치는 힘
- 082. 공기흐름의 성질
- 084. 날개 특성 및 형태
- 085. 지면효과, 후류 등
- 086. 무게중심 및 weight & balance
- 087. 사용 가능 기체(GAS)
- 092. 비행 안전 관련
- 093. 조종자 및 인적요소
- 095. 비행관련 정보(AIP[부록 참조], NOTAM[부록 참조]) 등

③ 기상 분야(9개 세목)

- 100. 대기의 구조 및 특성
- 110. 착빙
- 120. 기온과 기압
- 140. 바람과 지형
- 150. 구름
- 160. 시정 및 시정 장애 현상
- 170. 고기압과 저기압
- 180. 기단과 전선
- 190. 뇌우 및 난기류 등

(10) 학과시험 장소(항공안전법 시행규칙 제306조)

   ① **서울시험장(50석)** : 항공자격처(서울 마포구 구룡길 15)

   ② **부산시험장/화물(10석/15석)** : 부산본부(부산 사상구 학장로 256)

   ③ **광주시험장/화물(10석/17석)** : 광주전남본부(광주 남구 송암로 96)

   ④ **대전시험장/화물(10석/20석)** : 대전세종충남본부(대전 대덕구 대덕대로 1417번길 31)

   ⑤ **화성시험장(28석)** : 드론자격센터(경기 화성시 송산면 삼존로 200)

   ⑥ **춘천화물시험장(10석)** : 강원본부(강원 춘천시 동내로 10)

   ⑦ **대구화물시험장(20석)** : 대구경북본부(대구 수성구 노변로 33)

   ⑧ **전주화물시험장(6석)** : 전북본부(전북 전주시 덕진구 신행로 44)

   ⑨ **제주화물시험장(12석)** : 제주본부(제주 제주시 삼봉로 79)

(11) 학과시험 시행 방법(항공안전법 제43조 및 시행규칙 제82조, 제84조, 제306조)

   ① **시행담당** : 031-645-2100

   ② **시행방법** : 컴퓨터에 의한 시험 시행

   ③ **문 제 수** : 초경량비행장치조종자(과목당 40문제)

   ④ **시험시간** : 과목당 40문제(과목당 50분)

   ⑤ **시작시간** : 평일(11:00, 13:30, 15:00, 16:30 등), 주말(09:30)

   ⑥ **응시제한 및 부정행위 처리**

      ■ 시험 시작시간 이후에 시험장에 도착한 사람은 응시 절대 불가

      ■ 시험 도중 무단으로 퇴장한 사람은 재입장할 수 없으며, 해당 시험 종료 처리

      ■ 부정행위 또는 주의사항이나 시험감독의 지시에 따르지 아니하는 사람은 즉각 퇴장조치 및 무효처리하며, 향후 2년간 공단에서 시행하는 자격시험의 응시자격 정지

(12) 학과시험 합격 발표(항공안전법 시행규칙 제83조, 제85조, 제306조)

   ① **발표 방법** : 시험 종료 즉시 시험 컴퓨터에서 확인

   ② **발표 시간** : 시험 종료 즉시 결과 확인 (공식적인 결과발표는 홈페이지로 18:00 발표)

   ③ **합격 기준** : 70% 이상 합격(과목당 합격 유효)

   ④ **합격 취소** : 응시자격 미달 또는 부정한 방법으로 시험에 합격한 경우 합격 취소

   ⑤ **유효기간** : 학과시험 합격일로부터 2년간 유효

      ■ 학과시험 합격일로부터 2년간 실기시험 접수 가능

## 4) 초경량비행장치 조종자 실기시험 안내

(1) 실기시험 면제 : (유인분야만 해당) 외국 정부 또는 외국 정부에서 인정한 기관의 장으로부터 조종자증명을 받은 사람이 동일한 종류의 조종자증명시험에 응시하는 경우

(2) 실기시험 접수 기간(항공안전법 시행규칙 제306조)

    ① **접수 담당** : 031-645-2103~4(초경량 실비행시험)

    ② **접수 일자** : '22.12.27(최초 접수 시작일) 20:00 ~ 시험시행일 전(前)주 월요일까지

    ③ **접수 제한** : 정원제 접수에 따른 접수인원 제한

    ④ **응시 제한** : 공정한 응시기회 제공을 위해 동일 접수기간 동안 같은 자격 접수기회 1회로 제한

  ※ 주의사항 : 무인비행기, 무인헬리콥터, 무인멀티콥터, 무인비행선 등 초경량비행장치 실기시험 접수 시 반드시 교육기관 및 실기시험장과 비행장치 및 장소 제공 일자에 대한 사전협의를 하여 협의된 일자로 접수 요청할 것

(3) 실기시험 접수 방법

    ① **인터넷** : TS국가자격시험 홈페이지(lic.kotsa.or.kr)

    ② **결제수단** : 인터넷(신용카드, 실시간 계좌이체)

(4) 실기시험 환불 기준

    ① **인터넷** : TS국가자격시험 홈페이지(lic.kotsa.or.kr)

    ② **환불기준** : 수수료를 과오납한 경우, 공단의 귀책사유 등으로 시험을 시행하지 못한 경우, 실기시험 시행일자 기준 6일 전날 23:59까지 또는 접수가능 기간까지 취소하는 경우

    예시) 시험일(1월10일), 환불마감일(1월4일 23:59까지)

    ＊ 기타 환불기간 경과자에 대한 환불처리 기준 확인 : TS국가자격시험 홈페이지 접속 → 초경량(드론)조종자 → 시험취소 및 환불안내

    ③ **환불금액** : 100% 전액

    ④ **환불시기** : 신청즉시(실제 환불확인은 카드사나 은행에 따라 5~6일 소요)

(5) 실기시험 환불 방법

    ① **환불 담당** : 031-645-2106

    ② **환불 종료** : 환불 마감일(시험일자 6일 전)의 23:59까지

    ③ **환불 방법** : TS국가자격시험 홈페이지-[신청·조회]-[항공자격]-[예약/접수]-[접수확인]

    ④ **환불 절차** : (응시자) 환불 신청(인터넷) → (공단) 시스템에서 즉시 환불 → (공단) 결제시스템 회사에 해당 결제내역 취소 → (은행) 결제 내역 취소 확인 →(응시자) 결제 내역 실제 환불 확인

(6) 실기시험 응시수수료(항공안전법 시행규칙 제321조 및 별표 47) : 72,600원(부가세 포함)

(7) 실기시험 시험과목 및 범위(항공안전법 시행규칙 제306조)

| 자격종류 | 범 위 |
|---|---|
| 초경량비행장치<br>조종자 | 가. 기체 및 조종자에 관한 사항<br>나. 기상·공역 및 비행장에 관한 사항<br>다. 일반지식 및 비상절차 등<br>마. 비행 전 점검<br>바. 지상활주(또는 이륙과 상승 또는 이륙동작)<br>사. 공중조작(또는 비행동작)<br>아. 착륙조작(또는 착륙동작)<br>자. 비행 후 점검 등<br>차. 비정상절차 및 비상절차 등 |

(8) 무인멀티콥터/무인헬리콥터 실기시험 시행일(실기시험장 : 전국 총 16개소)

① 주 2회(매주 화요일, 수요일) : 화성, 영월, 춘천, 보은, 청양, 영천, 문경, 김해, 사천, 전주, 광주, 고양 (단, 화성 드론자격센터는 실기시험장 및 전문교육기관의 모든 시험일자 시행)

② 주 1회(매주 수요일만 실시) : 부여, 울진, 진주, 진안

③ 실기시험 마감일 : 시험 시행일 전주 월요일(단, 월요일이 공휴일인 경우, 시험 시행일 전주 화요일 23:59까지)

④ 접수 인원인 5명 미만인 경우 마감일 이후, 시험장소 및 일정 변경

(9) 초경량비행장치 전문교육기관 실기시험 시행일

① 매월 2회(목요일, 금요일) 편성을 원칙으로 하되, 구역별 연 10회에서 11회 시험 편성

■ 접수 정원 : 공단에 신청한 제1교육장의 교육라인수 X 9명

■ 접수 인원이 5명 미만인 경우 마감일 이후, 시험장소 및 일정 변경

② 구역 편성(구역 지정은 공단에 신청한 제1교육장의 주소 기준)

■ 1구역 : 경기, 충북, 인천

■ 2구역 : 전남, 광주, 강원

■ 3구역 : 충남, 대전, 세종, 경남, 울산, 부산

■ 4구역 : 전북, 경북, 대구, 제주

(10) 무인비행장치 조종자증명 실기시험장 조건

① 공통사항

■ 실기시험장이 있는 토지의 소유, 임대 또는 적법한 절차에 의해 사용할 권한이 있을 것(이 경우 「농지법」 등 타 법률에서 정하는 제한사항이 없을 것)

■ 법 제127조에 따른 초경량비행장치 비행승인을 받는데 문제가 없을 것

■ 실기시험장에 시험을 방해할 수 있는 장애물 또는 불법 건축물이 없을 것

- 실기시험장의 노면은 해당 분야 실기시험 평가에 지장을 주지 아니하도록 평탄하게 유지되고 배수상 태가 양호할 것(무인비행기의 경우에는 지상활주가 가능한 노면상태를 갖출 것)
- 실기시험장과 외부와의 차단을 위한 안전펜스가 있을 것(다만, 외부 인원의 실기시험장 침입을 통제 하기 위한 인력이 상주하거나 개활지인 경우에는 제외한다.)
- 화장실 등 위생시설(남녀 구분)이 있을 것
- 응시자가 대기하는 장소에 냉·난방기가 설치되어 있을 것
- 풍향, 풍속을 감지할 수 있는 시설물이 설치되어 있을 것
- 실기시험장 출입구에 목적과 주의사항을 안내하는 시설물이 설치되어 있을 것
- 비상시 응급조치에 필요한 의료물품이 구비되어 있을 것
- 인접한 의료기관의 명칭, 장소의 약도 및 연락처 등 비상시 의료조치를 위하여 필요한 물품이 비치되어 있을 것

② **무인비행장치 종류별 비행장 최소 기준**

| 종류 | 규격 |
|---|---|
| 무인비행기 | 길이 150m 이상 × 폭 40m 이상 |
| 무인멀티콥터 | 길이 80m 이상 × 폭 35m 이상 × 높이 20m 이상 |
| 무인헬리콥터 | 길이 80m 이상 × 폭 35m 이상 × 높이 20m 이상 |
| 무인비행선 | 길이 50m 이상 × 폭 20m 이상 |

- 무인비행기와 무인비행선의 실기시험장 규격은 이착륙을 위한 시설(활주로 기준)의 규격이며 실기시 험을 위한 비행장치의 기동과 안전사고를 예방할 수 있는 공간은 별도로 확보되어야 함
- 실기시험장 규격은 단일 실기시험장 규격으로 여러 개인 경우에는 서로 중첩되지 않아야 함

(11) 실기시험 시행 방법

① **시행담당** : 031-645-2103, 2104(초경량 실비행시험)

② **시행방법** : 구술시험 및 실비행시험

③ **시작시간** : 공단에서 확정 통보된 시작시간(시험접수 후 별도 SMS 통보)

④ **응시제한 및 부정행위 처리**

- 사전 허락 없이 시험 시작시간 이후에 시험장에 도착한 사람은 응시 불가
- 시험위원 허락 없이 시험 도중 무단으로 퇴장한 사람은 해당 시험 종료처리
- 부정행위 또는 주의사항이나 시험감독의 지시에 따르지 아니하는 사람은 즉각 퇴장조치 및 무효처리 하며, 향후 2년간 공단에서 시행하는 자격시험의 응시자격 정지

(12) 실기시험 합격 발표(항공안전법 시행규칙 제306조)

　　① 발표 방법 : 시험 종료 후 TS국가자격시험 홈페이지에서 확인

　　② 발표 시간 : 시험당일 18:00 이후

　　③ 합격 기준 : 채점항목의 모든 항목에서 "S"등급이어야 합격

　　④ 합격 취소 : 응시자격 미달 또는 부정한 방법으로 시험에 합격한 경우 합격 취소

## 5) 초경량비행장치 조종자 증명서 발급

(1) 자격증 신청 방법

　　① 발급담당 : 031-645-2100

　　② 수 수 료 : 11,000원(부가세 포함) *발급 신청 시 증명사진 제출 필수

　　　　　　　　(인터넷 발급의 경우, 등기우편비용 2,530원 추가)

　　③ 신청기간 : 최종합격발표 이후(인터넷 : 24시간, 방문 : 근무시간)

　　④ 신청방법

　　　■ 인터넷 : TS 국가자격시험 홈페이지 항공자격 페이지

　　　■ 방 문

　　　　• 화성 드론자격센터 2층 사무실(평일 09:00~17:30)

　　　　 * 주소 : 경기도 화성시 송산면 삼존로 200 한국교통안전공단 드론자격센터

　　　　• 항공자격처 사무실(평일 09:00~17:30)

　　　　 * 주소 : 서울 마포구 구룡길 15(상암동 1733번지) 상암자동차검사소 3층

　　⑤ 결제수단 : 인터넷(신용카드, 실시간계좌이체), 방문(신용카드, 현금)

　　⑥ 처리기간 : 인터넷(신청일로부터 업무일 기준 5~7일 소요), 방문(10~20분)

　　⑦ 신청취소 : 인터넷 취소 불가(전화취소 : 031-645-2100,2105,2106)

　　⑧ 책임여부 : 발급책임(공단), 발급신청/배송지정보확인/대리수령/수령확인책임(신청자)

　　⑨ 발급절차 : (신청자) 발급신청(자격사항, 인적사항, 배송지 등) → (신청자) 제출서류 스캔파일 등록 (사진, 신체검사증명서 등) → (공단) 신청명단 확인 후 자격증 발급 → (공단) 등기우편접수 → (우체국) 등기우편배송 → (신청자) 수령 및 이상유무 확인

(2) 초경량비행장치 조종자 증명서(총 1장 발급 : 국문, 영문 통합 1장)

**6) 자격 차등화 시행(21.3.1)에 따른 경과조치 관련 사항**

(1) 드론 분류체계 개편에 따른 신고 범위 개선(21.1.11) 및 자격 차등화 시행(21.3.1)

• 규제 개선 (3) : 드론 분류체계 개편(안)

| 완구형 모형비행장치 250g 이하 | 저위험 무인비행장치 250g~7kg | 중위험 무인비행장치 7kg~25kg | 고위험 무인비행장치 25kg 초과 |
|---|---|---|---|

| 구 분 | | 현 행 | 개 선 | | 비 고 |
|---|---|---|---|---|---|
| 기체신고·말소 | 비사업용 | ·12kg 초과시 신고 (자체중량) | 비사업용 | ·2kg 초과시 소유주 등록 (최대이륙중량) | ·사업용 동일 ·비사업용 규제↑ |
| | 사업용 | ·무게와 무관하게 신고 | 사업용 | ·무게와 무관하게 신고 | |
| 안전성 인증 | | ·25kg 초과 안전성 인증 | ·25kg 초과 안전성 인증 | | ·현행과 동일 |
| 조종 자격 | 비사업용 | ·불필요 | 비사업용 사업용 | ·250g~2kg 온라인 교육 | ·비사업용 규제↑ ·사업용 규제↑ *개선안은 최대이륙중량 사용 |
| | 사업용 | ·12kg 초과시 조종자 증명 취득 필요 (필기+실기) | | ·2kg~7kg 필기 +비행경력(6시간) ·7kg~25kg 필기 +비행경력(10시간) +실기시험(약식) ·25kg초과 필기+비행경력(20시간) +실기 | |

(2) 자격 차등화 시행(21.3.1)에 따른 후속조치

① 자격 차등화 시행(21.3.1) 이전 국가자격 취득자

■ 해당 자격과 동일한 자격(1종)을 취득한 것으로 봄(자격 재발급 불요)

② 자격 차등화 시행(21.3.1) 이전 학과시험 및 실기시험 합격자, 응시자격 부여자

■ 해당 자격과 동일한 학과시험 및 실기시험(1종)에 합격한 것으로 인정되며 응시자격도 동일한 종류의 무인비행장치 1종 응시자격을 부여받은 것으로 인정

* 무인비행장치 종류(예: 무인멀티콥터)별 학과시험은 종별(1~3종) 구분없이 동일

③ 자격 차등화 시행(21.3.1) 이전 비행경력(자체중량 12kg 초과~150kg 이하 사업용 기체 비행경력)

■ 21.3.1 이후 해당 종류별 1종 비행경력으로 인정됨

* 지도조종자의 경우 교육생에 대한 비행시간 기록은 기존과 동일(공단 담당자가 응시자격 검토 시 1종 비행경력으로 인정처리)

# 초경량비행장치 신고업무 운영세칙

2020.12.10 제정 (규정 제1302호)
2021.12.31 개정 (규정 제1362호)

## 제1장 총 칙

### 제1조(목적)

이 세칙은 「항공안전법」 제122조, 제123조 및 「항공안전법 시행규칙」 제301조부터 제303조까지에 따른 초경량비행장치의 신고에 관한 절차 · 방법 · 신고대장 관리 등 세부사항을 규정함을 목적으로 한다.

### 제2조(정의)

이 세칙에서 사용하는 용어의 정의는 다음과 같다.

1. "신고"란 「항공안전법」(이하 "법"이라 한다) 제122조, 제123조 및 「항공안전법 시행규칙」(이하 "시행규칙"이라 한다) 제301부터 제303까지에 따른 신규신고, 변경신고, 이전신고, 말소신고를 말한다.

2. "신규신고"란 법 제122조 및 시행규칙 제301조에서 정하는 바에 따라 초경량비행장치를 소유하거나 사용할 수 있는 권리가 있는 자(이하 "초경량비행장치소유자등"이라 한다)가 최초로 행하는 신고를 말한다.

3. "변경신고"란 법 제123조 및 시행규칙 제302조에 따른 초경량비행장치의 용도, 초경량비행장치소유자등의 성명이나 명칭 또는 주소, 초경량비행장치의 보관처 등이 변경된 경우 행하는 신고를 말한다.

4. "이전신고"란 법 제123조 및 시행규칙 제302조에 따른 초경량비행장치의 소유권이 이전된 경우 행하는 신고를 말한다.

5. "말소신고"란 법 제123조 및 시행규칙 제303조에 따른 초경량비행장치가 멸실되었거나 해체되는 등의 사유가 발생되었을 때 행하는 신고를 말한다. 〈개정 2021.12.31〉

6. "초경량비행장치 보관처"란 비행장치를 항공에 사용하지 아니할 때 초경량비행장치를 보관하는 지상의 주된 장소를 말한다.

7. "신고담당자"란 한국교통안전공단(이하 "공단"이라 한다) 초경량비행장치 신고업무를 수행하는 사람을 말한다.

### 제3조(다른 법령과의 관계)

초경량비행장치의 신고에 관하여 다른 법령이 정하는 것을 제외하고는 이 세칙에 의한다. 〈개정 2021.12.31〉

## 제2장 초경량비행장치 신고

## 제1절 초경량비행장치 신고

## 제4조(신규신고)

① 초경량비행장치소유자등은 법 제124조에 따른 안전성 인증을 받기 전(안전성인증 대상이 아닌 초경량비행장치인 경우에는 초경량비행장치를 소유하거나 사용할 권리가 있는 날부터 30일 이내를 말한다)까지 별지 제1호서식의 초경량비행장치 신고서에 다음 각 호의 서류를 첨부하여 한국교통안전공단 이사장(이하 "이사장"이라 한다)에게 제출하여야 한다. 〈개정 2021.12.31〉

  1. 초경량비행장치를 소유하거나 사용할 수 있는 권리가 있음을 증명하는 서류
  2. 초경량비행장치의 제원 및 성능표
  3. 가로 15센티미터. 세로 10센티미터의 초경량비행장치 측면사진(다만, 무인비행장치의 경우에는 기체 제작번호 전체를 촬영한 사진을 함께 제출한다.) 〈개정 2021.12.31〉

② 제4조 제1항제1호에 따른 소유증빙이 어려운 경우 별지 제2호서식의 초경량비행장치 소유확인서로 대체할 수 있으며, 이 경우 초경량비행장치 소유확인서를 제출하여야 한다. 〈개정 2021.12.31〉

③ 제4조 제1항제3호에 따른 기체 제작번호 촬영 사진제출시 기체 제작번호가 없는 경우에는 숫자와 영문 또는 국문 등을 조합하여 해당 초경량비행장치를 특정할 수 있도록 초경량비행장치소유자등이 자체 부여하여야 한다. 다만, 기체 제작번호가 중복될 경우 이사장은 초경량비행장치소유자등에게 제작번호를 재부여하도록 보완을 요청할 수 있다. 〈개정 2021.12.31〉

## 제4조의2(신고대상)

① 「항공안전법 시행령」(이하 "시행령"이라 한다) 제24조에서 정하는 바에 따라 다음 각 호의 초경량비행장치는 초경량비행장치소유자등이 이사장에게 신고하여야 한다.

  1. 「항공사업법」에 따른 항공기대여업·항공레저스포츠사업 또는 초경량비행장치 사용사업에 사용되는 초경량비행장치
  2. 행글라이더, 패러글라이더 등 동력을 이용하는 비행장치
  3. 사람이 탑승하는 기구류
  4. 무인동력비행장치 중에서 최대이륙중량이 2킬로그램을 초과하는 것
  5. 무인비행선 중에서 연료의 무게를 제외한 자체 무게가 12킬로그램를 초과하고, 길이가 7미터로 초과하는 것

② 법 제131조의2 및 시행령 제24조에서 정하는 바에 따라 다음 각 호의 초경량비행장치는 신고를 필요로 하지 않는다.

  1. 군용·경찰용·세관용 무인비행장치
  2. 연구기관 등이 시험·조사·연구 또는 개발을 위하여 제작한 초경량비행장치
  3. 제작자 등이 판매를 목적으로 제작하였으나 판매되지 아니한 것으로서 비행에 사용되지 아니하는 초경량비행장치
  4. 군사목적으로 사용되는 초경량비행장치

[전문개정 2021.12.31]

## 제5조(변경신고)

초경량비행장치소유자등은 초경량비행장치의 용도, 소유자등의 성명 · 명칭, 주소, 보관처 등이 변경된 경우, 그 변경

일로부터 30일 이내에 별지 제1호서식의 초경량비행장치 신고서에 그 사유를 증명할 수 있는 서류를 첨부하여 이사장에게 제출하여야 한다.

## 제6조(이전신고)

초경량비행장치소유자등은 초경량비행장치의 소유권이 이전된 경우 소유권이 이전된 날로부터 30일 이내에 별지 제1호서식의 초경량비행장치 신고서에 그 사유를 증명할 수 있는 서류를 첨부하여 이사장에게 제출하여야 한다.

## 제7조(말소신고)

① 초경량비행장치소유자등은 신고된 초경량비행장치에 대하여 다음 각 호에 해당되는 사유가 발생될 경우 그 사유가 있는 날로부터 15일 이내에 별지 제1호서식의 초경량비행장치 신고서에 말소사유를 기재하여 이사장에게 제출하여야 한다.

1. 초경량비행장치가 멸실되었거나 해체된 경우
2. 초경량비행장치의 존재 여부가 2개월 이상 불분명한 경우
3. 초경량비행장치가 외국에 매도된 경우
4. 신고대상 기체가 소유자 변경 등으로 인하여 미신고 대상이 된 경우
5. 신고대상 기체의 개조 등으로 인하여 신고된 기체의 신고번호 최대이륙중량 구간(C0~C4)을 벗어난 경우 〈개정 2021.12.31〉

② 초경량비행장치소유자등이 제1항에 따른 말소신고를 하지 아니하면 이사장은 30일 이상의 기간을 정하여 말소신고를 할 것을 해당 초경량비행장치소유자등에게 최고(催告)하여야 한다. 다만, 최고(催告) 대상 초경량비행장치소유자등의 주소 또는 거소를 알 수 없는 경우에는 말소신고할 것을 공단 홈페이지에 30일 이상 공고하여야 한다. 〈개정 2021.12.31〉

③ 제2항에 따른 최고(催告)를 한 후에도 해당 초경량비행장치소유자등이 말소신고를 하지 아니하면 이사장은 직권으로 그 신고번호를 말소할 수 있으며, 신고번호가 말소된 때에는 7일 이내에 그 사실을 해당 초경량비행장치소유자등 및 그 밖의 이해관계인에게 알려야 한다. 〈개정 2021.12.31〉

## 제8조(신고접수 창구)

초경량비행장치소유자등은 신규 · 변경 · 이전 · 말소 신고 시 신고서 및 첨부서류를 전산시스템 또는 e-mail · 팩스 · 우편 · 방문을 통하여 제출할 수 있다.

## 제9조(신고수리)

① 이사장은 제4조부터 제6조까지에 따른 신규 · 변경 · 이전 신고를 받은 경우, 신고를 받은 날부터 7일 이내에 신고수리 여부를 신고인에게 통지하여야 한다.

② 신고서류의 기재 내용에 조롱 · 비난 · 욕설 등 혐오감을 줄 수 있는 단어가 포함된 경우 또는 신고서류가 사실과 다르거나 내용이 불충분한 경우에는 보완 요청을 할 수 있으며, 이사장은 보완서류가 제출된 날부터 7일 이내 신고수리 여부를 재통지하여야 한다. 〈개정 2021.12.31〉

③ 이사장이 제1항에서 정한 기간 내에 신고 수리 여부 또는 민원 처리 관련 법령에 따른 처리기간의 연장을 신고인에게 통지하지 아니하면 그 기간(민원 처리 관련 법령에 따라 처리기간이 연장 또는 재연장된 경우에는 해당 처리기간을 말한다)이 끝난 날의 다음 날에 신고를 수리한 것으로 본다.

④ 제7조에 따른 말소신고가 신고서의 기재사항 및 첨부서류에 흠이 없고, 법령 등에 규정된 형식상의 요건을 충족하는 경우에는 신고서가 접수기관에 도달된 때에 신고된 것으로 본다.

## 제10조(신고증명서의 번호)

별지 제3호서식의 초경량비행장치 신고증명서(이하 "신고증명서"라 한다)의 번호는 해당 연도 다음에 영문 알파벳(무인비행장치 U, 기타 초경량비행장치 M) 및 접수번호(예:2020-U000001, 2020-M000001)를 연속하여 표기한다. 〈개정 2021.12.31〉

## 제11조(신고번호의 부여방법)

① 이사장은 제4조에 따라 신고를 받은 경우 그 초경량비행장치소유자등에게 신고번호를 부여하고 신고번호가 기재된 별지 제3호서식의 신고증명서를 발급하여야 한다. 〈개정 2021.12.31〉

② 초경량비행장치의 신고번호는 별표1의 초경량비행장치의 신고번호 부여방법에 따라 부여한다. 다만, 변경 또는 이전신고는 기존 신고번호를 유지하고 말소신고 된 번호는 재사용하지 않는다. 〈개정 2021.12.31〉

③ 제2항의 신고번호는 장식체가 아닌 알파벳 대문자와 아라비아숫자로 표시하여야 한다.

## 제12조(신고번호의 표시방법 등)

① 초경량비행장치소유자등은 신고번호를 내구성이 있는 방법으로 선명하게 표시하여야 한다.

② 신고번호의 색은 신고번호를 표시하는 장소의 색과 선명하게 구분되어야 한다.

③신고번호의 표시위치는 별표2의 신고번호의 표시위치(예시)와 같다. 〈개정 2021.12.31〉

④ 신고번호의 각 문자 및 숫자의 크기는 별표3의 신고번호의 각 문자 및 숫자의 크기와 같다. 〈개정 2021.12.31〉

⑤ 제3항부터 제4항까지의 규정에도 불구하고, 사유가 있다고 인정하는 경우에는 신고번호의 표시방법 등을 국토교통부장관의 승인을 받아 이사장이 별도로 정할 수 있다.

## 제13조(신고증명서의 폐기 및 재교부)

① 초경량비행장치소유자등은 변경신고 또는 이전신고를 하여 신고증명서를 재교부 받거나 말소신고를 한 경우 기존 신고증명서를 폐기하여야 한다.

② 초경량비행장치소유자등이 신고증명서를 훼손 및 분실하여 재교부를 받고자 할 경우에는 별지 제4호서식의 초경량비행장치 신고증명서 재교부 신청서를 작성하여 이사장에게 제출하여야 한다. 다만, 전산시스템을 통해 직접 재발급 받는 경우에는 제외한다. 〈개정 2021.12.31〉

## 제14조(신고 업무 실태 점검)

이사장은 초경량비행장치신고업무 운영세칙 준수여부 확인을 위해 현장 실태점검을 분기 1회 이상 시행하여야 한다. 〈신설 2021.12.31〉

## 제2절 초경량비행장치 신고대장

### 제15조(신고대장)

① 이사장은 시행규칙 제301조에 의한 비행장치 신고증명서를 발급하였을 때에는 별지 제5호서식의 초경량비행장치 신고대장(이하 "신고대장"이라 한다)을 작성하여야 한다. 〈개정 2021.12.31〉

② 이사장은 제4조에서 제7조까지에 따른 신규 · 변경 · 이전 · 말소신고를 수리한 경우, 신고대장에 신고자 성명 · 명칭, 주소, 신고원인, 신고연월일 등을 기재하여야 한다.

③ 신고대장은 전자적 처리가 불가능한 특별한 사유가 없으면 전자적 처리가 가능한 방법으로 작성 · 관리하여야 한다.

### 제16조(신고대장의 관리)

신고대장을 포함한 비행장치 신고관련 서류의 보존기간은 다음 각 호와 같다.

1. 신고대장 : 말소 신고한 날부터 10년
2. 신고서 및 부속서류 : 신고서 접수일부터 5년

### 부  칙〈2020.12.10.〉

제1조(시행일) 이 지침은 2020년 12월 10일부터 시행한다.

### 부  칙〈규정 제1362호, 2021.12.31.〉

제1조(시행일) 이 지침은 2021년 12월 31일부터 시행한다.

[별표1] 초경량비행장치 신고번호 부여방법

# 초경량비행장치의 신고번호 부여방법

### 〈초경량비행장치–무인비행장치〉

1. 신고번호는 전체 11자리로 구성한다.

2. 신고번호 구성 순서는 최대이륙중량 분류부호 2자리, 영리여부 분류부호 1자리, 장치종류 분류부호 1자리, 장치 종류별 일련번호 7자리를 차례대로 연결한다.

3. 신고번호 표기부호의 구성은 다음과 같다.

### 〈신고번호 표기부호〉

| 구분 | | 부호 | 구분 | | 부호 |
|---|---|---|---|---|---|
| 최대<br>이륙중량 | 최대이륙중량<br>250g 이하 | C0 | 영리<br>여부 | 영리 | C<br>(Commercial) |
| | 최대이륙중량<br>250g 초과 2kg 이하 | C1 | | 비영리 | N<br>(Nonprofit) |
| | 최대이륙중량<br>2kg 초과 7kg 이하 | C2 | 장치<br>종류 | 무인비행기 | P<br>(airPlane) |
| | 최대이륙중량<br>7kg 초과 25kg 이하 | C3 | | 무인헬리콥터 | H<br>(Helicopter) |
| | 최대이륙중량<br>25kg 초과 | C4 | | 무인멀티콥터 | M<br>(Multicopter) |
| | | | | 무인비행선 | S<br>(airShip) |

### 〈초경량비행장치–기타〉

1. 장치종류별 신고번호 앞에 SA~SZ까지 순차적으로 부여

2. 장치종류별 신고번호는 다음과 같다.

| 장치종류 | | 신고번호 |
|---|---|---|
| 동력비행장치 | 체중이동형 | SA1001 – SZ1999 |
| | 조종형 | SA2001 – SZ2999 |
| 회전익비행장치 | 초경량자이로플레인 | SA3001 – SZ3999 |
| | 초경량헬리콥터 | SA6001 – SZ6999 |
| 동력패러글라이더 | | SA4001 – SZ4999 |
| 기구류 | | SA5001 – SZ5999 |
| 패러글라이더, 낙하산, 행글라이더 | | SA9001 – SZ9999 |

[별표2] 신고번호의 표시위치

## 신고번호의 표시위치

| 구 분 | | | 표 시 위 치 | 비 고 |
|---|---|---|---|---|
| 동력비행장치<br>– 체중이동형<br>– 조종형 | | | 오른쪽 날개의 상면과 왼쪽 날개의 하면에, 날개의 앞전과 뒷전으로부터 같은 거리<br>다만, 조종면에 표시되어서는 아니된다. | |
| 행글라이더 | | | 오른쪽 날개의 상면과 왼쪽 날개의 하면에, 날개의 앞전과 뒷전으로부터 같은 거리<br>(하네스에 표시) | 1. 신고번호는 왼쪽에서 오른쪽으로 배열함을 원칙으로 한다.<br><br>2. 신고번호를 날개에 표시하는 경우에는 신고번호의 가로부분이 비행장치의 진행방향을 향하게 표시하여야 한다.<br><br>3. 신고번호를 동체 등에 표시하는 경우에는 신고번호의 가로부분이 지상과 수평하게 표시하여야 한다. 다만, 회전익비행장치의 동체 아랫면에 표시하는 경우에는 동체의 최대 횡단면 부근에, 신고번호의 윗부분이 동체 좌측을 향하게 표시한다. |
| 회전익비행장치<br>– 초경량자이로플레인<br>– 초경량헬리콥터 | | | 동체 아랫면, 동체 옆면 또는 수직 꼬리날개 양쪽면 | |
| 동력패러글라이더<br>패러글라이더<br>낙하산 | | | 캐노피 하판 중앙부 및 하네스에 표시 | |
| 기구류 | | | 선체(Balloon 등)의 최대 횡단면 부근의 대칭되는 곳의 양쪽면 | |
| 무인<br>비행<br>장치 | 무인<br>동력<br>비행<br>장치 | 무인<br>비행기 | • 오른쪽 날개의 상면과 왼쪽 날개의 하면에, 날개의 앞전과 뒷전으로부터 같은 거리<br>• 동체 옆면 또는 수직꼬리 날개 양쪽면<br>* 다만, 조종면에 표시되어서는 아니된다. | |
| | | 무인<br>헬리콥터 | 동체 옆면 또는 수직꼬리<br>날개 양쪽면 | |
| | | 무인<br>멀티콥터 | 좌우 대칭을 이루는 두 개의 프레임 암<br>다만, 동체가 있는 경우 동체에 부착 | |
| | 무인비행선 | | 동체 옆면 또는 수직꼬리<br>날개 양쪽면 | |

[별표2의1] 신고번호의 표시위치 예시

# 신고번호의 표시위치 예시

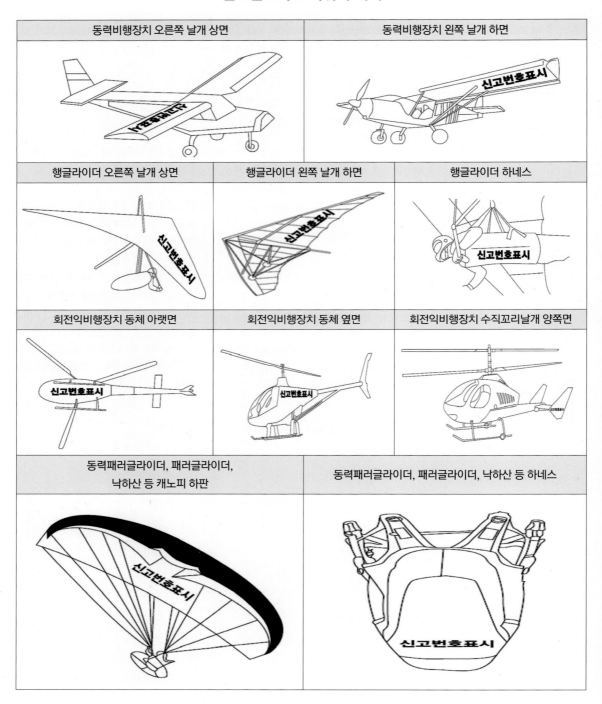

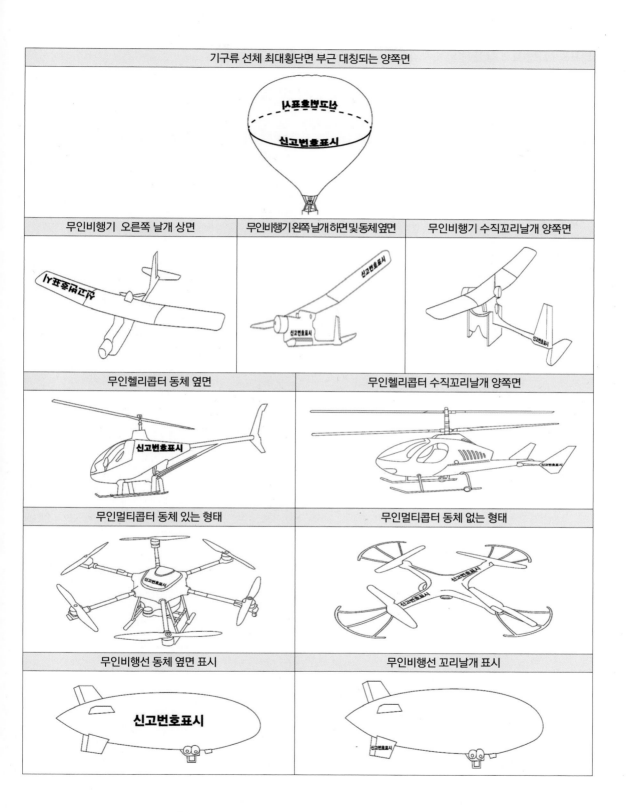

| 기구류 선체 최대횡단면 부근 대칭되는 양쪽면 | | |
|---|---|---|
| 무인비행기 오른쪽 날개 상면 | 무인비행기왼쪽날개하면및동체옆면 | 무인비행기 수직꼬리날개 양쪽면 |
| 무인헬리콥터 동체 옆면 | 무인헬리콥터 수직꼬리날개 양쪽면 | |
| 무인멀티콥터 동체 있는 형태 | 무인멀티콥터 동체 없는 형태 | |
| 무인비행선 동체 옆면 표시 | 무인비행선 꼬리날개 표시 | |

[별표3] 신고번호의 각 문자 및 숫자의 크기 〈개정 2021.12.00〉

## 신고번호의 각 문자 및 숫자의 크기

| 구 분 | | 규 격 | 비 고 |
|---|---|---|---|
| 가로 세로비 | | 2 : 3의 비율 | 아라비아숫자 1은 제외 |
| 세로길이 | 주 날개에 표시하는 경우 | 20cm 이상 | |
| | 동체 또는 수직꼬리날개에 표시하는 경우 | 15cm 이상 | 회전익비행장치의 동체 아랫면에 표시하는 경우에는 20cm 이상 |
| 선의 굵기 | | 세로길이의 1/6 | |
| 간 격 | | 가로길이의 1/4 이상<br>1/2 이하 | |

\* 장치의 형태 및 크기로 인해 신고번호를 규격대로 표시할 수 없을 경우, 배터리, 프로펠러, 착륙장치, 송수신기 등 기타 탈부착이 가능한 장치를 제외한 가장 크게 부착할 수 있는 부위에 최대크기로 표시할 수 있다.

[별지 제1호서식] 초경량비행장치신고서 〈개정 2021.12.31〉

**초경량비행장치**
[ ] 신 규
[ ] 변경 · 이전    **신고서**
[ ] 말 소

※ 색상이 어두운 난은 신청인이 작성하지 아니하며, [ ]에는 해당되는 곳에 √표를 합니다.

| 접수번호 | | 접수일시 | | 처리기간 | 7일 |
|---|---|---|---|---|---|
| 비행장치 | 종류 | | 신고번호 | | |
| | 형식 | | 용도 | | [ ] 영리 [ ] 비영리 |
| | 제작자 | | 제작번호 | | |
| | 보관처 | | 제작연월일 | | |
| | 자체중량 | | 최대이륙중량 | | |
| | 카메라 등 탑재여부* | | | | |
| 소유자 | 성명 · 명칭 | | | | |
| | 주소 | | | | |
| | 생년월일 | | 전화번호 | | |
| 변경 · 이전 사항 | 변경 · 이전 전 | | 변경 · 이전 후 | | |
| 말소 사유 | | | | | |

「항공안전법」제122조제1항 · 제123조제1항 · 제2항 및 같은 법 시행규칙

[ ] 제301조제1항     에 따라
[ ] 제302조제2항     에 따라
[ ] 제303조제1항     에 따라

초경량비행장치의
[ ] 신규
[ ] 변경이전     을(를) 신고합니다.
[ ] 말소

년   월   일
(서명 또는 인)

신고인

# 한국교통안전공단 이사장    귀하

| 첨부서류 | 1. 초경량비행장치를 소유하거나 사용할 수 있는 권리가 있음을 증명하는 서류<br>2. 초경량비행장치의 제원 및 성능표<br>3. 가로 15cm × 세로 10cm의 초경량 비행장치 측면사진(다만, 무인비행장치의 경우, 기체 제작번호 전체를 촬영한 사진을 함께 제출한다.)<br>– 이전 · 변경 시에는 각 호의 서류 중 해당 서류만 제출하며, 말소 시에는 제외합니다. | 수수료<br>없음 |
|---|---|---|

| 유의사항 |
|---|
| 신청서 * 표시 항목에는「개인정보 보호법」에 따른 개인정보 및 「위치정보의 보호 및 이용 등에 관한 법률」에 따른 개인위치정보 수집 가능(카메라 등 탑재) 여부를 기입합니다. |

| 처리절차 |
|---|

| 신고서 작성 | → | 접수 | → | 검토 | → | 접수처리 | → | 통보 |
|---|---|---|---|---|---|---|---|---|
| 신고인 | | 한국교통안전공단<br>(신고 담당부서) | | 한국교통<br>안전공단<br>(신고 담당부서) | | 한국교통안전공단<br>(신고 담당부서) | | |

210mm×297mm[백상지(80g/㎡) 또는 중질지(80g/㎡)]

669

[별지 제2호서식] 초경량비행장치 소유확인서 〈개정 2021.12.31〉

---

"이 문서는 전산망에 의한 문서입니다."

### 초경량비행장치 소유확인서

◇ 본 서류는 개인 간 중고 직거래, 구매업체 폐업 등으로 인해, 공식적으로 기체 및 소유자 정보 일치여부를 확인할 수 없을 경우, 부득이하게 최종적으로 제출받는 서류입니다.

◇ 세금계산서, 거래명세서, 계약서, 견적서(입금내역 포함), 인터넷 구매내역 확인 등으로 기체 및 소유자 정보 일치여부를 확인할 수 있는 경우에는 본 초경량비행장치 소유확인서가 아닌 관련 증빙서류를 제출해 주시면 되겠습니다.

□ 비행장치 및 소유자 정보

| 형식(모델명) | | 소유자 | |
|---|---|---|---|
| 제작번호(시리얼번호) | | 구입(제작일자) | |

□ 소유확인 근거 및 증빙자료 제출

| 주의 | 1. 이 서류를 제출하시는 경우에는 최소한의 증빙자료를 추가로 제출해 주셔야 합니다.<br>2. 소유확인서를 제출하는 사유가 구체적이지 않고 추가증빙자료가 첨부되지 않을 경우, 신고처리가 반려(보완요구) 될 수 있습니다. |
|---|---|
| 내용기재 | **1. 소유확인서 제출사유 기재**<br><br>이곳을 마우스로 누르고 내용을 입력하세요.<br><br>**2. 해당기체 구입일자(연도), 구입(보유) 경로, 판매자정보 등을 구체적으로 기술**<br><br>이곳을 마우스로 누르고 내용을 입력하세요. |

20 . . . . 현재  해당 초경량비행장치를 소유하고 있음을 확인합니다.

※ 해당 소유 확인서는 기체신고 민원 확인용으로만 사용됩니다.
※ 허위 작성으로 인한 문제 발생 시 작성자(신청인)에 책임이 있음을 알려드립니다.

신청일자 :                           소유자와의 관계 :
신청인 성명 :                        신청인 연락처 :

서 명 생 략

[별지 제3호서식] 초경량비행장치 신고증명서

---

제    호

대 한 민 국
국 토 교 통 부

## 초경량비행장치 신고증명서

1. 신고번호:
2. 종류 및 형식:
3. 제작자 및 제작번호:
4. 용도: [ ] 비영리 [ ] 영 리
5. 초경량비행장치소유자등의 성명 또는 명칭:
6. 초경량비행장치소유자등의 주소:

「항공안전법」제122조제1항 및 같은 법 시행규칙 제301조제2항에 따라 초경량비행장치를 신고하였음을 증명합니다.

년    월    일

### 한국교통안전공단 이사장

직인

---

210mm×297mm[백상지(150g/㎡)]

[별지 제4호서식] 초경량비행장치 신고증명서 재교부 신청서

# 초경량비행장치 신고증명서 재교부 신청서

※ 색상이 어두운 난은 신청인이 작성하지 않습니다.

| 접수번호 | 접수<br>일시 | | 처리기간 | 7일 |
|---|---|---|---|---|
| 비<br>행<br>장<br>치 | 종　류 | | 신고번호 | |
| | 제 작 자 | | | |
| | 제 작 번 호 | | 제작년월일 | |
| | 보 관 처 | | | |
| 소<br>유<br>자 | 성 명(명 칭) | | | |
| | 주　　소 | | | |
| | 생 년 월 일<br>(사업자등록번호) | | 전화번호 | |
| 재 교 부<br>신 청 사 유 | | | | |

상기와 같이 초경량비행장치 신고증명서를 재교부 신청합니다.

년　　월　　일

신청인　　　　　　주소

신청인

성명 명칭　　　　　　(서명 또는 인)

## 한국교통안전공단 이사장　　　귀하

[별지 제5호서식] 초경량비행장치 신고대장

# 초경량비행장치 신고대장

(앞 쪽)

| 신고번호 및<br>신고연월일 | | 접수번호 | |
|---|---|---|---|
| 종류 및 형식 | | 제작자 | |
| 제작번호 및<br>제작연월일 | | 소유자 | |
| 용도 | | 보관처 | |
| 주<br>요<br>제<br>원 | 최고속도 | | 엔진형식 | |
| | 순항속도 | | 자체중량 | |
| | 실속속도 | | 최대이륙중량 | |
| | 길이×폭×높이 | | 연료중량 | |
| | 탑승인원 | | 카메라 등<br>탑재여부 | |

사 진:

210mm×297mm[백상지(80g/㎡)]

(뒤 쪽)

| 사 항 | 신고연월일 | 접수번호 | 신고담당자 |
|---|---|---|---|
| | | | |
| | | | |
| | | | |
| | | | |
| | | | |
| | | | |
| | | | |
| | | | |
| | | | |
| | | | |
| | | | |
| | | | |
| | | | |
| | | | |
| | | | |
| | | | |

# CHAPTER 06 공역관리규정

[시행 2019. 4. 12.] [국토교통부고시 제2019-177호, 2019. 4. 12., 일부개정.]

국토교통부(항공교통과), 044-201-4301

## 제1조(목적)

이 규정은 「항공안전법」 제78조, 같은 법 시행령 제10조부터 제17조까지 및 같은 법 시행규칙 제221조에 따라 인천 비행정보구역(인천 FIR: Incheon Flight Information Region) 내 항공기 등의 안전하고 신속한 항행과 국가안전보장을 위하여 체계적이고 효율적인 공역의 관리 및 운영에 관하여 필요한 사항을 규정함을 목적으로 한다.

## 제2조(적용범위)

이 규정은 인천 비행정보구역(이하 "인천 FIR"이라 한다.) 내의 공역관리와 운영업무에 관련 있는 기관과 그 소속 종사자 또는 공역을 사용하고자 하는 자에게 적용한다. 다만, 「항공안전법」 제3조(군용 항공기 등의 적용특례)에 의거 대한민국 군의 업무수행을 위해 사용하는 항공기와 이와 관련된 항공업무에 종사하는 자는 이 규정을 적용하지 아니한다.

## 제3조(미군 특수사용공역 적용특례)

미합중국 군이 관할하는 특수사용공역의 운영 및 평가에 관한 사항은 해당 공역 책임기관의 장이 따로 정한다. 이 경우 공역의 지정목적에 부합되어야 한다.

## 제4조(관련근거 및 국제기준)

이 규정의 수립근거와 기준은 다음 각 호와 같다.

1. 삭제
2. 삭제
3. 국제민간항공협약 부속서 제11권(Air Traffic Services)
4. 국제민간항공협약 Doc 4444(Air Traffic Management)
5. 국제민간항공협약 Doc 9426(Air Traffic Services Planning Manual)
6. 미연방항공청 Order 7400.2(Procedures for Handling Airspace Matters)

## 제5조(정의)

이 규정에서 사용하는 용어의 정의는 다음과 같다.

1. "공역"이란 항공기, 초경량 비행장치 등의 안전한 활동을 보장하기 위하여 지표면 또는 해수면으로부터 일정 높이의 특정범위로 정해진 공간을 말한다.

2. "공역관리"란 항공기 등의 안전하고 신속한 항행과 국가안전보장을 위하여 국가공역을 체계적이고 효율적으로 관리·운영하는 제반업무를 말한다.

3. "공역등급"이란 항공기 안전운항을 확보하기 위하여 공역을 7개 등급(Class A, B, C, D, E, F, G)으로 분류한 것을 말하며, 각 등급별로 제공업무 및 비행요건이 정해져 있다.

4. "항공로"란 국토교통부장관이 항공기의 항행에 적합하다고 지정한 지구의 표면상에 표시한 공간의 길을 말한다. 조언비행로, 관제 또는 비관제비행로, 도착 또는 출발비행로 등 여러 가지 형태의 총칭이다.

5. "영구공역"이란 공역의 사용기간이 명시되어 있지 않거나 또는 통상적으로 3월 이상 동일목적으로 사용되는 일정한 수평 및 수직범위의 공역을 말한다.

6. "사용기관(Using Agency)"이란 특수사용공역을 효율적으로 운영하고 통제하도록 지정된 책임기관을 말한다.

7. "임시공역"이란 3월 미만의 기간 동안 사용하는 일정한 수평 및 수직범위의 공역을 말한다.

8. "중요지점(Significant point)"이란 항공로를 설정하거나, 다른 항행 또는 항공교통관제업무 목적으로 사용되는 특정한 지리적 위치를 말한다.

9. "지역항법(Area Navigation)"이란 항공기가 요구하는 방향으로 지상의 항행안전무선시설, 항공기 자체 항법장비 또는 이들을 동시 이용하여 비행이 가능하게 하는 항행 방법을 말한다.

10. "특수사용공역"이란 이 규정 제6조 제1항 제3호 및 제4호의 공역을 말한다.

11. "항공교통업무기관(ATS authority)"이란 관련 공역 내 항공기에게 항공교통업무를 수행하는 책임기관을 말한다.

## 제6조(공역 등의 지정)

① 국토교통부장관은 「항공안전법」 제78조에 따라 공역을 체계적이고 효율적으로 관리하기 위하여 필요하다고 인정할 때에는 다음 각 호의 공역으로 구분하여 지정할 수 있다.

1. 관제공역 : 항공교통의 안전을 위하여 항공기의 비행 순서·시기 및 방법 등에 관하여 국토교통부장관의 지시를 받아야 할 필요가 있는 공역

2. 비관제공역 : 관제공역 외의 공역으로서 항공기에 탑승하고 있는 조종사에게 비행에 필요한 조언이나 비행정보 등을 제공하는 공역

3. 통제공역 : 항공교통의 안전을 위하여 항공기의 비행을 금지하거나 제한할 필요가 있는 공역

4. 주의공역 : 항공기의 비행 시 조종사의 특별한 주의·경계·식별 등이 필요한 공역

② 국토교통부장관은 필요하다고 인정할 때에는 제1항에 따른 공역을 제공하는 항공교통업무 및 공역의 사용 목적에 따라 별표 1과 같이 세분하여 지정·공고할 수 있다.

③ 국토교통부장관은 제2항에 따라 공역을 지정할 경우 관제권·관제구는 항공교통업무기관(이하 "관제기관"이라 한다.)을, 비행금지구역·비행제한구역은 통제기관을, 훈련구역·군작전구역은 관리기관을 정하여야 한다.

④ 제2항에도 불구하고 임시공역에 대해서는 지방항공청장 또는 항공교통본부장이 지정할 수 있다. 이 경우 지정하고자 하는 임시공역이 다른 공역에 영향을 미칠 경우 해당 공역의 운영기관과 사전 협의하여야 한다.

## 제7조(전시 등 공역관리)

「항공안전법」 제82조에 따라 전시 및 「통합방위법」에 따른 통합방위사태 선포시의 공역관리에 관하여는 전시 관계법 및 「통합방위법」에서 정하는 바에 따른다.

### 제8조(공역지정의 일반기준)

① 공역을 지정함에 있어 일반적인 기준은 다음 각 호와 같다.

  1. 국가안전보장과 항공안전을 고려할 것.

  2. 항공교통에 관한 서비스의 제공여부를 고려할 것.

  3. 이용자의 편의에 적합하게 공역을 구분할 것.

  4. 공역이 효율적이고 경제적으로 활용될 수 있을 것.

  5. 공역은 가능한 최소의 범위로 지정되어야 하며, 종사자가 쉽게 파악할 수 있도록 단순한 외곽범위로 설정할 것.

  6. 기존의 타 공역과 중첩되지 않게 설정할 것. 다만, 항공안전 및 국민의 생명과 재산 보호를 위하여 필요하다고 인정되는 경우에는 제외.

  7. 공역지정으로 인한 지상 및 공중에 미치는 항행측면의 영향을 고려할 것.

  8. 가능한 모든 이용자에게 공평한 공역사용의 기회가 제공되도록 할 것.

  9. 다수의 공역이용자가 공동 사용할 수 있도록 신축적인 운영체계로 설정할 것.

  10. 항공교통업무의 제공여부를 고려할 것.

  11. 국제항공과 관련된 공역구조의 조정은 관련 국가간에 협의할 것.

② 관제구, 관제권, 접근관제구역, 항공로 및 특수사용공역의 세부 지정요건은 제23조부터 제26조까지 및 제29조에서 정한 기준에 따른다.


## 제9조(공역운영의 원칙)

① 공역수용 용량의 증대와 효율적인 항공기 운항을 위해 제6조 제2항에 따른 관제기관, 통제기관 및 관리기관간 탄력적 공역운영에 관한 합의서(절차)를 체결(수립)·운영할 수 있다.

② 신축적인 공역사용을 위하여 관제기관 및 사용기관은 다음 각 호를 고려하여 공역을 운영하여야 한다.

  1. 일시적인 공역사용 요구에 대한 수집 및 평가

  2. 공역이용을 요청한 사용자에게 공역의 할당 및 조정

  3. 공역의 활용성 극대화를 위한 관제기관과 사용기관간에 긴밀한 협조체제 유지

  4. 모든 관련 당사자에게 변경된 상세 공역정보의 실시간 또는 사전 제공

③ 제1항에 따른 합의서 및 절차에는 다음 각 호의 내용을 명시하여야 한다

  1. 관련 공역의 명칭, 수평 및 수직범위

  2. 〈삭 제〉

3. 관제기관, 통제기관 또는 관리기관

4. 해당 공역의 전환, 반환, 이용제한 등 세부절차

5. 〈삭 제〉

6. 〈삭 제〉

7. 〈삭 제〉

8. 〈삭 제〉

④ 사용기관은 공역상태에 대한 정보를 항공교통흐름관리(ATFM: Air Traffic Flow Management) 업무에 활용할 수 있도록 항공교통본부(항공교통통제센터)에 제공한다.

## 제10조(공역사용제한)

① 국토교통부장관은 다음 각 호의 경우 FIR 내의 일부 공역에 대한 항공기 등의 비행을 제한할 수 있다. 다만, 3월 미만의 일시적 공역의 제한에 관한 사항은 지방항공청장 또는 항공교통본부장이 처리할 수 있다.

1. 국가안전보장이나 공공의 복리를 위한 경우

2. 대공 또는 대지 사격 등 위험으로부터 항공기의 안전을 보장하기 위한 경우

3. 다수 항공기의 공중기동, 곡예비행, 훈련 등 비정상 형태의 항공활동으로부터 비 참여 항공기를 보호하기 위한 경우

4. 그 밖에 국토교통부장관이 필요하다고 인정하는 경우

② 제1항의 규정에 의한 공역사용 제한 시에는 다음 각 호의 사항을 고려하여야 한다.

1. 공역제한요구 사유의 타당성

2. 공역제한의 범위 및 시간 등 제한조건의 최소화

3. 공역제한의 유지 필요성에 대한 정기적 검토

③ 필요시 군사목적의 공역사용제한을 위한 민·군 관계기관 간 세부합의서를 체결할 수 있다.

## 제11조(공역관리협조체계)

국토교통부장관은 「항공안전법」제81조에 따라 항공교통의 안전을 확보하기 위하여 효율적인 공역 관리 등에 관한 사항을 관계행정기관의 장과 상호 협조하여야 한다. 이 경우 국가안전보장을 고려하여야 한다.

## 제12조(공역의 제안)

① 관제공역 및 비관제공역을 조정(신설·변경·폐지)하고자 하는 자는 별표 2의 제안서 작성방법에 따라 다음 각 호의 사항을 별지 제1호 서식에 작성하여 항공교통본부장에게 제출하여야 한다.

1. 제안요약, 사유 및 내용

2. 공역종류, 공역의 범위, 공역등급, 관할 관제기관, 주요 공역활동, 사용시간 및 발효희망일

3. 인접 공역 및 항행안전시설 등 현황

　　4. 공역도면, 관련기관간 협의·조정사항 및 기타사항

② 특수사용공역을 조정(신설·변경·폐지)하고자 하는 자는 별표 3의 제안서 작성방법에 따라 다음 각 호의 사항을 별지 제2호 서식으로 작성하여 항공교통본부장에게 제출하여야 한다.

　1. 제안요약, 사유 및 내용1

　2. 공역종류, 공역의 범위, 공역등급, 관련 관제기관, 사용기관, 주요 공역활동, 사용시간 및 발효희망일

　3. 인접 공역과 통신 및 레이더 등 현황

　4. 공역도면, 관련기관간 협의·조정사항, 안전대책 및 기타사항

③ 임시공역을 제안하고자 하는 자는 사용 희망일 2주전까지 별지 제3호 서식에 의한 공역사용 신청서를 지방항공청장 또는 항공교통본부장에게 제출하여야 한다. 다만, 긴급한 상황인 경우에는 그러하지 아니하다.


## 제13조(제안서 상정 및 심의)

① 항공교통본부장은 제12조에 따라 접수받은 공역조정 제안서를 공역실무위원회에 상정하여야 한다.

② 제1항에 따라 상정된 공역조정 제안서의 심의·조치 등에 관해서는 공역위원회 운영규정 및 공역실무위원회 운영세칙에 따른다.


## 제14조 삭제


## 제15조(공역의 공고)

① 국토교통부장관은 제6조에 따라 지정한 공역을 항공정보간행물 또는 항공고시보로 공고하여야 한다.

② 제1항에 따른 항공정보간행물 또는 항공고시보 발행에 대한 세부적인 절차는 국토교통부장관이 정하는 「항공정보 및 항공지도 등에 관한 업무기준」에 의한다.


## 제16조(공역의 평가 및 관리)

① 관제기관 또는 사용기관은 관할 공역에 대하여 정기적인 평가를 수행하여야 한다.

② 관제기관과 사용기관은 공역에 대한 평가결과 또는 사용실적을 매년 1월말까지 국토교통부장관에게 제출하여야 한다. 정보의 공개 제한 또는 금지 등 특별한 조치가 필요한 경우 공공기관의 정보공개에 관한 법률 등에 의거 필요한 조치를 요구할 수 있다.


## 제17조(공역위원회 및 공역실무위원회 운영)

① 「항공안전법」의 "공역위원회의 설치" 규정에 의한 공역위원회(이하 "위원회"라 한다.)는 국토교통부장관이, 공역실무위원회(이하 "실무위원회"라 한다.)는 항공교통본부장이 운영을 담당한다.

② 위원회 및 실무위원회의 구성, 운영 및 기능 등에 관하여 필요한 사항은 각각 정한 위원회 운영규정 및 실무위원회

운영세칙에 따른다.

③ 위원회 및 실무위원회에 상정된 의안은 번호를 부여하여 다음 각 호와 같이 관리한다.

　1. 의안번호는 영문약칭 2자리, 개최연도 2자리, 회의차수, 누년 일련번호를 붙임표(-)로 이어 표시함.

　2. 위원회의 영문약칭은 AC로, 실무위원회의 영문약칭은 WC로 한다.

　　(예: AC04-07-010, WC04-13-080)

④ 상정된 의안은 위원회(실무위원회)에서 종결 처리되기 전까지는 계속적으로 유효하다. 다만, 특정긴급 사안을 심의하기 위하여 소집하는 특별회의에서는 당해 안건만을 처리하는 것을 원칙으로 한다.

⑤ 위원회(실무위원회)의 회의 결과는 영구 보존한다.

⑥ 위원회(실무위원회) 위원이 회의에 참석하지 못할 경우에는 그 당해직급(계급) 또는 직위에 상응하는 자가 참석하여 발언 및 심의할 수 있다.

⑦ 위원회(실무위원회)의 의장은 공역의 설정·조정·폐지를 제안한 자로 하여금 회의에 배석하여 관련안건에 대해서 설명할 기회를 부여할 수 있다.


**제18조(공역 등의 명칭부여 및 표기)**

① 관제권, 관제구 또는 FIR의 명칭은 동 공역에 대하여 관할권을 가지고 있는 관제기관의 명칭에 따라 부여한다.

② 지역관제소, 비행정보실 또는 항공정보실의 명칭은 인근 마을, 도시의 이름 또는 지리적 특징에 따라 부여한다.

③ 관제탑 또는 접근관제소의 명칭은 당해 기관이 소재하는 비행장의 명칭에 따라 부여한다.

④ 특수사용공역의 종류를 나타내는 문자는 다음 각 호와 같다.

　1. 비행금지구역 : P

　2. 비행제한구역 : R

　3. 위험구역 : D

　4. 경계구역 : A

　5. 훈련구역 : CATA

　6. 군작전구역 : MOA

　7. 초경량비행장치 비행제한구역 : URA

⑤ 특수사용공역의 명칭은 다음 각 호의 기준에 따라 부여한다.

　1. 제4항 제1호 내지 제4호의 경우 ICAO에서 지정한 국가 영문약칭 "RK", 공역의 종류, 일련번호(숫자/영문자) 순으로 표기.(예: RK P73A)

　2. 제4항 제5호 내지 제7호의 경우 공역의 종류, 일련번호(숫자/영문자) 순으로 표기(예: CATA 7L, MOA 2H)

⑥ 과거에 사용하였던 공역명칭 번호를 재사용하고자 할 경우 1년 이상의 휴지기간이 경과된 후에 사용하여야 한다.

⑦ 공역명칭은 붙임표(-)나 사선(/)의 기호 등을 사용하지 않는다.

⑧ 기타 모든 공역에 대한 정보의 표기방법은 별표 4에 따른다.

## 제19조(공역등급의 목적)

공역등급은 공역을 7개 등급(CLASS A, B, C, D, E, F, G)으로 분류하여 각 등급별로 준수해야 할 비행요건, 제공업무 및 비행절차 등에 관하여 기준을 정함으로써 항공기의 안전운항 확보를 목적으로 한다.

## 제20조(공역등급 구분)

① 국토교통부장관은 항공교통업무공역을 다음 각 호와 같은 기준으로 등급화하여 지정한다.

1. A등급공역은 계기비행만이 가능하고, 모든 항공기에게 항공교통관제업무 및 분리업무를 제공하도록 지정·공고한 공역

2. B등급공역은 계기비행 및 시계비행이 가능하고, 모든 항공기에게 항공교통관제업무와 항공기간 분리업무를 제공하도록 지정·공고한 공역

3. C등급공역은 모든 항공기에게 항공교통업무를 제공하며, 계기비행 항공기에게는 다른 모든 항공기로부터 분리업무를 제공하고 시계비행 항공기에게는 계기비행항공기로부터의 분리업무와 다른 시계비행 항공기에 대한 교통정보를 제공하도록 지정·공고한 공역

4. D등급공역은 모든 항공기에게 항공교통업무를 제공하며, 계기비행 항공기에게는 다른 계기비행 항공기로부터 분리업무와 시계비행항공기에 대한 교통정보를 제공하고, 시계비행 항공기에게는 다른 모든 항공기에 대한 교통정보를 제공하도록 지정·공고한 공역

5. E등급공역은 계기비행항공기에게는 항공교통업무와 다른 계기비행 항공기로부터의 분리업무를 제공하고, 상황이 허용되는 범위에서 모든 항공기에게 교통정보를 제공하도록 지정·공고한 공역

6. F등급공역은 모든 계기비행 항공기에게 항공교통조언업무를 제공하며, 요구하는 모든 항공기에게 비행정보업무를 제공하도록 지정·공고한 공역

7. G등급공역은 A, B, C, D, E 및 F등급 이외의 공역으로서, 요구하는 모든 항공기에게 비행정보업무를 제공하도록 지정·공고한 공역

② 상기 제1항 제1호 내지 제5호의 세부설정 및 평가 기준은 별표 5에서 정한 기준을 따라야 한다.

③ 각 공역등급 내의 제공업무 및 비행요건은 별표 6에서 정한 기준을 따라야 한다.

## 제21조(항공교통업무공역의 지정)

① 국토교통부장관은 항공기의 안전하고 효율적인 비행과 항공기의 수색 또는 구조에 필요한 정보를 제공하기 위하여 FIR을 지정·공고한다.

② 국토교통부장관은 제공할 항공교통업무를 고려하여 인천 FIR 내의 공역을 다음 각 호의 기준에 따라 세분하여 지정한다.

1. 비행정보업무 및 경보업무를 제공할 공역은 FIR로 지정

2. 계기비행방식(Instrument Flight Rules, 이하 "IFR"이라 한다.)으로 비행하는 항공기에게 항공교통관제업무(Air traffic control service)를 제공하기로 결정한 공역은 관제구 또는 관제권으로 지정

3. 시계비행방식(Visual Flight Rules, 이하 "VFR"이라 한다.)으로 비행하는 항공기에게 항공교통관제업무를 제공하기로 결정한 공역은 B등급, C등급 또는 D등급 공역으로 지정

4. 관제구 및 관제권은 FIR 내에 지정

## 제22조(FIR 지정의 일반원칙)

① FIR은 일반적으로 한 국가 영토 상공의 전 공역을 포함하고 있으며, 국가 간 인접되어 있는 FIR은 단순히 국가경계선을 따라 설정하는 것보다는 비행로 구조에 관한 운영측면을 고려하여 정한다.

② 공해상의 FIR 경계선은 지역항공항행협정에 의거하여 이루어지며 필요한 업무를 효율적으로 제공하기 위하여 관련국가의 업무제공 능력분만 아니라, 기존의 비행로 또는 이미 계획된 비행로 구조를 고려하여 정한다.

③ FIR 내에서 항공교통업무기관의 공지통신, 레이더 포착범위 등 항행안전시설의 신호도달 여부 등을 고려하여 정한다.

④ FIR의 수직한계는 지표 또는 해수면으로부터 대기권 상부한계까지이며, 필요에 따라 수직(저고도와 고고도)으로 구분하여 정할 수 있다. 저고도와 고고도 FIR의 경계는 VFR 순항고도에 일치하여야 하며, 하나의 고고도 FIR 하부에 다수의 저고도 FIR을 정할 수 있다.

⑤ FIR의 수평한계는 모든 공역을 포함하도록 정한다. 다만, 고고도 FIR이 설정된 경우에는 그러하지 아니할 수 있다.

## 제23조(관제구 설정기준)

① 관제구의 수평범위는 다음 각 호의 사항을 고려하여 설정하여야 한다.

1. 당해 공역에서 통상 이용하는 항행안전시설의 성능과 신호도달 범위
2. IFR 항공기의 항공로 또는 이의 일부분을 포함하는 공역
3. 접근관제구역 및 지역항법 비행로를 포함하는 공역

② 관제구의 수직범위는 다음 각 호를 고려하여 설정하여야 한다.

1. 관제구의 하부한계는 관제구 아래에서 VFR 항공기가 자유롭게 비행할 수 있도록 하기 위해 최소 200미터(700피트) 이상 높게 설정
2. 관제구의 하부한계는 필요에 따라 계층적으로 설정가능
3. 관제구의 하부한계가 해발 900미터(3천피트)보다 높을 경우에는 VFR 순항고도와 일치
4. 관제구의 상부한계는 특정 높이 이상에서 항공교통관제업무를 제공하지 아니하거나, 수직(저고도와 고고도)으로 구분하여 운영할 경우에 설정

③ 관제구는 다음 각 호의 경우 고고도 공역과 저고도 공역으로 구분하여 운영할 수 있다.

1. 하나의 항공교통업무기관이 담당할 수 있는 공역의 범위와 교통량으로 조정하기 위한 관제구의 분리 또는
2. 저고도와 고고도 관제구에 서로 다른 운항조건을 적용하기 위한 관제구의 분리

④ 관제구를 고고도 공역과 저고도 공역으로 분리 운영하는 경우, 다음 각 호를 고려하여 설정하여야 한다.

1. 고고도 관제구와 저고도 관제구의 상하 연접

2. 저고도 및 고고도 공역 경계는 VFR 순항고도에 일치

3. 하나의 고고도 관제구 하부에 다수의 저고도 관제구 설정 가능

## 제24조(관제권 설정기준)

① 관제권은 다음 각 호의 조건을 충족하는 비행장에 설정하여야 한다.

1. 계기비행 이·착륙절차가 수립된 비행장

2. 당해 관제권을 운영할 수 있는 관제기관(관제탑) 설치

3. 당해 비행장에 유자격자에 의한 기상관측업무 제공

② 관제권의 수평범위는 다음 각 호의 사항을 고려하여 설정하여야 한다.

1. 최소 수평범위는 비행장 표점으로부터 반경 9.3킬로미터(5마일)

2. 계기비행기 상태에서 출발과 도착하는 IFR 항공기의 비행로를 포함하도록 확장

3. 비행장 주위에 설정된 체공장주 및 절차를 포함하도록 확장

4. 관제구가 출발과 도착하는 IFR 비행로를 포함하여 안전을 보장할 경우 최소범위로 축소 가능

5. 두 개 이상의 비행장이 서로 인접한 경우 하나의 관제권으로 설정 가능

③ 관제권의 수직범위는 다음과 같이 설정하여야 한다.

1. 최소 수직범위는 지표면으로부터 관제구의 하부한계

2. 관제구의 하부한계보다 더 높은 관제권 상부한계를 설정하고자 하는 경우, 상부한계는 조종사가 쉽게 식별할 수 있는 고도로 설정

3. 상부한계가 해발 900미터(3천피트)보다 높을 경우, VFR 순항고도와 일치

## 제24조의2(비행장교통구역 설정기준)

① 비행장교통구역은 다음 각 호의 조건을 충족하는 비행장에 설정하여야 한다.

1. 시계비행 항공기가 운항하는 비행장일 것

2. 해당 비행장교통구역을 운영할 수 있는 관제탑이 설치되어 있을 것

3. 출발·도착 시계비행절차가 있을 것

4. 무선교신시설 및 기상측정장비가 구비되어 있을 것

② 비행장교통구역의 범위는 다음 각 호의 사항을 고려하여 설정하여야 한다.

1. 수평범위는 비행장 표점으로부터 반경 5.5킬로미터(3마일) 이하

2. 수직범위는 지표면으로부터 1,000미터(3,000피트) 이하

## 제24조의3(시계비행교통장주 설정기준)

공항 또는 비행장에 시계비행교통장주를 설정하고자 하는 경우, 별표 7에서 정한 기준에 따라 설정하여야 한다.

## 제25조(접근관제구역 설정기준)

접근관제구역은 다음 각 호의 사항을 고려하여 설정하여야 한다.

1. 최소범위는 계기비행인 경우 활주로 양측 종단에서 중심연장선 15킬로미터(8.3마일)까지, 시계비행인 경우 3킬로미터(1.7마일)까지 범위

2. 인접 접근관제구역과 중첩 금지

3. 당해 구역을 관할하는 관제기관의 유무

4. IFR 항공기가 이·착륙 가능한 1개 이상의 비행장 유무

5. 레이더 포착범위, 공지통신 도달거리, 표준 계기접근/출발 절차, 비행로구조, 입·출항 지점 및 체공절차 등을 포함 여부

6. 다른 관제기관과 협조, 책임 및 관제방식에 영향을 미치는 요소

## 제26조(항공로 설정기준)

① 항공로는 인접 항공로간의 안전간격과 각 항공로별 보호범위를 모두 보호하도록 설정하여야 한다. 다만, 공역여건, 교통상황 등으로 불가피한 경우 안전평가를 통해 보호구역을 축소할 수 있다.

② 당해 공역의 복잡성, 혼잡성 및 교통상황 등을 고려하여, 낮은 고도로 운항하는 항공기를 위한 특별비행로를 설정할 수 있다. 이 경우 비행로의 폭은 항행안전시설과 항공기의 탑재장비를 고려하여 정한다.

③ 다음 각 호의 사항에 관하여는 국토교통부장관이 따로 정한 「비행절차업무기준」을 따른다.

1. VOR을 이용한 항공로의 설정

2. 항공로 장애물 회피기준

3. RNAV 장착 항공기용 비행로 설정

4. RNP 종류와 항공로(표준출발 및 도착 비행로 제외)의 명칭부여

5. 표준출발 비행로, 도착 비행로 및 관련절차의 명칭부여

6. 중요지점의 설정 및 명칭부여

④ 표준 출발 및 도착비행로의 설정에 관한 사항은 국토교통부장관이 따로 정한 「비행절차업무기준」에 따른다. 다만, 군항공기가 사용하는 표준 출발 및 도착비행로의 설정에 관한 사항은 관할 책임 군기관이 정한 기준을 따를 수 있다.

## 제27조(비행검사)

① 항공로를 신설 또는 조정하고자 할 경우에는 비행검사를 받아 이에 합격하여야 한다.

② 항공교통본부장은 실무위원회에서 심의된 항공로 신설 또는 조정안에 대해 비행검사에 필요한 서류를 구비하여 비

행점검센터에 검사를 신청하여야 한다.

③ 비행검사에 불합격된 경우 관련 사항을 보완하여 비행검사를 재신청할 수 있다.

④ 기타 비행검사에 관한 세부절차는 국토교통부장관이 고시하는 기준 및 국토교통부훈령에 의한다.

## 제28조 〈삭제〉

## 제29조(특수사용공역의 설정)

① 특수사용공역은 국가방위, 안전보장, 인명 및 재산 등의 보호를 목적으로 설정한다.

② 공역의 범위와 사용시간은 사용목적에 따라 최소범위로 한정한다.

③ 특수사용공역에서 수행하는 활동과 관련이 없는 모든 항공기의 당해 공역에 대한 비행은 제한된다. 따라서 특수사용공역은 항공교통관제업무 수행에 미치는 영향을 최소화하도록 설정하며, 가능한 항공로 및 주요 접근관제구역을 피하여 설정하여야 한다.

④ 비행제한구역, 군 작전구역, 훈련구역 및 경계구역은 사용기관의 임무수행에 지장을 초래하지 않는 한 다른 사용자가 이용할 수 있다. 이에 필요한 세부절차는 관련기관 간 합의서에 의한다.

## 제30조 〈삭제〉

## 제31조(사용기관의 책임)

사용기관은 다음 사항에 대한 책임이 있다.

1. 지정된 목적으로 공역사용
2. 적절한 사용계획의 수립 및 계획에 따라 사용
3. 계획, 변경 및 완료사항에 대한 관할 관제기관 통보
4. 사용계획 확인 및 조정을 위한 연락처 지정

## 제32조(특수사용공역의 공고 및 발간기준)

① 3월 미만의 임시 공역을 제외한 모든 특수사용공역은 항공정보간행물 등으로 공고되어야 한다.

② 일반적으로 승인된 특수사용공역의 발효는 AIRAC 발간주기에 따른다.

③ 임시 특수사용공역은 항공고시보로 공고하며, 항공고시보에는 공역의 범위, 발효일 등을 포함해야 한다.

④ 모든 영구 및 임시 특수사용공역 경계선은 별표 8에서 정하는 항공자료 품질기준을 준수하여야 한다. 특수사용공역의 표기에 사용되는 위도 및 경도위치는 WGS-84 좌표체계를 사용하여야 한다.

## 제33조(특수사용공역 신설 제안 요건)

① 특수사용공역의 신설 제안자는 비 참가 항공기에 대한 비행제한 또는 특수사용공역 사용자에게 우선권을 부여하기 위한 충분한 근거와 공역의 설정목적을 명확히 제시하여야 한다.

② 특수사용공역 신설 제안자는 새로운 공역의 설정을 제안하기 전에 우선 기존 특수사용공역의 활용 또는 조정을 검토하여야 한다.

③ 제안서의 내용은 제13조 제2항에서 정하는 기준을 따른다.

## 제34조 〈삭제〉

## 제35조(사전 협의와 조정)

① 항공교통본부장은 특수사용공역 조정 제안에 대한 협의를 위하여 제안자와 긴밀한 협조체계를 유지하여야 한다.

② 제안자는 특수사용공역 조정 제안서를 제출하기 전에 해당 관제기관, 군 기관 또는 기타 관련부서와 협의하여야 한다.

③ 제안자는 임무요건, 제안된 공역범위 및 조정사유를 해당 관제기관에 제공하여야 한다.

④ 관제기관은 항행에 미치는 잠재적인 영향을 평가하기 위하여 제안내용을 다음과 같이 검토하여 처리한다.

 1. 제안된 특수사용공역이 운영상 적절한지 여부 검토

 2. 항행측면에 미치는 영향 검토(별표 9 참조)

 3. 항행측면에 미치는 영향에 대한 해결 또는 경감방안 검토 및 협의 조정

 4. 사전 검토결과의 통지

⑤ 특수사용공역 설정 제안 사항은 본 규정의 세부처리기준(예, 항행검토, 공식검토기간)에 따라 처리하여야 한다.

## 제36조 〈삭제〉

## 제37조(특수사용공역의 항행측면 검토)

① 특수사용공역의 조정제안에 대한 검토는 별표 9의 항행측면에서의 검토기준을 따라야 한다.

② 항공교통본부장은 항행측면에서의 검토를 위하여 관련기관에 의뢰할 수 있으며, 검토 수행기관은 그 결과를 의뢰기관에게 통보하여야 한다.

③ 군 훈련과 같이 정기적으로 반복되는 임시공역사용은 변경사항이 발생하지 않는 한 기존의 검토결과를 적용할 수 있다.

## 제38조(특수사용공역 제안서 검토)

① 항공교통본부장은 접수된 모든 공식의견을 검토하여, 제안내용이 공역의 안전하고 효율적인 사용에 대한 위배여부를 분석하여야 한다.

② 항공교통본부장은 제안의 검토처리 과정에서 항행에 영향을 미치는 잠재적인 사항이 확인될 경우 동 사실을 제안자에게 통지하여야 하며, 제안의 승인이 다른 항공활동에 영향을 미칠 경우 해당 사항을 해결 또는 최소화하기 위하여 노력하여야 한다.

③ 제안서의 내용이 경미한 조정이나 폐지에 관한 것을 제외하고는 실무위원회의에 상정되어 심의를 받아야한다.

④ 항공교통본부장은 제안의 처리과정에서 상당한 지연이 예상될 경우 동 사실을 제안자에게 서면 통지하여야 한다.

## 제39조 〈삭제〉

## 제40조(특수사용공역의 평가 및 관리)

① 특수사용공역 사용기관의 장은 정기적으로 공역사용실적을 별지 제4호 서식으로 기록유지하며, 그 결과를 국토교통부장관에게 보고하여야 한다.

② 국토교통부장관은 특수사용공역의 사용실적을 평가하여 그 결과를 기록 유지한다.

③ 특수사용공역 평가결과 해당 공역의 조정, 폐지 등 공역구조의 조정이 필요할 경우 위원회(실무위원회)에서 심의할 수 있다.

④ 특수사용공역 사용기관의 장은 항공지도 및 항공정보간행물에 등재된 특수사용공역 정보의 정확성을 점검하여 수정사항이 있을 경우 필요한 조치를 취한다.

## 제41조 〈삭제〉

## 제42조(재검토기한)

국토교통부장관은 「훈령·예규 등의 발령 및 관리에 관한 규정」에 따라 이 고시에 대하여 2019년 7월 1일 기준으로 매 3년이 되는 시점(매 3년째의 6월 30일까지를 말한다)마다 그 타당성을 검토하여 개선 등의 조치를 하여야 한다.

### 부칙 〈제2019-177호, 2019. 4. 12.〉

이 고시는 발령한 날부터 시행한다.

[시행 2021. 11. 18.] [국토교통부고시 제2021-1264호, 2021. 11. 18., 일부개정.]

국토교통부(첨단항공과), 044-201-4290

## CHAPTER 07 무인비행장치 특별비행을 위한 안전기준 및 승인절차에 관한 기준

### 제1조 (목적)

이 고시는 「항공안전법」 제129조 제5항, 「항공안전법 시행규칙」 제312조의2 제1항 및 제3항에 따라 무인비행장치의 특별비행을 위한 안전기준과 승인절차에 관한 세부적인 사항을 규정함을 목적으로 한다.

### 제2조(정의)

이 고시에서 사용하는 용어의 정의는 다음 각 호와 같다.

1. "특별비행"이란 야간 비행 및 가시권 밖 비행 관련 전문검사기관의 검사 결과 국토교통부장관이 고시하는 무인비행장치 특별비행을 위한 안전기준(이하 "특별비행 안전기준"이라 한다)에 적합하다고 판단되는 경우에 국토교통부장관이 그 범위를 정하여 승인하는 비행을 말한다.

2. "야간 비행"이란 일몰 후부터 일출 전까지의 야간에 비행하는 행위를 말한다.

3. "가시권 밖 비행"이란 무인비행장치 조종자가 해당 무인비행장치를 육안으로 확인할 수 있는 범위의 밖에서 조종하는 행위를 말한다.

4. "안전기준 검사"란 지방항공청장이 특별비행승인 신청서를 접수한 경우에 해당 특별비행승인 신청이 특별비행 안전기준에 적합한지 여부를 확인하기 위하여 실시하는 검사를 말한다.

5. "접수일"이란 특별비행 신청인이 특별비행승인 신청서와 해당 첨부 서류를 빠짐없이 제출한 날을 말한다.

6. "자동안전장치(Fail-Safe)"란 무인비행장치 비행 중 통신두절, 저 배터리, 시스템 이상 등이 발생하는 경우에 해당 무인비행장치가 안전하게 귀환(return to home)하거나 낙하(낙하산·에어백 등)할 수 있게 하는 장치를 말한다.

7. "충돌방지기능"이란 비행 중인 무인비행장치가 장애물을 감지하여 장애물을 회피할 수 있도록 하는 기능을 말한다.

8. "충돌방지등"이란 비행 중인 무인비행장치의 충돌방지를 위하여 주변의 다른 무인비행장치나 항공기 등에서 해당 무인비행장치를 인식할 수 있도록 하는 무선 표지 장치를 말한다.

9. "시각보조장치(First Person View)"란 영상송신기를 통하여 무인비행장치 시점에서 촬영한 영상을 해당 무인비행장치의 조종자 등이 실시간으로 확인할 수 있도록 하는 장치를 말한다.

### 제3조(적용범위)

이 고시는 「항공안전법」(이하 "법"이라 한다) 제129조 제5항 전단에 따른 승인을 받으려는 조종자와 규칙 제312조의2의 야간 비행 및 가시권 밖 비행에 사용되는 규칙 제5조 제5호에 따른 무인비행장치에 대하여 적용한다.

## 제4조(안전기준 및 신청서류)

① 법 제129조 제5항에 따른 특별비행승인을 위한 안전기준이란 별표1을 말한다.

② 법 제129조 제5항에 따라 특별비행승인을 받으려는 사람은 규칙 제312조의2 제1항에 따른 신청서에 다음 각 호의 서류를 첨부하여 지방항공청장에게 제출하여야 한다.

 1. 해당 무인비행장치의 종류 · 형식, 무게(최대이륙중량 및 자체중량) · 크기 등 제원에 관한 서류(무인비행장치의 전체 및 측면 사진을 포함하며 무인비행장치에 카메라 · GPS 위치 발신기 등이 장착되는 경우에는 그 종류 · 형식 및 무게 · 크기 등 제원에 관한 서류)를 함께 제출하여야 한다.

 2. 무인비행장치의 최대비행고도 · 운영시간 등 성능, 자동안전장치 · 충돌방지 등 기능 및 운용한계에 관한 서류(특별비행승인을 받고자 하는 경우 비행종류별로 해당 무인비행장치가 별표 1의 특별비행 안전기준에 따라 필요한 기능을 충족함을 증명하는 서류를 포함한다.)

 3. 무인비행장치의 시각보조장치 및 수동 · 자동 · 반자동 비행 기능 등의 조작방법에 관한 서류

 4. 무인비행장치 특별비행의 목적, 방식, 일시 또는 기간, 장소, 횟수, 절차, 비행경로 · 고도 · 시간, 책임자, 운영인력 및 역할분담 등을 포함한 비행계획서

 5. 규칙 제305조 제1항 초경량비행장치 안전성인증 대상에 해당하는 무인비행장치의 경우, 안전성인증서

 6. 안전한 무인비행장치 비행을 위한 조종 능력 및 경력 등을 증명하는 서류

 7. 해당 무인비행장치 사고에 따른 지급할 손해배상을 위하여 보험 또는 공제 등의 가입을 증명하는 서류(「항공사업법」 제70조 제4항에 따라 보험 또는 공제에 가입하여야 하는 자로 한정한다)

 8. 「항공안전법 시행규칙」 별지 제122호서식의 초경량비행장치 비행승인신청서(법 제129조 제6항에 따라 법 제127조 제2항 및 제3항의 비행승인을 함께 하려는 경우에 한정한다)

 9. 비상상황 매뉴얼 및 운영인력의 비상상황 훈련 이수 증빙서류

 10. 무인비행장치 이 · 착륙장의 조명 및 장애물 등 현황에 관한 서류(이 · 착륙장 사진 포함)

 11. 그 밖에 특별비행의 목적, 비행범위, 난이도 등을 고려하여 별표 1의 특별비행 안전기준에 적합함을 입증할 때 필요한 서류

## 제5조(안전기준 검사)

① 지방항공청장은 제4조에 따른 신청서를 접수하면 법 제135조 제8항 제3호에 따라 항공안전기술원장(이하 "기술원장"이라 한다)에게 법 제129조 제5항 후단의 특별비행을 위한 안전기준 검사 의뢰를 한다. 이 경우 기술원장은 별지 제1호 서식의 무인비행장치 특별비행승인 검사 신청서 접수대장을 작성 · 보관하거나, 컴퓨터 등 전산정보처리장치에 별지 제1호서식의 접수대장의 내용을 작성 · 보관하고 이를 관리하여야 한다.

② 기술원장은 제1항 전단에 따른 검사 의뢰를 받으면 제출된 서류의 이상 유무를 확인하고 문제점이 없다고 판단하는 경우 별표의 특별비행 안전기준에 적합한지를 검사하여야 한다. 이 경우 특별비행의 목적, 비행범위, 난이도 등에 따라 안전기준을 다르게 적용할 수 있다.

③ 기술원장은 제2항에 따른 검사 시 검사에 필요한 추가 자료, 현장방문 및 비행시험 등을 요구할 수 있으며 신청자

는 이에 응하여야 한다.

④ 기술원장은 접수일로부터 25일 이내(새로운 기술에 관한 검토 등 특별한 사정이 있는 경우에는 70일 이내로 할 수 있으며, 이 경우 지방항공청장에게 25일 이내에 통보하여야 한다)에 특별비행 안전기준 적합 여부 등 검사결과를 지방항공청장에게 제출하여야 한다.

⑤ 기술원장은 「행정권한의 위임 및 위탁에 관한 규정」 제15조에 따라 특별비행 안전기준 검사에 필요한 업무규정을 제정하여 국토교통부장관의 승인을 받아야 한다. 이를 변경할 경우에도 또한 같다.

## 제6조(특별비행의 승인)

① 지방항공청장은 제5조에 따른 특별비행 안전기준 검사 결과가 적합한 경우에는 규칙 제312조의2 제2항 전단에 따라 특별비행승인서를 발급하고 제5조 제4항에 따른 검사결과를 알려야 한다. 이 경우 지방항공청장은 규칙 제312조의2 제2항 후단에 따라 필요하다고 인정하는 경우에는 다음 각 호의 사항을 제한할 수 있다.

 1. 비행 일시, 이착륙 시간 및 비행 횟수

 2. 비행 장소, 조명기구 설치, 장애물 제거

 3. 비행 방법, 절차, 경로, 고도

 4. 사용되는 기체 및 장착물의 종류, 기능 및 상태

 5. 비행 책임자 및 운영인력

 6. 그 밖에 비행 안전을 위하여 필요하다고 인정되는 사항

② 지방항공청장은 특별비행승인 신청에 대해 온라인 등을 활용하여 신속하게 처리할 수 있도록 노력해야 한다.

## 제7조(특별비행승인 유효기간)

특별비행승인의 유효기간은 신청자가 제출한 비행계획서 상의 기간으로 하되, 최대 6개월의 범위 내로 한다.

## 제8조(특별비행승인서 변경 및 연장)

① 기존에 발급된 특별비행승인서의 비행계획을 변경하거나, 유효기간을 연장하고자 하는 사람은 규칙 제312조의2 제1항에 따른 신청서에 제4조의 서류를 첨부하여 지방항공청장에게 제출하여야 한다.

② 비행계획의 변경 및 연장과 관련하여 안전기준의 검사 및 승인은 제5조 및 제6조를 준용한다.

③ 변경 또는 연장된 특별비행승인의 유효기간은 변경·연장 신청 시에 제출한 비행계획서 상의 기간으로 하되, 최대 6개월의 범위 내로 한다.

## 제9조(재검토 기한)

국토교통부장관은 「훈령·예규 등의 발령 및 관리에 관한 규정」에 따라 이 고시에 대하여 2022년 1월 1일 기준으로 매 3년이 되는 시점(매 3년째의 12월 31일까지를 말한다)마다 그 타당성을 검토하여 개선 등의 조치를 하여야 한다.

## 제10조(규제의 재검토)

국토교통부장관은 「행정규제기본법」에 따라 이 고시에 대하여 2022년 1월 1일 기준으로 매 3년이 되는 시점(매 3년째의 12월 31일까지를 말한다)마다 그 타당성을 검토하여 개선 등의 조치를 하여야 한다.

### 부칙 〈제2021-1264호, 2021. 11. 18.〉

제1조(시행일) 이 고시는 공포한 날부터 시행한다.

[별표 1]

## 특별비행 안전기준(제4조 관련)

| 구 분 | | 주요 내용 |
|---|---|---|
| 공통사항 | | • 이/착륙장 및 비행경로에 있는 장애물이 비행 안전에 영향을 미치지 않아야 함<br>• 자동안전장치(Fail-Safe)를 장착함<br>• 충돌방지기능을 탑재함<br>• 추락 시 위치정보 송신을 위한 별도의 GPS 위치 발신기를 장착함<br>• 사고 대응 비상연락 · 보고체계 등을 포함한 비상상황 매뉴얼을 작성 · 비치하고, 모든 참여인력은 비상상황 발생에 대비한 비상 상황 훈련을 받아야 함 |
| 개별사항 | 야간<br>비행 | • 야간 비행 시 무인비행장치를 확인할 수 있는 한 명 이상의 관찰자를 배치해야 함<br>• 5km 밖에서 인식가능한 정도의 충돌방지등을 장착함<br>• 충돌방지등은 지속 점등 타입으로 전후좌우를 식별 가능 위치에 장착함<br>• 자동 비행 모드를 장착함<br>• 적외선 카메라를 사용하는 시각보조장치(FPV)를 장착함<br>• 이/착륙장 지상 조명시설 설치 및 서치라이트를 구비함 |
| | 비가시<br>비행 | • 조종자의 가시권을 벗어나는 범위의 비행 시, 계획된 비행경로에 무인비행장치를 확인할 수 있는 관찰자를 한 명 이상 배치해야 함<br>• 조종자와 관찰자 사이에 무인비행장치의 원활한 조작이 가능할 수 있도록 통신이 가능해야 함<br>• 조종자는 미리 계획된 비행과 경로를 확인해야 하며, 해당 무인비행장치는 수동/자동/반자동 비행이 가능하여야 함<br>• 조종자는 CCC(Command and Control, Communication) 장비가 계획된 비행 범위 내에서 사용가능한지 사전에 확인해야 함<br>• 무인비행장치는 비행계획과 비상상황 프로파일에 대한 프로그래밍이 되어있어야 함<br>• 무인비행장치는 시스템 이상 발생 시, 조종자에게 알림이 가능해야 함<br>• 통신(RF 통신 및 LTE 통신 기간망 사용 등)을 이중화함<br>• GCS(Ground Control System) 상에서 무인비행장치의 상태 표시 및 이상 발생 시 GCS 알림 및 외부 조종자 알림을 장착함<br>• 시각보조장치(FPV)를 장착함 |

# 무인비행장치 특별비행승인 신청 제출 서류

(무인비행장치 종류 : □ 무인멀티콥터·□ 무인헬리콥터·□ 무인비행기)

1. 제원 및 성능 등

| 가. 무인비행장치 제원 및 성능(장치 제작사 매뉴얼 첨부) | | | | |
|---|---|---|---|---|
| 신 고 번 호 | | □ 영리 □ 비영리 | 소유자(연락처) | |
| 비행장치 종류 | 비행기·헬리콥터☒멀티콥터 중 택 1 | | 비행장치 형식 | |
| 최대이륙중량(MTOW) | | kg | 자체중량 | kg |
| 안전성인증번호 | 해당시 기록 | | 크기(가로x세로x높이) | mm |
| 장치 사진 (전체) | | | 장치 사진 (측면) | |
| 나. 무인비행장치 기능 및 운용한계 (증명 또는 증빙서류 포함) | | | | |
| 최대비행고도 | | | 최대운영시간 | |
| 자동안전장치 (Fail-Safe) | □ 장착 | □ 미장착 | 충돌방지기능 | □ 탑재 □ 미탑재 |
| GPS 위치발신기 (장착되는 경우) | 종류 | | 무게 | g |
| | 형식 | | 크기(가로x세로x높이) | mm |
| 영상촬영 카메라 (장착되는 경우) | 종류 | | 무게 | g |
| | 형식 | | 크기(가로x세로x높이) | mm |
| 나-1. 야간비행을 위해 필요한 기능 등 (증명 또는 증빙서류 포함) | | | | |
| 자동비행모드 | □ 장착 | □ 미장착 | 충돌방지등(지속 점등) | □ 장착 □ 미장착 |
| 시각보조장치(FPV) | □ 장착 | □ 미장착 | 관찰자 배치(1명 이상) | □ 확보 □ 미확보 |
| 이착륙장 조명시설 | □ 설치 가능 | □ 설치 불가 | 서치라이트 | □ 구비 □ 미구비 |
| 나-2. 비가시권 비행을 위해 필요한 기능 등 (증명 또는 증빙서류 포함) | | | | |
| 관찰자 배치(1명 이상) | □ 확보 | □ 미확보 | 비행계획☒경로 사전 확인 | □ YES □ NO |
| 조종자/관찰자간 통신수단 | | | | |
| 조종방식 | □ 조종자에 의한 제어 | | □ 반자동 제어 | □ 프로그램에 의한 제어 |
| 비행예정 범위에서 CCC(Command & Control, Communication) 사용가능 여부 | | | | |
| 비행계획과 비상상황 프로파일에 대한 비행장치내 사전 프로그래밍 여부 | | | | |
| 비행장치내 시스템 이상 여부 알림기능 | □ 조종자에게 알림 기능 있음 □ 조종자에게 알림 기능 없음 | | 통신 이중화 | □ RF □ LTE □ 기타 |
| GCS(Ground Control System) 기능 장착 여부 (상황 표시 또는 알림기능) | | | 비행장치 상태 표시 | □ GCS 알림 □ 조종자 알림 |
| | | | 비행장치 이상 | □ GCS 알림 □ 조종자 알림 |
| 시각보조장치(FPV) 유무 | □ 장착 | □ 미 장착 | 기타 알림 사항 | |
| 다. 무인비행장치의 시각보조장치 및 수동☒자동☒반자동 비행 기능 등의 조작방법에 관한 서류 | | | | |

## 2. 비행계획서 및 운영인력, 비상상황 대응 절차

| 가. 비행계획 | | | | |
|---|---|---|---|---|
| 비행목적 | | | 비행방식 | |
| 비행기간 | | | 비행횟수 | |
| 비행장소·시간·고도 | (장소)<br>(시간)<br>(고도) | | | |
| 조종자<br>(자격 또는 경력) | 조종자 성명 및 조종자별 조종자격번호 또는 경력을 기록 | | | |
| 비행절차 | | | | |
| 비행경로<br>및<br>이착륙장<br>조명 설치<br>현황<br>(사진) | (세부 비행경로) | | | |
| | (비행경로 사진) | | (이착륙장 조명 설치 사진) | |
| 이착륙장<br>장애물<br>현황 | 장애물 현황<br>* 비행범위로부터의 거리,<br>  장애물의 높이,<br>  기타 비행장애 요소 등 | | (장애물 전체 현황 사진) | |
| 나. 운영 인력 및 역할 | | | | |
| 책임자 | | (역할) | | |
| 운영인력 | (조종자)<br>(관찰자)<br>(비상상황 처리자) | (역할) | (조종자)<br>(관찰자)<br>(비상상황 처리자) | |
| 다. 비상상황 대응 (증빙서류 첨부) | | | | |
| 비상상황 매뉴얼 | 사고대응 비상연락·보고체계 등을 포함한 비상상황 매뉴얼을 작성·비치해야 함 | | | |
| 비상상황 훈련 여부 | 모든 참여인력이 비상상황 발생에 대비한 훈련을 받아야 함 | | | |

## 3. 영리 목적 등 해당 사항 있을시 첨부할 서류

| | |
|---|---|
| 초경량비행장치<br>안전성인증서 | 인증서를 첨부하여 제출<br>* 항공안전법 시행규칙 제305조 제1항에 따라 안전성인증 대상에 해당하는 무인비행장치로 한정 |
| 보험 또는 공제<br>가입 증서 | 사고에 따른 손해배상을 위하여 보험 또는 공제 등의 가입을 증명하는 서류 제출<br>* 항공사업법 제70조 제4항에 따라 보험 또는 공제에 가입하여야 하는 자로 한정 |
| 초경량비행장치<br>비행승인신청서 | 특별비행승인 신청시 초경량비행장치 비행승인신청서를 함께 제출<br>* 항공안전법 제129조 6항에 따라 항공안전법 제127조 제2항 및 제3항의 비행승인 신청을<br>  함께 하려는 경우로 한정 |

# 무인비행장치 특별비행승인 신청 비행계획서 양식

## 무인비행장치 특별비행승인 비행계획서

| 허가 사항 | | □ 야간비행　　□ 가시권 밖 비행 | | |
|---|---|---|---|---|
| 비행장치 | 형식(모델명) | | | |
| | 기체 수 | | | |
| | 기체 사진 | | | |
| 비행계획 | 일시 | | 비행지역 | |
| | 비행 목적 | | 비행시간, 횟수 | |
| | 최대거리 | | 최대고도 | |
| 조종자 | 성명 | | 연락처 | |
| 관찰자 | 성명 | | 연락처 | |
| 지상안전요원 | 성명 | | 연락처 | |
| 조종자-관찰자 통신수단 | | | | |
| 자동안전장치(충돌방지기능) 장착 여부 | | | | |
| 충돌방지등 장착 여부 | | | | |
| GPS 위치발신기 장착 여부 | | | | |
| 비행지역 및 경로, 이착륙지·조종자·관찰자 위치 표시 | | | | |

↔ 무인멀티콥터 이동경로
← 피사체(목표물) 이동경로
● 관찰자 위치
● 조종자 위치

(사진 및 설명 첨부)

| 기타 |
|---|
| |

## 무인비행장치 특별비행승인 비상상황 매뉴얼 양식

### 〈 무인비행장치 특별비행승인 비상상황 매뉴얼 〉

| 사고보고 절차 및 사고 시 유관기관 비상연락망 | | |
|---|---|---|
| 사고보고 절차 | ① | |
| | ② | |
| | ③ | |
| | ④ | |
| | ⑤ | |
| ○○소방서 | 연락처 | |
| ○○경찰서 | 연락처 | |
| ○○병원 | 연락처 | |
| 기타 | 연락처 | |

| 사고 발생 시 개인별 연락처 및 역할 | | | | |
|---|---|---|---|---|
| 총 책임자 | 성명 | | 연락처 | |
| | 역할 | | | |
| 조종자 | 성명 | | 연락처 | |
| | 역할 | | | |
| 관찰자 1 | 성명 | | 연락처 | |
| | 역할 | | | |
| 관찰자 2 | 성명 | | 연락처 | |
| | 역할 | | | |
| 지상안전요원 | 성명 | | 연락처 | |
| | 역할 | | | |
| 조종자–관찰자 통신수단 | | | | |
| 비행제한☒금지지역 여부 | | | | |

| 이착륙장 지상조명 및 인근 장애물 현황 | |
|---|---|
| | (사진 및 설명 첨부) |

| 기타 |
|---|
| |

# 무인비행장치 특별비행승인 신청 무인비행장치 제원표 양식

## 무인비행장치 제원표
### (□무인멀티콥터·□무인헬리콥터·□무인비행기)

드론 제원

| 신 고 번 호 | | □ 영리 □ 비영리 | 소 유 자 | |
|---|---|---|---|---|
| 비 행 장 치 종 류 | 비행기☑회전익항공기☑멀티콥터 | | 비 행 장 치 형 식 | |
| 비행장치 제작번호 | | | 제 작 연 월 일 | |
| 제 작 자 | | | | |
| 안 전 성 인 증 번 호 | | | 유 효 기 간 | |

| 최대이륙중량 MTOW | | 자체무게 | |
|---|---|---|---|
| 유상하중 Payload | | 크기(가로x세로x높이) | |

| 발 동 기 제 작 사 Engine(Motor) Maker | | 모델번호 Model | | 모터수 Number | |
|---|---|---|---|---|---|
| 전기모터 제어기 제작사 ESC Maker | | 모델번호 Model | | 제어기 전류 Current | |
| 프로펠러/회전익 제작사 Prop./Rotor Maker | | 모델번호 Model | | 모터전압 Voltage | |

탑재 장비 및 장치(SPECIAL EQUIPMENT & FEATURES) :

| 제어장치 | 비행제어기 | 제작사 | | 모델명 | 일련번호 | |
|---|---|---|---|---|---|---|
| 통신장비 | 송수신기 인가여부 | □ Yes (인증번호: ) □ No | | | | |
| | 송신기 | 외부조종자 | 제작사 | 모델명 | 일련번호 | |
| | 수신기 | | 제작사 | 모델명 | 일련번호 | |
| | 운용 주파수 (MHz) | | | 운용 채널 수 | | |
| | 서보모터 수 | | | 최대운용반경(km) | | |
| FPV | | 영상촬영 카메라 | | | | |
| GPS | | | | | | |
| 비행기록장치 | | 기타 장착장비 | | | | |

기타

| 연료·배터리 총탑재량 Fuel·Battery capacity | | 연료·배터리 형식 Fuel·Battery Type | | |
|---|---|---|---|---|
| 발동기 출력 Engine HP | | 배기량 Displacement | | |
| 윤활유 등급 Engine oil | 동절기 winter | 하절기 summer | | 냉각방식 Cooling sys. |

| 조종방식 | □ 조종자에 의한 제어방식 | □ 반자동 제어방식 | □ 프로그램에 의한 제어방식 |
|---|---|---|---|
| 추진방식 | □ 발동기(Engine) | | □ 전동기(Electric Motor) |

697

# CHAPTER 08 항공촬영 지침서

2022.12.1. 개정/국방부

## 제1조(목 적)

이 지침은 「국가정보원법」 제3조 및 「보안업무규정」 제33조의 규정에 의한 「국가보안시설 및 보호장비 관리지침」 제33조, 「군사기지 및 군사시설보호법」에 따른 국가보안시설 및 군사시설이 촬영되지 않도록 하기 위해 필요한 사항을 규정함을 목적으로 한다.

## 제2조(적용범위)

이 지침서는 항공기 및 초경량비행장치를 이용한 항공촬영 신청 민원을 처리하는 업무에 적용한다.

## 제3조(보안책임)

① 제6조의 촬영금지시설 촬영 시 「군사기지 및 군사시설보호법」 등 관련법에 따른 법적 책임은 항공촬영을 하는 개인, 업체 및 기관에 있다.

② 항공촬영을 하는 개인, 업체 및 기관의 대표는 항공촬영 후 촬영영상에 대한 보안책임을 지며 비밀사항을 지득하거나 점유 시 이를 보호할 책임이 있고, 누출되지 않도록 하여야 한다.

③ 지역책임부대장은 민원인이 항공촬영 신청 시 촬영금지시설이 촬영되지 않도록 안내하여야 한다.

## 제4조(항공촬영)

"항공촬영"이란 항공안전법에서 정한 항공기, 경량항공기, 초경량비행장치를 이용하여 공중에서 지상의 물체나 시설, 지형을 사진, 동영상 등 영상물로 촬영하는 것을 말한다.

## 제5조(항공촬영 신청)

① 초경량비행장치를 이용하여 항공촬영을 하고자 하는 자는 개활지 등 촬영금지시설이 명백하게 없는 곳에서의 촬영을 제외하고는 촬영금지시설 포함 여부를 확인하기 위해 드론원스톱 민원서비스시스템 등을 통해 항공촬영 신청을 하여야 한다.

　단, 신청에 대한 확인의 유효기간은 1년에 한한다

② 항공촬영 신청자는 촬영 4일전(근무일기준)까지 인터넷 드론 원스톱 민원서비스 시스템이나 모바일 앱 등을 이용하여 신청한다.

## 제6조(항공촬영 금지시설)

① 다음 각 호에 해당되는 시설에 대하여는 항공촬영을 금지한다.

　1. 국가보안시설 및 군사보안시설

　2. 비행장, 군항, 유도탄 기지 등 군사시설

　3. 기타 군수산업시설 등 국가안보상 중요한 시설·지역

② 촬영 금지시설에 대하여 촬영이 필요한 경우 「군사기지 및 군사시설보호법」 및 「국가보안시설 및 국가보호장비 관리지침」 등 관계 법, 규정/절차에 따른다.

## 제7조(유인기 이용 항공촬영)

① 전국단위 유인기 항공촬영 신청에 대한 민원처리는 육군 제 17보병사단에서 임무수행하며, 지역별 유인기 항공촬영 신청에 대한 민원처리는 지역책임부대에서 수행한다.

② 육군 제 17보병사단장 및 지역책임부대장은 유인기 항공촬영 시 촬영금지지역 고지 등 보안조치를 하며, 필요시 촬영영상에 대한 보안조치를 한다.

③ 개인, 업체 및 기관이 유인기 항공촬영을 하고자 할때는 붙임#2의 항공촬영 신청서를 문서, 팩스, 기관메일 등을 이용하여 접수 및 처리한다.

④ 유인기 항공촬영 민원 접수 후 4일 이내(근무일기준)에 문서, 팩스, 기관메일 등을 이용하여 촬영금지시설 포함 여부를 안내한다.

## 제8조(보안조치)

① 항공촬영 신청 민원에 대해 촬영금지시설 포함 여부를 안내할 때는 촬영금지시설의 유·무를 안내하며, 구체적인 시설명칭은 사용하지 않는다.

② 항공촬영 민원처리 시 항공촬영 신청서 이외의 불필요 서류의 제출 요구는 금지한다.

③ 항공촬영 민원인에 대한 촬영장소 현장 통제는 촬영금지시설이 촬영될 가능성이 명백한 경우에 한한다.

　이 경우 지역책임부대장은 사전에 객관적인 기준을 수립하고, 필요시 촬영금지시설 보안담당자에게 개인정보를 제외하고 촬영신청과 관련된 내용을 통보한다.

④ 제①항에 따른 안내 시 다음 각호의 내용을 포함한다.

　1. 민원인이 신청한 촬영지역을 명시

　2. 촬영금지시설 촬영 시 관련법규정 및 처벌조항 고지

　3. 항공촬영 민원처리담당관 직책

　4. 연락 가능한 부대 전화번호

### 제9조(지역책임부대 관할 조정)

① 항공촬영 민원처리 지역책임부대 상호간의 관할지역에 대한 분쟁이 있을 때는 상급부대에서 관할지역을 조정하며, 조정결과를 국방부(국방정보본부)로 보고한다.

② 전국단위 초경량비행장치 항공촬영 신청에 대한 민원처리는 육군 제 17보병사단에서 실시하며, 붙임#2의 항공촬영 신청서를 문서, 팩스, 기관메일 등을 이용하여 접수 및 처리할 수 있다.

### 제10조(비행승인)

① 항공촬영은 비행승인과는 별개의 절차로, 비행승인이 필요할 때는 국토교통부에 비행승인을 받아야 한다. 다만, 비행금지구역을 비행할 경우 항공촬영 신청자는 해당 지역의 공역(空域)관리기관(합참, 수방사, 공군 등)의 별도 승인을 받아야 한다.

② 군사작전 지역 내 비행 및 군 시설 이용이 필요할 경우 사전에 관할 군부대와 협조하여야 한다.

### 제11조(행정사항)

① 드론원스톱 민원서비스 체계에서 수시로 항공촬영 신청 접수 여부를 확인하며, 민원접수 시 민원인이 신청한 촬영일 내에 처리한다.

② 항공촬영 민원 처리 후 드론원스톱 민원서비스에서 완료 처리한다.

붙임 #1(국가보안시설)

# 항공촬영 허가신청서

| 촬영신청기관<br>(연락처) | | 촬영목적<br>(용도) | |
|---|---|---|---|
| 촬영기간 | | 촬영구분<br>(정·사각 등) | |

| 촬영지역 | | 촬영대상 | | 촬영위치<br>(좌표) | |
|---|---|---|---|---|---|

| 촬영종류<br>(필름·영상·<br>수치데이터 등) | | 촬영분량 | 시간　분<br>(　미리　통) |
|---|---|---|---|
| 촬영장비<br>명칭·종류 | | 촬영고도 | |
| 축 척 | | 항공기종<br>(기명) | |
| 이륙<br>일시·장소 | | 착륙<br>일시·장소 | |

| 항 로 | | 순항고도 | | 항속 | |
|---|---|---|---|---|---|

| 촬 영 관 계  인 적 사 항 | | | | |
|---|---|---|---|---|
| 구 분 | 성 명 | 생년월일 | 소 속 | 직 책 |
| 기 장 | | | | |
| 승무원 | | | | |
| 촬영기사 | | | | |
| 기 타 | | | | |

붙임 #2(일반민원)

# 항공촬영 신청서

| 신청인 | 성명/명칭 | | 구 분 | 개인/촬영업체/관공서 |
|---|---|---|---|---|
| | 연 락 처 | | 기관(단체)명 | |
| 촬영계획 | 일 시 | | | |
| | 목표물 | | 촬영용도 | |
| | 촬영지역 주소 | | | |
| | 촬영고도/반경 | / | 순항고도/항속 | / |
| | 항로 | | 좌표 | |
| 비행장치 | 사진의 용도(상세) | | 촬영구분 | 청사진/시각/동영상 |
| | 촬영장비 명칭 및 종류 | | 규격/수량 | |
| | 항공기종 | | 항공기명 | |
| 조종사 | 성명/생년월일 | | 소속/직책 | |
| | 주 소 | | 휴대폰번호 | |
| 동승자 | 성명/생년월일 | | 소속/직책 | |
| | 주 소 | | 휴대폰번호 | |
| 첨부파일 | | | | |

# CHAPTER 09 참고문헌 / 사이트

1. 2022년 드론 구매 가이드, 입문용부터 상급자까지 가격별 가성비 촬영용 드론 추천, 하림아빠_드론TV
2. 2축 짐벌 사진
   https://upload.wikimedia.org/wikipedia/commons/d/d5/Gyroscope_operation.gif
3. 3축 짐벌 사진
   https://ko.wikipedia.org/wiki/%EC%A7%90%EB%B2%8C#/media/%ED%8C%8C%EC%9D%BC:Gimbal_3_axes_rotation.gif
4. 공역관리규정
5. 국가법령정보센터 홈페이지
6. 국립전파연구원 우주전파 센터 홈페이지
7. 국방부 항공촬영 지침서
8. 국제테크로정보연구소 GPS의 기본지식과 응용 시스템
9. 국토교통부 항공교통본부 홈페이지, 항공지식정보, 알기쉬운 공역 이야기
   https://www.molit.go.kr/atmo/USR/WPGE0201/m_37004/DTL.jsp
10. 김재윤 등, 드론 교관과정 수험서 / 2023년
11. 김재윤 등, 드론 초경량 무인멀티콥터 조종자격 필기·구술 / 2022년
12. 나무위키
13. 네이버 지식백과
14. 두산 백과
15. 드론정보포털 홈페이지
16. 무인비행장치 특별비행을 위한 안전기준 및 승인절차에 관한 기준
17. 초경량비행장치 신고업무 운영세칙
18. 초경량비행장치 조종교육 교관과정 공통 교재
19. 초경량비행장치 조종자증명 시험 종합안내서
20. 한국교통안전공단 홈페이지
21. 항공교육훈련포털 홈페이지
22. 항공안전기술원 홈페이지
23. 항공위키
24. DJI OcuSync - https://m.blog.naver.com/lovejuuu/220975658391
25. DJI 홈페이지